凝聚态物理学丛书·典藏版

金属物理学

第一卷　结构与缺陷

冯　端　等著

科学出版社

北　京

内 容 简 介

《金属物理学》共分四卷出版：第一卷，结构与缺陷；第二卷，相变；第三卷，金属力学性质：第四卷，超导电性和磁性. 本书为第一卷，共分五编：前两编论述金属与合金的结构及其理论，除扼要介绍金属电子论及以经验规律为基础的金属理论之外，对不同层次的合金理论作了较全面的总结，并对液态金属、非品态合金、准晶态合金等新的发展也作了适当的介绍；第三编论述晶体的缺陷，除论述点缺陷和辐照效应外，还较全面细致地阐述了位错理论的各个侧面，如几何理论、弹性理论、点阵理论等；第四编对表面与界面物理学这一新领域进行了阐述，其中还涉及超微粒与调制结构等前沿课题；第五编论述扩散以及一些与扩散密切相关的过程，如氧化和烧结.

本书可作为高等院校本科生和研究生《金属物理学》一课的教学参考书，也可供从事固体物理学、物理冶金学或材料科学等有关的科技工作者参考.

图书在版编目(CIP)数据

金属物理学. 第1卷，结构与缺陷/冯端等著. —北京：科学出版社，1987.11

（凝聚态物理学丛书 ： 典藏版）

ISBN 978-7-03-006431-8

Ⅰ. ①金… Ⅱ. ①冯… Ⅲ. ①金属学—物理学 ②金属结构 ③金属材料—缺陷 Ⅳ. ①TG111

中国版本图书馆 CIP 数据核字(2016)第 040063 号

科学出版社出版

北京东黄城根北街16号

邮政编码：100717

http://www.sciencep.com

北京虎彩文化传播有限公司印刷

科学出版社发行　各地新华书店经销

*

1987年11月第 一 版 开本：850×1168 1/32

2022年 1 月印 刷 印张：19

字数：495 000

定价：148.00 元

(如有印装质量问题，我社负责调换)

《凝聚态物理学丛书》出版说明

以固体物理学为主干的凝聚态物理学，通过半个世纪以来的迅速发展，已经成为当今物理学中内容最丰富、应用最广泛、集中人力最多的分支学科．从历史的发展来看，凝聚态物理学无非是固体物理学的向外延拓．由于近年来固体物理学的基本概念和实验技术在许多非固体材料中的应用也卓有成效．所以人们乐于采用范围更加广泛的“凝聚态物理学”这一名称．

凝聚态物理学是研究凝聚态物质的微观结构、运动状态、物理性质及其相互关系的科学．诸如晶体学、金属物理学、半导体物理学、磁学、电介质物理学、低温物理学、高压物理学、发光学以及近期发展起来的表面物理学、非晶态物理学、液晶物理学、高分子物理学及低维固体物理学等都是属于它的分支学科，而且新的分支尚在不断迸发，还有，凝聚态物理学的概念、方法和技术还在向相邻的学科渗透，有力地促进了材料科学、化学物理学、生物物理学和地球物理学等有关学科的发展．

研究凝聚态物质本身的性质和它在各种外界条件（如力、热、光、气、电、磁、各种微观粒子束的辐照乃至处于各种极端条件）下发生的变化，常常可以发现多种多样的物理现象和效应，揭示出新的规律，形成新的概念，彼此层出不穷，内容丰富多彩，这些既体现了多粒子体系的复杂性，又反映了物质结构概念上的统一性．所有这一切不仅对人们的智力提出了强有力的挑战，更重要的是，这些规律往往和生产实践有着密切的联系，在应用、开发上富有潜力，有可能开辟出新的技术领域，为新材料、元件、器件的研制和发展，提供牢固的物理基础．凝聚态物理学的发展，导致了一系列重要的技术突破和变革，对社会和科学技术的发展将发生深远的影响．

为了适应世界正在兴起的新技术革命的需要，促进凝聚态物理学的发展，并为这一领域的科技人员提供必要的参考书，我们特组织了这套《凝聚态物理学丛书》，希望它的出版将有助于推动我国凝聚态物理学的发展，为我国的四化建设做出贡献．

主　编：葛庭燧

副主编：冯　端

序　言

冯端、王业宁、丘第荣编著的《金属物理》（上册，1964年；下册，1975年，科学出版社）问世以来谬承各方关注、厚爱，或予以引证、评论，或采用为教材，或订正其中的错误，这是对于编著者的鼓励和鞭策，对此，编著者深为感激．现该书脱销已久，各方需求甚切，而科学技术的进展，又使凝聚态物理学的各个分支学科面目日新月异，迫切需要对这一学科领域进行一次新的全面总结．兹受科学出版社的委托，在原来《金属物理》的基础上，重新编写一部能适应80年代科技发展需要的《金属物理学》，以充《凝聚态物理学丛书》之列．

金属物理学是固体物理学（或凝聚态物理学）的一个分支学科．为避免和现行的固体物理教科书的过多重复，我们将论述的重点放在成分、缺陷和非平衡态结构所产生的效应，突出合金、缺陷、相变和结构敏感性质等方面的问题．金属物理学与物理金属学（或物理冶金学）之间虽无明确的分界线，但在体系和重点上还是略有差异的．本书的体系突出了物理学的主干，而将有关金属学的具体内容，只是作为普遍规律的例证而纳入本书之中．为了避免内容过于庞杂，本书就不去详细讨论研究金属的各种物理方法．我们假定读者在阅读本书之前，已经掌握了金属学与晶体学的必要基础；并在理论物理方面具有一定的素养（相当于大学物理专业的水平）；但为了照顾一般读者，对于某些理解本书所必备的基础知识（如弹性力学等）也扼要地编成附录，以资参考．在金属物理学的基础理论的阐述中，我们突出了问题的物理模型，尽可能将其中各个环节交代清楚，而将部分比较繁琐的数学推导写在附录之中．我们力求做到，读者无需查阅许多其他文献就能够基本上读懂本书的主要内容．

我们计划将全书分为四卷：第一卷为结构与缺陷，论述金属与合金的结构及其理论，并阐述晶体缺陷、表面与界面的基本规律、以及有关扩散、氧化、烧结等问题．书中包括了一些反映近期发展的新章节，如非晶态、准晶态、表面、超微粒、调制结构等．第二卷为相变，鉴于这是 60 年代以后取得明显进展的一个领域，拟采用物理学的观点对它进行新的整理和总结．第三卷为金属力学性质．第四卷为超导电性和磁性．

由于本书涉及的内容范围宽广，撰稿人将有所增加．为保持连贯性与可读性，故本书由本人负责对全书进行全面筹划协调，以统一的观点和线索贯穿全书，并注意到前后文相互呼应等问题，力图避免众多作者合作写书之庞杂失调的弊病． 由于我们学识疏陋，水平不高，在内容的取舍和问题的处理上，一定存在不少毛病，尚祈读者不吝予以指正．

在计划和编写本书的过程中，始终得到钱临照教授的关怀、鼓励和指点，并承蒙审阅文稿，特此致谢．

本书为第一卷，其撰写分工如下：第一编至第四编，冯端；第五编，丘第荣．

冯　端

一九八六年元月

目　录

主要参考书目(附有按语)……xii
绪论……1

第一编　金属的结构及其理论

冯　端

引言……4
第一章　金属的结构……5
§1.1　刚球密堆积与几种典型的金属结构……5
§1.2　元素的晶体结构……11
§1.3　金属的原子半径……14
§1.4　元素的原子结构……17
§1.5　金属键与结合能……21
§1.6　液态金属与非晶态金属的结构……24
第二章　金属结构的理论……31
I　基于经验规律或半经验规律的金属理论……31
§2.1　经验的原子相互作用势……31
§2.2　金属的化学键理论……35
II　金属电子论……44
§2.3　自由电子模型……45
§2.4　电子-电子相互作用……48
§2.5　周期势场中的电子……50
§2.6　赝势理论与简单金属的结构……55
§2.7　过渡金属的电子结构……65
§2.8　稀土金属及锕系金属的电子结构……72
第一编　参考文献……76

第二编　合金的结构及其理论

冯　端

引言……78

第三章　合金的热力学……………………………………80
I　定性理论……………………………………80
§3.1　相平衡的热力学判据……………………………………80
§3.2　合金的平衡相……………………………………81
§3.3　从自由能曲线推导相图……………………………………84
§3.4　相图的几何规律……………………………………87
II　定量理论……………………………………90
§3.5　均匀相的热力学函数……………………………………90
§3.6　理想溶体与非理想溶体……………………………………92
§3.7　合金热力学数据的讨论……………………………………94
§3.8　相图的计算……………………………………99
第四章　合金的结构……………………………………107
I　固溶体……………………………………107
§4.1　固溶体的基本类型……………………………………107
§4.2　形成替代式固溶体的一些经验规律……………………………………109
§4.3　固溶体的物理性能……………………………………114
§4.4　填隙式固溶体的晶体结构……………………………………118
§4.5　固溶体的微观不均匀性……………………………………120
§4.6　有序固溶体……………………………………122
II　金属化合物……………………………………128
§4.7　电子化合物……………………………………128
§4.8　拓扑密集结构的金属化合物……………………………………133
§4.9　填隙化合物……………………………………141
§4.10　金属化合物的物理性能……………………………………143
III　非周期结构的固相合金……………………………………145
§4.11　非晶态合金……………………………………145
§4.12　准晶态合金……………………………………152
第五章　微观的合金理论……………………………………155
I　统计理论……………………………………155
§5.1　固溶体的统计理论模型……………………………………155
§5.2　准化学近似与固溶体中的原子分布……………………………………157
§5.3　二元合金的溶解限曲线理论……………………………………159

§5.4 有序-无序转变的理论 …… 163
II 弹性理论 …… 172
§5.5 错配球模型 …… 172
§5.6 错配球模型的应用 …… 177
§5.7 弹性偶极子模型 …… 181
§5.8 弹性偶极子模型的应用 …… 185
III 电子理论 …… 191
§5.9 稀固溶体的电子屏蔽模型 …… 192
§5.10 刚能带模型及其他 …… 200
第二编 参考文献 …… 207

第三编 晶体的缺陷

冯 端

引言 …… 211
第六章 点缺陷 …… 215
I 点缺陷的基本性质 …… 215
§6.1 几何组态 …… 215
§6.2 点缺陷的形成能 …… 217
§6.3 热平衡态的点缺陷 …… 220
§6.4 点缺陷对物理性能的影响 …… 223
§6.5 点缺陷的移动 …… 224
II 辐照效应 …… 226
§6.6 辐照效应的一般介绍 …… 226
§6.7 辐照对金属性能的影响 …… 227
§6.8 高能粒子与点阵原子的碰撞 …… 229
§6.9 原子碰撞的级联过程 …… 232
§6.10 实验结果与理论计算值的比较 …… 238
§6.11 辐照后缺陷的回复 …… 241
附录 6-I 经典的碰撞理论 …… 243
第七章 位错 …… 248
I 位错的几何性质 …… 248
§7.1 刃型位错与螺型位错 …… 248

§7.2 位错的滑移与攀移 …… 251
§7.3 位错的普遍定义与伯格斯矢量 …… 257
§7.4 位错的一般运动学特征 …… 262
§7.5 位错与晶体的范性形变 …… 263
II 位错的应力场与芯结构 …… 266
§7.6 位错的连续介质模型 …… 266
§7.7 直刃型位错的应力场 …… 267
§7.8 直螺型位错的应力场 …… 270
§7.9 直位错的能量 …… 272
§7.10 位错与表面的弹性相互作用 …… 274
§7.11 任意形状位错圈的应力场 …… 277
§7.12 位错的线张力 …… 281
§7.13 各向异性的介质和非线性弹性效应 …… 284
§7.14 位错的点阵模型 …… 289
III 位错与晶体缺陷的相互作用 …… 295
§7.15 应力场对位错的作用力 …… 295
§7.16 平行位错间的弹性相互作用力 …… 297
§7.17 位错的塞积群 …… 299
§7.18 位错的交截 …… 302
§7.19 位错与溶质原子的弹性相互作用 …… 305
§7.20 过饱和点缺陷对位错的作用力 …… 308
IV 位错的萌生、增殖与运动 …… 310
§7.21 位错的萌生 …… 310
§7.22 位错的增殖 …… 313
§7.23 运动位错的弹性场 …… 318
§7.24 位错的弦线模型 …… 321
§7.25 滑移动力学的实验观测 …… 327
§7.26 攀移动力学 …… 328
V 典型晶体结构中的位错组态 …… 329
§7.27 典型晶体结构中的全位错 …… 330
§7.28 堆垛层错 …… 331
§7.29 面心立方晶体中的不全位错 …… 334
§7.30 扩展位错 …… 336

§7.31 面心立方晶体中的一些位错反应 …… 339
§7.32 面心立方晶体中空位凝聚成位错的过程 …… 343
§7.33 其他结构中的堆垛层错与不全位错 …… 346
§7.34 合金中的位错组态 …… 349
附录 7-I 弹性力学的基础知识 …… 351
7-II 刃型位错应力场的计算 …… 358
7-III 弹性介质对点力作用的响应 …… 363
7-IV 扩展位错平衡宽度的计算 …… 364
7-V 若干求和问题 …… 365
第三编 参考文献 …… 371

第四编 表面与界面

冯 端

引言 …… 375
第八章 表面 …… 376
§8.1 表面能 …… 376
§8.2 晶体表面的微观形貌 …… 380
§8.3 表面吸附与偏析 …… 385
§8.4 表面的统计理论 …… 392
§8.5 表面的电子理论 …… 397
§8.6 技术材料的表面 …… 406
§8.7 超微粒 …… 408
第九章 界面 …… 416
I 晶界 …… 416
§9.1 多晶体中晶粒的形态 …… 416
§9.2 晶界的位错模型 …… 419
§9.3 晶界位错模型的实验证明 …… 426
§9.4 李晶界 …… 432
§9.5 晶界结构的一般理论 …… 435
§9.6 大角度晶界结构的实验观测 …… 441
§9.7 晶界能 …… 443
§9.8 晶界偏析 …… 445

§9.9 小角度晶界的滑移 …… 446
§9.10 大角度晶界的滑动与移动 …… 447
II 相界 …… 453
§9.11 共格相界 …… 453
§9.12 半共格相界 …… 455
§9.13 相界能 …… 459
III 复相合金的微结构及人工微结构材料 …… 461
§9.14 两相合金的微结构 …… 461
§9.15 外延生长的薄膜 …… 463
§9.16 调制结构 …… 466
第四编 参考文献 …… 470

第五编 原子的迁移

丘第荣

引言 …… 473
第十章 金属中的扩散 …… 475
I 扩散的唯象理论 …… 475
§10.1 斐克方程 …… 475
§10.2 斐克方程的解 …… 479
§10.3 扩散的热力学理论 …… 488
II 扩散机制及其微观理论 …… 492
§10.4 扩散机制 …… 493
§10.5 扩散的微观理论 …… 499
III 扩散组元的相互影响 …… 516
§10.6 均匀合金中的自扩散 …… 516
§10.7 克肯达耳效应 …… 521
IV 其他几个问题 …… 525
§10.8 应力作用下的扩散 …… 525
§10.9 固体中的热扩散和电解 …… 527
§10.10 扩散和晶体内部结构的关系 …… 534
§10.11 快扩散 …… 540
§10.12 一些半经验规律 …… 542

附录 10-I　式 (10.47) 的证明 …… 344
附录 10-II　达肯公式的推导 …… 545
第十一章　几个和扩散有关的实际问题 …… 547
I　金属的氧化 …… 547
§11.1　瓦格纳氧化理论 …… 549
§11.2　薄氧化层的成长 …… 553
II　金属中的气体 …… 555
§11.3　气体在金属中的概况 …… 556
§11.4　渗透过程和渗透速率 …… 559
III　烧　结 …… 563
§11.5　颗粒的结合 …… 565
§11.6　疏孔体积的收缩 …… 570
附录 11-I　氧化速率公式的推导 …… 572
附录 11-II　用扩散系数表示的氧化速率公式的推导 …… 574
第五编　参考文献 …… 577
人名索引 …… 580
内容索引 …… 584

主要参考书目(附有按语)

(1) N. F. Mott and H. Jones, The Theory of the Properties of Metals and Alloys, Oxford University Press (1936); 中译本，金属与合金性质的理论，傅正元、马元德译，科学出版社 (1958).

此书是金属物理学的第一本专著. 本书作者之一莫特在固体物理学广泛的领域内作出了重要贡献，并且与其合作者撰述了一系列的专著(本书以外，还有离子晶体的电子过程，非晶材料的电子过程，金属-绝缘体转变等)，在学术界产生深远的影响. 在布里斯托尔 (Bristol) 大学与剑桥大学任教时期，在他的周围形成了固体电子论与位错研究的强有力的学派；他是金属物理学的奠基人之一. 另一作者琼斯亦以金属电子论和合金理论的工作著称于世.写作本书时，莫特刚三十出头(他是年过七十方始获得诺贝尔奖金的)，处于科学生涯的初期，但已经是一位成熟的科学家了. 作者以流畅的文笔综述了基础理论，并且广泛地联系金属材料的实验数据来进行解释. 这种理论与实践相结合的作风，为随后的金属物理学专著树立了楷模. 本书虽然已出版了半个世纪，但仍然保持其可读性. 作者明智地有意将内容限于当时物理学已经征服的领域，如金属电子论，晶格动力学与合金理论.至于其余的部分呢？作者在导言末提到“在本书中我们还未提及强度性质这一个对工程极关重要的金属性质. 到目前还未能将原子物理的方法用于这个问题. 虽则泰勒(G. I. Taylor) 最近的工作已使人有希望不久即可作到这一点”，这充分显示了作者的远见卓识.

(2) F. Seitz, The Physics of Metals, McGraw-Hill (1943).

此书是第一本以金属物理学命名的著作. 作者也是固体物理学与金属物理学的奠基人之一. 本书涉及的内容比上一本书广泛得多，范性形变、合金强化，蠕变、断裂、疲劳、内耗、扩散等，几乎无所不包，显示出一位物理学家在原来不熟悉的金属学的领域内进行多方面的探索.本书虽然涉及众多的课题，但处理不够深入. 与作者同时期的另一著作“近代固体理论”的风格迥异. 后者作为固体物理学奠基性的专著，时至今日，仍然保留其价值；而本书则由于时过境迁，参考价值已经不大了.

(3) C. S. Barrett, Structure of Metals, McGraw-Hill (1943, 1953, 1966); C. S. Barrett and T. B. Massalski, Pergamon Press (1980).

此书作为强调金属物理学的结构方面问题的入门书，曾哺育了好几代的科学工作者．本书既介绍晶体学和X射线衍射方法的基础，也扼要介绍金属物理的基本知识，但其重点却放在讨论X射线衍射技术在金属研究中的应用方面．作者是X射线金属学的创始者之一，具有丰富的实践经验．书中的极射赤平投影这一章就写得很精采，至今仍然有参考价值．在金属物理学发展的初期，这种兼容并蓄的风格是颇受读者欢迎的，本书曾广为流传，就是明证．但是随着学科的发展，像这样既要讲实验方法，又要讲实验结果，还要介绍研究对象本身的规律性，这样的处理就显得过于庞杂，难于面面兼顾．相比之下，纪尼埃 (A. Guinier) 同时期的著作 Radiocristallographie, (Dunod (1945); 中译本，施士元译，X射线晶体学，科学出版社 (1959)) 明智地将内容限制于X射线晶体学及其应用，就显得条理清楚，目标明确．（纪尼埃书 (1956) 的第二版后半部补充了许多新内容，实际上成了有关不完整晶体衍射问题的专著）．1966 年以后马萨斯基对巴瑞德原书进行了改编，补充了许多新的内容，但没有改变原书的格局．

(4) Я. И. Френкель, Введение в теорио металлов, ГИТТЛ (1947, 1950). 中译本，金属物理概要，何寿安译，科学出版社 (1957).

夫仑克耳也是一位对金属物理学有贡献的理论物理学家，具有鲜明的科学风格，擅长以简洁的数学来处理复杂的物理问题．在本书中突出地体现了他的个人见解和个人风格．内容中包括了一些不常见的课题，如金属的熔化与液体的分子动力论等．本书中有一些很精采的章节，如固体的分解、动态位错性质、外应力对原子迁移的影响等．但本书中流露的一些非正统的科学见解，如对能带论的否定态度和对静态位错理论的轻视，却没有经得住时间的考验．

(5) A. H. Cottrell, Theoretical Structural Metallurgy, Arnold (1948, 1955); 新版改名为 An Introduction to Metallurgy, Arnold (1967).

本书作者以位错理论的研究著称于世，他是深受莫特影响的新一代金属物理学家的代表人物．此人毕业于冶金系，所以对金属学的基本内容是熟悉的．本书是采用近代物理观点来重新整理金属学相当成功的一次尝试．作者擅长以深入浅出的笔调来阐述物理问题，有些相当复杂的问题，经他一解释就显得好懂．这一特点也反映在他的另外几本著作（如"晶体的位错与范性流变"、"物质的力学性质"、"晶体位错的理论"）之中．本书是一本深受金属学界欢迎的教科书．但由于原来是为冶金系开课用的，书中前几章扼要地介绍了有关量子力学、统计物理学和热力学乃至于固体物理学的基本知识．由于起脚点过低，使本书中有关物理金属学本身的篇幅太简短，有些问题就很难讲得透彻．

(6) G. Masing, Lehrbuch der Allgemeinen Metallkunde, Springer (1955).

作者继承了有名的金属学家塔曼（G. Tammann）的衣钵，领导哥庭根大学金属学教学、科研工作多年，他自己的研究工作侧重相图和结晶等方面的问题． 本书反映了哥庭根学派的优良传统，强调了物理化学方法的重要性，倾向于表述具有普遍性的规律，也认识到深入微观领域的重要性．视界宽广，论述均衡严谨，是从传统的金属学中演变出来的一本优秀的物理金属学著作．书中有关位错等章节乃出自吕克（K. Lücke）之手．遗憾的是，本书未译成汉语或英语，使其流传受到限制；更令人惋惜的是，本书的修订版始终没有问世．

(7) U. Dehlinger, Theoretische Metallkunde, Springer (1955).

作者也是一位金属物理学界的元老． 本书也是一本个人见解甚强的著作．论述很不均衡．对于作者本人参予的一些工作，如马氏体相变成核的位错模型，叙述特详．

(8) Я. С. Уманский и др. Физические основы металловедения, Металлургиздат (1955). 中译本：金属学物理基础，中科院金属研究所译，科学出版社 (1958).

这是一本苏联出版的物理金属学的教科书，国内曾广为流传．由于它是由许多作者协同起来合写的一本书，因而缺乏鲜明的特色，书中引证苏联学者的工作较多．

(9) B. Chalmers, Physical Metallurgy, Wiley (1959).

作者以对凝固问题的基础研究著称于世． 本书也是采用现代的观点来整理金属学较早的尝试之一，提纲挈领，条理明晰，但是只停留于定性的描述，缺乏定量的论证，就不易使读者透彻掌握．

(10) Б. Я. Пинес, Очерки по металлофизике, ИХГУ (1961).

这是哈科夫大学皮涅斯教授的著作，面比较窄，但很有特色，反映了他所领导的学派的工作． 有些内容，如根据自由能曲线对多元合金相图的讨论，相界内吸附的理论等，是其他书中所罕见的．

(11) R. E. Smallman, Modern Physical Metallurgy Butterworths (1962); 3rd ed., (1970).

这又是一本用新的观点来对冶金系学生讲授物理金属学的教科书．1956年至1961年是应用透射电镜研究金属薄膜的高潮，使位错理论得到确证，也使物理金属学的面目一新．作者参与这方面的工作，本书也及时反映了薄膜透射电镜技术对金属学的冲击．本书各部分内容深浅不很均衡．例如本书初版中关于加工硬化问题就过于细致深入，甚至包含当时尚未发表的割阶硬化理论的一些细节．

(12) J. N. Christian, The Theory of Transformations in Metals and Alloys, Pergamon Press (1965); 2nd. ed., Part 1, (1975).

作者以相变研究著称于世．这本书虽以相变理论命名，但实际内容却要广泛得多，是一部当之无愧的物理金属学的高级教科书（这也是本书的副标题）．这是一本精心撰述的巨著（篇幅近千页）．作者融汇贯通了众多的素材，组织在一个整体之中．从字里行间可以体会到作者的气魄和功夫．本书基本上是自足的，无需查阅其他参考文献就可将书中的主要内容读懂．令人诧异而且高兴的是，不仅作者专攻的领域（如合金中的固态相变）写得很精采；其他如固溶体理论、位错理论、晶界理论、晶体生长理论等方面的问题也讲得很透彻，富有启发性，耐得住认真的阅读．有些内容（如点阵均匀形变的几何学、表面形貌、界面位错等）是理解许多金属学基本过程的关键问题，其他的书，往往语焉不详，一带而过；只有本书才提供较详尽的论述，使读者有门径可循．

(13) R. W. Cahn (ed.) Physical Metallurgy, North Holland (1965); 2nd. ed., 1970; R. W. Cahn and P. Haasen, (eds.) 3rd. ed. (1983); 中译本，北京钢铁学院金属物理教研室，物理金属学（上、中、下），科学出版社 (1984, 1985).

主编约请了几十位专家对物理金属学的各个领域，进行了全面的评述，汇编起来作为一本高级教科书．这类由众多作者分章撰述的书的共同毛病是水平高低不一，深浅参差不齐，难免有脱节重复之处．本书在编辑协调上花了工夫，撰稿人也经过精选，结果比较令人满意．从内容上来看，覆盖得相当全，大部分章节具有可读性．这是一本篇幅浩瀚，内容充实的参考书．新版进一步增加了篇幅，刷新了内容．

(14) A. Seeger (ed.), Moderne Probleme der Metallphysik, Vol. 1, 2, Springer (1965).

此书是为德林格祝寿的文集，总结了以塞格为首的斯图加特 (Stuttgart) 学派的工作．上册包括缺陷、范性、辐照损伤和电子理论，下册论述了有关铁磁性的一些具有结构敏感性的问题. 缺陷与范性部分和塞格为"物理大全"所写的专论相比,虽然材料稍新,却不那么精练;倒是有关铁磁性的章节,有一些其他书未讲到的内容.

(15) J. M. Ziman and P. B. Hirsch (eds.), The Physics of Metals, Cambridge University Press. vol. 1 Electrons (1971); vol. 2, Defects (1975).

此书是莫特六十寿辰的纪念文集,由他的学生和同事分别就本人专长的领域撰写评述性论文,分为电子和缺陷两卷. 这也正是莫特自己做工作、并大力倡导的两个领域,从中可以窥见莫特对金属物理学影响的深远. 第一卷显得不很整齐;第二卷协调得较好,可读性更强一些.

(16) P. Haasen, Physikalische Metallkunde, Springer (1974); 2nd. ed., (1984)

英译本, Physical Metallurgy, Cambridge University Press (1978); 中译本,物理金属学,肖纪美等译,科学出版社 (1984).

这是一部为物理系大学生所写的教科书,由于假定读者已经学过理论物理和固体物理,虽则篇幅上和科特雷耳的"理论结构金属学"相近,内容就深透一些. 本书取材精练,论述恰当,很得要领,是一本入门的好书. 虽则哈森继承了玛辛在哥庭根的教席,但转入了物理系. 因而本书在风格上并未继承玛辛的传统,倒是更接近于科特雷耳的书,新版更动不大.

绪　论

人类在生产实践中应用金属及合金材料已经有几千年的历史．当今几乎没有一种工业技术不牵涉到有关金属材料的问题．人类通过生产实践，已经制成了各种各样的合金材料，累积了大量的经验资料．金属物理学这门学科的基本任务即在于将这些经验资料加以系统化，找出其中内在的规律，探明金属及合金的微观组织结构和化学成分与性能的关系，为进一步发展合金材料的工作奠定科学的基础．

金属物理学是介乎物理学与金属学间的一门边缘科学，它牵涉到许多不同的学科，如金相学、结晶学、材料力学、物理化学以及物理学中的许多分支（象热力学、弹性及范性力学、统计物理、量子力学等），但它并不等于这些学科的杂烩，而是利用了这些学科的成果，形成了以金属及合金为对象的一门独立的综合性的物理学科．金相学及结晶学的研究揭示了金属及合金的微观的组织结构（包括晶体结构、晶体缺陷及显微组织）；量子力学、统计物理及弹性力学的方法帮助我们理解金属中的电子、原子以及各种晶体缺陷的运动规律和它们之间的交互作用；而热力学、物理化学及材料力学则可以用来阐明一些宏观的规律性．综合起来，就形成了金属物理学．它的主要内容在于研究金属及合金的微观组织结构和化学成分与性能的关系，从电子、原子及各种晶体缺陷的运动和相互作用来说明金属及合金中的各种宏观规律和转变过程．

显然，金属物理学是和生产实践息息相关的．它所研究的一些主要课题往往是从生产实践中提出来的：由于金属的主要用途是作为结构材料，因而在金属性能的研究中，强度和范性就成为最突出的问题；由于冶金技术的需要，才促使人们注意研究液态金属的结晶和粉末的烧结；合金中固态相变的研究又是和金属热处理工艺密切相关的．近年来尖端技术的发展，又对金属物理学的研究起了很大的促进作用：为了发展耐高温的材料，推动了对于金属的高温强度、氧化及扩散的研究．反应堆技术的需要，又将高能粒子的辐照效应提到研究的日程上．反过来，将金属物理的基本研究成果用到生产实践中去，也会发挥很大的作用：例如对于金属强度的基本研究找出了强化金属的新途径，并提高了传统强化金属方法的效能；又如对于再结晶织构的研究显著地改进了硅钢片的质量．这里也体现了辩证唯物主义的真理：通过实践—理论—实践的循环，日益加深对自然界规律的认识，掌握改造世界的手段．

另一方面，金属物理学作为物理学的一个分支，其发展又是和物理学的实验技术与基本理论的进展密切相关的．物理学的新技术和新理论，往往会在金属物理学领域内带来巨大的进展．五十年前X射线衍射方法的应用为金属研究开辟了一个新天地；而近三十年来，电子显微镜薄膜透射技术的发展，也产生了类似的情景．在理论方面，量子力学在金属理论中所起的促进作用，也是大家所熟知的．另一方面，还应该注意到，在金属物理学中的一些重大成就，也往往会对物理学的其他领域产生很大的影响．为了解决金属强度问题而发展起来的位错理论就是一个突出的例子．目前，它在半导体和离子晶体中已获得了重要的应用，其应用的面还在日益扩展．

回顾起来，金属物理学的发展大致可以分为三个阶段：在1920年以前，相当于准备时期．在这个阶段中，主要是应用了金相方法累积了不少资料，对于固态中的相变、结晶过程、再结晶等重要现象都进行了初步的研究．从1920—1950年这个阶段，为金属物理学科的形成时期，应用X射线衍射方法确定了相变与范性形变中的结晶学特征，并且有系统地研究了合金的相结构与相图；合金中的扩散开始被人们注意和研究．在这个阶段的后期，发展了精细的X射线技术来探索不完整晶体的结构，同时内耗方法也被用来研究原子跃迁和晶界滑移等微观过程．在这个阶段内，金属物理学的一些主要理论(如金属电子论、微观的合金理论、相变动力学理论、扩散理论以及晶体的位错理论等）首次被建立起来，并获得不同程度的发展.金属物理学开始形成一门独立的学科.从1950年起，又进入了一个新的发展时期，尖端技术引入了大量新型的金属材料(如钛、锆、钼、钨、铌、铍、铀、镨等)，扩大了研究的领域;强有力的新实验方法，如电子显微镜、放射性同位素、高能粒子的辐照等方法占领了大片新的阵地;晶体缺陷理论的研究，获得了直接观察的配合，迅速发展成为成熟的学科，并奠定了范性形变与断裂的物理基础.缺陷的钉扎理论也被用来阐明硬铁磁性与硬超导电性等其它结构敏感性能.60年代以后，相变理论有了重大的进展：非成核生长型的失稳分解（spinodal decomposition）得到了阐明;马氏体相变晶体学继续得到了发展;软模理论的提出及其为中子非弹性散射的证实为结构相变提供了更鲜明的原子图象.另一方面，超高真空技术的进展为研究清洁金属表面的结构和能谱创造了条件.近年来由于实验资料的累积和理论的进展，表面物理学的轮廓已经建立.快速冷却技术的发展为制备金属玻璃材料提供有效的途径，又开辟了金属物理学的另一活跃的领域，即非晶态物理学.

第一编　金属的结构及其理论

冯　端

引　言

金属的结构(晶体结构及电子结构)是决定许多物理性能的关键．从二十世纪初晶体的X射线衍射现象被发现以后，各种金属元素的晶体结构一一定出；后来又对于液态及非晶态金属的结构进行了研究．近年来对后一问题仍在深入研究．二十年代末，泡利（W. Pauli）与索末菲（A. Sommerfeld）建立了基于量子统计的金属自由电子理论,随后布洛赫（F. Bloch）建立了基于周期势场中电子行为的金属能带理论，奠定了金属电子论的基础．三十年代中期,莫特与琼斯的专著问世,利用金属电子论对金属的许多性质予以阐述和概括，这标志了金属电子论的成熟[1]．半个世纪以来,金属电子论还在继续发展，能带的定量计算有很大的进展,能带理论也相当成功地处理了象过渡金属这类具有复杂电子结构的理论问题[2-5]．与此同时,处理化学键和分子结构的量子化学也得到了发展,泡令（L. Pauling）等采用类比于化学键的方法来处理有关金属的问题[6]．另外，基于经验规律或半经验规律的金属理论也得到了发展,并在一定范围内应用,也还是颇有成效的.

下面第一章对金属的结构进行了全面描述；第二章第 I 节介绍基于经验规律或半经验规律的金属理论；第二章第 II 节扼要地介绍金属电子论,强调它在金属结合能和确定金属结构方面的应用.

第一章 金属的结构

金属的结构包括多方面的问题：首先是金属内部原子排列的情况，亦即晶体结构的问题．由于问题比较单纯，目前我们对于元素的晶体结构已了解得相当清楚．在本章中将对金属元素的晶体结构作一般性的介绍，重点讨论几种最典型的结构类型及它们之间的相互关系，因为这是理解许多金属物理问题的一个重要关键．

§1.1 刚球密堆积与几种典型的金属结构

金属键的特征在于没有明显的方向性和饱和性．因此在第一级近似下，可将金属的原子看为相互吸引的刚球．相互作用能最低的条件，使这些球体倾向于密集的排列，形成所谓密集结构．下面对于等半径的刚球密堆积问题作一分析：刚球沿一维的密排，就是刚球相互紧贴着的排列，相邻球心间的距离为球体半径的两倍．如果将平行的密排行列，沿平面排列起来，每一行列的刚球正好填入相邻行列的隙缝中，就形成密排平面(见图 1.1)．密排面上球体的排列具有六重对称轴，每个球体的配位数（最近邻球体数）为 6，在平面内沿了三个不同的方向（相差 60° 或 120°）形成密排的行列，设密排面内各球体的位置用 A 来表示．在密排面内三角形间隙的数目正好为面内球体数的两倍，我们可将间隙位置分为 B，C 两组，各自构成六角的网格．将密排平面一层层堆垛起来可获得球体的空间密堆．为了满足密堆的要求，每一密排面的球体应正好填入邻近密排面的空隙中．如果第一层密排面上球体占据了 A 位置，第二层球体就应处在 B 位置上或 C 位置上．球体密堆积的配位数为 $z=12$。

密排面堆垛的层序如果按照 $AB\ AB\ AB\cdots$ 排列，垂直于密排面有六重对称轴(通过 A 层的球体)，形成的结构属于六角晶系，

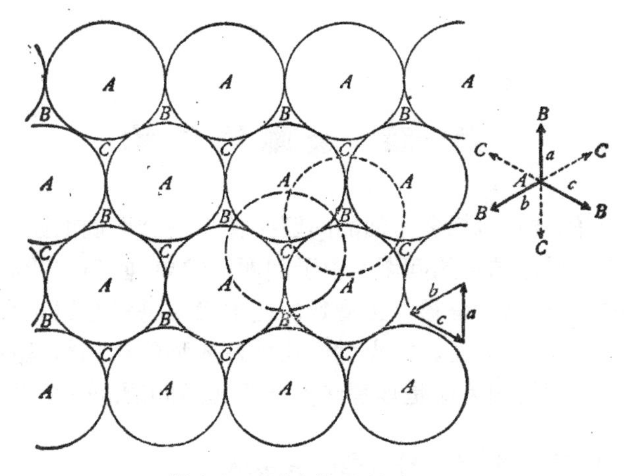

图 1.1 刚球密排面的堆垛.

称为密集六角结构. 取六角的晶胞，a，b 轴沿了密排面的密排方向(夹角为 120°)，c 轴垂直于密排面，$c/a = 2\sqrt{2/3} = 1.633$，$a = b$. 晶胞中的原子位置为 000，$\frac{1}{3}$、$\frac{2}{3}$、$\frac{1}{2}$. 这两种原子坐位的配位数虽然是相同的，但周围原子配列情况不完全相同，因此位移 $\left[\frac{1}{3}、\frac{2}{3}、\frac{1}{2}\right]$ 不是点阵平移. 密集六角结构的点阵类型为简单六角[1]，密排面的指数为 (0001) (参看图 1.2(a)).

密排面堆垛的层序如果按照 $ABC\ ABC\cdots$ 排列，则形成的就是面心立方结构. 在这种结构中，原子坐位和面心立方点阵中的阵点位置相同，具有四组密排面 (111)，$(\bar{1}11)$，$(1\bar{1}1)$，$(11\bar{1})$ (按照结晶学的惯例，这些有对称性相联系的平面族，可笼统地表示为 {111}). 而密排的行列为 ⟨110⟩ (⟨110⟩ 表示任意和 [110] 有对称联系的行列). 如果选择初基的晶胞，得出是菱形的，但晶轴的夹角都等于 60°. 如选择六角的晶胞来表示. 轴比为 $c/a = 2.45$.

---

1) 应该注意到点阵类型与结构类型的差异. 例如面心立方结构，金刚石结构及氯化钠结构，结构上是各不相同的，但点阵类型却是相同的，它们都属面心立方点阵.

在这里可以注意到面心立方点阵和三角（菱形）点阵的相似之处：用六角的晶胞来表示，作三层的排列，如果 c/a 为任意值，就是三角点阵，如果 $c/a=2.45$ 就是面心立方点阵（参看图 1.2(b)）.

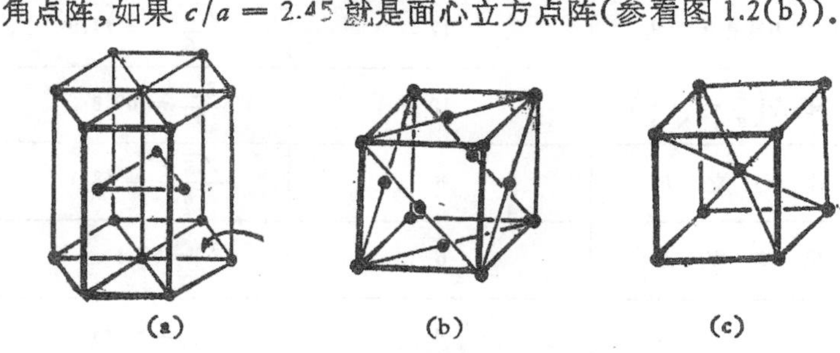
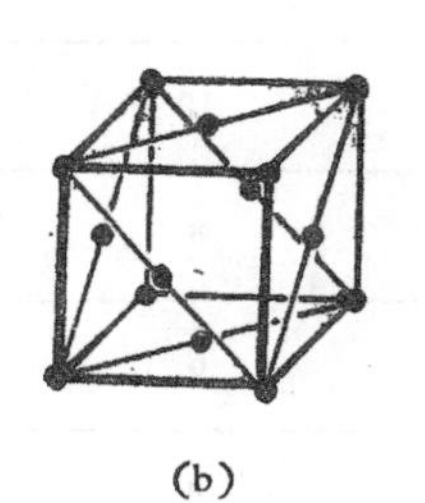
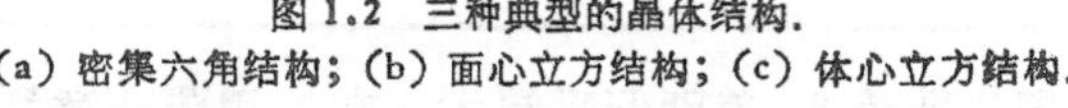

图 1.2 三种典型的晶体结构.
(a) 密集六角结构；(b) 面心立方结构；(c) 体心立方结构.

等径球体的最密堆积并不限于上述的两种，可以设想有更复杂的堆垛层序．但在实际晶体中，复杂的堆垛层序出现的机会比较少．已经发现有一种四层密集结构，堆垛层序为 $[ABCB]\ ABCB\cdots$；另一种九层密集结构，堆垛层序为 $[ABABCBCAC]\ A\cdots$．镧系中的某些元素具有这种复杂的密集结构的．另外，在密集结构中可能出现错乱，破坏了正常的堆垛层序，但不影响密堆积的情况．例如面心立方中可能出现下列的层序：$ABCAB|ABCABC$，这种堆垛层错 (stacking fault) 将在§7.28 中详细讨论．

密集的程度可以用密集系数 q 来表示；即

$$q=\frac{\sum_i z_i v_i}{v_a}, \tag{1.1}$$

这里的 z_i 为晶胞内第 i 类粒子的数目，v_i 为每个粒子所占体积，v_a 为晶胞的体积，对于等径（半径为 R）球体的堆积，可简化为

$$q=\frac{4}{3}\cdot\frac{\pi z R^3}{v_a}. \tag{1.2}$$

在表 1.1 中列出了几种晶体结构的配位数与密集系数．

在金属元素的晶体结构中，除了上述两种密集结构以外，最常见的是体心立方结构（参看图 1.2(c)）．它的密集系数比密集结构略

表 1.1　典型结构的配位数与密集系数

结构类型	配位数	密集系数
面心立方或密集六角	12	$\frac{\sqrt{2}\pi}{6}=74.04$
体心四方$\left(\frac{c}{a}=\sqrt{\frac{2}{3}}\right)$	10	$\frac{2\pi}{9}=69.8$
体心立方	8	$\frac{\sqrt{3}\pi}{8}=68.1$
简单立方	6	$\frac{\pi}{6}=52.3$
金刚石	4	$\frac{\sqrt{3}\pi}{16}=34$

小一些;而配位数为 8，差别似乎更大．在这里要注意到在体心立方结构中，次近邻间的距离和最近邻间的距离相差很小(～15%)．因此，需要考虑到次近邻间的相互作用．体心立方结构除了 8 个最近邻外，有 6 个次近邻，使得有效的配位数比 8 大．体心立方结构中没有密排面，排列得最密的面是 {110}，图 1.3 示出了 (110) 面上刚球排列的情况．值得注意的是，它和密排面很相似，可以设想它是由密排面作了小量的形变而形成的．结果还保留了两个不同方向的密排行列(图中的 $[\bar{1}1\bar{1}]$ 及 $[\bar{1}11]$，密排面上原有三个不同的密排行列)． 而原来密排面上相邻的两个间隙位置汇合成一个．第二层的球体就填在这些间隙位置上，而第三层又回到原来位置．相当于 $AB\ AB\cdots$层序的排列，但不可能有 $ABC\ ABC\cdots$层序的排列． 从图 1.3 中我们可以体会到体心立方结构和两种密集结构内在的相似性，这对于理解金属的相变问题是非常重要的．从图 1.3 上也可以看出，$(\bar{1}12)$ 面的堆垛层序是复杂的六层的排列 $[\alpha\beta\gamma\delta\varepsilon\zeta]\alpha\cdots$，{112} 面也正是体心立方结构中可能出现堆垛层错的面;而$(\bar{1}1\bar{1})$面却具有 $[ABC]A$ 式的层序排列．

在表 1.1 中列出了一种体心四方结构，其 $c/a=\sqrt{2/3}$，具有高的配位数和密集系数．可以设想，将体心立方结构沿了立方轴压缩 18%，使配位数由 8 增至 10 就形成了这种结构． 在这种结

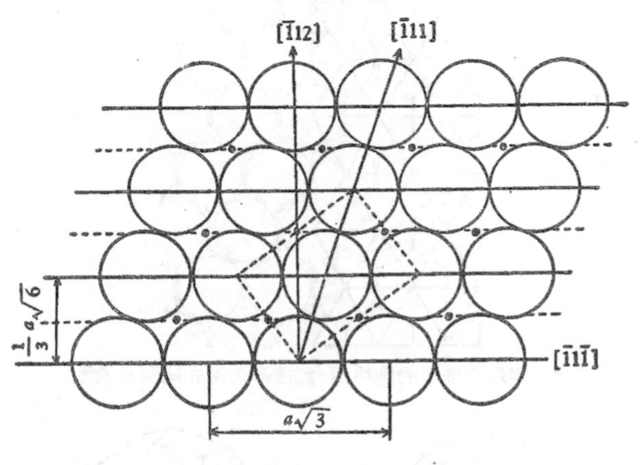

图 1.3 体心立方晶体中 (110) 面上原子的排列.

构中有两族相互正交的平面 (110) 及 $(1\bar{1}0)$ 是密排面. 元素 Pa 的结构就属于这种类型.

晶体的结构还可以从另一角度来进行描述，就是多面体的拼砌 (tiling). 维格纳 (E. Wigner) 与塞兹 (F. Seitz) 在发展金属结合能的电子理论时，引入了另一种胞，即由相邻原子中心的连线的中分平面所构成的闭合多面体，被称为维格纳-塞兹胞. 刚球密排面的维格纳-塞兹胞就是正六边形，拼砌起来可充塞整个平面，形成图 1.4 所示的蜂窝结构. 图 1.5 示出了面心立方、体心立方和密集六角结构的维格纳-塞兹多面体. 面心立方的元胞是十二面体；体心立方的元胞是十四面体(即截角八面体)；分别相似于金属电子论中体心立方点阵与面心立方点阵的第一布里渊区 (Brillouin zone) 周界构成的多面体 (面心立方与体心立方点阵互为倒易关系，而布里渊区的周界则定义为倒点阵中相邻阵点连线的中分平面). 至于密集六角结构中的维格纳-塞兹多面体也是十二面体，但形状和面心立方结构的略有差异. 应该指出，密集六角结构中的两个原子位置是不等同的，对应的维格纳-塞兹多面体虽然外形相同，但取向还是有差异的.

从图 1.5 中可以看出，还存在另外一种拼砌的单元，即以原子

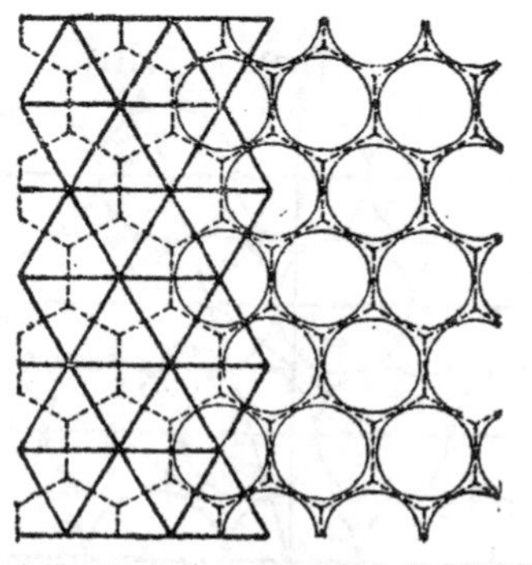

图 1.4 刚球密排面的维格纳-塞兹多边形和间隙三角形.

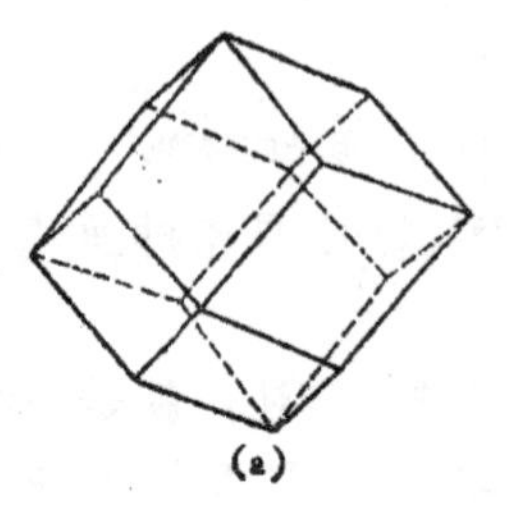

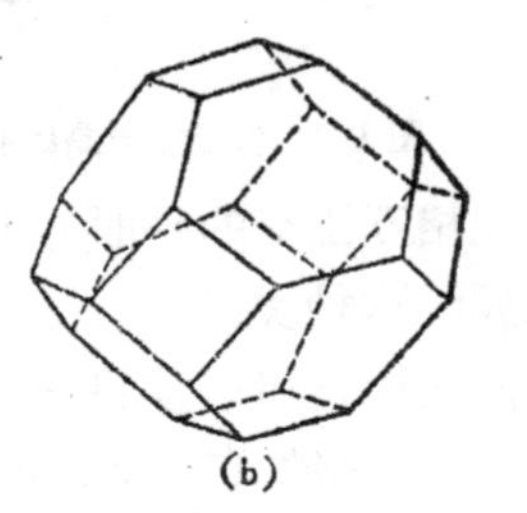

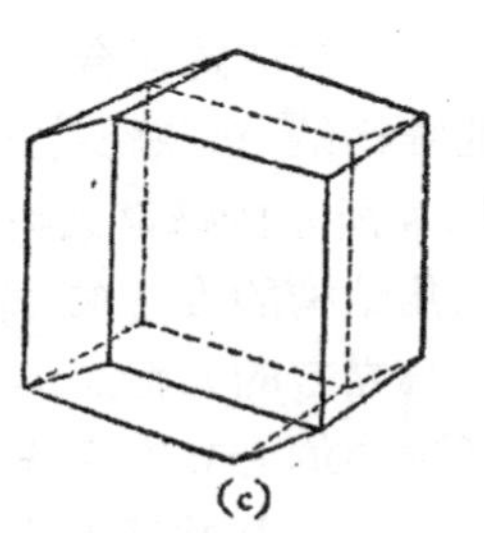

图 1.5 三种典型结构的维格纳-塞兹多面体.
(a) 面心立方; (b) 体心立方; (c) 密集六角.

中心为顶点，间隙为中心的三角形(它和维格纳-塞兹多边形正好互为对偶关系). 利用正、反向两种三角形，也可以无隙缝地拼砌出整个平面. 将它推广到三维空间，拼砌的单元就是间隙多面体. 以密集结构为例，考虑图 1.1 所示的原子排列：在某一层(例如 A 层)中，相邻的三个原子构成一等边三角形，和正对此三角形中心的上(或下)面一层中的 B (或 C) 构成四面体间隙，这样的间隙可以容纳直径为 $0.225D$ (D 为刚球直径)的小球；在 A 层中，相邻三个原子构成的反向的等边三角形可以和相邻层中的三个相邻的 B (或 C) 原子 (其位置相当于 A 原子位置绕垂直于层的轴线转过 $60°$，这样六个顶点构成了八面体间隙，可以容纳 $0.414D$ 的小球. 四面体间隙小，对于空间占有率最为有利，但单独利用四面体间隙，无法拼砌出具有周期结构的晶体，必须补充一些八面体间隙 (参看 §1.6, §4.12)。在密集结构的晶体中，四面体间隙占总间隙数的 2/3，其余是八面体间隙.

至于体心立方晶体，属非密集型，具有更加开放的结构. 很容易令人设想其间隙要比密集结构更大一些，但实际情况要比设想更为复杂，其间隙的情况可以根据图 1.3 来进行讨论：(110) 面上三个相邻原子构成等腰三角形和上(或下)层原子 (其投影位置正好在此三角形长边的中点，在图中用黑点来表示)构成一略有畸变的四面体. 四面体间隙可以容纳直径为 $0.291D$ 的小球，的确比密集结构的四面体间隙稍大一些，间隙处在两层原子之间. 另外，(110) 面上处于菱形顶点位置上的四个原子 (菱形的长对角线和图中虚线画出的矩形的长边相等，短对角线和矩形的短边相等)和上下两层的两个原子(其投影位置在菱形中心)构成一个有畸变的八面体. 这样的八面体间隙呈现四角对称性：沿着菱形短对角线的孔径仅为 $0.154D$，而和它垂直的另外两个方向的孔径为 $0.633D$. 这样，八面体间隙可以容纳的填隙原子要比密集结构八面体间隙小得多，而且有强烈的不对称性，这将对于体心立方晶体填隙式固溶体的性质产生深远的影响(参看 §4.4; §5.7; §5.8).

§1.2 元素的晶体结构

根据元素在周期表上的位置，可以分为 A 类及 B 类：A 类处在周期表的左侧，到 Cu, Ag, Au 之前为止，包括镧系与锕系；B 类处于周期表的右侧. 下面就这两类元素分别讨论 (参看图 1.6).

(a) A 类 在 A 类元素中，具有面心立方、密集六角和体心立方这三种典型的金属结构的占绝大多数．从许多金属中存在有多形性转变的实验事实表明了这三种结构之间能量的差异是不大的．

碱金属一般具有体心立方结构，但在低温可能转变为密集结构．过渡金属的 d 壳层中电子填满一半以上的，一般是密集结构，而未满一半的多半是体心立方结构．比较特殊的是锰，有几种复杂结构的结晶变型 α, β 及 γ 相．值得注意的是：在这些结构中，锰原子往往分处在几组结晶学上非等效的位置，和金属化合物相似，而这些结构也在许多金属化合物中出现（参看 §4.7 及 §4.8）．

镧系的元素一般是密集结构，也出现复杂的密集结构．例如 α-La，Pr，Nd 是六角的四层密集结构；而 Sm 是三角的九层密集结构．

锕系的元素出现复杂的情况：U，Np，Pu 都有复杂结构的结晶变型．例如 β-U 具有四角结构，晶胞中有 30 个原子，分占了 7 种结构上非等效的位置，并和过渡金属合金的 σ 相的结构相似（参看 §4.8）．

(b) B 类　B 类中可大致分为两类：一类用 B_1 来表示，是接近于金属的；另一类用 B_2 来表示，是共价型的．

B_2 类元素的晶体结构基本上决定于具有方向性的价键，其配位数 z 和价数 v 相同，满足下列规律：

$$z = v = 8 - n, \tag{1.3}$$

这里的 n 表示元素在周期表上的族数．例如第 IV 族的元素 Ge、Si、C 等具有配位数为 4 的金刚石结构．

B_1 类的元素大都介乎 A 类与 B_2 类之间．除了 I_B 族中贵金属具有典型的金属结构外；Zn 与 Cd 的结构接近于密集六角，但 c/a 的数值为 1.9，和标准值有较大的差异，因此 12 个近邻就不是等间距的，6 个近些，6 个远些，部分地符合式 (1.3) 的需要；Hg 具三角结构，相当于面心立方结构沿 [111] 方向拉伸了 20%，因而 c/a 和标准值 2.45 有了差异；在第 III 族中，Al 及 Tl 具有典型的金属结构；而 In 为四角结构，相当面心立方沿立方轴拉伸了 8%．

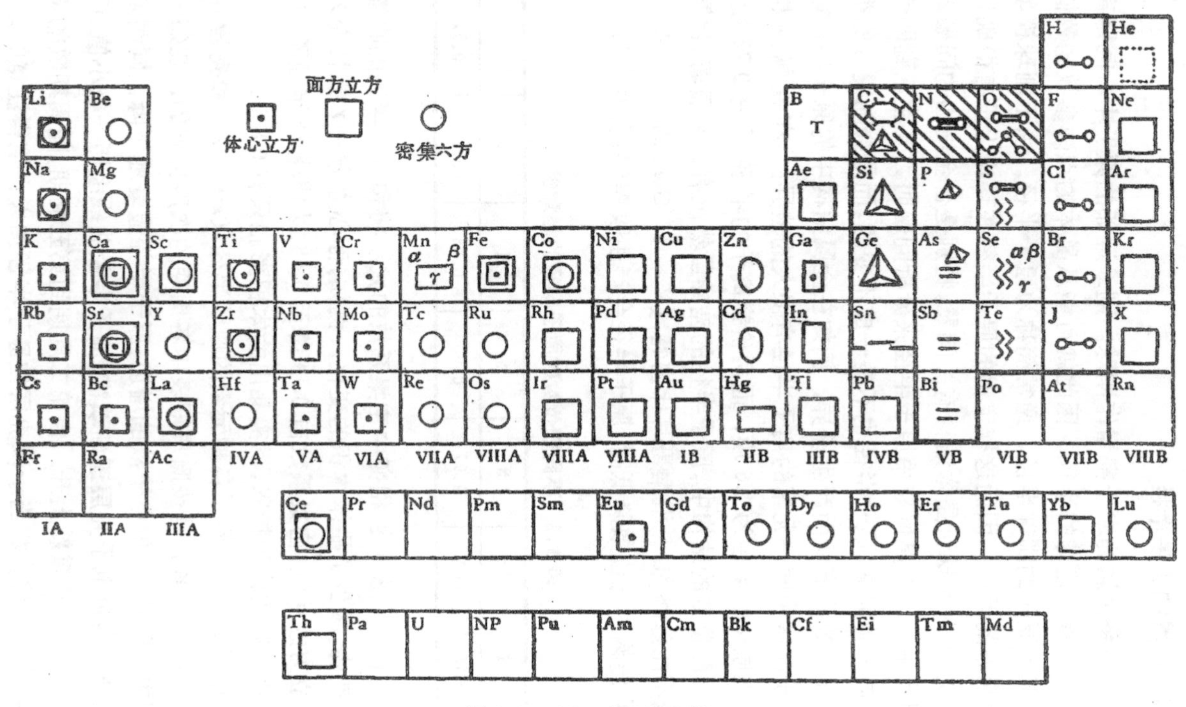

图 1.6 元素的晶体结构[7].

§ 1.3 金属的原子半径

如果将金属的原子都看作刚球，则最近邻的原子中心间距离的一半就等于刚球的半径．因此就可能从晶体的点阵参数的数值来推算出原子的刚球半径，通常简称为原子半径．由于刚球模型只是粗略的近似，因而这样定出的原子半径在理论上没有很确切的含义，但对于探讨晶体结构有关问题，特别是合金结构的问题却是很有用处．在具体应用原子半径来分析问题时，要注意到即使对于同一种元素，原子半径也不是一成不变的，而是会随键合的类型、配位数的高低而产生差异．例如在金属结构中的原子半径就和离子晶体中同一元素的离子半径有很大的差异：在金属结构中，镁原子的半径为 1.6 埃，而两价镁离子的半径只有 0.78 埃．在不同配位数的结构中，原子半径的差异虽然没有这么显著，但同样是不能忽略的．根据哥耳什密特（V. M. Goldschmidt）的总结，当结构的配位数降低时，原子半径会产生收缩（参看表 1.2）．

表 1.2 不同配位数时原子半径的相对值

配位数	12	8	6	4	2	1
原子半径	1.00	0.97	0.96	0.88	0.81	0.72

这样，在多形性相变中密集系数的减小将和原子半径的收缩同时产生，减少了晶体体积的变化．例如，面心立方的 γ 铁转变为体心立方的 α 铁，密集系数自 0.74 降至 0.68．如果原子半径不变，应产生 9% 的体积膨胀，但实测出的体积膨胀只有 0.8%．

在图 1.7 中表示了各种元素的原子半径（$z=12$）和壳层中的电子数的关系，是按照周期表中各周期的次序排列的．在每一周期中，开始时随价电子数的增加，原子半径显著地下降，同时熔点上升．当价电子壳层逐渐填满，原子半径曲线经历一极小值，而在每周期末，复重新上升．自第二周期到第五周期，随周期数的增加，曲线向上移，相当于满壳层使原子半径加大．值得注意的是，

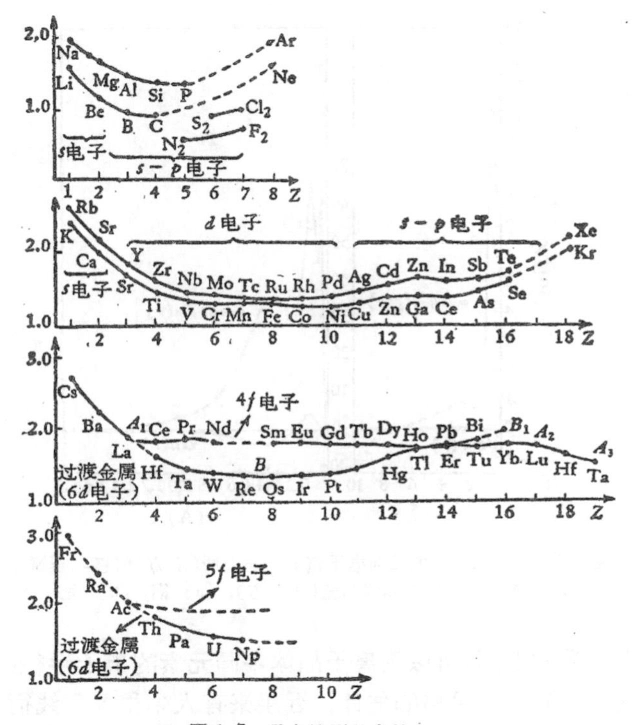

图 1.7　元素的原子半径.

第六周期的情况：镧系元素的原子半径基本上保持不变．当 4f 壳层填满后，原子半径才又下降．如果将曲线 A_2A_3 直接和 A_1 相联，曲线就和第五周期相似，但降得更低些．例如金的点阵参数($a_{25°C}=4.0786$ 埃)比银 ($a_{25°C}=4.0862$ 埃) 还小些．这种由于填满 4f 壳层所引起的收缩被称为镧系收缩．第七周期中原子半径的数据虽还不完备，类似于第六周期，曲线上的平台系对应于 5f 电子．而重元素(钍以后)的原子半径处在下面的曲线上，相当于具有 6d 电子的过渡族．

下面将进一步探讨刚球模型和实际金属结构间的关系．按照自由电子理论：在点阵上的是带正电的离子，而在离子间的空间中充塞着自由运动的价电子．离子虽然没有很明确的边界，但也

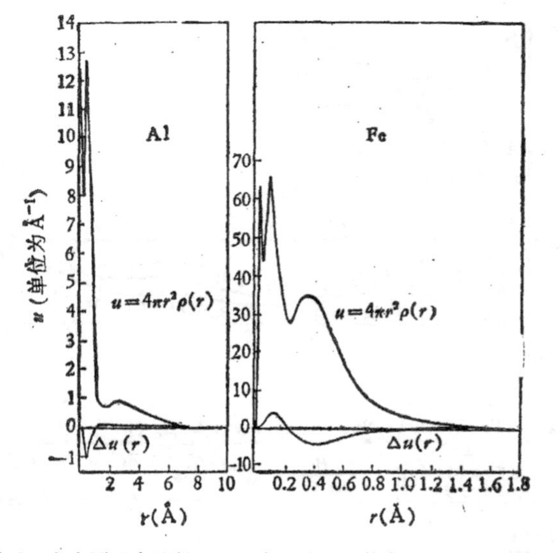

图 1.8 自由原子中的径向电子密度分布曲线(上方)和它与金属中径向电子密度分布曲线的差值(下方). (a) 铝; (b) 铁.

存在有大致的范围,可以用离子晶体中同元素的离子半径(或经过适当的换算),来作粗略的估计. 近年来有人采用X射线衍射方法来测定金属中电子密度的分布, 探究它是否和离散的原子中电子密度分布有差异.实验结果表明,金属中测出的原子散射因素比按离散原子的理论计算值要低4%,这意味着两者确实略有差异(图 1.8),但如何来解释这种差异迄今尚无定论[8].

如将金属的原子半径和相应的离子半径相比较(见图 1.9),可以得出很有意义的结论: 在碱金属中, 原子半径比离子半径要大得多,离子间的空隙很大,电子气所占的体积很大, 被称为开放型的 (open) 金属;而在贵金属中,原子半径和离子半径相差很小,离子间的空隙很小,被称为充满型的 (full) 金属. 图 1.10 给出了两类金属结构的示意图. 由于离子壳层间有斥力, 故充满型的金属的压缩系数很小,并和刚球模型比较接近. 除贵金属外,一般的过渡金属也属于充满型的.

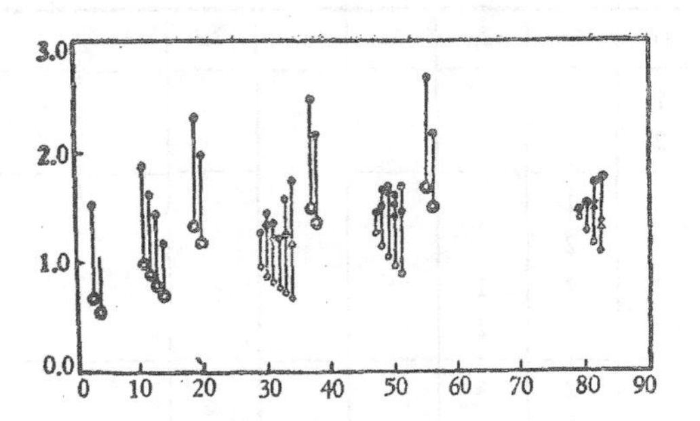

图 1.9 金属的原子半径与离子半径.

●原子半径；○单价离子半径(柴卡里森估计值)；

◆离子半径；◯单价离子半径(泡令估计值).

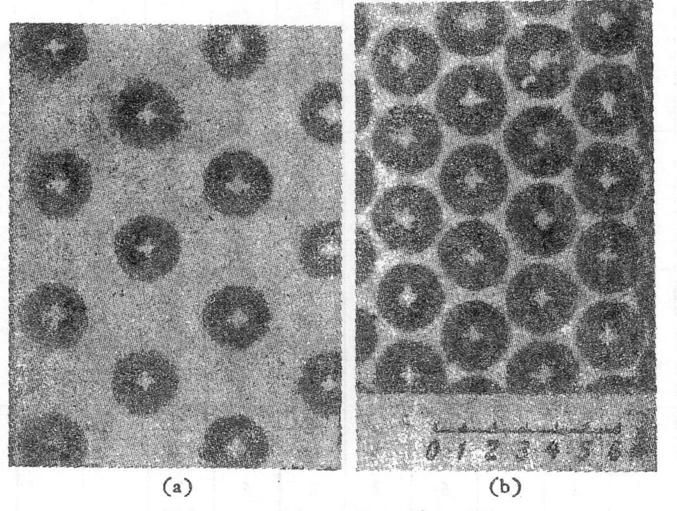

(a) (b)

图 1.10 金属点阵上的离子(示意图).

(a) 钠在(110)面；(b) 铜在(111)面.

§1.4 元素的原子结构

通过光谱学的研究和量子力学的理论解释，绝大部分元素在孤立原子状态的电子结构，基本上已经被搞清楚了. 原子中的电子组态列在表 1.3 中. 从表中可以看出，元素 Li, Na, K, Rb, Cs, Fr 分别相当于第一个电子出现在主量子数为 $n=2, 3, 4, 5, 6, 7$

表 1.3 元素的电子组态

原子序数	元素	1s	2s	2p	3s	3p	3d	4s	4p	4d	4f
1	H	1									
2	He	2									
3	Li	2	1								
4	Be	2	2								
5	B	2	2	1							
6	C	2	2	2							
7	N	2	2	3							
8	O	2	2	4							
9	F	2	2	5							
10	Ne	2	2	6							
11	Na	2	2	6	1						
12	Mg	2	2	6	2						
13	Al	2	2	6	2	1					
14	Si	2	2	6	2	2					
15	P	2	2	6	2	3					
16	S	2	2	6	2	4					
17	Cl	2	2	6	2	5					
18	A	2	2	6	2	6					
19	K	2	2	6	2	6		1			
20	Ca	2	2	6	2	6		2			
21	Sc	2	2	6	2	6	1	2			
22	Ti	2	2	6	2	6	2	2			
23	V	2	2	6	2	6	3	2			
24	Cr	2	2	6	2	6	5	1			
25	Mn	2	2	6	2	6	5	2			
26	Fe	2	2	6	2	6	6	2			
27	Co	2	2	6	2	6	7	2			
28	Ni	2	2	6	2	6	8	2			
29	Cu	2	2	6	2	6	10	1			
30	Zn	2	2	6	2	6	10	2			
31	Ga	2	2	6	2	6	10	2	1		
32	Ge	2	2	6	2	6	10	2	2		
33	As	2	2	6	2	6	10	2	3		
34	Sc	2	2	6	2	6	10	2	4		
35	Br	2	2	6	2	6	10	2	5		
36	Kr	2	2	6	2	6	10	2	6		

表 1.3 （续）

原子序数	元素	1s	2s + 2p	3s + 3p + 3d	4s	4p	4d	4f	5s	5p	5d	6s
37	Rb	2	8	18	2	6			1			
38	Sr	2	8	18	2	6			2			
39	Y	2	8	18	2	6	1		2			
40	Zr	2	8	18	2	6	2		2			
41	Nb	2	8	18	2	6	4		1			
42	Mo	2	8	18	2	6	5		1			
43	Tc	2	8	18	2	6	6		1			
44	Ru	2	8	18	2	6	7		1			
45	Rh	2	8	18	2	6	8		1			
46	Pd	2	8	18	2	6	10					
47	Ag	2	8	18	2	6	10		1			
48	Cd	2	8	18	2	6	10		2			
49	In	2	8	18	2	6	10		2	1		
50	Sn	2	8	18	2	6	10		2	2		
51	Sb	2	8	18	2	6	10		2	3		
52	Te	2	8	18	2	6	10		2	4		
53	I	2	8	18	2	6	10		2	5		
54	Xe	2	8	18	2	6	10		2	6		
55	Cs	2	8	18	2	6	10		2	6		1
56	Ba	2	8	18	2	6	10		2	6		2
57	La	2	8	18	2	6	10		2	6	1	2
58	Ce	2	8	18	2	6	10	2	2	6		2
59	Pr	2	8	18	2	6	10	3	2	6		2
60	Nd	2	8	18	2	6	10	4	2	6		2
61	Pm	2	8	18	2	6	10	5	2	6		2
62	Sm	2	8	18	2	6	10	6	2	6		2
63	Eu	2	8	18	2	6	10	7	2	6		2
64	Gd	2	8	18	2	6	10	7	2	6	1	2
65	Tb	2	8	18	2	6	10	8	2	6	1	2
66	Dy	2	8	18	2	6	10	10	2	6		2
67	Ho	2	8	18	2	6	10	11	2	6		2
68	Er	2	8	18	2	6	10	12	2	6		2
69	Tm	2	8	18	2	6	10	13	2	6		2
70	Yb	2	8	18	2	6	10	14	2	6		2
71	Lu	2	8	18	2	6	10	14	2	6	1	2
72	Hf	2	8	18	2	6	10	14	2	6	2	2

表1.3 （续）

原子序数	元素	1s	2s+2p	3s+3p+3d	4s+4p+4d+4f	5s	5p	5d	5f	6s	6p	6d	7s
73	Ta	2	8	18	32	2	6	3		2			
74	W	2	8	18	32	2	6	4		2			
75	Re	2	8	18	32	2	6	5		2			
76	Os	2	8	18	32	2	6	6		2			
77	Ir	2	8	18	32	2	6	7		2			
78	Pt	2	8	18	32	2	6	8		2			
79	Au	2	8	18	32	2	6	10		2			
80	Hg	2	8	18	32	2	6	10		2			
81	Tl	2	8	18	32	2	6	10		2	1		
82	Pb	2	8	18	32	2	6	10		2	2		
83	Bi	2	8	18	32	2	6	10		2	3		
84	Po	2	8	18	32	2	6	10		2	4		
85	At	2	8	18	32	2	6	10		2	5		
86	Rn	2	8	18	32	2	6	10		2	6		
87	Fr	2	8	18	32	2	6	10		2	6		1
88	Ra	2	8	18	32	2	6	10		2	6		2
89	Ac	2	8	18	32	2	6	10		2	6	1	2
90	Th	2	8	18	32	2	6	10		2	6	2	2
91	Pa	2	8	18	32	2	6	10	(?)	2	4	3(?)	2
92	U	2	8	18	32	2	6	10	(?)	2	4	4(?)	1
93	Np	2	8	18	32	2	6	10	(?)	2	4	5(?)	2
94	Pu	2	8	18	32	2	6	10	5	2	4	1	2
95	Am	2	8	18	32	2	6	10	6	2	4	1	2
96	Cm	2	8	18	32	2	6	10	7	2	4	1	2
97	Bk	2	8	18	32	2	6	10	8	2	4	1	2
98	Cf	2	8	18	32	2	6	10	9	2	4	1	2

的壳层中的情形．这类元素通称为碱金属，都具有相似的化学性质．在外壳层中再填入一个电子，就形成碱土金属．然后电子分别填入 $3d$，$4d$，$4f$，$5d$，$6d$ 等内壳层中．当这些壳层还没有填满的时候，就是过渡元素、稀土元素及锕系元素，也具有金属的性质，但呈现了复杂的化学性质，在化学反应中原子价往往是不固定的．在过渡金属中，这是由于 $3d$ 电子和 $4s$ 电子的能级很接近的缘故；

其余几族的元素，情况也很相似。当这些壳层正好填满，就得到 Cu, Ag, Au 等贵金属. 然后电子填向 p 壳层，金属性就下降了. 有两个 p 电子的元素，如 C, Si, Ge, Sn 等具有金刚石结构，是绝缘体或半导体（Pb 是例外）；有三个 p 电子的元素，如 N, P 都是非金属，As, Sb, Bi 尚保有一定的金属性质；至于四个 p 电子的元素，如 O, S, Se, Te, 以及五个 p 电子的元素（卤族元素），都是非金属. 这些事实表明，具有非球面对称分布的 p 能级倾向于形成共价键.

§1.5 金属键与结合能

长期以来，人们根据半经验的规律，将固体的键合方式划分为四种类型：即离子键、共价键、范德瓦耳斯键与金属键，其中共价键与金属键具有一共同之点：它们的结合是依靠了在原子间的地区有电子电荷的集中，这些电子和邻近的原子核间的静电交互作用是内聚力的主要来源. 电子电荷的集中是相邻原子的外层电子的波函数相重叠的结果. 在另一方面，当然也不能忽视这两种键合方式的差异：金属键不象共价键那样具有方向性和饱和性. 金属键的这个特征和金属的一些突出的性能，例如良好的导电性，良好的范性，易于形成合金等，是密切相关的.

固体的键合强度可以用其结合能来标志，它就等于将晶态拆散为等量的中性原子状态所需要吸收的能量，也就是实验测定的升华热. 表 1.4 列出了结合能的数据. 从表中可以看出：范德瓦耳斯键的结合能最低，一般的金属晶体与共价晶体的结合能是同一数量级，过渡金属的结合能最高.

碱金属表现出最典型的金属键. 它的价电子和离子实（包括惰性气体壳层内的电子）可以明确地分开. 价电子和离子实中电子（简称为实电子）的结合能的差别很大，前者只有后者（考虑结合得最松的实电子）的 1/4—1/8 左右. 因而可以认为只有价电子才参与键合. 表 1.5(a) 中列出了碱金属以及一些多价金属的结合能（平均摊给每一个电子的）. 这些多价金属由于附加核电荷的影

表 1.4 单原子固体的结合能(以千卡/摩尔为单位)

原子序数	元素	结合能	原子序数	元素	结合能	原子序数	元素	结合能
1	H	51.6	33	As	60.6	65	Tb	87
2	He	0.025	34	Se	48.2	66	Dy	87
3	Li	36.5	35	Br	26.7	67	Ho	
4	Be	76.6	36	Kr	2.54	68	Er	
5	B	96	37	Rb	20.5	69	Tm	
6	C	170.4	38	Sr	39.2	70	Yb	87
7	N	85.2	39	Y	103	71	Lu	87
8	O	58.7	40	Zr	125	72	Hf	
9	F	17.8	41	Nb	184.5	73	Ta	184.9
10	Ne	0.511	42	Mo	155.5	74	W	201.6
11	Na	26.1	43	Tc		75	Re	189
12	Mg	35.9	44	Ru	160	76	Os	174
13	Al	74.4	45	Rh	138	77	Ir	165
14	Si	87.0	46	Pd	93	78	Pt	121.6
15	P	75.2	47	Ag	69.0	79	Au	82.3
16	S	53.3	48	Cd	27.0	80	Hg	15.0
17	Cl	35.0	49	In	58.2	81	Tl	43.3
18	A	1.84	50	Sn	72	82	Pb	46.5
19	K	21.7	51	Sb	60.8	83	Bi	49.7
20	Ca	45.9	52	Te	47.6	84	Po	
21	Sc	93	53	I	27.5	85	At	
22	Ti	112	54	Xe	3.57	86	Rn	4.61
23	V	119.2	55	Cs	18.8	87	Fr	
24	Cr	80.0	56	Ba	42.0	88	Ra	31
25	Mn	68.1	57	La	88	89	Ac	
26	Fe	96.7	58	Ce	85	90	Th	
27	Co	105	59	Pr	87	91	Pa	
28	Ni	101.1	60	Nd	87	92	U	125
29	Cu	81.2	61	Pm		93	Np	
30	Zn	31.2	62	Sm	87	94	Pu	
31	Ga	66.0	63	Eu	87	95	Am	
32	Ge	78.0	64	Gd	87	96	Cm	

响,使离子实束缚得更紧些，因而也可以将价电子和离子实分开．从表中可以看出,平均摊给每价电子的结合能的数值是相近似的，

其中第一行元素特别大一些．表中放在括号里面的元素，有电子开始填入了 d, f 壳层，是否能和其他元素一样来看待，这是值得怀疑的．

在单价贵金属中，d 壳层已经填满，形成的离子实就要松散得多．以铜为例：价电子的结合能为束缚得最松的实电子的 2/3，差异就很小．从表 1.5(b) 中可以看出贵金属价电子的结合能数值特别高，约为其他金属的三、四倍．当 d 壳层外再加上第二个或第三个电子(如 Zn, Ga 等)，价电子的结合能就大为下降，接近于正常的数值．其原因可能是附加的核电荷使得 d 壳层大为收缩，而贵金属的异常的结合能是和松散的 d 壳层有关的．

表 1.5　价电子的结合能(里德堡单位)

(a) 碱金属及一些 A 类元素							
Li	0.117	Be	0.123	B	0.103	C	0.137
Na	0.084	Mg	0.058	Al	0.079	Si	0.070
K	0.070	Ca	0.074	(Sc)	0.099	(Ti)	0.090
Rb	0.066	Sr	0.063	(Y)	0.110	(Zr)	0.100
Cs	0.060	Ba	0.067	(La)	0.094	(Ce)	0.068
(b) 贵金属及一些 B 类元素							
Cu	0.260	Zn	0.050	Ga	0.071	Ge	0.063
Ag	0.221	Cd	0.043	In	0.062	Sn	0.058
Au	0.264	Hg	0.024	Tl	0.046	Pb	0.037

(c) 过渡金属(价电子数中包括 d 电子)	
V	0.077
Nb	0.118
W	0.108

过渡金属的 d 壳层没有填满，d 电子对键合应有更显著的影响．实验结果表明过渡金属的结合能特别高（与此有联系的是过渡金属具有高的熔点），而极大值出现在 d 壳层填满一半的情形．如果设想 d 电子也参与键合，过渡族中的最大结合能平均摊给每一个电子，就接近于正常的数值，虽然还略偏高一些（表 1.5(c) 中

的 V, Nb, W).

§ 1.6 液态金属与非晶态金属的结构

在晶态中原子作完全规则的周期性排列，但在气态中原子则处于完全杂乱无章的状态，但要说清楚介乎二者之间的液态(或非晶态)的结构却是比较困难的. 从 X 射线 (及中子) 衍射图象上来看，液态和晶态有着明显的差别[9]：后者出现明锐的布喇格反射；而前者只有一些散漫的光环(见图 1.11). 为了铨释液相的衍射图象，通常引入径向分布函数 (radial distribution function) $\rho(r)$，用下式来定义：

$$n_{r,r+dr} = 4\pi r^2\rho(r)dr, \tag{1.4}$$

这里的 r 为到参考原子的距离，$n_{r,r+dr}$ 为围绕此原子位于半径为 r 及 $(r + dr)$ 的两球面间的原子数. 图 1.12 中的曲线 a 就是根据图 1.11 的衍射曲线所求出的液态钠的 $4\pi^2\rho(r)$ 曲线. 曲线经过两个峰和谷以后，与平均密度曲线 b 趋近. 图中也画出了晶体钠中不同距离的原子数，为一系列分离的直线，但和液态中的分布函数

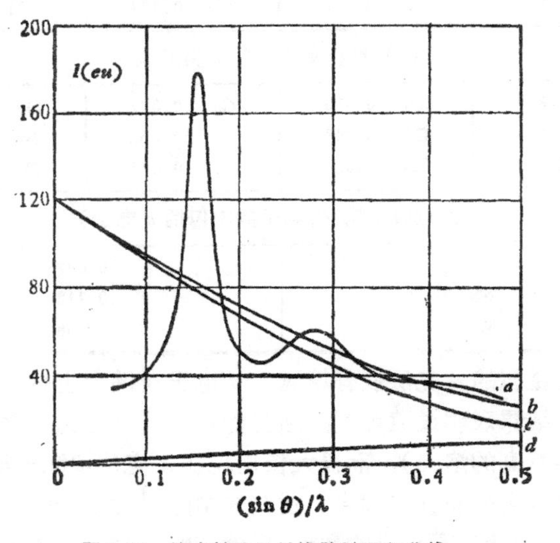

图 1.11　液态钠的X射线散射强度曲线.

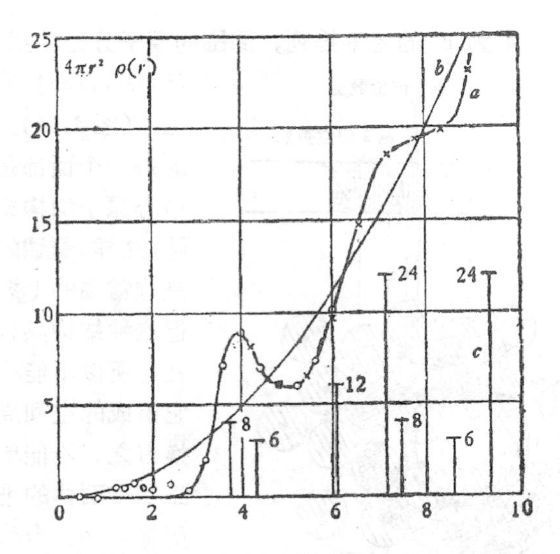

图 1.12　液态钠的径向分布函数.（a）液态钠的径向分布函数 $4\pi r^2\rho(r)$；（b）平均密度函数曲线 $4\pi r^2\rho_0$；（c）晶态钠的近邻分布.

存在一定的对应关系，例如体心立方晶体中的最近邻和次近邻（两者差距甚小）都和液体的第一配位峰相对应．图 1.13 中示意地画出了假想的二维液体结构和径向分布函数曲线之间的关系[10]，最近邻的配位数定义为

$$z = \int_{\text{第一峰}} \rho(r) \cdot 4\pi r^2 dr, \tag{1.5}$$

这种配位数的概念和夫兰克（F. C. Frank）与卡斯珀（J. S. Kaspar）为解释合金结构所提出的广义的配位数有相似之处[11]．古川曾经指出，所有液态金属的径向分布函数（若按同样方法进行计算）基本上都是相似，配位数都很高[12]．所以一般金属在熔化时，体积变化不大（只有 3—5%），而有些具有开放型晶体结构的元素（如锗、镓、铋、锑），在熔化时体积反而收缩．

既然液态金属的近邻配位数只和 12 差异不大，很自然地使人们设想液体中可能存在局域的密集结构（配位数为 12）．夫兰克曾经指出，除了大家熟知的面心立方和密集六角两种结构以外，还

有一种配位数为 12 的密集排列，周围的原子分处在正二十面体 (icosahedron) 的顶点位置上[13](图 1.14)．二十面体的每一个面都是三角形和中心原子均构成四面体间隙，这样，局域的密集程度是非常高的 (参看 § 1.1)，但这种结构具有五重对称性，所以不能构成单纯由它组成的空间周期结构．换言之，不能单纯由这种正二十面体的堆垛来塞满所有空间．当然，它和其他多面体堆垛起来可以构成空间点阵结构，诸如有些复杂的金属间化合物的结构[11] (参看 §4.8 及 §4.12)．但可以设想液态结构就主要由这种不能构成空间点阵的高配位数的原子集团所组成的．伯纳耳 (J. D. Bernal) 对于这种设想作了进一步的发展，提出了无规密集 (dense random packing) 结构的理论[16]．他认为液体结构相当于等径球体不规则地紧密堆集起来，因此在结构中不会包含大到足以容纳另一原子的空洞，而局部的原子集团将具有和长程序不相容的对称性．伯纳耳的设想成为理解液体结构的关键．但有关无规密集结构的特征，很难用数学的形式来表示，通常是采取模拟的方法，或者用物理模型(如滚珠、杆球等)，也有采用计算机模拟的：构筑一系列原子中心的坐标，它应满足几何上的约束条件，即任意两原子的间距不能小于原子直径． 图 1.15 给出了两维的模拟结果．

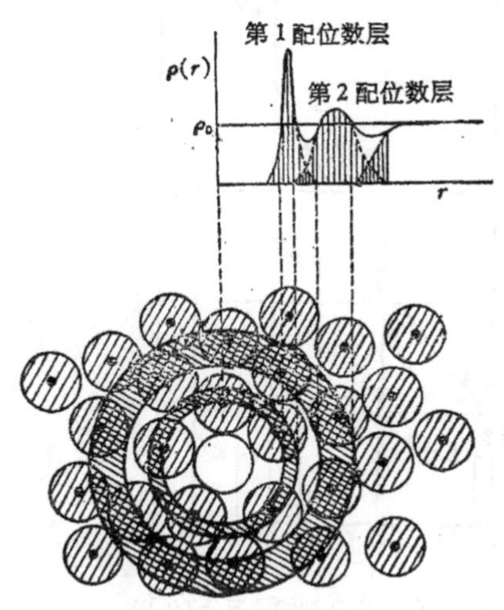

图 1.13 假想的二维液体结构与径向分布函数的关系(示意图)．

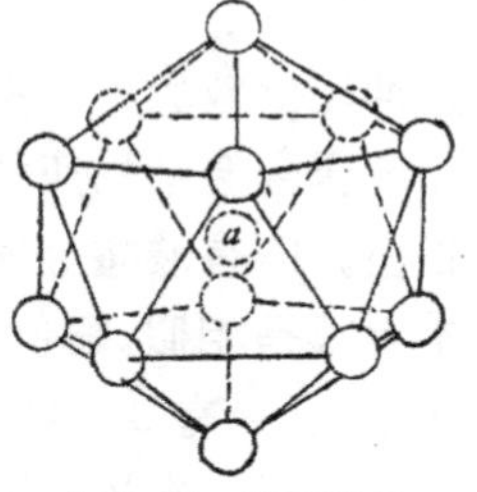

图 1.14 配位数为 12 的正二十面体方式的原子排列(a 为中央的原子)．

图 1.16 为根据模拟的无规密集结构求出的径向分布函数，它和液态氩的径向分布函数的实验值相当接近。但对液态金属来说，由于热运动及实际原子相互作用势的影响，要求在定量上符合就比较困难。

无规密集结构和晶体的一样，也可以分划为许多胞，划分的方

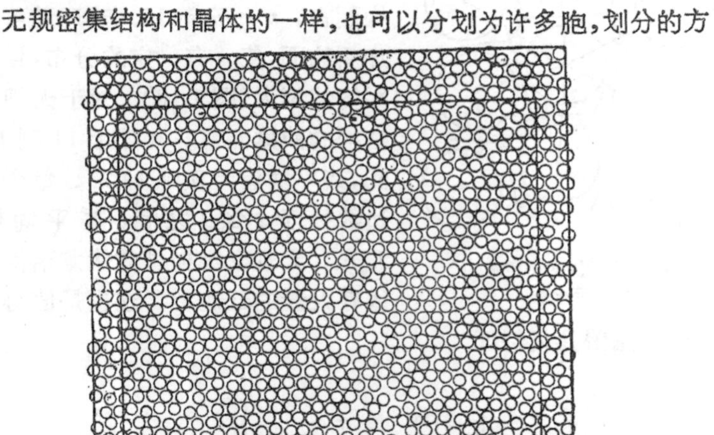

图 1.15　液体中的原子组态的硬碟模拟。

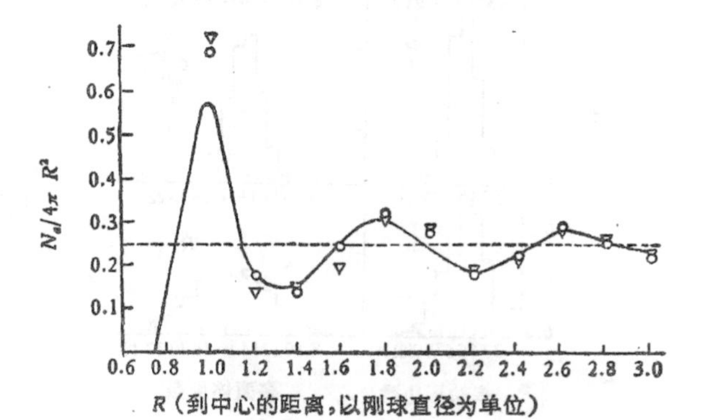

图 1.16　无规密集结构的径向分布函数与实验值的对比．▽斯科脱计算结果；○伯纳耳计算结果；—液氩的实验值．

法和求维格纳-塞兹胞相似（参看 §1.1），即胞的界壁为近邻原子连线的中分平面，这就是伏龙诺伊（Voronoi）胞或多面体（图 1.17）[10]，它具有的面数 n，相当于几何近邻数．就完整静止的密集晶体结构而言，$n = \bar{n} = 12$．热运动可以增加新的面，使 n 有一定的分布，且使其平均值增大(图 1.18)．对于无规密集结构的液体而言，n 处于 11 到 18 之间，其平均值为 $\bar{n} = 14.25$；每个面的边数处于 2 到 9 之间，其平均值为 5.16．无规密集模型的伏龙诺伊多面体有大量的五边形，这也是值得注意的一个重要几何特征．

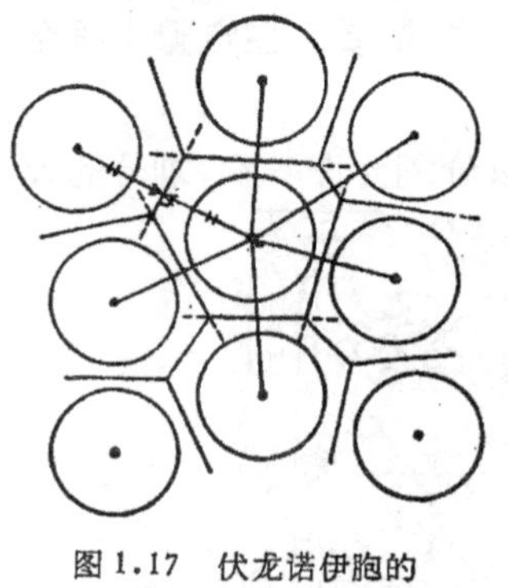

图 1.17　伏龙诺伊胞的两维示意图．

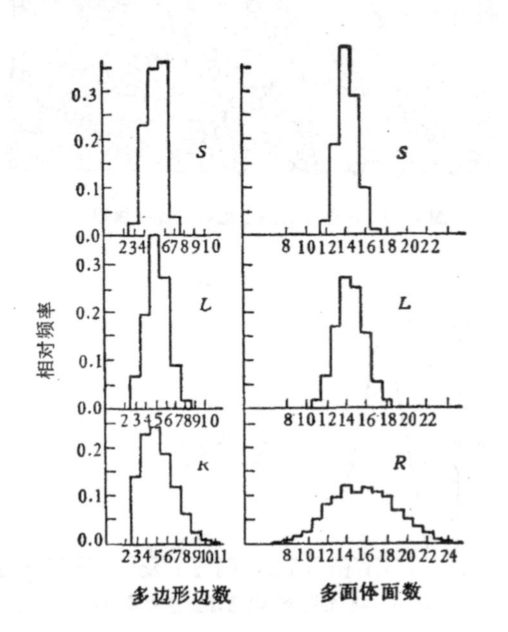

图 1.18　按伯纳耳模型伏龙诺伊元胞面数的分布，S 为有热运动的固体，L 为无规密集液体，R 为无规气体．

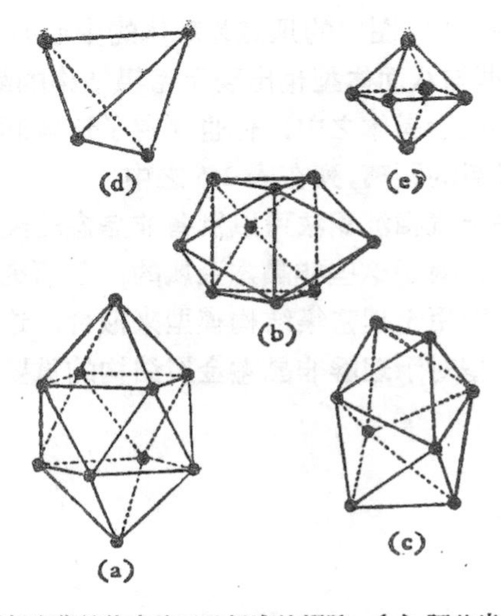

图 1.19 无规密集结构中的五种标准的间隙. (a) 阿基米德反三棱柱，盖以两个半八面体；(b) 三角棱柱，盖以三个半八面体；(c) 四方十二面体；(d) 四面体；(e) 八面体，通常以半八面体形式出现.

另一个重要参量为原子体积. 对于硬球的堆集，可用密集系数 q (见§ 1.1)来表示，密集晶体的 $q = 0.74$. 无规化引入了间隙，使它减小. 无规密集结构的 $q = 0.637$. 因而密集晶体的熔化将产生 16% 的体积膨胀. 这和氩的实验结果符合，但比金属中的实验结果要大，这可能是金属另外有电子气重新分布的缘故. 伯纳耳研究了无规密集结构中的间隙，发现只有 5 种不同类型的多面

表 1.6 无规密集结构中的间隙大小和出现概率

间隙多面体的类型	从中心到顶点的最短距离（以球体直径为单位）	每 100 个球体中的出现数
(a) 阿基米德反棱柱	0.82	1.6
(b) 三角棱柱	0.76	12.8
(c) 四方十二面体	0.62	12.4
(d) 四面体	0.61	292.0
(e) 八面体（通常以半八面体出现）	0.71（全八面体）	4.0（以全八面体计数）

体间隙（参看图 1.19，图中的顶点为球体的中心），其中两种标准的间隙，四面体型与八面体型也出现于密集结构的晶体之中；而其余的三种则不存在于晶体之中．他也测定了这些间隙出现的概率和间隙中心到顶点的距离，列在表 1.6 之中．

采用冷衬底上气相沉积法可以制备非晶态的纯过渡金属，诸如 Co，Fe，Ni 等．对于这些非晶态金属的衍射研究表明，它们的径向分布函数可以用无规密集结构模型来拟合．这些结果显示了无规密集结构模型对于理解非晶态金属结构的重要性．

第二章　金属结构的理论

I. 基于经验规律或半经验规律的金属理论

从基本理论的角度来探讨有关金属结合能与晶体结构类型的选择问题，必须建立在金属电子论的基础上，我们将在第 II 节讨论这个问题.由于问题的极端复杂和理论计算的精度不够，因此要根据这方面的理论来全面而定量地说明许多实际问题，目前还存在不少困难.这样就有许多基于经验规律的理论应运而生，有的应用十分广泛，有的对于说明实际问题颇有裨益；但它们的理论根据往往不够充实，我们在应用时需要注意到这一点.

§2.1　经验的原子相互作用势

在讨论分子中原子的键合或范德瓦耳斯键的晶体（如惰性气体凝固成的晶体）时，通用的方法是采用原子对相互作用势．我们可用图 2.1 所表示一对原子的相互作用势曲线来说明：当原子间距较大时，相互吸引的相互作用势占上风；间距甚小时，相互排斥的相互作用势占上风；在势能曲线的最低点，吸引和排斥相互抵消，对应的距离 r_0 就相当于双原子分子中的原子间距．在固体中，由于存在距离较远的原子间的相互作用，r_0 就不一定等于最近邻原子间距．最常用的是莱纳德-琼斯（Lennard-Jones）势[18]：

$$V(r) = \frac{A_n}{r^n} - \frac{A_m}{r^m}, \tag{2.1}$$

标准的莱纳德-琼斯势，$m = 6$，$n = 12$（参看图 2.1）．系数 A_n，A_m 的数值可以根据点阵参数和升华能的数据导出；也有人调整幂次 n，m 的数值，将 $m = 5$，$n = 7$ 的莱纳德-琼斯势用来描述铬、钼、钨等体心立方过渡金属.

另一种对相互作用势是将吸引和排斥势都表示为指数式的函数，即莫斯（Morse）势

$$V(r) = A\{\exp[-2\alpha(r-r_0)] - 2\exp[-\alpha(r-r_0)]\}. \quad (2.2)$$

也可以根据一些金属的实验数据来求出莫斯势的参数[19]（参看图2.1）．值得注意的是，势能曲线尾部拖得较长，因而较远的原子间的相互作用也需要计入．单纯表示斥力的指数势为玻恩-梅耶（Born-Mayer）势：

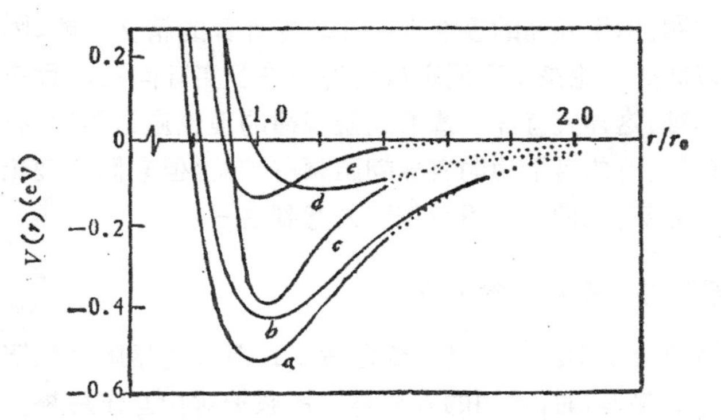

图 2.1　铝原子对的相互作用势．（a）基于升华能的莫斯势（考虑最近邻相互作用）；（b）基于升华能的莫斯势（考虑最近邻与次近邻的相互作用）；（c）基于升华能的 6—12 莱纳德-琼斯势（考虑最近邻相互作用）；（d）基于升华能的 4—7 莱纳德-琼斯势（考虑最近邻相互作用）；（e）基于空位形成能的莫斯势（考虑最近邻的相互作用）．

$$V(r) = A\exp[-\alpha(r-r_0)/r_0], \quad (2.3)$$

这就需要补充适当的吸引势或边界条件才能保持平衡．也有人采用混合型的势，即

$$r(r) = A\exp(-\alpha r) - \frac{A_n}{r^n} - \frac{A_m}{r^m}. \quad (2.4)$$

近年来，由于电子计算机的迅速发展，数值计算能力的大大提高，使原子对相互作用势的表示方式产生一种新的趋向：舍弃单一的解析表达式，而是将晶体划分为几个区域，而每一区域内势函数都表示为 r 的多项式，即

$$V(r)=\sum_{n} A_n r^n, \tag{2.5}$$

但系数 A_n 在不同区域中数值是不一样的. 约翰森(R. A. Johnson)首先用这种形式的势来表示体心立方结构中的铁与钒，系数也是根据一系列的实验数据来确定的[20]. 在金属中，自由电子气的影响可以用附加一项依赖于体积的势函数来估计进去. 在下面讨论金属电子结构理论时，我们将会看到一种由金属电子论导出的原子对相互作用势和图 2.1 中表示的势函数的差异，主要在于出现了长程附加的振荡(参看 §2.6).

采用原子对相互作用势时还需要考虑有关的晶体结构稳定性问题. 晶体结构的力学稳定性不仅表现在晶格结构应对于无限小的均匀膨胀和收缩是稳定的，而且也应对无限小的切变也是稳定的. 玻恩曾经证明，就立方晶体而言，一切不等于零的弹性系数为正值，而且 $c_{11}-c_{12}>0$。c_{44} 的正值保证晶格结构对于 $\{100\}\langle 010\rangle$ 切变是稳定的，而 $c_{11}-c_{12}>0$ 则保证对 $\{110\}\langle 1\bar{1}0\rangle$ 切变是稳定的[21]. 玻恩等的计算表明，莱纳德-琼斯势的面心立方晶体是稳定的，而简立方结构则对 $\{100\}\langle 010\rangle$ 切变是不稳定的，体心立方结构则对 $\{110\}\langle 0\bar{1}0\rangle$ 切变则是不稳定的(除非不现实地假定 $m<n<5$)。

我们可以进一步考究一下这种力学不稳性的根源[21,22]. 弹性系数 c_{ij} 可以表示为畸变能 W 对于应变 e_i 与 e_j 的两阶微商(Ω 为原子体积)

$$c_{ij}=\frac{1}{\Omega}\frac{\partial^2 W}{\partial e_i \partial e_j}, \tag{2.6}$$

因而弹性系数可以表示为$-(r/\Omega)(\partial V/\partial r)$ 及 $(r^2/\Omega^2)(\partial^2 V/\partial r^2)$ 的级数，各项分别对 $r=r_1, r_2, \cdots$ 等处取值.

在一级弹性理论中(略去 e^2 以上的项)，对于简立方结构的 c_{44} 及体心立方结构的 $c_{11}-c_{12}$，最近邻项的贡献均等于零，因而在一级近似中，切变模量为零. 因为这种结构的最近邻键都是平行或垂直于这两种特定的切变面，使得在一级近似中切变不产生键长的变化（参看图 2.2），但在面心立方结构却不存在这一类的特定的切变面．当考虑到次近邻原子的相互作用时，起主要作用的是 $(r_2^2/\Omega^2)(\partial^2V/\partial r^2)_{r=r_2}$，而从图 2.1 上可以看出，它通常是负值，除非 r_2 处于势函数曲线的拐点的左边．因而体心立方结构的稳定性和次近邻的相互作用关系很大．在莫斯势中，远程的相互作用的贡献要大一些，一些结果表明，莫斯势的体心立方结构是稳定的．

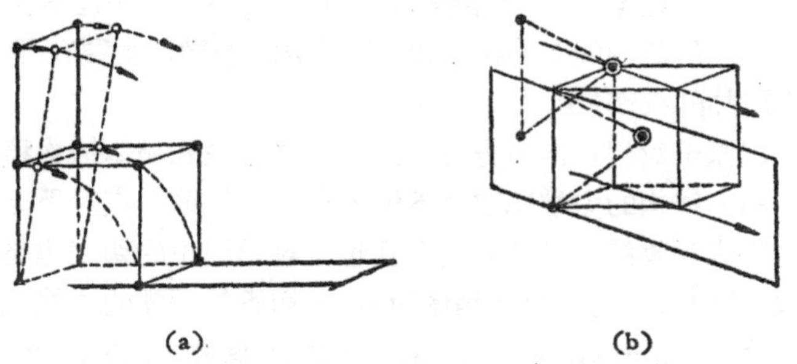

(a)　　(b)

图 2.2　晶体结构对于切变不稳定性的说明．
(a) 简立方；(b) 体心立方．

实际上决定晶体结构稳定性的是热力学的条件，除了上述的力学效应以外，还要考虑熵的影响[23]，这在体心立方结构特别明显．对于具有多型性转变的元素，体心立方结构通常是以高温相的形式出现（γ 铁-α 铁转变是个例外），Ca, Sr, Ti, Zr, Hf, Tl, Th, U, Np 及 Pu 都是如此．正因为存在这种明显的倾向，使得巴瑞特 (C. S. Barrett) 疑心有些只具有体心立方结构的元素在低温时实际上是密集结构．这样就导致他发现 Li 与 Na 在低温时发生体心立方到密集结构的相变[24]，这表明熵的贡献可能使高温下体心立方结构获得稳定．我们可以用直观的例子来说明为什么低温下力学不稳定的结构在高温可以被熵来使它稳定． 设想图 2.3 中所示的理想化的一维晶格模型：原子都受到两种作用力，一种是固定的周期势的作用，另一种来自近邻原子间的弹性联系（用弹簧来表示）．如果只有后一种作用力，它将导致产生和固定周期势相同的原子间距．在绝对零度，原子都处于势能谷之中，当我们升高温度，原子的振动导致有振动熵．设想将原子都位移至势能峰的位置．此时由周期势引起的力常数和弹簧的力常数方向相反，因而导致原子振幅的增大，故当原子处于势能峰的位置时将具有较大的振动熵．当温度足够高时，处于势能峰位置所对应的结构（β 相）的自由能可能会低于处于势能谷位置所对应的结构（α 相）．这样，就导致 $\alpha\rightarrow\beta$ 相变（图 2.3）．至于作为例外的铁，这是和铁磁性有关的电子自旋熵在起作用．没有铁磁性的面心立方结构的 γ 铁具有较大的自旋组态熵，导致它的稳定性．但在更高的温度又转变为具有更加开放性的体心立方结构，这和通常的规律相一致．

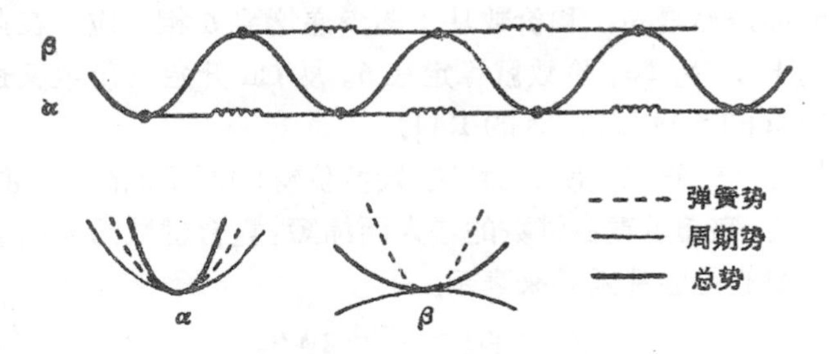

图 2.3 说明为什么体心立方 β 相（相对于 α 相）在高温是稳定的，但在低温却是不稳定的．

原子对相互作用的另一后果是弹性系数的科希（Cauchy）关系式应该成立．对立方晶体而言，即要求 $c_{44}=c_{12}$．对于实际的金属晶体，这个关系式并不成立，这也表明了原子对相互作用势的局限性．我们将在后面的 § 2.6 中从金属电子论的角度来探讨原子对相互作用势的物理根源．

§ 2.2 金属的化学键理论

泡令在其有关化学键本质的专著中提出了一套处理金属键问题的半经验的方法[6]．他设想金属键是一种不饱和的共价键．他对于有机化合物中的苯环结构的研究表明，当可能存在不同组态的共价键时，在不同组态之间共振而构成一种低能量的结构．共振的概念也使单个电子或三个电子的共价键成为可能，其键能分别等于单键或三重键的一半．泡令将这种共振键的概念应用于过渡金属，它将 $(n-1)d$ 壳层中的电子分为两类：一类属原子轨道，另一类属键合轨道．原子轨道的电子局域于原子内是物质磁性的根源，而键合轨道则与 ns 及 np 电子杂化而形成共价键，对金属的键合有贡献．它们也将在一组键合位置之间发生共振．设 v 为价数(即每原子贡献的键合电子数)，配位数为 z，则将 $n=v/z$ 定义为重键数．

泡令根据一系列的物性来确定金属元素在构成金属键时的价数．例如第一个长周期中，从 K, Ca, Sc, Ti, V 到 Cr，硬度，密度和键合能都是递增的，和价数从 1 逐步递增到 6 相对应．在此之后的 Mn, Fe, Co, Ni，价数就稳定在 6，从 Cu 开始，价数又逐步下降，从 Cu 的 5.44 降至 As 的 1.44．

有机化学的研究表明，三种炭-炭共价键的原子间距(即键长)是不相等的，它随着重合键数的增大而缩短，重合键数为 n 的键长可以用下面的经验关系式来表示：

$$d_n = d_1 - 0.70\log_{10} n. \quad (2.7)$$

泡令认为金属键也存在类似的如下规律：

$$d_n = d_1 - 0.60\log_{10} n. \quad (2.8)$$

他就是根据这个关系式来定出一系列元素的单键金属半径 $r_1=(1/2)d_1$．

泡令的理论直观性强，能够对于过渡金属的结合能、磁性及点阵参数的数据给出统一的定性的解释，这是它的优点．另一方面，这种理论存在的问题也不少：理论的物理根据不够充实；金属元素价数的确定，带有很大的任意性；为了谋求和实验数据协调，不同的作者导出的数值分歧很大．

恩格耳斯 (N. Engels) 与布鲁纬尔 (L. Brewer) 提出了另一种经验的对应关系[25]．他们认为金属的键合是由处于价态的原子结合而成，因而结合能的计算要从价态的最低原子能级算起．价态的原子具有特定的电子组态，包含有一个 s 电子，或两个 sp 电子，或三个 sp^2 电子以及有许多不成对的 d 电子，这些不成对的电子提供键合的可能性. 金属的结合能是随着不成对的电子数的变化而变化的. 图 2.4 表示出了第二过渡族的情况: $5sp$ 电子的结合能随原子序数的提高平缓地向上升,而每个$4d$电子的结合能则随着不配对的电子数的升高而下降, 在电子数为 5 时到达一极小值,这可能是 d 电子之间相互干扰所造成的.

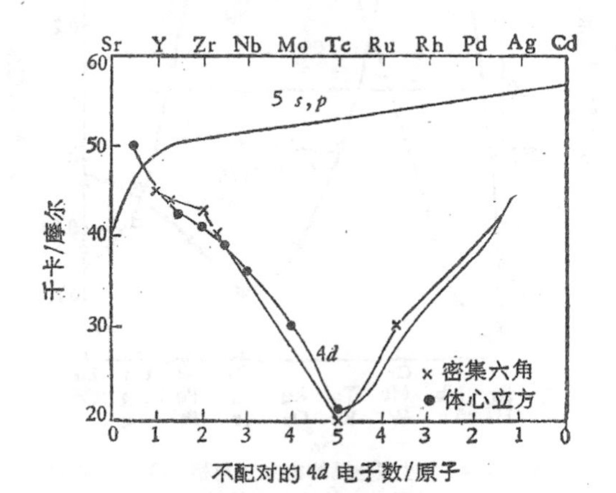

图 2.4 单个电子价态的结合焓(第二长周期的过渡族).

他们还认为原子外围的 s, p 电子数和晶体结构存在对应关系,当 s, p 电子数为 1, 晶体将具有体心立方结构;电子数为 2 时, 晶体将具有密集六角结构;电子数为 3, 则对应于面心立方结构.

恩格耳斯与布鲁纬尔理论的优缺点和泡令理论很相似. 经验的对应关系虽有其成功之处,但也不免有牵强附会的地方,例如要解释铜是面心立方结构,就要假定有 2 个 d 电子进入 s, p 能级. 这种设想和费密面的实验结果并不一致.

考夫曼 (L. Kaufman) 对于过渡金属的晶格的稳定性采用更纯粹的总结经验规律的办法[26],三种基本结构(体心立方, 密集六角,面心立方) 的稳定性总结示在图 2.5 及图 2.6 之中. 为了简化起见,假定了周期表上同一列而不同行的元素(如 Nb/Ta, Ru/Os 等)具有相同的稳定性参量. 部分的元素(如 Fe, Mn) 由于磁性的影响,偏离了规律, 这些就没有画在图上. 考夫曼利用图 2.5 中所

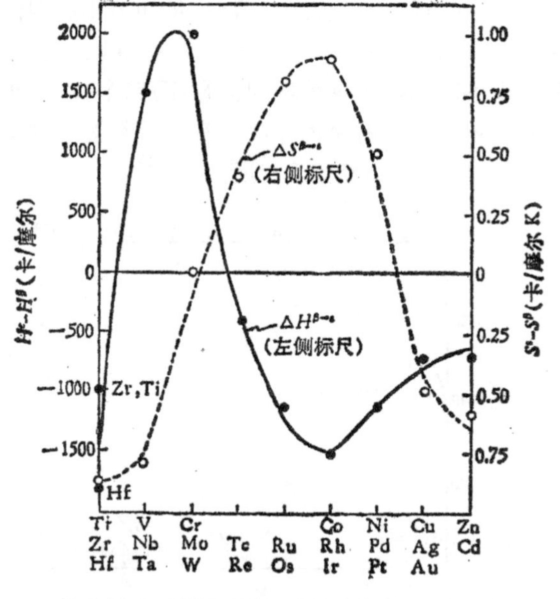

图 2.5(a) 过渡金属的密集六角相(ε)与体心立方相(β)的焓差与熵差.

示的晶格稳定性参量的数据,计算了许多种二元合金的相图(计算方法参看 § 3.8),得到尚称满意的结果.

另一种在材料科学中应用颇广的经验规律是利用和化学键有关的键参数作为坐标来作图,从而区分各种材料在性能上的差异. 早在三十年代,泡令就提出了电负性(electronegativity)的概念. 他将电负性代表元素中的原子在分子中吸引电子的能力. 当化学键两边原子的电负性相差较大时,价电子即偏向电负性大的原子这一侧,形成离子键 A^+B^-; 反之,若电负性相近时,则形成共价键 A:B. 一般化学键 AB 中的电子分布应介乎上述两种极端情况之间. 泡令认为,共价键中两个原子的电负性差值愈大,则离子性愈强,其实际分子的能量也偏离纯共价键的能量. 这一能量偏离值应与电负性差值有某种平行关系. 他假定:纯共价键 A:B 的键能 E_{AB} 为 A:A 键能 E_{AA} 和 B:B 键能 E_{BB} 的算术平均值,实际的

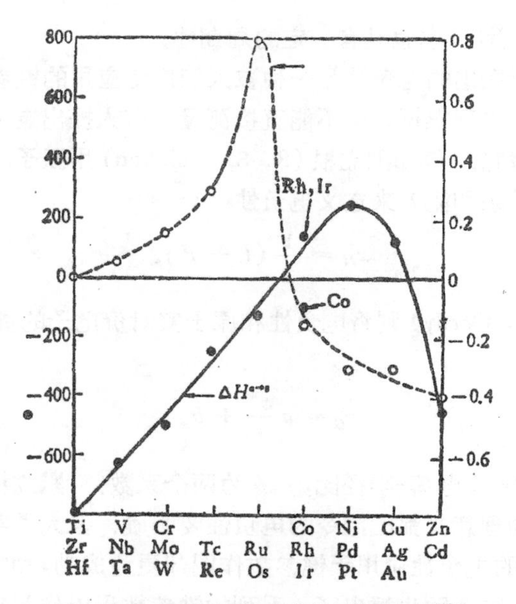

图 2.5(b) 过渡金属的密集六角相(ε)与面心立方相(α)的焓差与熵差.

键能 E_{AB} 对纯共价的偏离值 ΔE 为

$$\Delta E = E_{AB} - \frac{1}{2}(E_{AA} + E_{BB}). \tag{2.9}$$

他发现$\sqrt{\Delta E}$具有可加性，提出如下的经验性关系式：

$$\Delta x = 0.208\sqrt{\Delta E}, \tag{2.10}$$

这里的 Δx 定义为 A，B 两原子的电负性差. 按照上式假定，ΔE 应恒为正值，但有些情况实测 ΔE 是负值；在这种情况下，可用几何平均值来代替算术平均值，令

$$\Delta E' = E_{AB} - \sqrt{E_{AA} \cdot E_{BB}}, \tag{2.11}$$

并令

$$\Delta x = 0.182\sqrt{\Delta E'}. \tag{2.12}$$

若干化学键的ΔE、$\Delta E'$、$0.18\sqrt{\Delta E'}$数值列于表2.1之中.泡令假定氢的电负性为 2.1，从而求出各元素的电负性数值（见表

2.2)．可以看出，它也具有一定的周期性．

泡令所提出的电负性是一种被人们广泛应用的键参数，但是缺乏严格的物理根据，又不能直接测量．有人提出定义不同的电负性来代替它．例如默立根（R. S. Mulliken）用原子的第一电离势 I 和电子亲和能 E 来定义电负性：

$$x_M = \frac{1}{2}(I + E), \tag{2.13}$$

而哥代（W. Gordy）则将电负性和原子实对价电子的静电力联系起来，即

$$x_G = a\frac{z^*}{r} + b, \tag{2.14}$$

这里的 z^*/r 为电荷-半径比，a、b 为两个系数．默立根与哥代的电负性的物理意义都比泡令的电负性要明确．但大量实验数据却表明，泡令的电负性应用于键参数作图却更为成功，和实验数据符合得较好．陈念贻也提出了一系列的键参数用以作图来区分材料的性质[27]：例如用 $\sum z/r_k$（即组分元素的电荷-半径比之和）为纵坐标，Δx（即组分元素的电负性之差）为横坐标，就可将正常价化合物与不服从原子价规律的金属化合物在图上区分开来（图 2.6)．近年来米德玛（A. R. Miedema）等人也致力于利用键参数来探求金属与合金的经验规律，例如他导出了过渡金属二元合金形成热的经验表达式如下[28]：

$$\Delta H_f = x(1 - x)\{-P(\Delta\phi^*)^2 + Q(\Delta n^{\frac{1}{3}})^2 - R\theta_s\theta_d\}, \tag{2.15}$$

这里的 x 表示原子成分，P, Q, R 为正值的系数，$\Delta\phi^*$ 为金属功函数的差值，是类似于电负性的一个参量，Δn 则为表示电荷密度失配参量，$\theta_s\theta_d$ 为 s–d 相关性参量，具有相关性的合金 $\theta_s\theta_d = 1$，否则为零．

总之，利用键参数来说明或预测材料的物性方面是有其成功之处的，但它的物理依据却并不清楚．菲立浦（J. C. Phillips）提出其中可能蕴含着一种量子标度规律（quantum scaling law）的见解是颇值得注意的[29]，但也需要做进一步的工作来澄清这个问题．

表 2.1 若干化学键的 ΔE、$\Delta E'$、$0.1\sqrt{\Delta E}$ 和 $0.18\sqrt{\Delta E'}$

化学键	ΔE	$\Delta E'$	$0.1\sqrt{\Delta E}$	$0.18\sqrt{\Delta E'}$
H—F	64.2	72.9	1.7	1.5
H—Cl	22.1	25.4	1.0	0.9
H—Br	12.4	18.2	0.7	0.8
H—I	1.3	10.1	0.2	0.6
O—H	46.9	41.8	1.4	1.2
S—H	3.5	8.3	0.4	0.5
N—H	22.1	30.1	1.0	1.0
P—H	−1.3	3.3	0	0.3
As—H	−9.5	0.8	0	0.2
C—H	5.2	5.8	0.5	0.4
Si—H	−2.8	4.0	0	0.4
C—Si	6.7	10.0	0.5	0.6
C—N	9.0	13.2	0.6	0.7
C—O	25.9	31.5	1.1	1.0
C—F	45.5	50.2	1.4	1.3
C—Cl	8.0	9.1	0.6	0.5
C—Br	1.3	4.0	0.2	0.3
C—I	−2.2	2.6	0	0.3
Si—O	50.5	50.7	1.5	1.3
Si—S	7.6	7.8	0.6	0.6
Si—F	89.9	90.0	2.0	1.7
Si—Cl	35.6	36.2	1.2	1.1
Si—Br	24.9	25.0	1.0	0.9
Si—I	11.7	11.8	0.7	0.6
Ge—Cl	49.7	50.8	1.5	1.3
N—F	27.0	27.0	1.1	0.9
N—Cl	−0.5	0.5	0	0.1
P—Cl	24.4	24.5	1.0	0.9
P—Br	16.7	16.7	0.8	0.7
P—I	7.7	8.3	0.6	0.5
As—F	76.9	77.0	1.8	1.6
As—Cl	23.8	25.8	1.0	0.9
As—Br	17.4	18.0	0.9	0.8
As—I	7.5	7.5	0.6	0.5
O—F	9.3	9.3	0.6	0.5
O—Cl	2.9	4.6	0.4	0.4

表 2.1 （续）

化 学 键	ΔE	$\Delta E'$	$0.1\sqrt{\Delta E}$	$0.18\sqrt{\Delta E'}$
S—Cl	5.2	5.3	0.5	0.4
S—Br	2.2	2.2	0.3	0.3
Cl—F	13.4	14.5	0.8	0.7
Cl—Br	0.2	0.6	0.1	0.1
Cl—I	3.2	4.5	0.4	0.4
Br—I	1.4	1.7	0.2	0.3

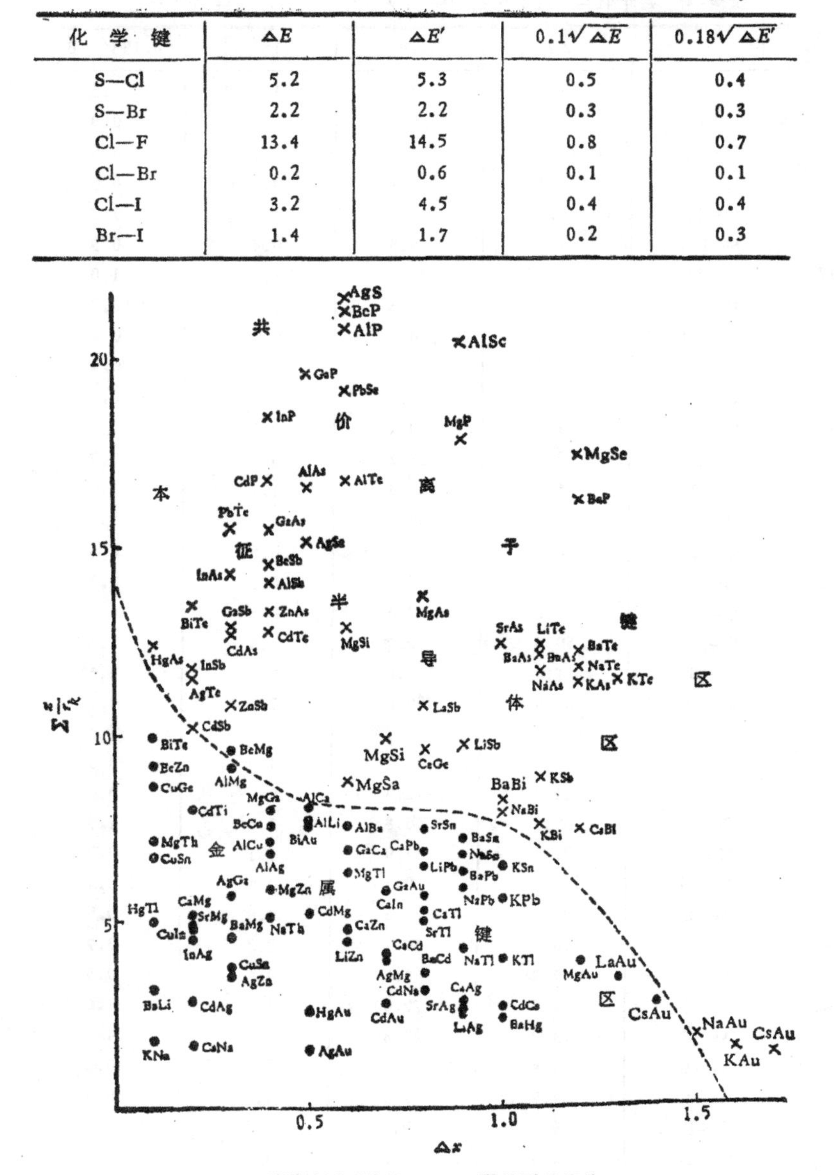

● 不服从原子价律　　× 服从原子价律

图 2.6　键参数图用以表明金属键形成的条件[27]。

表 2.2 泡令的电负性值

Li	Be	B											C	N	O	F
1.0	1.5	2.0											2.5	3.0	3.5	4.0
Na	Mg	Al											Si	P	S	Cl
0.9	1.2	1.5											1.8	2.1	2.5	3.0
K	Ca	Sc	Ti	V	Cr	Mn	Fe	Co	Ni	Cu	Zn	Ga	Ge	As	Se	Br
0.8	1.0	1.3	1.5	1.6	1.6	1.5	1.8	1.8	1.8	1.9	1.6	1.6	1.8	2.0	2.4	2.8
Rb	Sr	Y	Zr	Nb	Mo	Tc	Ru	Rh	Pd	Ag	Cd	In	Sn	Sb	Te	I
0.8	1.0	1.2	1.4	1.6	1.8	1.9	2.2	2.2	2.2	1.9	1.7	1.7	1.8	1.9	2.1	2.5
Cs	Ba	La—Lu	Ht	Ta	W	Re	Os	Ir	Pt	Au	Hg	Tl	Pb	Bi	Po	At
0.7	0.9	1.1—1.2	1.3	1.5	1.7	1.9	2.2	2.2	2.2	2.4	1.9	1.8	1.8	1.9	2.0	2.2
Fr	Ra	Ac	Th	Pa	U	Np—No										
0.7	0.9	1.1	1.3	1.5	1.7	1.3										

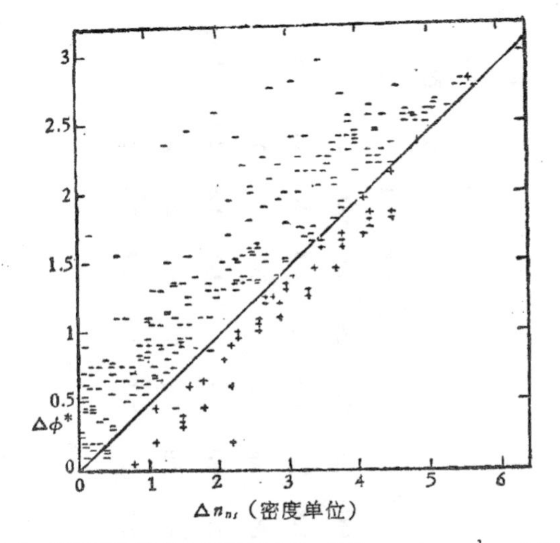

图 2.7 两过渡金属化合物的形成热，利用 $\Delta\phi$ 与 $\Delta n^{\frac{1}{3}}$ 双坐标作图，正号表示 $\Delta H_f>0$；负号表示 $\Delta H_f<0$. 如果式(2.15)能正确成立，正、负号的区域将为直线所分开[28].

II 金属电子论

金属的电子结构属于金属物理最基本问题之一，人们已经对它进行过大量的理论和实验的探讨. 在简单金属的情形中，离子实和价电子可以截然分开，前者作为一个整体是局域化的，而后者则是公有化的. 建立在近自由电子模型基础上的理论取得了和实验结果大致相符的结果. 属于这一类金属的有单价碱金属 Li, Na, K、Rb, Cs 及多价金属 Be, Mg, Ca, Sr, Ba, Zn, Cd, Hg, Al, Ga, In, Tl, Sn, Pb 等. 处于边缘状态的是贵金属 Cu Ag, Au, 它们的部分性能和简单金属相近似，而另一部分性能则接近于过渡金属. 在简单金属范畴以外的有 d 壳层未填满的过渡金属，$4f$ 壳层未填满的稀土金属和 $5f$ 壳层未填满的锕系金属. 这些未填满的内壳层的电子的能级却和 s, p 传导电子相接近，因此是处于介乎公有化和局域化的状态，需要作特殊的理论处理. 在本章中，我们只能对于金属的电子结构的物理模型作一概念性的介绍，不涉及理论计算的细节[30-32]。

§2.3 自由电子模型

简单金属的电子结构的零级近似便是特鲁德-索末菲(Drude-Sommerfeld)的自由电子模型．按照这个极度简化的模型，价电子完全公有化了，构成了金属中导电的自由电子，离子实与价电子的相互作用完全被忽略，而且自由电子体系被视为毫无相互作用的理想气体。为了保持金属的电中性，可以设想将离子实的正电荷散布于整个体积之中，和自由电子的负电荷正好中和。这被称为浆汁（jellium）模型。

自由电子的波函数为如下一系列的平面波：

$$\psi_K(r) = \left(\frac{1}{V}\right)^{\frac{1}{2}} \exp(i\mathbf{k}\cdot\mathbf{r}), \tag{2.16}$$

这里的 $\mathbf{k}$ 为波矢量，其数值和波长成反比 $|\mathbf{k}| = 2\pi/\lambda$，$V$ 为金属的体积，和边长 L 满足关系 $V = L^3$。

和 k 值相对应的能量可以表示为

$$E_k = \frac{\hbar^2}{2m}k^2 = \frac{\hbar^2}{2m}(k_x^2 + k_y^2 + k_z^2), \tag{2.17}$$

这里 $\hbar = h/2\pi$，h 为普朗克常量，m 为电子的质量．若以 k 为横坐标，E_k 为纵坐标，即得到抛物线型的能带曲线(参看图 2.8)；若以 k_x，k_y，k_z 为坐标轴(即所谓 $\mathbf{k}$ 空间)，等能量面即为以原点为球心的球面(参看图 2.9)。

由于 $\mathbf{k}$ 矢量的诸分量只能等于 $2\pi/L$ 的整数倍(玻恩的周期性边界条件)，因而它在空间作均匀分布，密度为 $(L/2\pi)^3 = V/8\pi^3$，考虑到自旋，$\mathbf{k}$ 空间的态密度可以表示为

$$n(k)dk = \frac{V}{4\pi^3}k^2dk. \tag{2.18}$$

利用式 (2.17)，可将态密度的表示式转化为

$$n(E) = \frac{V}{2\pi^2}\left(\frac{2m}{\hbar^2}\right)^{\frac{3}{2}} E^{\frac{1}{2}}, \tag{2.19}$$

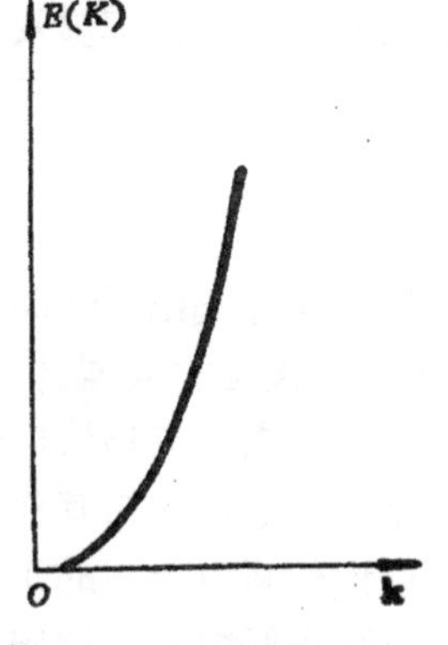

图 2.8　能量作为波矢模的函数.

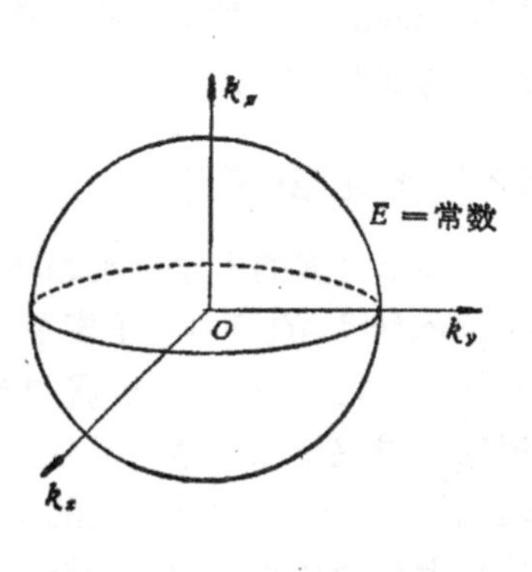

图 2.9　在 **k** 空间的等能量面.

这就是抛物线型的能态密度曲线(参看图 2.10)

在绝对零度时,自由电子体系处于基态,N个电子将占据 $N/2$ 个最低的能级,最高的被占能级为费密能 E_F, 将等于

$$E_F = \frac{\hbar^2 k_F^2}{2m}, \tag{2.20}$$

而

$$k_F = \left(3\pi^2 \frac{N}{V}\right)^{\frac{1}{3}}. \tag{2.21}$$

在 **k** 空间中,被占能级将处于半径为 k_F 的球面之内, 此球面即为自由电子的费密面.

一个电子的平均动能 $\bar{E}$ 等于

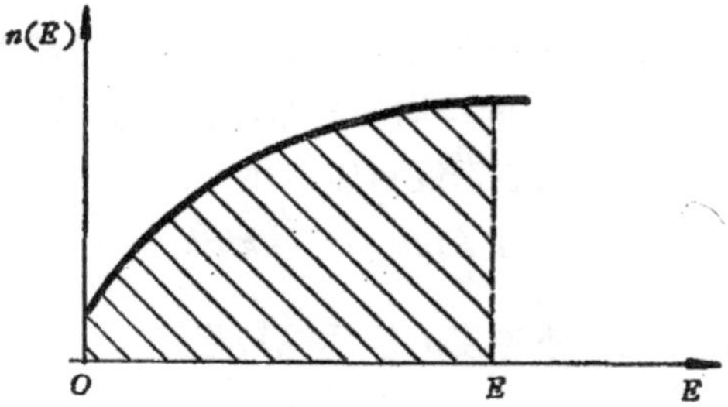

图 2.10　作为能量函数的能态密度.

$$\bar{E} = \frac{1}{N}\int_0^{E_F} n(E)dE = \frac{3}{5}E_F \tag{2.22}$$

在表 2.3 中列出了一些金属的自由电子参量。

表 2.3 金属的自由电子参量

	电子浓度 n_0 $m^{-3}\times 10^{-28}$	费密波矢 k_F $m^{-1}\times 10^{-10}$	费密能 E_F 电子伏
Na	2.5	0.9	3.1
Li	4.6	1.1	4.7
Cs	0.86	0.63	1.5
Ag	5.8	1.19	5.5
Au	5.9	1.20	5.5
Cu	8.5	1.35	7.0

表 2.4 压缩率计算值与实验值的对照

	k_F（原子单位 $=1/0.53$埃$^{-1}$）	E_F（原子单位 $=27.2$电子伏）	$10^{13}K_0$（厘米²/达因）	$10^{13}K$（厘米²/达因）
Li	0.589	0.1735	43.2	87
Na	0.488	0.1192	120	156
Al	0.927	0.4302	4.41	13.4
Cu	0.716	0.2572	15.7	7.2
Ag	0.637	0.2026	29.4	9.9

自由电子模型对于金属传输性能（导电和导热）和电子比热提供定性的解释，而金属的费密能与体积有关，也可以根据此模型求出压缩率 K 的数值。

自由电子气体的压强等于

$$p = \frac{2}{3}\frac{N}{V}\bar{E} = \frac{2}{5}\frac{N}{V}\cdot E_F, \tag{2.23}$$

由于

$$\frac{dp}{p} + \frac{dV}{V} = \frac{dE_F}{E_F}, \tag{2.24}$$

可以求得

$$V\left(\frac{dp}{dV}\right)=p\left[\frac{dE_F/E_F}{dV/V}-1\right]=-\frac{5}{3}p, \tag{2.25}$$

于是压缩率就等于

$$K_0=-\frac{1}{V}\left(\frac{\partial V}{\partial p}\right)=\frac{3}{2}\cdot\frac{V}{NE_F}. \tag{2.26}$$

表 2.4 对照地列出了一系列金属的压缩率的计算值 K_0 和实验值 K，鉴于模型极其粗糙，Na，Li 的结果还过得去，而其他金属则差别较大；值得注意的是，贵金属压缩率都比计算值小得多，这可能是 d 壳层的相斥，使压缩率减小的效应。

§ 2.4 电子-电子相互作用

在自由电子模型中，完全忽略掉电子与电子的相互作用，显然是不符合实际情况的。首先来看看电子与电子的库仑相互作用，我们暂且假定金属中存在着长程的库仑力。这样就面临了一个复杂的多体问题，玻姆（D. Bohm）与派恩斯（D. Pines）作了适当的简化假定，将问题的物理本质揭示出来了[33]：设想电子气体的电荷密度为 $-n|e|$ 和离子实造成的均匀正电荷密度 $+n|e|$ 联系在一起；选择电子气体中的 O 点为原点(图 2.11)，将电子气相对于离子实作径向位移 $u(r)$；这样，在半径为 r 的球面内移走的电荷就等于 $-4\pi|e|nr^2u(r)$。由于库仑场是正比于 $1/r^2$，因而移走的电荷将对距离原点为 r 处的电子产生作用力 $4\pi e^2nu(r)$。电子的运动方程可以用牛顿定律导出为

$$\ddot{u}(r)+(4\pi e^2n/m)u(r)=0, \tag{2.27}$$

这是对 O 点作简谐振动的方程，电荷振荡的角频率等于(引入原子体积 Ω)

$$\omega_p=(4\pi e^2/\Omega m)^{\frac{1}{2}}, \tag{2.28}$$

这就是等离子体振荡(plasma oscillation)，相当于传导电子气的集体激发。等离子体振荡的量子称为等离激元（plasmon），就等于 $\hbar\omega_p$；如果 $n\sim10^{22}$ 厘米$^{-3}$，则 $\hbar\omega_p\sim4$ 电子伏；这要比常温下的热能要大得多，所以通常它不会被电子的热运动所激发。但当高速

电子通过金属膜时就可能激发等离激元，从而使电子能量发生损失(图 2.12)，损失的能量正好等于等离激元的整数倍，这是构成电镜薄膜透射中电子被吸收的主要原因，人们也利用特征的能量损失谱来分析试样中的化学成分.

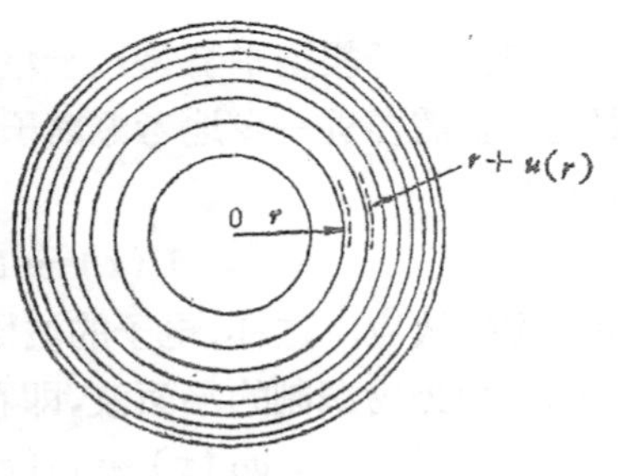

图 2.11 电子气的径向等离子体振荡模式.

在等离子体振荡未被激发的情况下，电子间的库仑相互作用将由电子周围产生一圈电子贫乏区来屏蔽掉，相互作用势将变成 $(e^2/r)\exp(-\alpha r)$ 的形式，随距离增大而迅速衰减到零. 另外，由于电子波函数的反对称性质，使得同自旋的电子受到泡利不相容原理所造成的相互排斥，这就是交换相互作用，也可以在一运动电子周围产生同自旋密度降低的区域，对交换相互作用产生屏蔽. 这样，电子-电子相互作用的结果将使一个运动的电子带着由库仑与交换作用造成的电子贫乏区(被称为相关与交换空穴)一起运动，构成了准粒子(quasi-particle). 准粒子在通常情形下具有相互独立的粒子的许多特征，所以自由电子模型在一定程度上代表了准粒子的集体，这也可以解释为什么这样粗略的模型在许多方面还是很成功的.

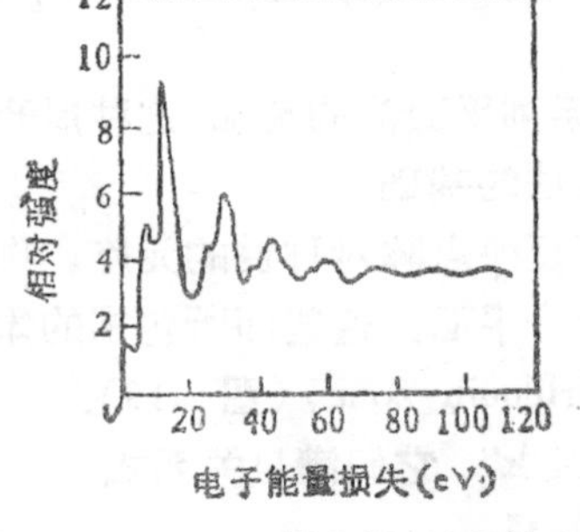

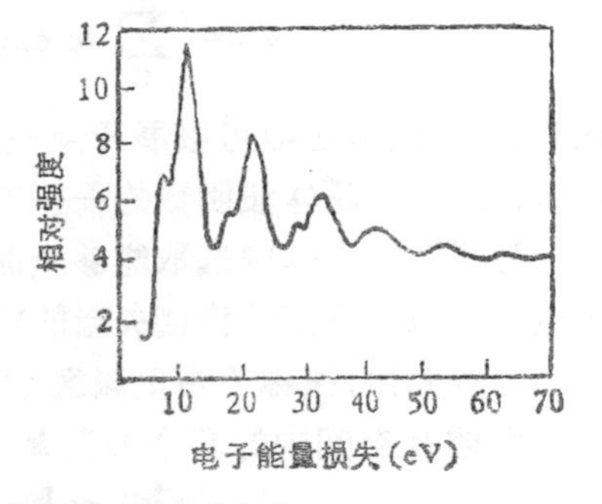

图 2.12 电子被 Al 膜反射的能量损失谱.

§ 2.5 周期势场中的电子

自由电子模型毕竟是过于粗略，不适宜用来定量地说明问题。因此，就需要进一步地考虑离子实的周期势（$\mathbf{R}_j$ 为任一点阵平移矢量）

$$U(\mathbf{r}) = U(\mathbf{r} + \mathbf{R}_j) \tag{2.29}$$

所产生的效应。这样，电子的波函数就不再是单纯的平面波，而是受到周期势场调制的平面波，即布洛赫（Bloch）波

$$\psi_K(\mathbf{r}) = u_k(\mathbf{r})\exp(i\mathbf{k}\cdot\mathbf{r}), \tag{2.30}$$

这里的 $u_k(r)$ 为点阵周期性的函数，即

$$u_k(\mathbf{r} + \mathbf{R}_j) = u_k(\mathbf{r}), \tag{2.31}$$

这样的波函数满足布洛赫定理，即

$$\psi_K(\mathbf{r} + \mathbf{R}_j) = \psi_K(\mathbf{r})\exp(i\mathbf{k}\cdot\mathbf{R}_j). \tag{2.32}$$

引入倒点阵矢量 $\mathbf{G}$，考虑平面波 $\exp(i\mathbf{G}\cdot\mathbf{r})$ 将具有和周期势相同的平移周期性，由于 $\mathbf{G}\cdot\mathbf{R}_j = 2\pi n$（$n$ 为一整数），故

$$\exp[i\mathbf{G}\cdot(\mathbf{r} + \mathbf{R}_j)] = \exp i(\mathbf{G}\cdot\mathbf{r}). \tag{2.33}$$

它和式 (2.31) 中的 u_k 具有相同的周期性，所以 u_k 可以作傅里叶展开，即

$$u_k = \sum_{\mathbf{G}} a_{\mathbf{G}}\exp(i\mathbf{G}\cdot\mathbf{r}), \tag{2.34}$$

而波函数就表示为

$$\psi_k = \sum_{\mathbf{G}} a_{\mathbf{G}}\exp[i(\mathbf{k} + \mathbf{G})\cdot\mathbf{r}], \tag{2.35}$$

这样，布洛赫波函数可以展开为一系列平面波的叠加，这种展开法可以作为计算晶体波函数的一些方法的基础。

为了在倒点阵中选取能够全面反映点阵对称性的元胞，作出垂直于从原点发出的诸倒矢量的中分平面。这些面所包围的体积最小的多面体，被称为布里渊区（Brillouin zone）（图 2.13）。

考虑 $\mathbf{k}$ 空间中的两个矢量 $\mathbf{k}'$ 及 $\mathbf{k}''$，它们满足关系式

$$\mathbf{k}'' = \mathbf{k}' + \mathbf{G}, \tag{2.36}$$

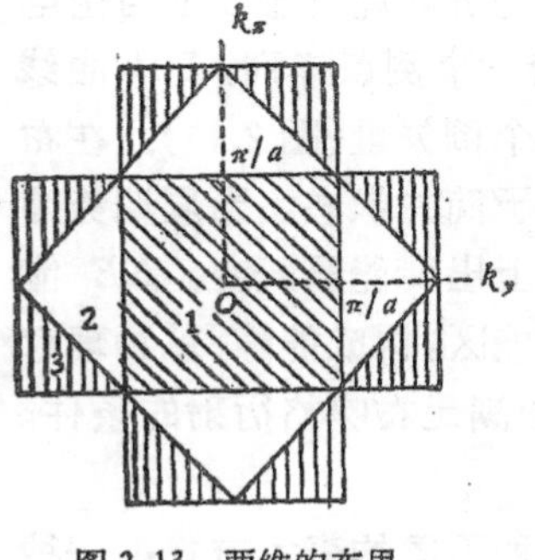

图 2.13　两维的布里渊区(示意图).

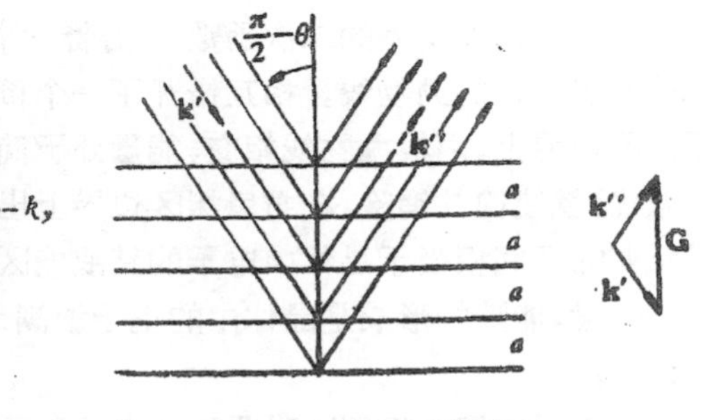

图 2.14　满足布喇格方程的 k 矢量.

那么 $\mathbf{k}'$ 和 $\mathbf{k}''$ 是等效的. 显然，对于任意的点阵矢量 $\mathbf{R}_j$，则

$$\exp(i\mathbf{k}\cdot\mathbf{R}_j)=\exp(i\mathbf{k}''\cdot\mathbf{R}_j), \tag{2.37}$$

因而波函数 $\psi_{k'}$ 与 $\psi_{k''}$ 满足相同的边界条件，可用于描述同一状态. 根据布里渊区的定义，在区的内部不会有两点能满足关系式(2.36)，而处于区外的任意点总可以通过式(2.36)和区内的一点相联系. 我们就可以用处在布里渊区内和周界上的 $\mathbf{k}$ 矢量来表征周期势场中全部的电子态. 这些态的能量可以作为 k 的函数，这种函数是多值的，即对应于同一 k 可以有不同的能量值. 当 k 的变化限止在布里渊区内时，能量也将作连续的变化；能量的不连续变化只能出现在布里渊区的边界上.

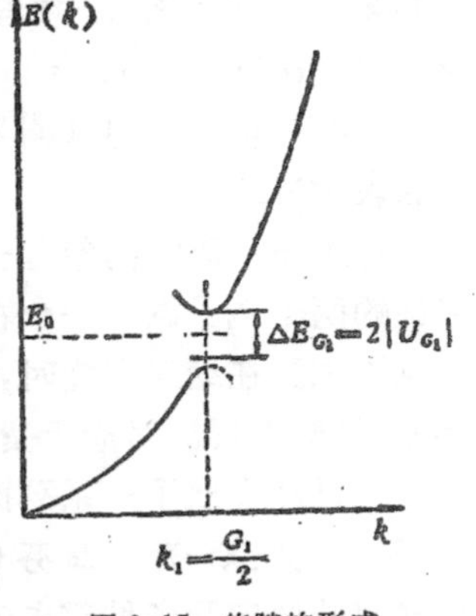

图 2.15　能隙的形成(示意图).

在布里渊区边界上的任意点所对应的 k 值应满足 $k^2=(\mathbf{k}-\mathbf{G})^2$，即

$$G^2-2\mathbf{k}\cdot\mathbf{G}=0. \tag{2.38}$$

引入波长 $\lambda=2\pi/|k|$，掠射角 θ ($\mathbf{k}$ 和点阵平面的夹角)和晶面间距 d_{hkl}，式(2.38)就转化为熟知的布喇格方程 $2d_{hkl}\sin\theta=\lambda$.

当周期势 U 趋于零时，薛定谔方程的解就趋近于表征自由电子的平面波．E 是 k 的二次函数．沿着一个倒点阵列，E-k 曲线就是一组平行的抛物线，相互错开了一个倒矢量(图 2.15)．在布里渊区边界上，两根抛物线相交，能量处于简并状态，当周期势为一微扰，就使简并消除，在布里渊区边界上出现能量跃变，ΔE 能量跃变的区间相当于晶体中电子的禁戒能区，构成能隙．从物理意义上来看，能隙的形成是晶体中的电子波满足布喇格衍射的条件，成为驻波．

在实际应用布里渊区时要注意有几种不同的表示方式：一种是展开区法 (extended zone scheme)，即按到第一近邻，第二近邻…的倒矢量的中分平面，划分为第一，第二，…布里渊区(图 2.16(a))，在各区内能量是 k 的单值连续函数，跨越周界时能量发生不连续的变化；另一种是周期区法 (periodic zone scheme)，将能量表示为 k 的多值周期性函数，在各个区内重复(图 2.16(b))；第三种是约化区法 (reduced zone scheme)，将 $\mathbf{k}$ 空间的所有点子都约化为原点附近的布里渊区中 (图 2.16(c))．我们可以根据需要来选择合适的表示方式．

每个布里渊区内包含一个倒阵点．由于每一能级容许有正负自旋的两个电子态．一个布里渊区的空间正好容纳每个原子的两个电子态．在绝对零度时，所有的被占能态在 $\mathbf{k}$ 空间中构成有周界的区域，其周界对应于费密能级 E_F 在 $\mathbf{k}$ 空间的轨迹，被称为费密面．已经发展了一系列探测金属中费密面的几何形状的实验技术，例如德哈斯-范阿耳芬 (de Hass-van Alphen) 效应，回旋共振，反常趋肤效应及各种磁电效应等，并对于多种金属的费密面进行了测量，为理解金属的电子结构提供第一手的实验资料，对金属电子论的发展产生深远的影响，具体的情况可以参阅有关文献[34]．我们也可以采用哈利森 (R.A. Harrison) 所提出的作图法来约略地估计费密面的形状：在展开区的表示法中，自由电子的费密面为半径等于 k_F 的球面，按照式 (2.21)，得

$$k_F^3 = 3\pi^2(N/V), \tag{2.39}$$

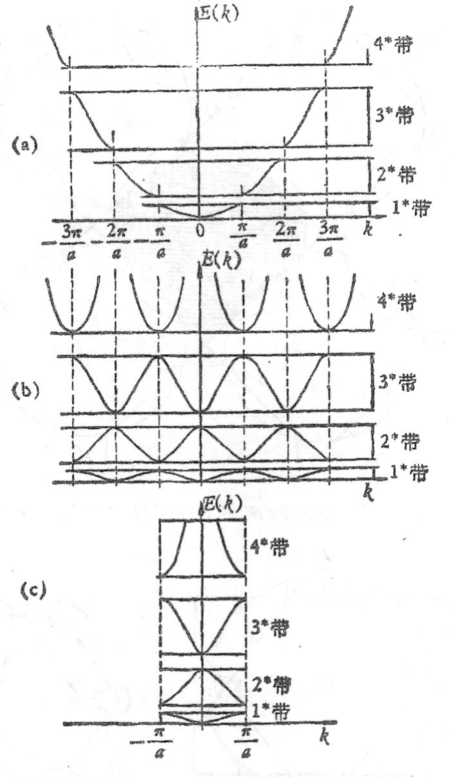

图 2.16 一维布里渊区的三种表示方式(示意图).
(a) 展开区法; (b)周期区法; (c) 约化区法.

这里 N/V 为单位体积的电子数，即 $(N/V) = Z/\Omega$（Z为每一原子的价电子数，Ω为原子体积）. 如果采用约化区的表示法，则可以从每个倒结点都画出相同的球面，不同球面相重叠的区域，分别表示第二，第三，…能带中被占的能态(图 2.17). 实验结果表明许多简单金属的费密面和按哈利森作图法得出的相当接近，只是在靠近布里渊区边界处存在少量畸变而已(图 2.18). 这些结果表明近自由电子 (nearly free elecfron) 模型(即在自由电子气中引入周期势场的微扰)在一定程度上反映了简单金属中的实际情况，可以作为金属电子结构的一级近似.

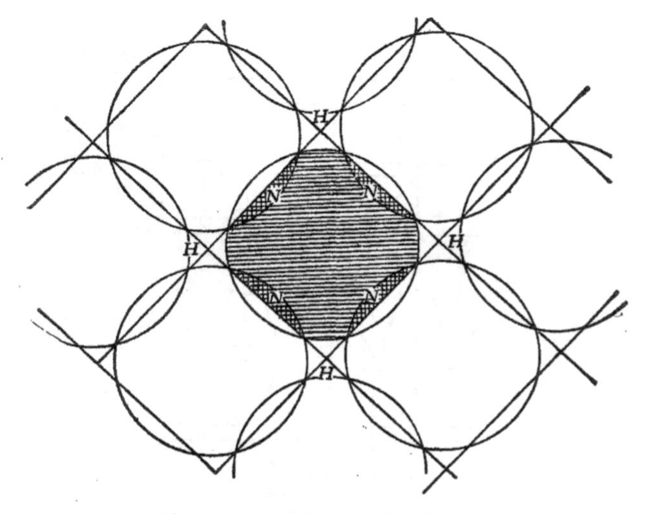

图 2.17　费密面的哈利森作图法(两维的示意图).

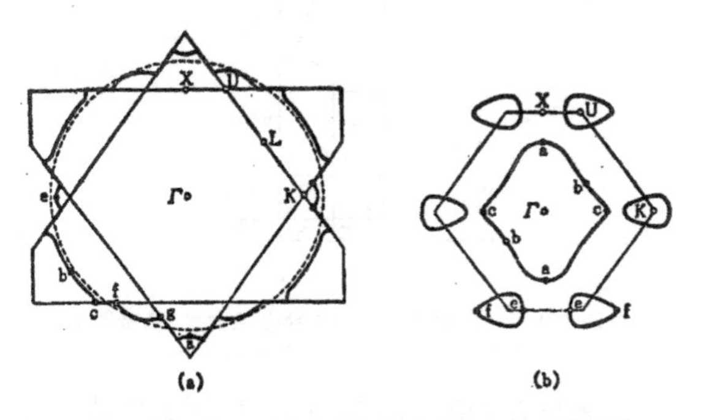

图 2.18　铅的费密面(实验结果和自由电子模型估算结果的比较). (a) 展开区方案; (b) 约化区方案.

为了更详尽地了解金属能带结构(即 E-k 的依赖关系), 已经发展了一系列近似计算方法: 有一类是建立在平面波的基础上的,如平面波展开法,正交平面波法,缀加平面波法等;有一类是建立在原子波函数基础上的,如紧束缚近似和万尼尔 (Wannier) 函数法; 与这两类方法都有所不同的是早期的元胞法以及将元胞法和平面波法结合起来的多重散射法. 有关能带结构的计算方法和计算结果，这里无法详细介绍，请参阅有关文献 [4,5].

§ 2.6 赝势理论与简单金属的结构[35]

近自由电子模型的成功并不足以证明离子对电子的相互作用势 $U(r)$ 确实是微弱的. 在原子核附近，$U(r)$ 可以相当强，造成波函数作原子式的振荡，但是决定电子结构的关键问题在于离子对于入射电子波的散射效应，只要这种散射相当微弱，菲立浦与克莱恩曼 (L.Kleinman) 就提出采用微弱的赝势 (pseudo-potential) 来取代离子的实际相互作用势，使问题大为简化[36].

我们来考虑散射所引起的相移

$$\eta_l = p_l\pi + \delta_l, \tag{2.40}$$

这里 p_l 为一整数，代表内部径向的结点数，从而使 $|\delta_l| < \pi/2$. 由于通常散射公式中的相移都是以 $\exp(2i\eta_l)$ 的形式出现，因此加减 π 的整倍数都对散射没有影响. 这样，散射完全只取决于 δ_l, 对简单金属来说，这一项相当小.

在这种情形下可以引入赝势 U_P, 它所产生的散射相移等于 δ_l (而不等于真实势产生的相移 η_l, 但两者将产生等量的散射). 换言之，我们可以建立一个包含赝势的薛定谔方程，即

$$(-\nabla^2 + U_P)\phi = E\phi, \tag{2.41}$$

其本征值将和包含真实势的薛定谔方程相同.

可以采用不同的方式来推导赝势：有的是根据正交平面波法解析地导出赝势；有的直接构筑模型赝势，其参数用经验数据来确定. 例如一种模型赝势可表示为

$$\begin{cases} U_P = -\dfrac{Ze^2}{r} & r \geqslant R_M, \\ U_P = -A_0 & r < R_M, \end{cases} \tag{2.42}$$

即在离子实半径R以外和真实的库仑势相同，而在离子实范围以内，就用以微弱的恒值势来取代 (图 2.19). 用赝势取代真实势后解薛定谔方程，求出的波函数如图 2.20 所示，从该图中可看出，在离子实以外的区域，基本和真实波函数相同，但在离子实内部，则

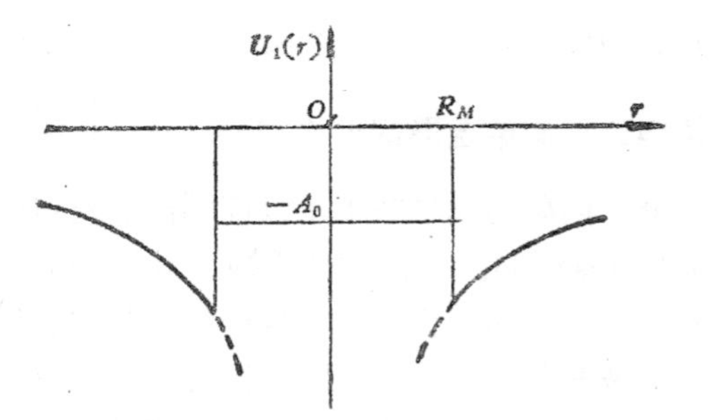

图 2.19　具有电荷 Z 的离子的模型赝势.

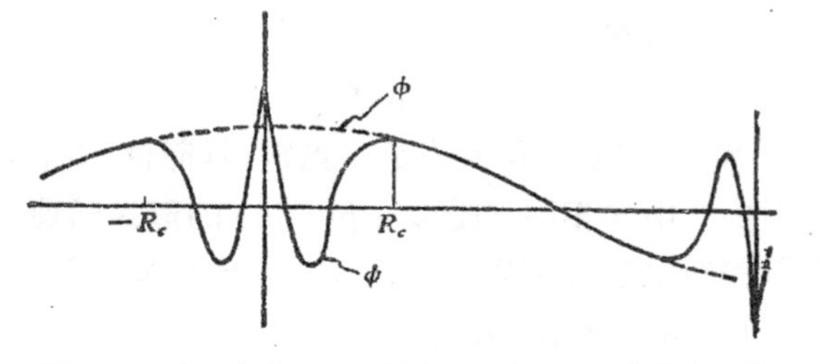

图 2.20　在近自由电子近似中的一个电子的真实波函数（实线）和赝波函数（虚线），R_c 为离子实的半径.

有明显的差异，波函数的大起大落被平滑化了，所求出的能量本征值仍和真实势的情况基本相同，这样，赝势的引入既使长期沿用的近自由电子模型中假设离子和电子只有微弱的相互作用得到了理论依据，同时也便于进行有关电子结构的理论计算，开拓了理论应用的范围[37,38].

显然离子的赝势也将引起周围电子气的重新分布，产生介电屏蔽效应. 每个裸正离子周围将被一团电子“云”所环绕，每团云的负电荷总量恰好等于离子的正电荷 $Z|e|$. 这样，原来的裸赝势 U_P 就要用屏蔽的赝势 U_{PS} 来取代. 从物理概念上来看，应用屏蔽赝势来描述就相当于将金属近似地看作几乎接近独立的赝原子 (pseudo-atom) 的集体，为传统的原子相互作用提供理论依据；另一方面近自由电子模型的屏蔽赝势的表述，很便于计算，可以用以粗略地定量说明简单金属的一系列性质，如能带结构，结合能，晶

体结构的稳定性，传输性能与声子特征；不仅如此，还可以将这种方法推广到包含无序的体系(如合金，晶体缺陷，甚至于非晶态和液态金属)中去，在广泛的领域中取得可观的成效．当然，我们也要注意到赝势也有其不足之处：象同一个原子势可以用不同形式的赝势来模拟，具体如何选择带有一定的任意性；又如赝势是和能量有关，且具有非局域 (non-local) 的性质，对应用带来不便，特别是难于处理象过渡金属中原子能级和导带不能截然区分的情况．

表 2.5　简单金属的结构数据[33]

结构		观测值 Z	R_a	R_a计算值	R_a计算值—R_a观测值	q_0	$R_aq_02\pi$
Li	hcp→bcc	1	3.26	3.76	0.50	0.91	0.472
Na	hcp→bcc		3.93	4.24	0.31	0.87	0.544
K	bcc		4.86	5.36	0.50	—	—
Be	hcp	2	2.35	3.07	0.72	1.44	0.539
Mg	hcp		3.34	3.70	0.36	1.13	0.601
Zn	hcp		2.90	3.09	0.19	1.42	0.655
Cd	hcp		3.26	3.30	0.04	1.28	0.664
Hg	tet.→tri. (A10)		3.35	2.88	−0.47	1.33	0.709
Ca	fcc→bcc		4.12	4.48	0.36	—	—
Ba	bcc		4.66	5.41	0.75	—	—
Al	fcc	3	2.98	3.26	0.28	1.35	0.640
Ga	ort.(A11)		3.15	3.09	−0.06	1.40	0.702
In	tet.(A6)		3.47	3.38	−0.09	1.32	0.729
Tl	hcp		3.58	3.09	−0.49	1.39	0.792
Sn	D→tet. (A5)	4	3.51	3.26	−0.25	1.42	0.795
Pb	fcc		3.65	3.18	−0.47	1.47	0.854

表 2.5 列出了简单金属有关结构的数据，下面就采用赝势理论进行解释．首先来讨论原子半径的问题．值得注意的是，尽管晶体结构不尽相同，各种简单金属的原子半径的差异并不大．这样，我们不妨忽略晶体结构上的差异，采用平均势场中的自由电子模型来进行计算． 一个自由电子的能量可表示为平均势能 V_0 与

动能 $\hbar k^2/2m$ 的总和,即

$$E(k) = V_0 + \frac{\hbar^2 k^2}{2m}, \tag{2.43}$$

势能的计算既要考虑到离子的电势的影响，也要计及均匀分布的电子气的贡献. 我们即可采用式(2.42)所表示的模型赝势来代表离子的势能；而均匀分布的电子气在距离原子球（其体积为$\Omega = 4\pi R_a^3/3$，共有 Z 个原子)中心为 r 处的势能为

$$V_e(r) = \begin{cases} \dfrac{3Ze^2}{2R_a}\left[1 - \dfrac{1}{3}\left(\dfrac{r}{R_a}\right)^2\right] & (r < R_a), \\ \dfrac{Ze^2}{r} & (r > R_a). \end{cases} \tag{2.44}$$

当 $r > R_a$(而 $R_a > R_M$)，式(2.42)与式(2.44)的势正好抵消；因而只需考虑 $r < R_a$ 的区域中势场的贡献，即

$$V_0 = \frac{1}{\frac{4\pi}{3}R_a^3}\left\{\int_0^{R_a}[U_p(r)4\pi r^2 dr] + \frac{1}{2}\int_0^{R_a}\frac{3Ze^2}{2R_a} \times \left[1 - \frac{1}{3}\left(\frac{r}{R_a}\right)^2\right]4\pi r^2 dr\right\}. \tag{2.45}$$

上式中前一项表示离子与电子的相互作用势，第二项表示均匀分布的电子气的静电自能，由于每一电子对能量的贡献算了两次，所以前面要乘上 1/2 的因子. 用式(2.42)代入，积分出来，可得

$$V_0 = -\frac{0.9Ze^2}{R_a} + 1.5\frac{Ze^2R_M^2}{R_a^3} - A_0\frac{R_M^3}{R_a^3}. \tag{2.46}$$

自由电子的动能等于 $(3/5)E_F$，再考虑交换作用和相关相用引起的修正项 ε_{ex} 与 ε_{cor}，我们即求出一个原子的结合能与结构无关部分的表示式为

$$U_0 = -\frac{0.9Z^2e^2}{R_a} + \frac{1.5Z^2e^2R_M^2}{R_a^3} - \frac{A_0ZR_M^3}{R_a^3} + \frac{3}{5}ZE_F + \varepsilon_{ex} + \varepsilon_{cor}. \tag{2.47}$$

R_a 的确定可以根据结合能对 R_a 求极小值的条件

$$\frac{\partial U_0}{\partial R_a}=0 \tag{2.48}$$

来得到. 计算出来的结果列在表 2.5中,从表中可以看出，计算值和观测值大致相符,误差在 10% 以内. 这一结果表明简单金属结合能的绝大部分就可归结为自由电子在平均势场中的能量，它仅与体积有关.

与结构有关的能量虽然在总结合能中只占很小的份额，但影响却不小，不容忽视. 这项能量的物理根源无非是：在离子周期势场的作用下,导致了电子气的重新分布来屏蔽裸露的离子势,离子势场与屏蔽电荷的相互作用即构成了能带结构能 U_{bs}，显然和晶体的结构有关. 裸露的离子势即可用式 (2.42) 的赝势来表示，考虑到各离子势贡献的总和:

$$V_b(\mathbf{r})=\sum_i v_b(\mathbf{r}-\mathbf{R}_i), \tag{2.49}$$

这里的 $\mathbf{R}_i$ 表示第 i 个离子的位矢. 按照晶体衍射理论,结构因子可以表示为

$$S(\mathbf{q})=\frac{1}{N}\sum_i e^{-i\mathbf{q}\cdot\mathbf{R}_i}, \tag{2.50}$$

这里的 $\mathbf{q}$ 为倒空间的波矢. $V_b(\mathbf{r})$ 的傅里叶变换等于

$$\begin{aligned}V_b(\mathbf{q})&=\frac{1}{N\Omega}\int V_b(\mathbf{r})e^{-i\mathbf{q}\cdot\mathbf{r}}d\mathbf{r}\\&=\frac{1}{N\Omega}\int\sum_i v_b(\mathbf{r}-\mathbf{k}_i)\,e^{-i\mathbf{q}\cdot(\mathbf{r}-\mathbf{R}_j)}e^{-i\mathbf{q}\cdot\mathbf{k}_i}d\mathbf{r}\\&=\left(\frac{1}{N}\sum_i e^{-i\mathbf{q}\cdot\mathbf{R}_i}\right)\left(\frac{1}{\Omega}\int v_b(\mathbf{r})\,e^{-i\mathbf{q}\cdot\mathbf{r}}d\mathbf{r}\right)\\&=S(\mathbf{q})v_b(\mathbf{q}).\end{aligned} \tag{2.51}$$

$v_b(\mathbf{q})$ 在电子气产生响应后的屏蔽势为

$$v(\mathbf{q})=v_b(\mathbf{q})/\varepsilon(\mathbf{q}) \tag{2.52}$$

$\varepsilon(\mathbf{q})$ 为电子气的介电函数，$\chi(\mathbf{q})$ 为其极化率,经过计算,结果等于

$$\varepsilon(\mathbf{q}) = 1 - \frac{8\pi e^2}{\Omega q^2}\chi(\mathbf{q}), \tag{2.53a}$$

$$\chi(\mathbf{q}) = -\frac{Z}{4}\left(\frac{2}{3}E_F\right)^{-1} \times \left[1 + \frac{4k_F^2 - q^2}{4qk_F}\ln\left|\frac{q+2k_F}{q-2k_F}\right|\right]. \tag{2.53b}$$

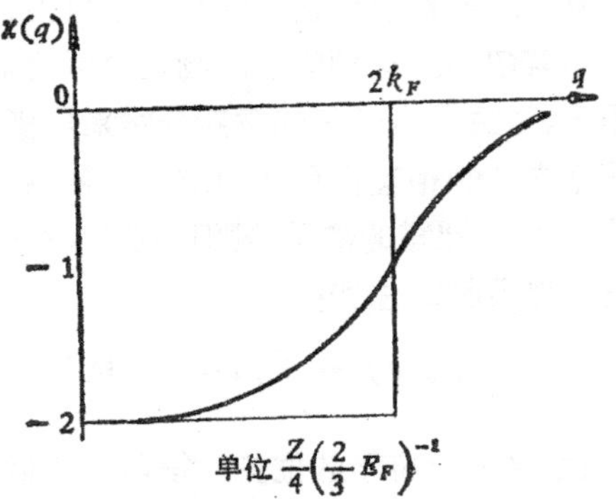

图 2.21 自由电子气的极化率.

图 2.21 和图 2.22 分别将 $\chi(q)$ 与 $\varepsilon(q)$ 画了出来. 可以看出，$\chi(q)$ 在 $q = 2k_F$ 处有急骤的变化，然后随 q 值的增大而趋于零；而在 $q = 2k_F$ 处，$\varepsilon(q)$ 已趋近于 1，这也是不难理解的. $\chi(q)$ 反映了电子气对于波矢为 q 的干扰的响应：对于长波长（小的 q 值）的干扰，将为电子气很快地屏蔽掉；对于波长远小于 $\lambda_F/2$（λ_F 为费密面上电子的波长），$\chi(q)$ 将趋于零. 在 $2k_F$ 附近，介电函数 $\varepsilon(q)$ 已相当接近于 1. 按照二级微扰，可求出能带结构能，即

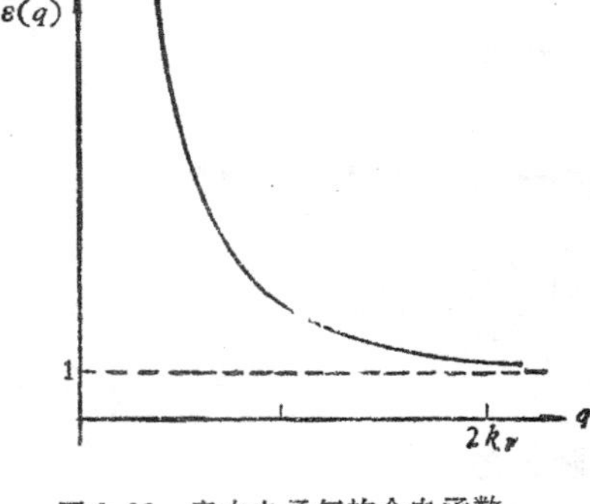

图 2.22 自由电子气的介电函数.

$$U_{bs} = \sum_q |S(q)|^2 |v(q)|^2 \chi(q) \varepsilon(q)$$

$$= \sum_q |S(q)|^2 \Phi_{bs}(q), \tag{2.54a}$$

这里

$$\Phi_{bs} = [v(q)|^2 \chi(q) \varepsilon(q). \tag{2.54b}$$

图 2.23 示出了 $v(q)$ 和 Φ_{bs} 随 q 变化的典型情况，可以看出，在 $\mathbf{q} = \mathbf{q}_0$ 处，$v(\mathbf{q}) = 0$，$\Phi_{bs} = 0$. 当然，不同金属的 q_0 值也是不相同的. 在 $\mathbf{q} = \mathbf{G}_1$ 处，$\mathbf{G}_1$ 表示晶体的某一倒矢量，$2|v(\mathbf{G}_1)|$ 等于对应能隙的宽度.

我们也可以将能带结构能的表示式转化到正空间中，以便于洞察其物理意义. 将结构因子代入

$$U_{bs} = \sum_{ij} \frac{1}{N} \sum_q e^{i\mathbf{q}\cdot(\mathbf{R}_i\mathbf{R}_j)} \Phi_{bs}(\mathbf{q}), \tag{2.55a}$$

将 $i = j$ 和 $i \neq j$ 的项区分开来，则

$$U_{bs} = \sum_i \left[\frac{1}{N} \sum_q \Phi_{bs}(\mathbf{q})\right] + \frac{1}{2} \sum_{i,j} \left[\frac{2}{N} \sum_q \Phi_{bs}(\mathbf{R}_i - \mathbf{R}_j)\right], \tag{2.55b}$$

即

$$U_{bs} = \sum_i U_i + \frac{1}{2} \sum_{i,j} \Phi_{bs}(\mathbf{R}_i - \mathbf{R}_j), \tag{2.55c}$$

这里的 U_i 代表离子势和自身的屏蔽电荷的作用能，而

$$\Phi_{bs}(R) = \frac{2}{N} \sum_q \Phi_{bs}(\mathbf{q}) e^{i\mathbf{q}\cdot\mathbf{R}}$$

$$= \frac{2\Omega}{(2\pi)^3} \int \Phi_{bs}(\mathbf{q}) e^{i\mathbf{q}\cdot\mathbf{R}} d\mathbf{q} \tag{2.56}$$

代表在原点的离子和屏蔽它的电子共同形成的势与处于 R 点的离子间的互作用能.

这样，由于屏蔽电荷的介人，将使处于原点的离子和处于 R 处的离子的相互作用能小于 Ze^2/R，即

$$W(R) = \frac{Z^2e^2}{R} + \frac{2\Omega}{(2\pi)^3}\int \Phi_{bs}(\mathbf{q})e^{i\mathbf{q}\cdot\mathbf{R}}d\mathbf{q}. \qquad (2.57)$$

利用点电荷的屏蔽作用，可以求出 $W(R)$ 的渐近表示式，即

$$W(R) \underset{R\to\infty}{\sim} \frac{18\pi Z^2}{k_F^2 a_0 e^2}[v(2k_F)]^2 \frac{\cos 2k_F R}{(2k_F R)^3}. \qquad (2.58)$$

相互作用势出现了随 R^{-3} 作衰减振荡，示意地表示于图 2.24 中，这就为 § 2.1中所讨论的原子对互作用势提供电子理论的依据. 但长程振荡的出现使问题比原始设想要更复杂一些. 这一类的振荡效应是由于 $\chi(q)$ 在 $q=2k_F$ 处急骤变化所引起的. 类似的振荡也出现在合金理论中，请参看 § 5.9.

总结合能可表示为结构无关部分 U_0 与能带结构能 U_{bs} 的总

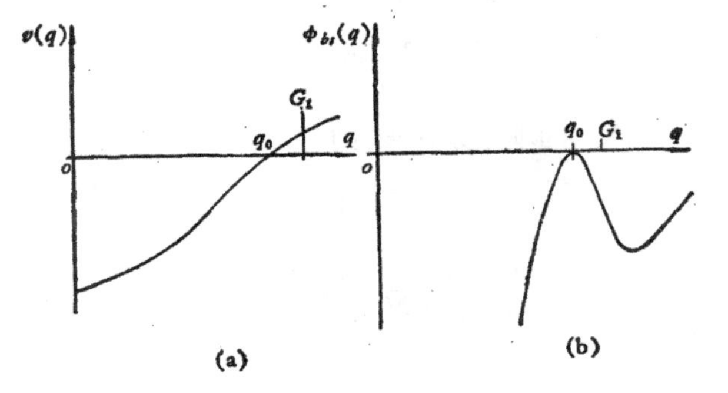

图 2.23 (a) 典型的 $v(q)$ 曲线. (b) 典型的 $\Phi_{bs}(q)$ 曲线.

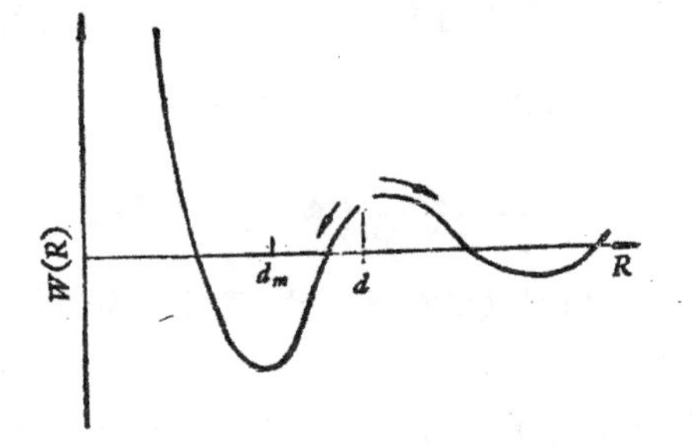

图 2.24 振荡式的离子相互作用势 $W(R)$.

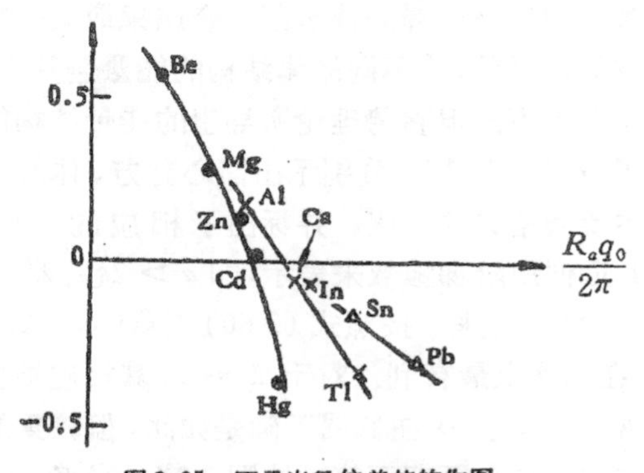

图 2.25 原子半径偏差值的作图.

和,即

$$U_{tot} = U_0 + U_{bs}. \tag{2.59}$$

在晶体中,只有当 q 等于某一倒格矢量 G 时,$S(q)$才不等于零. 因而U_{bs}项只需考虑一些主要倒格矢量的贡献. 由于当$q>2k_F$,$\chi(q)\to 0$,而在一些主要的 G 处,$\varepsilon(q)\sim 1$. 令 n_G 等于具有相同|G|值的倒矢量的数目,这样得到

$$U_{bs} = \sum n_G |S(G)|^2 \Phi_{bs} \sim \sum_{|G|<2k_F} n_G |S(G)|^2 |v(G)|^2 \chi(G). \tag{2.60}$$

首先来考虑表 2.5 中原子半径计算值与观测值存在分歧的问题. 将R_a(计算值)$-R_a$(观测值)对q_0来作图(图2. 25),可以看出,q_0 值小的金属,计算值偏高,而 q_0 值大的金属,计算值偏低. 前一类的金属,主要倒矢量的 q 值大于 q_0,按照图 2.23,增大 q 值(即缩小原子半径.)将使 $|\Phi_{bs}|$ 增大,这在能量上是有利的;后一类的金属,主要的倒格矢的 q 值小于 q_0,按照图 2.23,减小 q 值(即增大原子半径),反使$|\Phi_{bs}|$增大,这也对能量有利. 这样,进一步考虑到 U_{bs} 的贡献,显然有利于消除原子半径计算值与观测值的分歧.

下面来讨论简单金属的晶体结构问题. 一般说来,要根据金

属电子论的基础理论来解释为什么某一金属采取某一特定的晶体结构是有困难的，其原因是不同晶体结构的能量差甚小，量级接近于结合能的误差范围．但赝势理论所导出的能带结构能为解决这个问题提供了线索．图 2.26 分别示出面心立方、体心立方和密集六角的几个主要倒格矢的 G 值，并标出了相应的 $n_G|S(G)|^2$ 值．如果将 $\chi(q)$ 近似用阶梯函数来表示，即 $q > 2k_F$, $\chi(q) = 0$; $q < 2k_F$, $\chi(q) =$ 常数。这样，按照式 (2.60)，$|\mathbf{G}|$ 小于 $2k_F$ 的倒矢量愈多的结构，在能量上最有利．对于 $Z = 1$，其相应结构应该是密集六角．轻碱金属 Li, Na 在低温下确是如此，但较重的碱金属具有体心立方结构，这和预期不符．按图 2.26，当 $Z = 1.5$ 体心立方结构应该最稳定．纯金属不会具有半整数的 Z 值，但单价与双价金属的 50% 合金通常具有体心立方结构，可作为旁证．当 $Z = 2$，最稳定的应是密集六角，这可以解释 Be, Mg, Zn, Cd 的结构．当 $Z = 3$，最稳定的是面心立方，Al, Pb 符合这一规律．例外有 Ca, Ba，这些可能和重碱金属类似，难于用简单的赝势理论来解释．另外 Hg, Ga, In 都具有复杂的晶体结构，这些结构可以从上述典型结构略加畸变而得出． 图 2.26 中也画出了这几种金属的 q_0 值，和几种典型结构中的主要倒矢量很接近．如果降低结构的对称性，可使倒矢量偏离 q_0，从而在能量上有利，这就是出

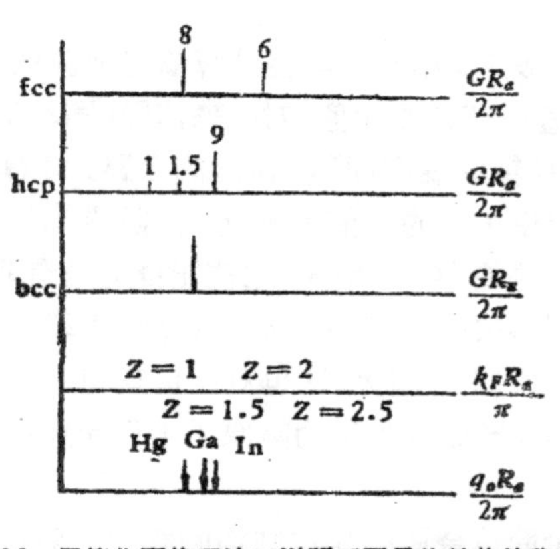

图 2.26 用简化赝势理论来说明不同晶体结构的稳定性．

现这些特殊结构的物理根源．还有某些密集六角的金属，如 Zn，Cd 等的 c/a 值偏离了理想值 1.633，可以用类似的方法来解释．另外，也可以从实空间出发，利用离子对相互作用势(式(2.58))来讨论简单金属的结构稳定性的问题[3]．

§ 2.7 过渡金属的电子结构[39,40]

在周期表中有三个明确的长周期，对应于 $3d$，$4d$，$5d$ 壳层逐渐填充起来，构成了过渡族元素．查视过渡族元素的电子结构，其特点在于 $(n+1)s$ (n 为 3，4，5) 能级被占在 nd 能级填满之前，这表明 $(n+1)s$ 能级与 nd 能级的能量差甚小．

图 2.27 示出了典型的过渡族原子波函数的径向分布，值得注意下列几点：

(1) 和 s 电子相比，d 电子的轨道尺寸很小 (～0.5 埃)．由于结点数目少，它随径向距离而衰减很快，使 d 波函数的极大值出现在吸引势很强的区域，因而 d 壳层中的电子是相当稳定的．

(2) 在原点附近，d 波函数作抛物线式的增长，导致对核电荷的屏蔽不足．结果出现了 sp 能态中电子数保持恒定，而 d 壳层中电子逐步填充的现象．

(3) 在同一周期内，例如从 Ti 到 Ni，势变得愈来愈强，使 d

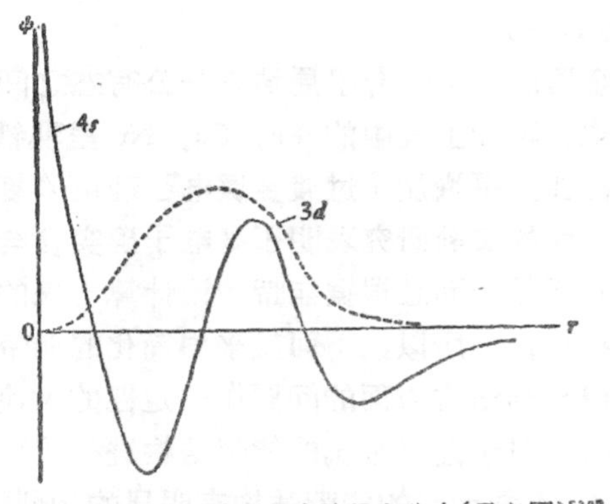

图 2.27 过渡族原子 $4s$ 与 $3d$ 电子态的径向分布(示意图)[39]．

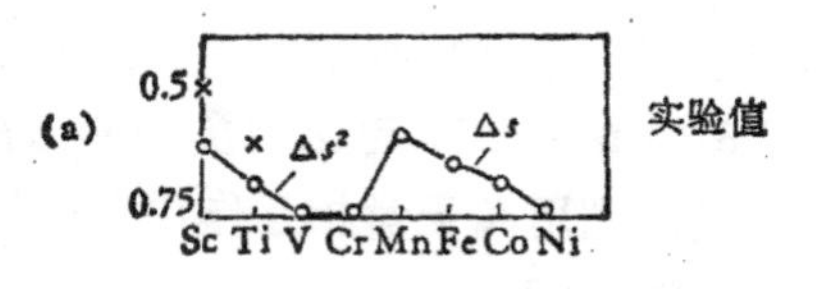

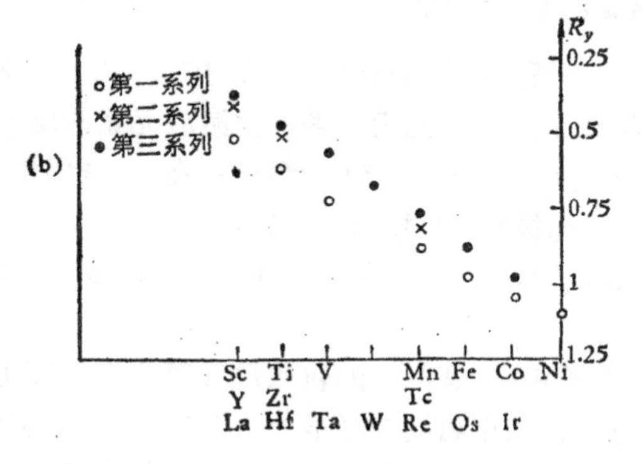

图 2.28 $(nd)(n+1)s$ 组态中的 nd 能级作为原子序数的函数[40]. (a) 实验值; (b) 理论计算值.

壳层愈加稳定,而尺寸也愈小.

(4) 从周期表上一行变到另一行,例如 Ni → Pd → Pt, 结点数随之加大, d 函数的区域愈来愈大, 也愈加不稳定(假如 s 态电子数保持不变). 实际上, s 态的被占数是有变化的, 使情况更为复杂. (图 2.28).

过渡金属的 d 电子介乎局域态与公有态之间, 造成了理论处理上的困难. 再加上其中的 Fe, Co, Ni 呈现铁磁性,而 Mn, Cr 呈现反铁磁性, 更增加了过渡金属电子理论的复杂性. 但是过渡金属的费密面的实验研究表明了 d 电子确实参与导电, 并对形成的费密面有贡献; 而且根据能带理论计算出来的费密面也大体上和实验数据相符. 所以, 下面就采用简化的能带理论来对有关过渡金属的键合与结构方面的问题作一定性的讨论.

已经有人对于过渡金属的能带结构进行了认真的计算. 从计算结果来看,不同元素的能带结构有明显的相似性(参看图 2.29).

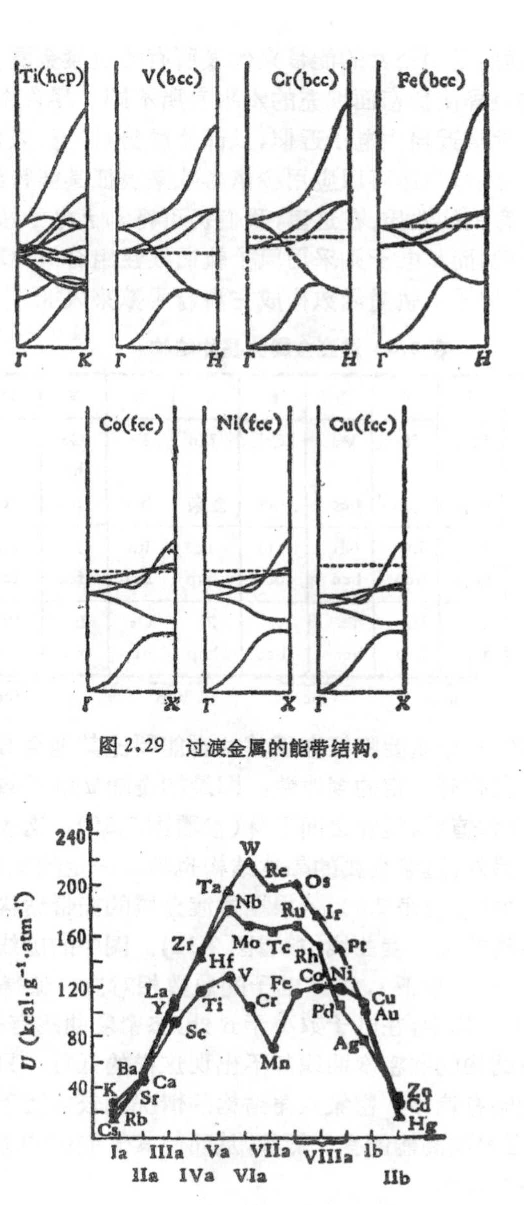

图 2.29 过渡金属的能带结构。

图 2.30 过渡金属的结合能。

这样，我们有理由采用公共的能带来代表所有的过渡金属，只是由于 d 电子数的差异使费密面填充的水平有所不同. 尽管由于过渡金属的 d 电子偏离近自由电子近似，从而使赝势理论失效；但采用公共能带模型之后，也还可以应用少量参数来表征其能带结构，并用来说明与此有关的性质. 在这里，我们仍可将 s, p 电子按近自由电子近似来处理，而 d 电子则采用原子轨道线性组合 (LCAO) 来处理，即用 5 个原子 d 轨道函数构成布洛赫函数来表征。

表 2.6 过渡金属的晶体结构

x	3	4	5	6	7	8	9	10	11
$3d4s$ 系列	Sc hcp	Ti hcp	V bcc	Cr bcc	Mn 复杂	Fe bcc	Co hcp fcc	Ni fcc	Cu fcc
$4d5s$ 系列	Y hcp	Zr hcp	Nb bcc	Mo bcc	Tc hcp	Ru hcp	Rh fcc	Pd fcc	Ag fcc
$5d6s$ 系列	La hcp	Hf hcp	Ta bcc	W bcc	Re hcp	Os hcp	Ir fcc	Pt fcc	Au fcc
	hcp		bcc		hcp		fcc		

过渡金属的一个重要特征在于其结合能要比其他金属的大，而且其数值的变化有一定的规律性：即最初是随 d 电子数增大而上升，经过一极大值后，复随之而下降(参看图 2.30)，这表明 d 电子参与键合. 另外，过渡金属的晶体结构也具有一定的规律性，也和 d 电子数有关(参看表 2.6). 根据过渡金属的能带结构可以导出三种典型结构的态密度曲线(参看图 2.31). 图中的虚线表示积分态密度，和一定能量下 s, p, d 电子的总数相对应. 值得注意的是，在体心立方结构中，在电子数小于 6 处，态密度曲线有一低谷；而在面心立方结构的态密度曲线却不出现这样的低谷，只是其高峰向高能一侧略有偏移；密集六角结构的情况比较接近于面心立方，但仔细察看表明高能侧有一低谷，从而使其低能侧的态密度略高于其他两种结构的.

下面我们来定性地解释过渡金属结合能的规律性 (图 2.32)：

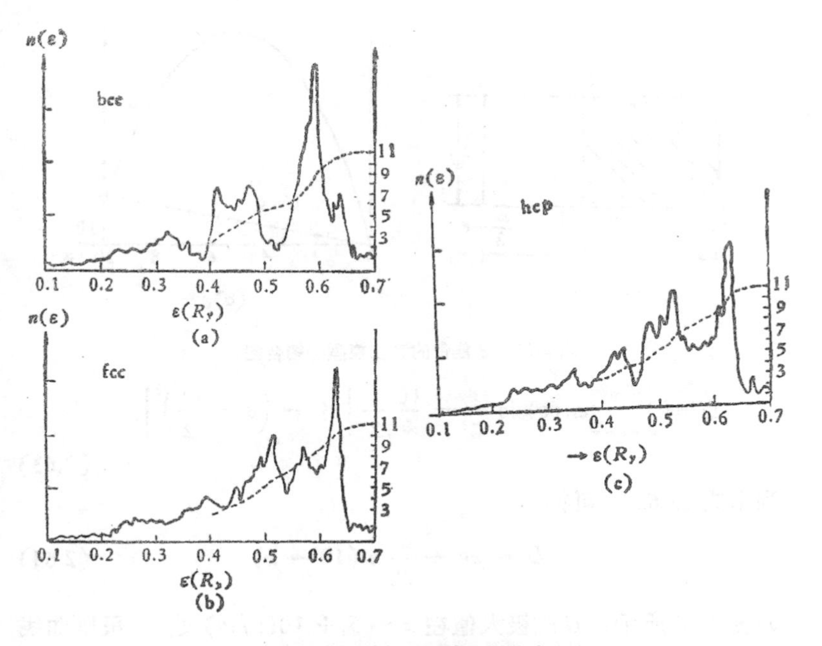

图 2.31　三种典型结构的过渡金属的态密度曲线. 虚线表示积分态密度.

可以设想由一组分散的原子来形成一过渡金属晶体。随了原子间距的缩短，使孤立原子中的 d 能级展宽为 d 能带，其宽度为 w，中心相对于无穷远处的能量为 $-\varepsilon$。为简单计，不妨将每原子的能态密度 $n(\varepsilon)$ 视为常数，即

$$n(\varepsilon)=\frac{10}{w}. \tag{2.61}$$

由于能带应容纳 10 个电子/原子. 令 x 为某金属的 d 电子数/原子，这样得到

$$\int_{-\varepsilon-\frac{w}{2}}^{\varepsilon_F} n(\varepsilon)d\varepsilon=\frac{10}{w}\left(\varepsilon_F+\varepsilon+\frac{w}{2}\right)=x, \tag{2.62}$$

而结合能 U 应等于

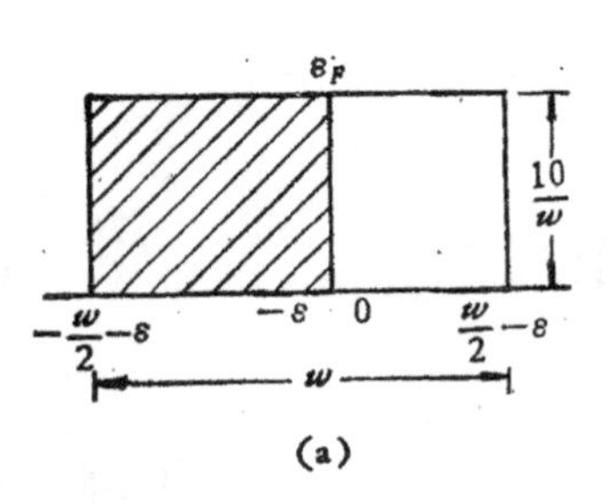

(a)

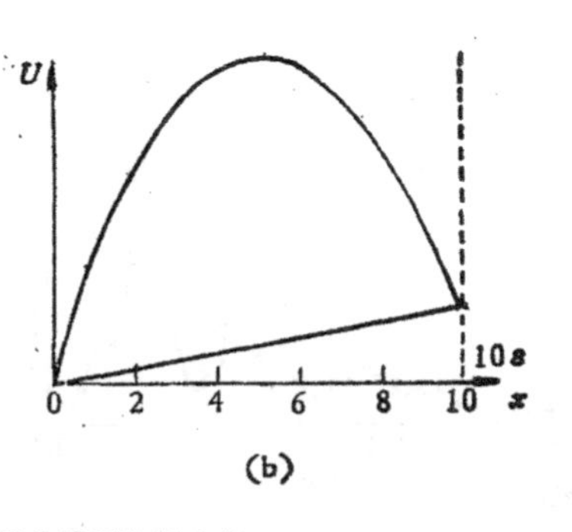

(b)

图 2.32　*d* 能带的简化模型与结合能.

$$U=\int_{-\varepsilon-\frac{w}{2}}^{\varepsilon F}\varepsilon n(\varepsilon)d\varepsilon=-\frac{10}{w}\frac{1}{2}\left[\varepsilon_F^2-\left(\varepsilon+\frac{w}{2}\right)^2\right]. \tag{2.63}$$

利用式 (2.62)，可得

$$U=x\varepsilon+\frac{w}{20}x(10-x) \tag{2.64}$$

如图 2.32 所示，U 的极大值在 $x=5+10(\varepsilon/w)$ 处. 虽则曲线的形状和实验曲线(图2.30)不尽相同，但给出了大致的趋势，使我们能定性地理解 *d* 电子在过渡金属结合能中所起的作用.

下面进一步讨论过渡金属的结构稳定性这一问题. 在 3*d* 族中，由于磁有序结构的出现，使问题复杂化了，不容易用简单理论来说清楚；而 4*d* 及 5*d* 金属的情况就单纯一些. 结合能的一般表示式可写为

$$U=x\varepsilon+U_{bs}+U_E+U_{\text{core}}+U_{ex}, \tag{2.65}$$

这里的第一项表示能带中心位置偏移所作的贡献，第二项为能带结构能，即

$$U_{bs}=\int^{\varepsilon F}\varepsilon n(\varepsilon)d\varepsilon, \tag{2.66}$$

U_E 为厄瓦尔能，U_{core} 代表离子实相斥作用能，而 U_{ex} 为交换相互作用能. 式 (2.65) 中右侧除了头两项以外，其余的都和晶体结构无关. 关键的一项乃是 U_{bs}. 在式 (2.66) 中，能量的零点是选择

在能带的中心处，所以我们可以将 U_{bs} 表示为

$$U_{bs} = \int_{\varepsilon_{\min}}^{\varepsilon} (\varepsilon_0 - \varepsilon) n(\varepsilon) d\varepsilon, \tag{2.67}$$

而式中的 ε_0 等于

$$\varepsilon_0 = \frac{\int_{\varepsilon_{\min}}^{\varepsilon_F} \varepsilon n(\varepsilon) d\varepsilon}{\int_{\varepsilon_{\min}}^{\varepsilon_F} n(\varepsilon) d\varepsilon}. \tag{2.68}$$

利用图 2.31 所示三种典型结构的态密度曲线，我们可以计算出三种结构的 U_{bs} 表示为 s, p, d 电子总数 $x' = \int_{\varepsilon_{\min}}^{\varepsilon_F} n(\varepsilon) d\varepsilon$ 的函数。图 2.33 中示出了 $\Delta U = U(\text{fcc}) - U(\text{bcc})$ 和 $\Delta U = U(\text{fcc}) - U(\text{hcp})$ 的曲线．由于 U 值愈高，结构就愈加稳定．我们不难从图 2.33 中看出，体心立方的稳定区在 $x' = 5 \sim 6$ 及 $x' = 10 \sim 11$；密集六角的稳定区在 $x' = 3 \sim 4$ 及 $x' = 7 \sim 9$，但不存在面心立方的稳定区．这就和表 2.6 所列观测结果不尽相符．经验事实表明，体心立方的稳定区的确在 $x' = 5 \sim 6$，而面心立方的稳定区在 $x' = 7 \sim 11$．计及式 (2.65) 中右侧的第一项，可以部分地消除这一分歧．由于面心立方与体心立方的配位数不同，因而使 ε

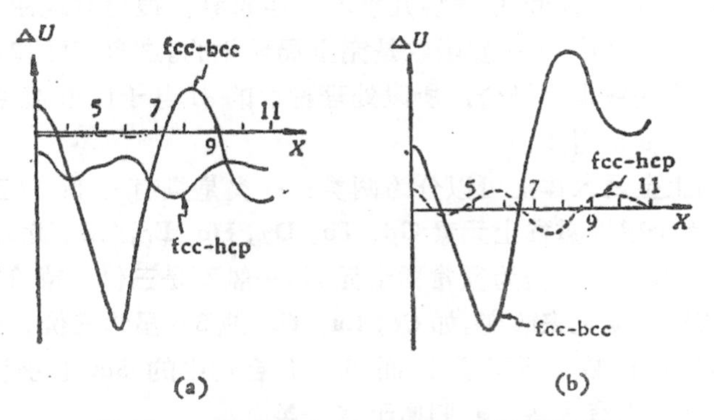

图 2.33 $U(\text{fcc})$, $U(\text{bcc})$ 与 $U(\text{hcp})$ 计算值的比较．(a) 原始计算值；(b) 修正后的计算值．

值略有差异．为了解释经验事实，不妨假定

$$\Delta\varepsilon = \varepsilon_{fcc} - \varepsilon_{bcc} = 0.001 \text{ 里德堡/原子}, \qquad (2.69)$$

这样将使 $U(\text{fcc}) - U(\text{bcc})$ 曲线提高到图 2.33(b) 中实线所示位置．而面心立方与密集六角的配位数相同，能量差的原因就需要另外找了．一个可能的原因是密集六角的对称性比面心立方略低一些，造成了晶格势的差异．从图2.29中所示的Ti(hcp)与Ni(fcc)的能带结构可以看出，前者 d 能级的简并性消除了，可以和 s, p 能级强烈杂化．由此所产生的差异可引起 $U_{bs}(\text{hcp})$ 的下降．如果令 $U_{bs}(\text{hcp})$ 减小 0.0006 里德堡/原子，就足以解释观测到的实验事实了(参见图 2.33 中的虚线)．

§2.8 稀土金属及锕系金属的电子结构[42,43]

稀土金属是指从原子序数为 57 的 La 到原子序数为 71 的 Lu，相当于 $4f$ 电子壳层从零到填满的序列．稀土族的原子外面有两个壳层，即分别填有两个电子的 $6s$ 层和只有一个电子的 $5d$ 层；正常的电子组态为 $4f^n5d^16s^2$．从原子的电子结构上来看，稀土族和过渡族有相似之处，即存在有未被填满的内壳层．在金属态，$5d$ 与 $6s$ 能级杂化构成导带．剩下的三价离子，其电荷分布的平均半径很小(Nd^{3+} 与 Er^{3+} 测出只有 0.35 埃，约为原子间距的十分之一)，因此，相邻原子之间 $4f$ 壳层几乎不发生重叠．很自然地使人们设想在稀土金属中的 $4f$ 波函数是完全局域化的，这也正好和稀土金属的磁矩的数据相符合．所以处理稀土的 $4f$ 电子比过渡金属的 d 电子要简单得多．

稀土金属大体上可以分为两类：一类是具有三价的正常元素，有六个磁性重稀土元素 Gd, Tb, Dy, Ho, Er, Tm，此外，还有 Pr, Nd, Lu；另一类为反常稀土元素，一般不是三价，或价数可由温度或压力变化来改变，如 Ce, Eu, Yb；纯 Sm 虽为三价，但化合物 SmS 中价数又不同了，因而 Sm 化合物中的 Sm 也被认为是反常元素，也有人将 La 归属于这一类．

德让 (P. G. de Gennes) 提出一种处理正常稀土金属的简化

理论模型[44]：即在自由电子气中存在一个孤立的三价离子．首先撇开自由电子来计算孤立离子的 $4f$ 能级，然后再考虑它和传导电子的交换相互作用．如果离子的自旋为 $\mathbf{s}$，传导电子的自旋为 $\mathbf{s}$，引入交互作用常数 Γ，则相互作用的哈密顿量为

$$H = -\Gamma(\mathbf{s}\cdot\mathbf{s}) = -\Gamma(g_J - 1)\mathbf{s}\cdot\mathbf{J}, \tag{2.70}$$

这里 J 为离子基态的总角动量，g_J 为朗德(Landé)因子．

这种交换相互作用导致传导电子的自旋极化 (spin polarization)：即具有自旋的离子使其周围正自旋与负自旋传导电子密度变得不相等，产生对自旋的屏蔽作用．具体的计算可以得出距离离子为 r 处的正负自旋电子密度的分布(图 2.34)．

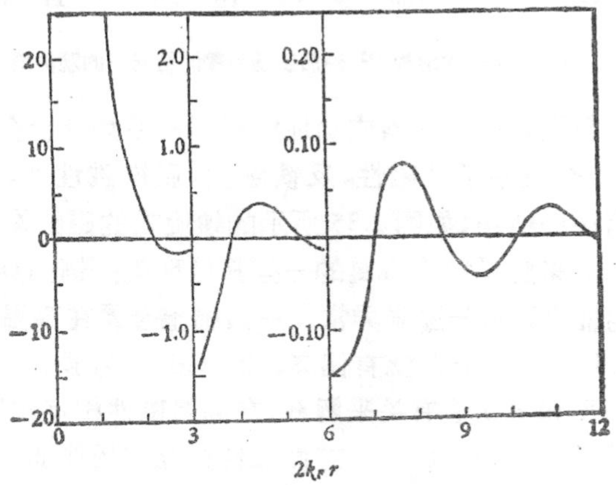

图 2.34　在 $r=0$ 处的点磁矩诱发的自由电子气的自旋极化．

从图中可以看出，诱发的磁矩随 r 的变化而变化，也存在长程的衰减式的振荡，这和电荷极化的结果很相似．

自旋极化的一个重要后果，就是使两个局域磁矩可以通过自由电子的媒介产生间接的交换相互作用，使它们平行地或反平行地排列起来(曲线的正负分别对应于这两种情况)．这种间接的交换相互作用被称为 RKKY (Ruderman-Kittel-Kasuya-Yoshida 的缩称)相互作用[45]：两个局域磁矩 J_n 与 J_m (分处在位矢为 $\mathbf{r}_n$ 及 $\mathbf{r}_m$ 处)的相互作用是通过自由电子气的自旋极化来实现的．利用

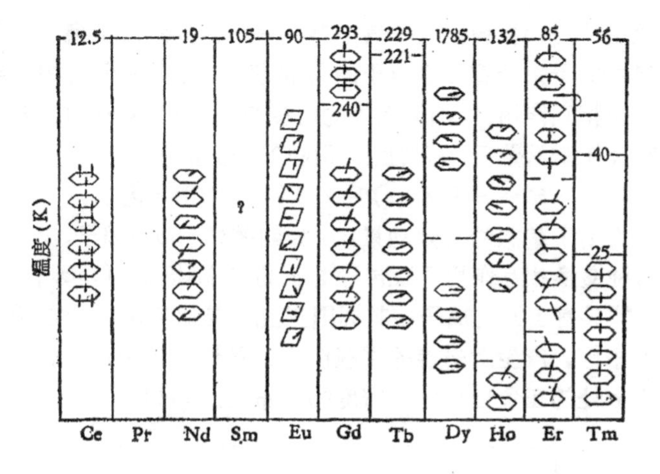

图 2.35 稀土金属的磁结构[45](外加磁场为零的情况下的观测结果).

这种简单的模型，德让相当成功地解释了一系列稀土金属的磁有序现象(稀土金属除了铁磁性，反铁磁性，亚铁磁性外，还存在许多复杂的有序磁结构，如图 2.35 所示的螺旋式的磁结构). 此外，还可以利用它来解释稀土金属的一些其他现象：例如具有六角结构的 Gd 的轴比异常与膨胀异常. 一般稀土金属在高温的轴比为 $(c/a) \simeq 1.57$，但在低温就有偏离，而 Gd 尤为显著. 这可以用磁性相互作用和 c/a 值有关来解释，在高温磁性相互作用被抑止，因而轴比异常就消失了；另一方面磁性相互作用能随体积膨胀而增大，所以 Gd 出现了负的膨胀系数.

由于 RKKY 相互作用在解释稀土金属磁性有序所取得的成功，就使人设想，也许可以采取类似的途径来解释过渡金属 Fe，Ni，Co 的铁磁性[46]，但在这方面取得的进展比较缓慢. 问题在于 d 电子使问题复杂化了. 如果采取 d 电子完全局域化的模型，则 s 电子的自旋极化在最近邻处为负值，只能产生反铁磁性，必须有部分 d 电子参与导带，同时也产生自旋极化的作用，方能产生铁磁性.

关于稀土金属的能带结构的理论计算也进行了不少工作，这些工作表明，它们的导带和简单的自由电子模型还是有差异的，而和过渡金属的导带有相似之处．有关稀土金属的费密面的测定也证实了这一点．

至于锕系金属，由于 $5f$ 电子壳层的范围要比稀土的 $4f$ 壳层大，相应地使情况复杂化了．锕系金属正处于稀土族与过渡族的中间状态．根据夫里曼（A. J. Freeman）等的能带计算表明，锕系金属可以分为两类，一类是“轻”元素（从 Th 至 Pu）；另一类是“重”元素（Am 以后）．“重”锕系金属和稀土金属相似，$5f$ 电子是局域化的；而“轻”锕系则和过渡族的相近，$5f$ 电子也参与导带．在锕系元素也存在和镧系收缩类似的 $5f$ 与 $6d$ 电子的收缩效应（图 1.7），使随着原子序数的提高，$5f$ 轨道重叠减少，局域化程度增加．由于试样获得和处理都比较困难，有关锕系金属电子结构的研究尚处于草创的阶段．

第一编 参考文献

[1] Mott N. F., Jones H., The Theory of the Properties of Metals and Alloys, Oxford, 1936. 中译本：傅正元，马元德译，科学出版社，1958.

[2] Ziman J. M., The Physics of Metals, Vol. 1, Electrons, Cambridge University Press (1971).

[3] Janot C, et al, Proprieties Electroniques des Metaux et Alliages, Masson (1973).

[4] Ziman J. M., The Band Structure Problem, Solid State Physics, Vol. 26(1971).

[5] Freeman A. J., 完整和非完整固体的电子结构，物理学进展，**1**，195(1981).

[6] Pauling L., The Nature of Chemical Bond, Cornell Univ. Press (1940).

[7] Жданов Г. С., Физика твердово тела, Изд. московского унн.(1961).

[8] Weiss R. J., X-Ray Determination of Electron Distribution, North Holland (1966).

[9] Warren B. E., X-Ray Diffraction, Addison-Wesley (1969).

[10] Ziman J. M., Models of Disorder, Cambridge Univ. Press (1979).

[11] Frank F. C., Kaspar J. S., *Acta Cryst.*, **11**, 184(1958); **12**, 483(1959).

[12] Furukawa K., *Nature*, **184**, 1209(1959).

[13] Frank F. C., *Proc. Roy. Soc.*, **A215**, 43(1952).

[14] Bernal J. D., Nature, **183**, 141(1959); **L85**, 68(1960).

[15] 郭贻诚，王震西主编，非晶态物理学，科学出版社 (1984).

[16] Cargill G. S., III, Structure of Metallic Alloy Glasses, Solid, State Phys., Vol. 30(1975).

[17] Zallen R., The Physics of Amorphous Solids, Wiley (1983).

[18] Lennard-Jones J. E., *Physica*, **10**, 941(1937).

[19] Girifalco L. A., Weizer V. G., *Phys. Rev.*, **114**, 687(1959); *J. Phys. Chem. Solids*, **12**, 265(1959—60).

[20] Johnson R. A., *Acta Met.*, **12**, 1215(1964).

[21] Born M., *Proc. Camb. Phil. Soc.*, **36**, 160(1940).

[22] Misra R. D., *Proc. Camb. Phil. Soc.*, **36**, 173(1940).

[23] Zener C., *Phys. Rev.*, **71**, 846(1947).

[24] Barrett C. S., *Phys. Rev.*, **72**, 245(1947); *Acta Cryst.*, **9**, 671(1956).

[25] Engels N., Brewer L., in "Phase Stability in Metals and Alloys" McGraw-Hill (1967).

[26] Kaufman L., ibid.

[27] 陈念贻，键参数函数及其应用，科学出版社 (1975).

[28] Miedema A. R., de Boer E. R., de Chatel P. F., *J. Phys.*, **F3**, 1558(1973).

[29] Phillips J. C., *Comments Sol. State. Phys.*, **9**, 11(1978).

[30] Kittel C., Introduction to Solid State Physics, 5th ed., Wiley (1976).

[31] 黄昆，固体物理学，人民教育出版社 (1979).

[32] 方俊鑫、陆栋，固体物理学，上册，上海科技出版社 (1980).

[33] Pines D., Elementary Excitations in Solids, Benjamin (1963).
[34] Springford M. (ed.), Electrons at the Fermi Surface, Cambridge Univ. Press (1980).
[35] Matsubara T., The Structure and Properties of Matter, Chap. 5, Springer (1982).
[36] Phillips J. C., Kleinman L., *Phys. Rev Rev.*, **116**, 287(1959).
[37] Heine V., Electronic Structure of Metals, in [2].
[38] Heine V., Weare D., Pseudopotential Theory of Cohesion and Structure, Solid State Physics, Vol. 24(1970).
[39] Friedel J., Transition Metals, in [2].
[40] Gautier F., Metaux et Alliages de Transition, in [3].
[41] Pettifor D. G., *J. Phys.*, C3, 366(1970).
[42] Taylor K. N. R., Darby M. I., Physics of Rare Earth Solids, Chapman and Hall (1972).
[43] Coqblin B, The Electronic Structure of Rare Earth Metals and Alloys, Academic Press (1977).
[44] de Gennes P. G., *J. Phy. Radium*, **23**, 510(1962).
[45] Ruderman M. A., Kittel C C., *Phys. Rev.*, **56**, 99(1954).
[46] Stearns M. B., *Phys. Today*, **4**, 34(1978).

第二编 合金的结构及其理论

冯 端

引 言

在工业技术中实际应用的金属材料多半是合金. 合金的性能受到成分及其内部组织结构的制约. 因而研究合金相形成的规律性,合金的组织结构与成分和温度的关系,这在实践中是具有重大意义的. 数十年来,人们对合金进行了大量的研究工作. 有关合金的相图、晶体结构、点阵参数、热力学常数以及各种物理性能的资料,已经汇编为各种手册,可资查考[1-7]. 合金理论的任务即在于根据现有的资料总结出规律,并进一步给出理论的解释,从微观的机制上阐明这些规律. 合金理论的长期目标是希望能做到用理论来预测未知合金系的相图、相结构及各种物理性能,从根本上解决发展合金材料的问题.

由于影响合金相图及性能的因素极其错综复杂. 与丰富的经验资料对比起来,目前的合金理论还处在比较幼稚的阶段. 解释得比较清楚的,还只限于一些简单的二元合金系. 对于生产实践中广泛应用的复杂的多元合金,目前还很难从理论上加以解释. 离上述的合金理论的长期目标,还存在相当长的距离,有许多工作在等待我们去做.

合金理论中发展得最早的部分是热力学理论. 早在十九世纪中叶,吉布斯 (J. W. Gibbs) 已经推导出复相平衡的一般规律,奠定了热力学理论的基础. 本世纪初,罗兹博姆 (H. W. B. Roozeboom) 将它应用于合金的问题,基本上就将合金的热力学理论完备地建立起来. 在同一时期内,库尔纳科夫 (H. C. Курнаков) 及其学派广泛地研究了相图与物理性能的关系,得出了一些经验规律．在二十年代以后，韦斯特格兰（A. Westgren）等研究了大量合金的晶体结构．在这些工作的基础上，休谟-饶塞里（W. Hume-Rothery）总结出了固溶体及中间相的一些重要的经验规律，在合金理论的发展中起了重大的作用．在同一时期内，在量子力学的基础上，人们对于金属内电子运动的规律性开始有所了解，对于金属的结合能及其电磁性能都给出了微观的理论解释．接着，在三十年代中，微观的合金理论被建立起来了，金属电子论和统计物理都被应用到合金理论中来．近年来，合金的研究在各方面都有所发展：所研究的合金系的范围日益扩大，过渡族、稀土族乃至锕族都成为研究的对象；许多新的实验方法的引入，如磁共振、X射线漫散射、中子非弹性散射、内耗与超声衰减、穆斯堡尔谱、软X射线谱、光电子能谱、正电子湮灭和费密面度量术等，使合金的研究更深入到微观的领域；与此同时，定量的微观合金理论也取得了一定的进展．

下面我们分三章来讨论合金理论的问题：第一章介绍合金的热力学理论；第二章重点介绍合金的晶体结构及电子结构方面的一些重要规律；在第三章中，主要介绍微观的合金理论．

迄今为止，尚无一部全面深入地论述现代合金理论各个方面的专著问世．当然，在物理金属学的教科书中总有相应章节予以介绍．侧重讲述合金热力学的书籍不少[8-12]；侧重讨论合金结构的问题也有好几部书[13-15]；有关合金的统计理论可以参阅文献[16, 17]；有关合金电子理论可以参阅文献[18, 19]；另外，还有一些论文集可供参考[20-23]．

本编主要讨论有关平衡态的问题，但也涉及亚稳的非晶态与准晶态。

第三章　合金的热力学

I　定 性 理 论

为了正确地理解和利用相图，应该首先掌握相图的热力学原理．根据热力学理论，可以导出相图的一般规律，而更深入的合金理论也必须通过热力学理论这一环，才能和实际的相图建立联系．本节先讨论定性理论，下节再讨论定量理论．

§3.1　相平衡的热力学判据

合金系的相平衡服从一般的热力学规律[8,12]．根据热力学第二定律，当系统作任意无限小的可逆变化时，内能的变化为

$$dU = TdS - PdV + \sum_i \mu_i dx_i, \tag{3.1}$$

这里的T为绝对温度，S为熵，P为压强，V为体积，x_i为i组元的原子成分，μ_i为i组元的化学势，其定义为

$$\mu_i = \left(\frac{\partial U}{\partial x_i}\right)_{S,V,x_1,x_2,\cdots,x_{i-1},x_{i+1},\cdots,x_n}. \tag{3.2}$$

系统的吉布斯自由能G及焓H分别被定义为

$$G = U + PV - TS = H - TS, \tag{3.3}$$

$$H = U + PV. \tag{3.4}$$

根据式(3.1)，(3.2)可导出

$$dG = VdP - SdT + \sum_i \mu_i dx_i. \tag{3.5}$$

从式(3.5)即可求出相平衡的基本判据．即当压强、温度、成分为一定值时，系统的吉布斯自由能应为一极小值，即

$$dG = d(H - TS) = 0,\ d^2G > 0. \tag{3.6}$$

在大气压下的固态或液态的金属或合金，PV 的数值比其他的热力学量(例如 U 及 TS)要小得多. 因此在这种情形下，可以忽略内能与焓的差别，相平衡的判据可以用自由能 $F=(U-TS)$ 的极小条件来表示，即

$$dF=d(U-TS)=0,\ d^2F>0. \tag{3.7}$$

处理一般的合金问题时，我们可以采用式 (3.7) 所表示的相平衡的判据. 只有压强的效应不能忽略的情况 (例如高压对相平衡的影响)下，才需要采用式 (3.6) 所表示的更确切的相平衡判据.

§3.2 合金的平衡相

在平衡态的合金有两种形式：一种是均匀的，各部分具有相同的成分、结构和性能，如果用金相显微镜来检查，找不出第二相，这种合金称为单相合金；但也有些合金是不均匀的，几种不同的相形成机械混合物，用金相显微镜可观察到并存的不同的相态，这就是复相合金. 我们可以根据自由能曲线来理解形成单相或复相合金的根据.

(a) 复相合金的自由能 如果忽略各相间的界面的影响 (一般说来，界面附近的原子数远小于合金中的总原子数，因此在一般问题中界面能可以忽略.)，复相合金的自由能就等于各相自由能的总和. 下面具体考虑 A, B 两组元所形成的两相合金. 设两个相的克分子数分别用 n_1 及 n_2 表示，克分子自由能用 f_1 及 f_2 表示，而在两相中 B 组元的成分分别为 x_1 及 x_2，则合金的总成分可表示为

$$x=\frac{n_1x_1+n_2x_2}{n_1+n_2}; \tag{3.8}$$

合金的克分子自由能可表示为

$$f=\frac{F}{n_1+n_2}=\frac{n_1f_1+n_2f_2}{n_1+n_2}. \tag{3.9}$$

自式 (3.8) 及式 (3.9) 可导出

$$\frac{f-f_1}{x-x_1}=\frac{f_2-f}{x_2-x}. \qquad (3.10)$$

画出克分子自由能相对于成分的图线，则式 (3.10) 所表示的关系决定了两相合金点 (f, x) 正好处在联结 (f_1, x_1) 点与 (f_2, x_2) 点的直线上（见图 3.1）．而式 (3.8) 确定的关系就是二元合金的杠杆定律．

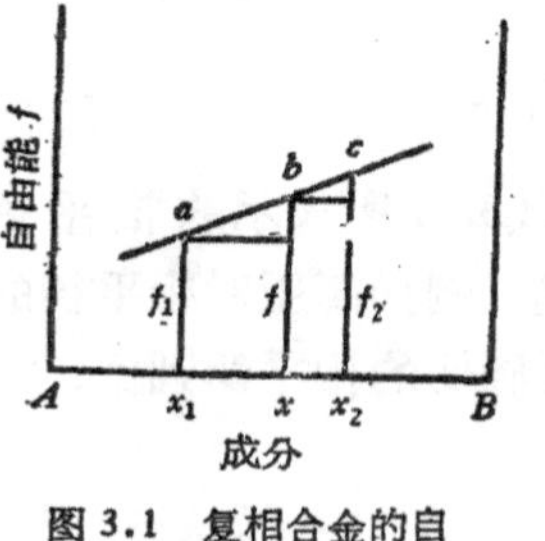

图 3.1　复相合金的自由能．

(b) 固溶体的溶解间隙　在许多相图上，固溶体有一定的溶解限．当成分超出溶解限的范围，合金以两相合金的形式出现，合金是两种成分不同的固溶体的混合物．我们可以根据自由能曲线来确定溶解间隙的范围，假定固溶体的自由能曲线是U形的，在曲线上处处 $d^2f/dx^2>0$（见图 3.2 (a)）．自图中可以看出，对应于任选的合金成分 x，单相固溶体的自由能 f_3 总低于两相混合物的自由能，因而整个成分范围中都是单相固溶体，没有溶解间隙．但如果固溶体的自由能曲线上出现 d^2f/dx^2 为负值的区域(见图 3.2 (b))，情形就不同了．考虑图 3.2 (b) 中成分为 x 的合金，如果是单相固溶体，自由能将等于 f，如果分解为两相混合物，则可以降低自由能．自由能最低的状态是 A_3+B_3 的混合物，A_3 及 B_3 两点决定于在自由能曲

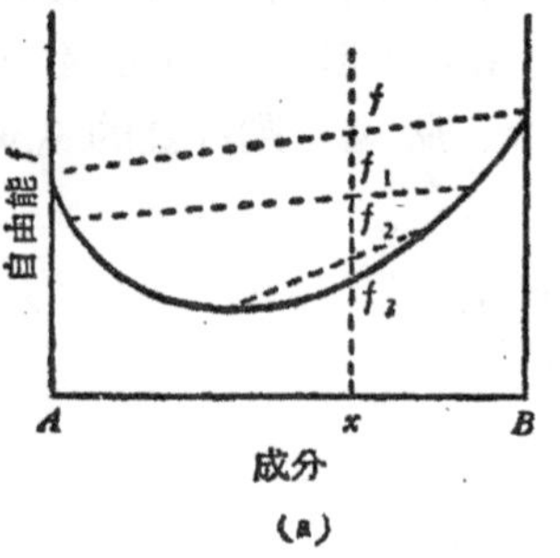

(a)

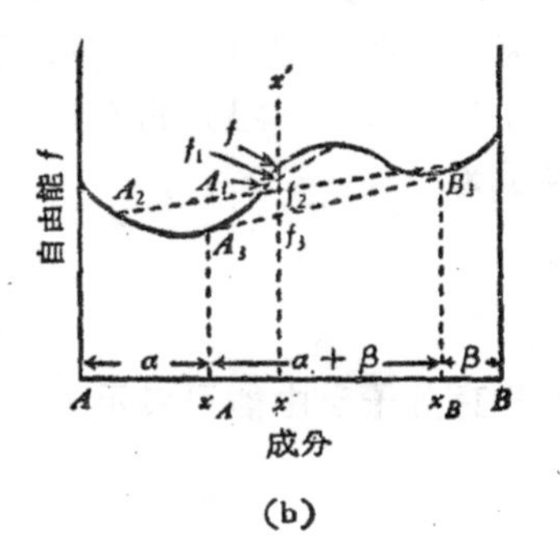

(b)

图 3.2　固溶体的自由能曲线．

(a) 连续互溶；(b) 形成溶解间隙．

线的公切线的条件．令 A_3 及 B_3 所对应的成分为 x_A 及 x_B，所对应的自由能为 f_A 及 f_B，则公切线条件可表示为

$$\left(\frac{df}{dx}\right)_{x_A}=\left(\frac{df}{dx}\right)_{x_B}=\frac{f_B-f_A}{x_B-x_A}. \tag{3.11}$$

在 x_A 及 x_B 之间为固溶体的溶解间隙，成分在这个范围以内的合金都分解为两种成分不同（分别为 x_A 及 x_B）的固溶体的混合物．

(c) 中间相　在图 3.3 中示出了中间相 α 及 β 的自由能曲线（在相图上不和纯组元接界的合金相被称为中间相）．β 相的自由能曲线具有很尖锐的极小值，因此其单相存在的范围很狭，接近于某一特定的成分 A_xB_y，和化合物相类似．α 相的曲线比较平缓，因此单相的区域也比较宽广．

但有一些中间相出现特殊的情形：它的理想成分 A_xB_y 是不能实现的．例如 Cu-Al 系中，θ 相（$CuAl_2$）的单相区中并不包含了正好为 $CuAl_2$ 的成分（见图 3.4）．这种情形的出现也可从自

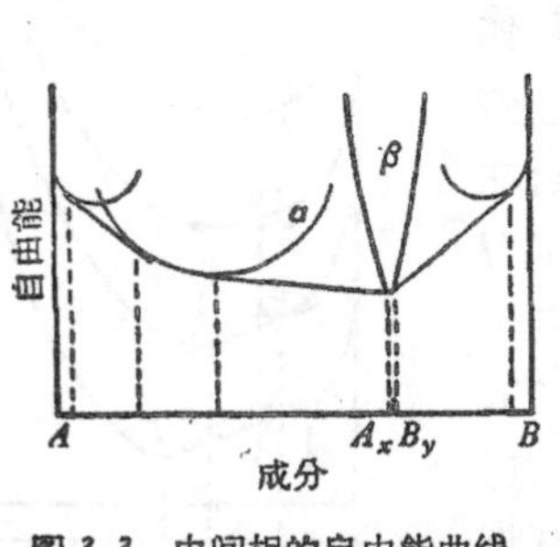

图 3.3　中间相的自由能曲线．

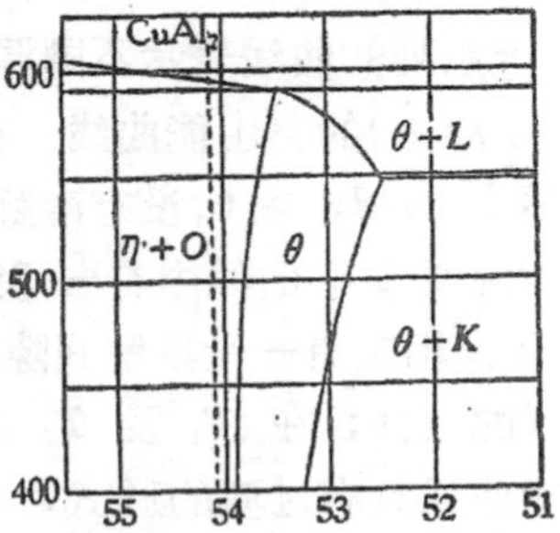

CuAl₂
600
500
400
θ+L
η+O
θ
θ+K
55
54
53
52
51

图 3.4　Cu-Al 系相图的一角．

由能图上得到解释．图 3.5 示出了设想的 β 相的自由能曲线，在成分为 A_xB_y 处有一极小值（这是 β 相的理想成分）．但成分为 A_xB_y 的 β 相是否出现在相图上，还要看邻近的 α 相及 γ 相的自由能曲线配置的情况．图 3.5 的 (a) 与 (b) 就分别代表两种不同的情况．在图 3.5 (b) 所示的情形中，自由能曲线的配置使得 β 相的单相区并不包含了自由能曲线的极小点，这种中间相是

非化学计量的（non-stoichiometric）化合物.

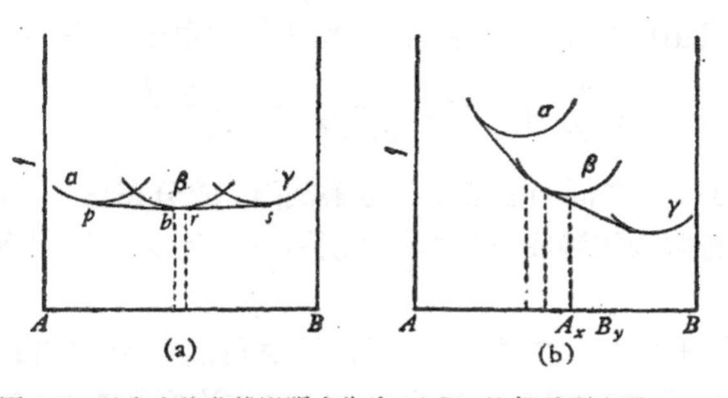

图 3.5 从自由能曲线说明成分为 A_xB_y 的相是否出现.
(a) A_xB_y 以单相形式存在；(b) A_xB_y 不能以单相形式存在.

§3.3 从自由能曲线推导相图

如果已知各相自由能随温度成分变化的关系，就可以将合金的相图导出. 下面举一些例子说明如何从自由能图来推导相图[8,9,38].

(a) *液态或固态中的溶解间隙* 图3.6中一系列的曲线表示不同温度溶体(固态或液态)的自由能曲线. 在 T_1，整个曲线上 $d^2f/dx^2>0$，没有溶解间隙；在较低的温度 T_3，曲线中有一段是 $d^2f/dx^2<0$，相应有一段溶解间隙，决定于公切线的条件；在 T_1 及 T_3 间的 T_2，自由能曲线具有过渡的形式，在 K 点，$d^2f/dx^2=0$，这是溶解间隙出现的临界点. 图3.6下半即表示对应的相图中的溶解限曲线.

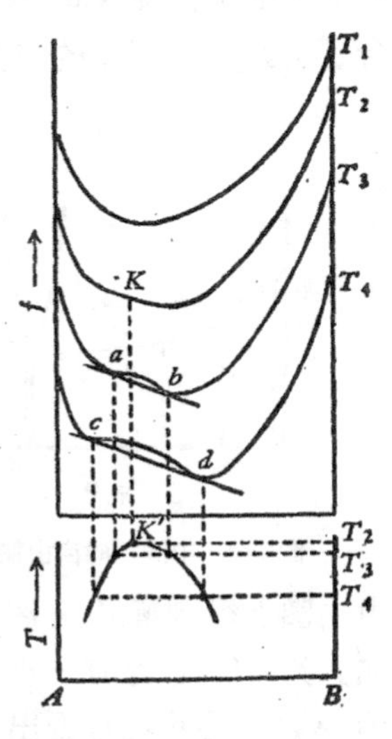

图 3.6 溶解间隙.

(b) *凝固过程中的自由能变化* 在较高的温度(未开始凝固)，不论合金的成分如何，液态的自由能总低于固态. 在完全凝固后，情况应正好颠倒过来. 在中间的阶段，两根曲线相互交叉，应有液相与固相共

存的情况．根据自由能的定义

$$\left(\frac{df}{dT}\right) = -S, \tag{3.12}$$

应用于固相（S）与液相（L）的情形，即得

$$\frac{df_S - df_L}{dT} = \frac{d(f_S - f_L)}{dT} = S_L - S_S. \tag{3.13}$$

随着温度的下降，两根曲线接近起来，产生交叉．一般说来，我们不知道 df/dT 的绝对值，因为熵中包含一任选的常数．在液态自由能的温度系数可正可负，但式(3.13)所表示的关系总可以成立．在以下讨论中，为简单计，都假定液态的 $df/dT = 0$，即忽略了液态的自由能曲线随温度而变化的关系．下面举一些具体的例子来说明相图上几种不同的情况．

如果在液态及固态两组元都是无限共溶，图3.7所示的自由能曲线就代表这种情况．粗线def表示液态的自由能曲线（假定不随温度变化），其他的曲线分别表示不同温度固溶体的自由能曲线．在 T_2 与 T_5 之间是两相共存的区域，固线与液线所对应的成分可用公切线的条件来确定．例如在 T_4、e、m 两点所对应的成分即为相图上液线与固线所对应的成分．对应的相图示在图3.7的下方．

如果在固态中两组元不产生互溶，则对应的自由能曲线为直线．在两相的区域，一般说来，固相自由能曲线和液相自由能曲线相交在两点，对应地有两个不同的两相区．其一是液相与纯组元A的固相共存，另一是液相与组元B的固相共存．液线的成分决定于切线的条件，例如在温度 T_4，是处于n及o两点．当温度下降到固相自由能曲线和液相自由能曲线相切，就产生三相共存的情况，这就是共晶点．在低于共晶点的温度，平衡相是A、B两纯组元的机械混合物（见图3.8）．

如果固态中在某一特定成分 A_xB_y 形成化合物，固态的自由能曲线相当于一折线，在成分 A_xB_y 为极小值．如图3.9所示情形，在相图上，液线在化合物成分有一极大值，化合物可以直接熔

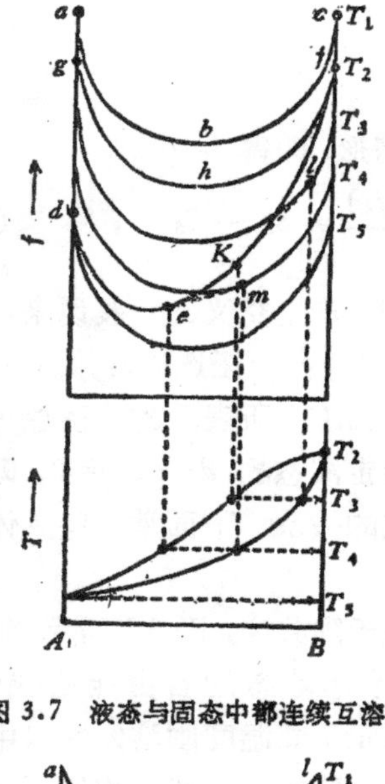

图 3.7　液态与固态中都连续互溶.

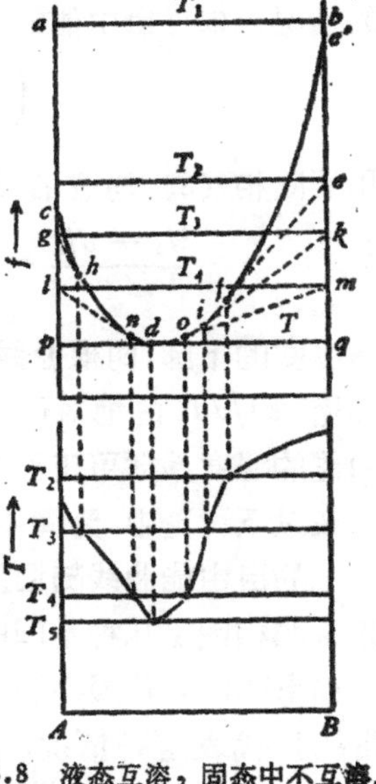

图 3.8　液态互溶，固态中不互溶.

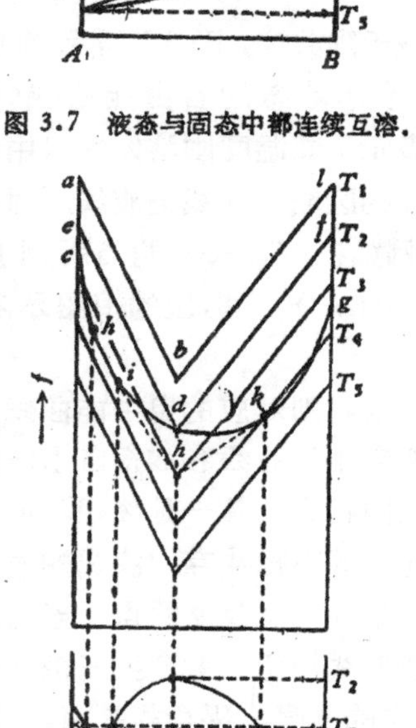

图 3.9　形成化合物(在相图上液线的极大值处).

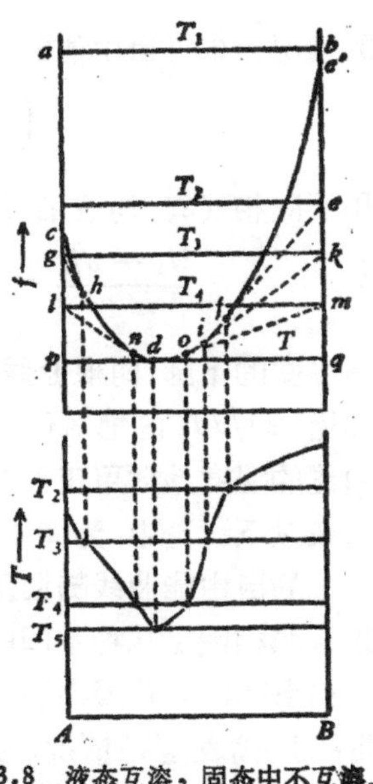

图 3.10　形成化合物(不在极大值处).

解．在图 3.10 所示的情形中，化合物不能直接熔解．在较高的温度(图中的 T_2 及 T_3)，液相与固相纯组元 B 的混合物具有更低的自由能．

其他更复杂的相图也可以用类似的方式来推导．在一般情形下，知道了合金的自由能曲线，相图总可以推导出来，因此，合金理论的进一步的任务即在于解释或导出合金在不同温度下的自由能曲线．

§ 3.4 相图的几何规律

根据热力学的一般原理，可以推导出相图所遵循的一些几何规律．这些规律可以帮助我们理解相图的一般形状、基本类型以及检查制作相图中可能犯的错误．

(a) 相律．考虑 k 组元所形成的合金系统，设有 r 个相在平衡态共存．决定每一个相的成分需要 $(k-1)$ 个参数，因此决定 r 个相成分需要 $r(k-1)$ 个变数，再加上温度及压强，总共有 $2+r(k-1)$ 个变数．但这些变数并不全部是相互独立的，它们应受到平衡条件的约束，引入第 j 相第 i 个组元的化学势为

$$\mu_i^{(j)} = \frac{\partial f_j}{\partial x_i}. \tag{3.14}$$

设想有无穷小量的 i 组元的原子自第 j 相转移到第 k 相，系统的自由能的变化为

$$dF = \mu_i^{(j)} dx_i^{(j)} + \mu_i^{(k)} dx_i^{(k)} = [\mu_i^{(j)} - \mu_i^{(k)}] dx_i^{(j)}, \tag{3.15}$$

在平衡状态

$$dF = 0, \mu_i^{(j)} = \mu_i^{(k)}. \tag{3.16a}$$

因此 r 个相共存，每一相中同一组元的化学势应相等，即

$$\left.\begin{aligned} &\mu_1^{(1)} = \mu_1^{(2)} = \cdots = \mu_1^{(r)}, \\ &\mu_2^{(1)} = \mu_2^{(2)} = \cdots = \mu_2^{(r)}, \\ &\cdots\cdots\cdots\cdots\cdots\cdots \\ &\mu_k^{(1)} = \mu_k^{(2)} = \cdots = \mu_k^{(r)}. \end{aligned}\right\} \tag{3.16b}$$

因此，$2+r(k-1)$ 个变数不是相互独立的，而是要满足 $k(r-1)$

个方程(即式 (3.16)). 因此,系统的独立变数的总数(自由度)为

$$d = 2 + r(k-1) - k(r-1) = 2 + k - r. \quad (3.17)$$

对于凝固的系统(固态及液态),压强通常保持不变,自由度下降为

$$d' = 1 + k - r, \quad (3.18)$$

这就是相律,对于理解相图的几何形状很关紧要. 例如二元合金,$k = 2$, 单相存在的自由度为 $d' = 2$, 在相图中表示为任意形状的区域,在区域中任意点的坐标 (x, T) 都相当于可能的平衡相. 两相平衡的自由度为 $d' = 1$. 在 相图上表示为一对共轭的界线,在一根界线上的每一点由一等温的联结线 (tie-line) 和另一界线上的共轭点相联. 联结线通过的区域就是两相区, 其最一般的形式如图 3.11 所示. 三相平衡的自由度 $d' = 0$, 温度成分都不能自由选择. 在相图上可表示为一水平的线段, 两端分别和两个单相区相接触, 而在线段中间某一点上和另一单相区接触. 三相平衡可分为两类: 共晶型及包晶型, 分别如图 3.12 所示, 这两种类型在热力学上是等价的.

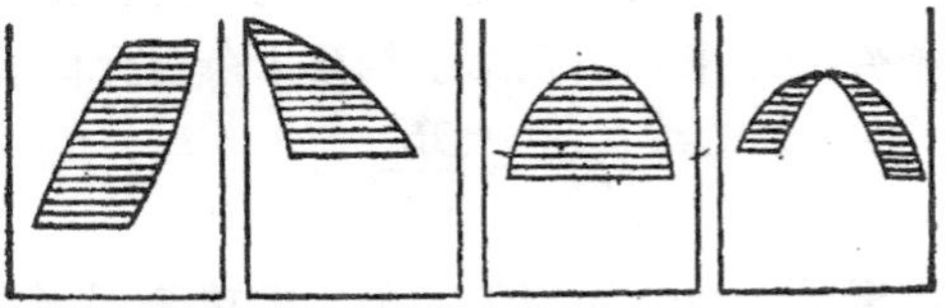

图 3.11 二元相图中的两相区.

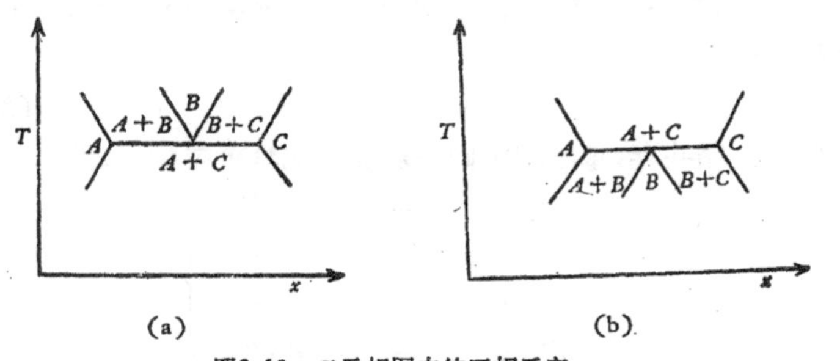

(a) (b)

图3.12 二元相图中的三相反应.

(a) 共晶型反应; (b) 包晶型反应.

(b) 其他的几何规律　除相律之外，还有一些其他的几何规律，对于理解相图也有一定的重要性，下面就谈谈这些规律：

(1) 各单相区之间一般为两相区所隔开。相邻的单相区只能在一点上相互接触（不能有共同的界线）。在接触点上两相区边界具有水平的公切线（接触点若为纯组元则不在此例）。溶解间隙的临界点上也具有水平的切线。

(2) 当和三相等温线相交，两相区周界的延长线应在另一两相区内，而不会进入单相区内（参看图3.13）。根据自由能图就很容易理解这些规律的根源。这里只就一个具体的例子来说明规律(2)。在图3.13中示出了在共晶温度上下两个温度的自由能曲线。在温度T_2，α相与β相的平衡就不能实现了，因为公切线ef全部在$cghd$的上面。ef两点所对应的成分处在$(\alpha+\beta)$相周界的延长线上。只要是液相的自由能曲线伸在ef之下，c点必然在e点的左侧，而d点在f的右侧。因此相图中$(\alpha+\beta)$区的周界的延线将分别进入$(L+\alpha)$及$(L+\beta)$的区域。类似地可以说明为什么$(L+\alpha)$及$(L+\beta)$相的周界延长后伸入$(\alpha+\beta)$相的区域。只要是自由能曲线是温度和成分的函数，这样的关系总是成立的。在文献[24]中，对此作了严格的推导。

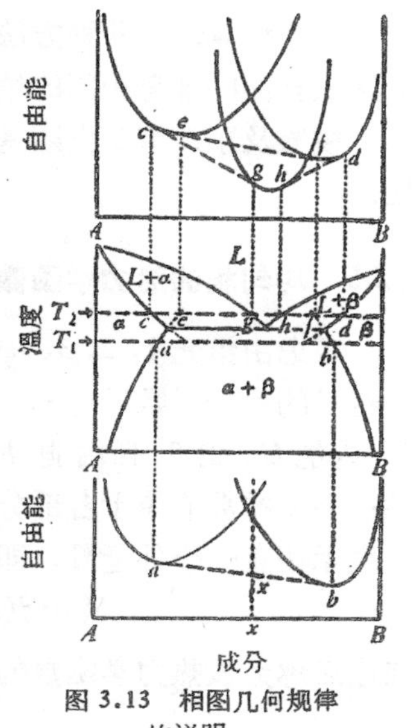

图 3.13　相图几何规律的说明。

在测定相图时，由于实验数据不足，常需要作适当的外推。进行外推时就应留心，不要触犯这些几何规律。有人对于已发表的相图进行了检查，找出了不少违背上面(b)小节中所述的几何规律的事例[24]。这也说明我们有必要采用批判的态度来对待过去累积的合金相图的资料。

II 定量理论

在上节中我们已经说明了合金的相图与自由能图的关系．如果知道了自由能与温度及成分的关系，就可以将相图推导出来．自由能与温度及成分的关系可以由热力学量的数据中求出；也可以用一些半经验的关系式近似地表示出来；或者根据更深入的微观理论来计算．前两种方法中应用了定量的热力学计算方法．虽则用来全面的推导相图的结果还不多，但对于相图进行外推、内插、校验及预测等工作还是很有用处的．本节就讨论这方面的问题．

§ 3.5 均匀相的热力学函数[8,9,11]

考虑由组元1，2，3，……等所构成的均匀相（例如固溶体），各组元的克分子数设为 n_1，n_2，n_3，$\cdots$．有一些热力学量，如容积 V、内能 U、熵 S、自由能 F、吉布斯自由能 G 等，具有下列的特性：整体的数值等于各部分的总和(即热力学中所谓外延量)．令 Y 表示任意一个外延量，即

$$Y = f(n_1, n_2, n_3, \cdots). \tag{3.19}$$

在以后称为该热力学函数的累积量，引入摩尔成分

$$x_1 = \frac{n_1}{n_1 + n_2 + n_3 + \cdots},$$

$$x_2 = \frac{n_2}{n_1 + n_2 + n_3 + \cdots},\ x_3 = \cdots. \tag{3.20}$$

每摩尔的 Y 表示为 y，称为累积摩尔量

$$\frac{Y}{n_1 + n_2 + n_3 + \cdots} = y = f(x_1, x_2, x_3, \cdots). \tag{3.21}$$

由于在溶体中某一单独组元的 Y 值往往无法直接测定，为了避免这个困难，在计算中常引入溶体中各组元的偏摩尔量

$$y_1 = \frac{\partial Y}{\partial n_1} = \frac{\partial y}{\partial x_1},\ y_2 = \frac{\partial Y}{\partial n_2} = \frac{\partial y}{\partial x_2},\ \cdots, \tag{3.22}$$

因而

$$Y = y_1 n_1 + y_2 n_2 + \cdots, \tag{3.23}$$

$$y = y_1 x_1 + y_2 x_2 + \cdots. \tag{3.24}$$

在这里我们要注意热力学量的三种不同表示方式含义的差异. 以容积为例: Y 就表示总容积, y 表示每摩尔溶体的容积,而 y_1, y_2, y_3 等分别表示溶体中某一组元增加一摩尔所引起的体积变化(设想其他组元及合金成分保持不变).

对 (3.21) 式微分, 得出

$$dy = y_1 dx_1 + y_2 dx_2 + \cdots. \tag{3.25}$$

而对 (3.24) 式微分, 得出

$$dy = y_1 dx_1 + y_2 dx_2 + \cdots + x_1 dy_1 + x_2 dy_2 + \cdots. \tag{3.26}$$

将 (3.25) 式和 (3.26) 式对比,求得

$$x_1 dy_1 + x_2 dy_2 + \cdots = 0. \tag{3.27a}$$

如果只考虑两个组元,简化为

$$x_1 dy_1 + x_2 dy_2 = 0. \tag{3.27b}$$

上式也可改写为

$$x_1 \frac{dy_1}{dx_2} + x_2 \frac{dy_2}{dx_2} = 0. \tag{3.28}$$

式 (3.27) 及式 (3.28) 通称为吉布斯-杜埃姆 (Gibbs-Duhem) 关系,在热力学的计算中非常重要. 如果我们知道了不同成分的 y_1, 即可用这个关系来推导 y_2

$$dy_2 = -\frac{x_1}{x_2}\frac{dy_1}{dx_2} dx_2. \tag{3.29}$$

在有许多问题中,偏摩尔量与累积量之间的换算很重要,因为有些热力学量,例如溶解热, 只有累积量是可直接测量的;而另一些量,如自由能, 只有偏摩尔量是可直接测量的. 对于二元合金, 式 (3.25) 可简化为

$$dy = y_1 dx_1 + y_2 dx_2. \tag{3.30}$$

自式 (3.30)，注意到

$$x_1 + x_2 = 1,\ dx_1 = -dx_2, \tag{3.31}$$

可导出

$$\frac{dy}{dx_2} = y_2 - y_1. \tag{3.32}$$

再利用

$$y = y_1 x_1 + y_2 x_2, \tag{3.33}$$

消去 y_1 或 y_2，可求出

$$\left.\begin{aligned} y_2 &= y + (1 - x_2)\frac{dy}{dx_2}, \\ y_1 &= y - (1 - x_1)\frac{dy}{dx_2}. \end{aligned}\right\} \tag{3.34}$$

这个关系也可以用图解法来表示 (图 3.14). 曲线 $°y_1 b °y_2$ 表示累积摩尔量 y 随成分的变化，而其两端的纵坐标 $°y_1$ 及 $°y_2$ 同时也表示纯组元的偏摩尔量. 曲线上 b 点的切线

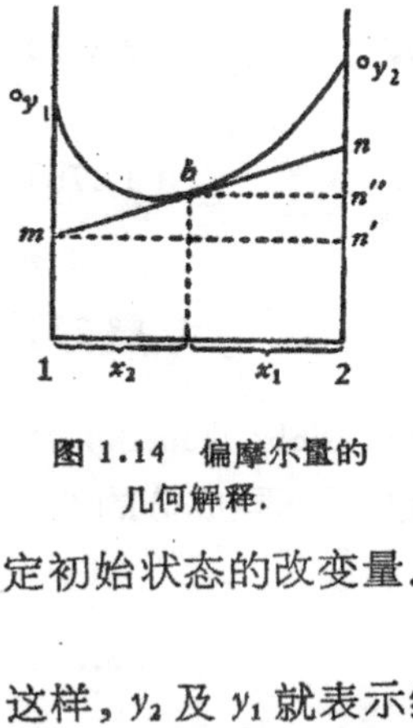

$$\frac{dy}{dx_2} = \frac{nn'}{mn'} = y_2 - y_1, \tag{3.35}$$

m, n 两点的纵坐标就表示溶体 b 的偏摩尔量 y_1 及 y_2.

图 1.14 偏摩尔量的几何解释.

在热力学的问题中，重要的往往不是热力学量的绝对值，而是这些量相对于一定初始状态的改变量. 通常可选择纯组元状态为零点，即

$$°y_2 = °y_1 = 0. \tag{3.35}$$

这样，y_2 及 y_1 就表示纯组元与溶体间偏摩尔量的差值，而 y 表示自机械混合物与溶体间累积摩尔量的差值. 以后这种相对值前面都加一个符号 Δ，以资区别.

§ 3.6 理想溶体与非理想溶体[8,9,11]

(a) 理想溶体　最简单的假设是将固态及液态的溶体的热力

学关系近似地看作理想气体的混合．如果组元 2 的成分为 x_2，组元 1 的成分为 $(1-x_2)$，纯组元具有相同的摩尔容积 v，在溶解过程中，体积分别自 x_2v 及 $(1-x_2)v$ 变至 v，由于理想溶体的假定，内能没有变化，即

$$\Delta u = 0. \tag{3.36}$$

因此，熵的变化为

$$\Delta S = \frac{\Delta Q}{T} = -x_2 R\ln x_2 - (1-x_2)R\ln(1-x_2). \tag{3.37}$$

累积摩尔自由能等于

$$\Delta f = RTx_2\ln x_2 + RT(1-x_2)\ln(1-x_2). \tag{3.38}$$

自式 (3.34) 可导出对应的偏摩尔量

$$\Delta s_2 = -R\ln x_2, \tag{3.39}$$

$$\Delta f_2 = RT\ln x_2. \tag{3.40}$$

在后面会讲到有一些固态或液态的溶体是可以近似地看做理想溶体的，特别在很稀薄的情况下，一般溶体的性能都接近于理想溶体。

(b) 非理想溶体　对于非理想固溶体，我们可以将第 i 组元的偏克分子自由能表示为类似的形式

$$\Delta f_i = RT\ln a_i, \tag{3.41}$$

但这里的 a_i 称为活度，就不等于成分 x_i 了．我们将活度 a_i 与成分 x_i 之比称为活度系数，即

$$\gamma_i = \frac{a_i}{x_i}. \tag{3.42}$$

对于理想溶体，γ_i 等于 1．γ 和 1 的差异表征了溶体的行为和理想溶体的偏离．各组元的 γ_i 可以相互换算．从式 (3.28) 及式 (3.41) 可导出

$$x_1\frac{d\ln a_1}{dx_2} + x_2\frac{d\ln a_2}{dx_2} = 0, \tag{3.43}$$

及

$$x_1 \frac{d\ln\gamma_1}{dx_2} + x_2 \frac{d\ln\gamma_2}{dx_2} = x_1 \frac{d\ln\frac{a_1}{x_1}}{dx_2} + x_2 \frac{d\ln\frac{a_2}{x_2}}{dx_2}$$

$$= x_1 \frac{d\ln a_1}{dx_2} + x_2 \frac{d\ln a_2}{dx_2} = 0. \qquad (3.44)$$

由式 (3.44) 即可得出

$$\ln\gamma_1 = -\int_0^{x_2} \frac{x_2}{1-x_2} \cdot \frac{d\ln\gamma_2}{dx_2} dx_2$$

$$= \int_0^{x_2} \frac{\ln\gamma_2}{(1-x_2)^2} dx_2 - \frac{x_2}{1-x_2} \ln\gamma_2. \qquad (3.45)$$

如果对应于不同的 x_2 的 γ_2 值为已知，则 γ_1 就可以自上面的积分式求出．如果 γ_2 不能表示为解析形式，积分就要应用图解法．

§ 3.7 合金热力学数据的讨论

关于合金的热力学量的数据，目前还不很完备，而且精确度也不高，但就现有的数据作一些讨论，对我们理解合金的问题是有帮助的[8,12,25]．

(a) *形成热* 在表 3.1—3.4 中，按照相图的类型，分别列了一部分合金形成热1)的实验数据． 在一般情形下，Δw 的数值是成分的函数．通常的液态合金及一部分连续的固溶体，Δw 对 x_2 的曲线接近于一对称的抛物线，极大值或极小值出现在 $x_2 = 0.5$ 处，也有些曲线的顶点偏离了中点（见图 3.15）．在表 3.1 中列出了形成热的极大值或极小值以及对应的原子成分．从表 3.1 中可看出，连续固溶体的 Δw 值都很小，大多数是负值．在

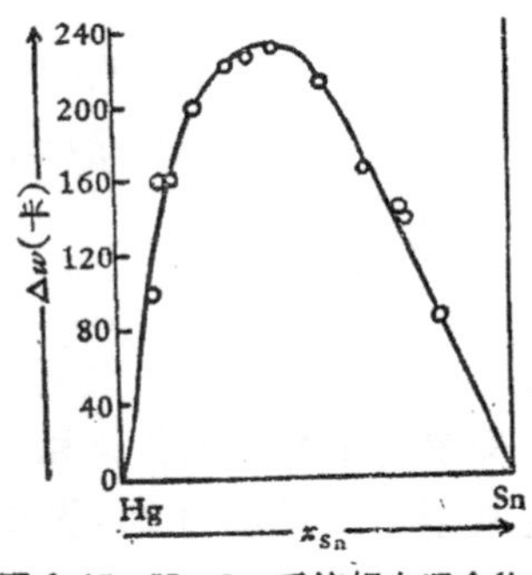

图 3.15 Hg-Sn 系液相中混合热．

1) 形成热为自纯组元形成一摩尔合金所放出的热量．数值上和合金的累积摩尔混合热 Δw 相同，但符号相反．

表 3.1 固态连续互溶的合金的形成热[25]

合金系统	固态合金		液态合金	
	形成热（千卡/摩尔）	原子成分（%）	形成热（千卡/摩尔）	原子成分（%）
Ag-Au	+0.95	50	+0.43	50
Au-Cu	+1.25	50	—	—
Bi-Sb	—	—	−0.3	50
Pb-Tl	+0.65	80	+0.35	50

液态互溶而在固态溶解度很小的共晶系，Δw 的值也非常小，大多数是正的，也有个别合金是负的（见表3.2）．在金属化合物的情形中，Δw 的值都比较大，都是负的(见表 3.3 及表 3.4)，其中成分范围较宽的相对地又小一些．也有 Δw 值较大的，这些合金系的液线上在化合物成分出现极大值．成分范围狭窄的，Δw 值一般

表 3.2 共晶系液态的形成热[25]

合金系统	形成热（千卡/摩尔）	原子成分（%）	温度（K）	活度系数 γ（成分为零）
Ag-Bi	−1	40	1323	
Ag-Cu	−0.8	45	1473	
Ag-Pb	−1.6	40	1323	
Al-Si	+0.8	50		
Al-Sn	−1.6	40	1073	
Bi-Cd	−1.0			1
Bi-Cu	−1.6	60	1473	
Bi-Hg	−0.2	75		>1
Bi-Sn	+0.15	50		~1
Cd-Zn	−0.5	50		3.5
Hg-Pb	−0.3	30		>1
Hg-Zn	−0.13	50		>1
Pb-Sb	+0.1	50		
Sn-Tl	−0.15	50		2.8
Sn-Zn	−0.8	40	723	5.8
Pb-Sn	−0.3	50		
Cd-Pb	−0.6	40	623	3.5

都很大;个别比较小的,在相图上出现包晶反应，化合物的区域不和液线接触.

表 3.3 中间相(具有一定的溶区)的形成热[25]

合金系统	固态合金		合金相	液态合金	
	形成热(千卡/摩尔)	原子成分(%)		形成热(千卡/摩尔)	原子成分(%)
Ag-Al	—		—	+1.1	30
Ag-Cd	+1.45		γ	+0.38	50
Ag-Sb	+1.8		$\alpha-Sb+\varepsilon'$	+1.1	35
Ag-Sn	—	—	—	+1.2	35
Ag-Zn	—	—	—	+2.3	50
Al-Cu	+5.2	67	γ	+4.5	65
Au-Cd	+3.9	50	β	+1	50
Cd-Hg	+1.15	50	β	+0.5	50
Cd-Sb	+1.8	50	γ	+0.65	50
Cu-Sn	+1.8	25	$\gamma(Cu_3Sn)$	+1	33
Cu-Zn	+3.0	60	γ	+2	50
K-Na		—	—	−0.05	50
在相图上具有明显的极大值:					
Al-Co	+13.5	50	$\beta(CoAl)$	—	—
Al-Mg	+7	57	$\gamma(NiAl)$	+(1—2)	50
Al-Ni	+17	50	β	—	—
Au-Zn	+5.5	50	$\beta(AuZn)$	+4.1	60
Ca-Pb	+15	33	$\gamma(Ca_2Pb)$	—	—
Ca-Tl	+17	50	$\gamma(CaTl)$	—	—
Cd-Mg	+4.6	50	$\alpha(CdMg)$	—	—
-Sb	+8.0	50	$\gamma(NiSb)$	—	—

表3.4 中间相(只出现于特定成分)的形成热[35]

系统	固态合金			液态合金	
	形成热(千卡/摩尔)	原子成分(%)	分子式	形成热(千卡/摩尔)	原子成分(%)
在相图上具有明显的极大值					
Al-Ca	+12.8	25	Al_3Ca	—	—
Al-Ce	+13.0	33	Al_2Ce	—	—
Au-Sn	+4.1	50	AuSn	+3.3	50
Bi-Ca	+23	60	Bi_2Ca_3	—	—
Bi-Li	+14	75	$BiLi_3$	—	—
Bi-Mg	+7.3	60	Bi_2Mg_3	+3	60
Bi-Na	+11.4	75	$BiNa_3$	—	—
Ca-Si	+56	50	CaSi	—	—
Ce-Mg	+6.5	50	CeMg	—	—
Co-Sb	+5	50	CoSb	—	—
Co-Si	+12	50	CoSi	—	—
Fe-Si	+9	50	FeSi	—	—
Hg-K	+6.5	50	HgK	+4	40
Hg-Na	+6.0	33	HgNa	+3.3	50
Li-Pb	+8.4	30	Li_3Pb_2	—	—
Li-Sb	+10	33	Li_2Sb	—	—
Li-Tl	+6.4	50	LiTl	—	—
Mg-Pb	+4.2	33	Mg_2Pb	+2	33
Mg-Sb	+13.6	40	Mg_3Sb_2	—	—
Mg-Sn	+5.6	33	Mg_2Sn	+3.4	40
Mg-Zn	+4.2	57	$MgZn_2$	+1.5	60
Na-Sb	+12	25	Na_3Sb	—	—
Na-Sn	+6	50	NaSn	—	—
Na-Tl	+4.5	50	NaTl	—	—
Ni-Si	+11.1	33	Ni_2Si	+14	40
分解为两个相后熔化					
Au-Sb	+1.3	67	$AuSb_2$	+1.3	67
Ca-Cd	+7.5	75	$CaCd_3$	—	—
Ca-Zn	+8.7	50	CaZn	—	—
Co-Sn	+3.5	50	CoSn	<0.5	50
Cu-Sb	+(2—3)	50	$Cu_2Sb+\varepsilon$	+0.8	40
Fe-Sb	+1.2	50	FeSb	—	—
Na-Pb	+5.8	50	NaPb	—	—
Sb-Zn	+2	60	Sb_2Zn_3	+0.75	60

(b) *自由能与活度系数* 合金的活度及活度系数可由蒸汽压或电动势的测量求出. 在表 3.2 中列出了一些液态合金的数据. 在一般的成分,活度系数和 1 相差不大,只有在成分 0 附近才出现和 1 相差较大的值. 在一般的共晶系统中, γ 和成分的关系可近似地表示为

$$\ln \gamma_2 = c_1(1 - x_2)^2 + c_2(1 - x_2)^3. \tag{3.46}$$

在有些合金中, $c_2 = 0$.

从表 3.2 也可以看出活度系数与混合能间的相互关系. 在 Δw 为正值的情形, 活度系数都大于1. 表明组元自溶体逸出的倾向要比理想溶体强些. 只有 Bi-Pb 系的 γ 值小于零, 而 Δw 也为负值.

表 3.5 列出一些由活度系数测量所求出的固态合金的自由能. 关于 Ag-Au 固溶体的活度系数有人作过较仔细的研究,银的活度系数和成分的关系(在 200℃) 可以表示为

$$\ln f_{Ag} = -1.5(1 - x_{Ag})^2. \tag{3.47}$$

表 3.5 固态合金的累积克分子自由能[9]

合金相	成分	温度 (℃)	克分子自由能 Δf (千卡/摩尔)
Ag-Cd (α 相)	0.444	20	−1.18
Ag-Cd (β' 相)	0.50	20	−1.21
Ag-Cd (β' 相)	0.535	20	−1.22
Ag-Cd (γ 相)	0.575	20	−1.23
Ag-Cd (γ 相)	0.62	20	−1.27
Ag-Cd (ε 相)	0.63	20	−1.17
Ag-Cd (ε 相)	0.80	20	−0.64
Au-Cd (α 相)	0.34	20	−2.73
Au-Cd (β' 相)	0.53	20	−3.8
Au-Cd (γ' 相)	0.63	20	−3.2
Au-Cd (ε 相)	0.70	20	−2.79
Au-Cd (ε' 相)	0.76	20	−2.5
AuCu	0.50	370	−2.0
Au_2Cu_3	0.60	370	−2.0
$AuCu_3$	0.75	370	−1.7

§ 3.8　相图的计算

如果合金系统的热力学量的数据很完备，而且准确性很高，相图就可以直接算出．但是由于实测出的热力学量的准确性并不高，依靠它来全面地计算相图并不现实．热力学计算的用处主要在于另一方面：即对于不完全的相图进行外推；对于现有的相图进行校验；或对于某些相图作一些探索性的预测．在这些工作中，常应用自由能的半经验的近似表示式[26,27]．

(a) *溶解限曲线*　固溶体(或溶液)中溶解限曲线可以由规则溶体 (regular solution) 近似地导出：其基本假定为溶体的混合熵和理想溶体相同，而混合能 Δu (在凝固系统中，它和混合热 Δu 的差异可以忽略)，近似地表示为对称的抛物线

$$\Delta u = cx_2(1 - x_2), \tag{3.48}$$

这里的 c 为一常数．因此自由能为

$$\Delta f = cx_2(1 - x_2) + RTx_2\ln x_2 + RT(1 - x_2)\ln(1 - x_2). \tag{3.49}$$

在式 (3.34) 中以 $y = \Delta f$ 代入，可求出

$$\Delta f_2 = c(1 - x_2)^2 + RT\ln x_2. \tag{3.50}$$

而从活度系数的关系可以求出

$$RT\ln \gamma_2 = c(1 - x_2)^2. \tag{3.51}$$

从 §3.7 中实验结果的讨论中可以看出，这种规则溶体可以近似地代表一些合金的情况．至于其理论上的根据，将在第五章中进行讨论．

如果 c 是正值，Δf 相对于 x (在以下，x_2 都改写为 x)的曲线将如图 3.16 的形式．在 $T < c/2R$ 的范围内，曲线具有两个极小值，其切线是水平的，而且和 $x = 1/2$ 对称．在临界点 T_c，

$$T_c = \frac{c}{2R}. \tag{3.52}$$

两极小值汇合在 $x = 1/2$ 处．当 $T > c/2R$，曲线上 $\partial^2\Delta f/\partial x^2$ 处处都大于零，只存在一个极小值．公切点决定于

$$\frac{\partial \Delta f}{\partial x} = 0 \tag{3.53}$$

的条件(图 3.16 中的 c_1, c_2)．因而可从式 (3.49) 导出溶解限曲线的方程,即

$$RT = \frac{c(1-2x)}{\ln[(1-x)/x]},$$

或

$$\frac{x}{1-x} = e^{-c(1-2x)/RT}. \tag{3.54}$$

对应的相图见图 3.17．溶解限曲线对于 $x = 1/2$ 是对称的．溶解间隙的宽度随温度的上升而减小，到临界点 T_c，合并于 $x = 1/2$。在 T_c 以上就是无限互溶了．

图 3.16 中自由能曲线的旋节点，可以根据

$$\frac{\partial^2 \Delta f}{\partial x^2} = 0$$

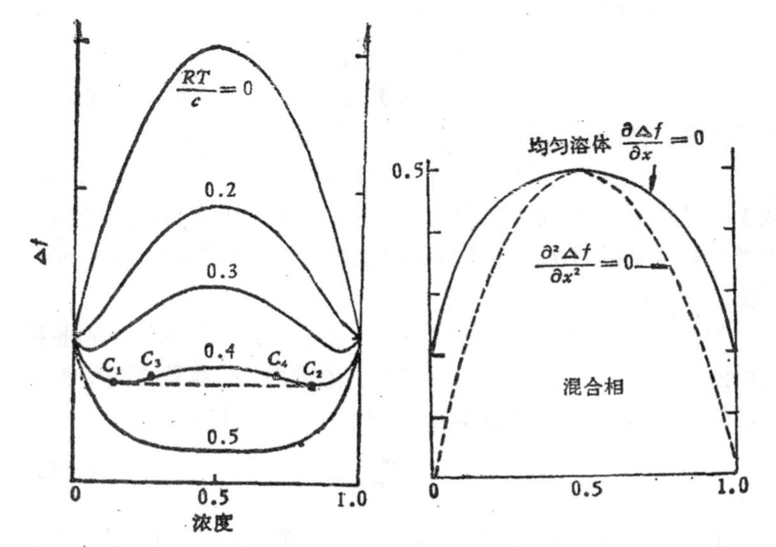

图 3.16　规则固溶体不同温度的自由能曲线.

图 3.17　规则固溶体的溶解限与旋节线.

的条件定出(图3.16中的 c_3, c_4). 这样,可求出旋节线 (spinodal) 为

$$x(1-x)=\frac{RT}{c}, \tag{3.55}$$

在图 3.17 中用虚线来表示. 旋节线对于合金的脱溶沉淀有相当重要的影响，在后面的章节中将要进行讨论.

虽然有些合金系 (例如面心立方的 Ir-Pd) 的溶解限曲线和式 (3.54) 大致符合，但多数表现出一些偏差. 有些合金系中曲线是不对称的，峰值不在 $x=1/2$ 处(例如 Au-Ni 系等). 有些合金系中受到其他相的干扰: 例如 Al-Zn 系中面心立方相的溶解间隙在富锌这边受到六方相干扰，而更多的合金系(如 AgCu 系) 未达到 T_c 时就熔化了.

在溶解度很小的情形，$1-x\simeq 1-2x\simeq 1$，式 (3.54) 可简化为

$$x=e^{-(c/RT)}. \tag{3.56}$$

溶解度和温度的关系是按照指数函数的形式，而常数 c 近似等于组元 2 的溶解热 Δw_2.

根据实验测定的铝合金的固溶度的数据，将固溶度的对数相对于绝度温度的倒数画出[28]，即如图 3.18 所示. 得出的是一系列的直线，符合于式 (3.56) 所预期的结果. 但外推到 $(1/T)=0$,

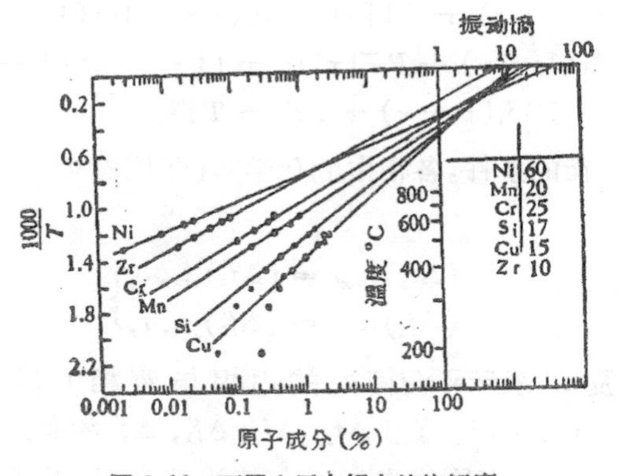

图 3.18 不同金属在铝中的溶解度.

溶解度并不等于 1. 这个结果表明式 (3.56) 应修正为

$$x = Ke^{-(c/RT)}. \tag{3.57}$$

对于不同的溶质原子，指数项前的因素 K 可能具有不同的数值. 曾讷 (C. Zener) 利用了形成固溶体的振动熵的变化来解释这个问题[28].

为了说明不对称的溶解限曲线，并使从自由能曲线导出的结果更符合于实际的相图，有人将克分子自由能表示式推广为[29]

$$\begin{aligned} f = & RT[x\ln x + (1-x)\ln(1-x)] \\ & + x(1-x)(c_1 + c_2x + c_3x^2 + \cdots), \end{aligned} \tag{3.58}$$

c_1, c_2, $\cdots$ 等系数一般是温度的线性函数，可以从实验溶解限曲线推导.

(b) *固-液相平衡* 下面我们讨论两个不同相(例如液相与固相)的平衡问题，仍旧从规则溶体近似出发[26]. 固相的自由能还是用式 (3.49) 来表示，但计算液相自由能的零点应和固相的相同. 假定两组元的固相比热和液相比热相同，因此液相的自由能的近似表示式中应附加一线性项，即

$$(T_1 - T)S_1(1-x) + (T_2 - T)S_2x,$$

这里的 T_1, T_2 表示两组元的熔点，S_1 及 S_2 表示纯组元的溶解熵. 因此固相与液相的自由能分别为

$$\left.\begin{aligned} &\Delta f = cx(1-x) + RT[x\ln x + (1-x)\ln(1-x)], \\ &\Delta f' = c'x(1-x) + RT[x\ln x + (1-x)\ln(1-x)] \\ &\quad + (T_1 - T)S_1(1-x) + (T_2 - T)S_2x. \end{aligned}\right\} \tag{3.59}$$

根据复相平衡的条件，各相中的化学势(即偏摩尔自由能)应相等，即

$$\left.\begin{aligned} (\Delta f_1)_{x=x'} = (\Delta f'_1)_{x=x''}, \\ (\Delta f_2)_{x=x'} = (\Delta f'_2)_{x=x''}, \end{aligned}\right\} \tag{3.60}$$

这里的 x' 及 x'' 表示平衡相处的固相与液相的成分. 利用式 (3.59) 及式 (3.34) 计算出 Δf_1, Δf_2, $\Delta f'_1$, $\Delta f'_2$ 的表示式，再代入式 (3.60)，即得到相图固线成分 x' 与液线成分 x'' 所满足的方程

$$T\left[R\ln\left(\frac{x''}{x'}\right)-S_2\right]+c'(1-x'')^2-c(1-x')^2$$

$$+T_2S_2=0, \tag{3.61a}$$

$$T\left[R\ln\left(\frac{1-x''}{1-x'}\right)-S_1\right]+c'x''^2-cx'^2$$

$$+T_1S_1=0. \tag{3.61b}$$

改变这组方程中的参数 T_1、T_2、S_1、S_2、c、c'，即可求出各种不同类型的相图，例如选择 $T_1=1200℃$，$T_2=500℃$，$q_1=T_1S_1=2400$ 卡/摩尔，$q_2=T_2S_2=2000$ 卡/摩尔，$c'=0$，单纯改变 c 的

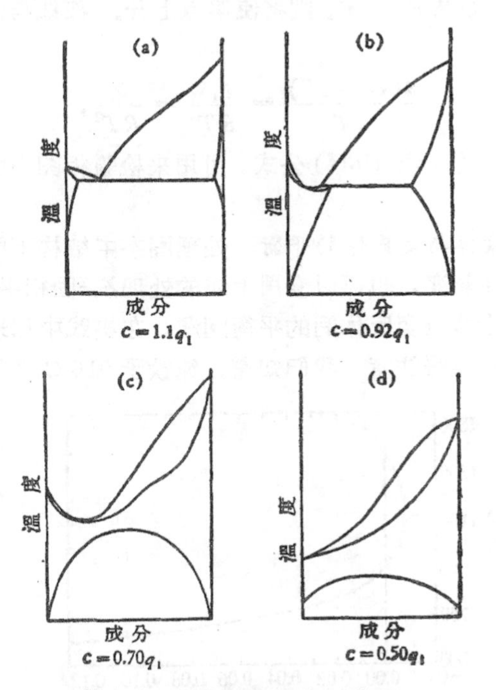

图 3.19 不同参数所计算出的相图.

数值，就得出如图 3.19 所示的一系列的相图，在外形上有很大的差异．从这里可以体会到，尽管实际的相图类型很多，外观上差异很大，容易使人眼花缭乱；但实质上是由少数参量所控制的，由量

的差异，引起了质的改变。

当 x' 及 x'' 很小，可自式 (3.61b) 中略去它们的平方项，即得

$$\ln\frac{1-x''}{1-x'}\simeq x'-x''=\frac{(T-T_1)S_1}{RT}, \tag{3.62}$$

亦可换写为

$$q_1\left(\frac{1}{T_1}-\frac{1}{T}\right)=R(x'-x''). \tag{3.63}$$

这个关系表明了杂质对于熔点的影响：如果 $x''>x'$，将使熔点下降；反之，如果 $x''<x'$，则将使熔点上升。液线与固线的斜率可以表示为

$$\frac{d(x'-x'')}{dT}=\frac{T_1S_1}{RT^2}=\frac{q_1}{RT^2}, \tag{3.64}$$

这就是范托夫 (Van't Hoff) 公式，可用来检验相图中固线与液线的初始斜率。

(c) 铁素体与奥氏体的平衡　处理固态中结构不同的两种相之间的多型性转变，也可以套用上述的处理液-固相平衡的方法。合金钢中铁素体与奥氏体间的平衡问题，在实践中和理论中都非常重要，特别值得注意，我们知道，纯铁于 910℃ 产生 $\alpha\rightarrow\gamma$ 相

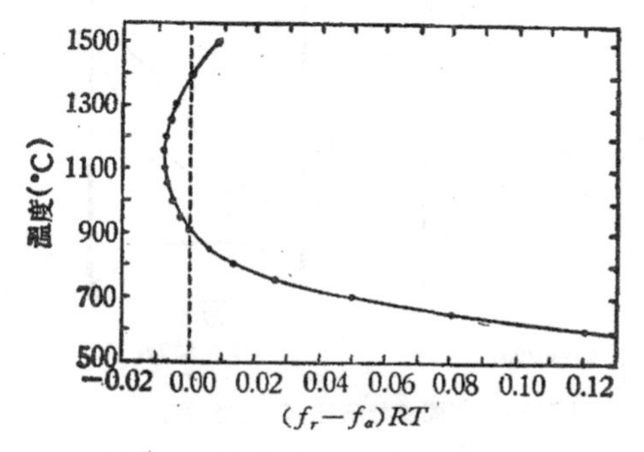

图 3.20　纯铁中 $f_\gamma-f_\alpha$ 随温度变化的关系.

变，而在 1400℃ 产生逆向的转变 $\gamma\rightarrow\alpha$。根据一些实验数值，可以估计 γ 相与 α 相间自由能的差值 $f_\gamma-f_\alpha$ 随温度变化的关系，如

图 3.20 所示．可以看出，在 910—1400℃之间，$f_\gamma - f_\alpha$ 是负值，而在其余的温度是正值．用 $f_\gamma - f_\alpha$ 代替式 (3.61b) 中的 $(T_1 - T)S_1$，并略去 x 的二次项，即求得 α 相与 γ 相的周界所对应的合金成分 x_α，x_γ 所满足的方程

$$\ln\left[\frac{(1-x_\alpha)}{(1-x_\gamma)}\right] \simeq x_\gamma - x_\alpha = \frac{f_\gamma - f_\alpha}{RT}. \tag{3.65}$$

我们即可以根据图 3.20 求出 $\alpha+\gamma$ 两相区的宽度．要解出 x_γ 及 x_α，还缺一个方程，可以从式 (3.61a) 中略去一些项，并改写为

$$\ln\left(\frac{x_\gamma}{x_\alpha}\right) = -\frac{Q}{RT} + h, \tag{3.66}$$

其中 Q 与 h 为两个参数．在一般的计算中，常略去 h，只考虑参数 Q 的影响．奥耳森 (W. Oelsen) 与韦佛 (F. Wever) 对于不同 Q 值(正或负)计算了一系列的 α-γ 相界[30]：当 Q 为负值，相图上形成了开放的 γ 区，溶质原子的添加，使下转变温度下降，上转变温度上升(图 3.21 (a))；当 Q 为正值，情形正好相反，形成闭合的 γ 圈(图 3.21 (b))．这两种情况就对应于铁合金相图的两种基本类型．一般情形下可以根据实测出的相图来推算溶质原子的 Q 值．在相界测定有困难的某些系统(例如铁-镍系，γ 相界伸展到温度较低的区域，极难建立平衡)，就倒过来利用上述关系，根据热力学数据来推算相界．

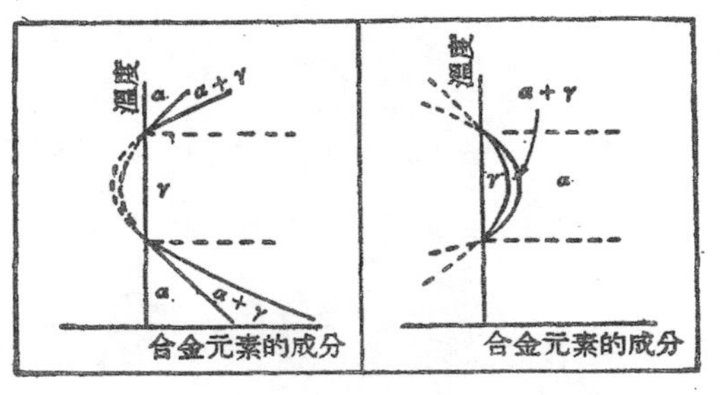

(a)　　　　(b)

图 3.21　铁合金相图的两种基本类型．
(a) 开放的 γ 区；(b) 闭合的 γ 区．

在铁-钴系及铁-铬系，出现反常的情况：钴的添加使两个转变温度都上升；而铬的添加则使两者都下降．这些问题需要应用更深入的理论来处理，这里就不细述[21,22]．

也可以将上述计算相界的方法推广到三元系合金，基本原理是类似的，但情况要复杂得多，详情可以参看文献[26,31]．

(c) *利用电子计算机的相图计算* 近年来，电子计算机的应用使计算相图的工作有所发展，计算的精确度也大为提高．图3.22为根据热力学数据所算出的Al-Zn的相图(虚线)和相图的实验值(实线)吻合得很好[32]．有关这方面的问题请参阅文献[33]．

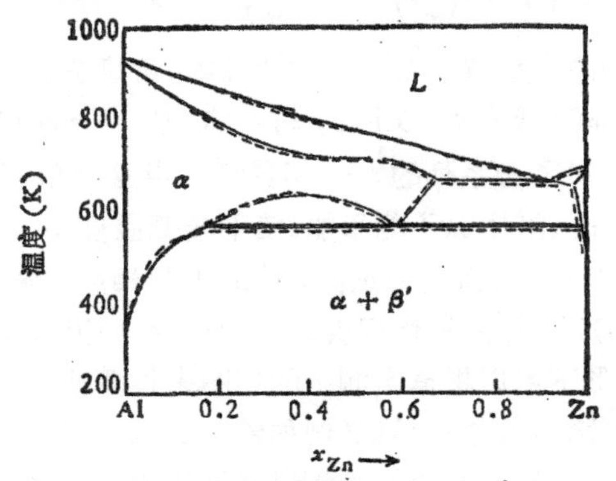

图 3.22 Al-Zn 系的相图(计算相图与实验相图的对比)．

第四章 合金的结构

I 固 溶 体

固溶体可以在一定的成分范围内存在. 用金相显微镜来检查,它是均匀的,其物理性能与点阵参数随成分作连续的变化. 以纯金属为基的固溶体称为初级固溶体; 以化合物为基的称为次级固溶体. 固溶体的晶体结构和其基底金属(或化合物)基本相同. 实际使用的金属材料,绝大多数是以固溶体为基质的. 因此,对固溶体的研究有很重要的实践意义. 这里重点讨论的是初级固溶体的晶体结构与一些经验规律. 进一步的理论说明留在第五章中讨论.

§4.1 固溶体的基本类型

根据溶质原子在点阵上的情况, 可以将固溶体分为三类: 一类是替代式的, 溶质原子替代了母相点阵上的溶剂原子(见图 4.1 (a)); 另一类是填隙式的. 溶质原子填充在母相点阵中的间隙位置 (见图 4.1 (b)); 还可以设想一种固溶体, 通常是以化合物为

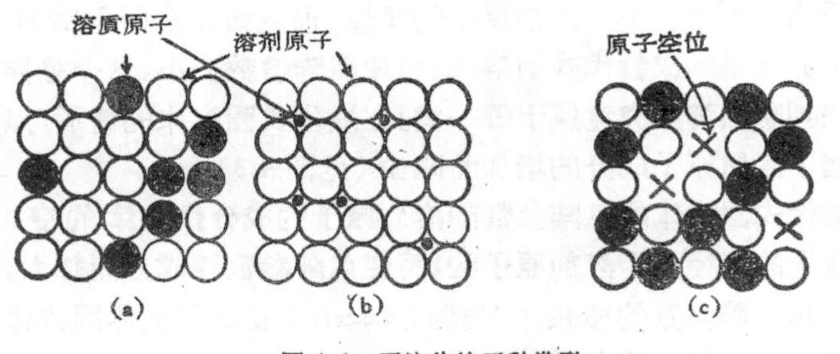

图 4.1 固溶体的三种类型.
(a) 替代式固溶体; (b) 填隙式固溶体; (c) 缺位式固溶体.

基的，在点阵中某一类原子出现空缺，它的成分和理想的化合物成分发生偏离，这一类固溶体被称为缺位式的（见图 4.1 (c)）.

根据固溶体点阵参数精密测量的结果，参照了密度的数据，就可确定固溶体所属的类型。晶胞中的平均原子数 n 可以表示为

$$n = \frac{\rho}{A \times 1.65 \times 10^{-24}} v_p, \tag{4.1}$$

式中的 v_p 为晶胞的体积，ρ 为密度，A 为固溶体的平均原子量，而常数 1.65×10^{-24} 为氧原子质量的 1/16. 有了 ρ 及 v_p 的数据，即可确定 n 的数值. 另一方面，也可以根据晶体结构的类型确定晶胞中在点阵上的坐位数 n_0. 如果 $n = n_0$（在实验误差范围内），表示所有的原子正好占满了点阵上的坐位，就是替代式固溶体；如果 $n > n_0$，势必有一部分原子在间隙位置，因而是填隙式的；但如果 $n < n_0$，则点阵中出现空位，就是缺位式的.

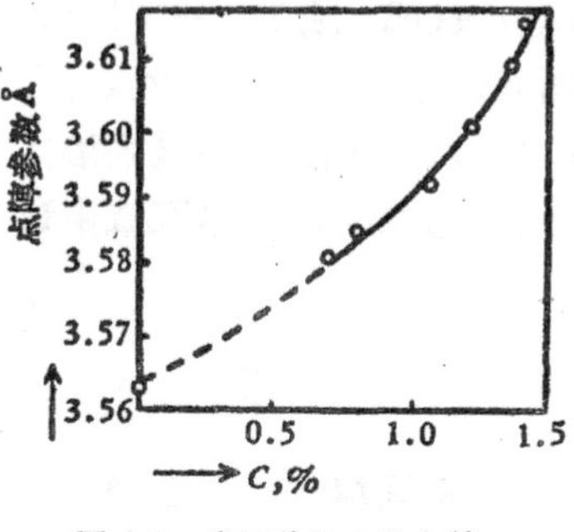

图 4.2　奥氏体的点阵参数.

另外，溶质原子含量对点阵参数的影响，随了固溶体类型的不同，显示出三种不同的情况：填隙式固溶体恒使点阵参数加大，即使溶质原子的半径小于溶剂原子的半径，也是如此（见图 4.2）；同样的组元如果形成替代式固溶体，将使点阵参数变小，这个差异也可用来判断固溶体究竟属于哪一类；在缺位式固溶体的情形，点阵参数随了溶质原子成分的增加而减少（见图 4.3）.

替代式固溶体的点阵参数随溶质原子的成分作连续的变化. 溶质原子的半径大于溶剂原子的，将使点阵参数随成分而加大；否则将引起点阵参数的缩减. 费伽 (Vegard) 在离子晶体固溶体的研究中，得出了点阵参数 a 与固溶体成分 x 的线性关系

$$a = a_1 + (a_2 - a_1)x, \tag{4.2}$$

这里的 a_1 及 a_2 分别表示溶剂及溶质原子的点阵参数. 这个关系

在文献中被称为费伽定律．从图中可以看出，金属固溶体的实际情况和费伽定律多少有些差异，有时甚至有很显著的差异（例如图4.4中Au-Ag合金的情形），只有在稀溶体中费伽定律才能成立．

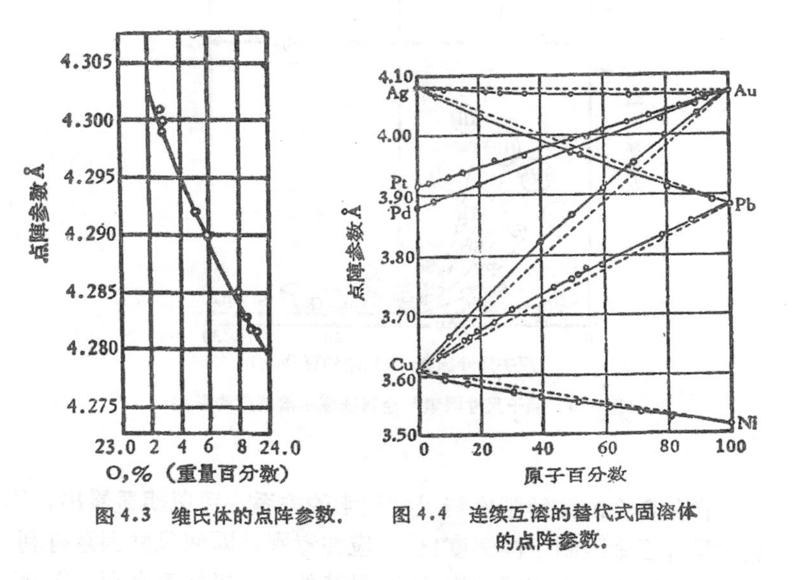

图 4.3 维氏体的点阵参数．

图 4.4 连续互溶的替代式固溶体的点阵参数．

§4.2 形成替代式固溶体的一些经验规律

根据大量的实验数据，可以总结出形成替代式固溶体的一些经验规律．下面就原子尺寸、化学亲和力及价电子三个因素进行讨论．

(a) *原子尺寸因素* 原子半径不同的两种金属形成固溶体时，使晶体的点阵产生畸变．半径比愈大，则对固溶体的形成愈不利．休谟-饶塞里等总结了银基及铜基固溶体的数据，提出了以下的经验规律：当溶剂原子与溶质原子的半径比超过14～15％时，尺寸因素不利于大量固溶体的形成，溶解度应该很小．如果半径比在上述范围内，则尺寸因素有利于大量固溶体的形成，但是否真正形成大量的固溶体，还要看其他的因素是否有利．在其他的合金系中，尺寸因素对于溶解限的影响也是普遍成立的．图4.5表

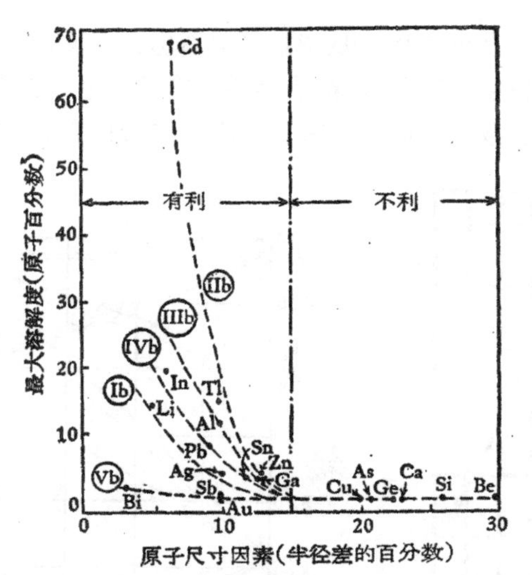

图 4.5　原子尺寸因素对金属在镁中溶解度的影响.

示了镁基合金的溶解限度与尺寸因素的关系. 可以明显看出，不利的尺寸因素限制了溶解度；但也应注意到，即使尺寸因素有利，也不一定形成大量的固溶体，还要看其他的因素是否有利. 因此，尺寸因素只能作为两种金属是否形成固溶体的初步判据. 另外，从图 4.5 上可以看出，周期表上各族元素的溶解限是落在光滑的曲线上，这就反映了尺寸因素以外的化学因素的影响.

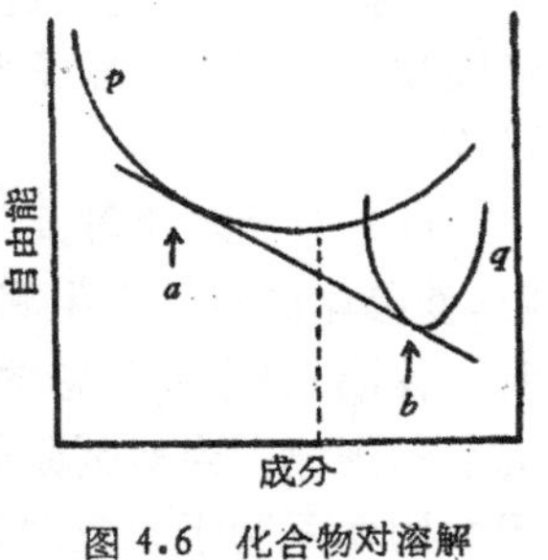

图 4.6　化合物对溶解限的影响。

(b) *化学亲和力因素*　现在我们进一步考虑当尺寸因素处于有利条件下影响固溶体形成的其他因素. 最容易想到的一种情况是两种元素的化学亲和力很强，它们往往形成稳定的化合物，而不形成固溶体. 图 4.6 中的曲线 p 表示了固溶体的自由能曲线(假想的)，而曲线 q 表示化合物的自由能曲线. 公切线的条件决定了固溶体的溶解限．如果金属化合物愈稳定，自由能曲线 q 就愈低，相应的溶解限(图中的 a 点)将朝向成份更小的方向移动．

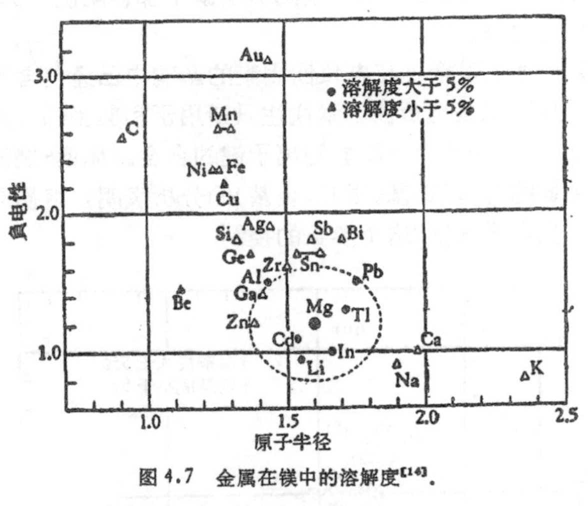

图 4.7　金属在镁中的溶解度[14]．

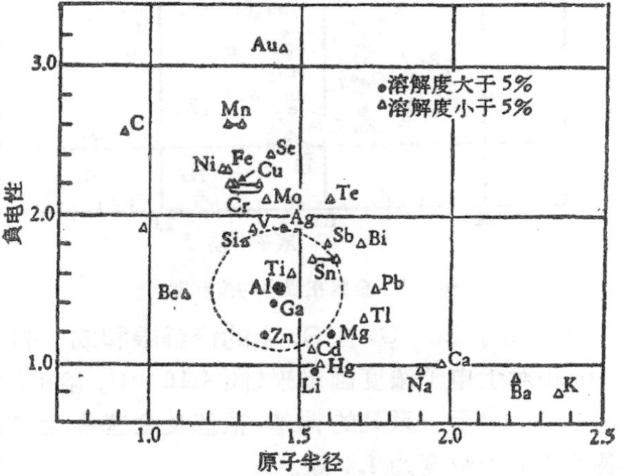

图 4.8　金属在铝中的溶解度[11]．

按照泡令(参看 §2.2)，两种元素电负性差值的大小就标志了化学亲合力的强弱．因此，电负性差值大的元素不易形成大量的固溶体． 图 4.7 至图 4.9 表示了电负性因素和尺寸因素结合起来对固溶体溶解限的影响．从图 4.7 可以看出，在镁中溶解限大于 5 %的元素，基本上都坐落在以镁为中心的一个椭圆中．但对于银基合金（图 4.9），电负性因素的影响就不那样明确，椭圆的中点不落在银的位置．

（c）*价电子因素*　在电负性因素的影响中已经包含了一些价电子的效应．但是电负性因素往往只适用于和典型的金属键相偏离的情形，例如一些带有明显的离子键的合金．休谟-饶塞里对于一些贵金属的合金(铜基，银基，金基)的分析表明，溶质原子价的效应是受到电子浓度[1]这个参数的控制．

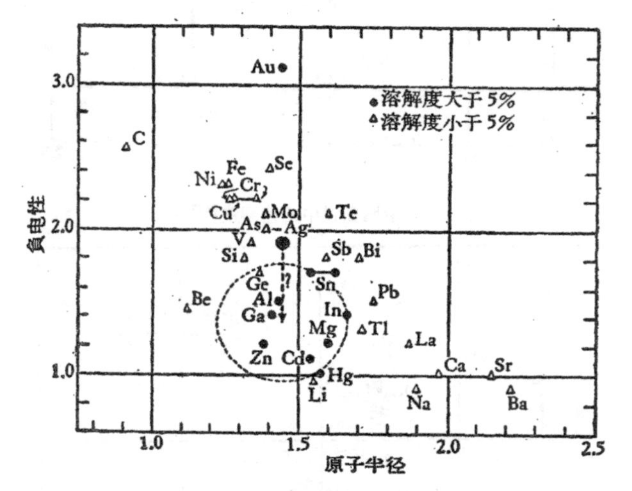

图 4.9　金属在银中的溶解度．

图 4.10 示出了 Zn、Ga 在 Cu 中的溶解限和成份的关系．如果将溶解限相对于电子浓度画出来(图 4.10 (b))，溶解限曲线基本上重合在一起．对于一系列的铜基，银基及金基合金，初级固溶体的溶解限都在电子浓度为 1.4 处．

1）电子浓度为价电子数和原子数的比值．如果合金中包含有 $x\%$ 的原子价为 v 的溶质原子，而溶剂原子的价数为 V，合金的电子浓度即为

$$\frac{V(100-x)+vx}{100}.$$

在铁合金的相图中，合金元素的添加可以产生两种情况：一类是使 γ 相稳定，例如 Co, Cu, Mn, Ni, Pt, Zn 等；另一类促使 α 相稳定，例如 Cr, Mo, V, W等(图4.11)。这里面也有价的效应，

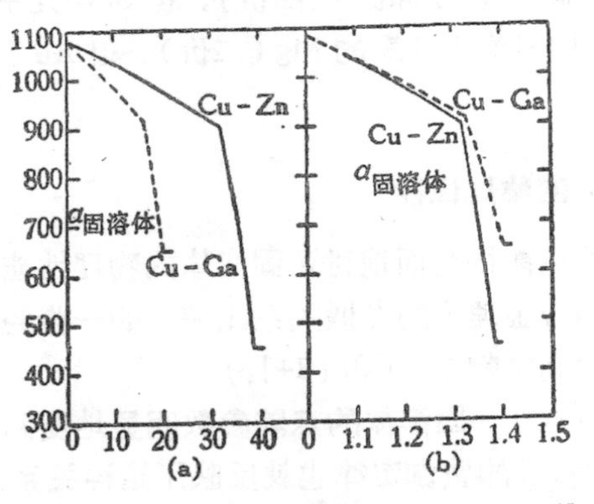

图 4.10　Cu-Zn 系及 Cu-Ga 系中固线与固溶度曲线.

	I A	I B	II A	II B	III A	III B	IV A	IV B	V A	V B	VI A	VI B	VII A	VII B	VIII A	VIII	VIII	VIII B
I														H				He
II	Li ▲		Be			B ○		C □		N □		▲?		F				Ne
III	Na ▲		Mg ▲			Al ●		Si ●		P ●		S ▲		Cl				A
IV	K ▲		Ca ▲		Sc		Ti ●		V ●		Cr ●		Mn ■		Fe	Co ■	Ni ■	
IV		Cu □		Zn □		Ga		Ge ●		As ●		Se		Br				Kr
V	Rb ▲		Sr ▲		Yt		Zr ○		Cb ●		Mo ●		Tc		Ru ■	Rh ■	Pd ■	
V		Ag ▲		Cd ▲		In		Sn ●		Sb ●		Te		I				Xe
VI	Cs ▲		Ba ▲		Ce ○		Hf		Ta ●		W ●		Re		Os ■	Ir ■	Pt ■	
VI		Au □		Mg ▲		Tl ▲		Pb ▲		Bi ▲		Po		At				Rn
VII	Fr		Ra ▲		Ac		Th		Pa		U							

图 4.11　合金元素对铁合金相图的影响.

■ 开放的 γ 区；□ 扩散的 γ 区；▲ 不溶；● 闭合的 γ 区；○收缩的 γ 区.

因为除了 Mn 以外，使 γ 相稳定的合金元素在周期表上的位置在铁之右侧，而使 α 相稳定的合金元素都在铁的左侧. 在钛合金及锆合金也有类似的情况，使高温的 β 相稳定的合金元素在周期表上的位置都在钛、锆的右侧.

原子价的效应还表现在高价金属与低价金属相互溶解度的不同．一般说来，高价元素在低价元素中的溶解度较大，而低价元素在高价元素中的溶解度较小．这个规律被称为相对价效应．例如 Cu（一价）中能溶解 4% 的 Si（四价），但 Si 中几乎不相溶解 Cu．在 Au（一价）中可溶入 3% 的 Mg（二价），但 Au 在 Mg 中的溶解限只有 0.2%．

§4.3 固溶体的物理性能

在这里不可能很全面地讨论固溶体的物理性能的问题，只能概括地介绍与合金理论的发展关系比较大的一些经验规律．（详细的讨论可参阅文献 [25] 和 [34]．）

(a) *点阵参数*　固溶体的点阵参数明显地受到尺寸因素的影响，在 §4.1 中讲过的费伽定律也就反映了这种关系．但实际合金的点阵参数都和费伽定律有偏差，这些偏差就反映了其他因素的影响．对于铜基及银基合金点阵参数的研究也显示了价电子因素的影响．雷诺 (G. V. Raynor) 指出对于同一周期的固溶体，点阵参数和费伽定律的偏差 Δa 可表示为

$$\Delta a = k(z_B - z_A)^2 \tag{4.3}$$

k 为一常数，z_B 及 z_A 分别表示溶质与溶剂的原子价[13]．

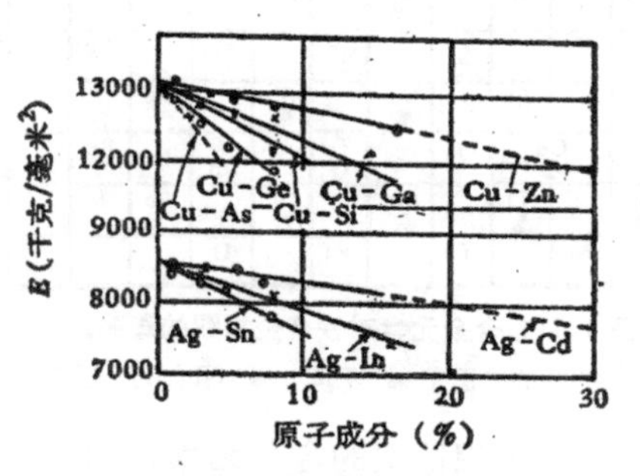

图 4.12　杨氏模量与合金成分的关系．

(b) *弹性模量*　在固态无限互溶的二元合金的弹性模量和成分的关系多半是线性的（例如 Cu-Ni, Cu-Pt, Cu-Au），或近似为

线性的(Ag-Au)，但包含过渡金属的固溶体则往往偏离了线性关系．对于一系列铜基合金及银基合金的研究表明，杨氏模量随合金含量而线性地减小，而且也观察到价电子的效应．含量1%所引起的减小值和溶质原子价的平方成正比．对于原子价差别不大，而尺寸因素较大的合金，也观察到和原子半径差平方成正比的关系．

(c) 电阻率　少量溶质原子的效应总是使电阻率加大．连续的固溶体的电阻率则随成分作连续的变化．在一级近似中，固溶体电阻的温度系数和纯组元的平均值相同

$$\frac{\partial \rho}{\partial T}=x\left(\frac{\partial \rho_B}{\partial T}\right)+(1-x)\left(\frac{\partial \rho_A}{\partial T}\right), \tag{4.4}$$

这里的 ρ 表示合金的电阻率，ρ_1 及 ρ_2 分别表示纯组元 B，A 的电阻率，x 及 $(1-x)$ 分别表 B 组元与 A 组元的成分．这个关系通称为马锡森(Matthiessen)定则．合金的电阻率可以表示为

$$\rho=\rho'+x\rho_B(T)+(1-x)\rho_A(T), \tag{4.5}$$

ρ' 为合金的剩余电阻率，是和温度无关的．对于稀固溶体，电阻率近似地等于

$$\rho=\rho'+\rho_A(T). \tag{4.6}$$

对于周期表上同族连续互溶的元素(如Au-Ag, Pt-Pa等)，ρ' 近似地可以表示为对称的抛物线(见图4.13)

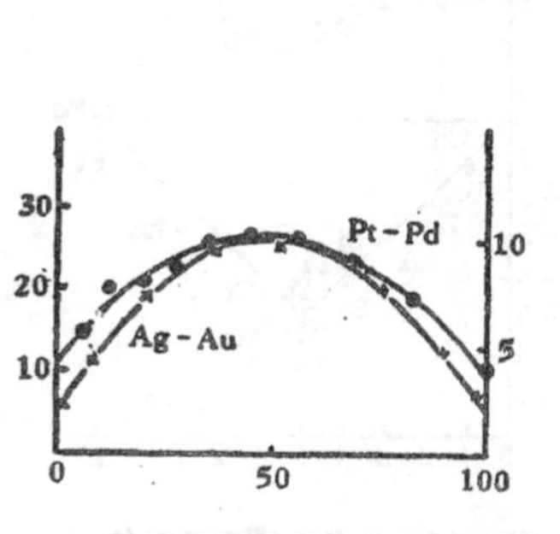

图4.13　连续固溶体的电阻率．

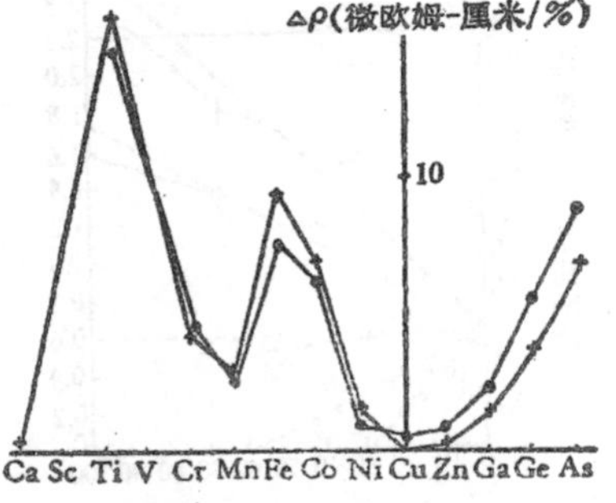

图4.14　铜基与金基合金的剩余电阻率．
+铜基合金；●金基合金．

$$\rho' = kx(1-x), \tag{4.7}$$

k 为一常数．对于以贵金属为基的稀固溶体，每 1% 溶质原子所引起的剩余电阻率 $\delta\rho'$ 表示在图 4.14 中，在这里也可看出价电子因素的影响．当 B 类元素溶解在贵金属中，剩余电阻率可以表示为

$$\delta\rho' = k_1 + k_2(z_B - z_A)^2, \tag{4.8}$$

这里的 z_B 及 z_A 分别表示溶质与淬剂原子的价电子数．对于一定的溶剂元素与同一周期的溶质元素，k_1 及 k_2 为两个常数．这个关系被称为诺伯里 (Norbury) 定则．从图 4.14 中可以看出，当溶质原子为过渡金属时，就不服从诺伯里定则，在曲线上有极大值出现[39]．

(d) *磁性*　合金的磁性是理解合金的电子结构的重要线索之一．关于过渡金属的电子结构的知识，很重要的一部分是由磁性的研究所获得的．

在图 4.15 中表示了镍基合金饱和磁矩与合金成分的关系．纯镍原子的饱和磁矩为 0.6 玻尔磁子，当铜锌等合金元素加入以后，使饱和磁矩下降，外推到铜含量 60% 及锌含量 30% 的情形，将使合金的饱和磁矩为零．由此引入了镍的 d 能带具有空穴的概念，空穴的浓度就等于原子的饱和磁矩．当合金元素的价电子填入了 d 能带的空穴，将使饱和磁矩下降，到完全填满就等于零．图 4.15 表

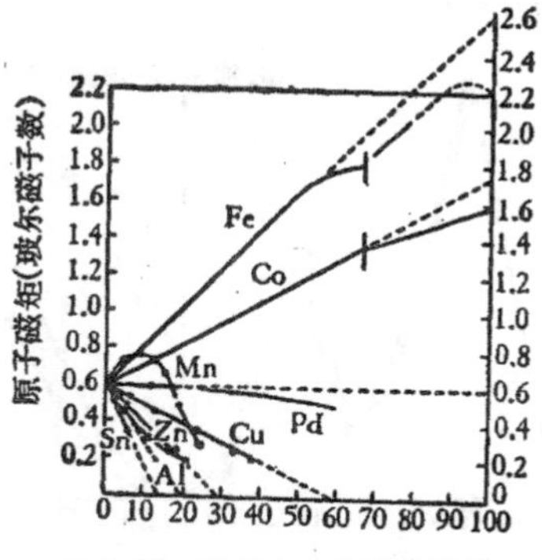

图 4.15　镍基合金的原子磁矩.

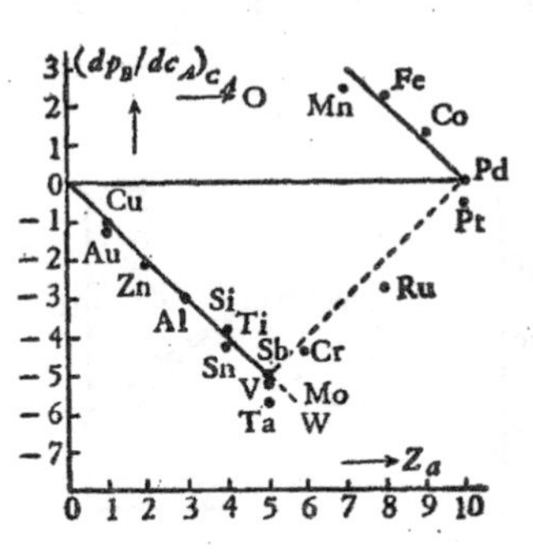

图 4.16　少量溶质原子对镍与钴的磁矩的影响.

示了每个溶质原子所引起的饱和磁矩的改变率 dp_A/dx。当溶质原子价电子数 Z_B 小于 5 的情形下可表示为

$$\frac{dp_A}{dx} = -Z_B; \tag{4.9}$$

在 $Z_B > 5$ 的情形，只有过渡元素的数据，情况比较复杂，但近似地可以表示为

$$\frac{dp_A}{dx} = \pm(10 - Z_B). \tag{4.10}$$

在正号的情形，溶质原子使合金磁矩增加，添加的合金原子本身具有饱和磁矩[36]。

将铁磁合金的饱和磁矩相对于合金的平均电子数画出来，就得出图 4.17 所表示的关系，称为斯莱特曲线。在 Fe-Co 合金，饱和磁矩为一极大值（~2.5 玻尔磁子），向两侧形成等倾度的直线。泡令对这一曲线作出了简单的理论解释：过渡族的 3d 能带可以分为两半，每一半可包含 5 个电子，对饱和磁矩有贡献的只是其中的一半。当此半能带填满一半时，具有最大的磁矩。全部填满或全部空缺，磁矩都等于零。

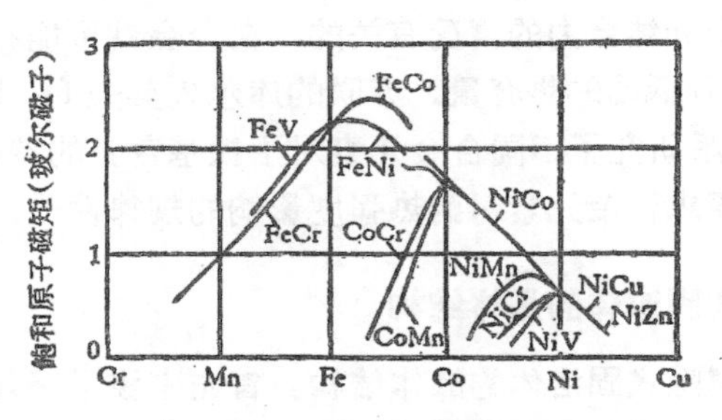

图 4.17 第一过渡元素合金的饱和原子磁矩.

磁性测量的结果只能给出合金的平均磁矩。中子衍射可以进一步定出不同的原子磁矩的差值，因而可能确定合金中不同原子的磁矩的数值[36]。图 4.18 表示了 Fe-Cr 固溶体的实验结果，由于差值的正负不能从实验定出来，因此可以存在有两种不同的解释（图4.18 中的实线和虚线）。

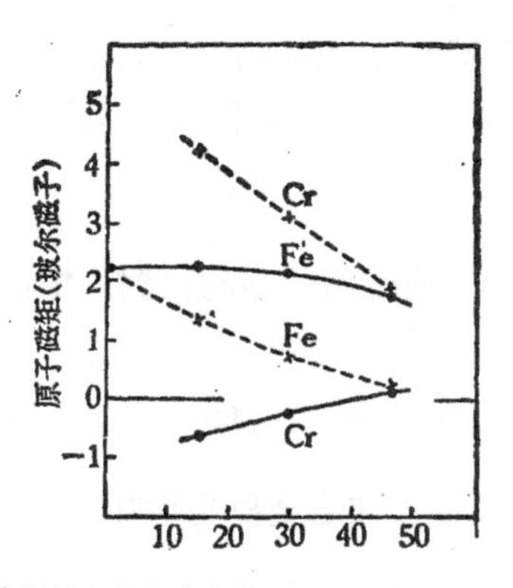

图 4.18 铁铬合金(无序)的原子磁矩.

(e) 热容量　在一般情形下，合金的热容量等于纯组元热容量 c_A 及 c_B 的叠加，即

$$c = xc_B + (1 - x)c_A. \tag{4.11}$$

这个经验规律称为考普-诺埃曼 (Kopp-Neumann) 定则. 实验结果表明，按式 (4.11) 的计算值和实验值的差异不超过4— 14%.但在低于德拜特征温度范围内，考普-诺埃曼规律就不能成立. 特征温度是和原子间结合力的情况有关的，在合金就可能和纯金属不同，因而影响到低温的热容量. 苏联的库尔久莫夫 (Г. В. Курдюмов) 及其学派研究了不同合金元素对于铁基合金的特征温度的影响，用以探求合金元素对耐热强度影响的规律性[37].

§ 4.4　填隙式固溶体的晶体结构

要说明填隙式固溶体的晶体结构，首先应该了解几种典型金属结构中间隙位置的分布情况 (参看 §1.1).

在面心立方晶体中，最大的间隙位置为晶胞中的体心位置[1/2 1/2 1/2]或棱线的中点 [0 0 1/2]等，在结构上是等效的位置. 这种间隙位置周围有六个原子，原子中心相当于一正八面体的顶点，因而被称为八面体间隙位置. 另一种较小的间隙位置在 [1/4 1/4 1/4]及结构上等效的位置，周围有四个原子，构成一个四面体的顶

点，称为四面体间隙位置(参看图 4.19)．利用刚球模型可以算出两种间隙位置的大小．在密集六角晶体中的间隙位置也是这两种，大小也是一样的；在体心立方晶体中，八面体间隙在面心位置，[1/2 1/2 0] 或棱线中点 [0 0 1/2]，而四面体间隙在 [1/2 1/4 0] 及其等效位置(参看图 4.20 及表4.1)．在表中有两个问题值得注意：体心立方结构的排列虽不象密集结构那样紧密，但由于空隙位置的数目较多，每一间隙位置的大小反而比密集结构要小，间隙原子的填入要产生较大的畸变．这可以解释为什么碳在面心立方的 γ 铁中的溶解度反而比体心立方的 α 铁大些．在体心立方晶体中，八面体间隙位置是不对称的．在一个方向比较窄，而在另外两个方向比较宽，填隙原子的填入将引起不对称的畸变．

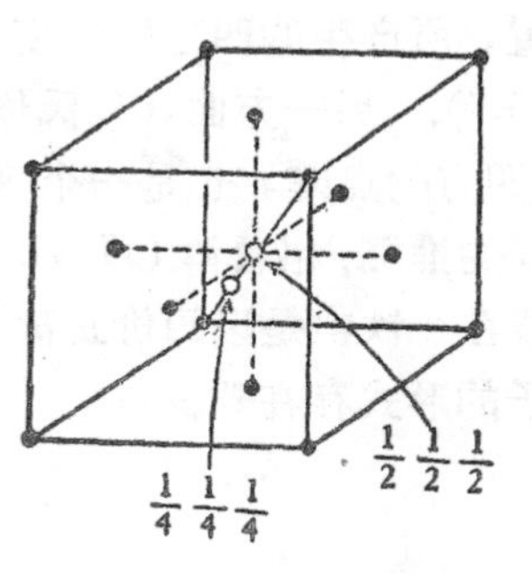

图 4.19　面心立方晶体的间隙位置．

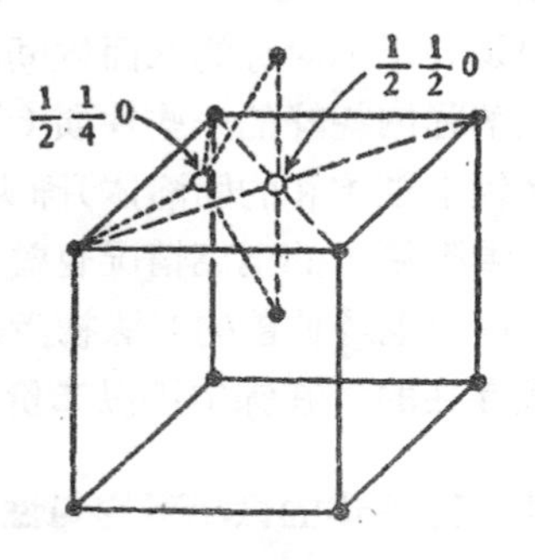

图 4.20　体心立方晶体的间隙位置．

表 4.1　典型金属晶体结构中的间隙位置

晶体结构	八面体间隙位置		四面体间隙位置	
	数量(与原子数的比值)	大小(中心到最近球面的距离)	数量(与原子数的比值)	大小(中心到最近球面的距离)
面心立方与密集六角	1	0.414 R	2	0.225 R
体心立方	3	〈100〉向，0.154R 〈110〉向，0.633R	6	0.291 R

从表 4.2 中所列出的间隙位置的大小可以看出，金属中的填

隙溶质原子的半径应该很小．可能形成填隙式固溶体的原子半径一般小于 1 埃．填隙原子对合金的性能影响很大，许多实际应用的材料利用了这一点，例如钢铁就是碳在铁中的填隙式固溶体，而转炉生产的钢和平炉钢质量的差异主要在于氮的含量差了 0.01%．

表 4.2　填隙溶质原子的半径

元　素	H	B	C	N	O
原子半径(埃)	0.46	0.97	0.77	0.70	0.60

X 射线的实验结果表明碳在 γ 铁中是处于八面体间隙位置．根据碳、氮在 α 铁中的内耗峰可以推测出，碳、氮在体心立方的 α 铁中是处于不对称的八面体间隙位置，所产生的四方的畸变正好可以解释内耗峰的一些性质（参看 §5.7）．另一方面，马氏体（碳在 α 铁中过饱和的固溶体）确实具有四方的点阵，也是一个旁证．关于填隙原子的电离情况也曾有不同的推测．格鲁津（П. Л. Грузин）等用电场扩散的方法初步断定碳在 α 铁中是以四价正离子的形式存在的，在镍中则以二价正离子的形式存在[38]．

§ 4.5　固溶体的微观不均匀性

单相固溶体在宏观上看来是均匀的．普通的衍射照相也和纯金属相似，呈现明锐的衍射线．只是点阵参数的数值略有差异，这可以用尺寸因素来解释．长期以来，人们一直认为初级固溶体中原子在点阵坐位上的分布是完全无序的．近年来，有些问题使人们对于固溶体中原子在点阵上具体分布的情况感到兴趣：其一是脱溶沉淀合金在新相形成前的胚芽问题；另一是合金强化的理论研究指出了如果固溶体中原子的分布偏离了完全无序状态，也会产生强化的效应．应用精确的 X 射线方法（用单色光法研究漫散射的强度）对固溶体进行了不少细致的研究[39]．这些结果表明所谓“无序的”固溶体只是一种近似的说法，实际上或多或少地存在着和完全无序状态相偏离的情况．为了具体说明原子分布的状况，可以引入短程序参数 α。对于 A, B 两组元所形成的固溶体，B 组元的成分为 x，总原子数为 N，固溶体中近邻对中 AB 对的数目设为 zP_{AB}（z 为配位数），短程序参数被定义为

$$\alpha = 1 - \frac{zp_{AB}}{Nxz(1-x)} = 1 - \frac{p_{AB}}{Nx(1-x)}. \qquad (4.12)$$

上式中的 zp_{AB}/Nxz 相当于固溶体中 B 原子最近邻为 A 原子的几率。在完全无序状态，zp_{AB}/Nxz 就等于 A 的原子成分 $(1-x)$，因而 $\alpha = 0$；如果 $p_{AB}/Nx > 1-x$，表明异类原子为最近邻的几率比完全无序状态要大，这就是有短程序存在的状态，$\alpha < 0$；如果 $p_{AB}/Nx < 1-x$，表明同类原子为最近邻有较大的几率，这就是原子簇聚 (clustering) 的状态，$\alpha > 0$．α 的数值可以根据 X 射线漫散射的强度分布求出．一般的固溶体或多或少地显示出和完全无序状态相偏离的情形[39]：在 Co-Pt, Li-Mg, Au-Ni, Au-Ag 等合金系中都观察到短程序，而在 Al-Ag 及 Al-Ag 的富铝区域观察到原子簇聚．(关于 Au-Ni 系的实验结果还存在有争议[40])．

在一系列包含过渡金属的单相固溶体中（例如 Ni-Cr, Fe-Si, Fe-Al, Cu-Ni, Cu-Mn, Fe-Cr-Al, Ni-Cr-Fe等），电阻随温度变化的关系有反常现象：即缓冷的样品随了温度的下降，反而引起电阻的加大（参看图 4.21）．在这种状态的合金被称为处于“K 状态”．目前对 K 状态的物理实质还不十分清楚． 根据从冷加工可

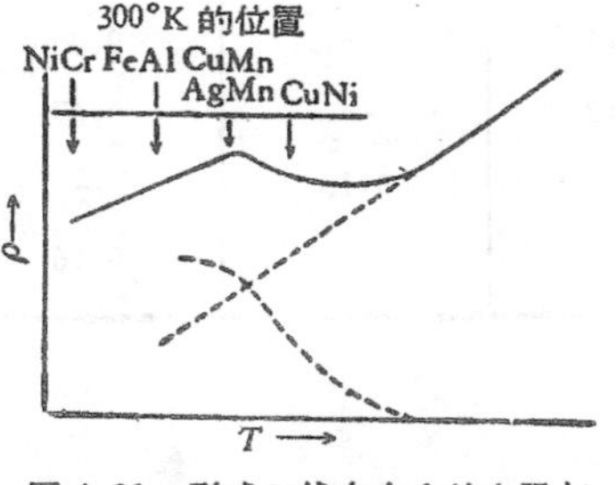

图 4.21 形成 K 状态合金的电阻与温度的关系．

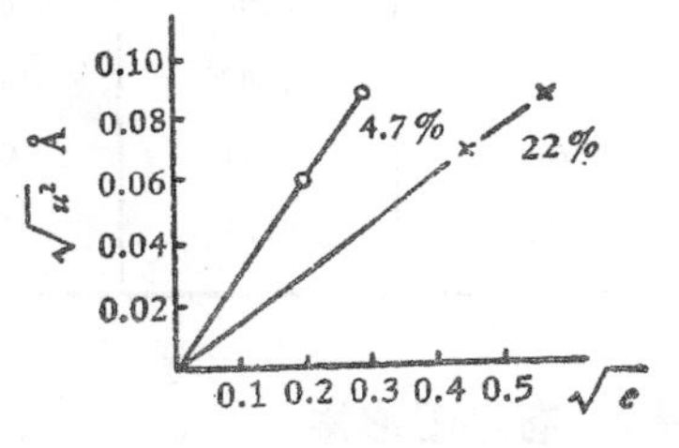

图 4.22 固溶体静位移与含镍量的关系．
○为钛基；×为铬基．

以破坏“K 状态”，淬火可以不形成“K 状态”等事实，里夫希茨（Б. Г. Лившиц）认为合金的K状态就是比较突出的原子簇聚状态[41].

尺寸不同的溶质原子取代了溶剂原子，会在周围产生畸变，使附近的原子产生位移，晶体中原子位移的均方根值称为静位移。另一方面，由于原子的热振动所引起的原子位移的均方根值被称为动位移，其数值是温度及德拜特征温度的函数. 合金元素的加入，也可能改变特征温度，使动位移也发生变化，从固溶体衍射线强度的变化可以求出静位移与动位移的平方和. 不同温度下拍摄衍射照相可以区分这两种位移. 在图 4.22 中表示了 Ni-Ti 及 Ni-Cr 合金的静位移与成分的关系，表明静位移的平方和成分有线性的关系，而在同一成分，钛引起的静畸变更大些，符合于尺寸因素的关系[42]. 在表中列出了一些合金的静位移与动位移，两者的数量级是相同的. 合金元素所引起动位移的变化反映了合金元素对特征温度的影响，这也标志了合金元素对原子键力的影响。这方面的工作对于发展耐热合金材料，具有一定的意义[37].

表 4.3 合金的静位移与动位移

合金	静位移(埃)	动位移(埃)		
		295K	180 K	90K
Cu_3Au	0.08	0.14	—	0.09
CoPt	0.07	0.12	—	0.07
NiAu	0.11	0.16	0.13	—
LiMg	0.11			0.16

§ 4.6 有序固溶体

呈现短程序的固溶体，在低于一定的临界温度 T_c 时，可能转变为有序的排列[43,44]. 有序排列的证据在于X射线衍射图样上有超结构(或超晶格)线出现，考虑有序合金的情形，当 A 原子平面的散射波和 B 原子平面的散射波的位相差正好为 π 时，由于两种原子的散射因素不同，散射波不能相互抵销，就形成了所谓超结构线．在无序排列的固溶体中的情况就不同了，点阵中每个坐位上原子的散射振幅相当于两种原子散射因素的平均值，因此相邻原子平面的散射波完全抵销，遂没有超结构线出现(参看图 4.23).

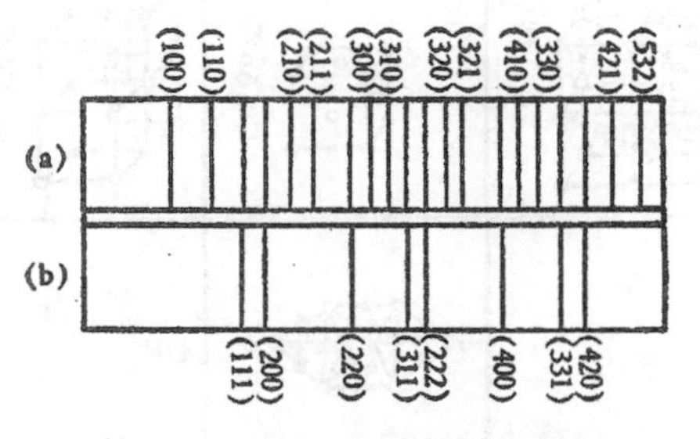

图 4.23　$AuCu_3$ 的德拜相(示意图).
(a) 有序；(b) 无序.

如果固溶体的两种原子的序数很接近，X射线的原子散射因素差别很小，因此用X射线方法不易察觉超结构线的存在．由于中子的散射截面变化的规律和X射线的不相同，在这种情形，就可用中子衍射方法来研究超结构线．图 4.24 就是一个典型的例子.

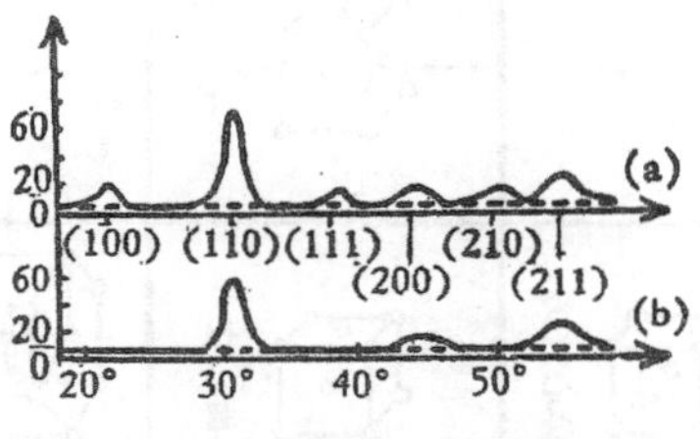

图 4.24　铁钴合金的中子衍射图样
(a) 有序　(b) 无序

图 4.25 列出了自三种典型金属结构所形成的有序结构．应该注意到有序化实际上不仅牵涉到晶体结构类型的变化，也产生了点阵类型的变化．例如体心立方的无序固溶体转变为有序，在

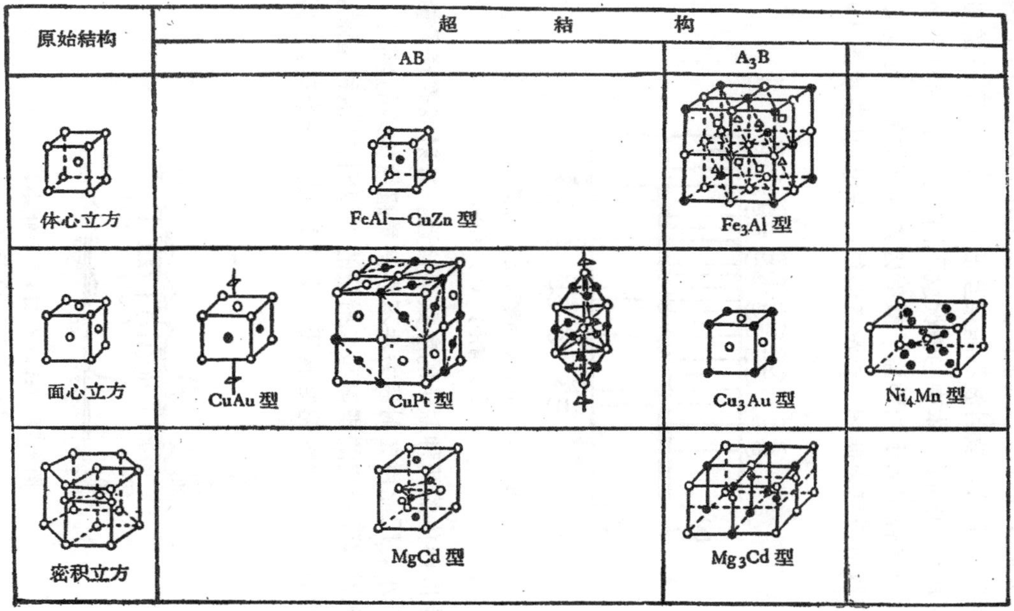

原始結构	超結构				
	AB			A_3B	
体心立方	FeAl—CuZn 型			Fe_3Al 型	
面心立方	CuAu 型	CuPt 型		Cu_3Au 型	Ni_4Mn 型
密积立方	MgCd 型			Mg_3Cd 型	

图 4.25 几种典型的有序合金结构。

体心位置专为一种原子所占据. 晶体结构类型自体心立方变为 CsCl 型，而点阵类型从体心立方变为简单立方，这里也牵涉到晶体对称性的变化.

有序结构可以存在于一定的成分范围内，但只有在特定的成分比才能达到完全有序的结构. 在临界温度 T_c 以上，可能有短程序，即原子局部近邻地区偏离完全无序的情况. 但只有在 T_c 以下，才出现长程序的超结构. 长程序不一定完全，其程度可用长程参数 s 来表示. 设 A, B 两种原子在完全有序状态分别占据两种坐位 α 及 β，原子百分比为 x_A 及 x_B. 令 r_α 表示 α 位置为 A 原子所占据的分数，r_β 为 β 坐位为 B 原子所占的分数. 长程序参数 s 被定义为

$$s = \frac{r_\alpha - x_A}{1 - x_A} = \frac{r_\beta - x_B}{1 - x_B}, \quad x_A \leqslant x_B. \tag{4.13}$$

在完全无序状态，原子对于两种坐位是一视同仁的，因此，$r_\alpha = x_A$, $r_\beta = x_B$, $s = 0$；在完全有序状态，α 坐位全部为 A 原子占据，β 坐位全部被 B 原子占据，$r_\alpha = 1$, $r_\beta = 1$，因而 $s = 1$. 这里引入的长程序参数 s 和前面引入的短程序参数 α 之间虽然有一些相互关系：例如在完全无序状态，两者都等于零；而在完全有序状态，两者都为极大值；但当长程序接近于零的情况，短程序还可以保持有相当的数值（参看图 4.26）. 当长程序增加时，衍射图样中的超结构线也由弥散而变为敏锐，这个结果表明，先形成了有序排列的小区域（称为有序畴或反相畴），然后再逐渐长大. 电子显微镜薄片透射法观察的结果也证实了这一点[49]. 有些合金在一定的温度范围内（例如 Au-Cu 在 380—410℃ 之间），出现反相畴有规律的排列. 在 Au-Cu 的情形，反相畴平行地排列起来，畴壁的间隔为五个晶胞（20 埃），这种情况也可以看为一种特殊的结构（称为 Au-CuII），基本的单元为十个小晶胞组成（参看图 4.27），这种类型的结构也在其他的有序合金中出现（例如 Cu_3Pd, Au_3Mn, Ag_3Mg, Cu_3Pt, Au_4Zn, Au_3Zn 等）. 在电子显微镜观察中也清楚地看到这种反相畴有规律的排列（见图 4.28）[45].

(a)	(b)	(c)
A A B B A B A B B	A B A B A B A B B	A B A B A B A B A
A B B B A B A A B	B A B B A B A A B	B A B A B A B A B
A B B A A A B B A	A B B A B A A B A	A B A B B A B A B
A A A B B B A A A	B A A B B B A A A	B A B A A B A B A
B B B A B B B A A	B B B A B A B B A	A B A B B A B A B
A B B A B B A A B	A B A B B B A A B	B A A B A B A B A
B A A B B A B B A	B A A B A B B B A	A B B A B A B A B
B B A B A A B B A	A B B A B A B A B	B A A B A B A B A
A A A A B B B A A	A A A B A B B A A	A B B A B A B A B

图 4.26 不同有序度合金的示意图.

(a) $\alpha\simeq0$, $s\simeq0$; (b) $\alpha\neq0$, $s\simeq0$; (c) 有两个反相畴,畴内完全有序.

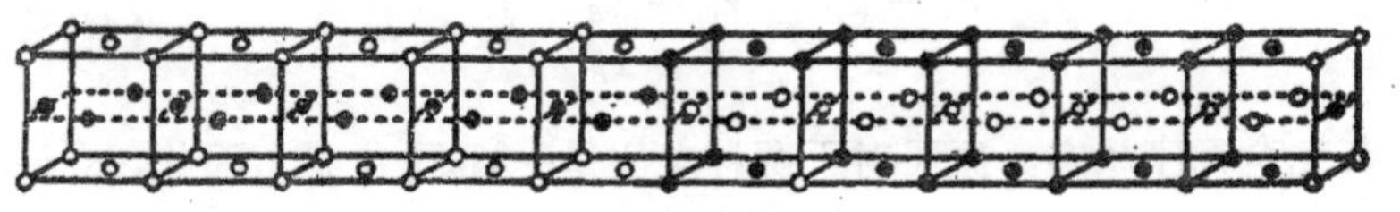

图 4.27 AuCuII 的晶体结构.

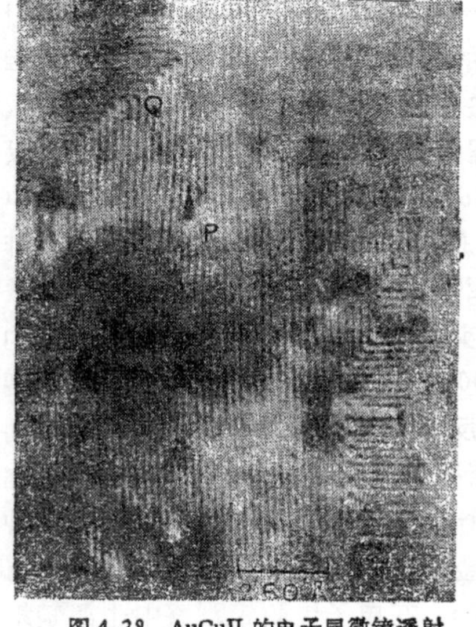

图 4.28 AuCuII 的电子显微镜透射照相(显示有规则的反相畴界).

图 4.29 β 黄铜的热容量与温度的关系.

在有序无序转变中，合金的热容量也发生变化．图 4.29 所示为 β 黄铜的实验结果，热容量有突变，但保持有限(无相变潜热)．按相变热力学理论，这是二级相变的标志，图 4.30 示出了 $AuCu_3$ 的实验结果．在转变点热容量趋于无限大，表示有相变潜热存在，转变的类型为一级的相变．

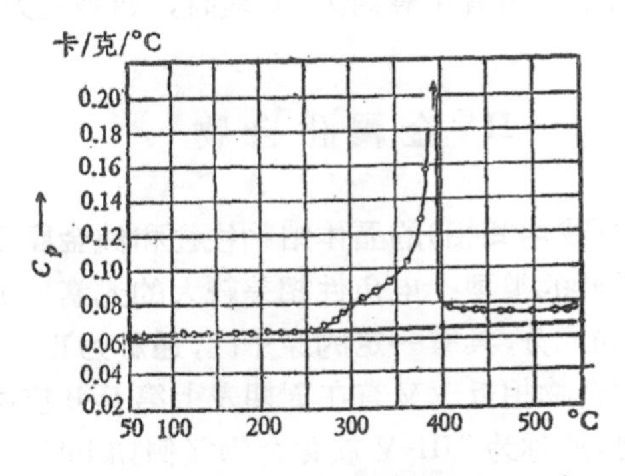

图 4.30 $AuCu_3$ 的热容量与温度的关系．

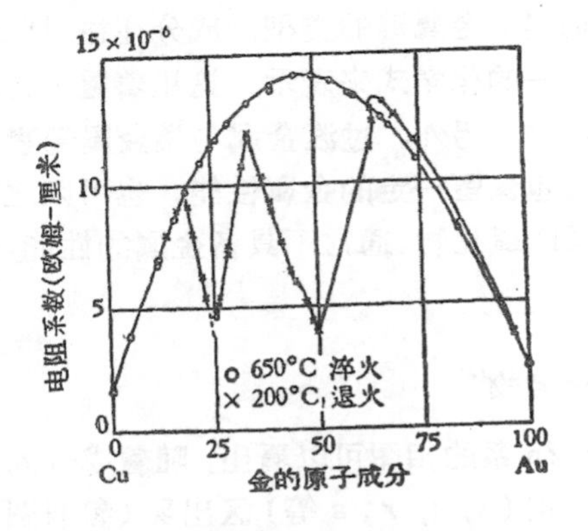

图 4.31 金铜合金电阻系数与成分的关系．

有序无序转变对合金的性能也有影响，比较突出的有下列几点：

(1) 有序化使合金的电阻降低(见图 4.31)；

(2) 有序化对有些磁性合金有突出的影响．例如 Ni_3Mn 在无序状态是顺磁性的，而在有序状态变为铁磁性的，饱和磁矩比纯镍还大些；

(3) 有序化对合金的弹性性质也有影响。$AuCu_3$ 的实验结果表明有序化促使杨氏模量增加；

(4) 有序合金的范性性质（屈服应力）和有序畴的大小有关。$AuCu_3$ 的实验结果表明有序畴约为 50 埃时，屈服应力为极大值。

II 金属化合物

金属化合物(或中间相)的晶体结构往往和纯金属不同。键合的方式也具有不同的类型：电负性相差较大的元素所形成的化合物，带有离子键的成分，具有一定的原子比，通称为正常价化合物，性质和一般的化合物相近。又有在周期表上第 IVB 族两侧的金属所形成的化合物，通称为“III-V 族化合物”(例如 InSb)，平均每个原子具有四个价电子，性质和锗、硅等半导体元素相近。但多数的金属化合物仍属于金属键的类型。成分往往可以在一个范围内改变，不能用单一的化学式来表示。这里着重讨论的就限于这种类型的金属化合物。另外，过渡金属与类金属元素（如 H, C, N, B 等)的化合物，也保留一定的金属性能，也可归之于金属化合物之列。至于金属的氧化物，通常不具备金属的性能，这里就不准备讨论。

§ 4.7 电子化合物[46]

研究 Cu-Zn 系的相图可以看出，随着成分的改变，有不同晶体结构的合金相 (α, β, γ, ε 等) 区出现 (参看图 4.32)。在贵金属与 B 类金属的其他二元系相图中也存在类似的系列。而随着合金元素原子价的增高，α, β, γ 等相界也朝低合金含量方向移动。这个事实引导休谟-饶塞里设想决定这些金属化合物的稳定性的主要因素为价电子浓度，而这一类化合物通称为电子化合物。

在电子浓度为 3/2 处，通常出现体心立方结构的 β 相(无序或

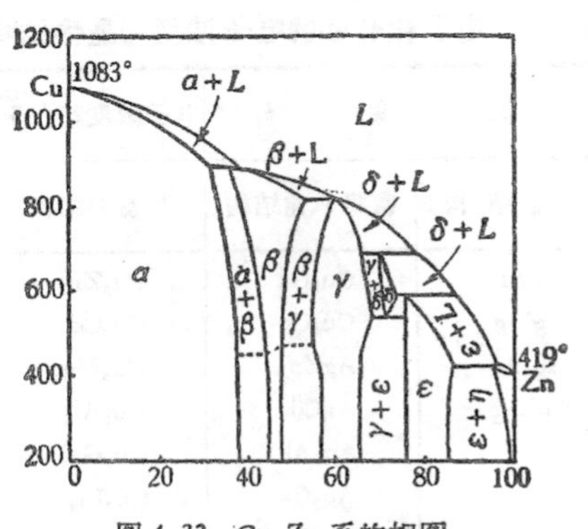

图 4.32 Cu-Zn 系的相图.

有序);但某些系统中也出现密积六角结构的中间相(例如 Cu_3Ga, Cu_3Ge, Ag_3Sn, Au_3Sn 等);也有少数出现复杂立方的 β 锰结构的 β′ 相(例如 Cu_5Si, Ag_3Al 等)(参看图 4.33).

在电子浓度为 21/13 处，出现的是 γ 黄铜结构的 γ 相. γ 相具有复杂立方结构，每个晶胞内有 52 个原子. 我们可用下述的方式来描述 γ 相的结构： 将 27 个体心立方结构的晶胞堆积成一个大的立方体(边长为原点阵参数的三倍)，这样的大晶胞包含有 54 个原子. 将立方顶点及中心的原子抽去，而在空缺周围的原子略为松弛，就得出了 γ 黄铜的结构(参看图 4.33).

图 4.33 (a) γ 黄铜结构的中间相.

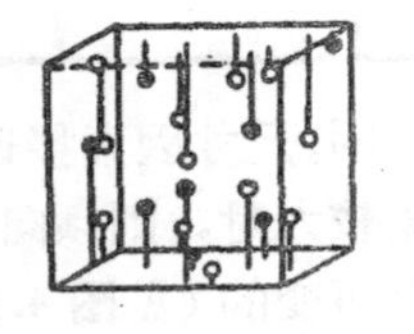

图 4.33 (b) β 锰结构的中间相.

在电子浓度为 7/4 处，出现的是密集六角结构. 但其 c/a 值要比理想球体密集的值(1.633)小些(约 1.58—1.55).

决定电子化合物结构的基本因素是电子浓度，但是尺寸因素也起一部分作用. 例如 3/2 电子化合物具有几种不同的结构：相

表 4.4　电子化合物的电子浓度与晶体结构

电子浓度 3/2			电子浓度21/13	电子浓度7/4
体心立方结构	β 锰结构	密集六角结构	γ 黄铜结构	密集六角结构
CuBe	Cu_5Si	Cu_3Ga	Cu_5Zn_8	$CuZn_3$
CuZn	AgHg	Cu_5Ge	Cu_5Cd_8	$CuCd_3$
Cu_3Al	Ag_3Al	AgZn	Cu_5Hg_8	Cu_3Sn
Cu_5Ga	$CoZn_3$	AgCd	Cu_9Al_4	Cu_3Ge
Cu_5In		Ag_3Al	Cu_9Ga_4	Cu_3Si
Cu_5Si		Ag_3Ga	Cu_9In_4	$AgZn_3$
Cu_5Sn		Ag_3In	$Cu_{31}Si_8$	$AgCd_3$
AgMg		Ag_5Sn	Ag_5Zn_8	Ag_3Sn
AgZn		Ag_7Sb	Ag_5Cd_8	Ag_5Al_3
AgCd		Au_3In	Au_9In_4	$AuZn_3$
Ag_3Al		Au_5Sn	Mn_5Zn_{21}	$AuCd_3$
Ag_3In			Fe_5Zn_{21}	Au_3Sn
AuMg			Co_5Zn_{21}	Au_5Al_3
AuZn			Ni_5Be_{21}	
AuCd			Ni_5Zn_{21}	
FeAl			Ni_5Cd_{21}	
NiAl			Rh_5Zn_{21}	
NiIn			Pd_5Zn_{21}	
PdIn			Pt_5Be_{21}	
			Pt_5Be_{21}	
			Pt_5Zn_{21}	
			$Na_{31}Pb_8$	

图的数据表明，尺寸因素接近于零时，倾向于形成密集六角结构；当尺寸因素较大时，则倾向于形成体心立方结构。由于这些中间相的成分是可变的（见图 4.34），电子浓度因素的规律是带有一定的近似性的。仔细推敲起来，问题并不那末单纯（参看图 4.34）。

在一些包含过渡元素的中间相中如何确定过渡元素的价数，还是值得探讨的。如 CoAl，NiAl，FeAl 等合金相具有体心立方结构，如果认为过渡元素为零价，则亦可归之于电子浓度为 3/2 的电子化合物。而在过渡金属与铝的另外一些化合物，情况又不同。雷

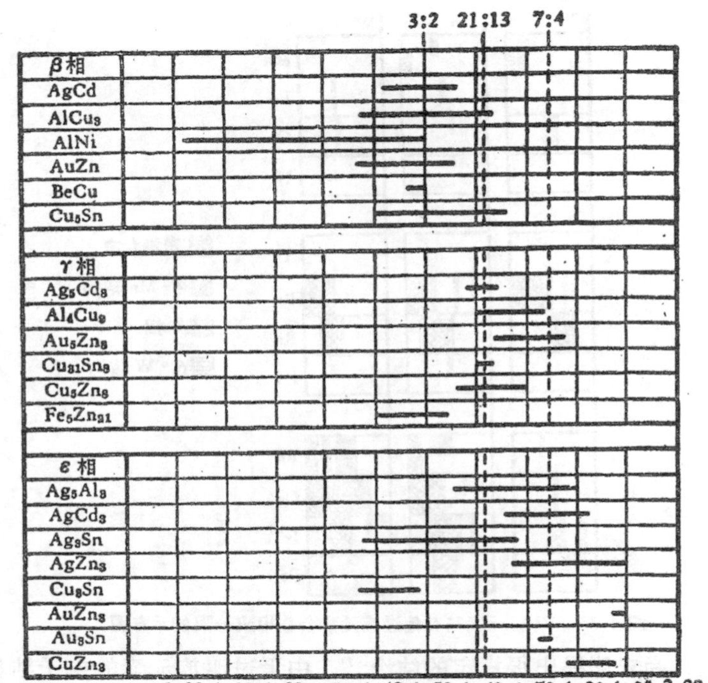

图 4.34　β, γ, ε 相的电子浓度的范围.

诺曾经研究了一系列的合金相，如 $CrAl_7$, $MnAl_6$, $FeAl_3$, Co_2Al_9, $NiAl_3$ 等，发现当过渡元素的 d 能带中的空穴数减少时，铝的含量也相应地减少，因而设想铝的价电子填入了过渡族的 d 能带. 按照这种设想，过渡族元素应具有负的价数:

$$\begin{array}{ccccc} Cr & Mn & Fe & Co & Ni \\ -4.66 & -3.66 & -2.66 & -1.66 & -0.66 \end{array} \tag{4.14}$$

假定 Al 给出 3 个价电子，则也可求出下述近似为常数的电子浓度:

$$\begin{array}{ccccc} CrAl_7 & MnAl_6 & FeAl_3 & CoAl_9 & NiAl_3 \\ 2.05 & 2.05 & 1.58(?) & 2.12 & 2.09 \end{array} \tag{4.15}$$

有人尝试用精细的 X 射线方法来验证雷诺所设想的电子转移是否

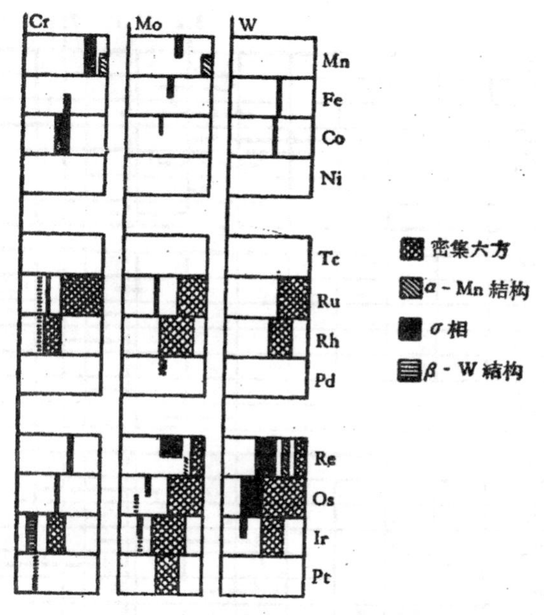

图 4.35 VI 族元素与其他过渡元素合金相成分限的示意图.

存在，尚未能得出很肯定的结论[47]. 由于过渡族元素的电子结构复杂，看来用单一的价电子数来描述过渡元素键合的情况，还是有困难的.

至于全部由过渡族元素所构成的中间相，情况可能更复杂些，目前掌握的资料也不完全. 但由于发展高温合金及钛、锆等合金的需要，问题已经提到研究的日程上来了. 哈瓦斯（C. W. Haworth）及休谟-饶塞里根据过渡族合金（VA—VIIIA 族）现有相图的资料，总结出如下一些初步的规律[48]：

（1）在这些系统中所出现的中间相的结构可归结为几种标准的类型：例如 β 铀结构的 σ 相，α 锰及 β 钨结构的中间相（参看图 4.36）.

（2）在相图上（族数低的元素画在左侧）各种相出现的顺序基本上是相同的：

体心立方→ β 钨相→ σ 相→ α 锰→密集六角→面心立方

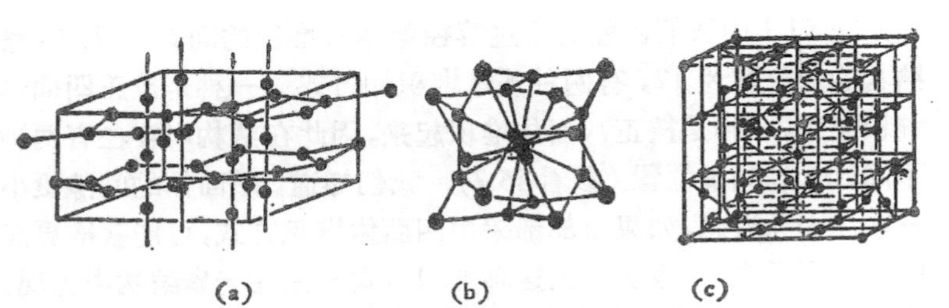

图 4.36 过渡族中间相的一些典型结构.

(a) σ 相; (b) β 钨相; (c) α 锰相.

(3) 各种相出现的成分也粗略地和电子因素有关. 表 4.5 列出了和相结构相对应的惰性气体壳层外的总电子数. 可以看出, 也存在有一定的规律性.

表 4.5 过渡族合金中间相与惰性气体壳层外总电子数的关系

相结构	V族为基的合金	VI族为基的合金
体心立方	5—5.2	6—6.2
β 钨	5.8—6.3	6.4—7
σ 相	6—7.4	6.5—7.6
α 锰	6.5—7.2	6.7—7
密集六角	6.2—8	7—8
面心立方	7.5—10	7.5—10

σ 相最初是在 Fe-Cr 系中被发现的, 它的出现促使不锈钢变脆. 后来也在许多其他的合金系中发现. σ 相是过渡合金 (两个组元都是过渡族元素) 中最重要的中间相之一, 除了电子因素以外, 几何因素也起重大的影响. 这将在下一小节中讨论.

§ 4.8 拓扑密集结构的金属化合物

由于金属键没有明显的饱和性和方向性, 可以预期, 在合金结构中, 也应出现高配位数、紧密堆集的情况. 事实也是如此, 许多复杂的合金结构往往可以从这些几何因素的角度得到理解.

在 §1.1 中我们已经讨论过等径球体密堆积的问题．最密集结构的配位数为 12，有两种基本堆积的方式：一种是按正四面体堆积起来，一种是按正八面体堆积起来，因此在结构中存在有两种不同形式的间隙位置（参看 §5.7）．我们知道，四面体的间隙更小一些．因而设想，如果全部都采用四面体堆积方式，可能获得更高的空间利用率．但实际上这种堆积方式不能在元素结构中出现，因为这种堆积方式虽然可以在局部地区堆积得更紧密一些，但必然在其他地方留下较大的空隙，不能获得长程有规则的排列．但在合金中，由于存在有半径不同的原子，出现纯四面体堆积的可能性就要更大些．另一方面，在合金中原子的配位数（在计算合金中原子的配位数时，常忽略了原子间距的少量差异）也可能高于 12．这类满足高配位数和密堆积的要求所决定的晶体结构被称为拓扑密集型的（topologically close-packed）晶体结构，而且从这一概念出发可以获得很有意义的结果．下面以拉夫斯（Laves）相为例，来说明这一类型的结构．

拉夫斯相是金属化合物中的一种典型结构．它具有三种结构的变型：即 $MgCu_2$ 型、$MgZn_2$ 型及 $MgNi_2$ 型．在已探明结构的 125 种 AB_2 型的化合物中有 82 种是属于拉夫斯相的．$MgCu_2$ 结构的点阵类型为面心立方，在晶胞中一共有 24 个原子，分别处在六个面心立方点阵上，其原点坐标为

$$A\text{原子}\left[0\ 0\ 0,\ \frac{1}{4}\frac{1}{4}\frac{1}{4}\right], \tag{4.16}$$

$$B\text{原子}\left[\frac{3}{8}\frac{3}{8}\frac{5}{8},\ \frac{3}{8}\frac{5}{8}\frac{3}{8},\ \frac{5}{8}\frac{3}{8}\frac{3}{8},\ \frac{5}{8}\frac{5}{8}\frac{5}{8}\right]. \tag{4.17}$$

图 4.37 示出了一个晶胞中的原子位置：A 原子的位置和金刚石结构相同；B 原子也处在一系列四面体的顶点上，最近邻的原子间距有三种：就是两个 A 原子的间距 d_{AA}，两个 B 原子的间距 d_{BB}，以及 A 原子与 B 原子的间距 d_{AB}．根据 A，B 原子的坐标，就得出

$$
\left.\begin{aligned}
d_{AA} &= a\sqrt{\left(\frac{1}{4}-0\right)^2+\left(\frac{1}{4}-0\right)^2+\left(\frac{1}{4}-0\right)^2} \\
&= \frac{a\sqrt{3}}{4}, \\
d_{BB} &= a\sqrt{\left(\frac{3}{8}-\frac{3}{8}\right)^2+\left(\frac{5}{8}-\frac{3}{8}\right)^2+\left(\frac{3}{8}-\frac{5}{8}\right)^2} \\
&= \frac{a\sqrt{2}}{4}, \\
d_{AB} &= a\sqrt{\left(\frac{5}{8}-\frac{1}{4}\right)^2+\left(\frac{3}{8}-\frac{1}{4}\right)^2+\left(\frac{3}{8}-\frac{1}{4}\right)^2} \\
&= \frac{a\sqrt{11}}{8}.
\end{aligned}\right\} \quad (4.18)
$$

d_{AA} 及 d_{BB} 的一半即相当于最密堆积情况下的 A 原子和 B 原子的半径。从式 (4.18) 可以定出这种结构实现最密集的条件为原子半径比正好等于 $\frac{\sqrt{3}}{\sqrt{2}}=1.225$。但由于 $d_{AB}>\frac{1}{2}(d_{AA}+d_{BB})$，在最密集情况下，$A$，$B$ 原子并不相互接触。

为了说明几种不同的结构变型之间的关系，下面我们对 $MgCu_2$ 结构中 (111) 面原子排列的层序作一分析。图 4.38 中示出了 (111) 面上原子排列的基本单元：包含两层 A 原子和两层 B 原子。两层 A 原子重迭在 a 位置上。两层之间夹了一种 B 原子层（构成六角的网络，网络的两组小三角形的中点确定了 b 和 c 的位置），在 c 位置上再安放了一层 B 原子，在 b 位置上留下一组空隙，以备第二个单元的垒积。这样的单元总称为 α 层。如果将整个单元沿 (111) 面作刚性平移，使 A 原子位置和 b 位置或 c 位置重合，就称为 β 层或 γ 层。如果将 α 层的结构略加变易，使最上层的 B 原子转移到 b 位置上，在 c 位置上留下一组空隙，则称为 α' 层。类似的方式可以得到 β' 层和 γ' 层。在 $MgCu_2$ 结构中，单元堆垛的层序为 $\alpha\beta\gamma\alpha\beta\gamma\cdots$，三个单元后又恢复原来的排列。如果单元堆垛的层序为 $\alpha\beta'\alpha\beta'\alpha\beta'\cdots$，形成的是六角晶系的 $MgZn_2$ 结

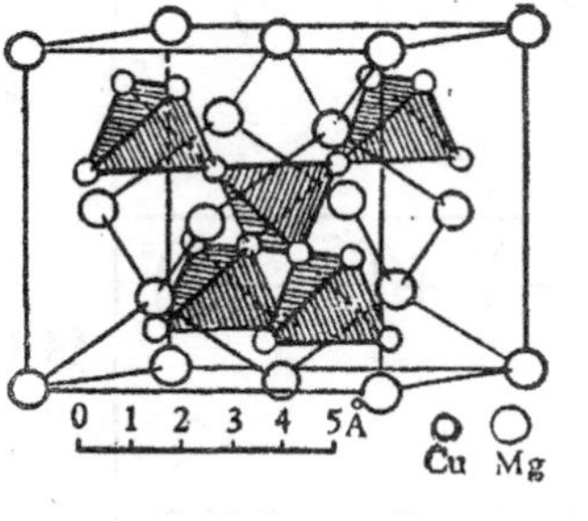

图 4.37 $MgCu_2$ 的晶体结构.

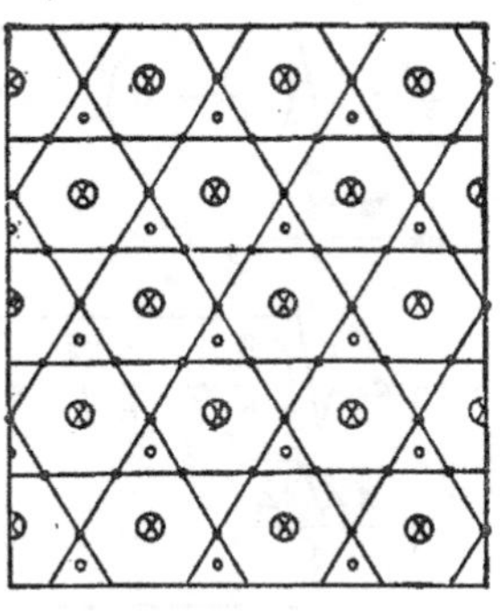

图 4.38 拉夫斯相的基本堆积单元.
○ 第一层 A 原子； · 第二层 B 原子；
× 第三层 A 原子； o 第四层 B 原子.

构；堆垛的层序若为 $\alpha\beta'\ \alpha'\ \gamma\alpha\beta'\ \alpha'\gamma\ \cdots$，形成的是六角晶系的 $MgNi_2$ 结构. 通过以上的分析，明确了拉夫斯相三种结构变型之间的关系. 差别主要在于堆垛的层序，和面心立方与密集六角结

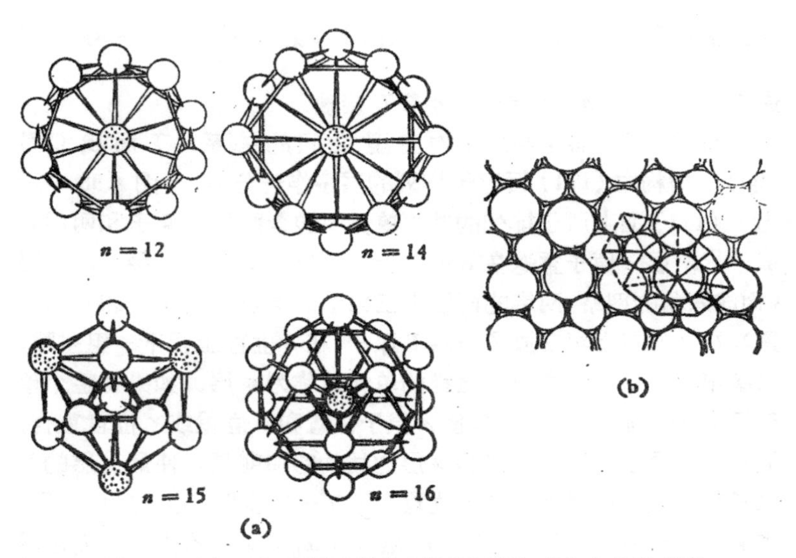

图 4.39 (a) 四个不同配位数的卡斯珀多面体；(b) 卡斯珀多面体的二维模拟. A 原子(小圆，配位数为 5) 及 B 原子(大圆，配位数为 7) 交替相接触.

构间的关系很相似. 从图 4.38 中可以看出每个 A 原子周围有四个最近邻的 A 原子(和金刚石结构中的四个键相当),另外有 12 个最近邻的 B 原子,配位数为 16. 而在每个 B 原子周围有六个最近邻的 B 原子,另有六个最近邻的 A 原子,配位数为 12. 图 4.39 中 $n=16$ 的图形表示了 A 原子周围的配位壳层中原子配置的情况:各原子的中心处在一多面体的各顶点上,多面体的面都是三角形的,因而被称为三角形配位多面体,这是纯四面体堆积的必然结果. 根据夫兰克与卡斯珀的研究[49],在金属化合物的结构中普遍存在这种类型的配位方式(但配位数除 12、16 以外,还可能是 14、15)(参看图 4.39). 他们应用了三角配位多面体密堆原理,分析了许多过渡族合金极其复杂的晶体结构,很能说明问题. 他们还预测了一些可能的结构,有些已经获得了实验的证实[50]. 表 4.6 列出了一些拓扑密集相的结构特征.

表 4.6 拓扑密集相的结构特征[91]

相	晶胞中的坐位数					B 原子所占分数*	$N=12$, 13坐位所占分数
	$N=12$	$N=13$	$N=14$	$N=15$	$N=16$		
$A15(\beta W)$	2		6			1.00—0.25	0.25
σ	10		16	4		0.87—0.33	0.33
P, δ	24		20	8	4	0.79—0.43	0.43
μ	7		2	2	2	0.69—0.54	0.54
M	28		8	8	8	0.74—0.51	0.51
R	81		36	18	24		
拉夫斯	8, 16				4, 8	0.67	0.67
x	24	24			10	0.83—0.41	0.83

* 假定 $N=12$ 坐位由 B 原子占据,$N=15$, 16 坐位由 A 原子占据,$N=13$, 14 可为 A 或 B.

拓扑密集相是否出现受到两个因素的制约. 一是原子尺寸因素,许多化合物近似遵守费伽定律(参阅 §4.1),即化合物 A_xB_{1-x} 的体积可表示为

$$V(A_xB_{1-x}) \simeq xV(A)+(1-x)V(B), \qquad (4.19)$$

但形成强的化合物也可能出现体积的收缩，因而

$$V(A_xB_{1-x}) < xV(A) + (1-x)V(B) \tag{4.20}$$

这样，就需要引入反映化合物体积收缩的修正量

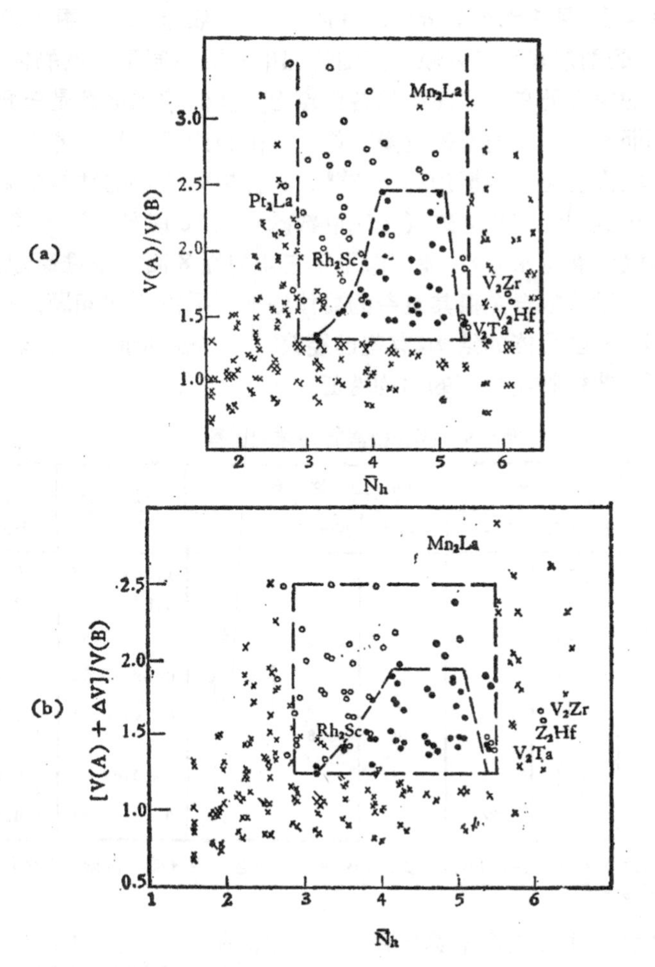

图 4.40 过渡金属拉夫斯相的出现与尺寸因素 $V(A)/V(B)$ 及 d 带空穴数平均值 $\bar{N}_h$ 的关系. “×” 表示不出现拉夫斯相，空心圈 “○” 表示 $MgCu_2$ 相，实心圈 “●” 表示 $MgZn_2$ 相，半实心圈 “◐” 表示两者都出现. (a) 未作修正的尺寸因素；(b) 加修正后的尺寸因素.

$$\Delta V(A_xB_{1-x}) = \frac{V(A_xB_{1-x}) - xV(A) - (1-x)V(B)}{2}。 \quad (4.21)$$

另一因素是电子结构因素，特别是在以过渡金属为主的化合物中，d 能带中电子能态的被占数起了关键性的作用，但是由于 d 带底部是和非 d 带高度杂化的，情况不甚清楚；而从费密能级到 d 带顶部所空缺的状态数，即通称为 d 带空穴数 N_h，却相当明确，可用以表征电子结构的参量.

图 4.40 (a) 示出了尺寸因素和 d 带空穴数的平均值 $\bar{N}_h$ 对拉夫斯相是否出现所产生的影响[51]. 可以看出，$\bar{N}_h$ 值的中点约在

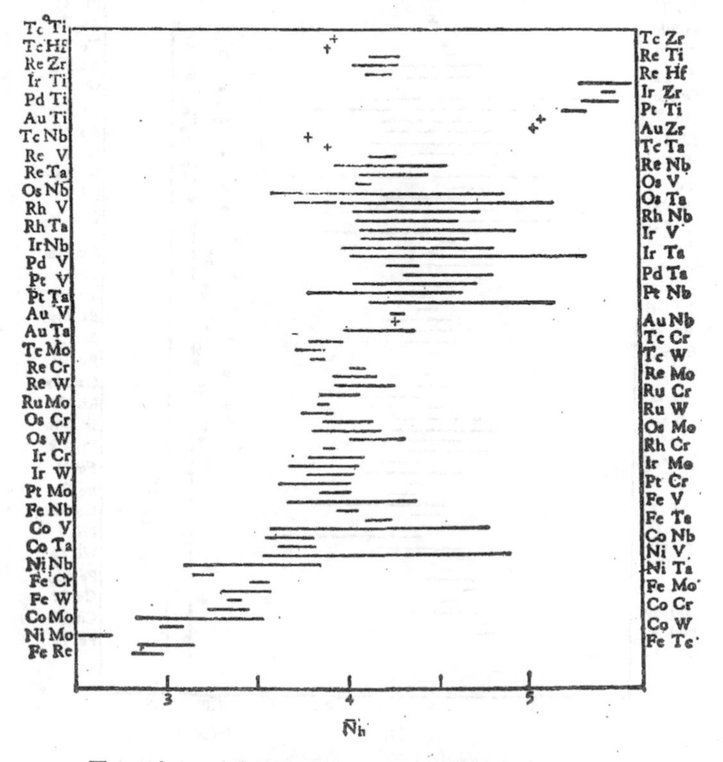

图 4.41(a) 过渡金属二元非拉夫斯相的拓扑密集相与 d 带空穴数平均值 $\bar{N}_h$ 的关系[51].

$\bar{N}_h = 4$ 处；而 $V(A)/V(B)$ 则应高于 1.34. 引入尺寸因素的修正量 ΔV，则可使尺寸因素的范围压缩到 1.25—2.5 之间（图 4.40 (b)）。

至于非拉夫斯相的拓扑密集相，图 4.41 (a) 表示了 $\bar{N}_h$ 因素的影响，数据基本上以 $\bar{N}_h = 4$ 为中心，但比较分散. 华生 (R. E. Watson) 与本涅脱 (L. H. Bennett) 为了使数据的分散度缩小，对

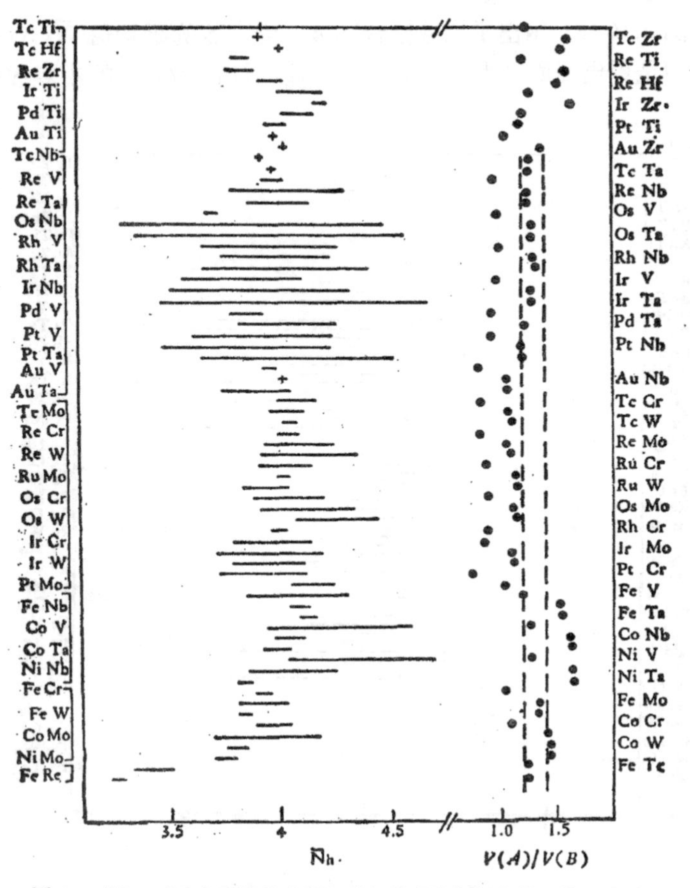

图 4.41(b) 过渡金属非拉夫斯相的拓扑密集相与有效 d 带空穴数 $\bar{N}_h$ 和尺寸因素的关系. d 带空穴数作了一些修正[51].

每一过渡元素求出一个有效 N_h 数，图 4.41 (b) 表示了有效 N_h 数和尺寸因素的影响[51]。

§ 4.9 填隙化合物

过渡金属元素与非金属元素(氢、氮、碳、硼、硅等)所形成的化合物的晶体结构也是由几何因素所确定的．这些非金属元素的原子半径较小．黑格 (G. Hägg) 的研究指出，如原子的半径比小于 0.59，形成的结构是填隙式的，非金属原子填塞在密集结构的间隙位置．当半径比大于 0.59，就形成复杂的结构．对于过渡金属的氢化物及氮化物，原子比都小于 0.59，都形成简单的填隙结构．至于碳化物，就处于边缘的情形，有些形成简单的填隙结构，另一些就形成复杂晶体结构，渗碳体 (Fe_3C) 就是后者的一个典型例子．硼化物比较特殊，不论原子比是否大于 0.59，一概形成复杂的结构．在这些结构中，硼原子形成链状或网状排列，这些复杂结构多半也体现了密堆积的原则．

根据实验的资料，填隙化合物的晶体结构可以归纳为下列几种类型：

NaCl 型：ZrN, SeN, TiN, VN, CrN, ZrC, TiC, TaC, VC, ZrH, TiH (例外 TaH 是体心立方型的)；

密集六角：Fe_2N, Cr_2N, Mn_2N, Mo_2C, Ta_2C, Zr_2H, Ta_2H, Ti_2H；

立方结构：Pd_2H, W_2N, Mo_2N；

闪锌矿型：TiH；

CaF_2 型：TiH_2.

金属的碳化物在钢铁中起重要的作用．图 4.42 示出了碳化物的结构与金属元素在周期表上位置的关系．表 4.7 列出了三种不同结构的碳化铁，其中 θ 相就是渗碳体，ε 及 χ 相是低温回火过程所出现的过渡结构．在 300℃ 以上，ε 相即转化为 χ 相，而在 500℃ 以上，χ 相就转化为 θ 相．

虽则决定填隙化合物的形成，几何因素起了主导的作用，但是

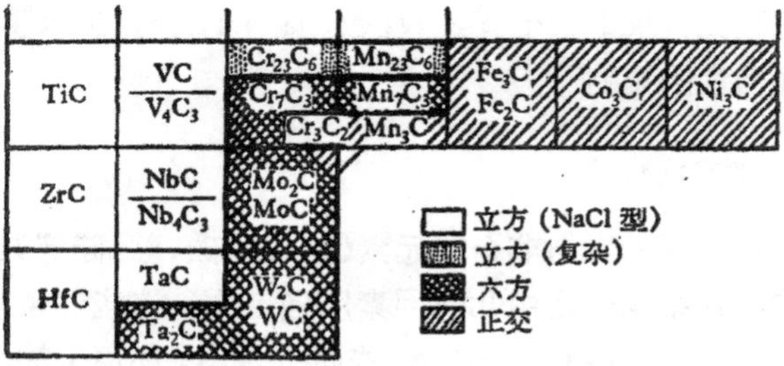

图 4.42　碳化物的结构与金属元素在周期表上位置的关系.

表 4.7　碳化铁的晶体结构

相	成　分	晶　系	点　阵　参　数　(埃)		
			a	b	c
ε	$Fe_{2\sim3}C$	六　角	2.72 2.749	— —	4.32 4.340
χ	$Fe_{20}C_9$	正　交	9.03	15.66	7.92
θ	Fe_3C	正　交	4.5144	5.0787	6.7297

在个别的化合物中，电子因素也起一定的作用．这可以从下述的例子中看出来：例如考虑铁的氮化物，碳化物及硼化物．氮、碳、硼的共价原子半径分别为 0.71，0.76，及 0.87 埃，因此单纯从尺寸因素来考虑，用氮来取代渗碳体 (Fe_3C) 中的碳，应该比较容易；而用硼来取代，就该困难些．但事实正好相反，氮不溶于渗碳体，但硼却可以溶解．另一方面，碳很容易取代氮化铁 (Fe_4N 及 Fe_2N) 中的氮，但不溶于硼化铁 (Fe_2B)．这些结果单纯用尺寸因素就很难解释，问题似乎和氮、碳、硼的原子序数有关：用序数低的元素可以置换序数高的元素(例如碳置换氮，硼置换碳)，但反过来就不行．如果认为硼、碳、氮的价数随了序数而改变，则也可以认为是价的效应在起作用．[46]

关于填隙化合物中金属原子与非金属原子的键合的方式还不

很清楚，也存在有不同的看法：一种看法认为在填隙相化合物中，氢、碳、氮让出一部分价电子给晶体的能带后，便呈金属的状态[52]；另一种看法则强调共价键的作用[53]。

§ 4.10 金属化合物的物理性能

填隙相具有高熔点及高硬度，通称为硬质合金，可作为切削刀具及高温结构材料之用。表 4.8 列出了一些实验数据[54]，可以看出，它的熔点往往超过其金属组元，硬度也超过通常的金属。缺点是非常脆，因而不能采用通常的金属加工方法，成形主要依靠粉末冶金的方法。导电的性能还是金属型的，电阻随了温度的上升而加大。

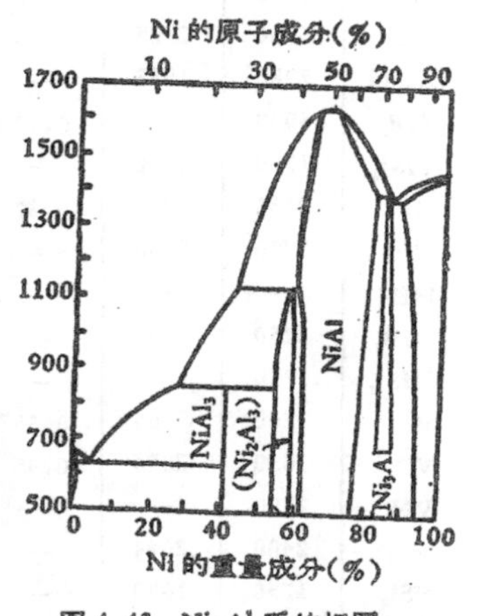

图 4.43 Ni-Al 系的相图.

对于一般的金属化合物的性能，还没有人作过比较全面有系统的研究。各种金属化合物间性能的差异也比较大。例如 β 黄铜，具有良好的范性与导电性能，接近于一般的金属。但同样组元形成的 γ 黄铜就比较脆，导电性能也差，接近于离子或共价晶体。有一些 III-V 族化合物（如 InAs, GaSb 等）具有半导体性能，为重要的半导体材料。近年来，由于高温结构材料的需要，对于一些熔点较高的金属化合物（例如 AlNi, Cr_2Ti ZrCr 等）进行了探索性的研究。这些合金的熔点也比纯组元为高（参看图 4.43），但共同的缺点是比较脆，直接使用还有困难。但近年来对于一些金属氧化物（例如 MgO, Al_2O_3 等）单晶体的研究表明，这些通常被认为是脆性的材料，在高纯度单晶体状态并不脆，具有相当的范性。这些例子说明改善金属化合物脆性，还是具有一定的现实性的，有待于作更深入的研究。

在通常的结构材料中，金属化合物常以沉淀相的形式出现，增

表 4.8 填隙相的物理性能[54]

	熔点 T_m℃	微硬度 H_m千克/毫米²	泊松比	杨氏模量 E千克/毫米²	切变模量μ 千克/毫米²	德拜温度 θK	结合能V 千卡/摩尔
Ti	1725	157	0.36	10520	3870	350	—
TiC	3140	2988	0.41	32000	11364	741	3980
TiN	2950	2160	0.45	25600	8821	517	3900
TiB_2	2960	3370	0.42	37400	13187	615	3260
$TiSi_2$	1460	870	—	—	—	—	—
Zr	1930	97	0.37	6970	2540	280	—
ZrC	3530	2925	0.43	35500	12369	490	3470
ZrN	2980	1988	—	—	—	—	3540
ZrB_2	3040	2252	0.42	35000	12324	481	2540
$ZrSi_2$	1700	1030	—	—	—	—	—
Hf	2130	206	0.37	8500	3100	213	—
HfC	3250	2800	—	—	—	—	2800
HfN	—	—	—	—	—	—	2840
HfB_2	3250	—	—	—	—	—	—
$HfSi_2$	1750	—	—	—	—	—	—
V	1700	65	0.35	15000	5500	413	—
VC	2830	2094	0.45	27600	9530	531	3900
VN	2300	—	—	—	—	—	3820
VB_2	2400	2044	—	—	—	—	2880
VSi_2	1750	1090	—	—	—	—	—
Nb	2500	—	0.35	16000	6000	301	—
NbC	3500	1961	0.44	34500	11946	470	3216
Nb_2C	—	2123	—	—	—	—	2570
NbB_2	3000	2200	—	—	—	—	3060
$NbSi_2$	1950	1050	—	—	—	—	—
Ta	2850	108	0.35	18820	7000	245	—
TaC	3880	1599	0.45	29100	10358	318	2770
Ta_2C	3400	1714	—	—	—	—	2390
							2940
TaB_2	3100	2500	—	—	—	—	—
$TaSi_2$	2200	1560	—	—	—	—	—
Mo	2622	192	0.31	33630	12200	380	—
Mo_2C	2690	1499	0.34	54400	20268	461	2280
Mo_2B	2140	1790	—	—	—	—	2620
$MoSi_2$	2030	1230	—	—	—	—	—

表 4.8 （续）

	熔点 T_m℃	微硬度 H_m千克/毫米²	泊松比	杨氏模量 E千克/毫米²	切变模量μ 千克/毫米²	德拜温度 θK	结合能V 千卡/摩尔
W	3377	350	0.3	41520	15140	310	—
WC	2600	1780	0.37	61300	22405	453	2760
W_2C	2700	3000	0.38	42800	15485	299	2000
W_2B	2770	2350	—		—	—	2470
WSi_2	2165	1090	—		—	—	—

加强度或导致脆性．在这当中有的是有利的，有的则是有害的，这要根据具体的合金来作具体的分析．填隙化合物具有高熔点和高硬度，被利用作为切削刀具或高温结构部件，更有一些金属化合物以某一优异的物理性能而著称：例如 Nb_3Sn 具有高的超导转变温度，已成为实用的超导材料；又如 $SmCo_5$ 磁能积特高，是一优质的永磁材料．由于金属化合物品种繁多，结构殊异，基础的物理研究还很不够，可以期望，在不久的将来，在新型功能材料方面还会有许多新的发展．

III 非周期结构的固相合金

长期以来，提到合金，指的就是晶态合金，两者几乎被认为是同义词．近年来，情况已经有所改变．六十年代以后，非晶态合金或金属玻璃（metallic glass）有了很大的发展，受到了科技界的重视．最近，又发现了介于晶态与非晶态之间的准晶体（quasi-crystal），这类准晶态合金引起了人们强烈的兴趣．下面简略地介绍这两方面的情况．

§4.11 非晶态合金

60 年代初杜威兹（P. Duwez）等发展了泼溅淬火（splat-quenching）技术，用快速冷却的方法，使液态的无序结构冻结下来，

制出非晶态的 Au_3Si 合金[55]，随后制备非晶态合金的技术有了很大的进展[56-58]；有关非晶态合金的结构与性能的研究蓬勃开展；多种非晶态合金，由于具有优异的力学性质和磁学性质，已经获得了技术上的应用。非晶态合金的玻璃化转变（glass transition）及其力学性质与磁学性质等方面的问题将在以后的章节中予以讨论，这里主要只介绍有关结构的问题[57]。

用熔体快速冷却(冷却速率 10^5—10^8℃/秒)所获得的非金属都是合金。这些合金实际上是处于亚稳态，而不是平衡状态。不过由于趋向平衡晶态的历程极其缓慢，在实际的场合可以略而不计。低熔点的共晶成分是制备非晶态合金的有利条件（但不是必要条件），早期获得的非晶态 Au_3Si 与 Pd_4Si 都选择在低熔点共晶成分附近，后者由于 Pd 的熔点较高，因而非晶态也更加稳定。强铁磁

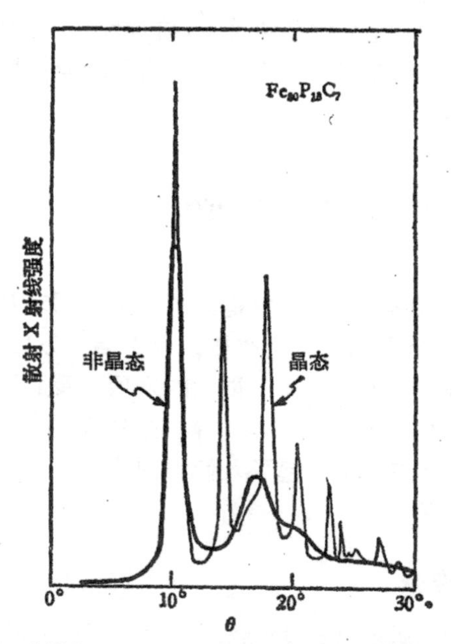

图 4.44 非晶态 $Fe_{80}P_{13}C_7$ 的 X 射线散射曲线（粗线）和晶化后（细线）的对比。

性的三元合金 $Fe_{7.5}P_{1.5}C$ 的成分也是选择在二元 FeP 合金的低熔点共晶成分（21% P）附近。合金中的 Fe 也可以用 Ni, Co, Cr, Mn 等来取代，而 P 与 C 则可用其他的类金属（如 B, Si 等）来取代。因而一大类非晶态合金可以用 $M_{3-4}X$ 的化学式来表示，M 代表过渡金属或贵金属，而 X 代表类金属。大体而言，这些材料的性能（磁性，力学性质和抗蚀性）是由过渡金属所控制的，类金属的影响并不大。因而在非晶态合金中获得某一性能所需的 Fe, Ni, Co, Cr 等的含量可以参考对应晶态材料中的含量。

X 射线衍射和中子衍射是取得非晶态合金结构方面信息的经典方法（见图 4.44），近年来，扩展 X 射线吸收精细结构谱（extended X-ray absorption fine structure，缩称 EXAFS）则对原子近邻情况（配位数与近邻间距）有所补充。研究得最多、了解得比较清楚的

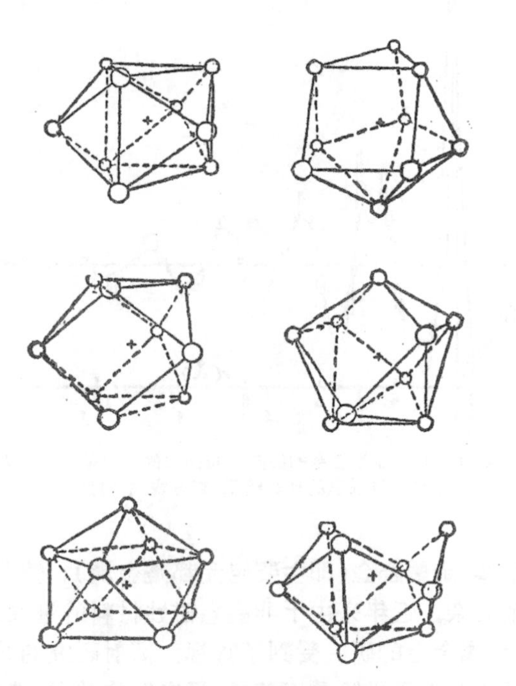

图 4.45　配位数为 9 的几种可能的近邻原子角度分布（中心原子以＋表示）。

要算过渡金属与类金属构成的合金．结构研究表明，这些合金虽然没有长程序，却有高度发展的短程序，其配位数和近邻间距几乎与同成分的晶态金属化合物等同，例如在非晶态 Ni_3P 与晶态 Ni_3P 中，每个 P 原子均为 9 个 Ni 原所环绕，P 原子之间不构成最近邻关系．非晶态与晶态在结构上的主要差异在于：非晶态中类金属原子周围金属原子的角度分布不再是等同的，容许存在微小的变易（参看图 4.46）．可以设想，类金属原子都填充在硬球无规密集模型的间隙之中，因而利用单一尺寸的硬球的无规密集来拟合实验获得的径向分布函数（参看图 4.45）．结果尚称满意（参看 § 1.6）[57]．

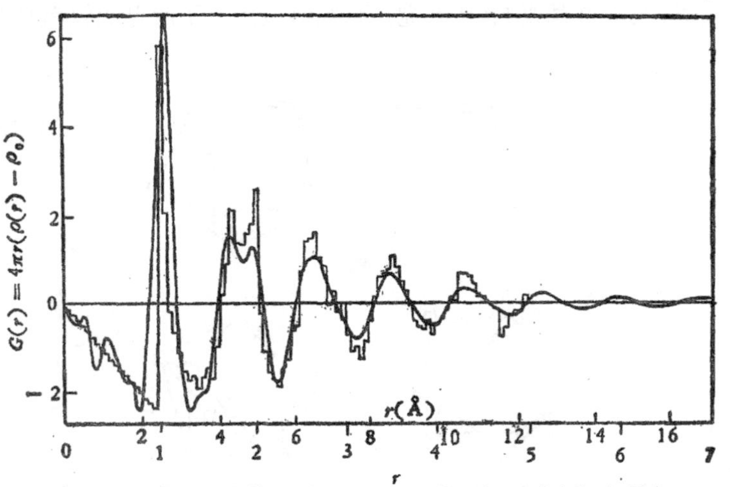

图 4.46　$Ni_{76}P_{24}$ 非晶合金的径向分布函数的实验值（曲线）与硬球无规密集模型的计算结果（直方线）的对照．

至于金属-金属合金（即主要组元都是金属），情况要比金属-类金属合金复杂．近年来由于非晶态磁性材料的进展，对于稀土金属-过渡金属合金的研究受到了重视．衍射研究的结果表明，这些合金的径向分布函数除最近邻外，只有弱的关联，造成了结构测

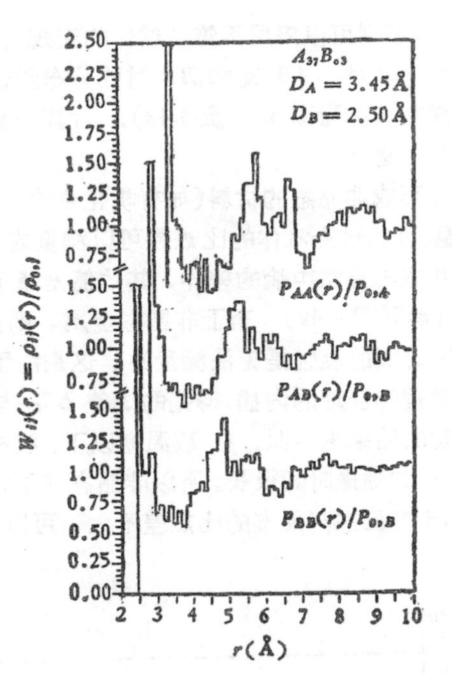

图 4.47 不等径硬球(大球直径 3.45 Å，占 37%；小球直径 2.5 Å，占 63%)无规密集模型的部分分布函数 $W_{ij}(r) = \rho_{ij}(r)/\rho_{0j}$.

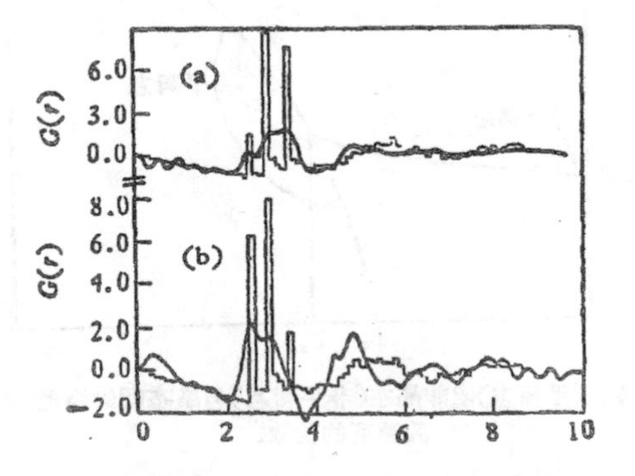

图 4.48 稀土-过渡金属非晶合金的径向分布函数的实验值与硬球无规密集模型的计算值的对照. (a) $Gd_{36}Fe_{64}$;(b) $Tb_{33}Fe_{67}$.

定的困难，其结构模型可以采用不等径球体的无规密集，表明的弱关联可能是由于 AA 对，AB 对和 BB 对的分布函数都对于实验结果有贡献的缘故（参看图 4.47 及 4.48）．计算结果与实验结果的相符性尚有待改进[57]．

在一些容易形成非晶态的材料（如有机化合物，聚合物），在熔点 T_M 以下的温区内，过冷液体的比热是可以测量的．因而可以定出这个温区内液态与晶态中熵的差异，其数值是随了过冷度的增加而减少的[59]（参看图 4.49）．至于非晶态金属，则在熔点 T_M 与玻璃转变点 T_g 之间的温区是无法测量的，这是由于结晶过程的介入．但是对数据的合理的内插，得到的熵差 ΔS_{LC} 与温度的依赖关系和上述测定的结果相类似．在 T_g 温度以下，液态转化为非晶态，向平衡态过渡的弛豫时间很长，所以非晶态并不处于热力学的平衡状态． 由于非晶态与晶态的比热差不大，可以认为在 T_g 以

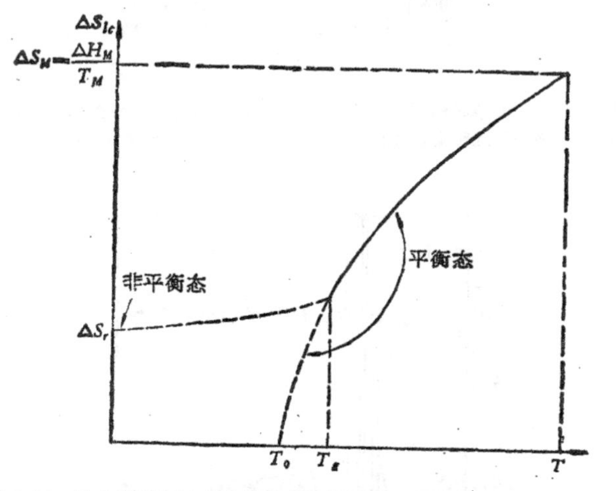

图 4.49 液态（平衡态）或非晶态（非平衡态）与晶态间的熵差 ΔS_{LC} 作为温度的函数．

下，ΔS_{LC} 值没有太大的变化（图4.49中的细虚线），在绝对零度将

保留剩余的熵差 ΔS_r. 这和热力学第三定律并不矛盾，因为系统并不处于平衡态.

至于 T_g 以下平衡态的熵差值，则可由外推法来估计（图4.49中的粗虚线）. 考兹曼（W. Kauzmann）指出[60]，熵差将在某一温度 T_0 完全消失，在此温度下，非晶态将成组态完全有序的状态. 考兹曼将此解释为失稳结晶：无序的非晶态将突然转变为长程有序的晶态. 这样的解释基于只有周期结构才能提供长程序的假定. 是否有可能存在没有周期结构的长程序状态呢？新近发现的准晶态提供这样的可能性，亦为在 T_0 出现的结构状态提出更加合理的解释（请参阅下节）.

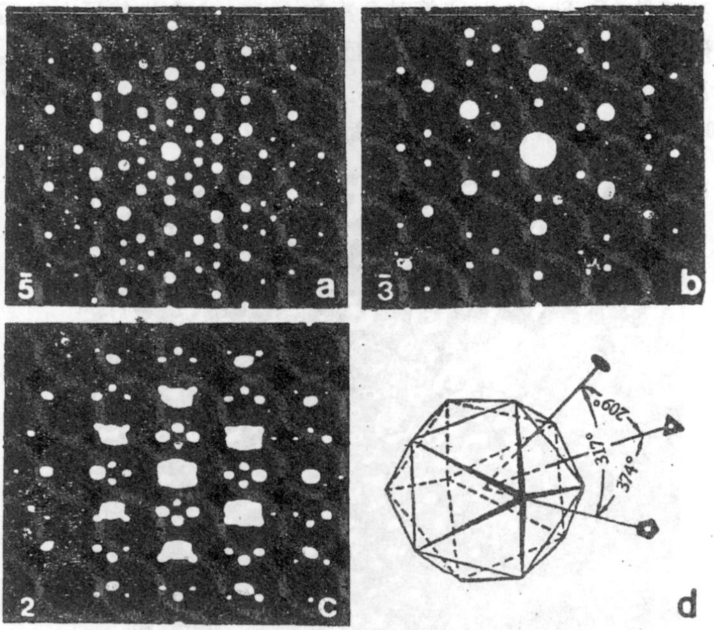

图 4.50 (a), (b), (c) 沿三种对称轴摄取的 TiVNi 准晶态合金的电子衍射花样；(d) 二十面体和对称轴之间夹角关系的示意图[62].

图 4.51 两维的彭罗斯拼砌图象[65].

§4.12 准晶态合金

众所周知，五重对称轴是和周期性结构是不相容的. 1984 年谢赫特曼 (D. Shechtman) 等对急冷的 Al_6Mn 合金进行了电子衍射的研究[61]，发现其对称性为二十面体的对称性(包含有五重轴)，理所当然地引起了轰动. 郭可信等人又在急冷的 $(Ti_{1-x}V_x)_2Ni(x=0.0-0.3)$合金中也发现了二十面体相[62].

图 4.52 (a) TiVNi 准晶态合金的高分辨结构象[62].

二十面体相具有相当明锐的电子衍射斑点，衍射花样显示出有$\bar{5}$，$\bar{3}$及2重轴（图4.50），它们之间的角度关系表示在图4.50(d)中. 这种对称性可以用点群$m\bar{3}\bar{5}$来描述，显然不属于32种晶体点群之列. 勒文(D. Levine)与斯泰因哈特(P. J. Steinhardt)对于二十面体相提出了理论解释[63]，认为这可能是具有长程键向序(bond orientational order)，但不具有长程平移序(周期性)的结构；并将早几年彭罗斯(R. Penrose)所提出的拼砌图像作为理论依据[64,65]. 图4.51给出了彭罗斯绘制的两维拼砌图像，其基本拼砌单元为两种菱形，所有边长都相等，大的夹角分别为72°与108°，小的则为36°与144°，其顶点构成一个两维非周期点阵，具有完善的键向序，但不具有长程的平移序. 显然可以将彭罗斯拼砌推广到三维空间，基本的拼砌单元为两个多面体. 勒文等将这类三维结构称为准晶体. 他们计算了二十面体准晶体的衍射花样，结果表明应是在倒空间中稠密的δ函数组成的自相似排列.

郭可信和伯西尔(L. A. Bursill)[66]等[62]都对于准晶体的结构进行了高分辨率透射电镜的研究，结果表明都接近于彭罗斯拼砌

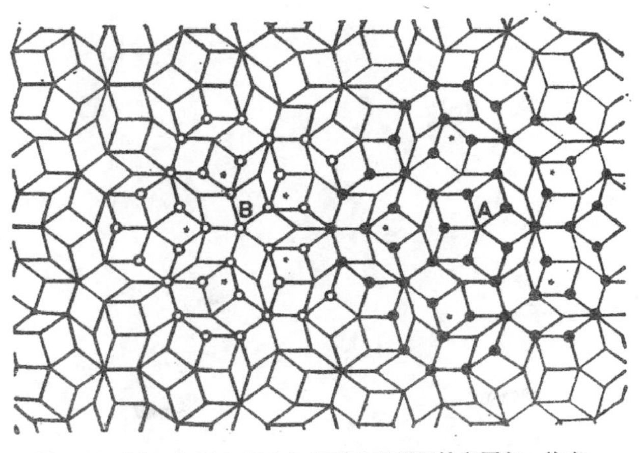

图4.52 (b) 和图4.45(a)相对的彭罗斯拼砌图象. 注意这两图中的对应点A和B.

图像（图 4.52），但结构的细节尚有待探明.

关于准晶态的稳定性和液态到准晶态或准晶态到晶态的相变以及结构中的缺陷等问题，已有人在朗道（L. D. Landau）相变理论的框架中进行了讨论[67–69]，至于这种有长程键向序而无周期性结构的电子谱与声子谱等问题，也引起了固体理论学者的关注.

第五章　微观的合金理论

I 统 计 理 论

在第一章中已经明确了合金的相平衡决定于自由能极小的条件，而合金的相图是由自由能曲线控制的．微观合金理论的任务即在于根据微观粒子间的相互作用，直接计算出自由能与温度及成分的关系．如果将合金中微观粒子间的相互作用简化为一对一对原子间的相互作用．就可采用经典的统计热力学方法来计算合金的自由能[30,71]．在本节中首先介绍处理固溶体问题的统计理论模型；然后具体处理固溶体中原子的分布状况，溶解限曲线及有序无序转变的问题． 重点介绍的是准化学近似（quasi-chemical approximation)，处理的方法大致依据戈根哈姆（E. A. Guggenheim）所著混合物（Mixture）一书[16]．

§ 5.1　固溶体的统计理论模型

在一般情形下，固溶体的能量可以看为下述三项的叠加：

$$E = E_k + E_l + E_c, \tag{5.1}$$

其中 E_k 为原子动能的总和，E_l 为原子偏离平衡位置引起的畸变能，E_c 为由原子分布组态所决定的相互作用能，称为组态能．在一般情况下，固溶体的配分函数（partition function）可以表示为

$$Q = \sum e^{-\frac{E_c}{kT}} \iint e^{-\frac{E_k+E_l}{kT}} d\mathbf{r}_1 d\mathbf{r}_2 \cdots d\mathbf{r}_N, \tag{5.2}$$

这里的 $\mathbf{r}_1, \mathbf{r}_2, \cdots, \mathbf{r}_N$ 分别表示各原子的位置矢量，在一般情形下，和原子的平衡位置差别不大．E_l 中包含有原子作弹性振动的势能及原子半径不等所引起的静态畸变能．如果忽略了静态畸变能（这等于假定固溶体中的不同种类的原子半径没有差异），并假

定振动能和原子排列的组态无关，就可以将组态的配分函数独立出来，即

$$Q_c = \sum e^{-\frac{E_c}{kT}}. \tag{5.3}$$

这样一来，组态配分函数和式(5.2)所表示的配分函数只差一和组态无关的因素．在以后讨论和固溶体原子排列组态有关的问题，就只需要考虑组态配分函数．

考虑 A,B 两组元形成的替代式固溶体．设总原子数为 N，B 原子所占百分比为 x，则 A，B 两组元的原子数可以分别表示为

$$\left.\begin{aligned} N_A &= N(1-x), \\ N_B &= Nx. \end{aligned}\right\} \tag{5.4}$$

原子间的互作用能表示为各原子对间互作用能的叠加．假定原子间的互作用限于最近邻之间，因此原子对的互作用能只有三种不同的数值：即 AB 为近邻对的互作用能 w_{AB}，AA 为近邻对的互作用能 w_{AA} 及 BB 为近邻对的互作用能 w_{BB}．设晶体结构的配位数为 z，固溶体中 AB 近邻对的总数为 zp_{AB}，可以求出 BB 对的总数为 $(1/2)z(Nx-p_{AB})$，AA对的总数为 $(1/2)z[N(1-x)-p_{AB}]$．(在计算原子对数目时，忽略了晶体表面的效应)．因此，固溶体的组态能可以表示为

$$\begin{aligned} E_c &= zp_{AB}w_{AB} + \frac{1}{2}z(Nx-p_{AB})w_{BB} \\ &\quad + \frac{1}{2}z[N(1-x)-p_{AB}]w_{AA} \\ &= \frac{1}{2}z[Nxw_{BB}+N(1-x)w_{AA}] \\ &\quad + zp_{AB}\left[w_{AB}-\frac{1}{2}(w_{AA}+w_{BB})\right]. \end{aligned} \tag{5.5}$$

上式中第一项表示溶解前的组态能．因此，混合能就等于

$$\Delta E_c = zp_{AB}w, \tag{5.6a}$$

这里的

$$w = w_{AB} - \frac{1}{2}(w_{AA} + w_{BB}). \tag{5.6b}$$

w 的物理意义可以这样来理解：如果设法改变固溶体中原子分布的状态，近邻原子对 AA 中的 A 原子和近邻对 BB 中的 B 原子交换了位置．这样，就相当于一个 AA 对和一个 BB 对转化为两个 AB 对．这个过程中所对应的能量变化，就等于 $2w$．很显然，w 是决定固溶体中原子分布组态的基本参量．如果 $w < 0$，则异类原子对在能量上更为有利；而 $w > 0$，则情况正好相反，有利于同类原子对的存在．固溶体的组态配分函数可以表示为 p_{AB} 的函数

$$Q_c = \sum G(p_{AB}) e^{-\frac{E_c(p_{AB})}{kT}} \tag{5.7}$$

这里的 $G(p_{AB})$ 表示 p_{AB} 为一定值时，原子在点阵上不同排列的可能组态数．上式中的叠加系对一切可能的 p_{AB} 值进行．

上述的处理固溶体的统计理论模型和伊辛 (E.Ising) 处理铁磁性问题的模型相似，在文献中统称为伊辛模型，其中心问题为式(5.7)中 $G(p_{AB})$ 的计算．由于数学上的困难，三维的问题还不能严格解出，要依靠近似的计算方法．

§ 5.2 准化学近似与固溶体中的原子分布[1)]

在本节中讨论具体处理伊辛模型的准化学近似方法．在这种近似方法中，假定各原子对是相互独立的．将原子分布状态的改变比拟于原子对间的化学反应

$$AA + BB \rightleftharpoons AB + BA,$$

反应能就等于 $2w$．根据质量作用定律，在平衡态的原子对数应满足下列的准化学方程(令 p^*_{AB} 表示平衡态 p_{AB} 的值)：

$$\frac{1}{2} z(Nx - p^*_{AB}) \cdot \frac{1}{2} z[N(1-x) - p^*_{AB}] e^{-\frac{2w}{kT}}$$

---

1) 张宗燧利用了一般的组合方法，导出了准化学近似的基本方程(处理有序无序转变的问题)，论证更加严格些，并证明了准化学近似实质上和贝特 (H. Bethe) 的近似方法是等效的[72]．

$$= \frac{1}{2} z p_{AB}^{*} \cdot \frac{1}{2} z p_{AB}^{*}, \tag{5.8a}$$

这里的 $\frac{1}{2} z(Nx - p_{AB}^{*})$ 为平衡态 BB 对的数目；$\frac{1}{2} z[N(1-x)-p_{AB}^{*}]$ 为平衡态 AA 对的数目；而 $(1/2)\, z p_{AB}^{*}$ 表示平衡态 AB 对及 BA 对的数目［等于 AB 对总数（不区分 AB 对及 BA 对）的一半］. 上式可简化为

$$p_{AB}^{*2} e^{\frac{2w}{kT}} = [Nx - p_{AB}^{*}][N(1-x) - p_{AB}^{*}]. \tag{5.8b}$$

在 $w = 0$ 的情形，式 (5.8) 的解就等于

$$p_{AB}^{*} = Nx(1-x), \tag{5.9}$$

即相当于完全无序的状态，原子统计地分布在点阵上. 此时短程序参数

$$\alpha = 1 - \frac{p_{AB}}{Nx(1-x)} \tag{5.10}$$

为零.

在一般情形 ($w \neq 0$)，式 (5.8) 为 p_{AB}^{*} 的二次方程，可直接求得它的解

$$p_{AB}^{*} = \frac{-N \pm N[1 + 4x(1-x)(e^{\frac{2w}{kT}} - 1)]^{1/2}}{2(e^{\frac{2w}{kT}} - 1)}. \tag{5.11a}$$

令

$$\beta = [1 + 4x(1-x)(e^{\frac{2w}{kT}} - 1)]^{1/2}, \tag{5.11b}$$

式 (5.11a) 可简写为（由于 p_{AB}^{*} 为负值没有物理意义，我们可只取 p_{AB}^{*} 为正值的解）

$$p_{AB}^{*} = Nx(1-x) \cdot \frac{2}{\beta + 1}. \tag{5.11c}$$

可以看出，w 的正负直接影响到原子分布的情况：

如果 $w > 0$，则 $\beta > 1$，$p_{AB}^{*} < Nx(1-x)$，$\alpha > 0$，形成原子

簇聚的现象，同类原子对的数目比完全无序状态更多些；

如果 $w < 0$，则 $\beta < 1$，$p^*_{AB} > Nx(1-x)$，$\alpha < 0$，就形成短程序，异类原子对的数目要多些.

正如前面 §4.5 中所述，细致的X射线分析的结果表明了一般固溶体中的确存在有原子簇聚或短程序. 为了进一步检验准化学近似的可靠性，路德曼 (P. S. Rudman) 与阿佛巴赫 (B. L. Averbach) 对于 Al-Zn 合金的单相固溶体作了细致的研究[73]. 由于 Al 与 Zn 的原子半径几近相等，畸变能的影响较小，比较符合于 §5.1 中所提出的统计模型的假定. 他们应用X射线方法直接测定了不同成分固溶体的短程序参数 (α 为正值，表明有原子簇聚)，然后根据式 (5.10) 及式 (5.6) 算出 p_{AB} 及 w，因而求出混合能 ΔE_c；另一方面，利用热力学方法量出的混合能；结果如图 5.1 所示，两条曲线的趋势大致相符.

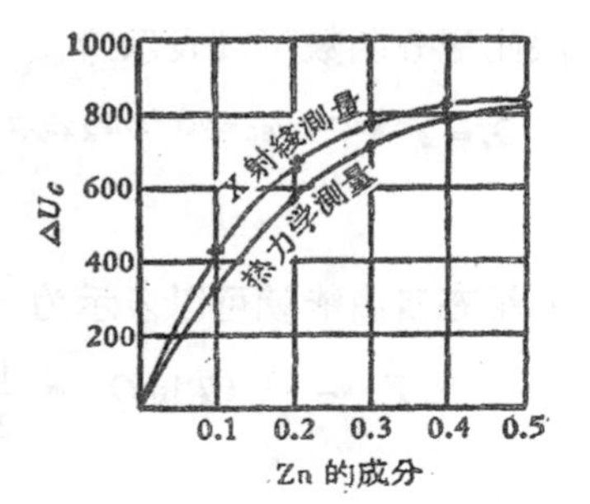

图 5.1 Al-Zn 合金的混合能 (400℃).

在准化学近似中，具有短程序的固溶体，由于异类原子间的结合力较强，在一定条件下(低于某一临界温度)，可能转变为有序固溶体. 另一方面，有原子簇聚的固溶体，在低温可能脱溶. 有不少实验结果是支持这个推论的. 例如 Al-Zn 及 Al-Ag (在富 Al 这一侧)合金，在溶解限曲线以上的区域，都观察到原子簇聚的现象；但在 Au-Ni 合金出现了反常的现象，在溶解限曲线以上，出现了短程序. 这种反常现象可能是原子尺寸相差较大所引起的，也有人对于X射线实验结果的解释提出了疑问[17].

§ 5.3 二元合金的溶解限曲线理论

(a) 自由能的表示式 如果 $w > 0$，在固溶体中存在原子簇聚状态. 在温度较低的情形，不同成分固溶体的混合物的自由能可能比单相固溶体要低，产生了固溶体的脱溶分解. 下面利用准化学近似方法来计算自由能：

组态配分函数可以表示为

$$Q_c = \sum e^{-\frac{E_c}{kT}} = e^{-\frac{1}{2}z[Nxw_{BB}+N(1-x)w_{AA}]/kT}\sum e^{-zp_{AB}w/kT}, \quad (5.12)$$

这里的叠加是对于 $N!/[Nx]![N(1-x)]!$ 个不同的组态来进行的. 我们可以用下式来定义 p_{AB} 的平均值 $\bar{p}_{AB}$:

$$\sum e^{-zp_{AB}w/kT} = \frac{N!}{[Nx]![N(1-x)]!} e^{-z\bar{p}_{AB}w/kT}. \quad (5.13)$$

因此配分函数可以表示为

$$Q_c = e^{-\frac{1}{2}z[Nxw_{BB}+N(1-x)w_{AA}]/kT} \frac{N!}{[N(1-x)]![Nx]!} e^{-z\bar{p}_{AB}w/kT}, \quad (5.14)$$

而组态自由能就可以表示为

$$F_c = -kT\ln Q_c = \frac{1}{2}z[Nxw_{BB} + N(1-x)w_{AA}] - kT\ln\frac{N!}{[N(1-x)]![Nx]!} + z\bar{p}_{AB}w. \quad (5.15)$$

利用斯特令 (Stirling) 近似 ($\ln N! = N\ln N - N$)，上式可改写为

$$F_c = \frac{1}{2}z[Nxw_{BB} + N(1-x)w_{AA}] + NkT[(1-x)\ln(1-x) + x\ln x] + z\bar{p}_{AB}w, \quad (5.16)$$

在式 (5.16) 中，$\bar{p}_{AB}$ 的数值是尚待计算的.

自由能与内能的关系为

$$U_c = F_c - T\frac{\partial F_c}{\partial T}, \quad (5.17)$$

其中和原子分布有关的混合能可以表示为

$$\Delta U_c = \left(\bar{p}_{AB} - T\frac{d\bar{p}_{AB}}{dT}\right)zw; \quad (5.18)$$

而根据式 (5.6)，平衡态的混合能等于 $zp^*_{AB}w$；因此

$$p^*_{AB} = \bar{p}_{AB} - T\frac{d\bar{p}_{AB}}{dT}. \tag{5.19}$$

此微分方程的解为

$$\bar{p}_{AB} = T\int_0^{\frac{1}{T}} p^*_{AB} d\left(\frac{1}{T}\right). \tag{5.20}$$

上式中的积分限是根据以下的条件确定的：当 $(1/T) \to 0$，$\bar{p}_{AB}$ 的值应等于完全无序状态的 p^*_{AB}. 自式 (5.20) 算出 $\bar{p}_{AB}$ 后，代入式 (5.15) 即可求出合金的自由能.

(b) *零级近似* 最粗略的计算中可以忽略固溶体中原子簇聚的效应，假定原子是按统计分布在点阵坐位上，相当于相变理论的平均场近似. 在这种近似中 p^*_{AB} 就和温度无关

$$\bar{p}_{AB} = p^*_{AB} = N(1-x)x. \tag{5.21}$$

代入式 (5.16)，即可求出组态自由能为

$$F_c = \frac{1}{2}z[Nxw_{BB} + N(1-x)w_{AA}]$$
$$+ NkT[(1-x)\ln(1-x) + x\ln x]$$
$$+ Nzx(1-x)w. \tag{5.22}$$

和纯组元的机械混合物的自由能差值就等于

$$\Delta F_c = Nzx(1-x)w$$
$$+ NkT[(1-x)\ln(1-x) + x\ln x]. \tag{5.23}$$

取 $N = N_0$（阿伏伽德罗数）就和 §1.8 中规则固溶体的自由能表示式相同. 在这里，我们可以理解规则固溶体近似的物理实质在于内能的计算中考虑了原子对间的相互作用，但在熵的计算中却忽略了原子和统计分布的偏离（因此熵值和理想溶体相同）. 溶解限曲线可由 $d\Delta F_c/dx = 0$ 的条件得出

$$zw(1-2x) + kT[\ln x - \ln(1-x)] = 0, \tag{5.24}$$

曲线对于 $x = (1/2)$ 是对称的. 如果 x_1 为方程的解，则 $x_2 = 1 - x_1$ 也是方程的解，具体的形式如图 3.17 所示. 溶解限随温度的上升而增加. 在临界温度 T_k 以上即可无限共溶.

(c) 一级近似　在零级近似中，完全忽略了固溶体中原子分布的不均匀性，这是和实际情况不符的．如果考虑到原子分布和完全无序状态不同，在式 (5.20) 中的 p^*_{AB} 的数值应该用准化学方程所确定的值

$$p^*_{AB} = Nx(-x)\frac{2}{1+\beta}$$

代入．具体计算，可以求出溶解限曲线

$$e^{\frac{w}{kT}} = \frac{1-r}{r^{\frac{1}{z}} - r^{\frac{z-1}{z}}}, \qquad (5.25)$$

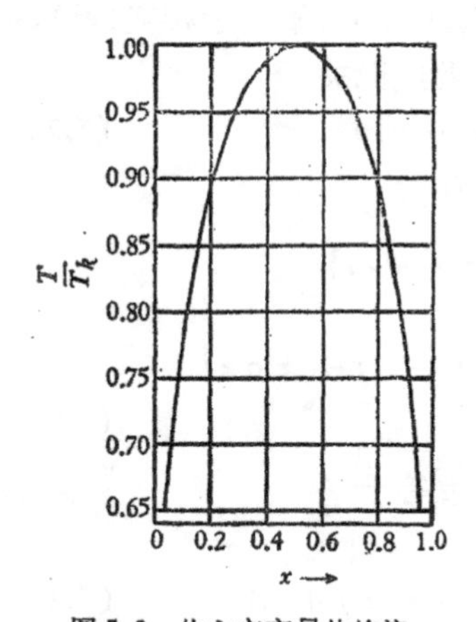

图 5.2　体心立方晶体的溶解限曲线（一级近似理论计算结果）．

这里的 $r = x/(1-x)$．如果 r_1 为此方程的解，可以验证 $r_2 = 1/r_1$ 也是方程的解．因此，溶解限曲线仍具有对称的形式．　临界温度 T_k 应在成分为 $x=(1/2)$ 处（即 $r = 1$）．但若以 $r = 1$ 代入式(5.25)将得出不定式．我们可以用 $r = 1 + \delta$ 代入，展开为 δ 的级数，再令 $\delta \to 0$，求出 T_k 为

$$e^{\frac{w}{kT_k}} = \frac{z}{z+2} \qquad (5.26)$$

对于体心立方结构，$z = 8$，溶解限曲线如图 5.2 所示．

(d) 与实验结果的比较　上述的理论计算结果可用以定性地说明二元相图中的溶解间隙．在实际相图中的溶解限曲线往往受到多种因素的影响，情况要复杂得多．明斯脱 (A. Münster) 等曾将 Al-Zn 合金的溶解限曲线和理论计算的结果作了定量的比较[17]，实验曲线和理论算出的曲线的趋势是相同的，但还是有偏差的(见图 5.3)．而且一级近似的结果还不如零级近似，表明问题不是单纯改进计算方法所能解决的。

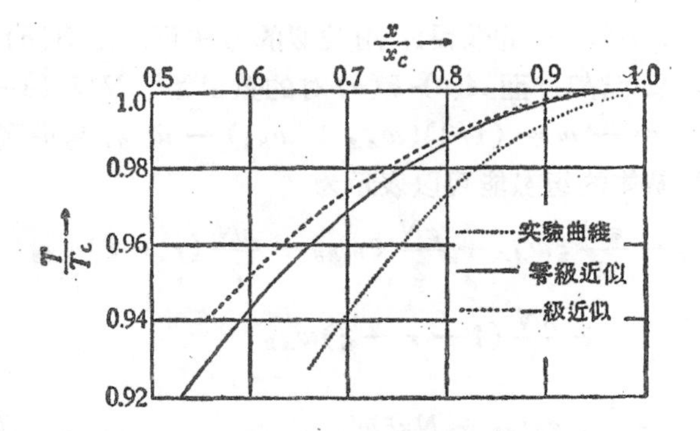

图 5.3 Al-Zn 合金的溶解限曲线(理论与实验的对照).

§5.4 有序-无序转变的理论

(a) *自由能的表示式* 如果固溶体的混合能 $w<0$, 则在一定条件下,可以产生无序到有序的转变. 采用 §5.1 中所述的统计模型也可以说明这个问题.在有序无序转变中,中心问题为在组元成分一定时,不同温度下自由能与原子分布之间的关系. 可以用 β 黄铜为例来说明问题: 在绝对零度,原子按照超结构排列. 点阵上的原子坐位可分为两组. 一组为 A 原子所占的坐位,以 a 表示;另一组为 B 原子所占的坐位,以 b 表示. 如果原子的分布和这种完全有序状态有偏离,则 a 坐位上并不全部为 A 原子所占. 令 a 坐位由 A 原子占据的概率为 r,则 a 坐位上 A 原子的总数为 $(1/2)Nr$; 而在 b 坐位上的 A 原子数就等于 $(1/2)N(1-r)$; 在 a 坐位上的 B 原子数就等于 $(1/2)N(1-r)$; 而在 b 坐位上的 B 原子数为 $(1/2)Nr$.

根据上述定义,在完全有序状态,参数 $r=1$. 在完全无序状态,$r=1/2$. 在一般情形,$(1/2)\leqslant r\leqslant 1$.

为了表明近邻对的情况,还需要引入一个参数 ξ. 令晶体中 $A(a)$-$A(b)$ 对的总数为 $(z/2)N\xi$. 我们即可导出 $A(a)$-$B(b)$ 的总数为 $(zN/2)(r-\xi)$. 因为 a 坐位上 A 原子数为 $(1/2)Nr$,所对应的近邻对总数为 $zNr/2$,减去了 $A(a)$-$A(b)$ 对的数目,剩下

的就是 $A(a)$-$B(b)$ 对的数目．用类似的方法可求出 $B(b)$-$B(a)$ 对的数目为 $(zN\xi/2)$，而 $A(b)$-$B(a)$ 对的数目为 $(zN/2)(1-r-\xi)$．引入 $w'=-w=(1/2)(w_{AA}+w_{BB})-w_{AB}$，考虑到 $N_A=N_B=N/2$，晶体的组态能可以表示为

$$E_c=\frac{zN}{2}\xi w_{AA}+\frac{zN}{2}\xi w_{BB}+\frac{zN}{2}(r-\xi)w_{AB}$$

$$+\frac{zN}{2}(1-r-\xi)w_{AB}$$

$$=\frac{1}{2}Nzw_{AB}+Nz\xi w'. \tag{5.27}$$

因而组态配分函数可以表示为

$$Q_c=\sum_r\sum_\xi G(N,r,\xi)\exp\left[-\left(\frac{N}{2}zw_{AB}\right.\right.$$

$$\left.\left.+Nz\xi w'\right)/kT\right]. \tag{5.28}$$

进行具体计算时，可将 r 值相同的各项集中起来

$$Q_c=\sum_r Q_{cr}, \tag{5.29}$$

这里的

$$Q_{cr}=\sum_\xi G(N,r,\xi)\exp\left[-\left(\frac{N}{2}zw_{AB}+Nz\xi w'\right)\Big/kT\right].$$

我们可以用 Q_c 的最大项来计算热力学函数．因此，有关平衡态性能的问题的关键即在于 Q_{cr} 的计算． Q_{cr} 知道以后，就可以定出和任意的 r 值对应的自由能．而和自由能极小值对应的 r 值就代表平衡态的情况．为了进行近似的计算，我们定义

$$G(N,r)=\sum_\xi G(N,r,\xi), \tag{5.30}$$

这里的 $G(N,r)$ 即相当于 N，r 为一定值（不考虑 A-A 对的数目）的组态数．换言之，即相当于在 $N/2$ 个点阵坐位上分布有 $(1/2)Nr$ 个坐对的原子和 $(1/2)N(1-r)$ 个坐错的原子的可能组态总数，按照组合的法则

$$G(N, r) = \left[\frac{(N/2)!}{\left(\frac{1}{2} Nr\right)! \left[\frac{1}{2} N(1-r)\right]!} \right]^2, \tag{5.31}$$

利用斯特令近似，

$$\ln G(N, r) \simeq -N[r \ln r + (1-r)\ln(1-r)]. \tag{5.32}$$

如果 $r = \frac{1}{2}$，而 $N \to \infty$，则

$$G\left(N, \frac{1}{2}\right) = \left[\frac{(N/2)!}{(N/4)!(N/4)!}\right]^2 \simeq \frac{N!}{(N/2)!(N/2)!}$$

$$= \sum_r G(N, r). \tag{5.33}$$

这个结果表明，当 r 达到 1/2 时，组态数就和完全无序分布的组态数几近相等．在这种情形下，将原子坐位区分为 a，b 两组就没有意义了．

为了计算热力学函数，可以采用和 §5.3 中处理固溶体溶解限问题相类似的方法．我们定义 ξ 的平均值 ξ 满足下式：

$$Q_{cr} = \sum_{\xi} G(N, r, \xi) \exp\left[-\left(\frac{Nz}{2} w_{AB} + Nz\xi w'\right)/kT\right]$$

$$= G(N, r) \exp\left[-\left(\frac{Nz}{2} w_{AB} + Nz\xi w'\right)/kT\right], \tag{5.34}$$

而组态自由能等于

$$F_c = \frac{1}{2} Nzw_{AB} + Nz\xi w' - kT \ln G(N, r), \tag{5.35}$$

组态内能为

$$U_c = F_c - T\frac{\partial F_c}{\partial T} = \frac{1}{2} Nzw_{AB} + Nz\left(\xi - T\frac{\partial \xi}{\partial T}\right) w'. \tag{5.36}$$

另一方面，令平衡态的 ξ 值为 ξ^*．根据式(5.27)可求出组态内能另一表示式

$$U_c = \frac{1}{2} Nzw_{AB} + zN\xi^* w', \tag{5.37}$$

即可求出关系

$$\xi^* = \xi - T\frac{\partial \xi}{\partial T}. \tag{5.38}$$

这个微分方程的解就等于

$$\xi = T\int_0^{\frac{1}{T}} \xi^* d\left(\frac{1}{T}\right), \tag{5.39}$$

积分限决定于条件： 在 $1/T \to 0$，ξ 趋于完全无序的情形.

(b) 零级近似　计算自由能的关键在于 ξ 值（或 ξ^* 值）的计算. 最粗略的计算为零级近似，即假定 r 为一定值时，原子 A，B 在坐位 a，b 上的分布是任意的. 这是一种平均场近似并和高斯基（Б. С. Горский）及布喇格（W. L. Bragg）与威廉斯（E. J. Williams）所采用的方法所得结果相同. 这样，A-A 对的总数为 $(Nz/2)r(1-r)$，表明平衡态的 ξ^* 是和温度无关的. 因此

$$\xi = \xi^* = r(1-r), \tag{5.40}$$

代入式(5.35)，得到

$$F_c = \frac{1}{2}Nzw_{AB} + Nzr(1-r)w' + NkT[r\ln r + (1-r)\ln(1-r)]. \tag{5.41a}$$

令 $F_c\left(\frac{1}{2}\right)$ 表示 $r = \frac{1}{2}$（完全无序状态）的自由能，上式可改书为

$$\frac{F_c(r) - F_c\left(\frac{1}{2}\right)}{NkT} = r\ln r + (1-r)\ln(1-r) + \ln 2 - \left(r - \frac{1}{2}\right)^2 w'z/kT. \tag{5.41b}$$

选择 $zw'/2kT$ 为参数，式(5.41)所表示的关系，可用一组曲线来代表（见图 5.4）. 从图 5.4 中可以看出，在温度较高的区域 $(zw'/2kT) < 1$，自由能曲线只有一个极小值，在 $r = (1/2)$ 处. 这个结果表明完全无序状态是平衡态. 在温度较低的区域 $(zw'/2kT) > 1$，$r = (1/2)$ 处为自由能极大值；在 $(1/2) < r \leqslant 1$ 之间有一极小值，和平衡态相对应，这表示存在有长程序的超结构.

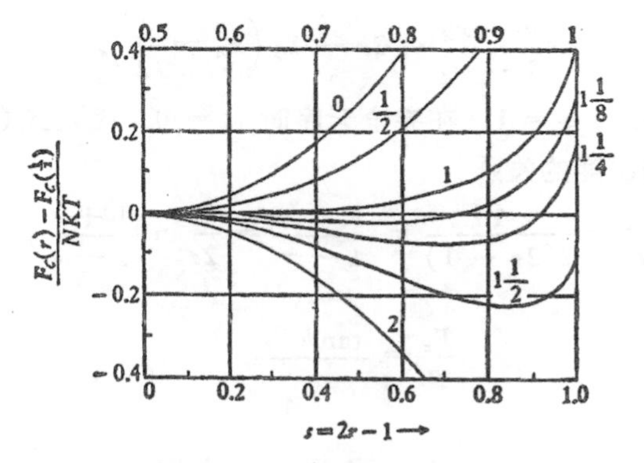

图 5.4 自由能与长程序参数与温度的关系.

随了温度的下降，r 向 1 趋近. 当 $(zw'/2\,kT)=1$，所对应的温度

$$T_c=\frac{zw'}{2k}, \tag{5.42}$$

就相当于无序到有序转变的临界温度.

这个关系也可用解析的方法导出：根据

$$\frac{\partial F_c}{\partial r}=0$$

的条件，可求出在平衡态 r 值所满足的方程

$$\frac{1}{2r-1}\ln\frac{r}{1-r}=\frac{zw'}{kT}. \tag{5.43}$$

这个方程在 $(zw'/2\,kT)<1$ 的范围内，只有一个解 $r=(1/2)$；而在 $(zw'/2kT)>1$ 的范围内，则除了 $r=(1/2)$ 为其解外，在 $(1/2)<r\leqslant 1$ 间还有一个解. 在转变的临界温度，两个解正好重合，相当于

$$\frac{\partial^2 F_c}{\partial r^2}=0.$$

以 $r=(1/2)$ 代入，即得式(5.42).

在文献中常采用参数 s 来表示长程序：

$$s=\frac{r-x_A}{1-x_A}=2r-1,\left(x_A=\frac{1}{2}\right). \tag{5.44}$$

在完全有序时，$s=1$，在完全无序时，$s=0$. 代入式(5.43)，即可求出 s 与温度的关系

$$\frac{T_c}{T}=\frac{1}{2(2r-1)}\ln\frac{r}{1-r}=\frac{1}{2s}\ln\frac{1+s}{1-s}, \tag{5.44a}$$

即

$$\frac{T_c}{T}=\frac{\tanh^{-1}s}{s}. \tag{5.44b}$$

利用关系式

$$\xi^*=r(1-r)=\frac{1-s^2}{4},$$

代入式(5.37)，即可求得内能的表示式

$$U_c=\frac{1}{2}Nzw_{AB}+\frac{z}{4}N(1-s^2)w' \tag{5.45a}$$

或

$$\frac{U_c(T)-U_c(0)}{U_c(\infty)-U_c(0)}=1-[s(T)]^2. \tag{5.45b}$$

可以进一步算出有序转变的热容量 ($C=\partial U_c/\partial T$) 的表示式. 计算的结果表明内能是连续变化的，而热容量有一跃变，相当于二级相变.

(c) 一级近似　零级近似的弱点在于没有考虑到当 r 为一定值时，在 a 坐位或 b 坐位上原子的分布也不是任意的. 如果将原子的互换相当近邻对的反应，应有

$$[A(a)-B(b)]+[B(a)-A(b)]\rightleftharpoons[A(a)+A(b)]+[B(a)-B(b)].$$

ξ^* 的值应满足准化学方程

$$\frac{\xi^{*2}}{(1-r-\xi^*)(r-\xi^*)}=e^{-\frac{2w'}{kT}}. \tag{5.46}$$

它的解就是

$$\xi^*=\frac{2r(1-r)}{1+[1+4r(1-r)(e^{\frac{2w'}{kT}}-1)]^{\frac{1}{2}}}$$

$$= \frac{\frac{1}{2}(1-s^2)}{1+[1+(1-s^2)(e^{\frac{2w'}{kT}}-1)]^{\frac{1}{2}}}. \tag{5.47}$$

代入式(5.39)及式(5.35)，即可求出自由能的表示式

$$\begin{aligned} F_c = & \frac{1}{2}Nzw_{AB} + \frac{1}{2}NkT[(1+s)\ln(1+s) \\ & + (1-s)\ln(1-s) - 2\ln 2] \\ & + \frac{z}{4}NkT\left[(1+s)\ln\frac{\gamma+s}{1+s} - (1-s)\ln\frac{\gamma-s}{1-s}\right. \\ & \left. - 2\ln\frac{\gamma+1}{2}\right]. \end{aligned} \tag{5.48}$$

这里的

$$\gamma = [1+(1-s^2)(e^{\frac{2w'}{kT}}-1)]^{\frac{1}{2}}.$$

根据 $(\partial F_c/\partial s) = 0$ 的条件，可以求出平衡态中 s 与温度的关系，

$$\ln\frac{\gamma+s}{\gamma-s} = \frac{z-2}{z}\ln\frac{1+s}{1-s}. \tag{5.49}$$

而转变的临界温度可以根据 $(\partial^2 F_c/\partial s^2) = 0$ 的条件导出

$$T_c = \frac{w'}{k}\Big/\ln\frac{z}{z-2}. \tag{5.50}$$

而内能等于

$$\frac{U_c(T)-U_c(0)}{U_c(r)-U_c(0)} = \frac{1-s^2}{1+\gamma}. \tag{5.51}$$

根据一级近似，相变也是二级的，在临界温度以上，长程序消失，但尚保留有短程序（ξ^* 和完全无序状态不同），只有当 $T\to\infty$ 时，短程序才完全消失.

(d) 与实验结果的对比　虽则关于合金的有序无序转变已经垒积了大量的实验资料，但能和理论计算作定量比较的实验结果却不多. 在这方面，β 黄铜的结果比较可靠. 图 5.5 表示了长程有序参数 s 和温度的关系，实验结果和理论计算结果大致相符，一

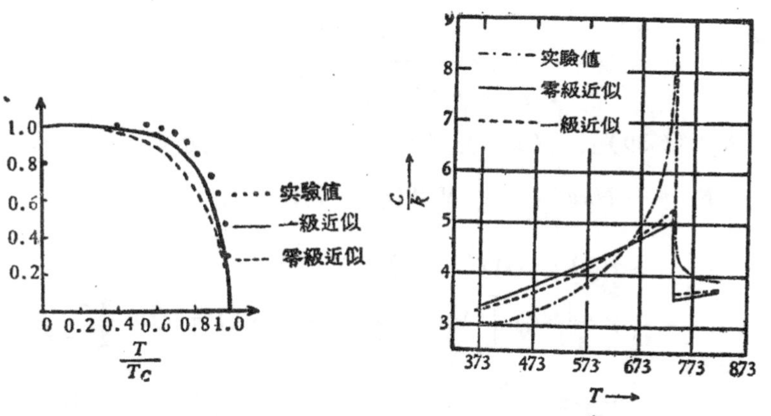

图 5.5 β黄铜的长程序参数与温度的关系(理论值与实验值的对比).

图 5.6 β黄铜的热容量与温度的关系(理论值与实验值的对比).

级近似符合得更好一些. 图 5.6 表示热容量与温度的关系. 可以看出,理论值和实验值的趋向是相似的,但定量地对比起来,还存在有相当大的差异: 一级近似虽略有改进,但好不了多少. 例如在转变点,每一原子热容量跃变的实验值为 5 k; 零级近似算出为 1.5 k, 而一级近似算出为 1.7 k. 产生差异的主要原因可能是由于理论计算的模型过于简化,一些有影响的因素,例如最近邻以外的原子相互作用,热振动对组态配分函数的影响,电子结构的影响,都没有考虑.

(e) *准化学近似的推广* 关于金铜合金的有序无序转变,垒积的资料很多. 在接近于 CuAu 及 Cu_3Au 的成分,都观察到有序无序转变,在转变过程中有潜热释放,因此是一级的相变,但理论的解释却遇到困难. 零级近似的计算得出了二级相变,和实验事实不符;而一级近似对 Cu_3Au 求不出转变点. 为了解决这个问题,杨振宁与李荫远对准化学近似方法作了推广[74]. 在原始的准化学近似中,都是将两个原子的近邻对当作相互独立的基本单元来处理,但实际上这样的处理是有问题的,因为一个原子可以参与不同的近邻对. 如果能将基本单元的坐位数加以扩大,应能更符合于实际的情况。因此，他们的工作就在于将准化学近似方法应用到任意数目的近邻坐位所构成的基本单元，以便处理任意的组元成分和结构较复杂的合金系。李荫远选择了面心立方结构中的四个近邻坐位(形成一正四面体)作为基本单元，对金铜合金的有序无序转变进行了具体的计算。所算出的结果基本上和实验事实相符。在 Cu_3Au，CuAu 及 $CuAu_3$ 的成分都推算出有一级的相变，而临界温度也大致相同[75]。后来，在 $CuAu_3$ 的成分也发现了有序无序转变，证实了理论的预测，但转变的温度要比另外两个成分低得多。

本节所述的合金统计理论都是建立在伊辛模型的基础上的，配分函数的计算中又采用了准化学近似方法。这种理论成功地说明了合金中的一些基本现象：例如固溶体中原子分布的不均匀性，溶解限曲线与有序无序转变等，而晶体中的一些其他现象，例如铁磁转变，金属的熔化，晶体表面的光滑性等，也可以从类似的理论中得到解释。因此，掌握这种理论是具有一定的实际意义的，但是也要注意到理论本身的局限性：准化学方法对配分函数的计算，是带近似性的，不是严格的；更严重的是，在伊辛模型中没有考虑到原子尺寸不同所引起的弹性畸变的影响，以及热振动对组态配分函数的影响，而原子对的相互作用也不符合于合金的实际情况。理论进一步的发展也有不同的趋向：一种趋向是在伊辛模型的基础上，进一步改进配分函数的计算方法。在这方面最突出的成绩是昂萨格 (L. Onsager) 应用了矩阵方法求出了两维伊辛问题的严格解[76]，但三维的问题还只有级数形式的解。另一种趋向是舍弃了伊辛模型，试图以更现实的原子键合模型来处理问题，在这方面早期有莫特与下地(M. Shimoji)的工作[77,78]；近年来，很值得注意的有哈恰图良 (A. G. Khachaturyan) 的工作[79]。后者发展了静态密度波 (static concentration wave) 的方法来处理合金有序化的问题：将有序相中原子坐位上的分布函数展开为傅里叶级数，即相当于一系列静态浓度波的叠加，而浓度波的振幅正比于长程序参量。这种方法的特征在于容许计及任意范围内的长程相互作用，因而可以比传统的理论更加现实地来处理合金中的原子相互作用问题；而且还可将有序化的理论推广到填隙式固溶体中去。

II 弹性理论

溶质原子与溶剂原子在尺寸(或间隙位置)上的差异，会引起固溶体中的弹性畸变，对于固溶体的溶解限及合金的性能都产生显著的影响. 对于这一类问题进行理论的处理，通常采用经典的弹性力学的方法[80-82]，将晶体看为连续的弹性介质. 这种处理方法虽然是比较粗糙，也有人对于这种方法的适合性提出怀疑[83]. 但是从所获得的结果来看，是可以解释不少实验事实的，在合金理论中仍应占有一定的地位.

§ 5.5 错配球模型

半径不同的溶质原子取代了溶剂原子所起的效应，在皂泡筏晶体模型的照片中给出了很有启发性的比拟（见图 5.7）. 从照片

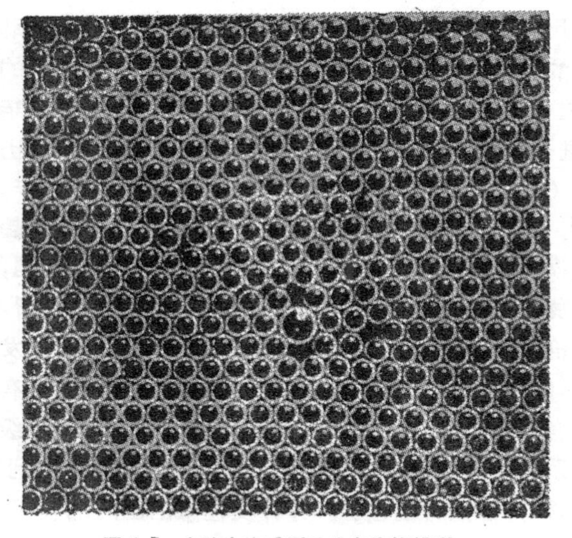

图 5.7 点阵中溶质原子的皂泡筏模型.

上可以看出，所引起的畸变并不限于局部的地区，而是播及了相当远的地方．另外从替代式固溶体中体积和点阵参数的变化，也可以得出类似的结论．因为如果尺寸不同所引起的干扰完全局限于溶质原子的附近，就不会引起体积或点阵参数的变化．这种长程的效应，可以用一简单的模型来模拟：在无限大的各向同性的弹性连续介质中，挖一半径为 r_A（r_A等于溶剂原子的半径）的小孔，然后以半径为 $r_B=(1+\delta)r_A$（相当于溶质原子的半径）的另一种弹性介质的球体填入．若 $\delta>0$，将使孔洞胀大；反之，将使孔洞缩小．两者的界被粘合起来，使之达到弹性平衡．在平衡态球体的半径为 $r^*=(1+\varepsilon)r_A$，显然 ε 应处于 0 与 δ 之间． 这样的应力场具有球形对称性，位移 $\mathbf{u}$ 满足弹性平衡方程（参看附录 7-I）

$$(1-2\nu)\nabla^2\mathbf{u}+\mathrm{grad}\ \mathrm{div}\mathbf{u}=0, \tag{5.52}$$

这里的 ν 为泊松比．

利用对称性将方程简化为

$$\frac{\partial}{\partial r}\left(\frac{\partial u_r}{\partial r}+2\frac{u_r}{r}\right)=0, \tag{5.53}$$

而膨胀率为

$$\Delta=\mathrm{div}u=\frac{\partial u_r}{\partial r}+\frac{2u_r}{r}. \tag{5.54}$$

满足方程 (5.53) 的解为

$$u_r=Ar+\frac{B}{r^2}, \tag{5.55}$$

A，B 为两常数，可以根据边界条件来选择问题的解

$$r\to 0,\ u_r\to 0;$$

$$r\to\infty,\ u_r\to 0.$$

在两种介质的界面上位移应保持连续，因此

$$\left.\begin{aligned} u_r&=\varepsilon r, \quad 当\ r<r_A; \\ u_r&=\varepsilon r_A^3/r^2, \quad r>r_A. \end{aligned}\right\} \tag{5.56}$$

在母相中应变可以表示为

$$\left.\begin{aligned} e_{rr} &= \frac{\partial u_r}{\partial r} = -\frac{2\varepsilon r_A^3}{r^3}, \\ e_{\theta\theta} &= e_{\phi\phi} = \frac{u_r}{r} = \frac{\varepsilon r_A^3}{r^3}, \\ e_{\theta\phi} &= e_{\phi r} = e_{r\theta} = 0. \end{aligned}\right\} \tag{5.57}$$

各应力分量可以表示为（令 μ_A 表示母相的切变模量，λ_A 为母相的拉梅系数）

$$\left.\begin{aligned} \sigma_{rr} &= (\lambda_A + 2\mu_A)\frac{\partial u_r}{\partial r} + 2\lambda_A \frac{u_r}{r} = -\frac{4\mu_A \varepsilon r_A^3}{r^3}, \\ \sigma_{\theta\theta} &= \sigma_{\phi\phi} = \lambda_A \frac{\partial u_r}{\partial r} + 2(\lambda_A + \mu_A)\frac{u_r}{r} = \frac{2\mu_A \varepsilon r_A^3}{r^3}, \\ \sigma_{\theta\phi} &= \sigma_{\phi r} = \sigma_{r\theta} = 0, \end{aligned}\right\} \tag{5.58}$$

只剩下 ε 尚待确定。

式 (5.56) 中所表示的球体内的 u_r 值是相对于填入空洞的原始状态而言。事实上，球体在填入之前，需将其半径从 $(1+\delta)r_A$ 压缩到 r_A。正确地计算位移应相对于球体未形变的原始状态，这样，u_r 应改书为

$$u_r = (\varepsilon - \delta)r, \quad (r < r_A). \tag{5.59}$$

球体内部具有均匀的应变，即

$$e_{rr} = e_{\theta\theta} = e_{\phi\phi} = \varepsilon - \delta, \quad (r < r_A). \tag{5.60}$$

球体的膨胀率为

$$\Delta_B = 3(\varepsilon - \delta). \tag{5.61}$$

球体内部的应力是均匀的，压强为

$$p = 3(\delta - \varepsilon)/\chi_B, \tag{5.62}$$

这里的 χ_B 为纯 B 组元材料的压缩系数。 当然利用大块材料的弹性模量来表征单个原子的弹性性质只是一种权宜的做法，缺乏坚实的理论依据。

由于母相与填入的球体处于弹性平衡状态，因而要求界面上正应力是连续的，即

$$-p = (\sigma_{rr})_{r \sim r_A}, \tag{5.63}$$

由此可得

$$3(\delta-\varepsilon)=4\mu_A\chi_B,$$

从而定出 ε 与 δ 的比值为

$$c=\frac{\varepsilon}{\delta}=\frac{3}{3+4\mu_A\chi_B}. \tag{5.64}$$

从上式可以看出，一般地$|\varepsilon|<|\delta|$，只有当 B 原子为不可压缩的，即 $\chi_B=0$，方始 $\varepsilon=\delta$。

单个溶质原子的畸变能储藏在整个应力场内，也可以分为球体内外两部分来计算。在填入的球体内，能量密度等于 $(1/2)p\Delta_B$，且是均匀的，只需乘以原子体积 v_A，即得

$$w_B=(9/2)v_A(c-1)^2\delta/\chi_B=6v_A\mu_Ac(1-c)\delta^2. \tag{5.65}$$

在母相中的能量密度的分布是不均匀的，可用积分式求出

$$w_B=\frac{1}{2}\int_{r_A}^{\infty}\sigma_{rr}e_{rr}+\sigma_{\theta\theta}e_{\theta\theta}+\sigma_{\phi\phi}e_{\phi\phi})4\pi r^2dr$$

$$=8\pi\mu_Ar_A^3\varepsilon^2=6v_Ac^2\delta^2 \tag{5.66}$$

在计算式 (5.64)，(5.65) 时，球体半径大小这一参数选为 r_A，有一定的任意性。也可选为 $(1+\varepsilon)r_A$ 或 $(1+\delta)r_A$，具体的表示式略有不同，实质上的差别不大。单个溶质原子弹性自能的表示式（考虑到 $\delta=\Delta v_{AB}/3v_A$）为

$$w_S=w_A+w_B=6v_A\mu_Ac\delta^2=2\mu_A(\Delta v_{AB})^2/3v_A. \tag{5.67}$$

下面来探讨一对溶质原子之间的弹性交互作用．在无限大的介质中，根据式 (5.54) 可知一个溶质原子在母相中所产生的应变场中膨胀率处处为零，即径向所产生的压缩为切向的膨胀所抵销

$$\Delta_A=e_{rr}+e_{\theta\theta}+e_{\phi\phi}=0. \tag{5.68}$$

如果按空洞填球的方式再在母相中引入一个溶质原子，所需的能量仍为 w_S，这意味着在无限大的母相中，一对溶质原子之间不存在弹性相互作用。

至于溶质原子填入后所引起的体积变化，这也不难估算出来．由于 $\Delta_A=0$，母相内将不会产生任何体积变化，因而体积变化可以归结为空洞体积的扩大，即

$$\Delta v^{\infty} = 4\pi\varepsilon r_A^3 = 4\pi c\delta r_A^3 = c\Delta v_{AB} \tag{5.69}$$

这是无限大介质中的结果，等于原始 B，A 间的体积差乘上 c 这一因子。

实际的固溶体总是有周界的，不可能是无限大的．当存在周界时，上述的某些结论就需要修正了．为简便计算，设想母相为一半径 $R(R \gg r_A)$ 的球体，球体中心处有一个 B 原子．弹性力学的边界条件要求大球表面的正应力处处为零．因而除式(5.58)中 $(\sigma_{rr})_{r=R}$ 外，必然存在有将它完全抵销的象应力．在象应力的作用下，大球作均匀的膨胀(这里我们忽略由于 B 原子弹性常数有差异所造成的微小干扰)，其膨胀率为

$$\Delta_A = 4\mu_A\chi_A c\delta r_A^3/R^3, \tag{5.70}$$

因而整个大球体的体积增加为

$$\Delta v^i = \left(\frac{16}{3}\right)\pi\mu_A\chi_A c\delta r_A^3 = \left(\frac{4\mu_A\chi_A}{3}\right)\Delta v^{\infty}, \tag{5.71}$$

因而在有限介质中溶质原子的体积增加应加上象应力引起的附加项，即

$$\Delta v = \Delta v^{\infty} + \Delta v^i = \frac{c}{c'}\Delta v_{AB}, \tag{5.72}$$

这里的

$$c' = \frac{3}{3 + 4\mu_A\chi_A}. \tag{5.73}$$

如果溶质与母相具有相同的压缩系数，则 $c = c'$，而 $\Delta v = \Delta v_{AB}$。上式的结果虽然是就球形这一特例所算出的，但具有普遍意义。厄谢拜 (J. D. Eshelby) 证明了式(5.72)所表示的体积变化是对任意外形的物体都能成立的[82]。

如果母相中溶入 Nx 个 B 原子，而且溶质原子的分布相当均匀，就会产生均匀的膨胀

$$\Delta = \frac{Nx\Delta v}{Nv_A} = \frac{x\left(\frac{c}{c'}\right)\Delta v_{AB}}{v_A} = x\left(\frac{3c}{c'}\right)\delta, \tag{5.74}$$

这样表征溶质原子的错配度参量 δ 或 $\varepsilon(=c\delta)$，即可根据晶体的点阵参数 a 随成分 x 变化的关系来定出

$$\lim_{x\to 0}\frac{1}{a}\frac{\partial a}{\partial x}=\left(\frac{c}{c'}\right)\delta. \tag{5.75}$$

表面的存在，导致 $\Delta_A \neq 0$. 如果再引入一个溶质原子所需的能量将低于式 (5.67) 所表示的 w_S. 一对溶质原子间的相互作用能 w_I 相当于象应力对引入溶质原子所产生的体积变化 Δv 所作的功

$$w_I=-\frac{\Delta v^i}{Nv_A\chi_A}\cdot\Delta v. \tag{5.76}$$

值得注意的是，这样的相互作用和溶质原子间的距离无关的. 尽管一对原子间的 w_I 值很小，不足与 w_S 抗衡. 但随着溶质原子数目增大，象应力是可以叠加起来的，相互作用的原子数不受到距离的限制，因而，式 (5.76) 中的 $(1/N)$ 因子用 x 来取代，w_I 的值不再能忽略不计了. 以上的讨论说明了表面引起的象应力在合金弹性理论中的重要性，不容忽视.

§ 5.6 错配球模型的应用

利用上节中的结果，可以说明合金的一些问题。

(a) *费伽定律及其偏差* 在§ 4.1 中我们已经讨论过固溶体的点阵参数与成分的关系，不难根据上节中的结果来进行解释. 考虑 N 个原子构成的固溶体，B 原子成分为 x. 这样，平均的原子体积

$$\bar{v}=v_A+x\Delta v. \tag{5.77}$$

用式 (5.72) 所表示的 Δv 代入上式，可得

$$\bar{v}=(1-x)v_A+xv_B+x\left(\frac{c}{c'}-1\right)(v_B-v_A), \tag{5.78}$$

因此，原子半径的平均值可以有类似的表示式

$$\bar{r}=(1-x)r_A+xr_B+x\left(\frac{c}{c'}-1\right)(r_B-r_A). \tag{5.79}$$

如果 $\chi_A = \chi_B$，即 $c/c' = 1$，上式可简化为

$$\bar{r} = (1-x)r_A + xr_B = \left(1 + \frac{\partial r}{\partial x}\right) v_A, \tag{5.80}$$

这就是点阵参数随成分作线性变化的费伽定律．而式 (5.79) 中最后一项的系数 $P = (c/c' - 1)(r_B - r_A)$ 的正负决定了偏差值的正负．关于连续互溶的固溶体的观测结果在定性上和这个预测相符．例如 AuPt 是遵循费伽定律的 $(\chi_A = \chi_B)$；而 AgPd 显示正的偏差 $(P > 0)$；CuPd 则显示负的偏差 $(P < 0)$．

(b) 固溶体的畸变能　固溶体中溶质原子的畸变能包括两部分：一部分是弹性自能，可以根据式 (5.67) 计算；另一部分是溶质原子间的弹性相互作用能，在成分为 x 时，一个溶质原子与其他溶质原子的相互作用能为（用 x 取代式 (5.76) 的 $1/N$）：

$$w_i = -\frac{x\Delta v^i \Delta v}{\chi_A v_A} = -2w_S\left(\frac{c}{c'}\right)x, \tag{5.81}$$

这样，成分变化 δx，净能量变化为

$$\delta w = w_S\left[1 - 2\left(\frac{c}{c'}\right)x\right]\delta x, \tag{5.82}$$

因此

$$w(x) = \int_0^x w_s\left[1 - 2\left(\frac{c}{c'}\right)x\right]dx$$

$$= w_S x\left(1 - \frac{c}{c'}x\right). \tag{5.83}$$

如果固溶体中的原子间化学相互作用不大，溶解能中畸变能就占主导地位，再考虑组态熵的贡献，自由能可表示为

$$F = w_S x\left(1 - \frac{c}{c'}x\right)$$

$$+ kT[x\ln x + (1-x)\ln(1-x)]. \tag{5.84}$$

可以看出，除了 (c/c') 这一因子外，自由能的表达式和规则固溶体相似（参看 §3.8），这也说明原子尺寸差异所引起的畸变能也能导致脱溶分解．但是畸变能不能简单地看为内能，由于弹性常数是随温度变化的，因而 w 也是随温度变化的，引入了附加的熵项

$$S_e = -\frac{\partial w}{\partial T}, \tag{5.85}$$

而决定 w 随温度变化的主要项是 $\partial\mu/\partial T$，恒为负值的，所以按照弹性理论，S_e 恒具正值．AuNi 合金具有大的尺寸因素，将其 w 与 S 的观测值与理论估计对照，获得了大体满意的结果．对于一系列的二元合金溶解限数据的分析也表明 S_e 为正值，符合弹性理论的估计[84]．

(c) *尺寸因素规律*　由于弹性模型本身的限制，上面一些方程只是对稀固溶体有效的．也有一些人尝试将弹性理论推广到高浓度的固溶体中去，设想在一平均点阵上的坐位分别由正或负的应变中心所占据．这类理论比较复杂，这里就不去介绍了，最简单的推广是根据式 (5.84)，如果两组元弹性系数差别不大，则富 A 的固溶体将和富 B 的有几乎相同的表示式．作为一级近似，不妨取弹性系数的平均值代入，将式 (5.84) 应用于中间的浓度区域．按规则固溶体理论，溶解限曲线是钟形的，其临界温度等于

$$T_k = \frac{w}{2k} = 3c\delta^2\bar{v}\bar{\mu}/k. \tag{5.86}$$

如果 T_k 低于固相线温度 T_S，合金就可以形成连续的固溶体，这就要求

$$\delta < (kT_S/3\,\bar{c}\bar{v}\bar{\mu})^{\frac{1}{2}}. \tag{5.87}$$

用合理的估计值代入上式，即可求出 $\delta < 0.15$，和休谟-饶塞里所总结出的尺寸因素的经验规律相同(参看 §4.2)．鉴于上述的推导中包含了将弹性理论外推到较高浓度范围的固溶体，这样做不是无可非议的，因而理论与经验规律表观上相符，也可能由于巧合．

(d) *黄昆漫散射* (Huang diffuse scattering)　黄昆曾经细致地研究过稀固溶体中原子尺寸差异所引起的X射线衍射效应的理论[89]．一级衍射效应表现为谱线(或斑点)随成分而变化，证实了点阵参数决定于原子的平均半径这一结论．此外，还存在二级衍射效应，表现为布喇格衍射积分强度的减弱以及邻近衍射斑点的漫散射．这种漫散射后来得到实验的证实，被称为黄昆漫散射．下

面对此作一简略的讨论.

稀固溶体中晶格上的某一原子由于畸变场的影响偏离了原来的位置,它的位矢即由 $\mathbf{r}_m$ 变为 $\mathbf{r}_m + \mathbf{u}_m$。由于原子位移所引起的漫散射强度可以表示为 ($\mathbf{k}$ 为散射矢量)

$$I(\mathbf{k}) = \left| \sum_m f_m(\mathbf{k}) \exp[i\mathbf{k} \cdot (\mathbf{r}_m + \mathbf{u}_m) - \sum_m f_m(\mathbf{k}) \exp(i\mathbf{k} \cdot \mathbf{r}) \right|^2 \tag{5.88}$$

由于 $\mathbf{u}$ 值不大,可取近似

$$\exp i\mathbf{k} \cdot \mathbf{u} \simeq 1 + i\mathbf{k} \cdot \mathbf{u}. \tag{5.89}$$

式 (5.88) 可约化为

$$I(\mathbf{k}) = \left| if(\mathbf{k})\mathbf{k} \cdot \left(\sum_m \mathbf{u}_m \exp i\mathbf{k}_m \cdot \mathbf{r}_m \right) \right|^2 \tag{5.90}$$

上式中的叠加式正好为 $\mathbf{u}_m$ 的傅里叶变换

$$\tilde{\mathbf{u}}(\mathbf{k}) = \sum_m \mathbf{u}_m \exp(i\mathbf{k} \cdot \mathbf{r}_m), \tag{5.91}$$

这样

$$I = f^2(\mathbf{k}) |\mathbf{k} \cdot \tilde{\mathbf{u}}(\mathbf{k})|^2. \tag{5.92}$$

按照错配球模型,远程的位移场为

$$\tilde{\mathbf{u}}(\mathbf{r} \to \infty) \sim \frac{1}{r^2} \cdot \frac{\mathbf{r}}{r}, \tag{5.93}$$

而其傅里叶变换可求出为

$$\tilde{\mathbf{u}}(\mathbf{g} \to 0) \sim \frac{1}{g} \cdot \frac{\mathbf{g}}{g}, \tag{5.94}$$

这里 $\mathbf{g}$ 为从倒格点出发的矢量. 可以看出, $\mathbf{u}$ 与 $\tilde{\mathbf{u}}$ 都具有球形对称性 (见图 5.8). 漫散射强度决取于 $\mathbf{k} \cdot \tilde{\mathbf{u}}$. 在通过倒格点而与倒格矢垂直的平面上, $\mathbf{k} \perp \mathbf{g}$, 所以漫散射强度为零;而在沿着倒格矢量所确定的直线上,则 $\mathbf{k} /\!/ \mathbf{g}$, 强度最大。因此,漫散射的等强度曲线即为倒格点上两个相切的球面. 这样,可以通过探测倒空间中漫散射强度的分布来求出溶质原子周围位移场的情况。

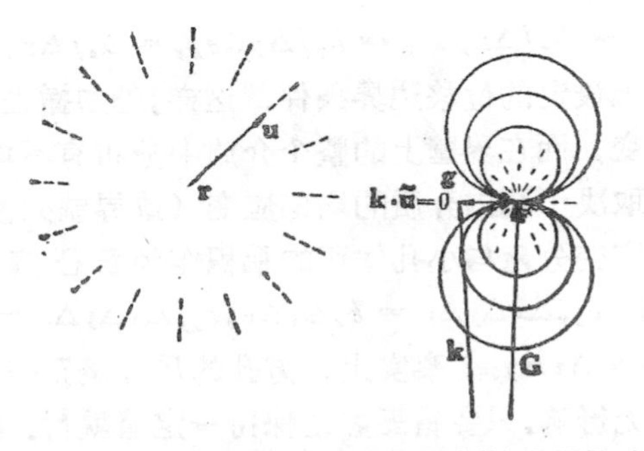

图 5.8 正空间中的位移场 $\mathbf{u}(\mathbf{r})$ 和倒空间的 $\tilde{\mathbf{u}}(\mathbf{k})$ 及漫散射的等强度曲线.

§5.7 弹性偶极子模型

溶质原子的畸变不一定具有球形对称性. 体心立方金属中的填隙溶质原子(例如 α 铁中的碳原子)就是一个突出的例子. 若填隙溶质原子处于八面体间隙,即坐标为⟨0 0 1/2⟩或⟨1/2 1/2 0⟩型的位置(参看 §4.4),将产生四方对称性的畸变,而其四方轴,随了原子位置的不同,可以有三种不同的取向(沿 x, y 或 z 轴)(参看图 5.9). 畸变的四方性产生很显著的效应,不容忽视. 在这种情形, §5.5 中模拟溶质原子的错配球模型显然就不合适了. 应该采用

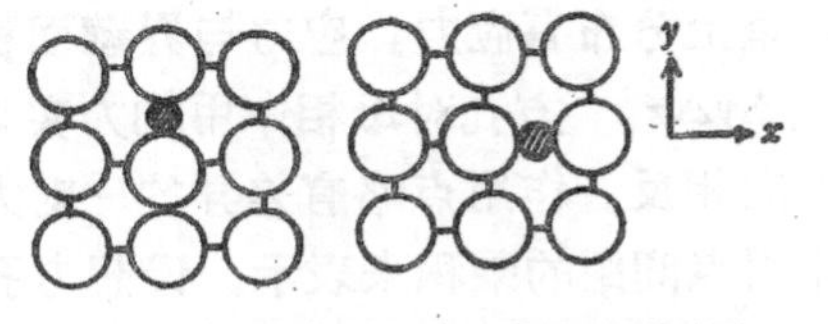

图 5.9 体心立方晶体中的填隙溶质原子.

克隆纳 (E. Kröner) 所提出的弹性偶极子模型[86].

我们设想在无限大的连续弹性介质中挖出一沿直角坐标轴的方形小孔,边长为 Δx, Δy, Δz, 用外力迫使垂直于 x 轴的一对孔壁作相对位移 b_x (位移正负的惯例约定为拉开时是正,靠拢时则是负);类似地也令另外两对孔壁分别作位移 b_y 及 b_z. 然后在小孔中填满与母相弹性常数相同而处于均匀应变状态的材料,令其应

变正好等于 $e_{xx}=b_x/\Delta x$，$e_{yy}=b_y/\Delta y$，$e_{zz}=b_z/\Delta z$，其余为零，从而满足界壁上设定的位移边界条件．这样，外力撤去后，界壁位置可以保持不变，而在界壁上的整个介质中分布有不均匀的应变场，其情况应取决于孔内介质的均匀应变（或界壁的位移）．我们即可以用此应变分量与小孔体积的乘积作为表征溶质原子的错配参量，即 $e_{xx}\Delta x\Delta y\Delta z=b_x\Delta y\Delta z$，$e_{yy}\Delta x\Delta y\Delta z=b_y\Delta x\Delta z$，$e_{zz}\Delta x\Delta y\Delta z=b_z\Delta x\Delta y$．事实上，方孔的尺寸是无关紧要的，对远程应力场毫无影响，只要错配参量保持一定值就行．因此，可以设想方孔尺寸趋于无限小，而位移 b_i 与有向面积 ΔS_i 的乘积仍保持有限值．我们可以定义位移偶极矩张量为位移与有向面积的并矢积

$$Q_{ij}=\lim_{\substack{\Delta S_j\to 0\\ b_j\to\infty}} b_j\Delta S_i=\lim_{\Delta v\to 0} e_{ij}\Delta v \tag{5.95}$$

用以描述溶质原子的偶极矩分量只有三个对角 $(i=j)$ 的分量 Q_{11}，Q_{22}，Q_{33} 不为零．和错配球模型相比，错配度参量的数目增多了，有利于更加如实地模拟溶质原子所引起的弹性畸变，特别是非球形对称的畸变．但如果 $Q_{11}=Q_{22}=Q_{33}$，就回复到球形对称应变场．这里没有顾及溶质原子与母相在弹性常数上的差异，以后可引入感生偶极子的概念予以处理．

在方孔的界壁上分布有应力，应力与界壁面积的乘积即等于作用力，$f_x=\sigma_{xx}\Delta y\Delta z$．方孔对母相作用的力实际是三对偶力（即大小相等，方向相反，作用点略有差异的一对力），其偶极矩可以用作用力和作用点间距的乘积来表示．设想方孔的尺寸趋于无限小，可以定义力偶极矩张量

$$P_{ij}=\lim_{\substack{\Delta x\to 0\\ f_j\to\infty}} \Delta x f_j, \tag{5.96}$$

显然也只有对角分量不为零．由于弹性场中应力与应变之间存在胡克定律的关系，在方孔界壁上 $\sigma_{ij}=\sum_{kl} c_{ijkl}e_{kl}$，所以

$$P_{ij}=\sum_{kl} c_{ijkl}Q_{kl}, \tag{5.97}$$

这里的 c_{ijkl} 为弹性常数，

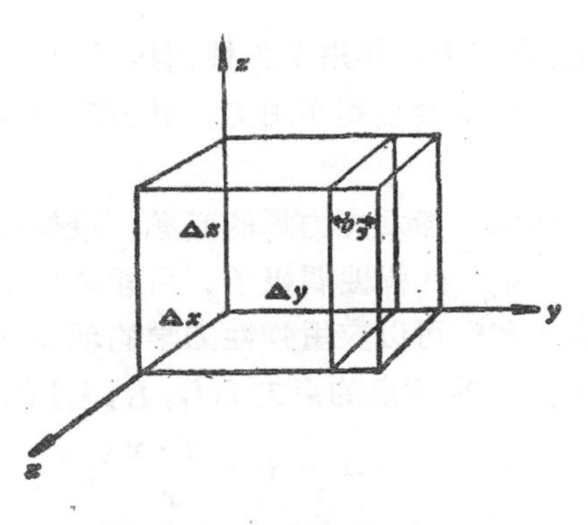

图 5.10　定义弹性偶极子的偶极矩的示意图.

弹性偶极子既可以用位移偶极矩也可以用力偶矩来描述．两种描述是等效的，可以利用式 (5.97) 来转换。

弹性偶极子与应力场之间有双重的关系：一方面偶极子可以激发应力场；另一方面当偶极子处于外加力或其他缺陷所产生的应力场中时，会感受作用力，因而具有势能．后一问题比较简单，因此就先来讨论．

设想在介质中应力为 σ_{ij}，应变为 e_{ij} 的一点上从无到有形成一个偶极子．在形成偶极子的过程中，σ_{ij} 会对孔壁 ΔS_i 位移 Δx_i 作功 $\sigma_{ij}\Delta S_i\Delta x_i$，应力场对偶极子作功的负值就等于偶极子的势能．因此，偶极子势能的一般表达式为

$$U = -\sum_{ij} Q_{ij}\sigma_{ij}. \tag{5.98}$$

再利用式 (5.97) 转换可得另一表达式

$$U = -\sum_{ij} P_{ij}e_{ij}, \tag{5.99}$$

而偶极子所受的作用力为

$$\mathbf{F} = -\operatorname{grad} U = \operatorname{grad}\left(\sum_{ij} Q_{ij}\sigma_{ij}\right)$$

$$= \operatorname{grad}\left(\sum_{ij} P_{ij}e_{ij}\right). \tag{5.100}$$

这些表示式和静电场中电偶极子的或静磁场中磁偶极子的都很相

似．可以类推，在应力场作用下弹性偶极子也会有取向效应；而且在不均匀的应力场中会受到作用力，其方向指向场强绝对值大的地方．

下面讨论偶极子激发应力场的问题．设想在无限大各向同性均匀的介质中有单一的弹性偶极子，可即选择坐标原点于偶极子正力的作用点．我们可以应用弹性力学的现成结果（可参看附录7-III），即作用于坐标原点的点力 $\mathbf{f}(f_x, f_y, f_z)$ 的位移场为

$$\mathbf{u} = A\frac{\mathbf{f}}{r} + B\frac{\mathbf{f}\cdot\mathbf{r}}{r^3}\mathbf{r}, \tag{5.101}$$

此处的

$$A = \frac{3-4\nu}{16\pi\mu(1-\nu)}, \quad B = \frac{1}{16\pi\mu(1-\nu)}. \tag{5.102}$$

偶极子相当于三对偶力：f_x, f_y, f_z 作用于原点，而 $-f_x$ 作用于 $(-h\ \ 0\ \ 0)$ 点，$-f_y$ 作用于 $(0\ \ -h\ \ 0)$ 点，$-f_z$ 作用于 $(0\ \ 0\ \ -h)$ 点．由于 $x, y, z \gg h$，可以将偏离原点作用的点力在 $\mathbf{r}(x, y, z)$ 处的位移展开成泰勒级数，保留到一次项．这样，偶极子在 $\mathbf{r}$ 点的位移场可表示为

$$\begin{aligned}\mathbf{u} = &-\left(hf_x\frac{\partial u_1}{\partial x} + hf_y\frac{\partial u_2}{\partial y} + hf_z\frac{\partial u_3}{\partial z}\right)\mathbf{i}\\ &-\left(hf_x\frac{\partial v_1}{\partial x} + hf_y\frac{\partial v_2}{\partial y} + hf_z\frac{\partial v_3}{\partial z}\right)\mathbf{j}\\ &-\left(hf_x\frac{\partial w_1}{\partial x} + hf_y\frac{\partial w_2}{\partial y} + hf_z\frac{\partial w_3}{\partial z}\right)\mathbf{k},\end{aligned} \tag{5.103}$$

其中 u_1, v_1, w_1 分别表示 f_x 在 $\mathbf{r}$ 点产生的沿 x, y, z 三个方向的位移分量，其余可以类推．令 $P_{11} = hf_x, P_{22} = hf_y, P_{33} = hf_z$ 即可求出 $\mathbf{u}(\mathbf{r})$ 的 x 分量为

$$\begin{aligned}u = &P_{11}\left(A\frac{x}{r^3} - 2B\frac{x}{r^3} + 3B\frac{x^3}{r^5}\right) + P_{22}\left(-B\frac{x}{r^3} + 3B\frac{xy^2}{r^5}\right)\\ &+ P_{33}\left(-B\frac{x}{r^3} + 3B\frac{xz^2}{r^5}\right).\end{aligned} \tag{5.104}$$

另外两个位移分量 v, w 可由上式作相应的轮换而得．有了位移

场，就不难计算出应变场和应力。式子比较烦复，这里就不一一写出了。如果 $P = P_{11} = P_{22} = P_{33}$，位移场就过渡到球形对称的形式

$$\mathbf{u} = \frac{P}{4\pi(\lambda + 2\mu)} \cdot \frac{\mathbf{r}}{r^3}, \tag{5.105}$$

这和 §5.5 中的结果相符，系数之略有差异是由于内界面边界条件不尽相同所引起的。

在一般情形下，各 P_{ii} 不相等，位移场就偏离球形对称，如果 $P_{11} = P_{22} \neq P_{33}$，则具有四方对称性，四方轴沿着 z 轴。从式(5.105)可以看出，u 的值是随 r^{-3} 而衰减的；相应地应变和应力就是随 r^{-3} 而衰减的。和球面对称的情况不同，在无限大介质中，溶质原子间存在着弹性相互作用；而两个弹性偶极子的弹性相互作用能也是与距离的三次方成反比的。

§ 5.8 弹性偶极子模型的应用

众所周知，电偶极子与磁偶极子在电介质和磁介质问题中扮演了极其重要的角色。弹性偶极子的概念的引入较迟，理论尚在发展之中，但也已在合金理论和晶体缺陷理论中有了不少应用：一方面，它使某些原已理解的问题的物理本质更加清楚地显示出来，便于进一步在理论上予以推广，内耗的斯诺克峰（Snoek peak）就是一个例子[87]；另一方面，也开拓一些新的领域，如填隙式固溶体的有序-无序转变问题。

(a) **偶极矩的测定** 如果介质中包含有大量的偶极子，每一个偶极子具有力偶极矩 P_{11}。现在体积 V 中具有 N 个偶极子。定义介质的力偶极矩密度 p_{ij}，

$$\iiint_V p_{ij} dV = p_{ij} V = N P_{ij}. \tag{5.106}$$

类似地可以定义位移偶极矩密度 q_{ij}。大量溶质原子的引入会造成介质整体的膨胀，可以视为各个偶极子所贡献的总和。这样不妨忽略微观尺度上应变的起伏，而引入平均的整体应变张量 e^t_{ij}，应该存在如下的关系：

$$\left.\begin{aligned} \bar{e}^t_{ij} &= q_{ij}, \\ p_{ij} &= \sum c_{ijkl}\bar{e}^t_{ij}, \end{aligned}\right\} \tag{5.107}$$

而晶体的整体平均应变，可以根据X射线点阵参数的测量求出。上面讲过，在体心立方结构的 α 铁中碳原子将可能处在三种不同的位置（畸变的四方轴分别沿了 x, y, z 轴）上．在不受外力情况的平衡状态下，三种位置上分布的原子数(单位体积)应该相同，都等于总数的三分之一，即

$$n_x = n_y = n_z = n/3, \tag{5.108}$$

这样，畸变的各向异性被平均掉了．点阵参数的测量显示出均匀的膨胀，只能定出偶极矩的平均值，含碳的马氏体具有四方结构，而且其轴比 c/a 随着碳含量的增大而增长．一个合理的设想就是认为在马氏体中所有的碳原子都是处在一种位置上(例如，使 z 轴膨胀的位置)． 在含碳量为 1%（重量比）的马氏体钢中（对应于 $V/N = 2.58 \times 10^{22}$ 厘米^3)测出了点阵参数 c 为 2.96 埃，轴比 c/a 等于 1.04（纯铁中 $c/a = 1$, $a = 2.86$ 埃）． 这意味着，$\bar{e}_{33} = 0.035$, $\bar{e}_{11} = \bar{e}_{22} = -0.0048$，而 $c_{1133} = 2.37 \times 10^{12}$ 达因/厘米^2，$c_{1111} = c_{1122} = 1.4 \times 10^{12}$ 达因/厘米^2．这样，就定出了碳原子在铁中的力偶极矩为

$$P_{33} = 11.2\text{eV}, \ P_{11} = P_{22} = 4.6\text{eV}. \tag{5.109}$$

值得注意的是，偶极矩的值竟高达 10 eV 的量级，说明效应是相当可观的．偶极矩的值也可以用刚球模型根据晶体结构来估计．

(b) 顺弹性（parelasticity） 将弹性偶极子和电(或磁)偶极子作类比是很有启发性的，可以帮助我们理解介质的弹性行为．在电场中，电介质的极化存在有两种不同的机制：其一是分子本身具有极性，保有永久性的偶极矩，极化无非是偶极子顺向排列的结果；其二是分子本身是非极性的，原来没有偶极矩，电场感生了偶极矩，电场撤去，偶极矩随即消失．与此相应的有两种弹性介质：一种被称为顺弹性介质，存在有永久性的弹性偶极子；另一类被称为逆弹性（dielascity）介质，处于应变场中才有感生的偶极子．当然，也可能有些介质兼具顺弹性和逆弹性．

斯诺克效应就是非球对称顺弹性的一个例子[70]. 在不受外力作用时,碳原子在 α 铁中三种间隙位置上具有相同的能量(碳原子浓度甚低,可以不考虑不同偶极子之间的相互作用). 因而可以将三种位置视为处于同一能级. 热无序的作用将使 x, y, z 三种位置上的被占概率相同,这是一种动态的平衡,原子在不同位置之间不断在作跃迁. 按照时率过程的理论, 原子的跃迁概率可以表示为 $\nu\exp(-H/kT)$ 的形式, ν 为与原子振动频率有关的因子, H 跃迁过程所翻越的势垒高度, 令 Γ^0_{yz} 表示从 y 位置到 z 位置的跃迁概率. 在无应力作用的情况下,所有的跃迁概率都相等,即

$$\Gamma^0_{yz} = \Gamma^0_{xz} = \Gamma^0_{zy} = \Gamma^0_{zx} = \nu\exp(-H/kT). \qquad (5.110)$$

在这种情况下,虽然偶极子的偶极矩是各向异性的,但其轴向均匀分布在 x, y, z 三个方向上,平均的偶极矩仍为零. 如果沿 z 轴加一张力,将导致能级的分裂, z 位置上溶质原子的能量将低于其他两种位置上的. 这样,就引起了溶质原子的重新分布. 从本质上来看,也可以说弹性偶极子在应变场作用下改变了取向,当然偶极子取向的转变是通过原子在间隙位置间的跃迁而实现的. 在外力作用下偶极子的分布达到新的平衡状态. 此时, z 位置的原子数 n_z 将大于平均值 $n/3$. 引入序参量 s 来描述原子的分布, 即

$$s = n_z - \frac{n}{3}, \qquad (5.111)$$

而

$$n_x + n_y + n_z = n. \qquad (5.112)$$

在应力下所达到的新的平衡分布也应满足动态平衡的条件, 即

$$\Gamma_{yz}n_y + \Gamma_{xz}n_x - (\Gamma_{zx} + \Gamma_{zy})n_z = 0, \qquad (5.113)$$

这里的 Γ_{yz} 表示自 y 位置到 z 位置的跃迁概率, 余可类推.

在外力作用下, x (或 y) 位置和 z 位置产生了能量差 u, 促使 $x \to z$ 跃迁的势垒降低 $u/2$; 同时使 $z \to x$ 跃迁的势垒升高 $u/2$. 如果 $u/kT \ll 1$, 可取近似

$$\begin{cases} \Gamma_{xz} = \Gamma_{yz} = \nu\exp[-(H - u/2)/kT] \\ \quad = \Gamma_0\exp(u/2kT) \simeq \Gamma_0(1 + u/2kT), \end{cases} \qquad (5.114)$$

$$
\begin{cases}
\Gamma_{zx} = \Gamma_{zy} = \nu \exp[-(H + u/2)kT] \\
\qquad = \Gamma_0 \exp(-u/2kT) \simeq \Gamma_0(1 - u/2kT).
\end{cases}
\tag{5.115}
$$

代入式 (5.113), 取近似 $n_z u/kT \simeq nu/3kT$, 即得

$$
s = n_z - \frac{n}{3} = (2/9)\, un/kT.
$$

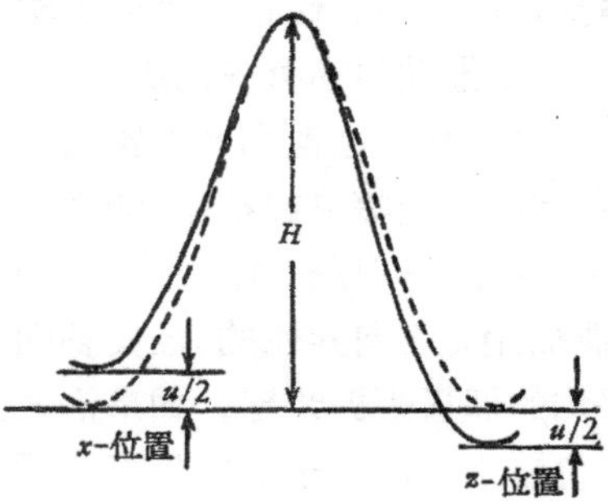

图 5.11　沿 z 轴有外应力作用下 x 位置与 z 位置间势垒的变化.

由于原子的重新分布引起了介质的弹性极化，除了由于外加的应力外，还存在偶极子取向引起的应力，后者就等于偶极矩密度 p_{ij}, 所以有

$$
\sigma_{ij} = \sum_{ij} c^0_{ijkl} e_{kl} + p_{ij} = \sum_{ij} c_{ijkl} e_{kl}, \tag{5.116}
$$

这里的 c^0_{ijkl} 为未加外力前介质的弹性系数，而 c_{ijkl} 则为加外力以后,介质极化以后的弹性系数，即

$$
p_{ij} = \sum (c_{ijkl} - c^0_{ijkl}) e_{kl} = \sum \alpha_{ijkl} e_{kl}, \tag{5.117}
$$

这里 α_{ijkl} 为介质的极化系数．因此，在恒定外力作用下，由于偶极子取向效应将起附加伸张．所以加应力后弹性常数减小．这种顺弹性引起的弹性模量的亏损和在交变外力作用下溶质原子跃迁引起的附加应变落后于应力会造成内耗，这些都可以从实验中观测出来.斯诺克首先用这个机制来解释含碳 α 铁中的内耗峰[87].这种内耗峰也在一系列体心立方结构的填隙式固溶体（如 Fe-N, Ta-C, Ta-N Nb-N 等）中出现，对于理解填隙式固溶体的结构和性质相当重要． 诺维克（A. S. Nowick）等应用弹性偶极子的概念,细致地考虑晶体和偶极子的对称性,得到了具有普遍意义的选择定则[88].

(c) 逆弹性　至于逆弹性的介质,克隆纳考虑没有尺寸差异，但是弹性模量不同的溶质原子所构成的替代式固溶体．在这种情

况下，不加外力，原来并无偶极矩，偶极矩完全是外加应变场所感生的，这样

$$p_{ij} = nP^{ind} = n\Sigma\alpha_{ijkl}^{ind}e_{kl}^{ind}, \tag{5.118}$$

这里 e_{kl}^{ind} 为作用于偶极子的有效应变场，它并不等于外加的应变场。可以用处理电介质问题的洛伦兹球的办法来求出。即划出一球形区域，球外的所有偶极子都冻结起来，而球内的偶极子全部取走。这种情形下球体内部的场即为 e^{ind}。 对于各向同性的介质，克隆纳导出了由逆弹性引起的，体弹性模量K和切变模量的表示式[86]

$$\frac{K - K_0}{\frac{2(1-2\nu_0)}{1-\nu_0}K + \frac{1+\nu_0}{1-\nu_0}K_0} K_0 = n\alpha_K/3, \tag{5.119}$$

$$\frac{\mu - \mu_0}{\frac{7-5\nu_0}{5(1-\nu_0)}\mu + \frac{2(4-5\nu_0)}{5(1-\nu_0)}\mu_0} \cdot \mu_0 = n\alpha_\mu/3, \tag{5.120}$$

脚标为零是原来介质的弹性系数。值得注意的是，很类似于电介质中的克劳修斯-莫索提（Clausius-Mossoti）公式。当浓度不大时，可简化为

$$K - K_0 = n\alpha_K \quad \mu - \mu_0 = n\alpha_\mu. \tag{5.121}$$

可以根据弹性常数随成分变化的测量结果来推算原子极化系数。表 5.1 列出铜中溶入不同溶质原子的数据。α_μ 大多为负值，而且数值在 1—10 eV之间，和铁中碳原子的偶极矩同一量级。表明模量差异引起的效应不可忽视。

(d) 弹性偶极子相互作用形成的有序合金　既然有些介质中存在有永久性的弹性偶极子，而且偶极子之间有相当强的相互作用。因而可以设想，如果偶极子的浓度较高，在某一温度，偶极子间的相互作用克服热运动引起的无序，会产生无序到有序的转变。早在 40 年代，曾讷就提出碳钢的马氏体相就是这一类型的有序结构[89]。到 60 年代弹性偶极子的概念重新提出来以后，这个问题又重新为人们所注意研究。电子显微镜观测表明，一些体心立方

表 5.1　溶质原子在铜基质中的切变极化系数

溶质原子	77 K 的切变极化系数 α_μ（单位为 eV）	300 K 的切变极化系数 α_μ（单位为 eV）
Al	−3.6	
As	−9.5	−9.0
Ga	−3.8	−2.4
Ge	−5.9	−4.3
In	−11.6	
Ni	+2.6	
Pd	−1.3	
Si	−4.1	
Sn	−11.8	
Zn	−1.9	−1.6
Pt	−1.6	

结构高浓度填隙式固溶体的确存在有序相和有序无序转变．而用弹性偶极子模型的理论研究也说明了弹性偶极子的相互作用确是形成这一类有序相的根源[89,90]．但实际情况可能相当复杂，在有序相形成后还可能出现晶格不稳定，导致晶格的重组或脱溶分解．当然完全用弹性连续介质模型来处理这类问题，尚嫌不足．近程的相互作用需要采用点阵静力学的方法．

(e) *非球对称的黄昆漫散射*[91]　如果偶极子的位移场不是球形对称的，其傅里叶变换也就不是球形对称的．这样将使黄昆漫散射的零强度平面（参看 §5.6）不再和倒格矢垂直．各向异性的偶极子往往有不同的取向，因而实际观测到的漫散射强度包含有平均的效应．如果不同取向的偶极子所对应的无强度平面恰好重合，或者几个无强度平面相截于一直线，那么在平均后可仍然保留零强度面或出现一零强度线，对于低对称性的偶极子，平均的过程将导致零强度平面或直线完全消失，使各个方向都有散射．图 5.12 中给出了对称性不同的弹性偶极子和相应的漫散射的等强度曲面．说明了漫散射的强度分布是和偶极子的对称性密切相关的．这说明黄昆漫散射是探测偶极子对称性的有力手段，从而可以澄清点

缺陷的几何组态（参看 §6.1）

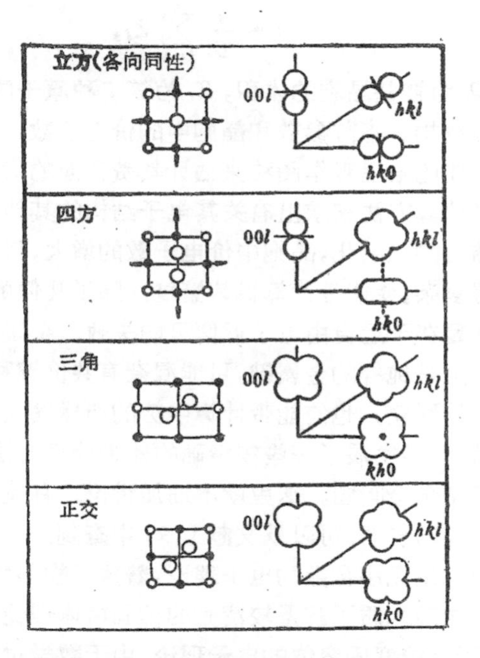

图 5.12 不同对称性的弹性偶极子的组态和相应倒空间中黄昆漫散射的等强度曲面.

III 电 子 理 论

合金包括各组元原子在点阵坐位上作完全有序排列的金属化合物和溶质原子在点阵坐位上作无序排列的固溶体. §2.5 中所讨论的周期势场中的电子理论，原则上完全适用于有序合金的情况. 对于 s, p 价电子的金属化合物，如 Cu, Zn, Au, Sn, Mg, In, Bi 等，采用近自由电子模型来描述其费密面的性质显然是合适的，而德哈斯-范阿耳芬效应的实验也证实这一点. 在这种情况下，费密能与波矢分别等于

$$E_F = \hbar^2 k_F^2/2m, \quad k_F = (3\pi^2 n)^{\frac{1}{3}}, \tag{5.122}$$

这里的 n 为传导电子密度，可以表示为

$$n = \frac{1}{\Omega_c} \sum_{i=1}^{s} Z_i, \tag{5.123}$$

这里的 Ω_c 为初基晶胞的体积，Z_i 为第 i 种原子的价电子数．知道了晶体结构、点阵参数和晶胞中的价电子数，我们也可以根据 §2.5 中所述的哈里森作图法来估计其费密面的形状，以及按照常规的能带计算方法来求出有关其电子结构的其他信息．当然，随着晶体结构的复杂化，晶胞中价电子数的增大，将使费密面的几何形态变得复杂，使能带计算极其繁复．除了几何的复杂性外，更加困难的问题在于近自由电子近似可能失效．金属化合物中的键合方式不一定是纯粹的金属键，可能混杂有共价键和离子键，存在有电荷转移的现象，也使能带计算中势的选择发生困难．但是从原则上来看，已经发展了一些较精确的能带计算方法，能够处理涉及 d 带的有序合金问题，这里就不细加讨论．有关这方面的理论计算结果和实验资料，可以从文献 [19] 中查到．

下面讨论无序合金的电子理论，着重于物理概念定性的阐明．因而对于物理本质了解得较清楚的稀固溶体理论作较详细的讨论，而对于高浓度固溶体的电子理论，由于数学过于烦复，这里只能作简略的介绍．

§ 5.9　稀固溶体的电子屏蔽模型

设想溶质原子和溶剂原子的价数不同(其差值为 Z)．当溶质原子代换了溶剂原子，就相当于一个干扰电荷 $-Ze$（这里的 e 为电子电荷，是负值)．当 $Z>0$ 时，干扰电荷具有正值，它可以吸引导带中的电子到它周围来；当 $Z<0$ 时，干扰电荷具有负值，它将排斥导带中的电子．因而每一溶质原子周围都被异号的电荷所包围，屏蔽掉附加的干扰电场，这就是电子屏蔽模型的基本物理图象．关于这个问题的处理，存在着两种不同的近似方法．

(a) *莫特的理论*　莫特应用了半经典的费密-托马斯（Fermi-Thomas) 近似方法来处理合金的电子屏蔽模型[93]．设在 r 处的干

扰电势能为 V_p。 令 $\rho_0(E)$ 表示未受干扰时能量低于 E 的电荷密度,即

$$\rho_0(E) = e\int_0^E N(E)dE. \tag{5.124}$$

当干扰电势不很大时，其效应相当于使能态密度曲线升高 V_p，但不改变曲线的形状(刚能带假设). 因而在干扰电势能 V_p 作用下，能量低于 E 的电荷密度 $\rho(E)$ 应满足下列关系 (参看图 5.13):

$$\rho(E) = \rho_0(E - V_p). \tag{5.125}$$

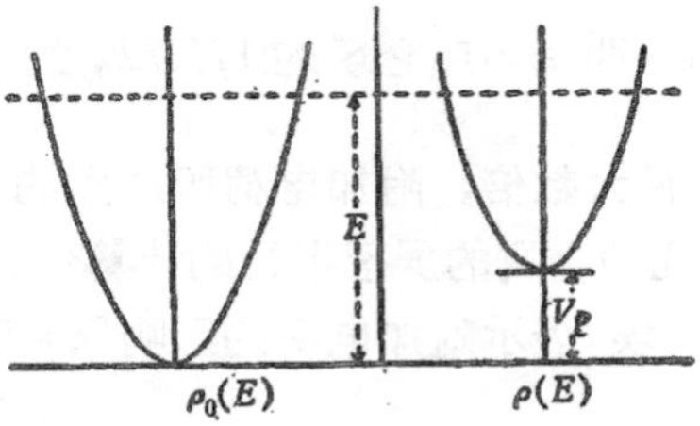

图 5.13 能量低于 E 的电荷密度.

(a) 未受干扰的晶体; (b)受干扰的晶体(干扰势为负值).

在平衡状态，金属中各点的费密能级 E_M 应该相等(否则将引起电子的流动). 这样一来,金属中各点的实际电荷密度 $\rho(E_M, r)$ 将随着 $V_p(r)$ 而变化. 反过来，电荷密度也影响到 $V_p(r)$，因此，计算电势或电荷分布是一个自洽场的问题. 在平衡状态下，ρ 与 V_p 应满足静电学的泊松 (Poisson) 方程:

$$\begin{aligned}\nabla^2 V_p &= -4\pi e[\rho(E_M) - \rho_0(E_M)] \\ &= -4\pi e[\rho_0(E_M - V_p) - \rho_0(E_M)].\end{aligned} \tag{5.126}$$

在 V_p 不大的情形,可以采用线性近似

$$\nabla^2 V_p \simeq 4\pi e\left(\frac{d\rho}{dE}\right)_{E_M} V_p. \tag{5.127}$$

根据式 (5.124)，可以求出

$$\left(\frac{d\rho}{dE}\right)_{E_M} = eN(E_M). \tag{5.128}$$

对于稀固溶体，V_p 应满足下列的边界条件:

$$
\left.\begin{aligned}
&r \to 0, \quad V_p = -\frac{Ze^2}{r};\\
&r \to \infty, \quad V_p = 0.
\end{aligned}\right\} \tag{5.129}
$$

式 (5.127) 满足边界条件的解等于

$$
\left.\begin{aligned}
V_p &= -\frac{Ze^2}{r}\exp(-qr),\\
q^2 &= 4\pi e^2 N(E_M),
\end{aligned}\right\} \tag{5.130}
$$

这里的 q 称为屏蔽常数. 我们可以从式 (5.130) 来理解它的物理意义: 当 $r=\frac{1}{q}$ V_p 即降为库仑场的 1/2.72, 故 $1/q$ 称为屏蔽半径. 当 r 比屏蔽半径大数倍, 附加电荷所产生的电场就可忽略不计. 表 5.2 列出了几种金属的屏蔽半径的计算值. 对于一般的金属, $1/q$ 的值小于 1 埃, 表示附加电荷的影响只及于最近邻的原子的范围.

表 5.2　贵金属的屏蔽半径

金属	Cu	Ag	Au
1/q(埃)	0.55	0.58	0.58

将式 (5.130), 代入式 (5.126), 即可导出屏蔽电荷的密度

$$
\begin{aligned}
\rho(E_M, r) - \rho_0(E_M, r) &= -\frac{1}{4\pi e}\nabla^2 V_p\\
&= -N(E_M)eV_p = -\frac{Zeq^2}{4\pi}\cdot\frac{\exp(-qr)}{r}.
\end{aligned} \tag{5.131}
$$

令 r_a 为原子球的半径 $\left(\frac{4}{3}\pi r_a^3 = \text{原子体积}\right)$, 在溶质原子球以外的屏蔽电荷为

$$
\begin{aligned}
Z'e &= \int_{r_a}^{\infty} 4\pi r^2 \frac{Zeq^2}{4\pi}\exp(-qr)\frac{dr}{r}\\
&= Ze(1+qr_a)\exp(-qr_a).
\end{aligned} \tag{5.132}
$$

可以区分三种情况来讨论:

(1) 过渡族中 $N(E_M)$ 的值很大，因此 q 值大，Z' 值小，屏蔽电荷集中在溶质原子自身．相邻溶质原子间相互作用很弱，倾向于形成接近于理想的固溶体．当尺寸效应不大时，这类合金是具有这种特征的．例如 NiCo 合金，溶解热很小，而原子排列也接近于完全无序．

(2) 在一般的合金中，例如 CuZn，$1/q \simeq 0.5$ 埃，而 $r_a \simeq 1.5$ 埃，因此 $|Z'|$ 约为 $(1/10)Z$ 的数倍．在原子球范围之内，屏蔽并不完全．溶质原子间产生小量的相互作用．相互作用能可以表示为

$$\Delta U = \frac{Z_1 Z_2 e^2 \exp(-qd)}{d}, \tag{5.133}$$

这里的 Z_1，Z_2 分别表示两溶质原子的过剩电荷，而 d 表示间隔的距离．这种效应也存在于高浓度的合金中，例如 β 黄铜 (50% Zn)，由于屏蔽不完全，每个锌原子带有正电荷，而每个铜原子带有负电荷，这种静电的相互作用可能就是造成有序结构的根源．

(3) 在有些多价金属中(例如石墨，铋等)，$N(E_M)$ 的值很小，按照这种理论，屏蔽半径应较大，而溶质原子间的相互作用也比较强．这方面实验资料还少，理论的推论是否正确，尚未经过检验．

(b) 夫里德耳的理论　夫里德耳进一步发展电子屏蔽模型，采用量子力学的方法来处理问题[94]．令干扰电荷密度表示为 δ 函数形式，即 $Z|e|\delta(r)$，屏蔽电荷密度为 $\delta n(r)|e|$，r 为到干扰源的距离．按照静电学的泊松方程，电势 Φ 与电荷密度之间存在着如下关系：

$$\nabla^2 \Phi = 4\pi \delta n(r)|e| - 4\pi Z|e|\delta(r), \tag{5.134}$$

而电子的势能 $V = -|e|\Phi$，所以

$$\nabla^2 V = -4\pi e^2 \delta n(r) + 4\pi Z e^2 \delta(r), \tag{5.135}$$

这样就得出两未知函数 $\delta n(r)$ 与 $V(r)$ 之间的第一个方程式．

为了以后计算方便起见，引入 $V(r)$ 与 $\delta n(r)$ 的傅里叶变换

$$V(\mathbf{q}) = \frac{1}{N\Omega}\int V(\mathbf{r}) e^{-i\mathbf{q}\cdot\mathbf{r}}\, d\mathbf{r};$$

$$V(\mathbf{r}) = (N\Omega)\int V(\mathbf{q}) e^{i\mathbf{q}\cdot\mathbf{r}} \frac{d\mathbf{q}}{(2\pi)^3}, \tag{5.136}$$

这里的 $\mathbf{q}$ 为倒空间的矢量，N 为晶体中的原子数，Ω 为原子体积. $\delta n(q)$ 的表示式可以类推.

这样，泊松方程可以简化为 $V(q)$ 与 $\delta n(q)$ 的线性关系式，即

$$-q^2V(q) = -4\pi\delta n(q)e^2 + 4\pi Z e^2. \tag{5.137}$$

只要再从传导电子被势 V 的散射求出另一个关系式，就可以解决问题. 如果采用最简单的玻恩近似，即得

$$\delta n(q) = 2\chi(q)\frac{V(q)}{\Omega}, \tag{5.138}$$

这里的

$$\chi(q) = -\frac{Z}{4}\left(\frac{2}{3}E_F\right)^{-1}\left[1 + \frac{1-x^2}{2x}\ln\left|\frac{1+x}{1-x}\right|\right], \tag{5.139}$$

用以表征电子气对干扰势的响应. 式中 Z 为传导电子数/原子，x 为一参量，等于

$$x = \frac{q}{2k_F}. \tag{5.140}$$

这样，我们可以从式(5.137)及式(5.138)导出 $V(q)$ 与 $\delta n(q)$.

$$\Phi(r) = \frac{Z|e|}{r}\frac{2}{\pi}\int_0^\infty \frac{\sin qr}{q\varepsilon(r)}dq, \tag{5.141}$$

$$\delta n(r) = \frac{Z}{r}\frac{1}{2\pi^2}\int_0^\infty \sin qr\left(1 - \frac{1}{\varepsilon(q)}\right)qdq, \tag{5.142}$$

这里的 $\varepsilon(q)$ 为介电函数

$$\varepsilon(q) = 1 - \frac{8\pi e^2}{\Omega q^2}\chi(q). \tag{5.143}$$

势 Φ 在近程是库仑型的 $(\sim Z/r)$，在远程可求出其渐进式为

$$\Phi(r)_{r\to\infty} \sim \frac{2Z|e|}{\pi a_0\varepsilon^2(2k_F)}\frac{\cos 2k_F r}{(2k_F r)^3} \tag{5.144}$$

也导致振荡式的远程电荷密度分布

$$\delta n(r)_{r\to\infty} \sim \frac{2k_F^2 Z}{\pi^2\varepsilon^2(2k_F)a_0}\cdot\frac{\cos 2k_F r}{(2k_F r)^3} \tag{5.145}$$

被称为夫里德耳振荡 (Friedel oscillation). 上式中 $\varepsilon(2k_F)$ 为 $q =$

$2k_F$ 处的 ε 值，$a_0 = 0.53$ 埃为氢原子的第一玻尔轨道的半径.

玻恩近似只适用于干扰势微弱的情况，对于较强的干扰势，可以应用量子力学的分波法求解。渐近解有类似的形式，但增加了一相位项 η，即

$$\Phi(r)_{r\to\infty} = AZ|e|\frac{\cos(2k_Fr + \eta)}{(2k_Fr)^3}, \tag{5.146}$$

$$\delta n(r)_{r\to\infty} = -Z\frac{k_F^2}{\pi}A\frac{\cos(2k_Fr + \eta)}{(2k_Fr)^3}. \tag{5.147}$$

如果进一步考虑周期势场的影响，则上面的结果还要作适当的修正。图 5.14 分别表示了溶质原子附近电荷密度和电势的夫里德耳振荡. 可以看确切解(实线)和渐近解(虚线)之间的差异，还有相对比的托麦斯-费密近似的计算结果，V 单调地下降而趋于零，不出现振荡.

已经有一些实验来直接探测溶质原子周围的电荷密度和电场梯度的分布[18]. 对于稀固溶体核磁共振谱线奈特偏移（Knight

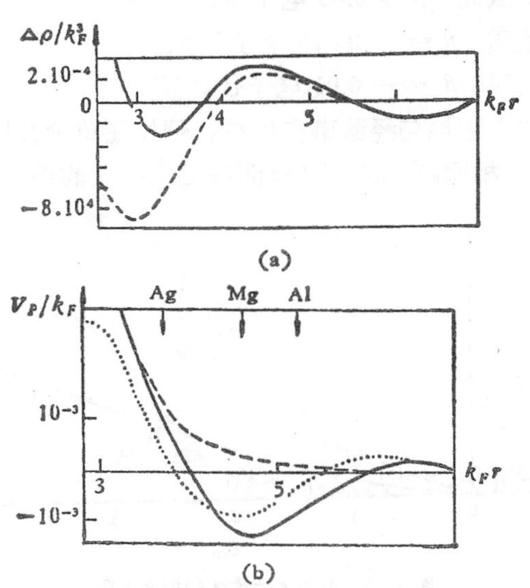

图 5.14　溶质原子附近的夫里德耳振荡.
(a) 电荷密度；(b) 电势.

shift) 的研究表明溶剂原子的奈特谱线确有展宽，甚至出现一些卫星线，这可以归结为原子核所在处电荷密度异常的效应，半定量地证实了溶质原子周围夫里德耳振荡的存在．应用核四极矩共振来探测原子核所在处的电场梯度，也得到类似的结果．

应用电子屏蔽模型也成功地解释了稀固溶体的某些特征，例如溶质原子间的化学相互作用问题．可以设想一对，不同价数 Z_1 与 Z_2 的溶质原子处于自由电子气中． Z_2 电荷及其屏蔽电荷在周围形成势 $V_2(r)$；如果 Z_1 在其附近距离为 R 处，则相互作用能可近似地表示为

$$W_{12}(R) = Z_1V_2(R). \tag{5.148}$$

即使 $Z_1 = Z_2$，由于夫里德耳振荡的存在相互作用能也可正可负，视基质的某些特征而定．有人算出了处于近邻位置的溶质原子的相互作用能

$$W = \beta Z_1Z_2. \tag{5.149}$$

对单价基质：$\beta = 0.03$ 电子伏；

双价基质　$\beta = -0.015$ 电子伏；

三价基质　$\beta = -0.01$ 电子伏，

这个结果也定性地与经验事实相符，例如在单价基质的铜锌合金中，溶质原子相斥，产生短程序；而在三价基质的铝铜合金，溶质原

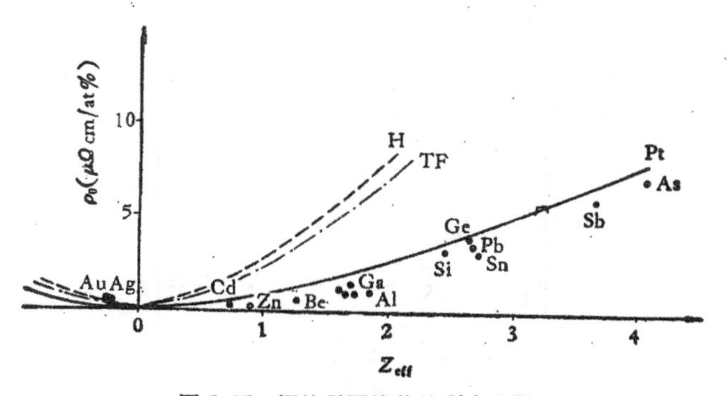

图 5.15　铜的稀固溶体的剩余电阻．
TF 为托麦斯-费密方法，H 为玻恩近似．实线为夫里德耳分波法的计算结果．

相吸，产生原子簇聚的现象．可以根据溶质原子附近基质原子的静电作用力来说明弹性理论的原子尺寸效应，也取得大致合理的结果．关于稀固溶体剩余电阻的问题，也进行了不少研究．托麦斯-费密近似及玻恩近似的计算结果，虽则得出剩余电阻率随 Z 增长的趋势，但数值偏大，采用夫里德耳的分波法的处理，获得比较满意的结果（参看图 5.15，Z_{eff} 系 Z 值作了原子尺寸效应的修正）．

如果溶质原子价数比基质的大得多，由于强的核电势的作用，将使溶质周围的势能曲线往下拉，如图 5.16 (a) 所示．但溶质势足够强时，将可在能带底 E_0 下面形成束缚态 E_b．如果反过来溶质原子价数低于基质的，溶质原子附近的势能曲线将被抬高，如图 5.16 (b) 所示．这种溶质原子的原子能级可能处于能带中间．

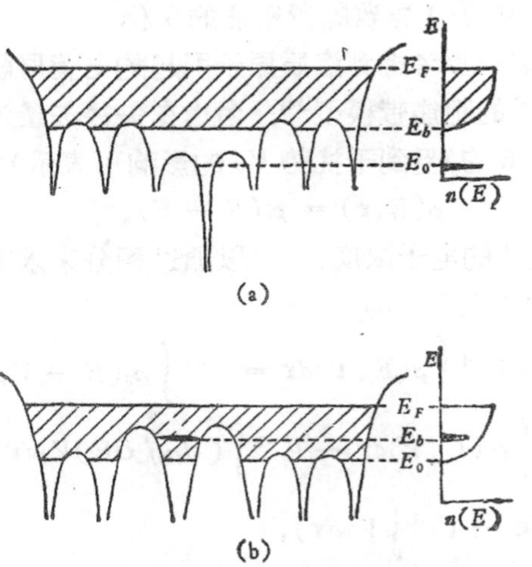

图 5.16　局域态形成的示意图．
(a) 束缚态 E_b；(b) 虚束缚态 E_{vb}．

这样，处于原子能级的电子将可能通过隧道效应以一定概率进入导带．这样的局域态具有一定的寿命和宽度，被称为虚束缚态．夫里德耳应用虚束缚态来解释过渡金属溶于贵金属基质的稀固溶体的电阻、电子比热及磁化率等，也取得一定的成功．如果进一步考虑交换相互作用，使得对正负自旋电子的势有所不同，就可以从理论上来阐明溶质原子是否形成局域磁矩的问题[18]。

§ 5.10 刚能带模型及其他

处理高浓度无序合金能带结构问题最简单的理论就是刚能带模型，其原始的形式是莫特与琼斯 (H. Jones) 在 30 年代所提出的[95]，即认为合金化并不改变基质的态密度曲线的形状和其相对于能量坐标轴的位置，仅仅由于电子数的增加或减少，引起费密能级 E_F 位置的变化. 这样，合金的态密度 N 和基质的态密度 N_0 之间存在如下的简单关系:

$$N(E_F) = N_0(E_F^0 + \Delta E), \tag{5.150}$$

这里的 E_F^0 和 E_F 分别代表基质和合金的费密能，而 ΔE 则代表由电子浓度变化 $\Delta(e/a)$ 异致的费密能的变化 .

夫里德耳进一步考虑到溶质原子引起的电荷屏蔽效应 (§5.9)，提出了另一形式的刚能带模型[94]: 考虑在矢径矢量为 $\mathbf{r}$ 处的电子浓度(能量低于 E 的)受到干扰势 V_p 的影响可表示为

$$\rho(E,\mathbf{r}) = \rho_0(E - V_p,\mathbf{r}), \tag{5.151}$$

这里的 ρ_0 为基质的电子浓度. 可以通过积分来求出平均的态密度(引入晶体的体积 V)，即

$$\begin{aligned} N(E) &= V^{-1}\int \rho(E,\mathbf{r})d\mathbf{r} = V^{-1}\int \rho_0(E - V_p,\mathbf{r})d\mathbf{r} \\ &\simeq V^{-1}\int \rho_0(E,\mathbf{r})d\mathbf{r} - V^{-1}\int (\partial\rho_0/\partial E)V_p d\mathbf{r} \\ &\simeq N_0(E - V^{-1}\int V_p d\mathbf{r}), \end{aligned} \tag{5.152}$$

即在一级近似下，态密度曲线保持其原来的形状，但沿能量坐标轴作一位移

$$\Delta E = V^{-1}\int V_p\, d\mathbf{r},$$

即

$$N(E) = N_0(E - \Delta E), \tag{5.153}$$

这里的 ΔE 代表整个导带的位移. 上述的两种形式的刚能带模型都认为态密度曲线的形状不随合金化改变，但考虑电荷屏蔽效应

的模型，多出一能带的刚性位移，这也比较符合于能带结构实验的结果．图5.16表示了尼尔森（P. O. Nilsson）根据Ag-In合金光电子能谱实验数据所作出的态密度曲线，在原子成分为13%的合金中，能带的位移为0.4电子伏，而费密面的位移为0.3电子伏．

也可以用电子比热的数据来检验刚能带模型是否正确．这已在一系列的3d，4d及5d过渡族合金中得到证实．图5.18示

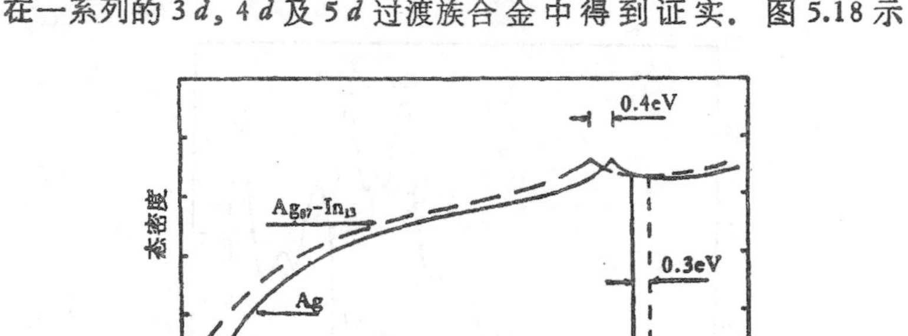

图5.17　Ag-In合金的态密度曲线示意图．曲线的尖点来源于费密面与{111}区边界．

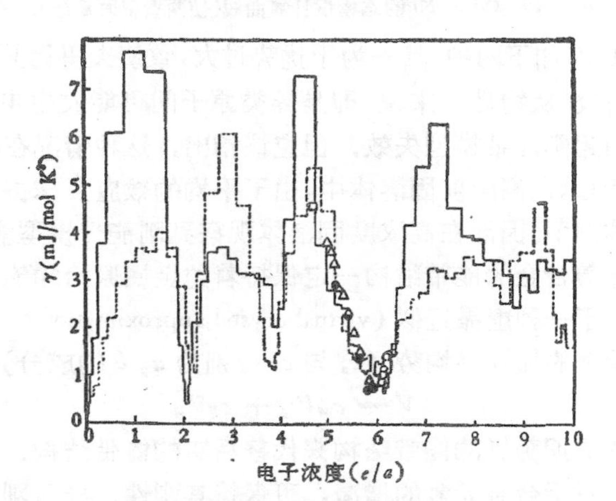

图5.18　费密能级附近的态密度．实验值（● Ta-W，□ Hf-Ta，○ W-Re，△ Ta-Re）经过电子-声子相互作用的校正；直方图系根据Ta（实线）与W（虚线）的$N(E)$计算曲线获得．

出了一系列 5d 过渡金属（Hf，W，Ta 与 Re）合金的电子比热的实验数据(经过电子-声子相互作用的修正)，这和刚能带模型的计算结果大体相符．当然，也有一些合金的实验结果是和刚能带模型有严重分歧的，Cu-Ni, Ag-Pd 等合金即是如此．

下面，我们来探讨导致刚能带模型失效的原因．

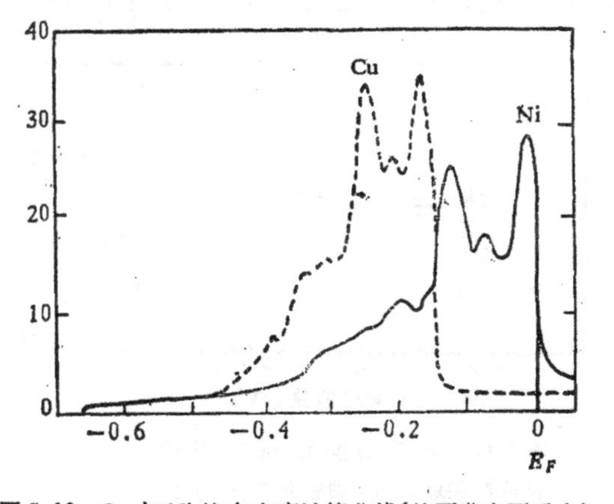

图 5.19　Cu 与 Ni 的态密度计算曲线(使两费密面重合).

概括起来，有如下两种：其一为干扰势过大，致使夫里德耳理论的一级微扰失效．从物理上来说，即是异类原子间可能发生电子转移，以致于引起刚能带模型失效．但应该指出，这种情况在稀固溶体中比较严重；在高浓度固溶体中，由于平均的效应，抹去了许多电子结构的细节．因而在高浓度固溶体观察到刚能带模型能够成立，并不意味着合金的能带结构一定保持着纯金属原始的能带结构，而是相当于一种虚晶近似（virtual crystal approximation），即用 a，b 两种原子势的加权平均势（c_a 与 c_b 分别为 a，b 的成分）

$$V = c_A V_A + c_B V_B \tag{5.154}$$

所构成的周期势场的能带结构来代替真实的能带结构．而这种能带结构，对于合金元素的增减，可保持其刚性．导致刚能带模型失效的第二种因素为两种金属的局域化能带(如 d 带)的能量差较大（图 5.19)，因而形成合金后，这两个局域化的能带仍然保留，并

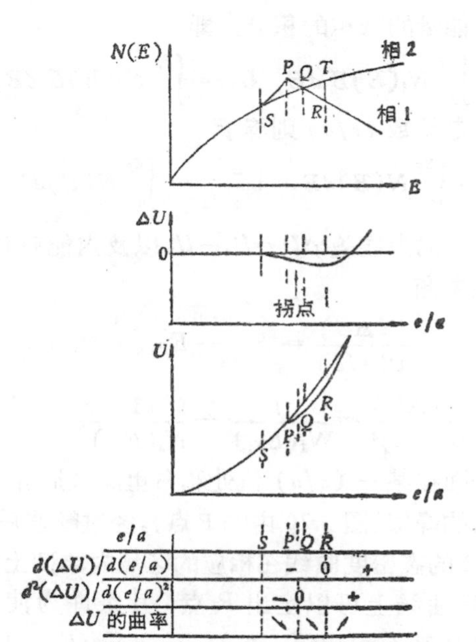

e/a	S	P	Q	R	
$d(\Delta U)/d(e/a)$		−		0	+
$d^2(\Delta U)/d(e/a)^2$		−	0		+
ΔU 的曲率		↘	↘	↗	

图 5.20 琼斯模型的说明.

不归并为一个能带. Cu-Ni 合金就是一个例子[96].

琼斯首先用刚能带模型中费密面与布里渊区周界之间的相互作用来解释休谟-饶塞里所揭示关于电子化合物的经验规律(参阅§4.7)[1)]，这是应用合金电子理论解释合金相结构的最早的尝试. 他们的尝试多年来一直受到争议，至今尚无定论. 但是这种简单的理论和经验规律吻合得相当好，表明确有其合理的内核存在，不容忽视. 琼斯的基本理论考虑是这样的：设想在 OK 温度下，决定两种相当中那一个是稳定相就要看那一个相内能低. 他将内能

---

1) 严格说来，最好用琼斯区(或大区)的周界来替代布里渊区周界. 对于面方立方或体心立方结构的晶体，两者是等同的；但对于复式点阵的晶体，两者就不一定等同了. 琼斯区的周界总对应于能隙 V_g 不为零的情况. 由于 V_g 的值是和晶体结构因子成正比的，对于一些复杂结构的晶体，如 Cu-Zn 合金的 γ 相，往往可以直接根据强的衍射谱线来确定琼斯区的周界.

表示为态密度与能量的乘积的积分，即

$$U_1=\int_0^{E_F} N_1(E)E\,dE,\ U_2=\int_0^{E_F} N_2(E)E\,dE, \quad (5.155)$$

而每个原子的价电子数 (e/a) 则等于

$$\left(\frac{e}{a}\right)_1=\int_0^{E_F} N(E)dE,\ \left(\frac{e}{a}\right)_2=\int_0^{E_F} N(E)dE. \quad (5.156)$$

关键的量是两相间的内能差 $\Delta U=U_1-U_2$ 以及内能差对 (e/a) 的一次微商和二次微商

$$\frac{\partial(\Delta U)}{\partial(e/a)}=E_{F_1}-E_{F_2}, \quad (5.157)$$

$$\frac{\partial^2(\Delta U)}{\partial(e/a)^2}=\frac{1}{N_1(E_{F_1})}-\frac{1}{N_2(E_{F_2})}. \quad (5.158)$$

假设相 1 的费密面在某一 (e/a) 值处和布里渊区周界相切，对应于态密度曲线上的峰值(图 5.20 中的 P 点)，经过峰值后，$N(E)$ 急骤下降；另设相 2 的态密度曲线在相应的区域内单调上升．这样，在相 1 的态密度曲线上可以定出 R 点，其条件为使图 5.20 中 SPQ 区域和 QTR 区面积相等．在 R 点，$E_{F_1}=E_{F_2}$，因而对应于 ΔU 曲线的极小值．由此可以看出，对于相 1 稳定性最有利的成分并不和峰点 P 相应，而是对应于处在曲线下降部分的 R 点．在 R 点对应的 e/a 值的附近一个区域将是相 1 的稳定区．当然，这种理论解释能够成立的先决条件是合金化对于费密面的影响不大，故仍可用近自由电子理论来处理这个问题，这已为贵金属合金费密面的实验测量结果所证实．另外一个问题，就是费密面与布里渊区周界相接触的能量效应是否足够大到影响合金相的稳定性．这一点海涅 (V. Heine) 与韦阿尔 (D. Weaire) 作了估计[97]，ΔU 约为 50—100 (卡/摩尔) 的量级，仅为能带结构总能量的 0.1 %，认为量级太小，因而对此解释表示怀疑．但马萨耳斯基 (T. B. Massalski) 等对于贵金属合金的实验数据进行了全面总结[98]，也得出类似的估算值，即 ΔU 仅占总能量的 0.1 %，但确认为这个量级正好合适，如果 ΔU 超出这个量级，将导致整个成分范围之内无其他结构的相出现．当然，还应要求其他因素(如 d 带的

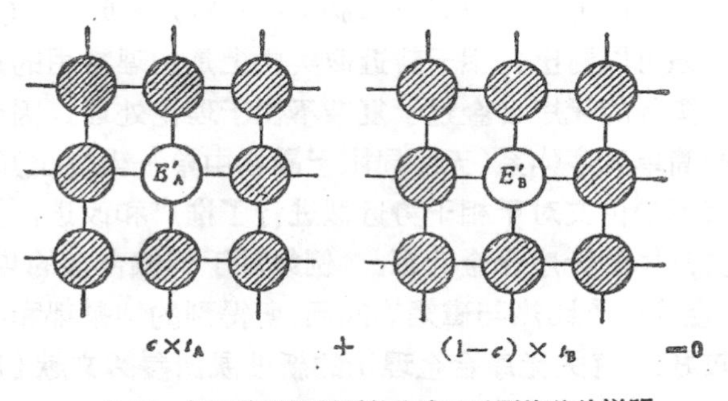

5.21 相干势近似用于替代式二元固溶体的说明。

影响，马德隆能等)对能量的贡献只占次要的地位．马萨耳斯基等的总结中还列举一些贵金属合金的态密度曲线来讨论电子化合物的结构稳定性．总的说来，理论解释是合理的，但还存在不少尚未澄清的问题．

由于刚能带模型过于粗略，近年来已经建立和发展了一些更加严格的无序合金的能带理论．有人将多重散射理论应用于无序合金问题．和虚晶近似相似，也是用有序晶体来代替原来的无序合金，而在每一晶格坐位上起作用的具有平均散射矩阵的赝原子，即平均散射矩阵 t_{av} 等于 A，B 原子散射矩阵 t_A 与 t_B 的平均值(c_A，c_B 为 A，B 的原子成份)

$$t_{av} = c_a t_a + c_B t_B, \tag{5.159}$$

这种方法被称为平均 t 矩阵近似 (ATA)． 另一种卓有成效的计算方法就是索文 (P. Soven) 于 1967 年提出的相干势近似 (CPA)[96,99]．从某种意义上来说，这种方法是将虚晶近似与平均 t 矩阵近似地结合起来．除了中心坐位以外，所有晶格坐位上都被具有相干势 V_0 的赝原子所占据(图 5.21 中的划线的原子)． 中心坐位可以有两种情况：一是为 A' 原子所占，其势为 $V_A - V_0$；或是为 B' 原子所占，其势为 $V_B - V_0$ 这样，就将原来的无序合金转化为只在中心坐位具有无序的晶格． 两种情况可以分别求出其散射矩阵 $t(V_A - V_0)$ 及 $t(V_B - V_0)$，相干势的选择要求满足基本条件

$$c_A t(V_A - V_0) + c_B t(V_B - V_0) = 0. \qquad (5.160)$$

从上面的介绍可以看出，相干势近似实质上是物理常用的一种平均场理论：实际的无序合金过于复杂不便于理论处理，因而近似地用假设的简单无序体系（无序局限于晶格中单一坐位上）的平均来代替．有不少论文对于相干势近似进行了推广和改进，并广泛地用来解决具体的无序合金问题．例如对于铜镍合金的电子比热，镍铁合金的电子比热与磁矩等问题，所得到的结果都和实验结果符合得较好．有关无序合金理论的新进展请参阅文献[100]．

第二编 参考文献

[1] Hansen M., Anderko K., Constitution of Binary Alloys, McGraw-Hill (1958); Elliot R., 1st Suppl., 1965; Shunk F. A., 2nd Suppl. (1968).

[2] Вол А. Е., Строение и свoиства двойных металлических систеи, Том 1,—4, Физматгиз (1959—1979).

[3] Pearson W. B., A Handbook of Lattice Spacings and Structure of Metals and Alloys, Pergamon Press vol, 1(1958), vol. 2(1967).

[4] Kubaschewski O., Catterall J. A., Thermochemical Data of Alloys, Perga. mon Press (1956).

[5] Hultgren R., et al., Selected Values of Thermodynamic Properties of Metals and Alloys, Wiley (1972).

[6] Metals Handbook, ASM, 9th ed., vol. 1—5(1978—1982).

[7] Smithels C. J., Metals Reference Book, Butterworths (1975).

[8] Swalin R. A., Thermodynamics of Solids, Wiley (1972).

[9] Wagner C., Thermodynamics of Alloys, Addison-Wesley (1952).

[10] Lumsden J., Thermodynamics of Alloys, Inst. of Metals (1952).

[11] Darken L. S., Gurry R. W., Physical Chemistry of Metals, McGraw-Hill (1953).

[12] 徐祖耀，金属材料热力学，科学出版社 (1981).

[13] Hume-Rothery W., Raynor G. V., The Structure of Metals and Alloys, Inst. of Metals (1954).

[14] Pearson W. B., The Crystal Chemistry and Physics of Metals and Alloys, Wiley (1972).

[15] Wells C. F., Structure of Crystals, Solid State Phys. Vol. 7, 125(1958).

[16] Guggenheim E. A., Mixture, Oxford (1952).

[17] Münster A., Statistische Thermodynamik, Springer (1956).

[18] Janot C., et al., Proprieties Electroniques des Metaux et Alliages, Masson (1973).

[19] Sellmyer, D. J., Electronic Structure of Metallic Compounds and Alloys: Experimental Aspects, Solid State Physics, Vol. 33(1978).

[20] Theory of Alloy Phases, ASM Seminar (1956).

[21] The Physical Chemistry of Metallic Solutions and Intermetallic Compounds, Nat. Phys. Lab. Symposium, Her Majasty's Stationary Office (1959).

[22] Thermodynamics in Physical Metallurgy, ASM Seminar (1950).

[23] Phase Stability in Metals and Alloys (eds. P. S. Rudman et al), McGraw-Hill (1967).

[24] Wilson A. J. C., *J. Inst. Metals*, 70, 543(1944).

[25] Лившиц Б. Г., Физические свoиства металлов и сплавов, Матгиз, (1959).

[26] Meijering J. L., 21, 5A, p. 2.

[27] Lawson A. W., 见 [22], p. 85.

[28] Zener C., 见 [22], p. 16.

[29] Borelius G., *Ann. Physik*, 24, 489(1935); 28, 507(1937).

[30] Oelsen W., Wever F., Arch. Eisenhuttenw., 19, 97(1948).

[31] Пинес Б. Я., Очерки по металлофизике, Изд. харьковского уни. (1961).

[32] Gaye H, Lupis C. H. P., Scripta Met., 4, 685(1970).

[33] Kaufman L., Bernstein H., Computer Calculation of Phase Diagrams, Academic Press (1970).

[34] Vogt W. Physikalische Eigenschaften der Metalle, Akad. Verlag (1958).

[35] Friedel J., *Canadian Jour. Phys.*, 84, 1190(1956).

[36] Shull C. G., 见 [20] p. 279.

[37] Ильна В. А., Крицкая В. К., Курдюмов Г. В., *Изв. АН СССР, Серия физ.*, **10** 723(1956).

[38] Грузин П. л. et al., *Проблемы Металловедения и физика металлов*, 5 326(1958).

[39] Averbach O. I. The Structure of Solid Solutions, 见 [33] p. 361.

[40] Münster A. 见[21] 2 Dp. 2.

[41] Лившиц В. Л., 不均匀固溶体的研究,苏联专家报告集,北京钢铁学院(1958).

[42] Иверонова В. И. et al., *Кристаллография*, 2, 414(1957).

[43] Nix F. C., Shockley W., Order-Disorder Transformations in Alloys, *Rev. Mod. Phys.*, 10, 1(1938).

[44] Lipson H., Order-Disorder Changes in Alloys, *Progr. Met. Phys.*, Vol. 2(1950).

[45] Pashley D., Presland A. E. B., *J. Inst. Metals*, 87, 419(1958—1959).

[46] Massalski T. B. Intermediate Phases and Electronic Structure, 见 [33] p. 63.

[47] Taylor W. H., *Acta Met.*, 2, 684(1954).

[48] Haworth C. W., Hume-Rothery W., *Phil. Mag.*, 3, 1013(1958).

[49] Frank F. C., Kaspar J. S., *Acta Cryst.*, 11, 184(1958); 12, 483(1959).

[50] Sinha A. K. Topologically Close-Packed Structures of Transition Metal Alloys, *Prog. Mat. Sci.*, Vol. 15(1970).

[51] Watson R. E., Bennett L. H., *Acta Met.*, 32, 477; 491(1984).

[52] Самсонов Г. В., Уманский У. С., Твердые соединения тугоплавких металлов, Металлугиздат(1957).

[53] Rundle R. E., *Acta Cryst.*, 1, 180(1948).

[54] Нешпор В. С., Труды семинара по жаростойским материалам, В 5(1960),

[55] Klement W., Jr., Willens R. H., Duwez P., *Nature*, 187, 187(1960).

[56] Guntherodt R. J., Metallic Glasses, Vol. 1, 2, Springer (1980, 1981).

[57] Cargill, G. S., III, Structure of Metallic Alloy Glasses, Solid State Phys. Vol. 30(1975).

[58] 郭贻诚，王震西主编，非晶态物理学，科学出版社（1984）.

[59] Spaepen F., Defects in Amorphous Metals, in Physics of Defects, eds. R. Balian et al, North Holland (1980).

[60] Kauzmann W., *Chem. Rev.*, 42, 219(1948).

[61] Shechtman D., Blech I., Gratias D., Cahn J. W., *Phys. Rev. Lett.*, 53, 1951 (1984).

[62] Zhang Z. (张泽), Ye H. D. (叶恒强). Kuo K. H. (郭可信), *Phil. Mag.*,

A52, L49(1985).
[63] Levine D., Steinhardt P. J., Phys. *Rev. Lett.*, **53**, 2477(1984).
[64] Penrose R., *Bull. Inst. Maths. Its Appl.*, **10**, 266(1974).
[65] Gardiner M., *Sci. Am.*, **236**, Jan., 110(1977).
[66] Bursill L. A., Peng J. L. (彭菊琳), *Nature*, **316**, 50(1985).
[67] Bak P., Phys. *Rev. Lett.*, **54**, 1517(1985).
[68] Levine D., et al., *Phys. Rev. Lett.*, **54**, 1520(1985).
[69] Mermin N. D., *Troian S. M.*, **54**, 1524(1985).
[70] Muto T., Takagi Y., The Theory of Order-Disorder Transitions in Alloys, Solid State Phys., Vol. 1(1955).
[71] Guttman L., Order-Disorder Phenomena in Metals, Solid State Phys., Vol. 3 (1956).
[72] Chang T. S. (张宗燧.) *Proc. Roy. Soc.*, **A178**, 48(1939).
[73] Rudman P. S., Averbach B. L., *Acta Met.*, **2**, 576(1954).
[74] 杨振宁、李荫远，中国物理学报，**7**，59(1945)；Yang C. N. (杨振宁)，*J. Chem. Phys.*, **13**, 66 (1945).
[75] Li Y. Y. (李荫远), *J. Chem. Phys.*, **17**, 447(1949).
[76] Onsager L., *Phys. Rev.*, **65**, 117(1944).
[77] Mott N. F., *Proc. Phys. Soc.*, **49**, 258(1937).
[78] Shimoji M., *Jour. Phys. Soc. Japan*, **14**, 1525(1959).
[79] Khachaturyan A. G., Ordering in Substitutional and Interstitial Solid Solutions, Prog. Mat. Sci., Vol. 22(1978).
[80] Mott N. F., Nabarro F. R. N., *Proc. Phys. Soc.*, **52**, 86(1940).
[81] Bilby B. A., *Proc. Phys. Soc.*, **A63**, 191(1950).
[82] Eshelby J. D., The Continum Theory of Lattice Defects, Solid State Physics, Vol. 8(1956).
[83] Oriani R. A., *Phys. Chem. Solids*, **2**, 327(1957).
[84] Friedel J., *Phil. Mag.*, **46**, 514(1955).
[85] Huang K. (黄昆), *Proc. Roy. Soc.*, **A190**, 102(1947).
[86] Kröner E., in Theory of Crystal Defects, p. 215, Academia (1966).
[87] Snoek J., *Physica*, **8**, 711(1941).
[88] Nowick A. S., Berry B. S., Anelastic Relaxation in Crystalline Solids, Academic Press (1972).
[89] Zener C., *Phys. Rev.*, **74**, 639(1948).
[90] 杨正举，物理学报，**22**(1966)，294.
[91] Peisl H., Defect Properties from X-Ray Scattering Experiments, *J. de Phys.*, **37**, C7-47(1976).
[92] Khachaturyan A. G., Theory of Stuctural Transformations in Solids, Wiley (1983).
[93] Mott N. F., *Proc. Camb. Phil. Soc.*, **32**, 281(1936).
[94] Friedel J., *Adv. Phys.*, **3**, 446(1954); *Nuovo Cimento. Suppl.*, **7**, 297(1958).
[95] Jones H., *Proc. Roy. Soc.*, **A144**, 225(1934).
[96] Yonezava F., in The Structure and Properties of Matter (ed. T. Matsubara), Chap. 11, Springer (1982).

[97] Heine V, Weare D., Pseudopotential Theory of Cohesion and Structure, Solid State Phys., Vol. 24(1970).

[98] Massalski T. B., Mizutani U, Electronic Structure of Hume-Rothery Phases, *Prgv. Mat. Sci.*, 22, 151(1978).

[99] Soven P., *Phys. Rev.*, **156**, 809(1967).

[100] Ehrenreich H., Schwartz L., Solid State Phys., **31**, 150(1976).

第三编 晶体的缺陷

冯 端

引 言

斯梅克耳 (A. Smekel) 将固体的性能分为两类：一类是非结构敏感性的，例如弹性模量、密度、热容量等，对于同一种材料的不同样品进行测量的结果，差别不大，而且和将晶体视为理想的完整晶体的理论计算结果，基本相符．另一类是结构敏感性的，如屈服强度与断裂强度，对于同一种材料的不同样品测得的结果，往往差异很大，而且和根据理想完整晶体的理论计算结果有显著的分歧．例如实际晶体的屈服强度只有理论值的千分之一左右．当然，这种区分并不是绝对的．就同一种性能而言，不同类型的材料可能表现出差异：例如半导体的电阻率就是结构敏感性非常显著的，微量杂质可以产生很大的影响；相对而言，金属的电阻率就是非结构敏感性的．而就同一种材料的同一种性能来看，在不同的温度范围中又可能呈现不同的情况：例如在室温以上，金属的电阻率基本上是非结构敏感性的；但在低温的剩余电阻率就呈现结构敏感性了．精密的测量可以显示出一些传统上认为是非结构敏感的性能，如弹性模量、热容量等，在一定程度上也具有结构敏感性．反过来，如果我们能够严格地控制结晶的条件、杂质的含量与分布、热处理的历程，对某些结构敏感的性能也可能测出恒定的可重复的结果，类似于非结构敏感的性能．

实质上，所谓结构敏感性，无非是反映了晶体中的缺陷对于性能的影响．因此绝对的非结构敏感的性能是不存在的．每一种性能，或多或少地都受到晶体缺陷的影响．但是按照缺陷对性能影响的程度将性能大体上划分为两类，在实践中还是很有意义的．如果我们研究一种大体上是非结构敏感的性能，例如说，金属的压缩系数．我们可以根据金属的晶体结构与电子结构，在金属电子论的基础上进行理论的计算，再将计算结果直接和实验数据相比较，即可以判定理论是否正确．但是研究一种结构敏感的性能，理论的任务就不那末单纯．此时，晶体中的缺陷的分布与运动对问题起了关键性的作用．必须通过细致的实验来揭示晶体中缺陷的具体情况，再在晶体缺陷理论的基础上进行理论的解释．

晶体的缺陷是指实际晶体结构中和理想的点阵结构发生偏差的区域．由于晶体结构具有规律性，结构中出现缺陷的型式也不是漫无限制的，往往可以归结为少数标准的类型，而每一种类型可以用相当确切的几何图象来加以描述．按照缺陷在空间分布的情况，我们将晶体结构中存在的缺陷分为如下三类：

（1）点缺陷　其特征是所有方向的尺寸都很小，亦称为零维缺陷．例如空位、填隙原子、杂质原子等．

（2）线缺陷　其特征是在两个方向上的尺寸很小，亦称为一维缺陷．例如位错．

（3）面缺陷　其特征是只在一个方向上的尺寸很小，亦称为二维缺陷．例如晶界、相界、堆垛层错等．

这些缺陷在空间中呈现明确可辨认的图象，而在时间上也具有一定的延续性，因而在某种程度上可以当作为具有一定特征的个体来看待．它们的产生和发展、运动与相互作用、以至于合并或消失，在晶体的范性与强度、扩散以及其他的结构敏感性的问题中扮演了主要的角色，晶体的完整部分反而默默无闻地处于背景的地位．因而不少年来对晶体缺陷的研究在金属物理学中占了重要的地位．在这个领域中进行了大量的实验和理论的工作，进展非常之快．

晶体缺陷理论的发展过程是迂迴的，钱临照曾对其早期的历史进行了概述[1]．在早期的晶体X射线衍射强度的研究中，就已发现在几近完整的晶体中存在有缺陷．早在1914年，达尔文（C. G. Darwin）提出了图象不很明确的嵌镶组织（mosaic structure），用来解释实际晶体的X射线衍射强度和理想的完整晶体的差异[2,3]．

嵌镶组织的概念长期为人们所沿用，但没有获得进一步的发展．搞清楚嵌镶组织的确切的图象，还是在位错理论确立以后的事情．在 20 年代中，夫仑克耳 (Я. И. Френкель) 为了解释离子晶体导电的实验事实，提出了晶体的点缺陷理论[4]．在 40 年代初，塞兹与亨丁顿 (H. B. Huntington) 研究了金属中点缺陷的一些基本性质[5]，目的是为了阐明扩散的机制． 50 年代以后，由于原子能反应堆技术的进展，高能粒子对固体的辐照效应引起了人们的重视；又推动了对于晶体中的点缺陷作全面而深入的研究．

自 20 年代末起，人们对于金属单晶的范性形变开展了有系统的研究．实际晶体的屈服强度比根据理想的完整晶体所作的理论估计值约低一千倍左右，引起了人们的重视．而正在同一时期，根据理想晶体的点阵动力学理论很成功地说明了晶体的热学性质和弹性；这个差异就显得更加突出．为了解释这个差异，在 1934 年，泰勒 (G. I. Taylor)[6]、奥罗万 (E. Orowan)[7] 与波兰伊 (M. Polanyi)[8] 差不多同时提出了位错的假设，即认为晶体中存在有一种线缺陷，它在切应力下容易滑移，并可以引起范性形变．随后康托洛娃 (T. A. Конторова) 与夫仑克耳提出了一种动态的位错点阵模型[9]，伯格斯 (J. M. Burgers) 将位错的概念加以普遍化，并发展了位错的应力场的一般理论[10]．接着位错理论得到多方面的发展，并被人们用来解释各式各样的范性形变的问题．但当时关于晶体中是否存在位错尚未获得实验的证明，而对于晶体中的位错分布情况更是一无所知．因而在一部分解释范性形变的位错理论中往往带有一定的任意性，也引起了一部分科学家对位错理论的怀疑和非难[11]．自 1949 年以后，位错理论的发展进入了一个新的时期．夫兰克的螺型位错促成晶体生长的理论预言[12]，获得了令人信服的实验证实[13]（实际上晶体生长螺旋的图象早已被人摄取过，但埋没在文献中未引人注意）；多种的实验观察(例如侵蚀斑、缀饰法等)揭示了晶体中位错分布状态，证明了晶体中确实存在着位错．特别是在 1956 年以后，门特 (J. W. Menter)[14] 与赫许 (P. B. Hirsch) 等[15]利用电子显微镜薄片透射法直接观察位错的一系列实验结果，对于晶体中位错的结构、分布、动力学性质以及位错与范性形变的关系等提供了确切可靠的第一手资料，证实了位错理论的一些基本论点及许多细节，为进一步发展范性形变的位错理论奠定了巩固的基础．近年来，高分辨率电子显微镜的发展又使直接观察晶体缺陷的原子图象成为可能．

位错理论也促进了晶界理论的发展．早在 1940 年伯格斯与布喇格就提出了晶界的位错模型[16,17]，在 50 年代这个模型得到了丰富的实验资料的证实．同时愈来愈多的工作揭示了各种类型的晶体缺陷间的内在联系与交互作用，各个领域内的研究工作起了相互促进的作用．从目前的情况来看，晶体缺陷理论的骨架已经确立．我们对于各种缺陷的基本性质以及它们之间的相互作用已经有了一定程度的了解；各种具体材料中晶体缺陷的一些特征，正在被人们注意研究；同时也注意研究晶体缺陷的某些复杂组合的特性，这对于阐明晶体的力学性质将具有重大的意义．另一方面，晶体缺陷理论的应用范围也日益推广，除了传统的范性形变与扩散等问题外，在滞弹性、断裂、相变、晶体的电磁性质、晶体的热学性质、以及催化与表面性质等领域内，这种理论也愈来愈重要．有关晶体缺陷的文献很多，而且分布得很广，这里不可能一一列举．综览整个领域，比较全面的论著有塞格（A. Seeger）在《物理大全》中的专论[18]，范布尔仑（H. G. van Bueren）的专著[19]以及赫许主编的著作[20]．关于位错理论方面，瑞德（W. T. Read）[21]、科特雷耳（A. H. Cottrell）[22]及夫里德耳[23]的三本教科书，对于基本问题给出了清楚扼要的阐述．进一步更深入的探讨可以参阅纳巴罗（F. R. N. Nabarro）[24]以及赫思（J. P. Hirth）与洛底（J. Lothe）的专著[25]．纳巴罗主编的六卷《固体中的位错》提供了有关位错各方面问题的详尽的参考资料[26]．关于金属中的点缺陷，也有一些专著可供参考[27]．

本编分为两章；第六章讨论点缺陷和辐照效应等问题；第七章集中讨论位错，也涉及堆垛层错等问题；至于晶界及相界的问题则将于第四篇的第九章中进行论述．

第六章　点　缺　陷

I.　点缺陷的基本性质

晶体中的点缺陷包括空位、填隙原子、杂质或溶质原子（替代式或填隙式），以及它们所组合成的复杂缺陷(例如空位对或空位集团等)．溶质原子的问题在第二编合金理论中已经讨论过，这里主要只讨论有关空位及填隙原子的问题[27,28]．

§6.1　几何组态

如果在晶体中抽去在正常点阵坐位上的一个原子就造成了点阵的空位；如果在点阵的间隙位置挤进一个同类的原子，则形成一个填隙原子．

经典的空位图象是很简单的：原子抽去后，周围的原子基本上保留在原有的坐位上，留下一个很明确的空位．如果周围原子朝向空位作较大的松弛，或甚至崩塌到空位里面去，那么，就形成一种弥散的空位或者十几个原子构成的松弛集团，类似于局部的熔区，有人称之为松弛群（relaxion）[29]．这两种不同的空位图象，还很难通过直接观察来证实．但晶体的皂泡筏模型对解决这个问题提供了一些线索．在皂泡筏模型的照片[30]（图 6.1）中可以看出，在一般温度(在皂泡筏模型中用机械振动来模拟)下，空位是很明确的，符合于经典的图象；只有在接近于熔点的温度，才和松弛群的图象有些类似．

填隙原子的情况要更复杂些．下面将讨论面心立方晶体中的填隙原子．我们在§4.1中已经讨论过面心立方晶体中的间隙位置，最大的间隙位置是八面体型的[1/2 1/2 1/2]．如果填隙原子处在八面体位置的正中心，将周围的原子稍加挤开，这就是第一种可能的组态(见图 6.2(a)). 所产生的畸变具有球面对称性. 第二种可能的组态为: 填隙原子沿了〈100〉方向偏离一些，将点阵上的一个近邻原子也挤离了平衡位置(见图 6.2(b))，形成一对原子

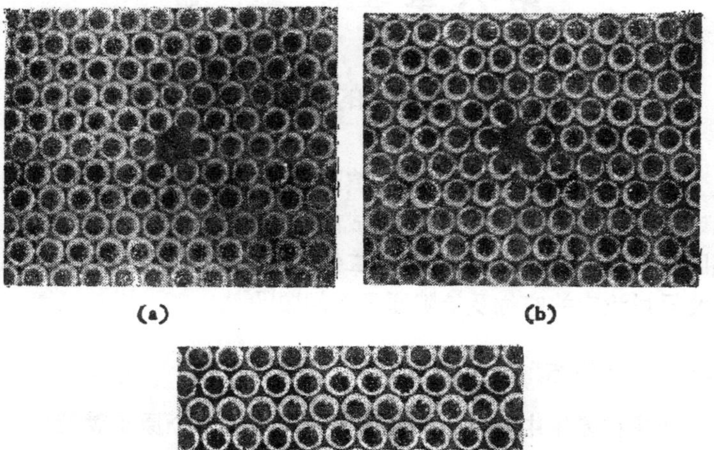

(a)　(b)

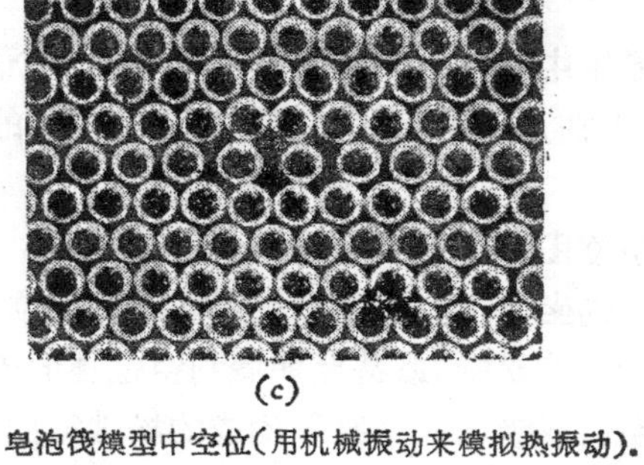

(c)

图 6.1　皂泡筏模型中空位(用机械振动来模拟热振动).
(a) 室温; (b) 约 200℃; (c)接近熔点.

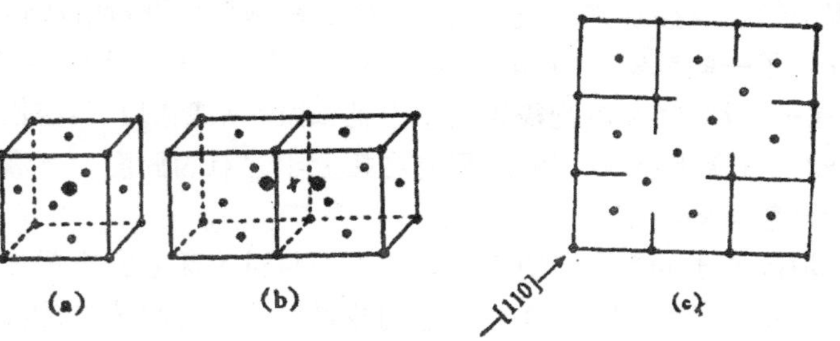

(a)　(b)　(c)

图 6.2　面心立方晶体中的填隙原子.
(a) 体心组态; (b) 哑铃组态; (c) 挤列组态.

的哑铃式填隙组态．所产生的畸变具有四方对称性．另一种是所谓挤列（crowdion）组态：沿密排方向，有（$n+1$）个原子挤占了 n 个原子坐位(图 6.2(c))．只有对这些不同组态的填隙原子的能量进行细致的理论计算后，方能判定那一个组态具有最低的能量,因而是平衡组态．理论计算结果表明哑铃组态能量最低,这已为实验观察所证实[31]．

§ 6.2 点缺陷的形成能

空位的形成能被定义为在晶体内取出一个原子放到晶体的表面上(但不改变晶体的表面能)所需要的能量．为了不影响晶体的表面积,取出的原子应放在晶体表面的台阶处(见图 6.3)．可以用类似的方式来定义填隙原子的形成能：从表面台阶上取出一个原子，挤进晶体的原子间隙中所需的能量．

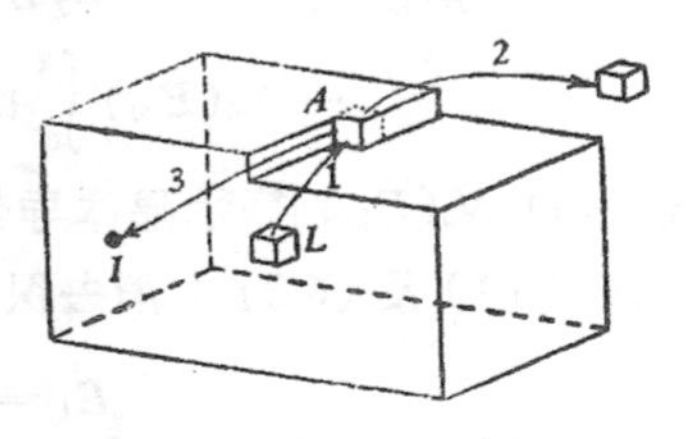

图 6.3 点缺陷的形成．1——形成空位；2——蒸发；3——形成填隙原子．

我们可以对空位的形成能作一简单的估计：设想晶体为面心立方结构，原子间的交互作用限于最近邻．在晶体内取出一个原子要割断 12 个键(面心立方结构的配位数为 12),而在表面台阶处置放一原子,要形成六个键．因此净效应为割断六个键,应和晶体的结合能(即升华能)相等．这样的估计显然是很粗略的，没有考虑到金属键的特征,以及空位周围原子的位移．更精确的计算表明,空位的形成能大约只为结合能的 1/2 到 1/4． 但空位的形成能和结合能之间有密切的关系这一点是符合实验事实的：结合能愈大，熔点愈高,则空位的形成能也愈大．

较精确地计算点缺陷的形成能，需要全面考虑缺陷周围的畸变情况及缺陷对于电子状态的影响，因而是一个复杂的问题．为解决这个问题,各家所采用的方法也不尽相同,这里只能简略地介绍比较有代表性的富米（F. G. Fumi）的计算[32]．

设想按照下述的程序形成空位：

(1) 将点阵中的一个正离子取出，并将所带的正电荷均匀地散布在晶体中，以抵销它的价电子，使整个晶体仍保持电中性．空位的静电效应和一个零价的溶质原子相似，在单价贵金属中，空位的附加电荷为 $-Z_e$ (即 $Z=-1$)，引起导带电子的屏蔽效应 (参看 § 5.9)．达到平衡状态后，空位周围只保留局部的干扰电势 V_p. 设导带的电子浓度为 n，静电能的增加就等于 nV_p 的体积分：

$$E_1 = n\int_0^R 4\pi V_p r^2 dr, \tag{6.1}$$

这里的 r 表示积分元到空位中心的距离，R 表示积分区域的半径．根据电子屏蔽模型，V_p 与 Z 应满足下列关系：

$$-N_0(E_M)\int_0^R 4\pi V_p r^2 dr = Z = -1, \tag{6.2}$$

这里的 $N_0(E_M)$ 表示晶体导带在费密能级 E_M 处的能态密度．从式 (6.1) 及 (6.2) 中消去积分式，即可求出

$$E_1 = \frac{n}{N_0(E_M)}. \tag{6.3}$$

对于自由电子，

$$\left.\begin{aligned} N_0(E) &= CE^{\frac{1}{2}}, \\ n = \int_0^{E_M} N_0(E)dE &= C\int_0^{E_M} E^{\frac{1}{2}}dE = \frac{2}{3}CE_M^{3/2}, \end{aligned}\right\} \tag{6.4}$$

这里的 C 是一个常数．所以，

$$E_1 = \frac{2}{3}E_M. \tag{6.5}$$

(2) 将取出的正离子放在表面台阶上，由于自由电子气的膨胀，造成费密能的下降。根据式 (6.4)，E_M 可表示为

$$E_M = \left(\frac{3}{2}\frac{N}{CV}\right)^{\frac{2}{3}}, \tag{6.6}$$

这里的 N 为晶体中的原子数，V 为晶体的总体积． 体积膨胀了 ΔV，费密能级的变化就等于

$$\Delta E_M = -\frac{2}{3} E_M \frac{\Delta V}{V}. \tag{6.7}$$

现在 ΔV 等于一个原子体积，而 $\frac{\Delta V}{V}$ 就等于 $\frac{1}{N}$；自由电子的平均动能为 $\frac{3}{5} E_M$，因此总的费密能的变化为

$$E_2 = -\frac{2}{3} \cdot \frac{3}{5} E_M = -\frac{2}{5} E_M. \tag{6.8}$$

E_1 与 E_2 的迭加就等于空位的形成能（忽略了畸变能）

$$E = E_1 + E_2 = \frac{4}{15} E_M. \tag{6.9}$$

这样定出的 E，大体上符合于实验的结果，但偏高一些。后来富米应用夫里德耳的理论改进了计算，求出

$$E_1 + E_2 = \frac{1}{6} E_M. \tag{6.10}$$

另一方面，再估计到空位周围的原子略有松弛，可能降低能量；因而有第三项能量 E_3。对铜的估计值为−0.3 电子伏。这样，E_1，E_2，E_3 三项的叠加就接近于实验值（参看表 6.1 及表 6.2）。

空位引起的畸变较小，在形成能的计算中，电子能占了首要的地位，畸变能只引起附加的校正项；在填隙原子的情形，正好相反，畸变能占了首要的地位。长程的弹性畸变可以用连续弹性介质模型来处理（类似于 § 5.5 中所述的方法）；对于近程的畸变，就应采用更确切的点阵模型（考虑各原子按照特定的势函数交互作用，通过繁复的数值计算，可以确定最低能量的组态.）。计算的结果表明，填隙原子具有较大的形成能，比空位大好几倍；而在面心立方晶体中三种可能的填隙原子的组态中，以哑铃组态（图 6.2(b)）能量为最低，应为平衡组态[33,34]。点阵模型对空位周围原子组态的计算结果表明，在密集结构中，原子位移不大（小于 5%），接近于经典的空位图象；和松弛群并不相象（在计算中没有考虑原子热运动的影响）。在表 6.1 列出金属中点缺陷形成能的一些理论计算值。

表 6.1　贵金属中点缺陷的形成能(理论计算值)

(根据文献 [35], 并作了补充)

缺陷类型	金属	形成能(电子伏)	作　者
空　位	Cu	0.8—1.0	富米
		1.3—1.5	亨丁顿
	Ag	0.6—0.92	富米
	Au	0.6—0.77	富米
填隙原子	Cu	4—5	亨丁顿
		2.5—2.6	特沃特 (Tewordt)[66,36]
		3	塞格等[37]

数个点缺陷也可能组合起来形成能量更低的缺陷集团，例如空位对,三空位,空位集团，以及点缺陷与杂质原子的组合等．集团中单个缺陷的形成能的总和与缺陷集团的形成能的差值就代表缺陷集团的结合能．也有人对空位对,三空位的结合能作过计算．由于对它们的原子组态还不清楚,结果分歧很大,都不甚可靠．拉扎留斯 (D. Lazarus) 用简单的电子屏蔽模型计算了单价贵金属中杂质原子(价数为 $Z+1$) 与空位的交互作用能[38]

$$E = -\frac{Ze^2}{r}\exp(-qr)\,. \tag{6.11}$$

银的屏蔽常数为 $q \simeq 1.7$ [埃$^{-1}$],原子的平均半径 $r_0 = 2.9$ [埃]，若 $Z=2$，则 $E \simeq 0.07$ 电子伏．利用这个关系可以解释为什么银中杂质原子的扩散系数是和原子价有关的．

§ 6.3　热平衡态的点缺陷

点缺陷的存在使晶体的内能增加;但另一方面,由于混乱程度的增加,也使晶体的熵加大．根据自由能表示式 $F = U - TS$ 可以看出，一定量的点缺陷有可能使晶体的自由能反而下降．根据自由能极小的条件,可以求出在热力学平衡状态下的点缺陷浓度．

设想晶体中总共有 N 个原子坐位．形成 n 个空位可以有

$N!/(N-n)!n!$ 种不同的方式，因此组态熵的增加为

$$S_c = k\ln\frac{N!}{(N-n)!n!}$$

$$\simeq k[N\ln N-(N-n)\ln(N-n)-n\ln n]. \quad (6.12)$$

晶体的自由能即可表示为

$$F = n(U_f - TS_f) - kT[N\ln N - (N-n)\ln(N-n) - n\ln n], \quad (6.13)$$

这里的 U_f 为形成一个空位的能量，S_f 为形成一个空位，改变了周围的原子振动所引起的振动熵. 在平衡态自由能为极小值，即

$$\frac{\partial F}{\partial n} = 0,$$

就可求出(考虑到 $N \gg n$) 平衡态的空位浓度

$$c \simeq \frac{n}{N-n} = \exp[-(U_f - TS_f)/kT]$$

$$= A\exp(-U_f/kT), \quad (6.14)$$

这里的

$$A = \exp(S_f/k). \quad (6.15)$$

用类似的方式可以求出填隙原子的浓度表示式。平衡浓度随温度的上升而增加，其数值和点缺陷形成能的关系很大。一般金属中，U_f 的数值约为 1 电子伏，关于 S_f 尚无可靠的计算值，一般估计因素 A 约在 1—10 之间. 在接近于熔点的温度，空位浓度可高达 10^{-3}—10^{-4}。填隙原子的形成能较大(为空位的 3—4 倍)，对应的平衡浓度就非常小，通常可以忽略不计.

点缺陷的存在使传导电子受到散射，产生附加的电阻。附加电阻的大小和点缺陷浓度成正比，因而可用来作为点缺陷浓度的标志. 从附加电阻和温度的关系可以定出空位的形成能. 有两种不同的测量方法：一种是直接在高温测量电阻对温度的曲线，曲线上的异常部分归结为空位的影响；另一种方法是将样品淬火，令金属迅速冷却下来，过饱和的空位就被冻结，可以保留到室温或低温. 根据不同温度淬火后电阻测量的结果，也可求出空位的形成

能. 在表 6.2 中列出了一部分的实验结果,和表 6.1所列理论计算结果大致相符.

淬火是金属热处理的基本方法之一，传统用来保留高温的合金相或产生亚稳的过渡相(如钢中的马氏体). 但认识到淬火可以保留过饱和的空位还是比较迟的事（这方面的总结可参看文献[39]). 过去在纯金属方面工作较多,对于澄清金属中空位的性质起很大的作用. 对一些合金的淬火效应的研究表明，空位的冻结在许多传统的热处理过程(例如铝合金的时效)中也起很重要的作用,值得注意[40].

谬勒（E. W. Müller）发展了场离子显微镜技术，能够分辨金属表面上的原子排列，直接观察到表面层中的空位[41]；并用低温蒸发的方法，使表面层逐层脱去，就可以显示出原存于体内的空位. 谬勒用这种方法直接测出了淬火铂样品中的空位浓度为 5.9×10^{-4}. 根据淬火温度 1500℃ 和式 (6.15)（设 A 为 1),求出了

表 6.2　空位的形成能(实验值)[31]

金属	U_f(eV) 淬火	U_f(eV) 正电子湮灭	U_f(eV) 最佳值
Au	0.94	0.97	0.95
Al	0.69	0.66	0.67
Pt	1.51	—	1.51
Cu	1.27	1.29	1.28
Ag	1.10	1.16	1.13
W	<3.9	—	<3.9
Mo	~3.2	—	~3.2

铂中空位的形成能为 1.1 电子伏，和电阻法测定的结果相近似(参看表 6.2).

表 6.3　空位对与单空位浓度的比值

温度 T(K)	1000			500		
结合能 E_b（电子伏）	−0.2	−0.3	−0.4	−0.2	−0.3	−0.4
比值 c_2/c	0.02	0.06	0.2	0.2	2	20

如果知道了空位集团的结合能 E_b，也可以约略地估计其平衡浓度. 兹以空位对为例，作一说明. 空位对与单个空位间的平衡关系和双原子气体分子的分解平衡相似

$$AB \rightleftharpoons A + B.$$

按照分解平衡的统计理论[45]，空位对的浓度 c_2 与单空位的浓度 c 应满足下列关系：

$$\frac{c_2}{c} = Azc\exp\left(-\frac{E_b}{kT}\right), \quad (6.16)$$

这里的 A 为一常数，z 为配位数。由于空位对具 z 个不同的位向，所以其组态数应乘上 z 这个因素. 表 6.3 列出了不同温度下 c_2/c 与 E_b 的关系. 可以看出，结合能的绝对值愈大，温度愈低，空位结合成空位对的倾向也就愈加显著。

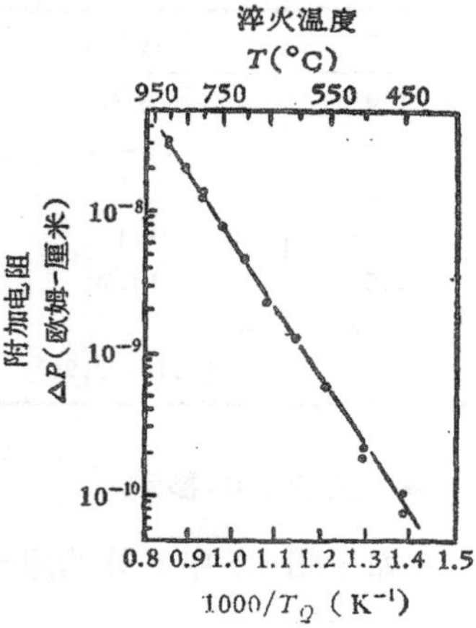

图 6.4 淬火金样品的附加电阻与淬火温度的关系[43].

§ 6.4 点缺陷对物理性能的影响

晶体中有了点缺陷，其一系列的物理性能都会受到影响[35]. 比较引人注意的是点缺陷对于密度及电阻的影响：

(a) 密度与线度 如果在点阵中取走一个原子，放到表面上去，点阵就形成一个空位. 如空位周围原子都不移动，则应使晶体体积 V 增加一个原子体积，而点阵参数 a 保持不变. 但是实际上空位周围原子会产生位移，因此 V 及 a 都有变化. 理论计算的结果表明，填隙原子引起的体膨胀约在 1～2 原子体积，而空位的体膨胀则约为 0.5 原子体积.

(b) 电阻 点缺陷对于传导电子产生附加的散射，引起电阻的加大. 关于点缺陷的电阻的理论计算，一般是套用夫里德耳的合金理论，将点缺陷看为零价或一价的杂质的原子. 但是填隙原子所引起的畸变较大，效应不易正确估计，结果的差异也较大(参

看表 6.4).

表 6.4 点缺陷产生的附加电阻(微欧姆-厘米%)[99]

空位	填隙原子	计　算　者
0.4	0.6	德克斯特 (Dexter)
1.3	4.5～5.5	琼根伯格 (Jongenburger)
1.28		阿培耳 (Abelès)
1.28	1.41	布拉特 (Blatt)
1.5	10.5	奥佛好塞 (Overhauser) 等
1.67		塞格
	2(1.16～2.90)	颇特 (Potter)

§ 6.5 点缺陷的移动

如果图 6.5 中 B 处的原子跳入 A 处的空位，就相当于空位自 A 移至 B，在过程中原子应通过中间的位置 C. 当原子处在 C 位置上（见图 6.5）时，引起点阵的畸变较大，因而能量较高，被称为鞍点组态. 鞍点组态和正常空位组态的能量差即相当于空位移动的激活能. 由于鞍点组态实质上处于不平衡状

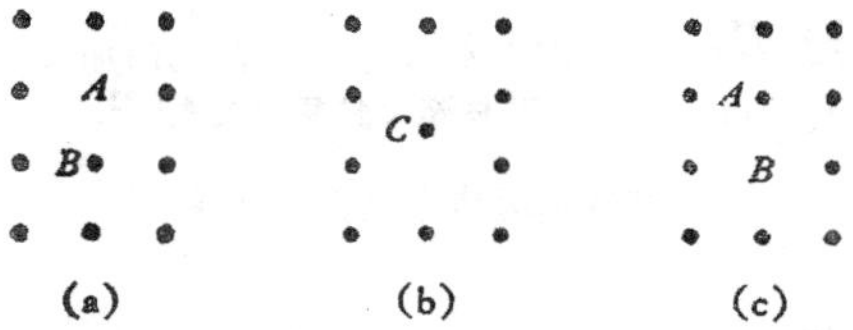

图 6.5 空位自 A 位置 (a) 移至 B 位置 (c)，(b) 鞍点组态.

表 6.5 点缺陷移动的激活能(计算值)[35]

缺陷类型	金属	移动激活能 (eV)	作　者
空　位	Cu	1	亨丁顿
空位对	Cu	0.4 0.15	巴特勒特 (Bartlett) 等 洛默 (Lomer)
三空位	Cu	1.75	达马斯克 (Damask) 等[46]
填隙原子	Cu	0.07—0.27 0.08 0.6—0.7	亨丁顿 约翰逊 (Johnson) 等[33] 塞格等[47]

态，很难精确地计算它的能量. 因此点缺陷移动激活能的计算值存在有较大的分歧(参看表 6.5).

空位周围的原子经常作不规则的热运动，当其所具有的动能超过移动激活能 U_m 时，即可越过势垒跳入空位，使空位跃进一个原子间距. 如果原子的振动频率为 ν_0，点缺陷的移动频率为

$$\nu = Az\nu_0\exp(-U_m/kT), \tag{6.17}$$

这里的 z 表示配位数，A 为决定于移动激活熵 S_m 的一个因素，通常在 1～10 之间. 因此点缺陷不是静止的，而是在不断地作不规则的布朗运动. 空位的布朗运动所造成的原子迁移就是晶体中的自扩散. 自扩散决定于空位的浓度和空位跃迁的频率，因此金属的自扩散的激活能应为空位的形成能与移动激活能的总和. 从自扩散激活能的测定值减去空位形成能即得出移动激活能（详见第十章). 另一方面，过饱和的点缺陷作不规则的布朗运动时，可能碰到点缺陷的漏洞(例如自由表面，晶界，位错等)，即消失在漏洞中，引起了点缺陷的回复. 回复过程的快慢是和温度和移动的激活能有关的，如果肯定了参与某一回复过程中点缺陷的实质，则从缺陷回复的实验中也可以直接定出点缺陷的移动激活能（参看表 6.6).

表 6.6　点缺陷移动激活能的实验值（电子伏）[31]

金属	U_m 淬火	U_m 辐照后退火第 III 阶段	U_m 最佳值	U_{sd} 自扩散激活能最佳值	$U_{sd}-U_f$ 最佳值
Au	0.83—0.89	0.81	0.83	1.76	0.81
Al	0.65	0.59	0.62	1.28	0.61
Pt	1.42	1.43	1.43	2.9	1.39
Cu	0.72	0.70	0.71	2.07	0.79
Ag	—	0.66	0.66	1.76	0.63
W	1.8	1.69	1.7	<5.7	~1.8
Mo	1.3—1.9	1.29	1.3	~4.5	~1.3

II 辐照效应

通过适当的处理过程，例如高能粒子的辐照、高温的淬火、冷加工等，可以在晶体内产生超出平衡浓度的点缺陷。近年来由于反应堆技术的需要，对于固体材料的辐照效应进行了全面而深入的研究，有助于我们了解晶体中点缺陷对性能的影响，以及有关点缺陷本身的性质。这里将对金属的辐照效应作一概括的介绍，偏重于和基本性质有关的问题，详细的总结可以参看文献[48]。

§6.6 辐照效应的一般介绍

原子能的发展，对于金属研究提出了一个新的课题：即高能粒子对于金属材料性能的影响。反应堆中应用的金属材料都是在强辐照条件下工作的，辐照对于材料性能所引起的一些特殊效应就特别令人注意：例如铀棒在辐照下的伸长，石墨在辐照下累积的潜能，钢板的脆性转变温度的升高等，都会影响到反应堆的工作情况。如果不予注意，将会造成严重的事故。因此，有不少工作是为了累积辐照对反应堆结构材料性能影响的数据，以供反应堆设计工作者的参考。但是为了了解辐照对材料性能影响的规律性，也有不少研究工作注意于辐照效应机制的阐明。另一方面，通过辐照，可以控制在金属中点缺陷的数量，对于研究晶体缺陷的本质问题，很有帮助。

高能粒子在固体中所产生的辐照效应有三种类型：

(1) **电离** 在离子晶体中产生色中心，在高分子材料中引起键的破坏，但在金属中除了发热以外，没有其他的效应。

(2) **蜕变** 这种效应在裂变材料中特别显著。在高温(400℃以上)铀棒的肿胀(swelling)，就是蜕变所产生的惰性气体的效应。

(3) **离位** 使点阵中的原子离开了正常的坐位，产生空位和填隙原子(即所谓夫仑克耳缺陷)，这是金属中最主要的辐照效应。

以下的讨论都限于这方面的问题.

最重要的辐照源是反应堆,主要是利用快中子(能量大于 1 兆电子伏)的效应. 其他象加速器中高能的电子及离子,强的 γ 射线(如钴 60 的射线)也可在金属中引起比较轻微的效应. 对于离子晶体,弱的辐射如紫外线及X射线也可以引起显著的辐照效应.

表 6.7 各种射线的辐照效应

辐射类型	能量(电子伏)	行程	电离效应	离位效应	蜕变效应
紫外光	$10—10^3$	不定	有	无	无
X射线	$10^3—10^5$	厘米—米	有	无	无
γ 射线	$10^5—10^8$	厘米—米	有	少量	无
中子(热)	0.01—0.1	不定	无	无	有
中子(快)	$10^4—10^7$	厘米	无	有	少量
带电核子	$10^4—10^9$	微米到毫米	有	有	少量
带电重离子	$10—10^4$	<1000 埃	有	有	无
裂变碎片	$\simeq 10^8$	1—10 微米	有	有	有
电子	$\geqslant 10^6$	0.1—1 毫米	有	有	无

§6.7 辐照对金属性能的影响

这里将辐照对金属性能的影响作一简略的介绍.

(a) *密度与线度* 对于一般的金属,辐照引起了体膨胀,但效应不十分显著. 在室温下,辐照引起密度的变化很少超过 0.1—0.2%. 所引起的体膨胀可以用夫仑克耳缺陷的效应来解释.

在反应堆中受辐照的 α 铀单晶体,显示出特殊的辐照生长(radiation growth)的现象:辐照引起晶体线度异常的变化. 令 G_i 表示辐照的生长系数

$$G_i = \frac{\ln(L/L_0)}{n_f/n_0}, \tag{6.18}$$

这里 L_0 及 L 分别表示晶体在辐照前后的线度, n_0 为单位体积中原子数, n_f 为单位体积中产生裂变的原子数. 表 6.8 列出了实验的结果. 在 [010] 向产生显著的膨胀,而在 [100] 向有对应的收缩,这种辐照生长现象,显然和 α 铀晶体显著的各向异性的晶体结

构 (α 铀属于三角晶系)有关．关于辐照生长的机制，尚未得出定论．有两种推测：一种意见认为是空位及填隙原子各向异性的扩散所引起的．另一种意见则认为是点缺陷凝聚成位错圈的效应(参看§7.21)．直接观察的结果支持后一种看法．

表 6.8　α 铀单晶的辐照生长系数

(在 100℃，辐照到产生 0.1% 的裂变)[48]

晶轴方向	辐照生长系数 G_l
[100]	-420 ± 20
[010]	$+420\pm20$
[001]	0 ± 20

(b) 潜能　辐照在晶体中产生的缺陷，使晶体的潜能增加．在缺陷回复的过程中，潜能就被释放出来．在图 6.6 中表示了石墨在辐照中所累积的潜能，及 1000℃ 退火对潜能的影响．从图中可以看出，即使在 1000℃ 的退火尚不足以将累积的潜能全部释放出来．

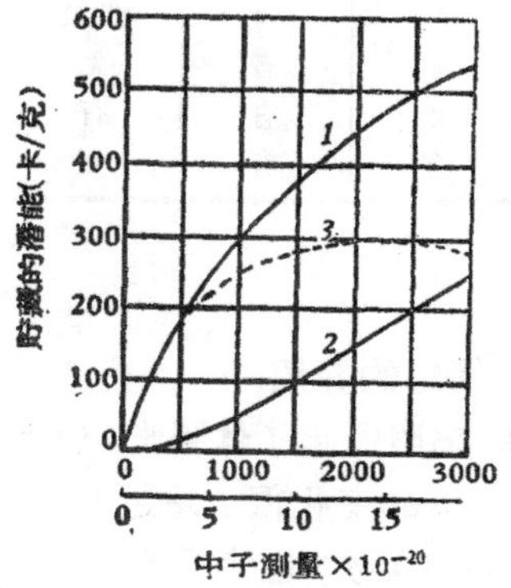

图 6.6　石墨在中子辐照下潜能的累积．

1——辐照下情况；

2——1000℃退火后的情况；

3——1000℃退火中释放的潜能．

(c) 电阻　很多工作测量了辐照对金属电阻的影响．图 6.7 表示了在 20K 随了辐照时间的增长，附加电阻相应地加大[48]；而在图的左侧表示出了退火温度的影响，使附加电阻逐渐消除．辐照对金属电阻的影响在技术上虽没有什么重要性（在室温，金属电阻的变化不大)，但由于电阻的测量比较简便而且容易精确，在辐照效应机制的研究工作中常应用电阻的变化来追踪金属中缺陷的演化情况．

(d) 晶体结构　对于有序合金有比较突出的影响，辐照很显著地破坏了合金的有序度．在铀钼合金中，中子辐照将高温相稳定到室温.

(e) *力学性质* 辐照引起金属的强化和变脆，在以后将作较详细的讨论.

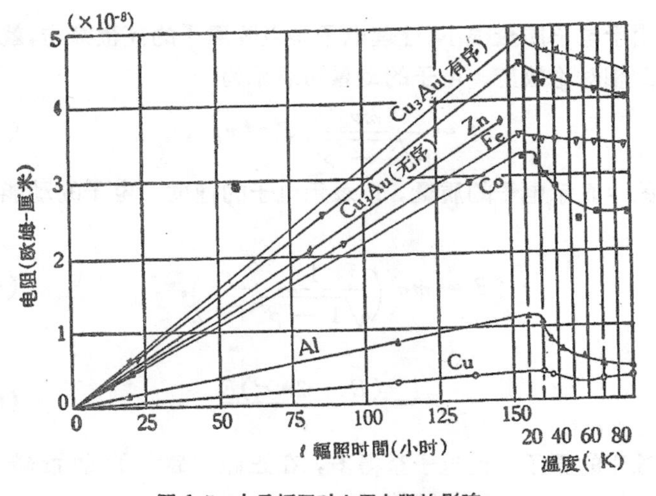

图 6.7 中子辐照对金属电阻的影响.

§ 6.8 高能粒子与点阵原子的碰撞

辐照效应理论首先接触到的问题，就是高能粒子和点阵中原子的碰撞。弹性碰撞中的能量转移，可能使原子离位，形成一对夫仑克耳缺陷. 这里牵涉到能量转移及散射截面的计算以及对于离位阈能 E_d（点阵中原子离位所需要获得的最低能量值）的估计. 本小节中先讨论前面两个问题，对于离位阈能的理论处理将在下一小节中讨论.

(a) *弹性碰撞中的能量转移* 重粒子的轰击，可以采用经典力学方法来处理(参看附录 6-I). 设轰击的粒子的质量为 M_2，动能为 E，点阵中被撞原子的质量为 M_1，初速为零（热运动可以忽略不计），弹性碰撞中转移能量的极大值为（出现于正碰的情况）

$$T_m = \frac{4M_1M_2}{(M_1+M_2)^2}E. \tag{6.19}$$

如果 $M_2 \gg M_1$，近似地，

$$T_m \simeq \frac{4M_1}{M_2}E. \tag{6.20}$$

由于电子质量很小，处理电子与点阵原子的离位撞击，就应该考虑到相对论效应．电子的动量可表示为

$$p = \frac{mv}{\sqrt{1-\beta^2}},\ \beta = v/c, \tag{6.21}$$

这里的 m 表示电子的质量，v 表示电子的速度．电子的动能可表示为

$$E = mc^2\left(\frac{1}{\sqrt{1-\beta^2}} - 1\right), \tag{6.22}$$

因而

$$p^2 = \frac{(E+2mc^2)E}{c^2}. \tag{6.23}$$

由于被碰的原子要比电子重得多，在正碰中最大的动量转移为 $2p$，转移能量的极大值就等于

$$T_m = \frac{4p^2}{2M_2} = \frac{2E}{M_2c^2}(E+2mc^2). \tag{6.24}$$

如果知道了点阵中原子的离位阈能 E_d 的数值，使它等于 T_m，我们就可以根据式(6.24)及式(6.20)算出产生离位效应轰击粒子所应具有的最低能量．表 6.9 列出了将 E_d 设为 25 电子伏的计算结果．值得注意的是，不同类型的轰击粒子，差异很大．产生离位轰击的电子需要兆电子伏数量级的能量；而中子及质子就小得多，只需数百电子伏；如果轰击粒子的质量和被轰原子很接近(例如核裂片)，产生离位轰击不一定要高能粒子，具有数十电子伏的能量也就够了．近年来对于低能离子(汞离子，氩离子)轰击下的金属溅射效应(sputtering)的研究，证实了溅射实质上是一种金属表面的辐照效应[49]，但由于低能离子在金属中行程很短，只能在表面或薄膜样品(薄于 1000 埃)中产生效应．

表 6.9 产生离位的最低轰击能量(设 $E_d = 25$ 电子伏)

静止原子的原子量	10	50	100	200
中子，质子(电子伏)	76	325	638	1263
电子，γ 射线(电子伏)	0.10×10^6	0.41×10^6	0.68×10^6	1.10×10^6
α 粒子(电子伏)	31	91	169	325
核裂片，质量数为 100(电子伏)	76	28	25	28

(b) 散射截面　粒子作弹性碰撞的几率可以用散射截面来表示(参看附录 6-I)。对于中性的粒子，碰撞可以看为刚球型的，能量转移在 T 及 $T+dT$ 间的散射截面(微分散射截面)为

$$d\sigma = \frac{\sigma_t(E)}{T_m}dT, \tag{6.25}$$

这里的 $\sigma_t(E)$ 为具有能量 E 的粒子的总散射截面。中子的 σ_t 约在1—10靶恩[1)]，随着 M_2 的加大而增加。因此对于中子，散射截面和能量转移值无关，转移的平均能量即为

$$\bar{T} = \frac{1}{2}T_m. \tag{6.26}$$

粒子的总散射截面 σ_t 决定了粒子的平均自由程

$$L = \frac{1}{n_0\sigma_t}, \tag{6.27}$$

n_0 为原子密度，对于一般材料，在 10^{22}—2×10^{23} 之间。因而中子在物质中具有很长的平均自由程(~1—100 厘米)，撞击到原子的几率很小。

带电的粒子与点阵中的原子有电交互作用，因而散射截面就要另作计算。一般情形下，带电粒子与原子间的交互作用势是屏蔽的库仑势能

$$V(r) = \frac{e_1e_2}{r}\exp(-r/a), \tag{6.28}$$

这里的 $e_1 = Z_1e, e_2 = Z_2e$ 分别表示投入粒子和点阵离子的电荷，r 为粒子间的距离，a 为一屏蔽常数。

1) 1 靶恩 $=10^{-24}$厘米^2.

令 b 表示投射粒子的最接近距离，满足下列关系 $\left(\mu\right.$ 表示折合质量，$\left.\mu=\frac{M_1M_2}{M_1+M_2}\right)$：

$$\frac{|e_1e_2|}{b}=\frac{\mu V^2}{2}. \tag{6.29}$$

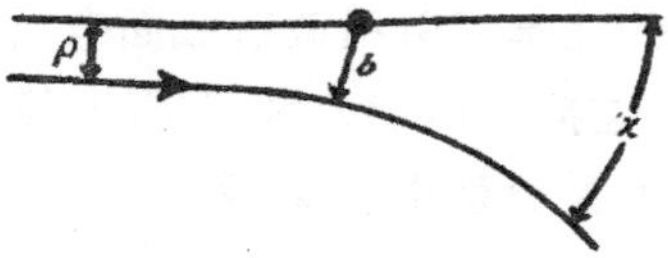

图 6.8　散射过程中最近距离.

可以根据屏蔽的强弱，分下述两种情况来讨论：

(1) 弱屏蔽，$b \ll a$，粒子穿入电子云的内部，相当于纯库仑作用，得到的是经典的卢瑟福(Rutherford) 散射公式

$$d\sigma=\frac{\pi b^2}{4}T_m\frac{dT}{T^2}. \tag{6.30}$$

$d\sigma$ 与 T^2 成反比，表示低能量转移的散射概率较大．总的散射截面要比中子的大得多，相应地平均自由程就很短，只有数个原子间距．

(2) 强屏蔽，$b \gg a$，则可以采用刚球型碰撞近似．被撞出的初生原子(带电的)在晶体内所作的次级碰撞，就可以用这种近似来描述．

在上面的考虑中，忽略了粒子和点阵的非弹性碰撞．实际上高能的带电粒子穿过晶体时，非弹性碰撞具有更高的概率．粒子将大部分能量消耗于电离．因而决定带电粒子在固体内部的行程的，主要是电离效应，但是由于电离不会在金属中产生缺陷，这里就不去深究．

§ 6.9　原子碰撞的级联过程

点阵的原子被撞以后的行为是决定辐照效应的关键问题．如果接受的能量小于一临界值 E_d (离位阈能)，将不产生离位原子，相当于产生了一个局部热点，称为热峰 (thermal spike)；如果接受的能量大于 E_d，则原子离开了正常的点阵坐位，产生了一个空

位和填隙原子对；如果离位的原子获得足够大的能量，它和点阵中其他的原子的碰撞，继续产生离位原子（所谓次生的离位原子），形成一复杂的级联过程（cascade process）．长期以来，对于级联过程中具体的情况是不清楚的，也有人提出一些理论性的猜测，但都缺乏根据．范亚德（G. H. Vineyard）等采用点阵模型作了比较确切的计算[34]，方始澄清了这个问题．

他们选择铜晶体中的一个区域作为理论计算的模型，其中包含的原子数约一千个．原子间的互斥作用可以用下列的玻恩-梅耶（Born-Mayer）势函数来表示：

$$\varphi = A\exp[-\rho(r - r_0)/r_0], \tag{6.31}$$

这里的 r 表示原子间的距离，r_0 为原子间的平衡距离，A 及 ρ 为两个常数，可根据金属的弹性系数的数据导出．列出各原子的运动方程，并在周界上加以弹性的及耗散性的作用力来模拟环境的影响．设想其中有一原子受到高能粒子的撞击，获得了一定的初始动能和动量．用电子计算机求出诸运动方程的解：即得出晶体中各原子运动的轨迹，具体反映出辐照后各原子运动的情况．在静止后各原子的位置就代表在级联过程后点阵的情况．图 6.9 示出

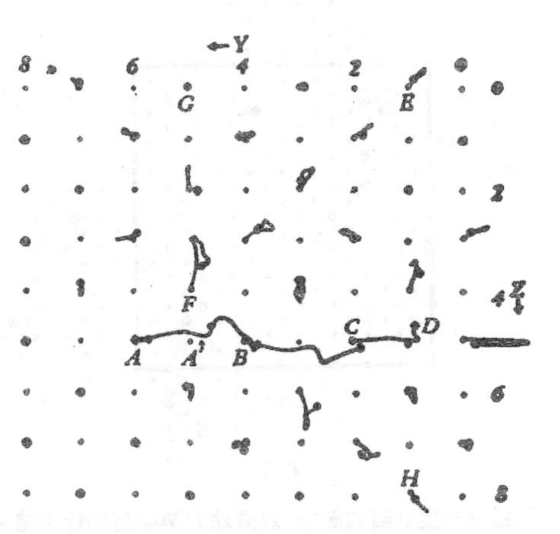

图 6.9 辐照产生缺陷的图象（点阵动力学模型的计算结果）．A原子被撞击和 $-Y$ 轴成 15°，获得的动能为 40 电子伏．

了受撞原子具有 40 电子伏的计算结果，具体表示出各原子运动的轨迹．从图上可以看出，在 A 处留下一个空位，D 处产生一填隙原子．在 B 处及 C 处发生了置换碰撞（replacement collisions），即撞

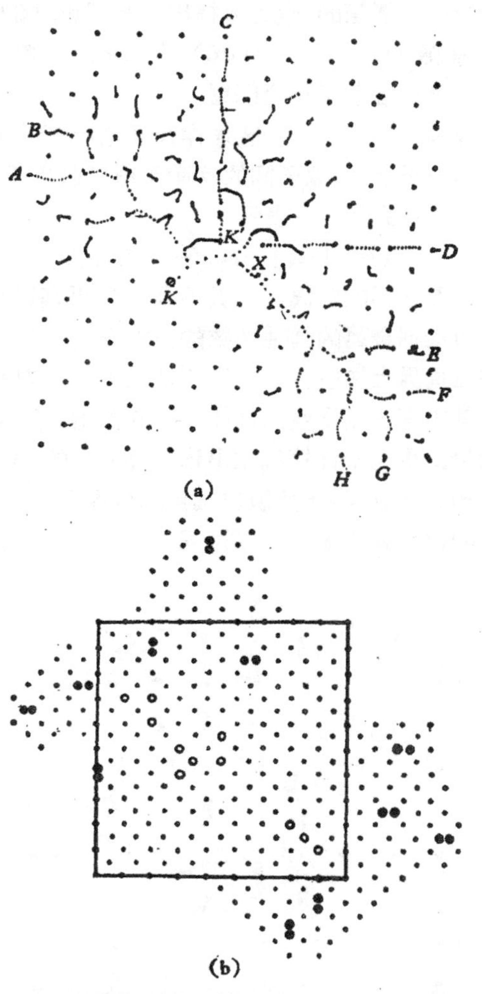

图 6.10　辐照产生缺陷的图象(点阵动力学模型的计算结果).

(a) 沿 (100) 面，和 [011] 夹角为 10° 的撞击，转移的能量为 400 电子伏；

(b) 根据 (a) 估计产生的缺陷，空位以圆圈表示，填隙原子为双黑点.

来的原子置换了点阵中原有的原子．沿了〈110〉及〈100〉方向的行列 AD, AE, FG, BH 产生了聚焦碰撞 (focusing collisions)，即碰撞的动量优先地沿了密排的行列传递．但是除 AD 列以外，其他各列的原子都倾向于返回原来位置，总的效应是产生一对夫仑克耳缺陷和两个置换碰撞． 图 6.10 示出了受撞原子接受 400 电子伏动能的计算结果．受撞的原子原来在 K 处，移至 K'．而 A, B,···, H 等聚焦碰撞的行列到周界上还在起作用． 图 6.10(b) 示出了对于終了后效果的估计，产生了 11 个空位和 11 个填隙原子(哑铃组态)，空位集中中心的区域，填隙原子分布在外围，和勃林克曼 (J. A. Brinkman) 所设想的离位峰 (displacement spike) 有些相似[48]．

聚焦碰撞的效应也从更简单的模型导出[50]：设想沿 x 轴有一列整齐排列的刚球，S 为两球心间的间隔，D 为球的直径（见图 6.11）．根据球体的碰撞关系可以求出，如果第一球沿着和 x 轴夹

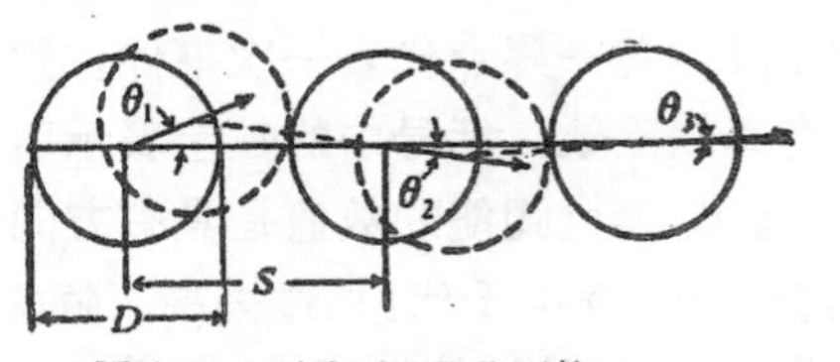

图 6.11 刚球列的聚焦碰撞．

角为 θ_1 的方向撞向第二球，则第二球撞出的偏向角为

$$\theta_2 = \arcsin\left[(S/D)\sin\theta_1\right] - \theta_1. \tag{6.32}$$

如果球体间隔不大，则可能产生 $\theta_2 < \theta_1$，因而一般地 $\theta_{i+1} < \theta_i$，如果 θ_1 很小，即式(6.32)可以简化为

$$\theta_2 = (S/D - 1)\theta_1. \tag{6.33}$$

可以看出，聚焦碰撞的条件为

$$\frac{S}{D} < 2。 \tag{6.34}$$

汤姆森 (M. W. Thompson) 等用质子轰击金单晶薄膜，观察所引起的原子溅射的效应[51]，在沿了一些晶体密排方向看到特别

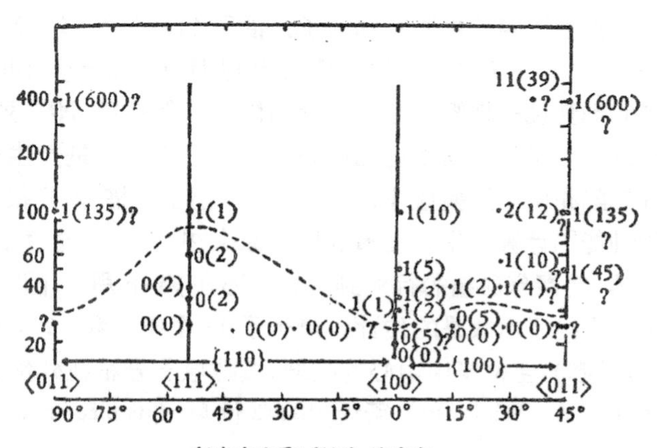

图 6.12 转移的能量与离位原子数的关系(点阵动力学模型计算结果)

强的溅射痕迹，证实了聚焦碰撞的理论. 最近用场离子显微镜直接观察 α 粒子对金属的轰击，也看到聚焦碰撞的迹象.

范亚德等对于不同的动能和动量所进行理论计算的结果，汇列在图6.12中，其中每一黑点代表一次事件，黑点旁的数字表示所产生的夫仑克耳缺陷数，括号中的数字表示所产生的置换碰撞数. 从图中可以看出，离位阈能的数值是具有方向性的，在⟨100⟩及⟨110⟩向最低，接近于25电子伏，和过去亨丁顿的计算相符[48]，而沿⟨111⟩向却要大得多，估计接近于85电子伏.

在上述的计算中，由于初始的动能受到计算条件的限制，还没有足够的数据足以求出离位原子总数 ν 与初生原子能量 E 的函数关系，而这个函数关系是定量计算辐照所产生缺陷数所必须的. 一般对于 $\nu(E)$ 的计算往往是在一些简化的模型（假定所有碰撞都是二元的，忽略晶体点阵结构的影响）上进行的. 由于模型的细节上的一些差异，计算的结果也有一定的分歧. 这里只简单介绍金兴 (G. H. Kinchin) 与皮斯 (R. S. Pease) 的计算：他们假定所有碰撞都是刚球型的. 当初生原子的能量大于电离阈能 E_i 时，只产生非弹性碰撞；当小于 E_i 时，则只产生弹性碰撞. 假定初生原子的能量 E 满足条件 $E_i > E > 2E_d$. 它和另一原子碰撞后，

保留能量 E_1'，有能量 E_2' 转移给被撞原子，即

$$E_1' + E_2' = E. \tag{6.35}$$

现在有两个原子可以分别产生离位碰撞．如果 $E_1' \geqslant E_d$, $E_2' \geqslant E_d$，这两个原子产生的离位原子数将分别为 $\nu(E_1')$ 及 $\nu(E_2')$． 考虑到在刚球型碰撞中，能量对分在单位能量范围内的概率为 $1/E$（参看式(6.27)），原子 1 及原子 2 所产生的平均离位原子数可分别表示为

$$\int_{E_d}^{E} \frac{1}{E}\, \nu(E_1')dE_1 \quad 及 \quad \int_{E_d}^{E} \frac{1}{E}\, \nu(E_2')\, dE_2.$$

两者相加应等于 $\nu(E)$，因而求出 $\nu(E)$ 所满足的基本积分方程

$$\nu(E) = \frac{2}{E}\int_{E_d}^{E} \nu(E')dE'. \tag{6.36}$$

两侧乘以 E，再对 E 微分，上式即转化为一微分方程

$$E\,\frac{d\nu}{dE} = \nu, \qquad E_i > E > 2E_d, \tag{6.37}$$

其解为 $\nu(E) = CE$．常数 C 可由条件 $\nu(2E_d) = 1$ 定出，使和 $E \leqslant 2E_d$ 的解匹配，因此总的结果可以表示为

$$\left.\begin{aligned} &\nu(E) = 1, && 0 < E < 2E_d; \\ &\nu(E) = \frac{E}{2E_d}, && 2E_d < E < E_i; \\ &\nu(E) = \frac{E_i}{2E_d}, && E > E_i. \end{aligned}\right\} \tag{6.38}$$

结果表示在图 6.13 中，在图上也示出了塞兹与哈里森（W. A. Harrison）所作的计算，结果是大同小异的[48]．

在单位体积内辐照所产生的离位原子数 N_d 即可表示为

$$N_d = \phi t n_0 \sigma_d \bar{\nu}, \tag{6.39}$$

这里的 ϕ 为辐照粒子的通量密度，t 为辐照时间，n_0 为样品中单位体积中的原子数，σ_d 为产生离位碰撞的原子截面，$\bar{\nu}$ 为 ν 对于不同能量的初生原子所求出的平均值． 在中子辐照的情形，$\bar{\nu}$ 可以表示为 $\nu(\bar{T})$，这里的 $\bar{T}$ 表示初级碰撞中能量转移的平均

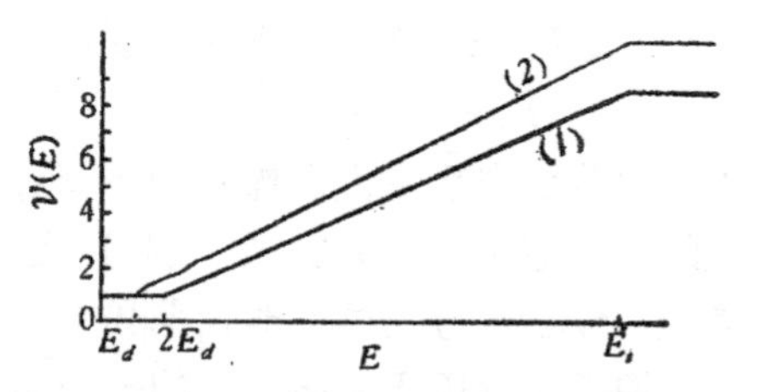

图 6.13 ν 值与能量的关系(理论计算值).
1——金兴与皮斯的计算; 2——哈里森与塞兹的计算.

值. 按照式(6.19)及式(6.26), 加乘一校正因素 f

$$\bar{T} = f[2M_1M_2/(M_1 + M_2)^2]\bar{E}, \qquad (6.40)$$

这里的 $\bar{E}$ 为轰击中子的平均能量, f 为快中子散射中各向异性及非弹性散射所引起的校正因素,对于一般反应堆中子的轰击,通常取 f 值为 2/3. 表 6.10 列出了对于反应堆辐照在几种元素内 $\bar{\nu}$ 值的理论计算值[48]. 由于理论计算是在一系列简化的假定基础上进行的, 因此准确度是不高的.

表 6.10 中子辐照 $\bar{\nu}$ 值的理论计算值[48]

元 素	原 子 量	$\bar{\nu}$
Fe	56	390
Cu	64	380
Ge	93	290
Au	197	140

§ 6.10 实验结果与理论计算值的比较

为了检验前述的辐照效应理论, 就有必要将理论计算的一些基本参量和实验结果进行定量的比较. 下面分述关于离位阈能及离位原子数这两方面所进行的工作:

(a) 离位阈能 克隆兹 (E. E. Klontz) 首先测定了 n 型锗的离位阈能. 他用不同能量的电子对样品进行轰击,求出电导率随轰击电子能量变化的关系. 典型的曲线显示在图 6.14 中[48]. 可以看出,当轰击能量较小时,曲线是水平的;当超过一定能量以后,电导率有急骤的下降；转折点（0.63—0.65 兆电子伏）就相当于产生离位的临界能量，再根据式(6.18)即可求出锗的离位阈能为30电子伏.后来洛孚斯基(J. J. Loferski)等测量了少数载流子的寿命随轰击能量的变化，得出低一些的阈能值（13电子伏），更接近于理论计算值（～10电子伏）. 科贝特（J. Corbett）对铜的离位阈能作了细致的测定[52]，求出的数值为22电子伏，和理论计算值基本符合. 表6.11列出这方面工作的一些结果.

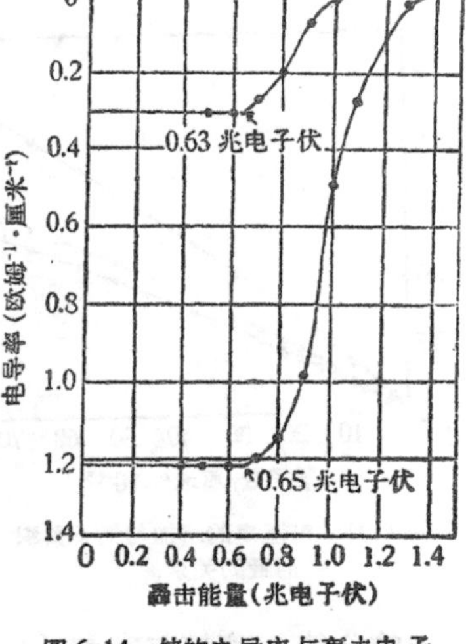

图 6.14 锗的电导率与轰击电子能量的关系.

(b) 离位原子数 辐照效应的另一基本参量就是一定剂量辐照所引起的离位原子数. 根据实验定出的电阻变化与辐照剂量的关系（为了避免缺陷的回复，

表 6.11 离位阈能的实验值与理论值（根据文献[48]作了补充）

被轰击的材料	测量的性能	离位阈能(电子伏)		作者
		实验值	理论值	
n 型锗（77K）	电阻	30		克隆兹
n 型锗(室温)	少数载流子的寿命	13		洛孚斯基等
p 型硅(室温)	同上	13		同上
锗			～10	康
石墨		25		埃根（Eggen）
铜（10K）	电阻	22		科贝特等
铜	电阻	25		埃根等
铜			17—34	亨丁顿
铜			25—85	吉布森等
铁铜合金(铁原子离位)	饱和磁化率	27		登纳（Denney）
Cu_3Au	有序度	10		德格达耳（Dugdale）

实验应在低温进行，图 6.15 所示为在 12K 温度下，用 12 兆电子伏氘子轰击材料的实验结果），求出曲线的初始斜率，即可得到单位剂量粒子轰击所引起的电阻变化（见表 6.12）．进一步要求出离位原子数，必须知道每一对夫仑克耳缺陷所产生的电阻增量．目前还不能用实验方法直接定出这个参量，只有依据理论计算值；而从表 6.4 中可以看出理论计算值还存在有相当大的分歧．塞兹与寇勒（J. S. Koehler）采用布拉特的计算值 2.7 微欧姆·厘米/夫仑克耳对，求出铜受到 10^{17} 氘子/厘米^{2}轰击的离位原子数为 0.082%．而根据级联过程理论算出的离位原子数为 0.43%，比实验值大 5 倍．塞格认为每夫仑克耳缺陷对所引起体积变化的理论计算值比较可靠（每%的缺陷引起的体积变化为 1.5%），根据点阵参数随辐照剂量变化的关系（$\Delta a/a=3.8\times10^{-21}$ 氘子/厘米^2），定出离位原子数，转过来求出每夫仑克耳对的电阻率增量为 3.6 微欧姆·厘米．塞格应用了这个参数从不同粒子对铜轰击的实验数据中求出了离位原子数，并和级联过程理论算出的数值进行了比较[53]（见表 6.13）．可以看出，所有的理论值都大于实验值．在电子轰击的情形差别最小，这是可以理解的，因为轰击的能量比较低，不足以引起级联过程．而理论值与实验值的

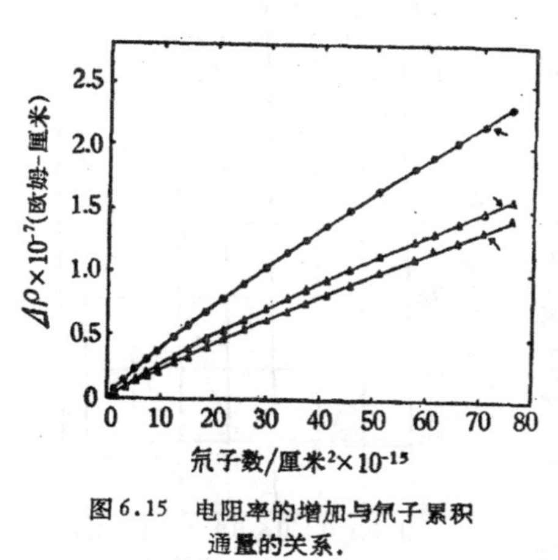

图 6.15 电阻率的增加与氘子累积通量的关系．

表 6.12 12 兆电子伏氘子辐照的数据（12K）

样　　品	Cu	Ag	Au
初始斜率微欧姆·厘米/10^{17} 氘/厘米^2	0.221	0.263	0.379

表 6.13 离位原子数的理论值与实验值的比值[53]

轰击粒子	离位原子数理论值与实验值之比值	实验值的作者
电　子	2.5	科贝特等
氘　子	6.3	西芒斯 (Simmons) 等
中　子	10—11	布莱威特 (Blewit) 等

差异可以用近邻的缺陷对的复合来解释。在中子辐照的情形下，差异达十倍之多. 这可能是过去的级联效应理论中包含了不少简化的假定，影响到结果的可靠性. 而比较确切的点阵模型还没有获得足够多的结果可以和实验值来比较.

§ 6.11 辐照后缺陷的回复

辐照在固体中所产生的缺陷，可以通过热激活的运动过程而逐渐消失. 因此辐照所产生的各种性能(例如电阻，密度，力学性能)变化，在退火过程中产生回复的现象，伴随着缺陷消失的同时，有能量释放出来. 确定回复过程的温度范围及其激活能，可以帮助我们理解辐照所产生各种缺陷的物理本质.

在回复过程中，缺陷的浓度 n，随时间 t 的变化可以表示为

$$-\frac{dn}{dt}=\kappa f(n), \tag{6.41}$$

这里 $f(n)$ 为 n 的函数. 如果

$$f(n)=n^{\gamma}, \tag{6.42}$$

仿照化学反应，γ 称为反应的阶数，决定于缺陷消失的情况. κ 为温度的函数，通常可表示为

$$\kappa=\kappa_0\exp(-U/kT), \tag{6.43}$$

U 为回复过程的激活能，κ_0 为时率常数.

由于电阻的测量最方便，因此绝大多数的辐照回复实验采用了电阻法. 为了确定反应的阶数和激活能，可以在不同温度下进行等温退火曲线的测量. 为了获得回复情况的全貌，通常应用脉冲退火的方法，将样品在不同温度保温同样时间，求出等时退火曲线. 图 6.16 所示为三种贵金属辐照后的等时退火曲线.

回复过程被研究得最细致的几种是面心立方结构的贵金属(铜，金，银)，特别是铜．不同的辐照(电子，氘子，中子)以及淬火及冷加工的实验结果可以相互参证．

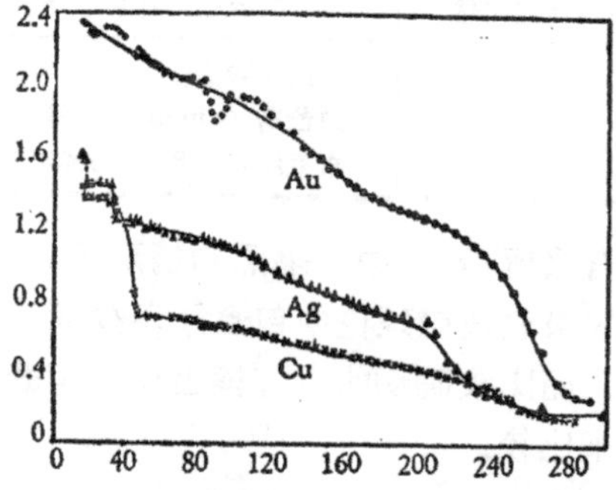

图 6.16 贵金属辐照后的等时回复曲线．

根据等时退火曲线，可以将贵金属的回复过程大致划分为五个阶段(参看图 6.16 及图 6.17)[18]：

阶段 I　25—65 K 之间．在不同类型的辐照后的样品中都有这个阶段出现，在此阶段中，电阻大量回复．在电子辐照的情形，回复了 87.2%；在氘子辐照的情形，回复了 53%；在中子辐照的情形，回复了 40%．在冷加工的样品中没有这个阶段出现．

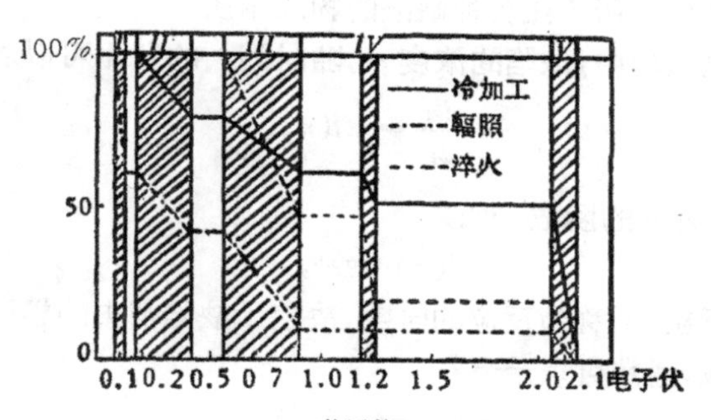

图 6.17 贵金属回复的五个阶段．

阶段 II　65—240K 之间，电阻作连续地下降．各种辐照的情况下都有这个阶段出现．回复是在广阔的温度范围内进行的，求不出单一的激活能．在电子辐照，这个阶段和样品的纯度有很大的关系．在很纯的样品中，这个阶段只回复了 1.8%，而在不纯的样品中，回复的百分率大为提高．

阶段 III　在 220—300K 之间，是相当明显的回复阶段．具有单一的激活能 0.7 电子伏．

阶段 IV　在 100—200℃ 之间，在一部分的冷加工及辐照的样品中出现，但在有些辐照实验中没有观察到．

阶段 V　在 300—400℃ 之间，辐照样品的力学性能完全回复，在冷加工的样品中产生再结晶．激活能和自扩散的激活能相同．

更细致的实验表明阶段 I 还不是单一的[54]，而是可分解为五个次阶段（I_A, I_B, I_C, I_D, I_E），分别定出激活能（0.05—0.12 电子伏)(参看图 6.18).

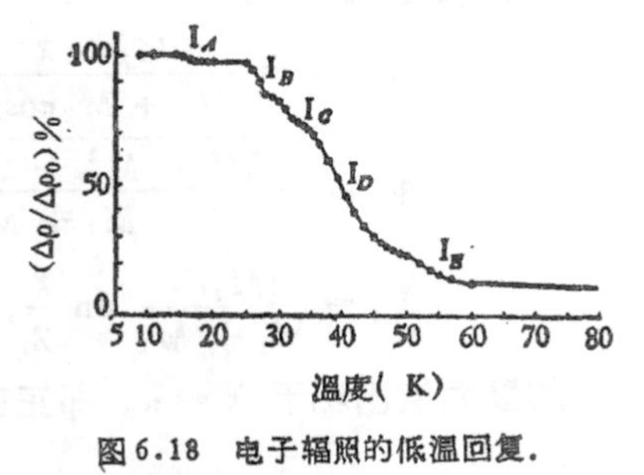

图 6.18　电子辐照的低温回复.

电子辐照所产生的缺陷比较单纯（个别的空位及填隙原子),关于阶段 I 的解释比较肯定．I_A, I_B, I_C 三个次阶段相当于距离不同的近邻对的复合，而潜能的测量也表明每一对复合的能量为 5.4 电子伏，和形成一对夫仑克耳缺陷的能量相近．

I_D 与 I_E 被解释为填隙原子的自由迁移所引起的效应．前者对应于填隙原子与同对的空位的相关性的复合；而后者对应于与其他空位的非相关性的复合．阶段 II 对应于填隙原子聚集成团,而第 III 阶段则对应于空位的迁移，从而使填隙原子集团消失．第 III 阶段测出的激活能在数值上也和空位移动的激活能一致(参看表 6.6)[31]．

附录 6-I　经典的碰撞理论[55]

1. 弹性碰撞中的能量转移　处理粒子的弹性碰撞问题，采用质心坐标系统最为简便．图 6.19 表示了一个质量为 M_1 的粒子，以初速 V_0 撞向一初始为静止的粒子(质量为 M_2)．系统的质心

就以速率 $V' = M_1V_0/(M_1 + M_2)$ 向右运动. 在质心坐标系中，质量为 M_1 及 M_2 的粒子朝向质心运动的速率分别为

$$V'' = V_0 - V' = \frac{M_2V_0}{M_1 + M_2} \tag{6.44}$$

及 V'. 在碰撞以后，根据动量及能量守恒的关系，在质心坐标系中，两粒子反向运动，但速率的绝对值仍保持不变. χ 角表示质心坐标中散射的偏向角，则根据矢量合成的几何关系，可求出实验室坐标系中碰撞后的速率 V_1, V_2, 及偏向角 θ_1, θ_2 (见图 6.19)

$$\left.\begin{aligned} &\tan\theta_1 = \frac{M_2\sin\chi}{M_1 + M_2\cos\chi}, \quad \theta_2 = \frac{\pi - \chi}{2}, \\ &V_1 = \frac{\sqrt{M_1^2 + M_2^2 + 2M_1M_2\cos\chi}}{M_1 + M_2} V_0, \\ &V_2 = \frac{2M_1V_0}{M_1 + M_2}\sin\frac{\chi}{2}. \end{aligned}\right\} \tag{6.45}$$

V_2 的极大值出现于 $\chi = \pi$, 即正碰的情形. 因此，动能转移的极

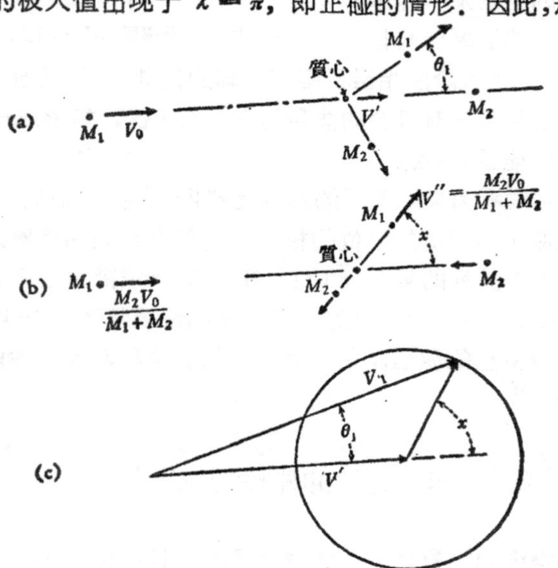

图 6.19 粒子的弹性碰撞.

(a) 实验室坐标系; (b) 质心坐标系; (c) 矢量合成的关系.

大值就等于

$$T_m = \frac{1}{2} M_2 V_2^2 = \frac{4M_1 M_2}{(M_1 + M_2)^2} E, \tag{6.46}$$

这里的E为撞入粒子的初始动能.

2. 散射截面的计算 设有一束粒子以相同的初速投向散射中心，各个粒子以不同的角度χ被散射，令 dN 表示单位时间内散射角为χ到 $\chi + d\chi$ 间的粒子数，则散射的微分截面被定义为

$$d\sigma = \frac{dN}{n}, \tag{6.47}$$

这里n表示单位截面积在单位时间内的投射粒子数. $d\sigma$ 具有面积的量纲.

在经典力学中，散射角χ是碰撞参数ρ的函数（碰撞参数表示粒子未散射而直进时的轨道与散射中心的最短距离，参看图6.20）. 因此，χ到 $\chi + d\chi$ 的间隔将和 $\rho(\chi)$ 到 $\rho(\chi) + d\rho(\chi)$ 相对应. 在 $\rho(\chi)$ 到 $\rho(\chi) + d\rho(\chi)$ 间隔中的粒子数显然等于 $dN = 2\pi\rho d\rho \cdot n$，因此散射的微分截面等于

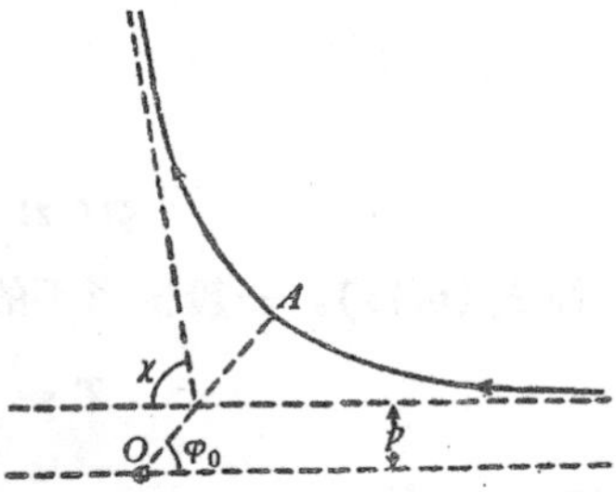

图 6.20　粒子的散射.

$$d\sigma = 2\pi\rho d\rho. \tag{6.48}$$

微分截面与散射角的关系就可表示为

$$d\sigma = 2\pi\rho(\chi)\left|\frac{d\rho(\chi)}{d\chi}\right| d\chi. \tag{6.49}$$

计算散射截面即可归结为寻找ρ与χ的函数关系. 当粒子在散射场中势能U已知的情况下，这可以根据经典力学的轨道计算来求出.

(a) 刚球型散射　设投射的粒子及散射中心都是刚球，半径分别用 a_1, a_2 来表示. 在碰撞时动量的转移是沿了两球接触瞬间球心联线的方向，因此

$$\rho = (a_1 + a_2)\sin\theta_2. \tag{6.50}$$

根据式(6.45)所表示的 θ_2 与 χ 角的关系，即得

$$\rho = (a_1 + a_2)\sin\frac{\pi - \chi}{2} = (a_1 + a_2)\cos\frac{\chi}{2}. \tag{6.51}$$

代入式(6.49)，可求出

$$d\sigma = \frac{\pi(a_1 + a_2)^2}{2}\sin\chi d\chi. \tag{6.52}$$

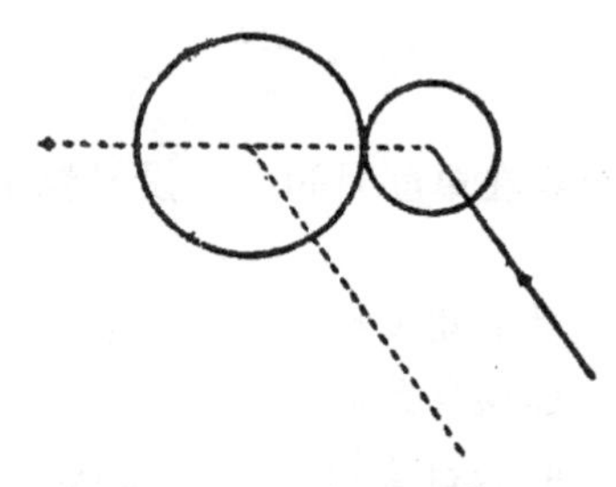

图 6.21　刚球间的碰撞.

按照式(6.45)，一般情形下的能量转移值为

$$T = T_m \sin^2\frac{\chi}{2}, \tag{6.53}$$

因而

$$dT = \frac{1}{2}T_m \sin\chi d\chi. \tag{6.54}$$

用转移能量的间隔来表示微分截面，

$$d\sigma = \pi(a_1 + a_2)^2\frac{dT}{T_m}. \tag{6.55}$$

积分出来，就可以求出总散射截面为 $\pi(a_1 + a_2)^2$.

（b）*库仑散射*　设入射粒子的电荷为 Z_1e，库仑场的电荷为 Z_2e，则在库仑场中运动电荷的势能为

$$U = Z_1Z_2\frac{e^2}{r}. \tag{6.56}$$

采用极坐标 (r, α) 表示能量守恒与角动量守恒定律，并消去时间后，可求出轨道微分方程

$$\left(\frac{dr}{d\alpha}\right)^2 + r^2 + \frac{br^3}{2\rho^2} = \frac{r}{\rho}。\tag{6.57}$$

参数 b 相当于散射最近距离

$$\frac{Z_1Z_2e^2}{b} = \frac{1}{2}\mu V_2^2, \quad \mu = \frac{M_1M_2}{M_1+M_2}。\tag{6.58}$$

从式 (6.57) 可解出 ρ 与 χ 的关系

$$\rho = \frac{b}{2}\cot\frac{\chi}{2},\tag{6.59}$$

代入式 (6.49)，求出

$$d\sigma = \frac{\pi b^2}{2}\cdot\frac{\cos\frac{\chi}{2}}{\sin^3\frac{\chi}{2}}d\chi。\tag{6.60}$$

再利用式 (6.53) 及式 (6.54)，可求出

$$d\sigma = \frac{\pi b^2}{2}\cdot\frac{T_m dT}{T^2}。\tag{6.61}$$

第七章　位　　错

I　位错的几何性质

位错具有比较复杂的几何组态，而其易于运动的特征又是由它的几何组态所决定的．因此，要理解位错这种晶体缺陷的基本性质，首先应该搞清楚它的几何性质[21]．本节将首先介绍两种最简单的位错组态(刃型位错与螺型位错)以及两种最基本的运动方式(滑移与攀移)；然后对于位错的几何学与运动学特征作一般的讨论；并且从几何性质的角度简略地说明位错与范性形变的关系．

§7.1　刃型位错与螺型位错

两种最简单的位错组态就是刃型位错与螺型位错．设想晶体内有一个原子平面中断在晶体内部，这个原子平面中断处的边沿就是一个刃型位错(见图 7.1(b))．在螺型位错的情形，则并没有原子平面中断在晶体内部；而是原子面沿了一根轴线(近似地和原子面相垂直)，盘旋上升．每绕轴线一周，原子面上升一个晶面间距．在中央轴线处即为一螺型位错(见图 7.1(c))．

在图 7.2 中分别示出了简单立方晶体中沿 z 轴的刃型及螺型

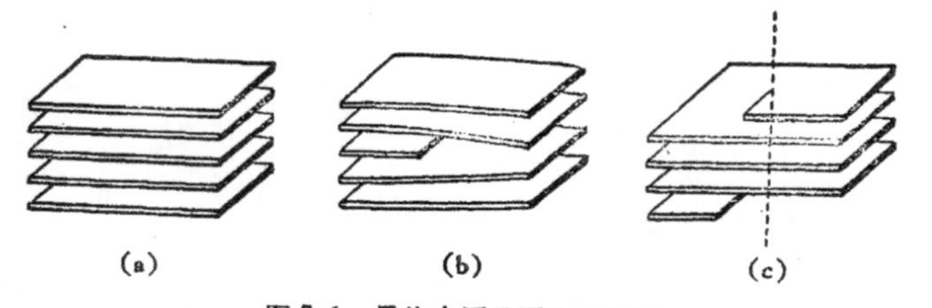

图 7.1　晶体中原子面的示意图．
(a) 完整晶体；(b) 含有刃型位错的晶体；(c) 含有螺型位错的晶体。

位错周围原子排列的情况：从图中可以看出，在距离位错线较远的地区，除了弹性畸变外，原子的排列接近于完整的晶体；但是在位错线的近旁，则产生了严重的原子错排情况。

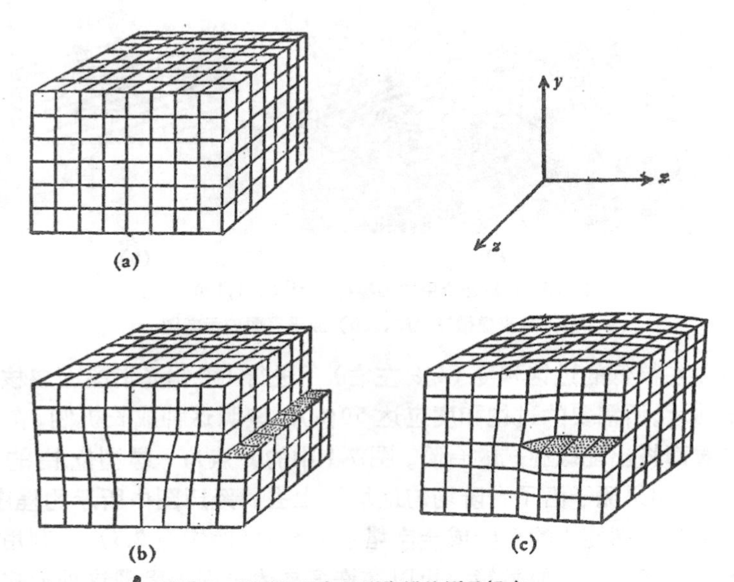

图 7.2 刃型位错与螺型位错的原子组态.
(a) 完整晶体；(b) 含有刃型位错的晶体；(c) 含有螺型位错的晶体.

近年来，利用高分辨本领的电子显微镜作薄膜透射法观察，可以将晶体中晶面间距 2 埃以下的点阵平面分辨出来. 门特首先摄取了铂酞花青（platinum phthlocyanine）晶体中刃型位错的图象[14]（见图 7.3），谬勒及布兰登（D. G. Brandon）等用场离子显微术也直接观察到金属中位错的图象[42,56].

对于汽相或溶液中生长出的晶体表面进行的观察，获得了螺型位错存在的实验证据. 螺型位错在晶体表面露头处形成一个台阶. 如果原子沿了台阶一列一列地填上去，台阶永远不会消失. 夫兰克指出，晶体表面上螺型位错的台阶的存在，避免了晶体成长过程中在光滑晶面上成核的困难. 因此可以解释为什么晶体成长

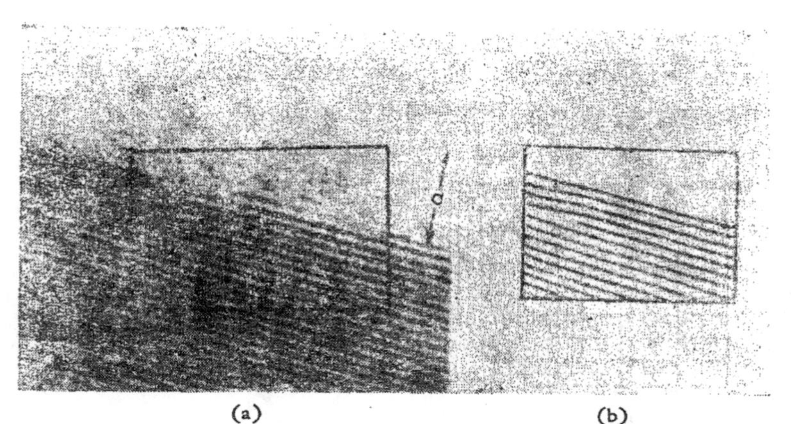

图 7.3　铂酞花青中的刃型位错[14] (×1,100,000).
(a) 电子显微镜照片；(b) 原子平面的示意图.

可以在很低的过饱和度（1% 左右）下进行（根据光滑晶面成核理论估计，所需要的过饱和度应达 50%）. 按照这种成长机制，晶体的表面将出现螺旋式的台阶，图 7.4 中的 P 点为一螺型位错的露头处，如果原子沿了台阶均匀地填补上去，经历图中所示的程序，即可形成螺旋式的台阶或金字塔形的台阶(参看图 7.5). 利用光学显微镜或电子显微镜，可以在许多晶体表面上发现这种形式的螺旋线[57]，图 7.6 所示就是一个典型的例子. 测出的台阶高度正好等于晶面间距或其整数倍数，这表明螺旋台阶的确是螺型位错露头的地方.

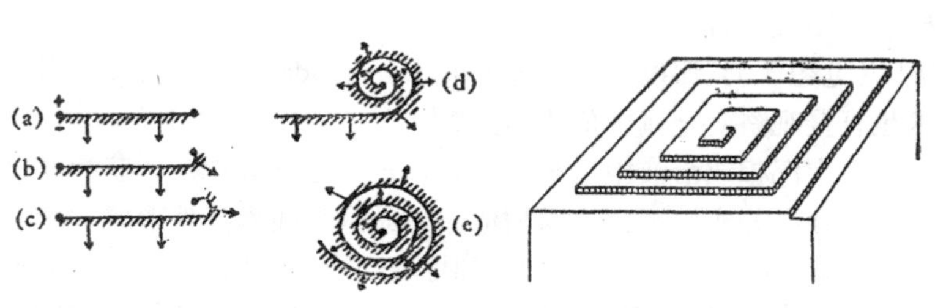

图 7.4　螺型位错露头处形成生长螺旋的过程.

图 7.5　螺旋生长机制所形成的金字塔形台阶.

图 7.6 SiC 的生长螺旋线(×200).

§ 7.2 位错的滑移与攀移

察视图 7.2(b)，(c)，我们可以将位错线理解为晶体中已经滑移的区域与没有滑移的区域的分界线. 在图 7.2(b) 所示的刃型位错的情形，可以设想为位错线右侧的晶体沿 xz 平面分为两半，而下半晶体相对于上半作了位移 **b** (**b**相当于沿 x 轴的最短的点阵平移矢量)；在图 7.2(c) 所示的螺型位错的情形，相对位移矢量 **b** 是沿了 z 轴的方向. 在两种情形中，已经滑移的区域与没有滑移区域的界线就是位错线. 位移矢量与位错线所确定的平面称为滑移面. 刃型位错的位移矢量垂直于位错线，因此滑移面是完全确定的，它和附加的半原子平面垂直. 螺型位错的位移矢量平行于位错线，因此不具有确定的滑移面，任一包含有位错线的平面都可以作为滑移面.

在一般情形下，滑移区域的界线不一定是直线. 例如图 7.7

所示的情形(相对位移矢量为 **b**)，滑移区的界线 AC 是一曲线，相当于更一般化的位错线．曲线在 A 处和 **b** 平行，是纯螺型的；在 C 处则和 **b** 垂直，为纯刃型的；在中间的部分，位错线和滑移矢量的夹角 ϕ 可以为 0 到 $\pi/2$ 间的任意值，相当于混合型的位错．

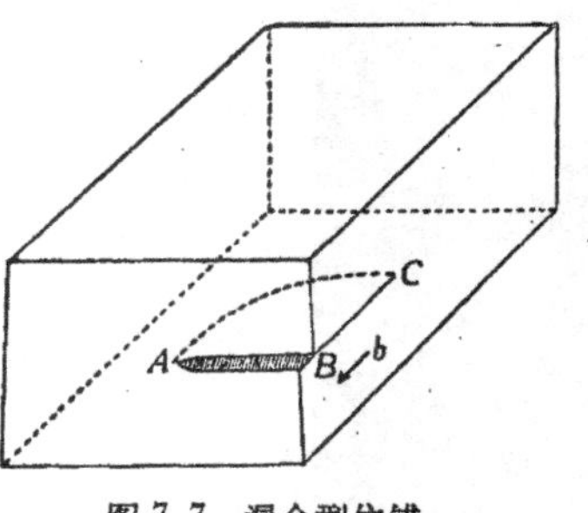

图 7.7　混合型位错.

位错既然相当于晶体中已经滑移的区域与未滑移区域的界线，位错线沿了滑移面运动即相当于晶体中滑移的逐步发展，晶体的范性形变遂可以通过位错的运动来实现．图 7.9(a) 示出了正刃型位错(附加的半原子平面在上部，通常以符号⊥表示) 在切应力作用下的运动；在图 7.9(b) 示出了同样的切应力作用下负刃型位错(附加的半原子平面在下半，以符号T表示)的运动．运动的方向在两种情形正好相反，但产生完全相同的形变．图 7.10 示出了螺型位错在切应力下的滑移．

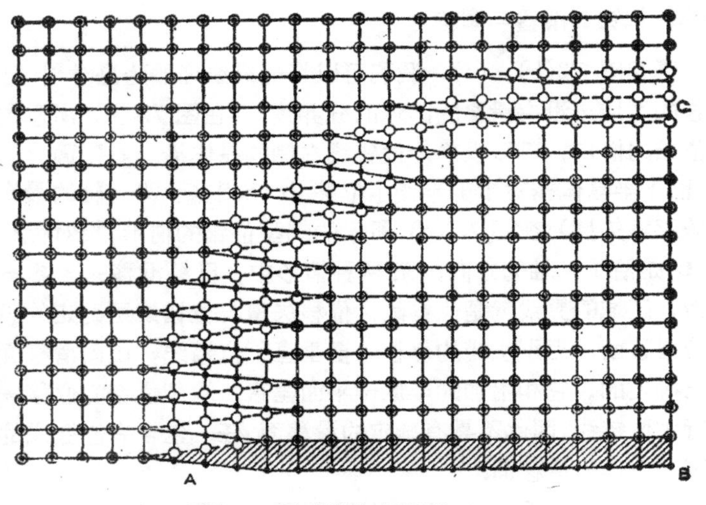

图 7.8　混合型位错的原子排列.

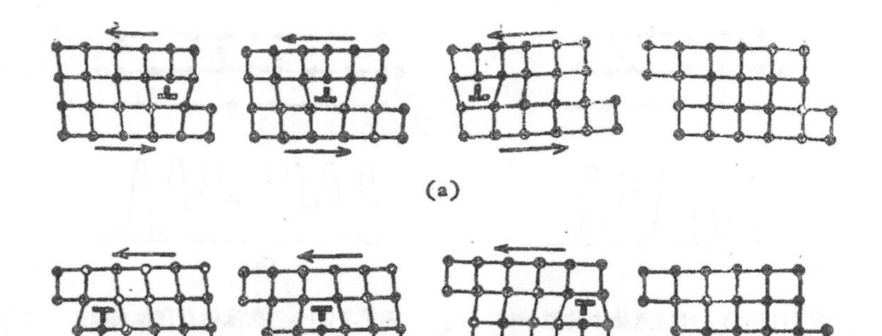

(a)

(b)

图 7.9 刃型位错的滑移.

(a) 正刃型；(b) 负刃型.

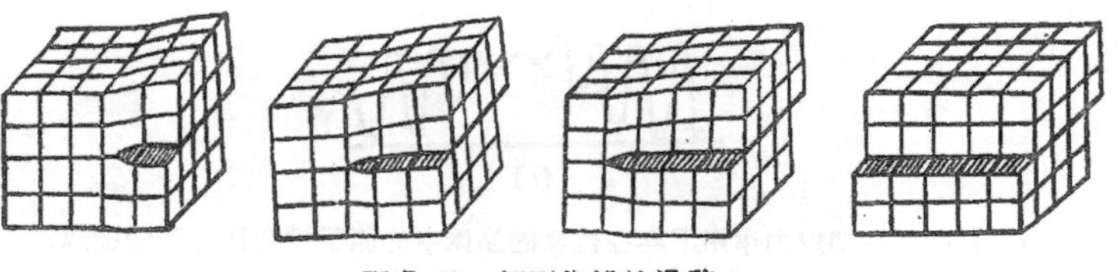

图 7.10 螺型位错的滑移.

如果晶体的范性形变不是通过位错的运动来实现，而要依靠两半晶体作刚性的位移，显然是比较困难的. 图 7.11(a) 示出了理想晶体中沿滑移面 CD 的势能曲线[6]，在 CD 线上的势能可近似地用余弦函数来表示

$$U = -2A\cos(2\pi x/b), \tag{7.1}$$

式中 b 为相邻两原子的间距，$2A$ 为振幅. 作刚性滑移时，各原子要同时翻越高为 $4A$ 的势垒. 如果晶体包含一位错（设想为一垂直于图面的刃型位错，见图 7.11(b)），设在滑移面下方的原子列中的N个原子和上方原子列中 $N+1$ 个原子相对应. 此时，沿 CD 的势能可以用下式来表示:

$$U = -A\cos 2\pi\frac{x}{b}\left(\frac{N+1}{N+\frac{1}{2}}\right) - A\cos 2\pi\frac{b}{x}\left(\frac{N}{N+\frac{1}{2}}\right). \tag{7.2}$$

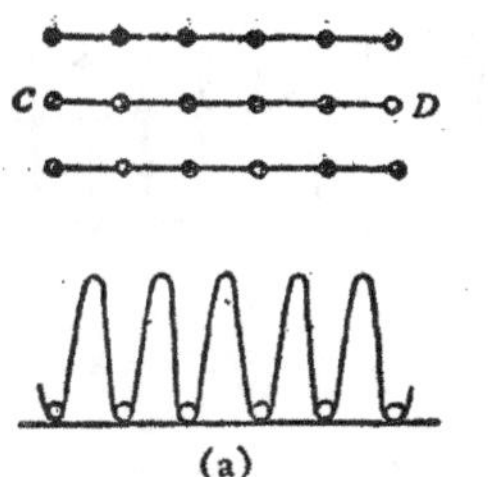

图 7.11(a) 理想晶体中的原子排列及其势能曲线.

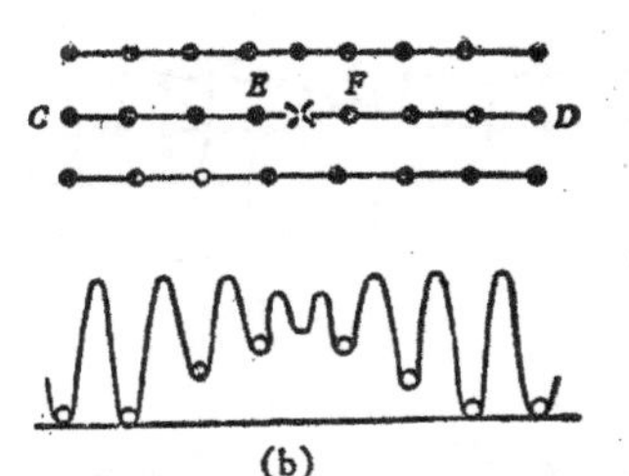

图 7.11(b) 晶体中存在位错的原子排列及其势能曲线.

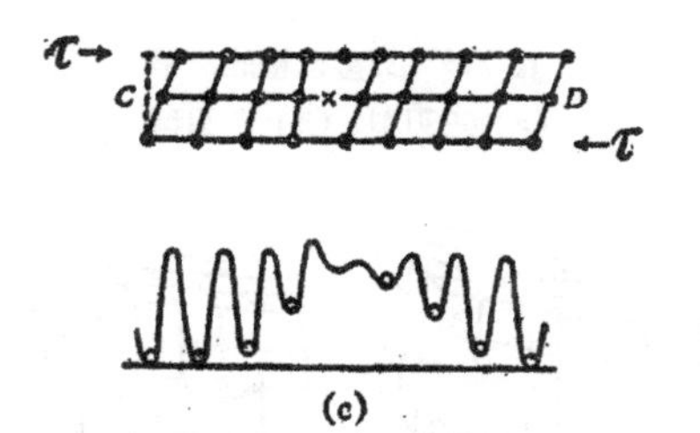

图 7.11(c) 在切应力作用下存在位错的晶体中的原子排列及其势能曲线.

势能曲线出现拍频的情况，使位错中心附近的势能曲线压低(见图 7.11(b)). 在中间的势能极小处原子是空缺的. 如果 F 处的原子跃入空位，别处的势能曲线稍为作一些调整，就相当于位错向右滑移 b 距离. 这样的过程显然要比理想晶体中原子列作刚性滑移要容易得多. 如果加一切应力 τ，使势能曲线变为不对称的，则有利于位错作定向的滑移(见图 7.11(c)). 因此从以上直观的考虑，就明确地指出了位错沿滑移面的易动性. 由于晶体中存在着位错，将使产生范性形变所需的临界切应力大大地低于理想的完整晶体. 更定量的计算将在以后讨论(参看 § 7.14).

此外，也有直接的实验证明晶体的滑移是逐步实现的，而不是整块晶体作刚性的滑移. 陈能宽等用电影照相法研究了铝单晶中滑移线的形成和发展[58]. 他们看到在形变开始时，滑移线是细而短的. 然后在中部变宽，两端伸长，甚至于当在中部已经显著变宽

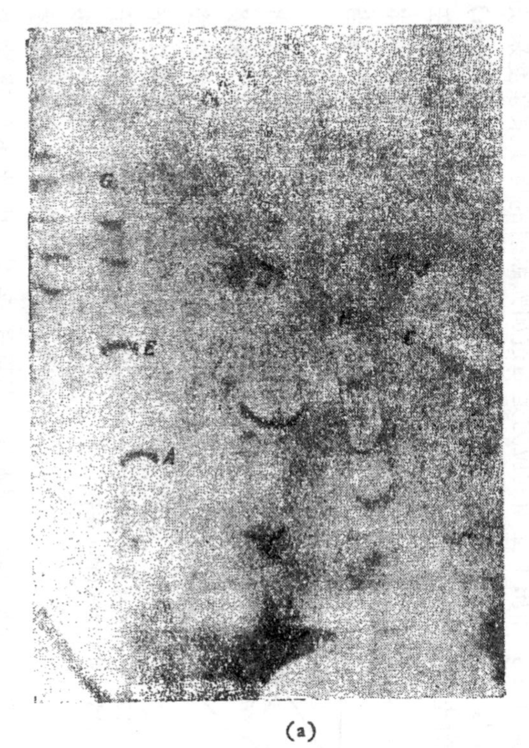

(a)

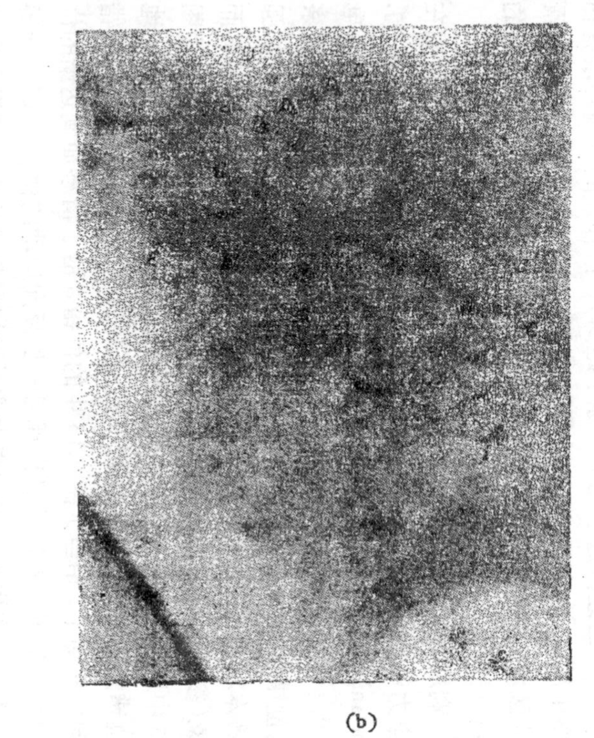

(b)

图 7.12　不锈钢中位错运动的直接观察（×34,000；取自电子显微镜衍衬法拍摄的电影）.

时(相当于已经滑过了几千个原子距离)，滑移线的两端还没有扫过整个晶体．这个事实表明在晶体形变中，还存在着完全没有滑移的区域，这生动地说明了滑移是逐步发展的，肯定了晶体滑移的位错机制．

利用电子显微镜衍衬法对金属薄膜进行观察，获得了位错在切应力作用下产生滑移的最直接的证据．赫许与惠兰 (M. J. Whelan) 等直接观察到铝与不锈钢中位错的滑移，并拍摄了电影[59]．图 7.12 中所示的照片就取自他们的工作．在衍衬法观察中，位错表现为亮视场中的暗线，这是由位错周围的点阵畸变加强了晶体对电子束的布喇格反射，相应地使透射的电子束的减弱而成象(参看附录 7-I)．图 7.12(a) 中 I 处的一群位错就相当于图 7.13 中所示穿过薄膜的位错线的投影．隔了一段时间后，同一地区位错的组态显示在图 7.12(b)上．可以清楚地看到，I 处的位错都向前移动了，相当于图 7.13 中的位错 A 沿了滑移面到达新的位置 B；而在 E，A 等处又出现另一群反向运动的位错．在赫许等的工作中，作用于位错的应力是通过加强照射的电子束强度来获得的，产生应力的原因还不十分清楚．贝尔盖曾 (A. Berghezen) 等对电子显微镜观察的铝样品进行了直接的拉伸，也看到位错在切应力下的运动，当位错跑出晶体表面后，就形成了表面的台阶，相当于金相观察中看到的滑移线．

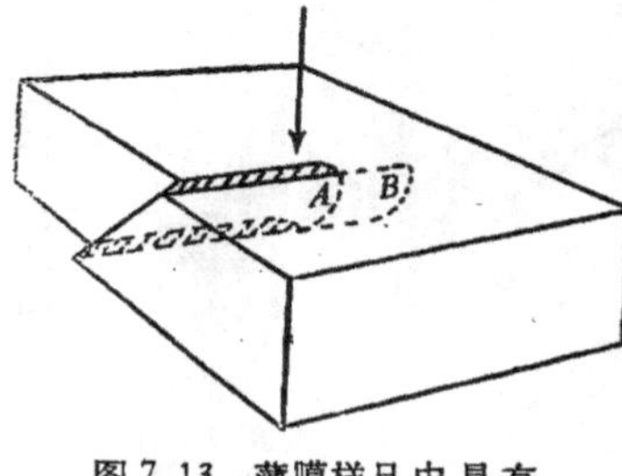

图 7.13　薄膜样品中具有螺型分量的位错 (终止在表面的台阶上)．

刃型位错除了可以滑移 (沿滑移面运动) 外，还可以垂直于滑移面运动，这种运动方式称为攀移 (climb)．攀移相当于附加半原子平面的伸张或收缩，通常要依靠原子的扩散过程才能实现，因此比滑移要困难得多．只有在较高的温度才能实现．螺型位错没有附加的半原子平面，因此不能直接攀移．

§ 7.3 位错的普遍定义与伯格斯矢量

在直观的基础上对位错的几何性质有了一定的了解以后，我们在这里可以对于位错作出更普遍的定义．晶体中任意的位错可以按照下述的操作来形成：

设想将晶体沿一任意面 S 剖开，将 S 面的两岸 S_1 及 S_2 作一刚性的相对位移 **b**，**b** 可以是晶体中任意的点阵平移矢量（**b** 不为点阵矢量的情形，将在第Ⅴ节中讨论）．经过这样的操作以后，如果 **b** 不平行于 S 面，有些地方将产生原子的重迭或留出了空隙，设想将重叠的原子去掉，空隙处按照原来晶格排列的方式将原子填补起来．由于 **b** 是点阵矢量，这样一来，S 面上就不留下任何痕迹．但是晶体中已经相对位移的区域和没有作相对位移区域的分界线（即 S 面的周界）上，形成原子错排的情况，就是位错线．**b** 矢量称为伯格斯矢量（Burgers vecter），它是位错特征的标志，其数值 b 称为位错的强度．

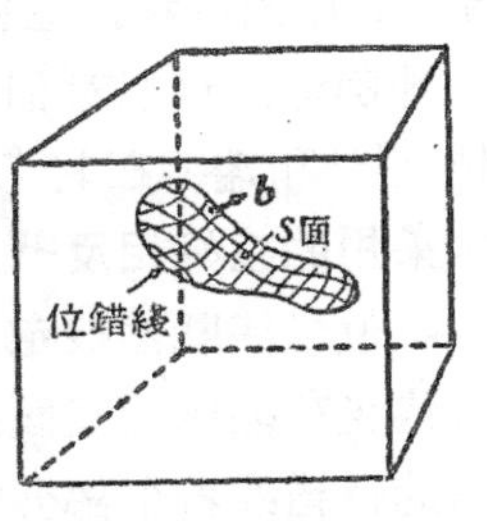

图 7.14 一般形式的位错圈

关于位错的定义，有下列几点值得注意：

（1）上述的想象操作不仅是用来说明位错的特征，也模拟了晶体内产生位错的实际过程．关于晶体中位错生成的过程，以后将另作讨论．

（2）对于同一根位错线，可以有不同的 S 面，只要伯格斯矢量相同，形成的就是相同的位错．因此，决定位错特征的是伯格斯矢量，而不是 S 面的具体位置．可以任选以位错线为周界的任意面作为上述操作中的 S 面．例如对于沿 z 轴的刃型位错，我们选 xz 面为 S 面，或选 yz 面为 S 面，得出的结果都是相同的．

（3）实际上，从已经作过相对位移的区域到未作相对位移的区域间的过渡不可能是突变式的，否则将产生无法填补的裂缝．因此，严格说来，S 面两岸的刚性位移不能一直保持到周界，而应在接近于周界处逐渐下降到等于零．准确地说，位错不是一根线而是具有一定宽度 w 的区域． 在这个区域内相对位移从 $\mathbf{b}$ 下降到等于零．只是由于宽度比起它的长度要小得多，所以可以近似地看为一根线(这个问题将在 § 7.14 中仔细讨论)．

(4) 上述定义中对伯格斯矢量 $\mathbf{b}$ 的方向规定得还不够明确．因为如果 S_2 不动，S_1 作位移 $\mathbf{b}$；或 S_1 不动，S_2 作位移 $-\mathbf{b}$，得出的是相同的位错．为明确起见，可以选定位错线的一个顺向作为位错线的方向，用右螺旋关系就确定了 S 面的法线方向，设 S 面的法线自 S_1 穿向 S_2，而伯格斯矢量 $\mathbf{b}$ 规定为 S_1 岸相对于 S_2 岸的位移．这样，当位错线的方向选定后，伯格斯矢量就唯一地确定．这里对伯格斯矢量方向的规定是按照夫兰克所确定的惯例[60]和瑞德在其"晶体中位错"(Dislocations in Crystals)一书中采用的正好相反[21]．

位错线既然被定义为 S 面的周界，位错必然形成闭合的回路或终止在晶体的表面上，决不能终止在晶体内部．因此，一根不分岔的位错线各个部分的伯格斯矢量一定是相同的．

伯格斯矢量既然是位错特征的标志，确定它也不一定要依靠上述的想象的操作．为此，夫兰克提出如下的方案[60]，即将含有位错的实际晶体和一理想的完整晶体相比较：设从实际晶体中任意一个原子出发，围绕位错线作一闭合的回路，回路的每一步都联结了相邻的原子，作回路时应注意避开位错线附近原子严重错排的区域(这样的回路称为伯格斯回路)．在完整晶体中作出对应的路线，路线的终点将不和起点相重合，自路线终点引向起点的矢量即为伯格斯矢量．为了使这样定出的伯格斯矢量和前面规定的一致起见，伯格斯回路的方向应和位错线的方向成右螺旋关系．图 7.15 示出了应用对应路线方法确定一正刃型位错的伯格斯矢量的例子．设图中位错线的方向自纸面伸出，定出的伯格斯矢量和位错线正好垂直． 这样定出的伯格斯矢量和回路起点的选择无关，也和回线所经历的具体途径(只需绕了位错一周)无关，如果所选择回路不围绕位错，则理想晶体中对应的路线也是闭合的．用类

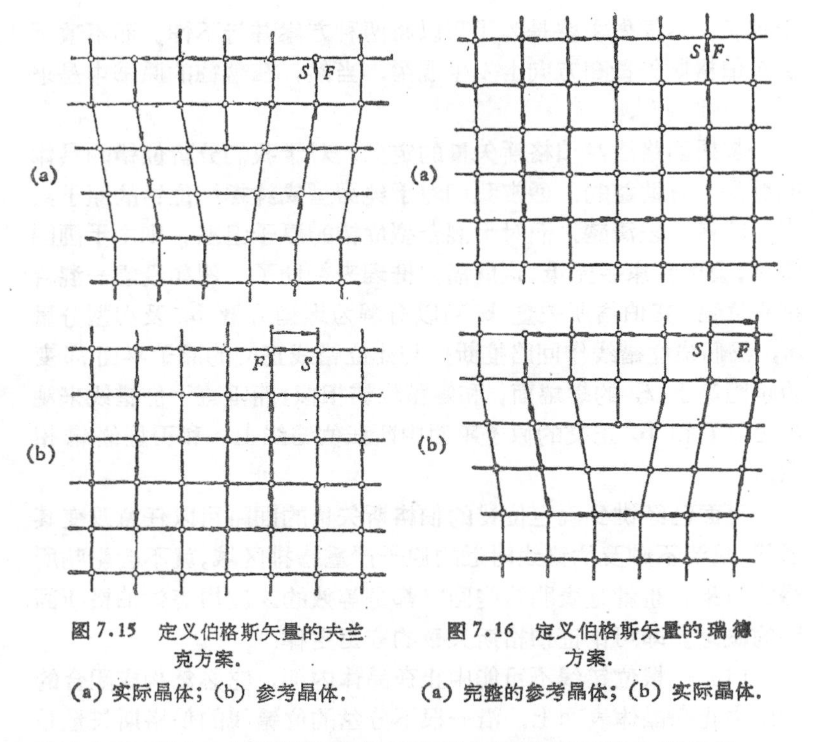

图 7.15 定义伯格斯矢量的夫兰克方案.

(a) 实际晶体；(b) 参考晶体.

图 7.16 定义伯格斯矢量的瑞德方案.

(a) 完整的参考晶体；(b) 实际晶体.

似的方法可以定出螺型位错的伯格斯矢量是平行于位错线的.

我们也可以采用另一方案，(瑞德方案)来定义位错的伯格斯矢量[21]：即在完整晶体中作闭合回路，然后再在实际晶体中作出环绕位错的不闭合的回路，将从起点到终点的缺口矢量定义为伯格斯矢量(图 7.16)．由于实际晶体中存在畸变，因而这样定出的伯格斯矢量将随回路的不同选择而略有差异．严格说来，应称之为局域伯格斯矢量，以区别于前一方案定义出的真正伯格斯矢量；但由于两者相差甚微，通常可以忽略不计．应该指出，后一方案直截了当地显示了位错的存在所引起的效应，在实际应用中比较方便.

在本书中，回路法的夫兰克方案是采用终点到起点的矢量来定义伯格斯矢量，而瑞德方案却颠倒过来，是用起点到终点的矢量来定义．这样做主要是为了可以将两种方案并行不悖，而不致于引起伯格斯矢量在方向上发生混淆．当然，在瑞德的原书中是采用另一惯例[21]．

掌握回路法对伯格斯矢量的定义，对于我们分析位错的具体问题是大有助益的．通常我们对于纯刃型或纯螺型位错的原子组态了解得比较清楚．而对于混合型位错的原子组态，则由于画图困难，会感到束手无策，这就需要推理来帮助了．例如设想一混合型直位错，其伯格斯矢量 **b** 可以分解为螺型分量 $\mathbf{b}_s$ 及刃型分量 $\mathbf{b}_e$，我们绕位错线作回路推断：与此位错线正交的原子平面都变为螺距等于 b_s 的螺蜷面，和螺型位错相似；而垂直于位错线来观测可以看和 $\mathbf{b}_e$ 正交的原子平面中断在位错线上，和刃型位错相似．

上面已经讲到确定位错的伯格斯矢量的回路可以任意改变其形状，只要不触及位错线附近的原子严重错排区域，就不会影响所得的结果，也就是表明这些回路都是等效的．应用等效伯格斯回路的概念，即可论证伯格斯矢量的守恒定律：

（1）一根位错线不可能中止在晶体内部，它必然构成闭合的圈或中止在晶体表面上．沿一根不分岔的位错线的伯格斯矢量是

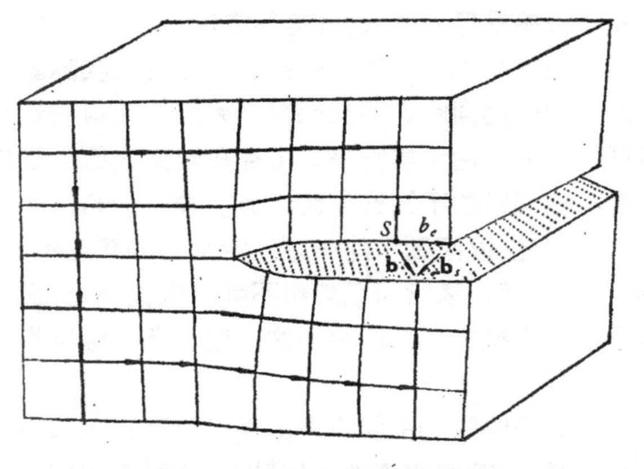

图 7.17　根据回路法来推导混合型位错的原子图象特征．

守恒的，具有相同的大小和方向。

(2) 如果数根位错线相交于一点(被称为位错的节点)，朝向节点的各位错线的伯格斯矢量的总和等于流出节点各位错线伯格斯矢量的总和。要证明这一点，从图 7.18 中可以看出，B_1 回路和 B_2 回路等效，而且可以通过连续形变，分别和围绕两分岔位错线的两回路等效。所以 $\mathbf{b}_1 = \mathbf{b}_2 + \mathbf{b}_3$。如果所有的位错线的方向都是从节点发出，则上述的关系可以改写为各分支伯格斯矢量的总和为零，即

$$\sum_i \mathbf{b}_i = 0. \tag{7.3}$$

在形式上，伯格斯矢量守恒定律和稳定电流的基尔霍夫(Kirchoff)定律相似，差异处在于电流是标量，而 $\mathbf{b}$ 是矢量。

用衍衬法观察位错，可能测定位错线的伯格斯矢量。对于位错线节点处伯格斯矢量关系的直接测定[61]，证实了伯格斯矢量的守恒定律。

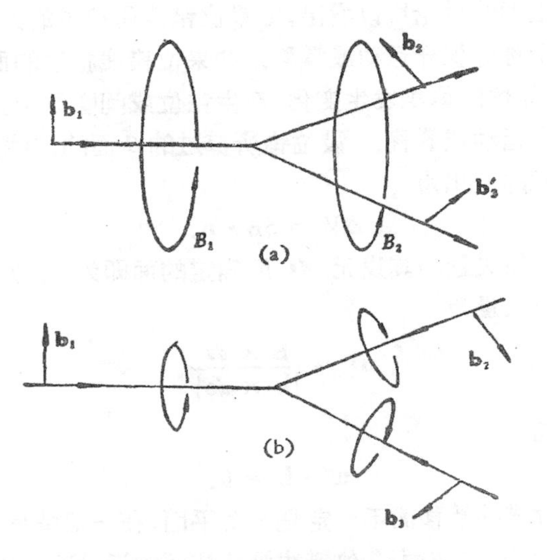

图 7.18 伯格斯矢量的守恒定律。

§ 7.4 位错的一般运动学特征

根据 § 7.3 中对伯格斯矢量 **b** 的普遍定义，我们可以对位错的一般运动学特征作一讨论. 首先可以证明，当位错在晶体中作任意运动，位错线所掠过面的两岸的原子都产生了相对位移 **b**. 设想晶体中的任意闭合回路 C. 现有一位错线切入该回路，回路就在切入点脱开，切入点两岸产生相对位移 **b**. 严格来说，这里的 **b** 是指局域伯格斯矢量.

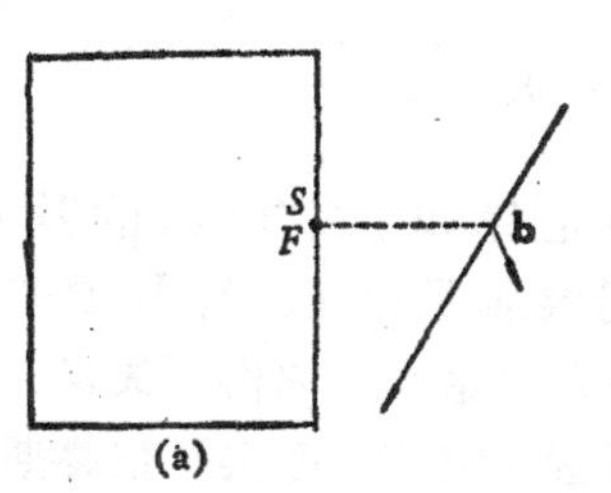

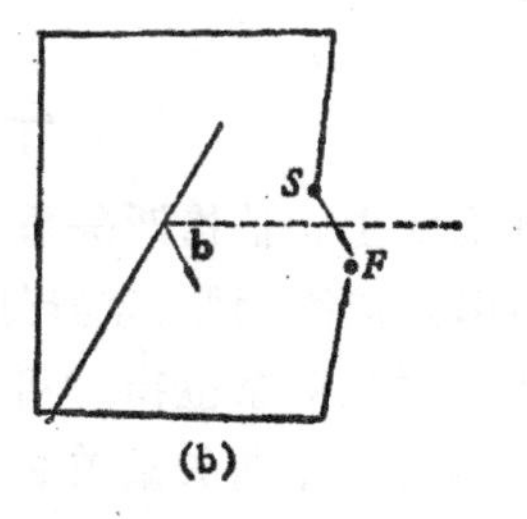

图 7.19 位错运动所引起的晶体中相对位移.
(a) 位错进入前的闭合回路；(b) 位错进入回路后所引起的相对位移.

根据上面的讨论可以看出，如果位错线所掠过的面平行于 **b**，这样的运动称为保守运动或滑移. 如果位错线掠过的面不和 **b** 平行，则将使晶体的体积发生变化，产生空位或间隙原子，这种运动称为非保守运动或攀移. 设位错所掠过的 S 面的法线矢量为 **n**，所引起体积的变化为

$$\Delta V = S\mathbf{b} \cdot \mathbf{n}. \tag{7.4}$$

位错的伯格斯矢量与其线元 $d\mathbf{s}$ 所确定的面即为该位错的滑移面，其法线矢量为

$$\mathbf{n}^* = \frac{\mathbf{b} \times d\mathbf{s}}{|\mathbf{b} \times d\mathbf{s}|}, \tag{7.5}$$

满足关系式

$$\mathbf{n}^* \cdot \mathbf{b} = 0. \tag{7.6}$$

因此位错的滑移面不一定是一个平面，在一般情形下，可以是一个平行于 **b** 的柱面. 位错线沿此柱面的运动都属于滑移式的

运动，在文献中称为棱柱滑移（prismatic glide），以区别于更习见的沿平面的滑移．一般情形下，位错线离开了柱面运动，就包含了攀移．唯一的例外是纯螺型位错部分（位错线平行于 **b**），它可以沿了包含位错线的任意面作滑移，因而可能离开原来的柱面．但无论如何，纯粹的滑移不会改变位错圈在垂直于**b** 的平面上投影的面积（参看图 7.20）．在电子显微镜的观察中也看到了位错圈作棱柱滑移的事例[62]．

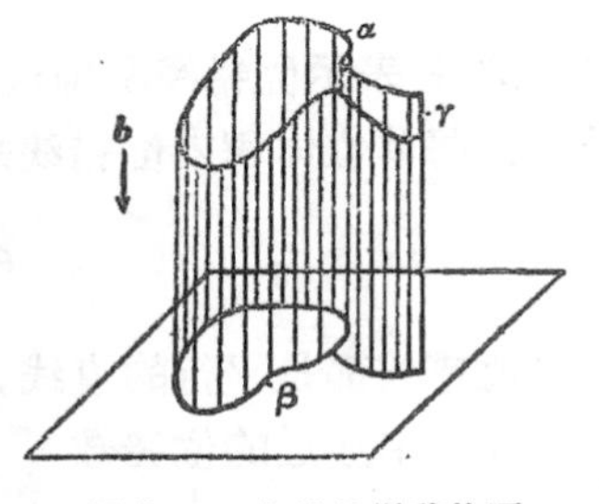

图 7.20　位错的滑移柱面．

§ 7.5　位错与晶体的范性形变

位错的运动及分布，可以引起晶体的宏观范性形变．在本书第三卷中将对晶体的范性形变作较细致的讨论，这里只是就位错的几何性质来说明它和范性形变之间一些最基本的关系．

首先考虑晶体滑移所造成的形变．图 7.21 示出了侧面为 $L_1 \times L_2$ 的一块晶体，假设滑移面平行于上下底面．设想一个直刃型位错沿了滑移面扫过整个晶体，所产生的切应变

$$\gamma = \frac{b}{L_1}. \tag{7.7}$$

如果位错还没有跑出晶体，而只扫过滑移面的一部分，所经的路程为 $s = \alpha L_2 (\alpha < 1)$，在这种情形，根据直观的考虑，应变也应乘以因子 α

$$\gamma = \frac{\alpha b}{L_1} = \frac{L_3 s b}{V}, \tag{7.8}$$

式中 L_3 为晶体的另一线度，也等于位错线的长度；$V = L_1 L_2 L_3$，为晶体的体积．式 (7.8) 表示的是一根位错线对应变的贡献，推广到一族平行的滑移面中一组任意形状的位错线，总的应变为各位错线贡献的叠加

$$\gamma = \sum_i \frac{L_i s b}{V} = \frac{L}{V} b\bar{s}, \tag{7.9}$$

这里的 $\bar{s}$ 表示位错线所掠过距离的平均值，L 为各位错线长度的叠加．将单位体积内位错线的总长度定义为位错密度

$$\rho_V = \frac{L}{V}. \tag{7.10}$$

如果位错线都是平行的直线，则位错的密度即等于垂直于位错线单位面积中穿过的位错数

$$\rho_S = \frac{N}{S}. \tag{7.11}$$

上式中N为S面积中穿过的位错数[1)]．

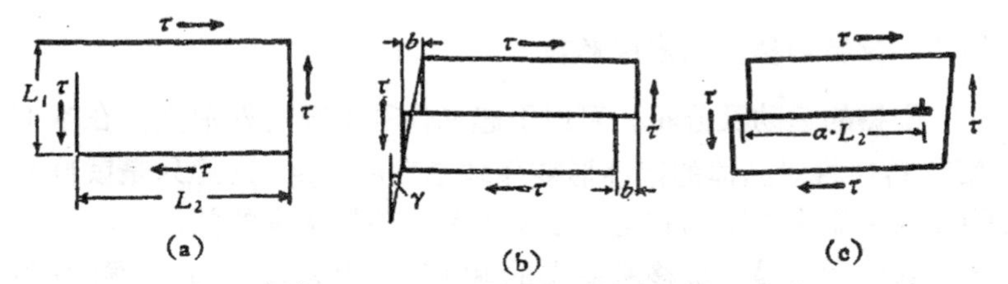

图 7.21　位错滑移所引起的宏观范性形变．

实验结果表明，一般退火金属的 ρ 值约在 10^5—10^8 厘米$^{-2}$间，决定于晶体完整的程度．强烈的冷加工可以使 ρ 值增至 10^{12} 厘米$^{-2}$．如果晶体的滑移是由同号的位错的运动所造成的，尚残留了N根位错线在晶体内，则滑移在晶体两侧所产生台阶的高度差 δh 应等于 $Nb\cos\theta$（θ 为滑移面和晶体表面法线的夹角（见图7.22））．孙瑞蕃与沙斯柯里斯卡雅（M. П. Шаскольская）曾对 NaCl 晶体进行过研究[63]，台阶的高度差用干涉显微镜测量，滑移面内残留的位错用腐蚀坑方法显示．一系列的实验结果表明 $Nb\cos\theta$ 和 δh 为同一数量级，但 $Nb\cos\theta > \delta h$．这个事实说明

1）如果位错不是全部平行，ρ_V 与 ρ_S 的数值就不相同．它们之间差一数值因素，决定于位错方向分布的情况．假定位错的方向分布是完全任意的，不难求出 $\rho_V = 2\rho_S$．

滑移面上有异号的位错，而滑移过程是由正负位错两个方向运动所造成的.

晶体的范性弯曲也可以用位错的分布来解释. 假设平行于晶体的滑移面截出一厚度为 d 的薄晶片，再将此晶片沿了半径为 r 的圆柱面弯曲，晶片对轴的张角为 θ. 晶片上下底面的弧长差为

$$(r+d)\theta - r\theta = d\theta. \qquad (7.12)$$

需要有 $d\theta/b$ 个正刃型位错分布在晶体中. 而晶片的侧面积为 $r\theta d$，产生范性弯曲所需要的位错密度就等于

$$\rho = \frac{\theta d/b}{r\theta d} = \frac{1}{rb}. \qquad (7.13)$$

如果位错的滑移面和弯曲的中线面成一夹角 θ，则上式应修正为

$$\rho = \frac{1}{rb\cos\theta}. \qquad (7.14)$$

福格耳（F. L. Vogel）等应用侵蚀斑的方法观察弯曲的锗晶体的

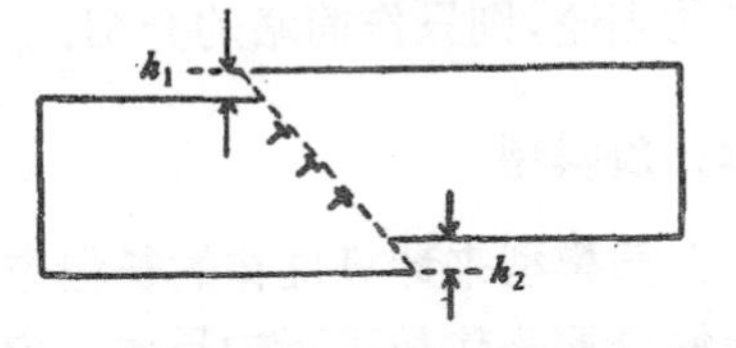

图 7.22　滑移面上位错的分布与台阶的高度差.

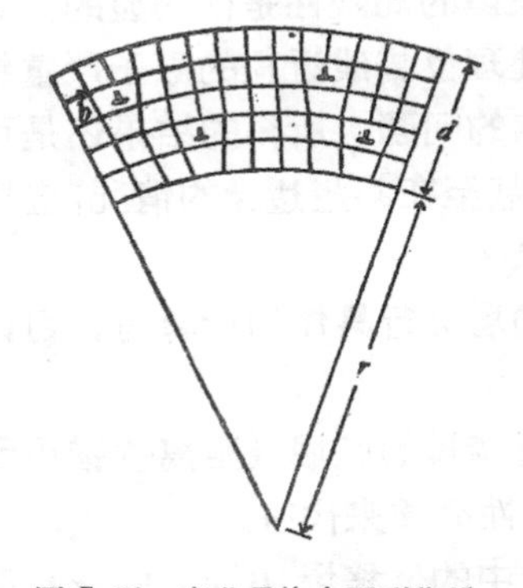

图 7.23　弯曲晶片中刃型位错的分布.

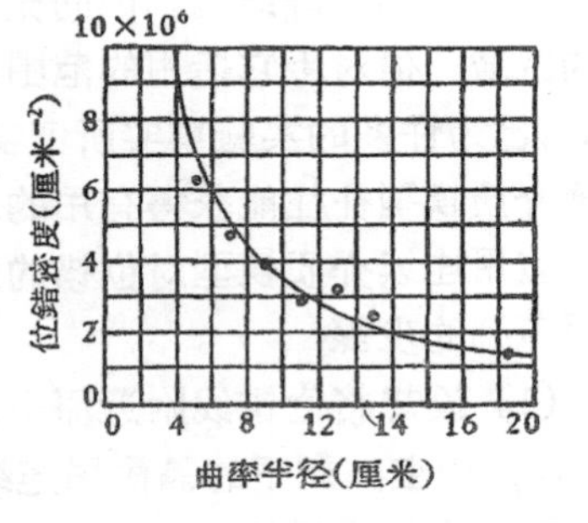

图 7.24　位错密度与曲率半径的关系(锗试样).

位错密度[64]，在样品经过退火处理使异号的位错消灭后，实验观察结果就和根据式(7.13)计算出的结果符合得很好(见图7.24)，这证实了上述的理论分析，同时也确定了观察到的蚀斑与位错的一一对应关系.

II 位错的应力场与芯结构

进一步探讨位错的性质，就需要知道位错所产生的长程弹性畸变及位错线附近的原子错排情况. 这是计算位错的能量、理解位错和晶体缺陷之间的交互作用及其动力学性质的必要基础，同时也是位错理论的核心问题. 关于位错的长程应力场，采用连续介质模型已经获得了很有成效的结果. 但关于位错线近程的情况，即位错芯的结构，目前了解得还不够清楚，理论计算还只是初步的. 因此，本节中主要介绍关于位错的长程应力场的理论；对于位错芯结构的问题的理论，则只作简略的介绍.

§ 7.6 位错的连续介质模型

通常采用连续介质模型来计算位错的长程应力场. 在这种模型中，用连续的弹性介质来代替实际的晶体. 应力场可以应用经典弹性力学方法来计算. 这种理论模型的局限性是很明显的，它忽略了晶体的点阵结构，因而无法处理位错线近程的原子严重错排的区域. 但对于它适用的范围以内的问题，所得的结果还是可靠的，已为许多的实验事实所证实. 甚至在某些边缘的情况，应用连续介质模型往往能获得有用的结果.

应用连续介质模型对位错的应力场进行具体的计算时，可以采用下列的步骤：

(1) 设想将位错线附近原子严重错排的区域(距离位错小于r_0)全部挖空，剩下的晶体用连续弹性介质来代替.

(2) 根据位错的一般定义，介质中的位移场 $\mathbf{u}(x, y, z)$ 沿位错线所张的 S 面(可以任选)有一跃变，等于伯格斯矢量 $\mathbf{b}$，用

数学的形式来表示

$$\mathbf{u}(M_1)-\mathbf{u}(M_2)=\mathbf{b}, \tag{7.15a}$$

M_1 及 M_2 为分处 S 面两侧相对应的两点；或者用与此等效的伯格斯回路的表示法，沿围绕位错任意的闭合回路.

$$\oint d\mathbf{u}=\oint \frac{d\mathbf{u}}{ds}ds=\mathbf{b}. \tag{7.15b}$$

(3) 介质内的弹性场应满足弹性平衡方程. 对于各向同性的弹性介质，位移的平衡方程为

$$(1-2\nu)\nabla^2\mathbf{u}+\mathrm{grad\ div}\mathbf{u}=0, \tag{7.16}$$

这里的 ν 为泊松比. 对于平面应变问题，平衡方程可简化为应力函数 χ 所满足的双谐和方程

$$\nabla^4\chi=0. \tag{7.17a}$$

(4) 如果没有外界的约束力，沿内外表面的应力分量应等于零.

我们可以用逐次近似的方法求出满足上列条件的解。

§ 7.7 直刃型位错的应力场

在刃型位错的情形，位移的 z 分量 u_z 为零，而且其他两个分量都不随 z 而变化，即

$$\frac{\partial u_x}{\partial z}=\frac{\partial u_y}{\partial z}=0.$$

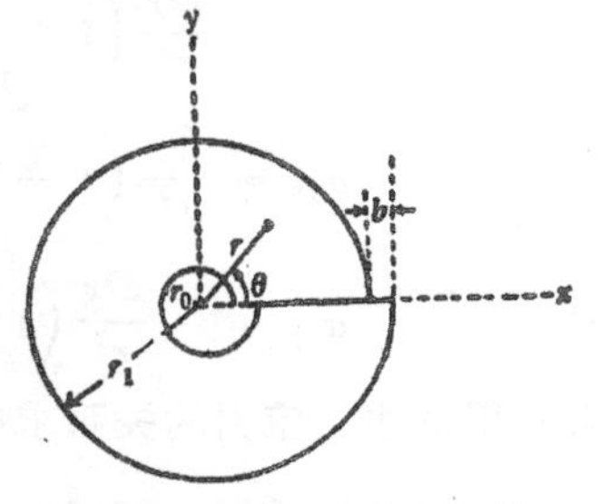

图 7.25 刃型位错的连续介质模型.

因此是一个平面形变的问题，平衡方程可以用应力函数 χ 来表示，在笛卡尔坐标中，

$$\left(\frac{\partial^2}{\partial x^2}+\frac{\partial^2}{\partial y^2}\right)^2\chi=0, \tag{7.17b}$$

而诸应力分量不为零的只有

$$\left.\begin{aligned}&\sigma_{xx}=\frac{\partial^2\chi}{\partial y^2},\quad \sigma_{yy}=\frac{\partial^2\chi}{\partial x^2},\quad \sigma_{xy}=-\frac{\partial^2\chi}{\partial x\partial y},\\&\sigma_{zz}=\nu(\sigma_{xx}+\sigma_{yy});\end{aligned}\right\} \tag{7.18a}$$

在圆柱坐标中,

$$\left(\frac{\partial^2}{\partial r^2}+\frac{1}{r}\frac{\partial}{\partial r}+\frac{1}{r^2}\frac{\partial^2}{\partial\theta^2}\right)^2\chi=0, \tag{7.17c}$$

而诸应力的分量为

$$\sigma_{rr}=\frac{1}{r}\frac{\partial\chi}{\partial r}+\frac{1}{r^2}\frac{\partial^2\chi}{\partial\theta^2},\quad \sigma_{\theta\theta}=\frac{\partial^2\chi}{\partial r^2},$$

$$\sigma_{r\theta}=-\frac{\partial}{\partial r}\left(\frac{1}{r}\frac{\partial\chi}{\partial\theta}\right),\ \sigma_{zz}=\nu(\sigma_{rr}+\sigma_{\theta\theta}). \tag{7.18b}$$

满足双谐和方程的应力函数，可以用通常的分离变数法求出(参看附录 7-II). 在求得的解中选出可能满足位错条件的应力函数

$$\chi=Dr\ln r\sin\theta, \tag{7.19}$$

代入式 (7.18a) 及式 (7.18b) 可求出下述诸应力分量:

$$\left.\begin{aligned}
\sigma_{rr}&=\frac{D}{r}\sin\theta,\\
\sigma_{\theta\theta}&=\frac{D}{r}\sin\theta,\\
\sigma_{r\theta}&=-\frac{D}{r}\cos\theta,\\
\sigma_{xx}&=\frac{Dy}{r^2}\left(1+\frac{2x^2}{r^2}\right)=D\frac{y(3x^2+y^2)}{(x^2+{}^2y)^2};\\
\sigma_{yy}&=\frac{Dy}{r^2}\left(1-\frac{2x^2}{r^2}\right)=D\frac{y(y^2-x^2)}{(x^2+y^2)^2};\\
\sigma_{xy}&=-\frac{Dx}{r^2}\left(1-\frac{2y^2}{r^2}\right)=D\frac{x(y^2-x^2)}{(x^2+y^2)^2}.
\end{aligned}\right\} \tag{7.20}$$

再利用位移与应力的关系求出位移的分量(参看附录 7-III):

$$\left.\begin{aligned}
u_r&=\frac{1}{2\mu}D(1-2\nu)\ln r\sin\theta-\frac{(1-\nu)D\theta}{\mu}\cos\theta,\\
u_\theta&=\frac{1}{2\mu}[D+D(1-2\nu)\ln r]\cos\theta\\
&\quad+\frac{(1-\nu)D\theta}{\mu}\sin\theta;
\end{aligned}\right\} \tag{7.21a}$$

$$
\left.\begin{aligned}
u_x &= -\frac{D}{\mu}\left[(1-\nu)\theta + \frac{\sin 2\theta}{4}\right], \\
u_y &= \frac{D}{\mu}\left[\frac{1-2\nu}{2}\ln r + \frac{\cos 2\theta}{4}\right].
\end{aligned}\right\} \tag{7.21b}
$$

根据位错的条件式 (7.15)

$$(u_x)_{\theta=2\pi} - (u_x)_{\theta=0} = b$$

定出常数

$$D = -\frac{\mu b}{2\pi(1-\nu)}. \tag{7.22}$$

这里的解还不能满足界面上应力分量为零的条件. 如果设想 $r_1 \to \infty$, 则外壁的边界条件可被满足. 根据以上求出的结果，应力分量一般地可表示为

$$\sigma_{ik} = Df_{ik}(\theta) \cdot \frac{1}{r}, \tag{7.23}$$

这里的 $f_{ik}(\theta)$ 为 θ 的函数。 在图 7.26 中示出了在第一象限中 σ_{xy} 的分布情况，曲线到原点的距离正比于 σ_{xy} 的绝对值. 拜德 (W. L. Bond) 等和英顿博姆 (B. Л. Инденбом) 等用红外偏振光方法观察硅单晶中位错应力场的分布[65,66]，和上述计算结果大致吻合.

从式 (7.20) 可以看出，在同一地点，$|\sigma_{xx}| > |\sigma_{yy}|$；在 $y > 0$ 的区域，σ_{xx} 是负值，相当于压力；而在 $y < 0$ 的区域，σ_{xx} 是正值，相当于张力. 这些结果也可根据直观的考虑看出. 因为刃型位错相当在 $y > 0$ 的区域插进了半原子平面：上半受到压缩，而下半受到伸张.

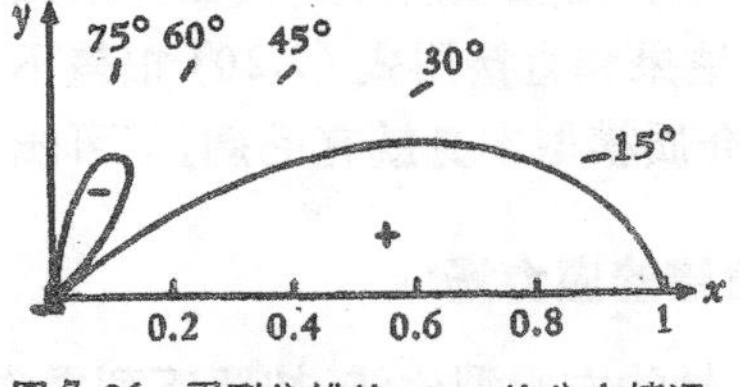

图 7.26 刃型位错的 σ_{xy} 的分布情况.

可以求出体积膨胀率

$$\delta = e_{xx} + e_{yy} + e_{zz} = \frac{\partial u_x}{\partial x} + \frac{\partial u_y}{\partial y}$$

$$= -\frac{b}{2\pi} \cdot \frac{1-2\nu}{1-\nu} \cdot \frac{\sin\theta}{r}. \tag{7.24}$$

在 $y > 0$ 的区域，δ 为负值，为收缩；在 $y < 0$ 的区域，δ 为正值，是膨胀．由于 $\sin\theta$ 的对称性，对于整个介质求 δ，得到的平均值应等于零．这个结果表明位错所产生的长程应力场中的平均密度仍和完整晶体相同．

如果要求出的解能够满足沿内外壁上应力分量为零的条件，应力函数应采取下列的形式（参看附录 7-II）：

$$\chi = \sin\theta(Dr\ln r + Br^{-1} + Cr^3). \tag{7 25}$$

应力的诸分量为

$$\left.\begin{aligned} \sigma_{rr} &= \frac{\sin\theta}{r}\left(-\frac{2B}{r^2} + 2Cr^2 + D\right), \\ \sigma_{\theta\theta} &= \frac{\sin\theta}{r}\left(\frac{2B}{r^2} + 6Cr^2 + D\right), \\ \sigma_{r\theta} &= -\frac{\cos\theta}{r}\left(-\frac{2B}{r^2} + 2Cr^2 + D\right). \end{aligned}\right\} \tag{7.26}$$

根据内外界壁上应力为零的条件

$$r = r_0,\ r = r_1;\ \sigma_{rr} = \sigma_r\theta = 0,$$

可求出系数 B 与 C

$$\left.\begin{aligned} B &= \frac{r_0^2 r_1^2}{2(r_0^2 + r_1^2)} D, \\ C &= -\frac{D}{2(r_0^2 + r_1^2)}. \end{aligned}\right\} \tag{7.27}$$

在一般情形下，附加项所加的校正并不太重要．在距离位错线较远的地方，结果和直接用式 (7.20) 相差不大，而在接近位错线的区域，连续介质模型本身就有毛病，不可能获得正确的结果．

§ 7.8　直螺型位错的应力场

设想一沿 z 轴的右螺型位错，按照下列操作形成：沿 xz 面剖开，两岸沿 z 轴产生相对位移 b，再胶合起来．在这种情形，位移的 x,y 分量均等于零，而且这样的形变是纯粹的切变，不产生体积的膨胀或收缩．因而

$$\mathrm{div}\,\mathbf{u}=0, \qquad (7.28)$$

所以弹性平衡方程可以简化为

$$\nabla^2 u_z=0. \qquad (7.29)$$

位移所满足的位错条件为

$$(u_z)_{\theta=2\pi}-(u_z)_{\theta=0}=b,$$

因此最简单的解即为

$$u_z=\frac{b}{2\pi}\theta=\frac{b}{2\pi}\arctan\frac{y}{x}. \qquad (7.30)$$

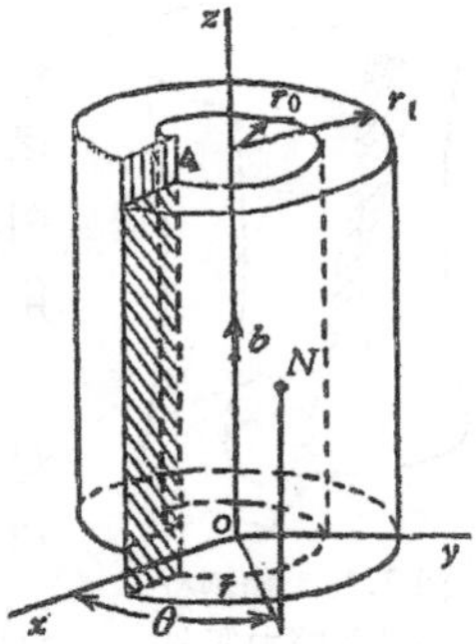

图 7.27 螺型位错的连续介质模型．

各应力分量为

$$\left.\begin{aligned}&\sigma_{xz}=-\frac{\mu b}{2\pi}\cdot\frac{y}{r^2},\quad \sigma_{yz}=\frac{\mu b}{2\pi}\frac{x}{r^2},\\&\sigma_{\theta z}(=\sigma_{z\theta})=\frac{\mu b}{2\pi r},\end{aligned}\right\} \qquad (7.31)$$

其余的均等于零．从上式可以看出螺型位错不产生正应力，应力场对轴线是对称的．由于 σ_{rr}，$\sigma_{r\theta}$ 均等于零，显然满足内外柱面上应力为零的边界条件．但是 $\sigma_{\theta z}$ 作用在柱体两端（$z=$ 常数）面上，产生一力偶矩

$$\tau=\int_{r_0}^{r_1}(r\sigma_{\theta z})\cdot 2\pi r dr=\frac{1}{2}\mu b(r_1^2-r_0^2). \qquad (7.32)$$

要松弛这个外力偶，应产生一附加的形变，其主要部分为

$$u'_\theta=-\alpha rz,\ u'_r=u'_z=0. \qquad (7.33)$$

这样的位移可以满足弹性平衡的条件，也不产生附加的伯格斯矢量，但产生一附加切应力

$$\sigma'_{\theta z}=-\mu\alpha r, \qquad (7.34)$$

和一附加的扭转力矩

$$\tau'=\int_{r_0}^{r}(r\sigma'_{\theta z})2\pi r dr.$$

根据 τ 与 τ' 相互抵销的条件 ($\tau' = -\tau$)，可求出

$$\alpha = \frac{b}{\pi(r_1^2 + r_0^2)} \simeq \frac{b}{\pi r_1^2}. \qquad (7.35)$$

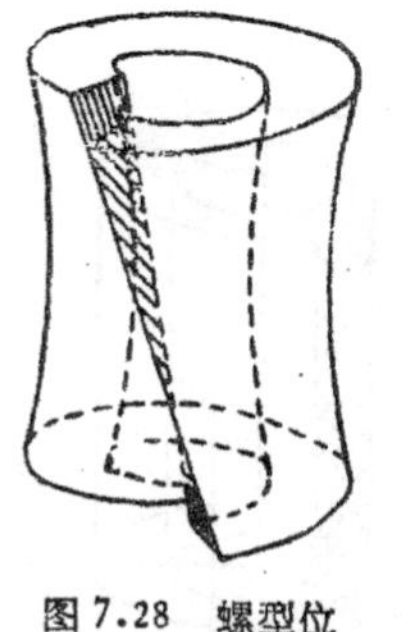
图 7.28 螺型位错（两端力偶松弛的情形）.

这样的附加形变，相当于使柱体沿了轴线产生扭转(见图 7.28)，而 α 即等于单位轴长的扭转角.

除非 r_1 很小，α 角一般是不易察觉的. 但对于细的晶须，沿轴线有一螺型位错，α 即成为可以测量的数量（例如 $r_1 = 10^{-4}$ 厘米，$b = 2.5 \times 10^{-8}$ 厘米，$\alpha \simeq 40°$/厘米）. 韦伯 (W. W. Webb) 应用劳埃照相来测量这种沿晶须轴的扭转[67]，在某些晶须(如 α-Al_2O_3, NaCl, Pd 等)中的确观察到这种扭转，而且根据 α 值所算出的 b 值都正好是点阵参数的整倍数.

§ 7.9 直位错的能量

知道了位错线周围应力场的分布情况，根据畸变能密度的积分，即可计算应力场内所贮藏的总畸变能，但直接计算形成位错所要作的功要更简便一些，而形成位错的具体方式可以按照简化计算的要求来选择.

为了计算形成刃型位错所作的功，可以设想如下的过程(参看图 7.25)：沿 xz 面剖开，将 S_2 岸保持不动，令 S_1 岸作位移自 0 到 b. 在位移的过程中，设已作了位移 αb (α 为一分数，$0 \leqslant \alpha \leqslant 1$). 将 S_2 面划分为许多单位长度的面元 dr，沿面元所加切力设为 $\sigma'_{r\theta} dr$，$\sigma'_{r\theta}$ 应等于强度为 αb 的位错在面元所在处 ($\cos\theta = 1$) 产生的应力分量 $\sigma_{r\theta}$，根据式 (7.20)，应为

$$\sigma'_{r\theta} = \frac{\mu \alpha b}{2\pi(1-\nu)} \cdot \frac{1}{r}. \qquad (7.36)$$

在此切力作用下作位移 $d(\alpha b)$ 所作的功为

$$dW = \int_{r_0}^{r_1} \sigma'_{r\theta} d(\alpha b) dr. \qquad (7.37)$$

在位移从 0 到 b 的全部过程中，所作总功(单位长度)

$$W=\int_{r_0}^{r_1}\int_0^1 \frac{\mu b^2 \alpha d\alpha dr}{2\pi(1-\nu)r}=\frac{1}{2}\int_{r_0}^{r_1}\frac{\mu b^2}{2\pi(1-\nu)}\cdot\frac{dr}{r}$$

$$=\frac{\mu b^2}{4\pi(1-\nu)}\ln\left(\frac{r_1}{r_0}\right). \tag{7.38}$$

相似地可以求出单位长度螺型位错的能量

$$W=\int_0^{r_1}\int_0^1 \sigma'_{\theta z} b d\alpha dr=\frac{\mu b^2}{4\pi}\ln\left(\frac{r_1}{r_0}\right). \tag{7.39}$$

如果位错是混合型的，位错线与伯格斯矢量间的夹角为 ψ，它就相当于伯格斯矢量为 $b\cos\psi$ 的螺型位错与伯格斯矢量为 $b\sin\psi$ 的刃型位错的叠加。由于螺型位错和刃型位错没有公共的应力分量(忽略附加项)，它们的能量即可以单纯地叠加起来。因此单位长度混合型直位错线的能量可以表示为

$$W=\frac{\mu b^2}{4\pi K}\ln\frac{r_1}{r_0},\quad \frac{1}{K}=\cos^2\psi+\frac{\sin^2\psi}{1-\nu}, \tag{7.40}$$

K 的值处于 1 和 $1-\nu$ 之间。

如果 r_1 为无限大，或 r_0 为零，位错的能量都将等于无限大。在实际问题中，能量发散的困难并不存在。因为在位错的中心区域，连续介质模型就不适用了，应该另作计算。根据在后面要讲的佩-纳模型来估计，式 (7.38) 中的 r_0 接近于 b。另一方面，实际晶体中有“嵌镶结构”或位错纲络，限制了应力场的范围。在一般情形下，r_1 不能超过嵌块的大小，约 $r_1\simeq 10^{-4}$ 厘米，因此单位长度位错的能量约为

$$\frac{\mu b^2}{4\pi K}\ln 10^4\simeq \mu b^2. \tag{7.41}$$

取 $\mu=4\times 10^{11}$ 达因·厘米$^{-2}$，$b=2.5\times 10^{-8}$ 厘米，位错的能量约为 2.5×10^4 尔格/厘米，或 4 电子伏/原子面。

根据上面的计算，位错具有很大的畸变能。对于位错的熵，虽然尚缺乏确切可靠的计算值。根据一般估计[22,23]，它对自由能的贡献远比畸变能要小。因此在通常的温度，位错的自由能将近似

地等于其畸变能，具有正值．所以位错不象点缺陷那样，能作为一种热力学平衡态的晶体缺陷．在理想的热力学平衡状态下，晶体中将不存在任何位错．因而如果对晶体生长过程作严格的控制，人们的确可以制出无位错的晶体．

§ 7.10 位错与表面的弹性相互作用

求解有限大小的晶体中位错的弹性场，需要满足表面(或界面)的边界条件．可以仿照静电学中的镜象法来处理这类问题[25]．

首先来考虑半无限大介质中平行于表面的螺型位错．设在 $-\infty < x < 0$ 的区域中充满了弹性介质（切变模量为 μ）；而在 $0 < x < \infty$ 的区域为真空．平行于 z 轴的位错在 $x = -l$, $y = 0$ 处(参看图 7.29)．自由表面的边界条件为通过表面的正应力及切应力均应等于零，因而要求表面上 $\sigma_{zx} = 0$．只需要设想在真空中象的位错上有一等量异号的螺型位错存在，即可使这样的边界条件得到满足．介质中实际的应力场就等于原位错与象位错的应力场叠加起来．很显然位错附近的自由表面的存在导致畸变能的下降，换言之，位错受到自由表面的吸引力(被称为象应力)．也可

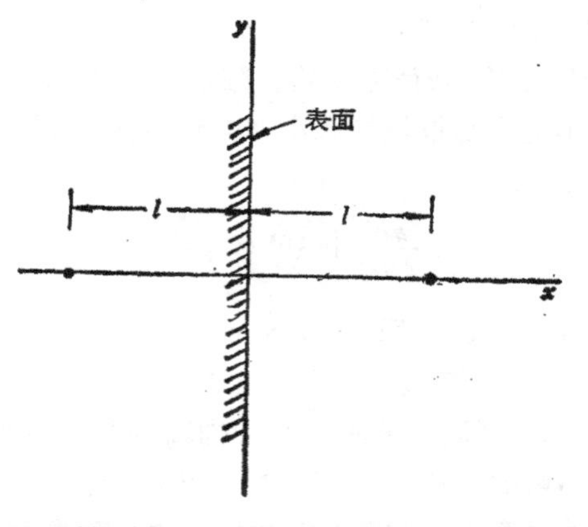

图 7.29 平行于自由表面的一根螺型位错及其象位错．

以采用上述的方法近似地处理平行于自由表面的刃型位错，得到类似的结果。

图 7.30 表示了更复杂一些的镜象问题。在圆柱体形的介质中，在 $x=\lambda$ 处有一平行于轴线的螺型位错。自由表面的边界条件要求圆柱表面上的切应力 $\sigma_{z\rho}$ 为零。在圆柱以外的共轭点处 $x=R^2/\lambda$ 加一等量异号的位错将使边界条件得到满足。

下面讨论两种不同介质的界面对于位错的影响。如图 7.31 所示，$x>0$ 的区域充满了切变模量为 μ_1 的介质，$x<0$ 的区域充满了切变模量为 μ_2 的介质。在 $x=a$，$y=0$ 处的 A 点有一平行于 z 轴的螺型位错，其伯格斯矢量值为 b。界面的边界条件要求位移和应力必须连续地穿过界面。A 的象位错在 C 处，其伯格斯矢量值设为 γb；为了说明介质 2 中的应力场，A 处位错的伯格斯矢量值应修正为 βb；这里引入的 γ 和 β 的数值都是待定的。式 (7.30) 给出两介质中的位移为

$$u_{z_1}=\frac{b}{2\pi}\left(\arctan\frac{y}{x-a}+\gamma\arctan\frac{y}{y+a}\right), \tag{7.42}$$

$$u_{z_2}=\frac{b\beta}{2\pi}\arctan\frac{y}{x-a}. \tag{7.43}$$

在 $x=0$，$u_{z_1}=u_{z_2}$，可求出 $\beta=1-\gamma$ 和式 (7.31) 对应的应力为

$$\sigma_{zx}(1)=\frac{\mu_1 yb}{2\pi[(x-a)^2+y^2]}+\frac{\gamma\mu_1 yb}{2\pi[(x+a)^2+y^2]}, \tag{7.44}$$

$$\sigma_{zx}(2)=\frac{\beta\mu_2 b}{2\pi[(x-a)^2+y^2]}. \tag{7.45}$$

在 $x=0$ 处，$\sigma_{zx}(1)=\sigma_{zx}(2)$，可导出关系式

$$\mu_1(1+\gamma)=\mu_2\beta. \tag{7.46}$$

这样，就得到

$$\gamma=\frac{\mu_2-\mu_1}{\mu_1+\mu_2},\ \beta=\frac{2\mu_1}{\mu_1+\mu_2}, \tag{7.47}$$

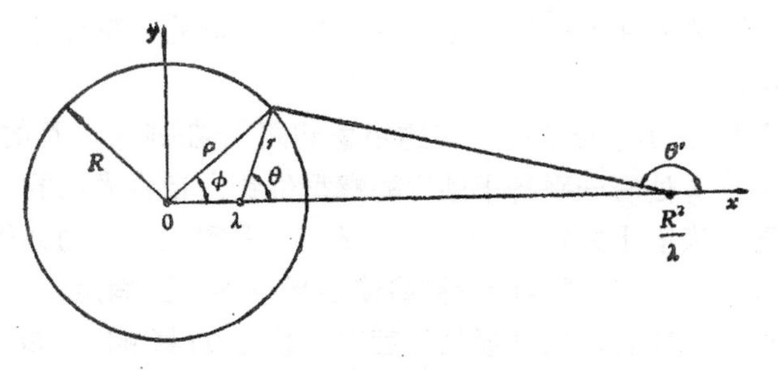

图 7.30 圆柱形介质内 λ 处的螺型位错及其象位错.

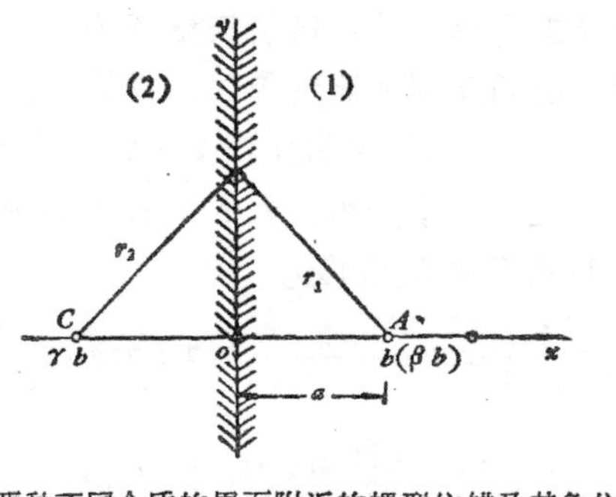

图 7.31 两种不同介质的界面附近的螺型位错及其象位错.

这一结果也可根据与电象法的类比导出. 在 $\mu_2 \to 0$ 的极限,和自由表面的结果相符. 可以看出,若 $\mu_1 > \mu_2$, 螺型位错将被界面所吸引;而 $\mu_1 < \mu_2$, 则被排斥. 这一结果不仅适用于相界, 也可用于晶界, 这是由于弹性的各向异性将导致晶界两侧 μ 的有效值不一致. 如果位错就躺在界面上, $a = 0$, 两个象位错均和位错自身相重合. 在 μ_1 介质内, 有效 b 值为 $(1+\gamma)b = 2\mu_2 b/(\mu_1+\mu_2)$; 在 μ_2 介质内,有效的 b 值为 $2\mu_1 b/(\mu_1+\mu_2)$. 因而应力场相当于原来的位错处于有效切变模量为 $2\mu_1\mu_2/(\mu_1+\mu_2)$ 的介质之中. 至于刃型位错与表面和界面的相互作用, 计算要繁复得多, 严格理论计算表明, 采用上述的象位错系统可以近似地(准确到 15% 以内)说明问题. 因而对于一些更复杂的情形, 如与表面斜交的位错, 还不妨采用构筑象位错这一近似方法.

§ 7.11 任意形状位错圈的应力场

前面对位错应力场的论述限于无限长直位错线这一特例．下面要讨论任意形状位错圈的应力场这一普遍情况．仍然假定介质是无限大而且是各向同性的．

作为讨论的出发点．考虑原点附近一个伯格斯矢量为 $\mathbf{b}$，法线矢量为 $\mathbf{n}$，面积为 dA 的微位错圈[68]．形成这样的位错圈，我们可以设想如下的过程：在原先介质中挖出一块面积为 dA，厚度为 h 的介质．然后将这块挖出的介质 T 进行形变；上表面(沿 $\mathbf{n}$ 的正向)相对于下表面作相对位移 $-\mathbf{b}$，这样，T 区域内对应有均匀的应变

$$e_{ij}^T = \frac{1}{2}\left(\frac{\partial u_i}{\partial x_j} + \frac{\partial u_j}{\partial x_i}\right) = -\frac{1}{2h}(b_i n_j + b_j n_i). \qquad (7.48)$$

再将介质中空洞的两壁作等同的相对位移，使整个介质发生弹性应变，然后将介质 T 塞进去，胶合起来，保持弹性平衡．可以看出这一操作过程实质上和 § 7.3 定义的割面相对位移等效，只需令 $h \to 0$，在 T 区域界面上的应力张量，按照胡克定律应为(参看附录 7-II)

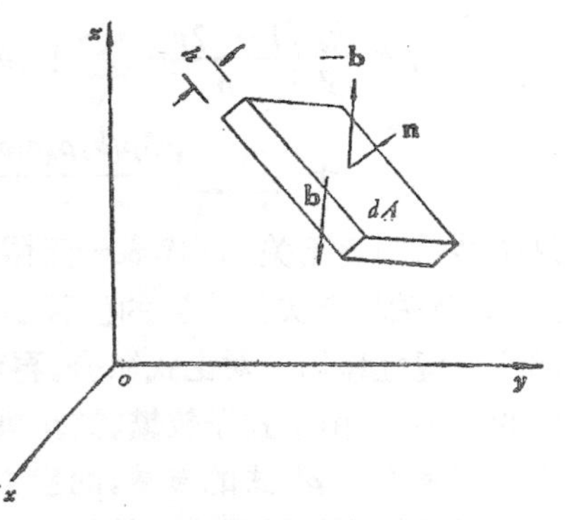

图 7.32 任意取向的微位错圈的示意图．

$$\sigma_{ij}^T = \sum_k \lambda e_{kk}^T \delta_{ij} + 2\mu e_{ij}^T, \qquad (7.49)$$

这里的 λ 为介质的拉梅系数，μ 为介质的切变模量．这样在上下表面的作用力正好是数值相等方向相反的一对偶力，就是 § 5.7 所述的弹性偶极子．但这里偶极矩的非对角分量不一定为零，属于更普遍的情形．

从弹性力学可以算出作用于源点的力分量 F_i，在场点的位

移分量 u_i 可以表示为(参看附录 7-III)：

$$u_i = U_{ij}F_j, \tag{7.50}$$

$$U_{ij} = \frac{1}{16\pi\mu(1-\gamma)}\left[\delta_{ij}\cdot\frac{3-4\nu}{\rho} + \frac{\rho_i\rho_j}{\rho^3}\right], \tag{7.51}$$

$$\rho_i = x_i - x_i', \tag{7.52}$$

$$\rho = +\sqrt{(x-x')^2 + (y-y')^2 + (z-z')^2}, \tag{7.53}$$

这里的 U_{ij} 表示源点在 j 方向单位作用力在场点产生位移的 i 方向的分量，文献中称为格林张量函数 (Green's tensor function)。考虑到偶力的效应，用泰勒展开，保存一次项，即可得

$$u_i = -\sum_k h\sigma_{kj}^T \frac{\partial U_{ij}}{\partial x_k}\, dA. \tag{7.54}$$

将式 (7.49)，(7.51) 代入上式，并利用 λ, μ, ν 之间的关系，可得

$$u_i = \frac{k_0}{\rho^2}\left\{\frac{1-2\nu}{\rho}\cdot\sum_k\left[n_i b_k\rho_k + b_i n_k\rho_k - \rho_i b_k n_k\right] + \sum_l\sum_k\frac{3\rho_i b_k\rho_k n_l\rho_l}{\rho^3}\right\} dA, \tag{7.55}$$

这个结果与 h 无关，即代表一无限小的微位错圈(面积 dA，面法线 **n** 及伯格斯矢量 **b**) 的位移场，也可以近似地表示有限位错圈的远程位移场．对上式微分，再利用胡克定律，可以求出微位错圈的应力场，由于式子较繁，这里就不一一列出．可以看出，位移是随距离作 $1/\rho^2$ 式的衰减，而应力则作 $1/\rho^3$ 式的衰减．

对于棱柱位错圈这一特例，可令圈处于坐标原点，圈面沿 xy 平面，即 $n_1 = n_2 = 0$, $n_3 = 1$ $b_1 = b_2 = 0$, $b_3 = b$ (图 7.33(a))，则

$$\left.\begin{aligned}
u_x &= \frac{Kx}{6r^3}\left[-(1-2\nu) + \frac{3z^2}{r^2}\right],\\
u_y &= \frac{Ky}{6r^3}\left[-(1-2\nu) + \frac{3z^2}{r^2}\right],\\
u_z &= \frac{Kz}{6r^3}\left[1-2\nu + \frac{3z^2}{r^2}\right],
\end{aligned}\right\} \tag{7.56}$$

$$K = -\frac{3b}{4\pi(1-\nu)}\delta A. \tag{7.57}$$

对于滑移位错圈这一特例，可相似地选择坐标系，即 $n_1 = n_2 = 0$，$n_3 = 1$，而 $b_1 = b$，$b_2 = b_3 = 0$（图 7.33(b)）则

$$\left.\begin{aligned} u_x &= \frac{K'z}{6r^3}\left[1 - 2\nu + \frac{3x^2}{r^2}\right], \\ u_y &= \frac{K'3xyz}{6r^5}, \\ u_z &= \frac{K'x}{6r^3}\left[1 - 2\nu + \frac{3z^2}{r^2}\right], \end{aligned}\right\} \tag{7.58}$$

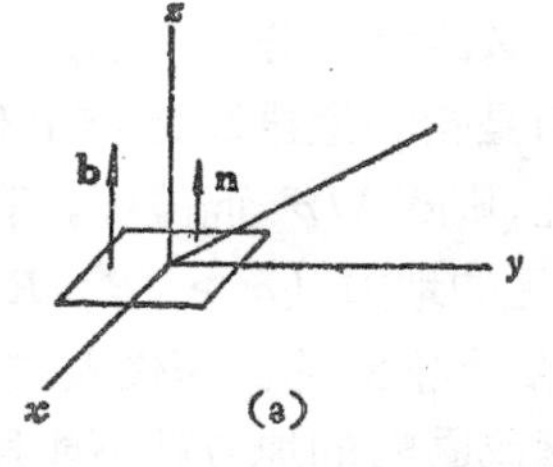

图 7.33(a) 微棱柱圈的示意图.

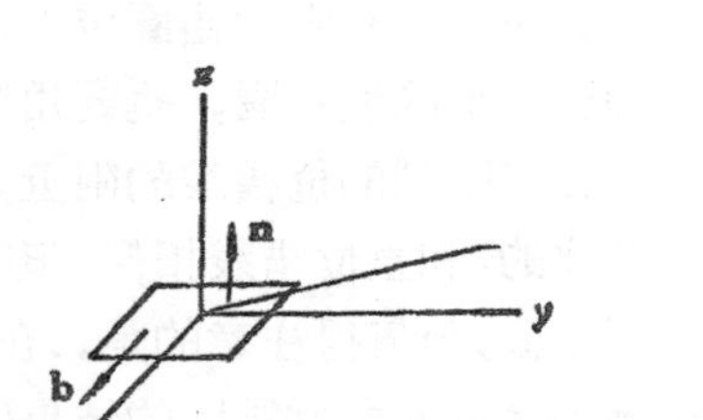

图 7.33(b) 微滑移圈的示意图.

$$K' = -\frac{3b}{4\pi(1-\gamma)}\delta A \tag{7.59}$$

对于任意形状的有限位错圈，我们可以任选一位错圈所张之面，分划为无限多的网格，每一网格可视为一微位错圈，利用式(7.55)可求出其位移场，而整个位错圈的位移场可用式(7.55)的面积分来表示(参看图 7.34)，即

$$u_i = \iint_{(\delta S)} du_i. \tag{7.60}$$

这样，任意形状位错圈的应力场问题，原则上得到了解决，具体求解变为一个数学问题，而前面讲过的无限长直位错线应力场的问题，也可以用这个方法来求解，δA 即为以位错线为界的无限大半平面[69]。

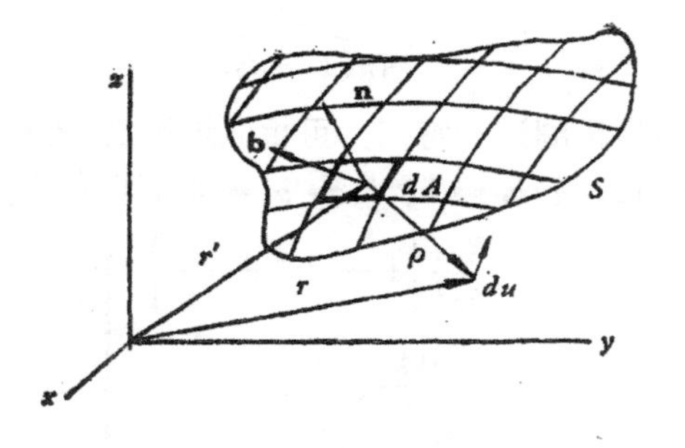

图 7.34　有限位错圈分割为微位错圈的总和.

还存在其他的求解任意形状位错圈应力场的方法，这里就不一一介绍了．有限位错圈应力场的表示式相当复杂，即使是最简单的圆环形的位错圈，也要用特殊函数的定积分来表示．

在有限圈的位错线的附近，应力是随到位错线距离 ρ 作 $1/\rho$ 式变化的，和直位错线相似；但在远处，则随 $1/\rho^3$ 而减弱，和微位错圈相似，但值得注意的是，在不大远的地方（$\rho > 2R$，R 为位错圈的半径），微位错圈的结果（用有限位错圈的面积代入式中）给出相当好的近似．当然在靠近位错圈或圈内的地方就不能用这样的近似．

位错圈的弹性能可以用应变能密度的体积分来表示．在积分时，必需将位错线附近的区域（即位错芯）挖掉，在能量表示式中将出现位错芯的半径 ε，通常可令 $\varepsilon \sim b$．更简单的是将弹性能表示为形成位错圈所作的功，即

$$W = \frac{1}{2}\int n_i\sigma_{ij}b_j dA. \tag{7.61}$$

在上式中，面积分也要到位错线附近截止，因而能量表示式中也出现芯半径 ε．对于平面圈，上式可简化为

$$W = \frac{1}{2} n_i b_j \iint \sigma_{ij} dA. \tag{7.62}$$

在式 (7.62) 中只需知道圈平面内的应力分量，对于在 x, y 面内棱柱圈的特例，有关的应力分量只有 σ_{zz}．

下面列出圆形棱柱圈的弹性能的计算结果

$$W = \frac{\mu}{2(1-\nu)} b^2 R \left(\ln \frac{8R}{\varepsilon} - 1 \right) \tag{7.63}$$

和圆形滑移圈的结果，

$$W = \frac{\mu(2-\nu)}{4(1-\nu)} b^2 R \left(\ln \frac{4R}{\varepsilon} - 2 \right). \tag{7.64}$$

和式(7. 38)及式(7. 40)所表示的直位错线的能量表示式相对比，由于 R 取代式(7. 40)中 r_1 在对数项的位置，单位长度的能量要比直位错低.

一般形式的位错圈（**b** 与 **n** 的夹角为 ϕ）的能量可以表示为纯棱柱圈（其伯格斯矢量为 $b\cos\phi$）与滑移圈（其伯格斯矢量为 $b\sin\phi$）的能量的总和（同一平面内两圈之间没有相互作用能），考虑到 $R/\varepsilon \gg 1$，可以略去式(7.62)，(7.63)中的常数项，因而圆形圈的能量近似地等于

$$W = \frac{\mu b^2}{4\pi(1-\nu)} LA \ln \frac{R}{\varepsilon}, \tag{7.65}$$

这里的 $L = 2\pi R$ 为圈的周长，$A = \cos^2\phi + [(2-\nu)/2]\sin^2\phi$，对于棱柱圈，$A = 1$；对于滑移圈，$A = (2-\nu)/2$.

§7.12 位错的线张力

单位长度位错线具有一定的能量，为了降低能量应尽可能缩短其长度，因而和具有弹性的弦线有相似之处. 仿照弦线张力的意义，我们可以定义位错的线张力如下：当位错的长度增加一无限小量，其能量增量与长度增量的比值就等于线张力 T_D，即

$$T_D = \frac{\partial W}{\partial L}. \tag{7.66}$$

如果位错的能量与取向无关，线张力就等于单位长度的能量. 但是事实上，不仅是在各向异性介质中，位错的能量和取向有关；在各向同性介质中，亦复如此，螺型位错与刃型位错的能量有差异，就反映了能量与取向的关系[70].

设想在无限大的各向同性介质中的一根直位错线作少量的引

出(图 7.35). 由于位错线的能量是取向角 θ 的函数，我们可以将单位长度位错的能量展开为泰勒级数

$$W(\theta)=W(0)+\frac{\partial W}{\partial\theta}\delta\theta+\frac{\partial^2 W}{\partial\theta^2}\frac{(\delta\theta)^2}{2}+\cdots,\quad(7.67)$$

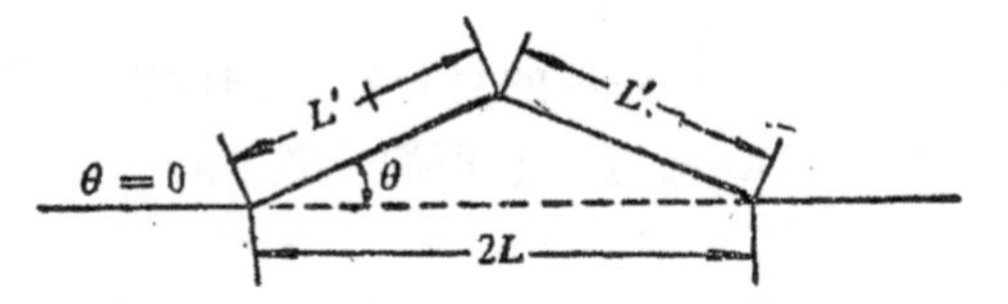

图 7.35　位错线张力计算的示意图.

如图7.35所示，对线段 L^+, $\delta\theta=\theta$; 对线段 L^-, $\delta\theta=-\theta$, 这样,

$$L'=L^+=L^-\simeq L\left[1+\frac{(\delta\theta)^2}{2}\right]=L\left(1+\frac{\theta^2}{2}\right),\quad(7.68)$$

因而体系的能量增量为

$$\begin{aligned}\delta W&=\left(W+\frac{\partial W}{\partial\theta}\theta+\frac{\partial^2 W}{\partial\theta^2}\cdot\frac{\theta^2}{2}\right)L'\\&\quad+\left[W+\frac{\partial W}{\partial\theta}(-\theta)+\frac{\partial^2 W}{\partial\theta^2}\frac{(-\theta)^2}{2}\right]L'-2WL\\&=2\left(W+\frac{\partial^2 W}{\partial\theta^2}\frac{\theta^2}{2}\right)L\left(1+\frac{\theta^2}{2}\right)-2WL,\\&\simeq\theta^2 L\left(W+\frac{\partial^2 W}{\partial\theta^2}\right),\end{aligned}\quad(7.69)$$

因而线张力

$$T_D=W+\frac{\partial^2 W}{\partial\theta^2}.\quad(7.70)$$

对于直位错线段，将式 (7.40) 的单位长度能量值代入式 (7.70)，可以求出

$$T_D=\frac{\mu b^2}{4\pi}\frac{1+\nu-3\nu\sin^2\theta}{1-\nu}\ln\frac{L}{er_0},\quad(7.71)$$

这里的 θ 表示位错线与伯格斯矢量的夹角，可以求出螺型位错与

刃型位错线张力的比值为

$$\frac{T_D^s}{T_D^e}=\frac{1+\nu}{1-2\nu}, \tag{7.72}$$

一般金属 $\nu\simeq 1/3$，故 $T_D^s/T_D^e\simeq 4$. 这个结果表示螺型位错的单位长度的能量虽然比刃型位错的要低，但线张力却大得多. 这也是不难理解的，因为位错线偏离螺型取向时，能量增长得很快. 即使在各向同性的介质中，位错的线张力也表现出明显的各向异性. 因而滑移位错圈的平衡组态并不是圆形，而是椭圆形，其长轴沿着伯格斯矢量的方向，这已为透射电镜的观察所证实. 图 7.36 示出了 Cu-30%Zn 合金中第二相粒子附近的滑移位错圈，显示出理论所预期的椭圆形.

上述的位错线张力的概念是分析问题的一种有用的近似，特别是当在位错组态比较复杂. 确切的能量计算又有困难的情况下

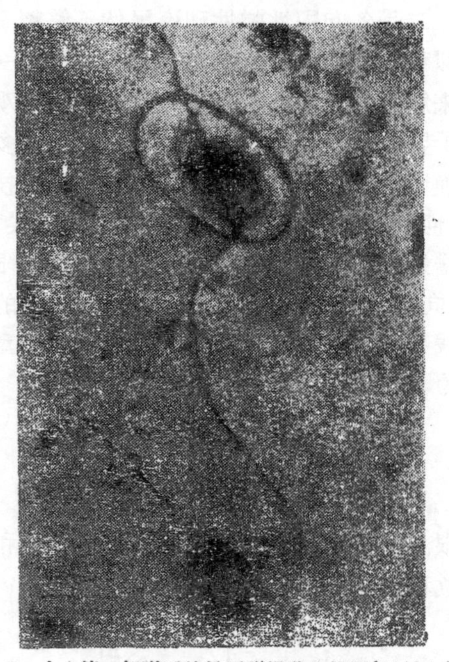

图 7.36 Cu 合金第二相附近的椭圆形滑移位错圈(透射电镜照片).

更是如此。因此，我们可采用式(7.71)作为线张力的近似表示式，或者更简单一些

$$T_D \simeq \frac{1}{2}\mu b^2. \tag{7.73}$$

§7.13 各向异性的介质和非线性弹性效应

前面所述的弹性理论都基于介质是各向同性的和弹性形变是线性的这两个基本假定。实际上，所有的晶体的弹性性质都是各向异性的，而位错线附近区域的畸变显然超出了胡克定律适用的范围。所以各向异性的弹性力学和非线性弹性力学在位错研究中也占有一定的地方，不能完全忽视。但由于这方面的理论比较烦复[71,72]，这里只能介绍一些重要的结论，不进行详细的推导。

位错理论之所以采用各向同性近似，主要有两个原因：一是数学处理简单；二是各向同性弹性理论虽然不够精确，但位错理论中的其他近似和实验观测中包含的误差往往将这一缺点掩盖掉了，因而在用来解释位错的基本性质方面取得了可观的成就。但是由于透射电子显微术和X射线形貌术的进展，许多直接观测的结果需要更加确切的理论解释；另一方面由于计算技术的飞速进展，也使各向异性位错弹性理论的计算变得更为现实可行。

只有当位错线平行于晶体的少数对称轴时，无限长直位错的应力场(考虑各向异性的弹性系数)方可表示为解析的形式。例如当一螺型位错线平行于一个二重轴，并和另一个二重轴垂直。位移场可以表示为

$$u_z = \frac{b}{2\pi}\arctan\left[\frac{\tan\theta}{A^{\frac{1}{2}}}\right], \tag{7.74}$$

这里的 $A = 2c_{44}/c_{11} - c_{12}$，为各向异性参量，当 $A \to 1$，对应于各向同性的极限。若一螺型位错平行于三重轴，并和另一个二重轴相垂直，其位移场为

$$u_z = \frac{b}{6\pi}\arctan\left[\frac{\tan 3\theta}{(1-\delta)^{\frac{1}{2}}}\right], \tag{7.75}$$

这里的 δ 为另一各向异性参量，$\delta = S_{15}/S_{11}S_{44}$，$\delta \to 0$，为各向同性极限. 表 7.1 列出了一些金属的各向异性参量. 可以看出W的弹性性质接近于各向同性，而 Li 及 AuCd 合金则表现出强烈的各向异性.

表 7.1　一些材料的各向异性参量

材　料	A	δ
Li (195K)	8.73	0.52
Fe	2.4	0.11
W	1.00	0.00
Nb	0.51	0.08
AuCd (50-50%)	11.7	0.62
Cu	3.2	0.20
Al	1.01	0.01
KCl	0.37	0.14

各向异性的位错弹性理论不仅在数量上和各向同性理论有差异；也在某些问题上表现出性质上的不同. 例如螺型位错的应力场，各向同性弹性力学预言膨胀处处为零；在各向异性的弹性力学

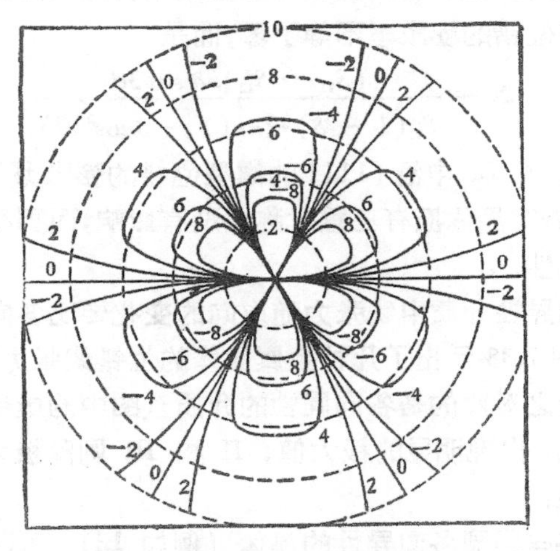

图 7.37　Li 中沿 [111] 的螺型位错的膨胀场[73]（距离单位为 b，膨胀单位为 $\pi/400$）.

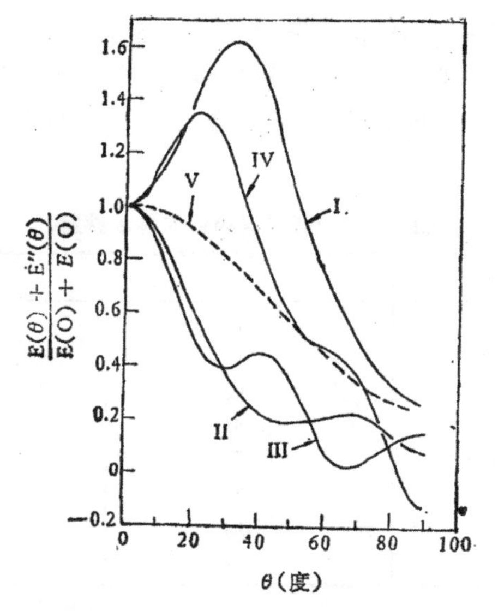

图 7.38 位错线张力随取向变化的关系（按螺型取向归一化）. I. Nb (bcc); II. Fe (bcc); III. Pb (fcc); IV. Au (fcc); V. 为各向同性介质（泊松比取为 0.3）.

中，沿二重轴，四重轴和六重轴的螺型位错仍然是如此，但沿着三重轴的螺型位错的膨胀率不等于零，而是

$$\Delta = \frac{(S_{11} + S_{12})b\delta \sin 3\theta}{S_{15}(1-\delta)^{\frac{1}{2}}2\pi r(1-\delta\cos^2 3\theta)}, \tag{7.76}$$

图 7.37 示出了 Li 中沿 [111] 的螺型位错的膨胀场[73]. 可以看出，螺型位错对晶体原有三重对称性没有影响；而刃型位错却会破坏三重对称性.

在各向异性介质中线张力随取向的变化要比各向同性介质更加猛烈. 图 7.38 示出了几种金属晶体的位错线张力随取向变化的情况，与之对照的是各向同性的介质（图中的虚线）. I 与 IV 这两种情况，出现明显的极大值；II 和 III 则除极大值外，还有极小值出现.

至于某些强烈各向异性的晶体（例如 Li），可以出现线张力在某些取向为负值的情况，这意味着在这些取向上，直位错线不再

是平衡组态，直位错线将自发地变为 z 字形的折线，从而降低其能量。透射电镜的观测结果证实了这一理论预期。

在位错线的附近，严重的畸变将导致线性弹性理论的失效。但是由于在这些场所连续介质模型本身就成问题，应该适当地采用离散的原子结构模型来处理。因此非线性的连续介质弹性理论虽有所发展，但应用的面尚不甚广，所以这里也不作全面的介绍。有兴趣者可参阅文献[74]。但是线性弹性理论对位错应力场的一些整体效应推导出一些不附合实际的结果：如位错引起的膨胀率平均为零，而实际上大量位错的存在导致晶体密度的下降；弹性波和位错的应力场遵从叠加原理，将不导致发生散射，而实际上弹性波会被位错的应力场所散射。这些问题显示了考虑非线性效应的重要性。

下面介绍曾讷对位错引起的膨胀效应的简单说明[75]。在弹性理论中，膨胀率为 $\Delta=\sum_i \sigma_{ii}/3K$（$K$为体模量），在位错这一类自应力体系中由于 $\sum_i \sigma_{ii}$ 的平均值为零，所以在一级近似（线性弹性理论）中，$\bar{\Delta}$ 亦为零；如果考虑二级近似，即使 $\sum_i \sigma_{ii}$ 的平均值为零，由于K的值与应力有关，$\bar{\Delta}$ 亦不为零。Δ的平均值应只依赖于应力分布的标量不变量，诸如单位体积中膨胀应变能的平均值 $\overline{W}_d$ 和单位体积中切应变能的平均值 $\overline{W}_s$。这样，平均膨胀率可以表示为

$$\bar{\Delta}=c_d\overline{W}_d+c_s\overline{W}_s. \tag{7.77}$$

下面我们来计算膨胀系数 c_d。设想介质中的体元原始的体积为 v_i，经过形变后变为 v_f。在形变过程中的体积为 v，作用于体元的静水压为 $p=-\sum_i \sigma_{ii}/3$，体积的变化可表示为

$$\frac{dv}{v}=-\frac{dp}{K^*(p)}, \tag{7.78}$$

这里

$$\frac{1}{K^*(p)}=\frac{1}{K}-p\left(\frac{dK}{dp}\right)\Big/K^2+\cdots, \tag{7.79}$$

代入式 (7.78)，积分可得

$$\ln\left(\frac{v_f}{v_i}\right)=-\frac{p}{K}+\frac{p^2\left(\frac{dK^*}{dp}\right)}{2K^2}+\cdots. \qquad (7.80)$$

我们将式 (7.80) 中的对数表示为 $\Delta=(v_f-v_i)/v_i$ 的幂级数，获得

$$\Delta+\frac{1}{2}\Delta^2+\cdots=-\frac{p}{K}+\frac{p^2\left(\frac{dK^*}{dp}\right)}{2K^2}+\cdots. \qquad (7.81)$$

如果对整个样品求平均值，由于 $\bar{p}=0$，故

$$\bar{\Delta}+\frac{1}{2}\bar{\Delta}^2=\frac{\bar{p}^2\left(\frac{dK^*}{dp}\right)}{2K^2}. \qquad (7.82)$$

应变能与膨胀率之间的关系为

$$W_d=\frac{K\Delta^2}{2}=\frac{\bar{p}^2}{2K}, \qquad (7.83)$$

这样，式 (7.82) 成为

$$\bar{\Delta}=\frac{1}{K}\left(\frac{dK^*}{dp}-1\right)\overline{W}_d, \qquad (7.84)$$

$$c_d=\frac{1}{K}\left(\frac{dK^*}{dp}-1\right). \qquad (7.85)$$

类似地可求出

$$c_s=\frac{1}{\mu}\left(\frac{d\mu^*}{dp}-\frac{\mu}{K}\right). \qquad (7.86)$$

上述结果可用于位错所引起的体积变化：单位长度的螺型位错所引起的体积变化为

$$\delta v=\pi(R^2-r_0^2)\bar{\Delta}, \qquad (7.87)$$

而在各向同性近似中，螺型位错的

$$\overline{W}_d=0, \quad \overline{W}_s=\frac{\mu b^2}{4\pi^2(R^2-r_0^2)}\ln\frac{R}{r_0}, \qquad (7.88)$$

这样

$$\delta v = \frac{1}{\mu}\left(\frac{d\mu^*}{dp} - \frac{\mu}{K}\right)W, \tag{7.89}$$

这里的W为单位长度位错的能量．对于刃型位错，需要分别计算应力的对角分量和非对角分量所引起的应变能，可得

$$\delta v = \frac{1}{3}\left[\frac{1-\nu-2\nu^2}{1-\nu}\cdot\frac{1}{K}\left(\frac{dK^*}{dp}-1\right) + \frac{1-\nu+\nu^2}{1-\nu}\frac{2}{\mu}\left(\frac{d\mu^*}{dp}-\frac{\mu}{K}\right)\right]W. \tag{7.90}$$

表 7.2 列出了弹性能的膨胀系数 c_d 与 c_s 的数据．根据这些数据可以求出位错引起的体膨胀约为 3/4—2 原子体积/原子面．对于刃型位错，W_d 的贡献要比 W_s 大．

表 7.2 弹性能的膨胀系数

金属	c_d 厘米^3·尔格$^{-1}$	c_s 厘米^3·尔格$^{-1}$
铝	3.2×10^{-12}	6.5×10^{-12}
铜	7.3×10^{-12}	2.3×10^{-12}
铁	3.9×10^{-12}	1.6×10^{-12}

§ 7.14 位错的点阵模型

位错的连续介质模型具有一定的局限性，不能用来处理位错线中心区域的问题． 而且晶体结构和电子结构对位错性质的影响，在理论中的反映也很粗略(只体现在伯格斯矢量 **b** 及切变弹性模量 μ)． 理论进一步的发展就需要具体考虑位错线周围原子错排的情况，这一类理论通称为位错的点阵模型．[76]夫仑克耳与康泰洛娃[9]，佩尔斯（R. Peierls）与纳巴罗[77,78]都提出过比较简单的点阵模型来处理位错的问题． 下面对佩尔斯-纳巴罗模型作一简略的介绍:

考虑简单立方结构中的刃型位错．设想晶体沿了滑移面剖开为两半，先作了相对位移 $b/2$（见图 7.39），然后再拼凑起来，形成刃型位错．在滑移面两侧的原子面 A 及 B 上的原子都再作了适当的位移，到达平衡状态． 令 A 面上各原子列的沿 x 轴的位移以

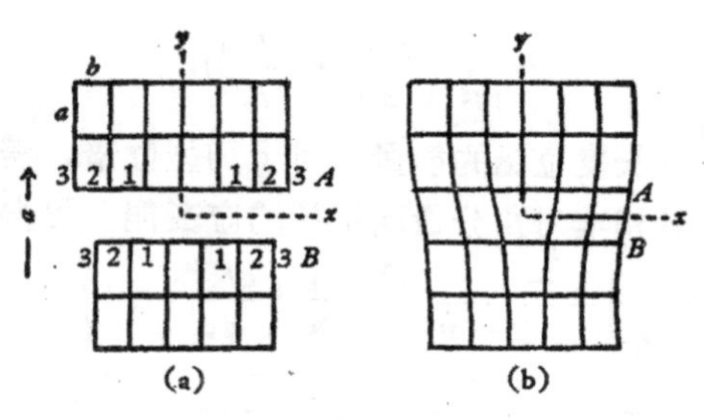

图 7.39 刃型位错的形成.
(a) 两半晶体相对位移 $b/2$; (b) 刃型位错.

$u_x(x)$ 来表示(位移的原点取图 7.39(a) 所示位置). 可以设 B 面对应的原子列作等量而反向的位移 $-u_x(x)$, 则 A, B 面上相对应的原子列的相对位移(以原始的平衡位置为计算原点)可以表示为

$$\phi(x)=2u_x(x)+\frac{b}{2}. \tag{7.91}$$

ϕ 的边界条件可以按位错的定义来确定

$$\left.\begin{aligned} &x=+\infty,\ \phi=0,\ u_x=-\frac{b}{4}; \\ &x=-\infty,\ \phi=b,\ u_x=\frac{b}{4}. \end{aligned}\right\} \tag{7.92}$$

在位错的近程区域, u_x 可以和这两个数值有较大的偏离,假定 u_x 是 x 的连续函数,其大致演变的情况可以用图 7.40 来表示. 曲线的具体情况要通过理论的计算.

为了简化计算,佩尔斯作了下列的假定:

(1) A, B 间互作用的切应力 σ_{xy} 是相对位移 ϕ 的正弦函数(周期为 b)

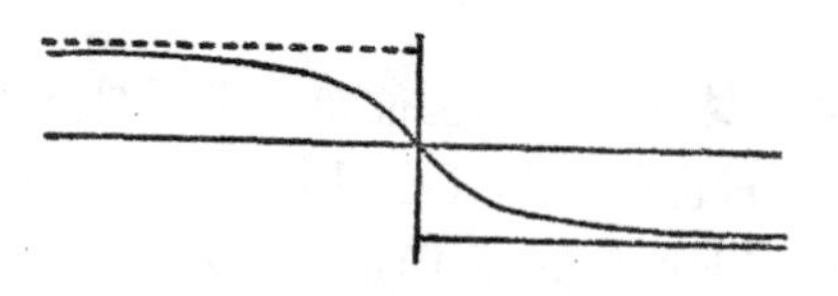

图 7.40 沿滑移面相对位移的分布.

$$\sigma_{xy} = C \sin\left(\frac{2\pi\phi}{b}\right). \tag{7.93a}$$

常数 C 可以根据胡克定律的条件来确定。当 ϕ 很小时，上式可以归结为胡克定律的关系

$$\sigma_{xy} = \frac{2\pi\phi C}{b} = \frac{\mu\phi}{a}, \tag{7.93b}$$

因此

$$\sigma_{xy} = \frac{\mu}{2\pi} \cdot \frac{b}{a} \sin\left(\frac{2\pi\phi}{b}\right) = -\frac{\mu}{2\pi}\frac{b}{a}\sin\left(\frac{4\pi u_x}{b}\right). \tag{7.93c}$$

(2) A 面以上及 B 面以下的晶体都当作各向同性的连续介质来处理．相当于半无限大的弹性介质表面上有外加力 σ_{xy} (B 面上)或 $-\sigma_{xy}$ (A 面上)分布．

σ_{xy} 与 u_x 的关系可以根据经典的弹性力学方法求出．厄谢拜 (J. D. Eshelby) 提出下述的简单求法：我们知道，在连续介质模型中，在 $x_1 = 0$ 处的位错所对应的 u_x 值的分布是

$$\left.\begin{aligned} &x > 0,\ \phi = 0,\ u_x = -\frac{b}{4};\\ &x < 0,\ \phi = b,\ u_x = \frac{b}{4}. \end{aligned}\right\} \tag{7.94}$$

在 $x_1 = 0$ 处，u_x 值有一跃变，决定于位错的强度

$$b = -2[(u_x)_{x>0} - (u_x)_{x<0}]. \tag{7.95}$$

在佩-纳模型中，u_x 值是作连续变化的，相当于 u_x 值的跃变散布在 $x = -\infty$ 到 $x = \infty$ 的范围之内，这就等于强度为 b 的位错(连续介质模型)分化为强度为无限小的位错沿着滑移面作连续分布．假定在滑移面的一个窄条 dx 中，连续分布的位错的总强度为 $b'dx$，则

$$\int_{-\infty}^{\infty} b'(x)dx = b, \tag{7.96}$$

另一方面，按照式 (7.95)，则

$$b'dx = -2\frac{du_x}{dx}dx. \tag{7.97}$$

按照连续介质模型中位错应力场的公式（§ 7.7 中的式 (7.20)），在滑移面上 ξ 到 $\xi + d\xi$ 间强度为 $b'd\xi$ 的位错在滑移面上另一点 x 所产生的切应力为 $\mu b'd\xi/2\pi(1-\nu)(x-\xi)$，对于全部连续分布的位错进行积分即得出 σ_{xy} 的表示式

$$\sigma_{xy} = \frac{\mu}{2\pi(1-\nu)}\int_{-\infty}^{\infty}\frac{b'd\xi}{x-\xi}. \qquad (7.98)$$

以式 (7.97) 的关系代入，即得

$$\sigma_{xy} = -\frac{\mu}{2\pi(1-\nu)}\int_{-\infty}^{\infty}\frac{\frac{du_x}{d\xi}}{x-\xi}d\xi. \qquad (7.99)$$

自式 (7.99) 及式 (7.93c) 消去 σ_{xy}，就得出一个 u_x 所满足的积分方程

$$\int_{-\infty}^{\infty}\frac{\frac{du_x}{dx}}{x-\xi}d\xi = \frac{(1-\nu)b}{2a}\sin\left(\frac{4\pi u_x}{b}\right). \qquad (7.100)$$

满足边界条件的解为

$$u_x = -\frac{b}{2\pi}\arctan\frac{x}{\zeta}, \quad \zeta = \frac{a}{2(1-\nu)}. \qquad (7.101)$$

ζ 可以理解为位错的半宽度，当 $x = \pm\zeta$，$u_x = \mp(b/8)$，等于无穷远处 u_x 值的一半，大约地确定了原子严重错排区域的范围。一般金属的 $\nu \simeq 0.3$，$\zeta = 0.75a$。表明位错的宽度是很窄的，在 $x \gg \zeta$ 的区域，佩-纳模型的解就和连续介质模型基本上相同。

在佩-纳模型中，位错的能量为三部分的叠加

$$W = W_A + W_B + W_{AB}, \qquad (7.102)$$

其中 W_A 及 W_B 分别表示上下两半晶体中的弹性能，而 W_{AB} 为 A，B 原子面间的相互作用能（称为错排能）。

弹性能的计算方法类似于连续介质模型，只需将 σ_{xy} 的值用佩-纳模型的计算结果代入

$$W_A + W_B = \int_0^{r_1}\int_0^1 \sigma'_{xy}bd\alpha dx = \frac{1}{2}\int_0^{r_1}\sigma_{xy}bdx$$

$$= \frac{\mu b^2}{4\pi a}\int_0^{r_1}\sin\left[2\arctan\left(\frac{x}{\zeta}\right)\right]dx$$

$$= \frac{\mu b^2}{8\pi(1-\nu)}\ln\frac{r_1^2+\zeta^2}{\zeta^2}. \tag{7.103a}$$

当

$$r_1 \gg \zeta,\quad W_A + W_B \simeq \frac{\mu b^2}{4\pi(1-\nu)}\ln\left(\frac{r_1}{\zeta}\right), \tag{7.103b}$$

和连续介质模型的计算结果相近似，但在式(7.40)中数值不确定的 r_0 在这里为位错的半宽度 ζ 所代替.

下面计算错排能。首先可求出一对原子列间的错排能，乘以 1/2 的因素即相当于分摊到每一原子列的错排能

$$\frac{1}{2}\int_0^{\phi} b\sigma_{xy}d\phi = \frac{\mu b^3}{8\pi^2 a}\left[1-\cos\left(\frac{2\pi\phi}{b}\right)\right]$$

$$= \frac{\mu b^3}{4\pi^2 a}\cdot\frac{\zeta^2}{\zeta^2+x^2}. \tag{7.104}$$

令位错到原始的对称位置的距离为 ab，则滑移面两边的原子位置可以表示为

$$x = \left(\frac{1}{2}n - a\right)b,\quad n = 0,\ \pm 1,\ \pm 2,\cdots. \tag{7.105}$$

总的错排能即等于各列的叠加

$$W_{AB} = \sum_{-\infty}^{\infty}\frac{\mu b^3}{4\pi^2 a}\cdot\frac{\zeta^2}{\left[\left(\frac{1}{2}n-a\right)b\right]^2+\zeta^2}. \tag{7.106}$$

具体计算的结果为(参看附录 7-V)

$$W_{AB} = \frac{\mu b^2}{4\pi(1-\nu)}\left[1 + 2e^{-\frac{4\pi\zeta}{b}}\cos 4\pi a\right]. \tag{7.107}$$

估计错排能近似值可以只取第一项.和式(7.103)相比较，$\ln(r_1/\zeta)$ 约等于 10，因而错排能只占位错总能量的 1/10 左右。 第二项的绝对值虽然很小，但它是位错位置的周期函数，当位错沿滑移面移动时，将通过一系列势能峰谷的位置，其振幅的两倍相当于单位长度位错移动的激活能

$$W_p = \frac{\mu b^2}{\pi(1-\nu)} e^{-\frac{4\pi\zeta}{b}}, \qquad (7.108)$$

其数值和位错的宽度 2ζ 有关，位错愈宽，则 W_p 愈小。

由于晶体点阵结构的影响，位错线的能量是位错线位置的周期函数。位错线在运动时要攀越错排能的势垒。根据错排能的表示式可以求出晶体点阵对滑移的阻力为

$$F = -\left(\frac{1}{b}\right)\frac{\partial W_{AB}}{\partial \alpha} = \frac{2\mu b}{(1-\nu)} e^{-4\pi\zeta/b}\sin 4\pi\alpha. \qquad (7.109)$$

当 $\sin 4\pi\alpha = 1$ 时，它具有最大值。从式 (7.109) 可求出克服点阵阻力所需要的临界切应力(通称为佩-纳力)为

$$\tau_p = \frac{2\mu}{(1-\nu)} e^{-4\pi\zeta/b} = \frac{2\mu}{(1-\nu)} e^{-2\pi a/[b(1-\nu)]}. \qquad (7.110)$$

在 $a = b$ 的点阵中，当 $\nu = 0.3$ 时，由此得出 $\tau_p = 3.6 \times 10^{-4}\mu$。这个数值比最软晶体的实测出的临界切应力 ($\simeq 10^{-5}\mu$) 要高。晶体的点阵阻力并不直接决定晶体滑移的临界应力，因为它对于杂质及缺陷是不敏感的；而实测出的晶体临界切应力对于杂质和缺陷都很敏感。但它可能影响晶体中滑移面的选择，因为根据式 (7.110) 可以看到：a/b 数值愈大，τ_p 愈小。通常晶体的滑移面往往是密排面，也即相当于 a/b 值最大的晶面，和 τ_p 极小值的条件相符。塞格等用位错线段翻越佩-纳势垒所引起的弛豫过程来解释面心立方金属中的低温内耗峰[79]，从内耗实验的数据可以求出佩-纳力的数值，大致符合于理论计算值，也比这些金属晶体实测出的临界切应力要高[80]。

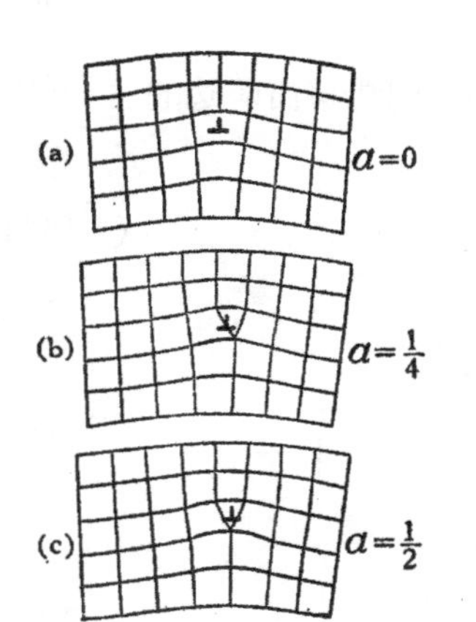

图 7.41 位错线在晶体中的滑移.
(a) $\alpha = 0$; (b) $\alpha = 1/4$; (c) $\alpha = 1/2$.

佩-纳模型虽然初步地考虑了点阵结构对位错的影响，但还不

够彻底(只考虑了滑移面两侧的原子结构)；而且在计算中包含了一些简化的假定，因此定量计算结果，不能认为很可靠. 近年来有人尝试采用更彻底的点阵模型，进行了点阵静力学的计算和计算机模拟，请参看文献[76].

III 位错与晶体缺陷的相互作用

位错与位错之间的相互作用，位错与其他类型的晶体缺陷(例如空位、填隙原子、溶质原子等) 间的相互作用是晶体缺陷理论的重要环节，也是理解晶体范性形变的物理本质的必要基础. 本节将首先讨论应力场对于位错的作用力，然后分别讨论各种交互作用及有关的实验事实. 就目前情况看来，长程的弹性相互作用已经了解得比较清楚，理论的预测也获得了实验的证实. 关于近程的相互作用，了解得还不够清楚.

§7.15 应力场对位错的作用力

在§7.2 中曾经讨论过沿滑移面的切应力作用于晶体，可以使晶体的位错沿了滑移面运动. 设长 L 的位错在切应力 τ (沿伯格斯矢量的方向作用在滑移面上) 作用下前进了距离 ds，晶体中已滑移区域增加的面积为 Lds，沿此面积晶体的两部分产生相对滑移 b，作用力所作功就等于

$$W = \tau bLds. \tag{7.111}$$

虽然作用力实际上是沿 $\mathbf{b}$ 方向的切应力，但加在包含位错的晶体中，它的效果相当于单位长度加一垂直于位错线的作用力 F. 根据关系

$$FLds = W, \tag{7.112}$$

可定出

$$F = \tau b. \tag{7.113}$$

这样所定义的 F 称为作用于位错的力，它是一种组态的作用力，并不代表位错附近的原子实际上所受作用力. 在纯刃型位错

的情形，它和切应力 τ 同向，但在纯螺型位错的情形，它就和切应力的方向垂直.

下面我们讨论一般的情形：设想位错受到外加的应力场（也可以是其他的晶体缺陷所产生的应力场）的作用. 应力场的情况可以用应力张量 $\hat{\boldsymbol{\sigma}}$ 来描述. 假设位错的线元 $d\mathbf{l}$ 向任意方向作位移 $d\mathbf{s}$，应力作功 W，则位错线元所受作用力 $d\mathbf{F}$ 可按下式定义：

$$d\mathbf{F} \cdot d\mathbf{s} = W. \tag{7.114}$$

令 $\mathbf{n}$ 表示位错所掠过面元 $d\mathbf{l} \times d\mathbf{s}$ 的法线矢量，则通过面元作用的应力矢量 $\mathbf{T}$ 可以表示为应力张量 $\hat{\boldsymbol{\sigma}}$ 与 $\mathbf{n}$ 的并矢积，即

$$\mathbf{T} = \hat{\boldsymbol{\sigma}} \cdot \mathbf{n}, \tag{7.115}$$

掠过单位面积所作的功就等于

$$\mathbf{b} \cdot \mathbf{T} = \mathbf{b} \cdot (\hat{\boldsymbol{\sigma}} \cdot \mathbf{n}) = (\mathbf{b} \cdot \hat{\boldsymbol{\sigma}}) \cdot \mathbf{n}. \tag{7.116}$$

因此

$$W = (\mathbf{b} \cdot \hat{\boldsymbol{\sigma}}) \cdot (d\mathbf{l} \times d\mathbf{s}) = [(\mathbf{b} \cdot \hat{\boldsymbol{\sigma}}) \times d\mathbf{l}] \cdot d\mathbf{s}. \tag{7.117}$$

将上式和式 (7.114) 相比较，即可求出位错线元所受作用力的一般公式

$$d\mathbf{F} = (\mathbf{b} \cdot \hat{\boldsymbol{\sigma}}) \times d\mathbf{l}. \tag{7.118a}$$

用分量的形式来表示

$$\begin{aligned} d\mathbf{F} = [&(\sigma_{xx}b_x + \sigma_{yx}b_y + \sigma_{zx}b_z)\mathbf{i} \\ &+ (\sigma_{xy}b_x + \sigma_{yy}b_y + \sigma_{zy}b_z)\mathbf{j} \\ &+ (\sigma_{xz}b_x + \sigma_{yz}b_y + \sigma_{zz}b_z)\mathbf{k}] \times d\mathbf{l}. \end{aligned} \tag{7.118b}$$

式 (7.118) 为位错在应力场中所受作用力的一般公式[81]，形式上和磁场中电流元受力的安培公式极其相似. 值得注意的一点是，位错所受作用力恒与位错线垂直. 在实际应用中，常需要求作用力沿某一平面(包含位错的平面)的分量 dF_s，在这种情形，选择 ds 在此平面内沿了垂直于位错线的方向，根据式 (7.116) 及式 (7.117)

$$W = dF_s ds = (\mathbf{b} \cdot \mathbf{T}) dl ds, \tag{7.119}$$

因此

$$dF_s = (\mathbf{b} \cdot \mathbf{T})dl, \tag{7.120}$$

表明作用力的分量决定于该平面的应力矢量在伯格斯矢量方向的投影，式(7.113)所表示的沿滑移面的作用力即为式(7.120)的一个特例.

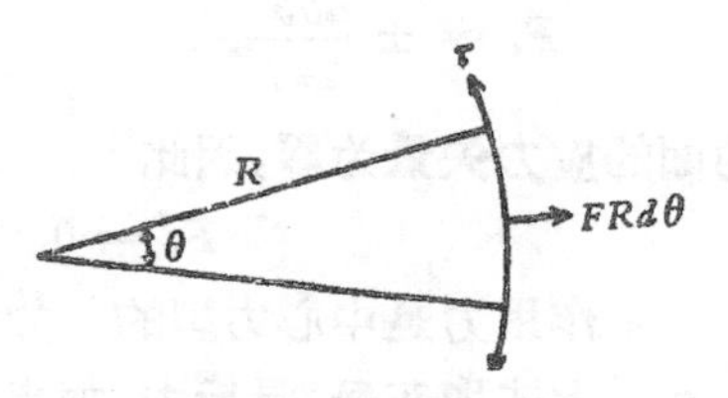

图 7.42　位错线的平衡曲率.

在外加力作用下，位错线的两端如被钉住，位错线就弯成弧形，弧形的曲率半径 R 决定于位错的线张力与外加力平衡的条件；和压强与表面张力的平衡决定皂泡筏的半径相类似. 自图 7.42 可以看出，平衡的条件为

$$2T_D \sin\frac{d\theta}{2} = FRd\theta, \tag{7.121}$$

因而，

$$R = \frac{T_D}{F}. \tag{7.122}$$

如果位错只能沿某一特定面(例如滑移面)运动，上式中的 F 即为单位长度所受作用力在该面内的投影.

§ 7.16　平行位错间的弹性相互作用力

将第 II 节中位错的应力场的公式和 § 7.15 中应力场对位错的作用力的公式结合起来，即可求平行位错间的弹性交互作用力. 除此以外，弹性相互作用力也可以根据能量关系来求出：首先求出两根位错间的交互作用能 U，然后根据

$$F = -\operatorname{grad}U \tag{7.123}$$

的关系来求作用力.

(a) 螺型位错　设有一沿 oz 轴的螺型位错(图 7.43)，其伯

格斯矢量为 **b**. 通过 $M(r, \theta)$ 点有一平行的螺型位错，伯格斯矢量为 **b′**. 后者所受作用力可以根据式 (7.118) 求出. 通过原点的位错对于 rz 面的应力矢量具有沿 z 的分量 $\sigma_{z\theta}=\frac{\mu b}{2\pi r}$，因此

$$F_r=\pm\frac{\mu b b'}{2\pi r}. \tag{7.124}$$

而对于垂直于 r 的面的应力矢量为零，因此

$$F_\theta=0. \tag{7.125}$$

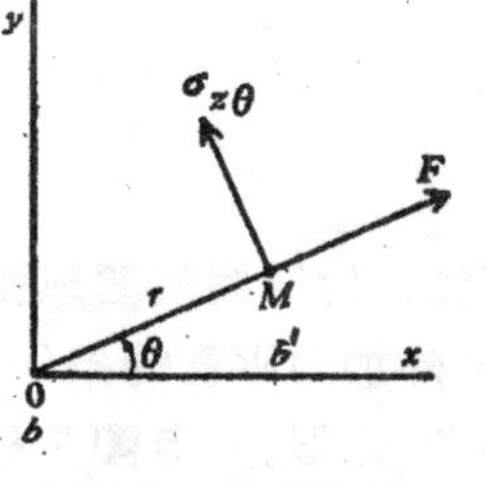

图 7.43 平行的螺型位错间的相互作用.

作用力是中心力型的，如果 **b**, **b′** 同向，上式取正号，是斥力，如果 **b**, **b′** 异向，是吸引力，类似于两列电荷间的静电作用力.

(b) *具有平行滑移面的刃型位错* 设位错线是沿 oz 轴，而伯格斯矢量 **b** 及 **b′** 是沿 ox 轴. 在 (x, y) 处的位错所受的作用力沿 ox 及 oy 的分量分别等于：

$$\left.\begin{aligned}
F_x&=\pm\sigma_{xy}b'=\pm\frac{\mu b b'}{2\pi(1-\nu)}\cdot\frac{x}{r^2}\left(1-\frac{2y^2}{r^2}\right)\\
&=\pm\frac{\mu b b'}{2\pi(1-\nu)r}\cos\theta\cos2\theta,\\
F_y&=\pm\sigma_{xx}b'=\pm\frac{\mu b b'}{2\pi(1-\nu)}\cdot\frac{x_2}{r^2}\left(1+\frac{2x^2}{r^2}\right)\\
&=\pm\frac{\mu b b'}{2\pi(1-\nu)r}\sin\theta(2+\cos2\theta),
\end{aligned}\right\} \tag{7.126}$$

式中的符号决定于伯格斯矢量是平行的抑反平行的. F_x 分量表示沿了滑移面的作用力. 在 $r\to\infty$ 及 $\theta=(\pi/4)$, $\pi/2$ 处都等于零，相当于平衡位置. 如果 **b**, **b′** 同向，则 $\theta=\pi/2$ 为稳定平衡位置，而 $\theta=(\pi/4)$ 则为不稳平衡位置；如 **b**, **b′** 异向，则情况正好相反. F_y 分量决定位错攀移的作用力. 如果同时容许滑移与攀移，则同号的刃型位错将尽可能远离；而异号的刃型位错将尽可能接近，使两者互相消灭. 如果只允许滑移，则可以进入上述的稳

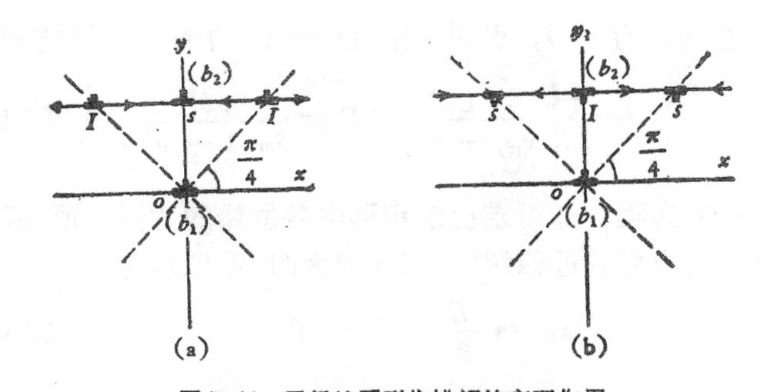

图 7.44 平行的刃型位错间的交互作用.

定平衡位置,同号的位错垂直于滑移面排列起来,异号的位错则锁在 $x = \pm y$ 的位置.

(c) **具有任意的伯格斯矢量的平行位错** 可以将位错分解为刃型及螺型的分量,再分别考虑它们之间作用力的关系,叠加起来就得到总的作用力. 也可以根据能量的关系来考虑: 设想将两根位错线合并为一根,合成后的伯格斯矢量为 $\mathbf{b}'' = \mathbf{b} + \mathbf{b}'$,而位错线的能量是正比于伯格斯矢量的平方. 因此,如果 $\mathbf{b}$ 与 $\mathbf{b}'$ 间的夹角小于 $\pi/2$,则 $b''^2 > b^2 + b'^2$,合并后能量是增加的,因此互作用是相斥的;如果 $\mathbf{b}$, $\mathbf{b}'$ 间的夹角小于 $\pi/2$,则产生相吸引的作用.

§ 7.17 位错的塞积群

滑移面上的障碍(例如晶粒间界等)阻碍位错的滑移, 使位错塞积在障碍前面(见图 7.45). 在塞积群中,每一个位错(领先位错除外)在有效的外应力 τ_0 及其他位错的应力场的联合作用下保持平衡. 设想 n 个相同的刃型位错,沿了 x 轴线塞积起来,各位错依次序以 1, 2, 3,…, n 来标志. 第一个位错是处在 $x = 0$ 的位置 (参看图 7.45). 设 τ_0 为滑移面上切应力沿伯格斯矢量的分量, 则每一位错所受作用力可以表示为下列的形式:

$$F_i = \frac{\mu b^2}{2\pi(1-\nu)} \sum_{\substack{i=1 \\ i \neq j}}^{i=n} \frac{1}{x_{(i)} - x_{(j)}} - b\tau_0. \qquad (7.127)$$

在平衡状态，诸 $F_i = 0$，可以求出 $(n-1)$ 个联立代数方程

$$\frac{\tau_0}{D} = \sum_{\substack{i=1 \\ i \neq j}}^{i=n} \frac{1}{x_{(i)} - x_{(j)}}, \quad D = \frac{\mu b}{2\pi(1-\nu)} \tag{7.128}$$

解出这组联立方程，即可求出塞积群中各位错的位置。厄谢拜等求出上列联立方程的近似解[82]，当 n 很大时，近似解为

$$x_{(i)} = \frac{D\pi^2}{8n\tau_0}(i-1)^2. \tag{7.129}$$

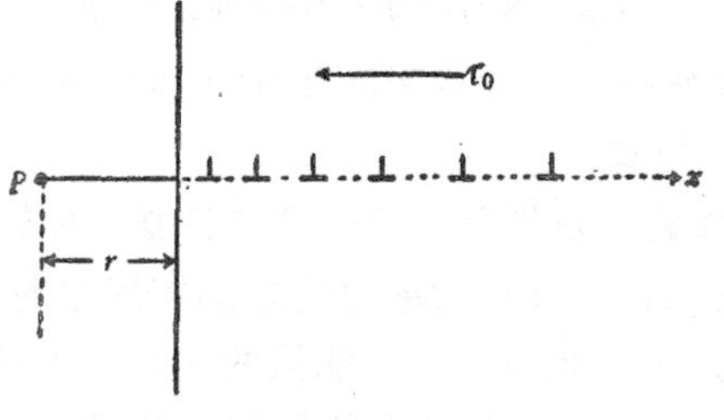

图 7.45　位错的塞积群。

图 7.46　不锈钢中位错的塞积群(电子显微镜衍衬象；× 12,000)。

当 n 为一定值时，可以用数值计算的方法将式 (7.128) 的严格解求出.

在轻微形变后，用侵蚀法或电子显微镜薄膜衍衬法在一系列金属 (α 黄铜，不锈钢，锌等)中都观察到晶体滑移面上位错的塞积群. 米金 (J. D. Meakin) 与威耳斯道夫 (H. G. F. Wilsdorf) 将观察到的 α 黄铜中塞积群里的位错位置和式 (7.128) 解出的理论值进行比较，一般情形下符合得很好(见图 7.47)[83].

根据式 (7.129)，塞积群的总长度 L 可近似地表示为

$$L = x_{(n)} \simeq \frac{\alpha n D}{\tau_0}, \tag{7.130}$$

α 为一数值因数，较准确的计算求出 $\alpha = 2$.

下面来求塞积群所产生的应力. 首先考虑塞积群对障碍的作用力. 假设障碍只施加短程的作用力，且只和领先的位错起相互作用. 设领先位错对障碍的作用力为 τ (即等于障碍对领先位错的作用力). 若塞积群 (n 个位错)向前移动距离 δx，外应力所作的功为 $n\tau_0 b\delta x$，领先位错反抗障碍的作用力作功 $\tau b\delta x$，在平衡时，两者应相等(虚功原理)，所以

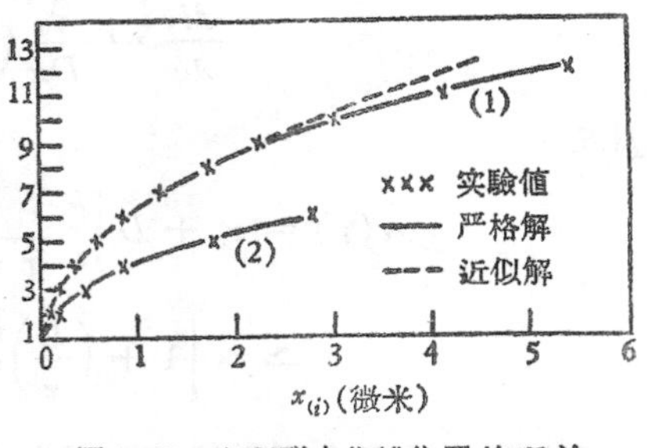

图 7.47 塞积群中位错位置的理论值与实验值的比较[112].

$$\tau = n\tau_0,$$

这个结果表示塞积群产生了应力集中，作用于障碍的作用力比外加应力 τ_0 放大了 n 倍.

下面考虑塞积群在晶体内所产生的切应力. 在距离领先位错为 r 的 P 点，切应力可以表示为外加应力与塞积群中各位错所产生切应力的总和(根据 § 7.7 中结果)，得出

$$\tau(r) = \tau_0 + \frac{\mu b}{2\pi(1-\nu)} \sum_{i=1}^{n} \frac{1}{r + x_{(i)}}. \tag{7.131}$$

分别考虑三种不同的情形：

(1) $r \ll x_{(2)}$ 只需考虑领先位错的作用，其他位错作用可以忽略，即

$$\tau = n\tau_0;$$

(2) $r \gg L$，塞积群中位错的作用相当于强度为 nb 的一个大位错，即

$$\tau(r) = \tau_0 + \frac{\mu(nb)}{2\pi(1-\nu)r}; \tag{7.132}$$

(3) $x_{(2)} \ll r \ll L$，在这种情形，可以将 (7.131) 式化为积分式进行计算．根据式 (7.129) 及式 (7.130)，可以求出塞积群内单位长度中的位错数

$$\frac{di}{dx} = \frac{\tau_0}{D\pi}\left(\frac{L}{x}\right)^{\frac{1}{2}}, \tag{7.133}$$

因而

$$\begin{aligned}\tau(r) &= \tau_0 + D\int_0^L \frac{1}{r+x}\left(\frac{di}{dx}\right)dx \\ &\simeq \tau_0\left[1 + \left(\frac{L}{r}\right)^{\frac{1}{2}}\right].\end{aligned} \tag{7.134}$$

如果塞积的是混合型位错，上面公式中的 $1/(1-\nu)$ 应为下式所取代：

$$\frac{1}{K} = \cos^2\phi + \frac{\sin^2\phi}{1-\nu}. \tag{7.135}$$

§ 7.18 位错的交截

在晶体的范性形变过程中会产生不同滑移面上位错相交截的现象．这里牵涉到位错间的弹性相互作用以及近程相互作用．下面分别考虑这两种相互作用：

(a) 弹性相互作用　设有不同滑移面上的位错线 xy 与 $x'y'$ 相交（见图 7.48）．如果 $\mathbf{b}_1$，$\mathbf{b}_2$ 间夹角大于 $\pi/2$，由于弹性相互作用，两位错可以合并成新的位错线段，以降低弹性能．图 7.48

中的 (a), (b), (c) 表示了这样的过程. 在实际晶体中所观察到的这种相互作用将在 § 7.31 中讨论.

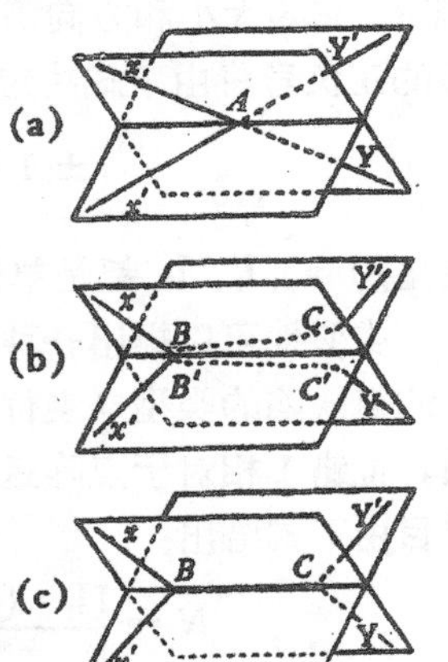

图 7.48 不同滑移面的位错的交截.

(b) 近程相互作用 两个位错的交截,除了弹性相互作用以外,还可能产生近程的相互作用, 这种相互作用是和位错的中心区域有关的. 设想一刃型位错 L_1 (伯格斯矢量 $\mathbf{b}_1$) 和一穿过其滑移面的螺型位错 L_2 (伯格斯矢量 $\mathbf{b}_2$) 相交截 (见图 7.49). L_1 上产生一割段折线位错 A_1A_1', 其大小和方向与 $\mathbf{b}_2$ 的相同, 而 L_2 同样产生一段 A_2A_2' 和 $\mathbf{b}_1$ 的相同. 根据伯格斯矢量的连续性, 可以看出, 这两个割阶都是刃型的位错线段, L_2 的附加线段正好是沿其滑移面, 称为扭折 (kink). 在线张力作用下, 可以通过滑移使之消失, 而 L_1 的附加线段 A_1A_1' 则和滑移面偏离, 称为割阶 (jog), 不能通过滑移而消失.

在一般情形下, 交截所产生的扭折与割阶的符号可通过对具体情况的分析定出. 但是可以提出一种决定符号的普适性的程序[84]: 如图 7.50 所示, 两螺型位错的交截, 位错 1 朝向位错 2 运

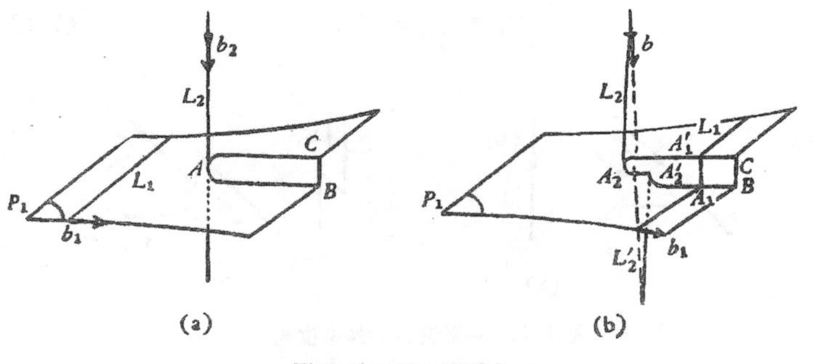

图 7.49 割阶的形成.

动，用 $\mathbf{v}$ 表征运动的方向，交截后，位错 1 将产生图 7.50 所示的割阶，它的大小和方向等于 $\pm\mathbf{b}_2$. 对应于位错线的顺向 $\mathbf{l}_1$，则位移的正负号将由下式决定：

$$\pm 1 = \frac{\mathbf{l}_1 \cdot (\mathbf{v} \times \mathbf{l}_2)}{|\mathbf{l}_1 \cdot (\mathbf{v} \times \mathbf{l}_2)|}, \tag{7.136}$$

这里的 $\mathbf{v}$，$\mathbf{l}_1$，$\mathbf{l}_2$ 都是单位矢量.

类似地可以提出一种程序来确定割阶随螺型位错运动时所产生的点缺陷的类型（空位还是填隙原子）. 令 $\mathbf{v}'$ 表示位错交截后，位错 1 相对于点阵运动的方向. 这样的运动所产生点缺陷的数目由下式给出：

$$N = \frac{[\mathbf{l}_1 \cdot (\mathbf{v}' \times \mathbf{l}_2)][\mathbf{b}_1 \cdot \mathbf{v}' \times \mathbf{b}_2)]}{\Omega |\mathbf{l}_1 \cdot (\mathbf{v}' \times \mathbf{l}_2)|}, \tag{7.137}$$

这里Ω表示原子体积. 如果定出的N为正数，产生的就是填隙原子；若定出的N为负数，产生的就是空位. 不难予以验证，如果一对右旋的螺型位错相交截或一对左旋的螺型位错相交截，在每一螺位错上形成的都是产生填隙原子的割阶；而一个右旋螺型位错与一个左旋螺型位错相交截，则在每一位错上形成的都是产生空位的割阶.

关于割阶的形成能尚无确切的计算. 如果将割阶看为长 b_2 的一段位错，其长程应力场为其余部分的位错线所掩蔽，只需计及其中心区域的能量. 因此可以粗略地估计形成割阶的能量为[23]

$$U_f = \frac{1}{10}\mu b_1^2 b_2. \tag{7.138}$$

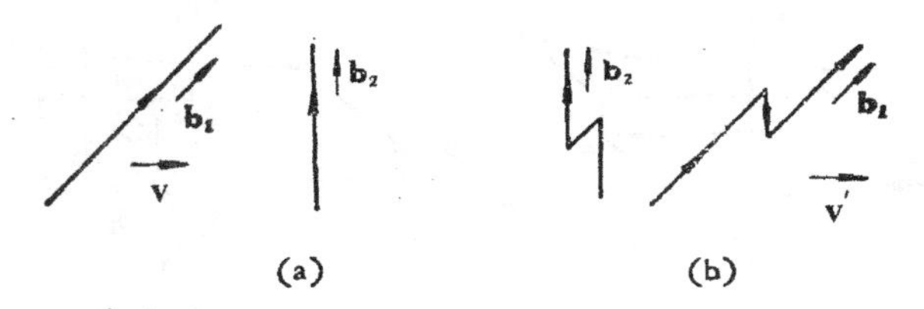

图 7.50　一对交截的螺型位错.
(a) 交截前；(b) 交截后.

对于一般金属，其数值约为电子伏的几分之一。

§ 7.19 位错与溶质原子的弹性相互作用[89]

(a) *球对称的尺寸效应* 位错的应力场和溶质原子的应力场产生相互作用。科特雷耳采用下述的简化模型来处理[22]：设想在连续介质中挖一球形空洞，用半径不同的球体填入。两者体积之差 ΔV 即为溶质原子与溶剂原子体积之差。这样的过程如果在位错的应力场中进行，位错应力场作功的负值就等于相互作用能。由于球形对称的关系，作功的只有正应力分量，其平均值为 $\frac{1}{3}(\sigma_{xx}+\sigma_{yy}+\sigma_{zz})$。因此相互作用能等于

$$\Delta U = -\frac{1}{3}(\sigma_{xx}+\sigma_{yy}+\sigma_{zz})\Delta V. \tag{7.139}$$

应用刃型位错的应力场的公式 (7.20)，可以求出

$$\Delta U = \frac{1}{3\pi}\frac{1+\nu}{1-\nu}\mu b\Delta V\frac{\sin\theta}{r}, \tag{7.140}$$

或简写为

$$\Delta U = A\sin\theta/r. \tag{7.141}$$

当溶质原子大于溶剂原子时，在正刃型位错上半 $(\pi > \theta > 0)$ 的相互作用能是正的，下半是负的。因而溶质原子将被位错压缩的一侧所排斥，而吸引到膨胀的一侧。填隙溶质原子恒具有正值的 ΔV，因此，总被吸引到膨胀的一侧。

(b) *非球对称的尺寸效应* 螺型位错的应力场没有正应力分量，按照上述计算，就不应和溶质原子起相互作用。但在实际晶体中，溶质原子的畸变场不一定具有球对称性，例如在体心立方晶体中，填隙原子产生明显四方对称性的畸变。因而应采用 § 5.7 中所述的弹性偶极子模型来处理它和位错相互作用的问题。如果溶质原子的位移偶极矩可以表示为 $e_{ik}\Omega$，它和位错的相互作用能为

$$\Delta U = -\sum_{i,k}\sigma_{ik}e_{ik}\Omega, \tag{7.142}$$

这里的 σ_{ik} 为位错的应力分量。

下面以体心立方晶体中沿 [111] 向的螺型位错与填隙溶质原子的相互作用为例进行具体的计算[86]. 令 x, y, z 坐标轴沿着了立方轴，再引入 x', y', z' 坐标轴(沿坐标轴的单位矢量为 $\mathbf{i}=(1/\sqrt{2})[110]$, $\mathbf{j}'=(1/\sqrt{6})[\bar{1}\bar{1}2]$, $\mathbf{k}'=(1/\sqrt{3})[111]$. 这样在 x', y', z' 系中螺位错的应力场可以表示为

$$\sigma_{x'z'}=-\frac{\mu b\sin\theta}{2\pi r},\quad \sigma_{y'z'}=\frac{\mu b\cos\theta}{2\pi r}, \tag{7.143}$$

这里的 $r=\sqrt{x'^2+y'^2}$, θ 为 $\mathbf{r}$ 与 x' 轴的夹角. 将应力张量转换到 x, y, z 坐标系，则得到

$$\left.\begin{aligned}\sigma_{xx}&=-\frac{\sqrt{6}}{3}\sigma_{x'z'}-\frac{\sqrt{2}}{3}\sigma_{y'z'},\\ \sigma_{yy}&=\frac{\sqrt{6}}{3}\sigma_{x'z'}-\frac{\sqrt{2}}{3}\sigma_{y'z'},\\ \sigma_{zz}&=\frac{2\sqrt{2}}{3}\sigma_{y'z'}.\end{aligned}\right\} \tag{7.144}$$

螺型位错与弹性偶极子的互作用能(设 $e_{yy}=e_{zz}$)

$$\begin{aligned}\Delta U&=\Omega(\sigma_{xx}e_{xx}+\sigma_{yy}e_{yy}+\sigma_{zz}e_{zz})\\ &=(e_{xx}-e_{yy})\frac{\mu b\Omega}{6\pi r}(\sqrt{6}\sin\theta-\sqrt{2}\cos\theta),\end{aligned} \tag{7.145}$$

如果偶极矩具有球体称性 $e_{xx}=e_{yy}=e_{zz}$, 相互作用能为零，和前面的处理结果相同. 对于 α 铁中填隙炭原子，$e_{xx}\sim 0.38$, $e_{yy}=e_{zz}\sim-0.026$, 则 $e_{xx}-e_{yy}\sim 0.406$, 它和螺型位错相互作用将达到以式 (7.140) 所表示的和刃型位错互作用相同的量级.

(c) *模量效应* 如果溶质原子和基质在弹性常数上有差异，则按 §5.8, 处于位错应力场中的溶质原子将由于感生偶极矩而和位错有相互作用. 结果将使软于基质的溶质原子为位错所吸引，而硬于基质的溶质原子为位错所排斥. 将位错应力场的畸变能密度分为切变部分 W_s 与膨胀部分 W_d (参看 §7.13), 则考虑到切变模量 μ 和体模量 K 均和溶质原子浓度 c 有关，相互作用能即可

表示为

$$\Delta U=\frac{1}{\mu}\frac{d\mu}{dc}W_s\Omega+\frac{1}{K}\frac{dK}{dc}W_d\Omega。\tag{7.146}$$

对于刃型位错，W_s 与 W_d 都有作用，而对于螺型位错，只有 W_s 项起作用. 因而就总体而言，W_s 项贡献占主导地位. 引入参量

$$\eta=\frac{1}{\mu}\frac{d\mu}{dc}=\frac{d\ln\mu}{dc},\tag{7.147}$$

于是，螺型位错和溶质原子的相互作用能就等于

$$\Delta U=\mu b^2\eta\Omega/8\pi^2r^2。\tag{7.148}$$

相互作用能是随 $1/r^2$ 减弱的，要比尺寸失配效应的 $1/r$ 关系，衰减得更快些. 由于模量效应是二级的，因而在一般情况下，没有尺寸效应那末显著. 但参量 η 的值约为尺寸参量 δ 的 20 倍，因而在 r 甚小的区域内，模量效应亦不容忽视.

除了弹性相互作用外，位错和溶质原子间也存在电相互作用. 初步计算的结果表明，效应要比弹性相互作用弱些[23,87].

(d) 位错线上溶质原子的吸附　根据以上关于位错与溶质原子相互作用的讨论，为了降低相互作用能，溶质原子将聚集在位错线的近旁，形成科特雷耳气团 (Cottrell atmosphere). 在平衡状态，位错附近的溶质原子的浓度可以表示为

$$c=c_0\exp[-\Delta U/kT],\tag{7.149}$$

c_0 为晶体中溶质原子的平均浓度，ΔU 为位错与溶质原子的相互作用能.

一般地，ΔU 的值是位置的函数. 在位错线附近，ΔU 降到一极限值 ΔU_M (其绝对值为极大)，称为位错与溶质原子的结合能. 相应地，溶质原子的浓度在位错附近也达到一极大值 c_M. 当没有超过溶解限时，

$$c_M=c_0\exp[-\Delta U_M/kT]。\tag{7.150a}$$

如果 $c_0\exp[-\Delta U_M/kT]$ 超过了溶解限 c_1，则

$$c_M=c_1。\tag{7.150b}$$

在这种情形下，沿位错线将有沉淀物析出.

实验结果也显示出位错线上吸附有溶质原子的效应．缀饰法显示离子晶体中的位错线就是直接利用了这种效应，用侵蚀斑方法显示位错也往往和这种效应有关．用电子显微镜薄膜衍衬法也观察到沉淀物沿位错线的析出． 在冷加工使位错密度大为提高后，位错上溶质原子的吸附，将使基体内溶质原子的浓度下降．托马斯等用内耗法测定了 α 铁中基体内氮的浓度随温度变化的关系[88]，求出位错与氮原子的结合能为 $|\Delta U_M| = 0.8 \pm 0.005$ 电子伏．科特雷耳气团对合金的力学性质产生很显著的影响，产生强化的效应；也可以解释为什么在合金的拉伸曲线上有明显的屈服点出现． 根据式(7.149)，可以看出在一定温度以上，由于原子热运动的能量较大，科特雷耳气团就要消散．也可以根据明显屈服点消失的温度，来估计结合能 ΔU_M 的数值．

在面心立方晶体中，溶质原子的应力场是接近于球形对称的．根据以上的分析，科特雷耳气团只在刃形位错上形成．在体心立方晶体中，填隙原子的应力场具有四方对称性，因而在刃型位错和螺型位错上都存在有科特雷耳气团．除此而外，由于位错应力场对弹性偶极子的取向效应，使位错周围的填隙原子倾向处于低能量的位置上，文献中称为斯诺克气团．使位错线离开斯诺克气团也需要做一定量的功，因而也产生硬化的效应[88]．

§ 7.20 过饱和点缺陷对位错的作用力

上节所述的溶质原子与位错的弹性相互作用，也适用于位错与点缺陷(空位或填隙原子)的相互作用．填隙原子与空位分别相当于正值与负值的膨胀中心，因而可以被吸引到位错线的附近，形成点缺陷浓度异常的区域．但是有一点重要的差异，位错可以作为点缺陷的尾闾： 点缺陷可以消失在刃型位错的半原子平面上，形成一对割阶；或使原有的割阶移过一个原子间距．当然，反过来，在一定条件下位错也以作为发射点缺陷的泉源．

如果晶体中存在过饱和的点缺陷，大量点缺陷消失在位错上会造成位错的攀移．这种过饱和点缺陷对位错攀移的驱动力被称

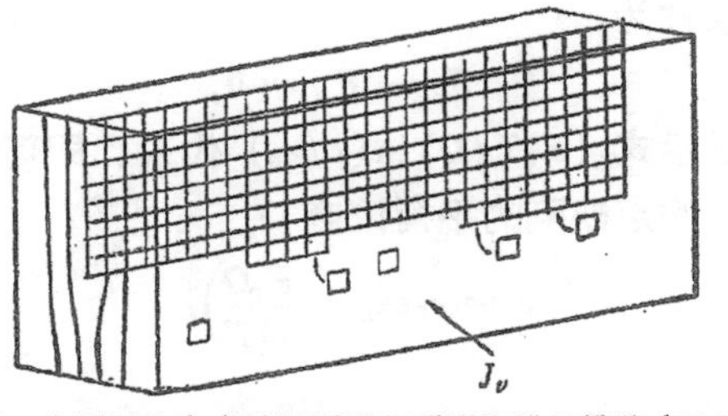

图 7.51　由于过饱和点缺陷所引起刃型位错的攀移(示意图).

为"渗透力"(osmotic force)，下面对此问题作一理论估计[32]. 为进行具体计算，假设过饱和的点缺陷是其空位. 其浓度 $c = n/N$ (N 为单位体积晶体中的原子数，n 为单位体积中的空位数) 大于平衡浓度 c_0 (即式 (6.14) 所表示的空位浓度). 根据式 (6.13) 可以求出在浓度为 c 时消失一个空位所释放的自由能 (即空位的化学势) 等于

$$\Delta\mu_v = \frac{\partial F}{\partial n} = U_f - TS_f + kT\ln\frac{n}{N-n} \simeq kT\ln\frac{c}{c_0}. \quad (7.151)$$

如果原子体积为 Ω，单位长度的刃型位错攀移 ds 距离，将导致 bds/Ω 个空位消失，所引起的自由能下降就等于过饱和空位的渗透力 F 所作的功，所以渗透力为

$$F_o = \frac{b\Delta\mu_v}{\Omega} = \frac{bkT}{\Omega}\ln\frac{c}{c_0}. \quad (7.152)$$

对于混合型位错作用的渗透力的表示式和上式相似，只是式中 b 用 b 矢量的刃型分量 b_e 来取代.

当然对晶体加正应力也会对攀移起作用 (切应力不会引起体积变化，对位错攀移是无效的). 沿攀移面作用的张应力将使体积膨胀，有利于半原子平面的增长；而压应力的效果正好相反. 根据式 (7.118) 即可求出应力张量 $\hat{\boldsymbol{\sigma}}$ 作用下，位错所受力沿攀移面的分量(令 $\mathbf{n}$ 表示攀移面的法线矢量)

$$F_c = \mathbf{b}\cdot(\hat{\boldsymbol{\sigma}}\cdot\mathbf{n}) = \sigma' b, \quad (7.153)$$

这里的 σ' 表示通过攀移面作用的应力矢量的正应力分量.

如果晶体中同时存在正应力和渗透力，而且两者符号相反，则

两者平衡的条件为

$$F_c - F_o = 0, \tag{7.154}$$

将渗透力的表示式 $(bkT/\Omega)\ln(c/c_0)$ 代入，即可求出正应力作用下位错附近的点缺陷的平衡浓度

$$c = c_0\exp\left(\frac{F_c\Omega}{bkT}\right). \tag{7.155}$$

IV 位错的萌生、增殖与运动

在原来毫无位错的晶体中如何产生位错，这就是位错的萌生。如果晶体中已有一定量的位错，如何由原来的位错陡然增生大量的位错，这就是位错的增殖．至于在驱动力作用下位错如何运动，这就是位错的动力学问题．这些问题的解决是理解晶体中位错的来源、范性形变的实际过程以及许多受位错影响的物理性质的必要前提．

§ 7.21 位错的萌生

位错的萌生可以根据能量关系作一般的讨论[90]．设想在一定的驱动力 F（可以是切应力，正应力或渗透力）作用下形成半径为 R 的位错圈，则形成位错圈所需的能量应等于位错圈自身的能量减去驱动力所作的功．按照式(7.65)，一般的位错圈的能量可写为 $[\mu b^2/4\pi(1-\nu)]LA\ln(R/\varepsilon)$，这里系数 A 决定于圈面法线矢量与伯格斯矢量的夹角．所以形成位错圈的能量为

$$U(R) = 2\pi RA\cdot\frac{\mu b^2}{4\pi(1-\nu)}\ln\frac{R}{\varepsilon} - \pi R^2F. \tag{7.156}$$

对于一定的 F 值，$U(R)$ 开始时是随 R 的增大而增大，达到一极大值后，又随 R 的增大而减小(见图7.52)．对应于 $U(R)$ 的极大值的位错圈半径被称为临界半径 R_c，其值可由条件

$$\frac{dU(R)}{dR} = 0 \tag{7.157}$$

决定，即

$$R_c = \frac{\mu b^2 A}{4\pi(1-\nu)F}\left(\ln\frac{R_c}{\varepsilon}+1\right). \tag{7.158}$$

显然，这一能量的极大值相当于位错圈萌生的激活能

$$U_c = U(R_c) = \frac{\mu b^2 A R_c}{4(1-\nu)}\left(\ln\frac{R_c}{\varepsilon}-1\right). \tag{7.159}$$

下面具体讨论几种典型的位错萌生的过程. 首先是在切应力 τ 作用下滑移位错圈的形成. 如 $U_c = 0$, 则当能自发萌生甚小的位错圈，其 $R_c = eb$, 可由式 (7.158) 估计所需切应力 (滑移圈的 A 值为 $(2-\nu)/2$, 取 $\nu \sim 1/3$) 为

$$\tau_c \sim \frac{\mu}{10}, \tag{7.160}$$

这是一个甚高的值，接近晶体的理论强度. 这表明位错萌生是一个相当困难的过程. 在实际晶体中，往往借助于应力的集中，而导致非均匀的萌生.

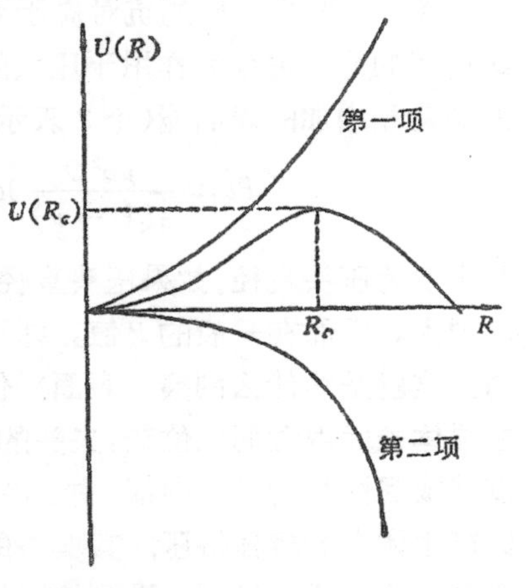

图 7.52　位错圈萌生的激活能的说明.

我们也可以利用上述结果来讨论过饱和点缺陷萌生棱柱位错圈的问题. 类似地，令 $R = eb$, 而作用的渗透力为

$$F_o = \left(\frac{kT}{b^2}\right)\ln(c/c_0),$$

棱柱圈的 $A = 1$, 则利用式 (7.158) 可求得

$$kT\ln\frac{c}{c_0} \simeq \frac{\mu b^3}{10}, \tag{7.161}$$

而自温度 T' 淬火到温度 T, 根据式 (6.14), 得到

$$kT\ln\frac{c}{c_0} = U_f\left(1-\frac{T}{T'}\right), \tag{7.162}$$

这里的 U_f 为空位的形成能，其量级约为 $(1/5)\mu b^3$，这样，要均匀地萌生棱柱位错圈，所需的淬火温度比约为 $(T/T')\sim 1/2$. 实际上，棱柱圈往往萌生于晶体中杂质原子的附近，这样，非均匀的萌生将可降低淬火温度比的要求.

下面我们来分析一种常见的非均匀位错萌生过程，即所谓棱柱挤压[23]：即当压头很有力地压在晶体的表面上时，可以萌生一系列棱柱位错圈而生成压痕. 这样的过程可以示意地表示在图 7.53 中；高度为 nb 的坑对应于 n 个伯格斯矢量为 $\mathbf{b}$ 的棱柱圈，此过程的能量关系为作用于压头的力 P 所作的功等于生成棱柱圈的能量和增加的表面能(令 γ 表示表面能系数)，即

$$Pb \simeq \frac{\mu b^2 D}{4(1-\nu)} \ln \frac{D}{b} + \pi D \gamma b, \tag{7.163}$$

其中 D 为压头直径. 如果压头直径甚小，即局部正应力 $\sigma = 4P/\pi D^2$ 就很大，因而在一般的 P 值，即可以达到萌生位错圈所需要的应力. 这就是为什么刮痕、表面损伤、乃至于灰尘的降落，就足以在晶体表面附近萌生位错，夹头的效应也是如此. 另外，含有小玻璃球或沉淀物的晶体内部，由于冷却过程中膨胀系数的差异，也可以产生体内的棱柱挤压. 其典型的组态为沿着以可能的伯格斯矢量方向为轴线所形成一系列的同轴等径的棱柱位错圈、这种事例已为多种观测方法在多种晶体中看到，这乃是晶体中萌生位错具有普遍意义的情况.

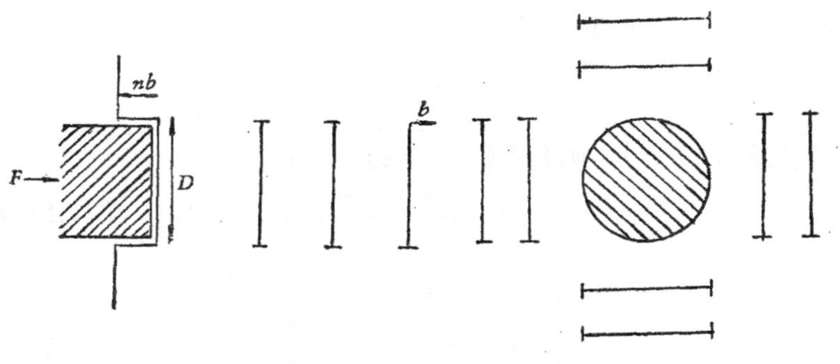

图 7.53 棱柱挤压的示意图.　　图 7.54 晶体内包裹物的棱柱挤压.

§ 7.22 位错的增殖

(a) *滑移位错源* 晶体内原来处在滑移面上的位错数目不多，不足以解释在形变过程中大量滑移的产生．由于在完整晶体中产生位错所需能量很高，只有在外应力接近于理论屈服强度的情况下才能实现．因此，要用位错理论来解释范性形变，必须有一可以在低应力下源源不断地产生位错的机制．最自然的是用原有位错的增殖来说明新位错的产生．引用最广的一种增殖机制是夫

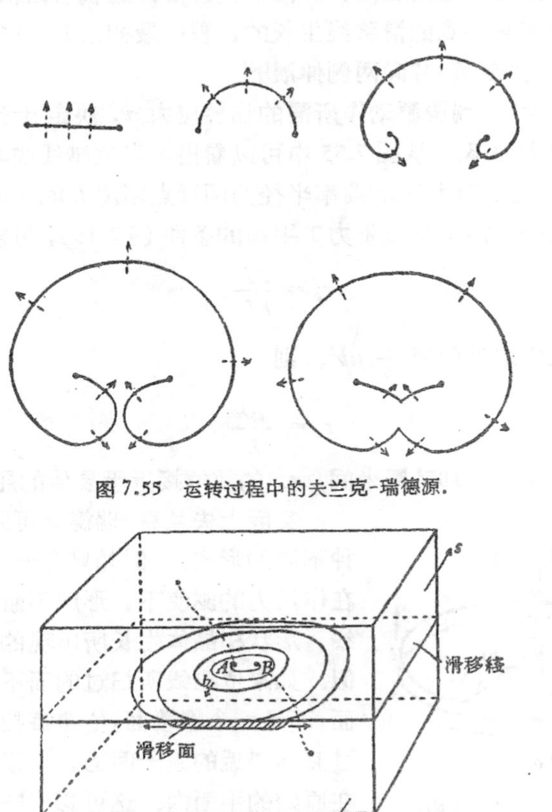

图 7.55 运转过程中的夫兰克-瑞德源．

图 7.56 用夫兰克-瑞德源解释滑移线的生成．

兰克-瑞德源 (Frank-Read source)[91]: 设想晶体中有一段位错线两端被钉住,在应力作用下,位错线由于滑移而变弯曲,而位错所受作用力恒与位错线相垂直. 发展的情况将如图 7.55 所示. 当弯曲的线段相互靠近时,可以相互抵销,形成一闭合的位错圈和一段短线. 这样的过程可以反复进行下去, 源源不断地产生新的位错圈. 当位错圈和晶体表面相截,就形成了台阶(参看图 7.56),这就是显微镜中所观察到的滑移线. 当更多的位错圈和表面相交,中央部分的台阶逐渐变高, 并向两侧伸展. 这就可以很自然地解释陈能宽等观察到的滑移线生长的过程: 最初出现细的滑移线段,然后中央变宽,并向两侧伸展[58].

使夫兰克-瑞德源动作所需的临界应力 τ_c 决定于运转中位错线的最大曲率. 从图 7.55 中可以看出, 当位错线成半圆形时,曲率为一最大值(此时的曲率半径为两顶点距离 L 的一半). 根据位错线所受作用力与线张力 T 平衡的条件 (§ 7.15), 可求出

$$\tau_c = \frac{2T}{bL}. \tag{7.164}$$

如果线张力取近似值 $\frac{1}{2}\mu b^2$, 则

$$\tau_c = \frac{\mu b}{L}. \tag{7.165}$$

如果 L 在 10^{-3}—10^{-5} 厘米间, τ_c 的数值接近于晶体的屈服强度.

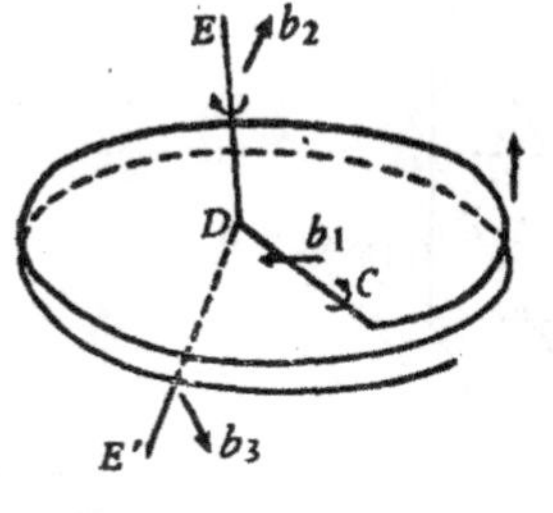

图 7.57 位错增殖的极轴机制.

实际上夫兰克-瑞德源可以呈现多种不同的形式. 例如只有一端被钉住,在作用力的驱使下, 形成不断迴旋的卷线, 形状和晶体生长所出现的螺旋线相似. 如果位错线所扫过的面不是一个平面,而是一个螺蜷面,位错每扫过一圈就过渡到邻近的原子面上, 滑移就不集中在原始的平面内. 这可以用一极轴机制来实现: 穿过扫动位错 (图 7.57 中的 DC) 的结点有另一极轴位错 (EE'), 此位错的伯格斯矢量垂直

于扫动面的分量并不等于零(当然，三叉结点处伯格斯矢量守恒条件必须被满足)[21]。

一些直接的实验观察，证实了晶体中夫兰克-瑞德源的存在。达许（W. C. Dash）用红外光方法看到硅单晶中的夫兰克-瑞德源及其运转情况．另外，有人在不锈钢、KCl 及镉中也观察到类似于夫兰克-瑞德源的迹象。

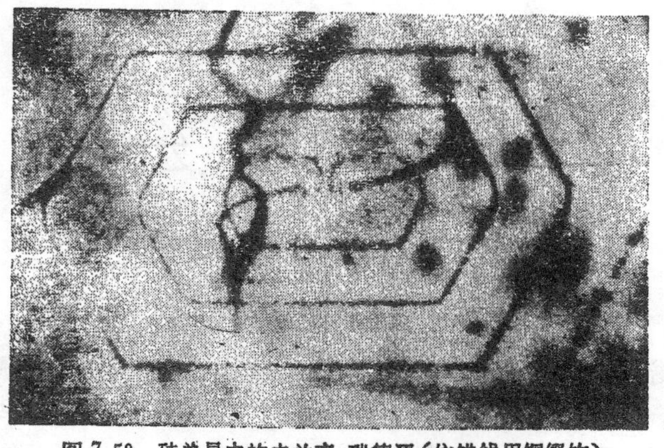

图 7.58　硅单晶中的夫兰克-瑞德源(位错线用铜缀饰)．

但是夫兰克-瑞德源并不是晶体中位错增殖的唯一的机制．吉耳曼等对 LiF 中位错所进行的大量观测工作中，就很少看到夫兰克-瑞德源的迹象，而位错的增殖往往出现在位错滑移的过程中，这样就很难用固定的夫兰克-瑞德源来解释．他们采用双交滑移的机制来解释(参看图 7.59)[92]．螺型位错的一段先交滑移到和原始滑移面相交的另一面上，构成一闭合的位错圈(不在同一平面内的)．然后又回到和原始滑移面相平行的面上．这个位错圈即可以按照夫兰克-瑞德源的方式连续放出位错圈．这种位错增殖机制也有一定的普遍性，在电子显微镜薄片透射法观测中也常看到运动位错的大割阶处所残留的位错圈．另外，在夹杂物、沉淀物或其他应力集中的场所也常观察到位错的增殖．用电子显微镜也看到晶界或亚晶界作为位错源的事例，其机制都还不清楚．

(b) 攀移位错源　在过饱和点缺陷所造成的渗透力的作用

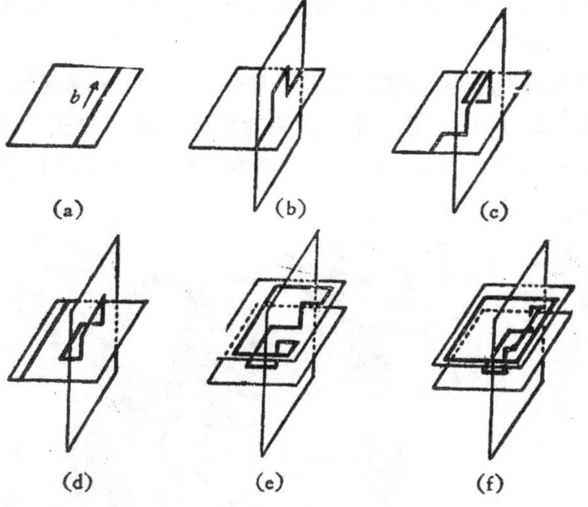

图 7.59 双交滑移的位错增殖机制.

下，位错可以通过攀移来进行增殖. 类似于夫兰克-瑞德源的巴丁-赫林（Bardeen-Herring）源就是一个实例[93]：它的动作方式基本相同，只是用攀移面取代原来的滑移面. 图 7.60 为透射电镜观测到的巴丁-赫林源.

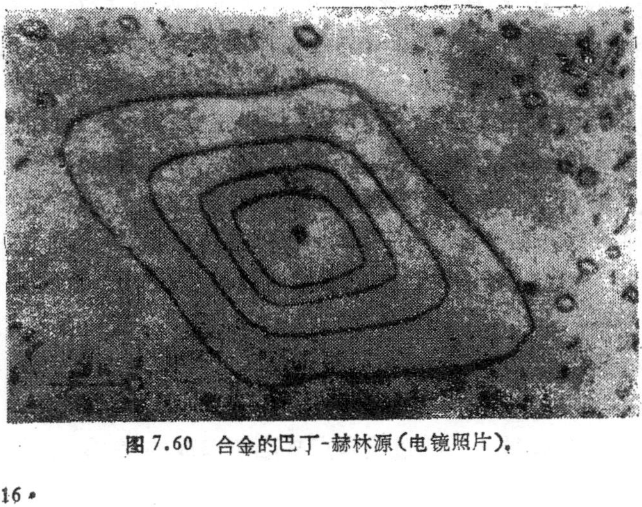

图 7.60 合金的巴丁-赫林源（电镜照片）.

另外一种常见的攀移增殖，就是接近螺型取向的位错通过攀移而形成蜷线位错 (helical dislocation)[23]．设想 A，B 两钉点间为一段直螺型位错．严格来说，纯螺型位错不能攀移，但设想这段位错线弓出少许，在两端就有异号的刃型分量出现．在过饱和点缺陷的渗透力作用下，它们将沿相反的方向作攀移．结果将使原来的直螺型位错转化为伯格斯矢量沿中轴的蜷线位错．当渗透力与线张力达到平衡，考虑任意一段线元 $\mathbf{dl}$，若线元与 $\mathbf{b}$ 矢量的夹角为 ϕ，则按力分量（平行于 $\mathbf{b}$ 矢量）的平衡条件要求位错线上任意点（T_D 为位错的线张力）

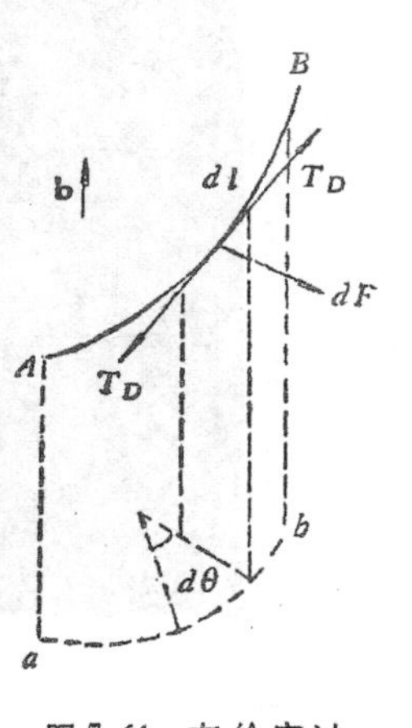

图 7.61 在给定过饱和度下位错线的平衡．

$$T_D \cos\phi = \text{常数}, \qquad (7.166)$$

即曲线上 ϕ 角处处相等．另一方面，另一力分量(垂直于 $\mathbf{b}$ 矢量)应满足平衡条件

$$2T_D \sin\phi \sin\frac{d\theta}{2} = \frac{FRd\theta}{\sin\phi}, \qquad (7.167)$$

这里的 R 为曲线在垂直于 $\mathbf{b}$ 矢量的平面上投影的曲率半径，而 $d\theta$ 为 $d\mathbf{l}$线段投影所张之角，用渗透力的表示式代入，即得

$$R = \frac{T_D b^2 \sin^2\phi}{kT \ln \dfrac{c}{c_0}} = \text{常数}, \qquad (7.168)$$

这表明在特定的过饱和度下，位错线将弯曲到一定的 R 值而趋于平衡．

如果点缺陷的过饱和度增大，则 R 值将愈来愈小；一直到 $R_c = \frac{1}{2}ab$（a，b 为 A，B 两点在垂直于 $\mathbf{b}$ 平面上的投影)，此时位错线的投影弯曲成半圆形，如果过饱和度继续增大，平衡就不能保持了．位错线将绕圈子，迅速地进行攀移，直至耗竭了局域的过

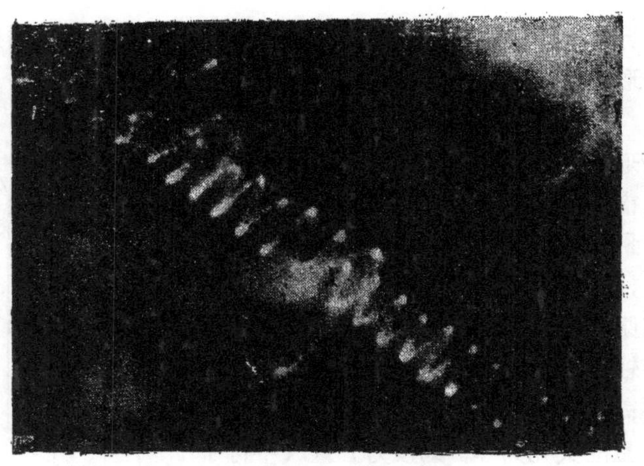

图 7.62 CaF_2 中的蜷线位错.

饱和的点缺陷，并且随着过饱和度的增大，蜷线位错增加它的尺寸和圈数. 图 7.62 为晶体中观测到的蜷线位错的事例.

§ 7.23 运动位错的弹性场

在弹性场中信号的速度等于声速（这里所指的声速是广义的，包括弹性横波及纵波而言）. 因此声速在弹性场中所处地位颇类似于光速在电磁场中所处地位. 夫仑克耳与康脱罗娃首先在一维的点阵位错模型中论证了声速为位错运动的极限速度[9]；后来夫兰克在三维的连续介质模型中也获得相同的结果. 下面简单介绍夫兰克的处理[94]:

作等速运动的位错的弹性场应满足下列运动方程（参看附录）:

$$\mu\nabla^2\mathbf{u}+\frac{\mu}{1-2\nu}\,\mathrm{grad}\ \mathrm{div}\mathbf{u}=\rho\frac{\partial^2\mathbf{u}}{\partial t^2},\qquad(7.169)$$

这里的 $\mathbf{u}$ 为位移，ρ 为介质的密度.

对于沿 z 轴的螺型位错，

$$\mathrm{div}\mathbf{u}=0,\ u_x=u_y=0,\qquad(7.170)$$

运动方程可以简化为

$$\frac{\partial^2 u_z}{\partial x^2}+\frac{\partial^2 u_z}{\partial y^2}-\frac{1}{c^2}\frac{\partial^2 u_z}{\partial t^2}=0, \tag{7.171}$$

这里的 $c=\sqrt{\frac{\mu}{\rho}}$ 为弹性横波的波速。

应用变数变换(和特殊相对论中的罗仑兹变换相似)

$$x'=\frac{x-vt}{\beta},\quad \beta=\sqrt{1-\frac{v^2}{c^2}}, \tag{7.172}$$

考虑到

$$\frac{\partial u_z}{\partial t}=-\frac{v}{\beta}\frac{\partial u_z}{\partial x'},\quad \frac{\partial^2 u_z}{\partial t^2}=\frac{v^2}{\beta^2}\frac{\partial^2 u_z}{\partial x'^2},$$

$$\frac{\partial^2 u_z}{\partial x^2}=\frac{1}{\beta^2}\frac{\partial^2 u_z}{\partial x'^2}, \tag{7.173}$$

可将式 (7.171) 转化为

$$\frac{\partial^2 u_z}{\partial x'^2}+\frac{\partial^2 u_z}{\partial y^2}=0. \tag{7.174}$$

和静态螺型位错位移场所满足的方程的形式相同，因此可以套用现成的解 [参看 § 7.8 式 (7.30)]

$$u_z=\frac{b}{2\pi}\arctan\left(\frac{y}{x'}\right)=\frac{b}{2\pi}\arctan\left(\frac{\beta_y}{x-vt}\right). \tag{7.175}$$

下面来计算动态位错的能量。除了畸变能 E_p 以外，还需要计算它的动能 E_k，可以分别求出其表示式如下：

$$\left.\begin{aligned}
E_k&=\frac{1}{2}\int\rho\left(\frac{\partial u_z}{\partial t}\right)^2 dxdydz\\
&=\frac{1}{2}\frac{\rho v^2}{\beta}\int\left(\frac{\partial u_z}{\partial x'}\right)^2 dx'dydz,\\
E_p&=\frac{1}{2}\int\mu\left[\left(\frac{\partial u_z}{\partial x}\right)^2+\left(\frac{\partial u_z}{\partial y}\right)^2\right]dxdydz\\
&=\frac{\mu}{2}\int\left[\frac{1}{\beta}\left(\frac{\partial u_z}{\partial x'}\right)^2+\beta\left(\frac{\partial u_z}{\partial y}\right)^2\right]dx'dydz.
\end{aligned}\right\} \tag{7.176}$$

静止螺型位错的能量 W_0 等于

$$W_0 = \frac{1}{2}\int \mu \left[\left(\frac{\partial u_z}{\partial x}\right)^2 + \left(\frac{\partial u_z}{\partial y}\right)^2\right] dxdydz$$
$$= \frac{\mu b^2}{4\pi} \ln\left(\frac{r_1}{r_0}\right), \tag{7.177}$$

这里的

$$u_z = \frac{b}{2\pi} \arctan\left(\frac{y}{x}\right). \tag{7.178}$$

考虑到应力场的对称性(对 z 轴对称)，得到

$$\frac{1}{2}\int \mu \left(\frac{\partial u_z}{\partial x}\right)^2 dxdydz$$
$$= \frac{1}{2}\int \mu \left(\frac{\partial u_z}{\partial y}\right)^2 dxdydz = \frac{W_0}{2}. \tag{7.179}$$

由于动态位错的 u_z 与 y, x' 的函数关系和静态位错 u_z 与 y, x 的函数关系相同，因此

$$\frac{1}{2}\int \mu \left(\frac{\partial u_z}{\partial x'}\right)^2 dx'dydz$$
$$= \frac{1}{2}\int \mu \left(\frac{\partial u_z}{\partial y}\right)^2 dx'dydz = \frac{W_0}{2}. \tag{7.180}$$

这样，就求出了 E_k, E_p 及总能量 E

$$\left.\begin{aligned} &E_k = \frac{v^2}{2c^2\beta} W_0, \quad E_p = \frac{1 - \dfrac{v^2}{2c^2}}{\beta} W_0, \\ &E = E_k + E_p = \frac{W_0}{\beta}. \end{aligned}\right\} \tag{7.181}$$

当 $v \to c$, $\beta \to 0$，能量即趋向无限大，表明声速是位错运动的极限速度.

在运动速度不大时 ($v \ll c$)，则

$$E \simeq W_0\left(1 - \frac{1}{2}\frac{v^2}{c^2}\right) = W_0 + \frac{1}{2} m_0 v^2, \tag{7.182}$$

这里的 m_0 相当于位错的表观静止质量(单位长度的)

$$m_0 = \frac{W_0}{c^2} = \frac{\rho b^2}{4\pi} \ln\left(\frac{r_1}{r_0}\right). \tag{7.183}$$

位错的静止质量不大，长度为 b 的一段位错线约为 ρb^3，相当于一个原子的质量．值得注意的是，这些关系式都和特殊相对论中能量与质量的关系式相似．

§ 7.24 位错的弦线模型

根据上节所述，位错既具有线张力 T_D，又具有表观质量 m，因而和具有弹性的弦线十分相似．有一些有关位错动力学的问题，不妨采用简化的弦线模型来处理．

(a) *忽略佩-纳势垒的弦线模型* 首先从最简单的情况出发，完全忽略佩-纳势垒对位错运动的影响．考虑在两钉点之间一段长度为 l 的位错线的自由振动，所满足的运动方程为

$$m\frac{\partial^2 y}{\partial t^2}-T_D\frac{\partial^2 y}{\partial x^2}=0, \tag{7.184}$$

边界条件为 $y(0,t)=y(l,t)=0$. 这就是莱勃弗里德(G. Leibfried) 处理位错热振动问题所采取的简化模型[95]. 式(7.184)的解可写为

$$y(x,t)=\sum_{n=1}^{\infty}a_n(t)\sin k_n x, \tag{7.185}$$

这里的 $k_n=n\pi/l$. 实际上，由于晶体的点阵的不连续性，使 n 达到一定值后就截止了(其条件约为 $n\pi/l\sim 1/b$)．式(7.185)的诸系数 a_n 满足谐振子的方程组

$$\frac{d^2 a_n}{dt^2}+\omega_n^2 a_n=0, \tag{7.186}$$

这里的 $\omega_n^2=k_n^2c^2$，而 c 为声速，即 $c=\sqrt{T_D/m}$.

按照能量均分定律，弦线的振动能应等于 $(1/2)kT$，即

$$\left(\frac{T_D l}{4c^2}\right)\overline{\left(\frac{da_n}{dt}\right)^2}=\left(\frac{T_D l}{4c^2}\right)\omega_n^2\overline{a_n^2}=\frac{1}{2}kT,$$

上式中上方加横杠者系表示求平均值．振幅最大的是最低的频率，即 $\omega_1=\pi c/l$，振幅的根均方值为

$$\left(\overline{a^2}\right)^{\frac{1}{2}}=\frac{1}{\pi}\left(\frac{2kTl}{T_D}\right)^{\frac{1}{2}}. \tag{7.187}$$

在 $T=300K$，$kT\sim 0.02\text{eV}$，而 $T_Db\sim 4\text{eV}$，若 $l/b\sim 1000$，则 $\left(\overline{a^2}\right)^{\frac{1}{2}}\sim b$.

如果进一步考虑在交变应力作用下位错线的强迫振动，应再增加一项与速度成正比的阻尼项，这样位错线的运动方程应写为

$$m\frac{\partial^2 y}{\partial t^2}-T_D\frac{\partial y^2}{\partial x^2}+B\frac{\partial y}{\partial t}=b\sigma_0 e^{i\omega t}, \tag{7.188}$$

边界条件仍为$y(0, t)=y(l, t)=0$. 位错线段的振动模式可表示为 $\sin(n\pi x/l)$，在外加力 $\sigma_0 e^{i\omega t}$ 作用下，只有奇数级模式被激发，因为只有这些模式才有净的应变.
将作用力按振动模式展开

$$\sigma_0=\sum_n \sigma_n\sin\frac{n\pi x}{l},\quad n=1, 3, 5, \cdots, \tag{7.189}$$

这里

$$\sigma_n=\frac{4\sigma_0}{\pi n}, \tag{7.190}$$

则按每一模式

$$m\frac{\partial^2 y_n}{\partial t^2}+B\frac{\partial y_n}{\partial t}+T_D\frac{\partial^2 y_n}{\partial x^2}=b\sigma_n\sin\frac{n\pi x}{l}e^{i\omega t}, \tag{7.191}$$

可以求出解

$$y_n=a_n\sin\frac{n\pi x}{l}e^{i\omega t}, \tag{7.192}$$

这里

$$a_n=\frac{\sigma_n b}{m(\Omega_n^2-\omega^2+i\omega B/m)}, \tag{7.193}$$

$$\Omega_n^2=\frac{T_D n^2\pi^2}{ml}, \tag{7.194}$$

这种模型构成了寇勒 (J. Koehler)[96] 和格兰那图 (A. Granato) 与吕克 (K. Lücke)[97] 的位错内耗理论的基础.

(b) **考虑佩-纳势垒的弦线模型** 如果弦线模型计及佩-纳势

垒的影响，就需要考虑将晶体中势垒的分布表示为

$$U(y) = (W_P/2)(1 - \cos 2\pi y/a), \qquad (7.195)$$

这里的 W_P 为佩-纳势极大值与极小值之差，a 为沿 y 轴的点阵周期．这样，位错线笔直地沿轴躺在佩-纳势谷中能量应为最低．位错线的运动方程可以表示为（忽略阻尼项和外加应力）

$$m\frac{\partial^2 y}{\partial t^2} - T_D\frac{\partial^2 y}{\partial x^2} + (\pi W_P/a)\sin(2\pi y/a) = 0, \qquad (7.196)$$

这是非线性的正弦戈登 (Sine-Gordon) 方程．可以求出一个运动扭折的解，亦被称为孤立子 (soliton) 解

$$y(x, t) = \frac{a}{2} + \frac{a}{\pi}\arctan \quad \exp\frac{x - vt}{\frac{\zeta_K}{\pi}\left(1 - \frac{v^2}{c^2}\right)}, \qquad (7.197)$$

这里的

$$\zeta_K = a(T_D/2W_P)^{\frac{1}{2}}. \qquad (7.198)$$

式 (1.197) 相当于静态的扭折

$$y(x) = \frac{a}{2} + \frac{a}{\pi}\arctan\exp\frac{\pi x}{\zeta K} \qquad (7.199)$$

沿 x 轴以匀速 v 运动．上式中静态扭折满足边界条件

$$y(-\infty) = 0, \quad y(\infty) = a. \qquad (7.200)$$

当然也可以存在反扭折，所满足的边界条件为

$$y(-\infty) = a, \quad y(\infty) = 0. \qquad (7.201)$$

位错线以扭折的形式跨越佩-纳势垒，乃是位错线张力与佩-纳势相互折衷的结果．而参量 ζ_K 具有扭折半宽度的几何意义，即当 $x = \zeta_K$ 时，则

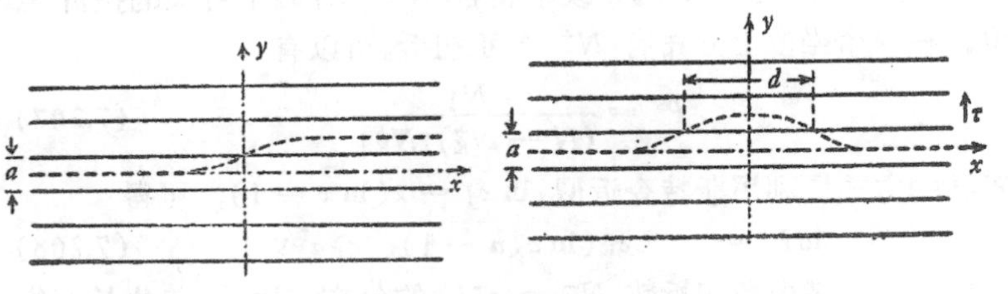

图 7.63　扭折与扭折对．
(a) 单个扭折；(b) 扭折对．

$$y = \frac{a}{2} + \frac{a}{\pi} \arctan \exp \pi. \tag{7.202}$$

取典型值 $W_p \sim 10^{-3} T_D$，则式 (7.198) 给出扭折宽度 $\zeta_K \sim 22a$，这表明扭折宽度要比原子尺度大得多.

运动扭折的总能量是和速度有关的，可以由下式积分得出：

$$W_K = \int_{-\infty}^{\infty} \frac{1}{2} m \left(\frac{\partial y}{\partial t}\right)^2 + \frac{1}{2} T_D \left(\frac{\partial y}{\partial x}\right)^2 + W_p \sin^2 \frac{\pi y}{a} \Big] dx$$
$$= W_0/(1 - v^2/c^2)^{\frac{1}{2}}, \tag{7.203}$$

这里的

$$W_0 = \frac{2a}{\pi} (2T_D W_p)^{\frac{1}{2}} = \frac{2}{\pi} \left(\frac{a^2 T_D}{\zeta_K}\right) \tag{7.204}$$

为静态扭折的能量.

如果 $v \ll c$，运动扭折的能量可写为

$$W_K = W_0 + \frac{1}{2} M_K v^2, \tag{7.205}$$

这里

$$M_K = \frac{W_K}{c^2} \tag{7.206}$$

相当于扭折的质量.

(c) 扭折密度[25] 在绝对零度时，位错线笔直地躺在佩-纳能谷中将为平衡状态；但在有限温度和自由能极小的条件下将导致平衡态的位错具有一定密度的扭折对.

考虑躺在佩-纳能谷中一段长为 L 的直位错线，包含有 $N_K^+ = c_K^+ L$ 的扭折. 长为 L 的线段中将含 $N = L/a$ 个可能的扭折坐位. 在 N 个坐位上分布有 N^+ 个正扭折，可以有

$$P^+ = \frac{N!}{(N - N_K^+)! N_K^+!} \tag{7.207}$$

不同的方式. 利用斯特令近似 $\ln x! = x(\ln x - 1)$，可得

$$\ln P^+ = -L c_K^+ (\ln c_K^+ a - 1), \quad c_K^+ a \ll 1. \tag{7.208}$$

类似地可以考虑负扭折数 $N_K^- = c_K^- L$ 的分布. 因此，单位长度位错的自由能可以表示(只考虑扭折的贡献)为

$$F = W_K(c^+ + c^-) + kT[c_K^+(\ln c_K^+ a - 1) + c_K^-(\ln c_K^- a - 1)]. \tag{7.209}$$

在平衡态时，$\delta_c = \delta c_K^+ = \delta c_K^-$，则 $\delta F = 0$ 条件可以给出正负扭折的密度表示式

$$c_K^+ c_K^- = \frac{1}{a^2} \exp\left(\frac{-2W_K}{kT}\right). \tag{7.210}$$

若位错躺在佩-纳势谷内，则 $c_K^+ = c_K^- = c_K$，

$$c_K = \frac{1}{a} \exp\left(-\frac{W_K}{kT}\right). \tag{7.211}$$

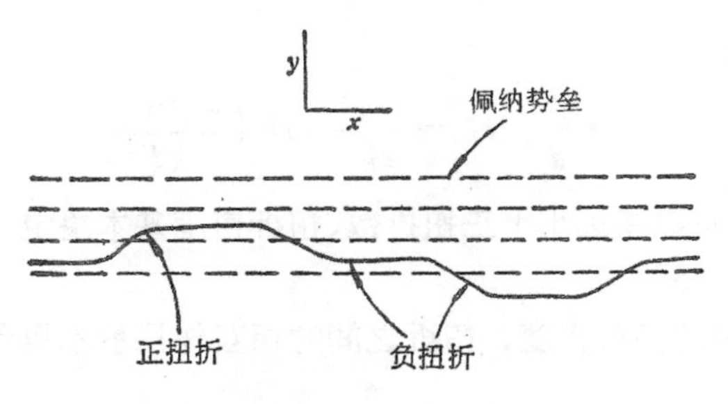

图 7.64　位错线上的正、负扭折对.

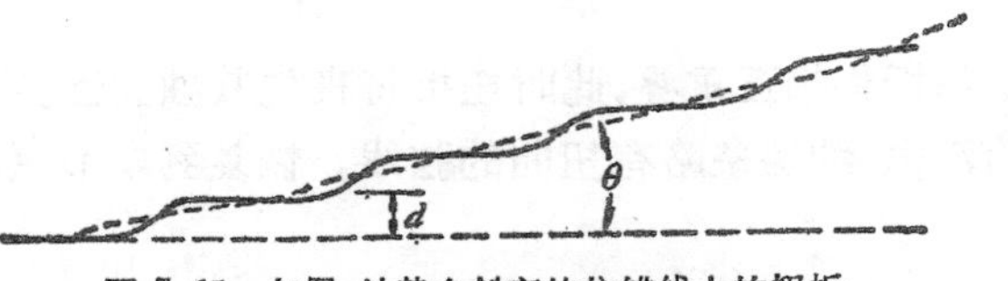

图 7.65　与佩-纳势垒斜交的位错线上的扭折.

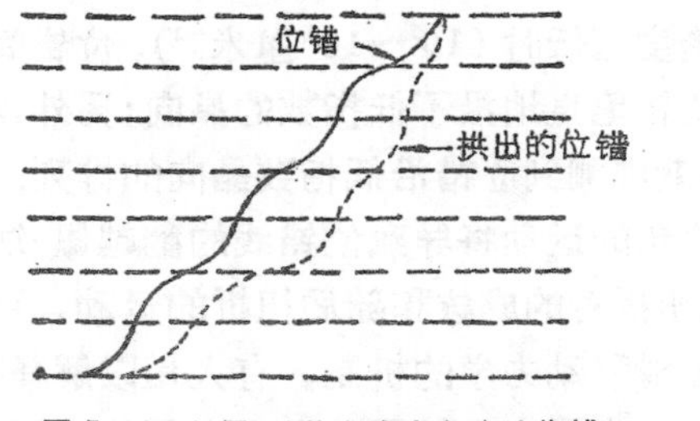

图 7.66　与佩-纳势垒成大角度的位错.

当位错线与佩-纳势谷的夹角为 θ，则

$$c_K^+ - c_K^- = \frac{\theta}{d}, \tag{7.212}$$

d 为相邻势谷的间距，代入式 (7.210)，得到

$$c_K^-\left(\frac{\theta}{d} + c_K^-\right) \simeq \frac{1}{a^2} \exp\left(\frac{-2W_K}{kT}\right). \tag{7.213}$$

如果 θ 甚大，于是

$$\frac{\theta}{d} \gg \frac{1}{a} \exp\left(\frac{-W_K}{kT}\right),$$

则扭折密度变为

$$c_K^+ = \frac{\theta}{d}, \quad c_K^- = \frac{1}{c_K^+ a^2} \exp\left(\frac{-2W_K}{kT}\right). \tag{7.214}$$

此时，负扭折数将远小于正扭折数，扭折密度基本决定于几何的约束条件.

对于高的扭折密度，扭折之间的相互作用就不可忽略了. 如果

$$c_K^+ \lesssim \frac{1}{\zeta_K}, \quad 即 \quad \theta \lesssim \frac{d}{\zeta_K}, \tag{7.215}$$

位错线上扭折将相互重叠，此时扭折将丧失其独立性，实质上位错将可视为沿佩-纳势垒略有扭曲的弦线，恢复到本节 (a) 中的情况.

在一般金属薄膜的电镜观测中不易看到位错沿佩-纳势谷排列的明确迹象，这可能是位错密度较高，位错间相互作用较强的结果. 当位错密度甚低时 (10^2～10^3 厘米$^{-2}$)，位错间相互作用很弱，观测到铝中位错笔直地沿了低指数的晶向；另外，具有较高佩-纳势垒的硅，早就观测到位错沿低指数晶向的排列.

扭折沿位错的运动将导致位错线的翻越佩-纳势垒. 因而在应力作用下，扭折对的成核和随后扭折的运动，可能是高佩-纳势垒材料中位错滑移动力学的机制，有人用以解释硅中位错速度与应力的关系，也有用它来解释体心立方晶体中低温的范性形变.

§7.25 滑移动力学的实验观测

近年来发展了直接观察位错运动的一些实验方法，其中最直接的要推电子显微镜薄片衍衬法．赫许及惠兰用衍衬法观察了热应力下位错的滑移，并拍摄了电影[59]．但由于所加应力很难控制，这种方法不易获得定量的结果．吉耳曼（J. J. Gilman）等用两次侵蚀的方法区别位错运动前后的位置(参看图 7.67)，求出了 LiF 晶体中位错速度与应力及温度的关系[92](参看图 7.68)．在高应力下，位错速度是以声速为其极限值，证实了理论的预测；在低应力范围内，位错速度随应力增加得很快，而螺型位错的速度低于刃型位错．位错速度 v 与应力 σ 及温度 T 的关系可以表示为

$$v = f(\sigma)e^{-\frac{U}{kT}}. \tag{7.216}$$

激活能 U 约 0.7 电子伏，而 $f(\sigma)$ 可以近似地表示为

$$f(\sigma) = k\sigma^m, \tag{7.217}$$

指数 m 在 15—25 之间．在硅铁单晶中也获得了类似的实验结果．

图 7.67 LiF 中位错的滑移(平底的蚀斑表示初始的位置，尖底的蚀斑表示终态的位置；×600).

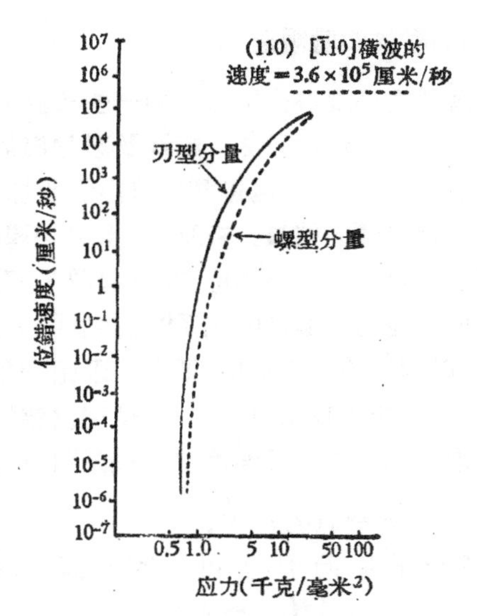

图 7.68 LiF 中位错速度与应力的关系.

§ 7.26 攀移动力学[32]

如果对位错施加攀移作用力，位错就通过发射(或吸毁)点缺陷而发生攀移. 这样，将使位错周围点缺陷浓度发生异常，直到点缺陷过饱和所引起的渗透力和原来的作用力相互抵销为止. 但此时晶体中将存在点缺陷的浓度梯度，点缺陷将顺了浓度梯度作扩散，导致位错的持续的攀移. 假定位错是点缺陷的完善的泉源(或尾闾)，这就意味着攀移的速率将完全由扩散速率所控制. 举一个具体例子来说明：设想在厚度为 l_0 的薄膜中央有一半径为 R 的棱柱位错圈(空位型的)，而且 $R \ll l_0$. 此时位错圈半径缩小，将使位错线的弹性能减小，而位错线附近的过饱和空位浓度为 c_L，而自由表面作的空位浓度为 c_∞，则位错线张力引起的攀移作用力将与过饱和空位的渗透力相平衡，考虑到位错圈发射一个空位将使位错圈半径缩小 $\Omega/2b\pi R$ (这里的 Ω 为原子体积)，利用棱柱圈弹性能的表示式，可得

$$kT\ln\frac{c_L}{c_\infty}=\frac{\mu b\Omega}{4\pi R(1-\nu)}\ln\left(\frac{4R}{\varepsilon}\right), \qquad (7.218)$$

即

$$c_L=c_\infty\exp\frac{\mu b\Omega}{4\pi(1-\nu)RkT}\ln\left(\frac{4R}{\varepsilon}\right). \qquad (7.219)$$

具体解出此几何组态的扩散方程(参看图 7.69)，即可求出位错圈收缩率的定量关系[98]．这已为电镜中直接观测铝中淬火位错圈退火过程所证实．

如果点缺陷的扩散速率大于点缺陷为位错发射(或吸毁)的速率，这就是说位错不是一个完善的点缺陷泉源(或尾闾)，在这种情形下，控制攀移速率的将是点缺陷和位错的反应速率．情况就比较复杂，需要具体考虑位错线上割阶的分布和点缺陷和割阶的反应过程的动力学关系．

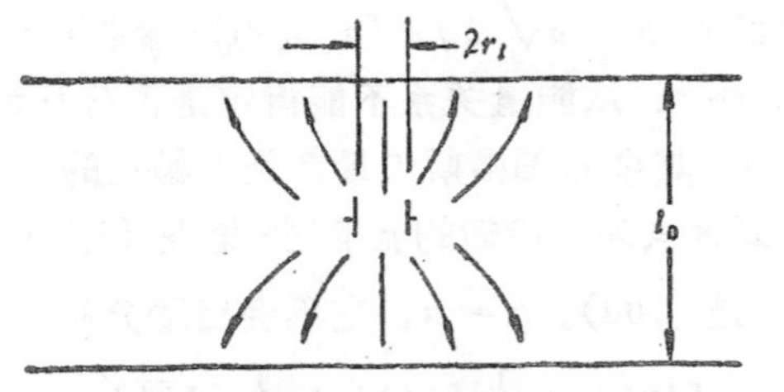

图 7.69　薄膜中央棱柱位错圈在退火中的攀移(图中箭头表示空位流).

V　典型晶体结构中的位错组态

在前面的讨论中，没有具体地考虑实际晶体的结构，往往是笼统地用简单立方结构来代表，因此理论还比较一般化．要具体解释不同的金属材料的位错性质上的差异，就需要更细致地考虑晶体结构对位错的影响．这样一来，位错理论就和实际材料的特性有更紧密的联系，也就能够更深入细致地说明具体问题．

§ 7.27 典型晶体结构中的全位错

在 § 7.3 中我们定义位错时曾讲过位错的伯格斯矢量可以是任意的点阵平移矢量. 但是晶体中实际存在的位错的伯格斯矢量却限于少数最短的点阵矢量. 这从能量关系上是很容易理解的. 因为位错的能量正比于 b^2, 因而 b 值愈小, 能量愈低. 能量较高的位错往往可以通过适当的位错反应

$$\left.\begin{aligned} &\mathbf{b}_1 \rightarrow \mathbf{b}_2 + \mathbf{b}_3, && (b_1^2 > b_2^2 + b_3^2), \\ \text{或} \quad &\mathbf{b}_1 + \mathbf{b}_2 \rightarrow \mathbf{b}_3 + \mathbf{b}_4, && (b_1^2 + b_2^2 > b_3^2 + b_4^2), \end{aligned}\right\} \tag{7.220}$$

分解为能量更低的位错组态.

根据上述的能量判据，我们可以探讨一些典型的晶体结构中的特征位错.

(a) 面心立方点阵(包括面心立方结构，NaCl 结构，金刚石结构等) 最短的点阵矢量为 $\langle 1/2\ 1/2\ 0\rangle$, 可用符号 $(1/2)\langle 110\rangle$ 来表示，其数值为 $b = a\sqrt{2}/2$ ·(a 为点阵参数); 次短的点阵矢量为 $\langle 100\rangle$, $b = a$, 从能量关系不能肯定是否分解为两个 $(1/2)\langle 110\rangle$ 型的位错. 其余的伯格斯矢量都是不稳定的.

(b) 体心立方点阵 最短的点阵矢量是 $(1/2)\langle 111\rangle$, $b = a\sqrt{3}/2$; 其次是 $\langle 100\rangle$, $b = a$, 它不会自动分解，因为反应式

$$[100] \rightarrow \frac{1}{2}[111] + \frac{1}{2}[1\bar{1}\bar{1}]$$

使能量增加，但另一方面，包含两个 $\langle 100\rangle$ 位错的反应

$$[100] + [010] \rightarrow \frac{1}{2}[111] + \frac{1}{2}[11\bar{1}] \tag{7.221}$$

却使能量降低.

(c) 简单立方点阵 (包含 CsCl 结构) 最短的点阵矢量为 $\langle 100\rangle$, $b = a$; 其次是 $\langle 110\rangle$, $b = a\sqrt{2}$; 及 $\langle 111\rangle$, $b = a\sqrt{3}$. 从简单的能量关系不能判断 $\langle 110\rangle$ 及 $\langle 111\rangle$ 是否会分解. 其余的伯格斯矢量都是不稳定的.

(d) 六角点阵(这里只考虑密积六角结构) 最短的点阵矢量为$\langle 11\bar{2}0\rangle$，$b=a$；次短的是[0001]，$b=c$，对分解也是稳定的。其余的都是不稳定的。

上面的讨论表明，晶体中最稳定的是伯格斯矢量为最短点阵矢量的位错。如果晶体的滑移是通过位错的运动来实现的，则这些方向也应该代表晶体的滑移方向。实验观测到晶体的滑移方向是符合上述考虑的。

但是位错的伯格斯矢量有无进一步分解的可能性，还应作具体的分析。假定进一步地分解了，**b** 将不等于点阵平移矢量。根据位错的定义，如果沿 S 面割开后，两岸相对位移不等于点阵平移，合拢后，S 面将成为一个错排面。整个组态的能量应该包括位错线的能量以及错排面的能量。在一般情形下，错排面的能量很高，因而使这种组态不能实现。但是有些晶体结构中也存在一些低能量的错排面，它的周界将为 **b** 不等于点阵矢量的位错[这种位错称为不全位错，以区别于 **b** 为点阵矢量的(全)位错]，而整个组态的能量有可能低于全位错。下面我们将较细致地分析一些典型结构中的低能错排面及不全位错。

§ 7.28 堆垛层错

面心立方与密集六角是两种密堆积结构。它们的堆积次序可用图 1.1 来表示。图中 A 位置为一层密排原子平面，相当于面心立方结构中的{111}面或密集六角结构中的(0001)面。B 和 C 分别表示该原子平面上两组间隙位置。如果堆垛是密集的，A 上面的一层原子必须在 B 或 C 位置上。面心立方的堆垛次序为

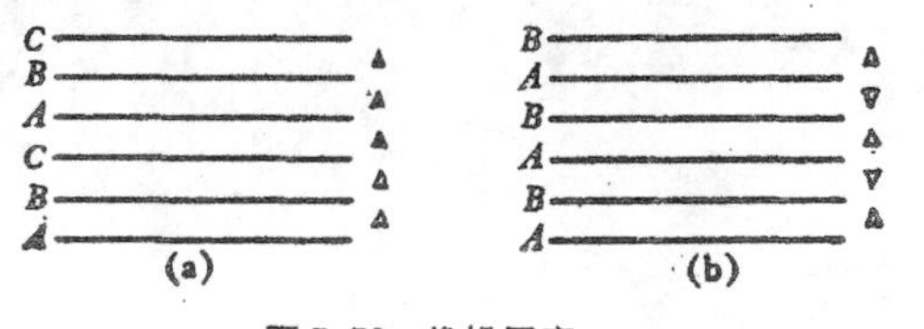

图 7.70 堆垛层序.
(a) 面心立方；(b) 密集六角.

$ABCABC\cdots$，而密集六角的次序为 $ABAB\cdots$（参看§1.1）.

夫兰克采用另一种符号来表示堆垛次序：用△表示顺 ABC 次序的堆垛，▽表示次序相反的堆垛.因此，ABC 的堆垛次序为△△，ABA 则为△▽，面心立方结构为△△△△…，密集六角结构为△▽△▽…(见图 7.70).

堆垛层错(简称层错)表示对于正常堆垛次序的差异. 例如面心立方结构中,正常堆垛次序为…△△△△…,如有一个▽来代替△，就产生了堆垛层错 (stacking fault). 图 7.71 所示为层错的两种基本类型：(a) 相当于正常层序中抽走一层，称为抽出型的(intrinsic)，而 (b) 相当于正常层序中多加一层，称为插入型的(extrinsic). 从图中可以看出，一个插入型层错等于两层抽出型的

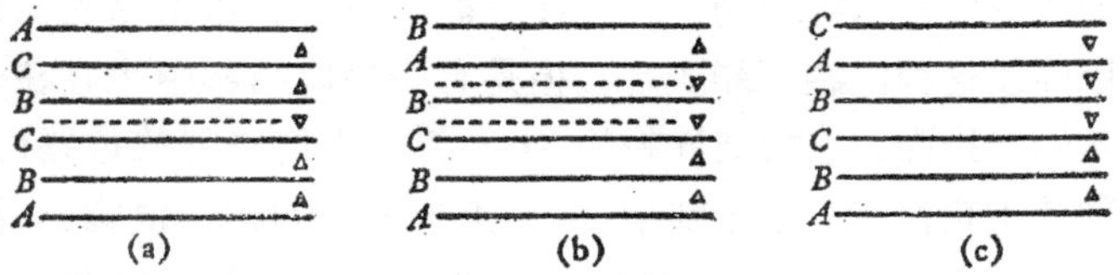

A C B C B A

(a)

B A B C B A

(b)

C A B C B A

(c)

图 7.71 堆垛层错.

(a) 抽出型；(b) 插入型；(c) 孪生晶面.

图 7.72 不锈钢中的层错(电子显微镜衍衬象).

层错。而面心立方结构中的层错也相当于嵌入了薄层的密集六角结构。图 7.71(c) 表示了面心立方结构中的孪生关系，显然也和层错有密切关系，一个抽出型的层错相当于平行相邻的两个孪晶面的迭合(参看 § 9.4)。

具有层错的晶体有特殊的衍射效应：使X射线粉末照相中一部分的衍射线显著变宽或产生位移，使单晶衍射图样中某些斑点伸长。这种特殊的衍射效应在相变后的钴(密集六角)和冷加工的 α 黄铜(面心立方)中都被观察到[99]。在电子显微镜薄片衍衬法对形变金属的观察中，也观察到不锈钢(面心立方)中层错所产生的干涉条纹[30](见图 7.12)。

表 7.3 金属层错能的实验数据

金属	层错能(尔格/厘米²)	方法	测定者
Au	30	加工硬化曲线	塞格等[101]
	30	孪晶的临界切应力	铃木等[102]
	24—47	低温蠕变	桑顿 (Thornton) 等[103]
Ag	43	加工硬化曲线	塞格等[101]
	21	孪晶的临界切应力	铃木等[102]
	26—58	低温蠕变	桑顿等[103]
Cu	40	共格孪生晶界能	富耳曼[104]
	40	低温蠕变	桑顿等[103]
	40	电子显微镜观测结果外推	豪威 (Howie) 等[105]
	169	加工硬化曲线	塞格等[101]
Ni	64—140	低温蠕变	桑顿等[103]
	90	加工硬化曲线	哈森[106]
	410	同上	塞格等[101]
Al	240	共格孪生晶界能	富耳曼[104]
	170	加工硬化曲线	塞格等[101]
	200	低温蠕变	桑顿等[103]
不锈钢	13	电子显微镜观测扩展位错的结点	惠兰等[59]

层错也可能出现在非密集结构中，在石墨、碳化硅中都观察到过．而近年来，X 射线的工作表明一些体心立方结构的金属(如 α-Fe，Ta 等)也有层错，层错面为{112}，正好是体心立方金属的孪晶面[99]．

实验结果表明，在同种结构中，出现层错的概率是随金属而不同的．就面心立方结构的金属而言，在不锈钢及 α 黄铜中可以看到大量的层错，在铝中则根本看不到层错，而金、银、铜等贵金属则介乎其间．这些差异可以归结为由于层错能（产生单位面积层错所需的能量)不同所致．层错能愈高，则层错的几率愈小．在密集结构中，层错的影响表现在改变了次近邻的关系，几乎不产生畸变，所以层错能的主要来源应是电子能[100]．层错破坏晶体中正常的周期场，使传导电子产生了反常的衍射效应．可以应用金属电子论对具体金属的层错能理论计算．也有人从一些实验结果中倒过来推算层错能（见表 7.3)，因为这里牵涉到对一些物性的理论解释问题，也不能认为很可靠，结果也有分歧(例如铜的层错能，用不同方法求出的结果，差异很大)．其中最可靠的要推电子显微镜的直接观察的结果．

§ 7.29 面心立方晶体中的不全位错

层错的周界就是不全位错．可以设想，以不同的方式来产生层错，相应地就有不同类型的不全位错．在面心立方晶体中，有如

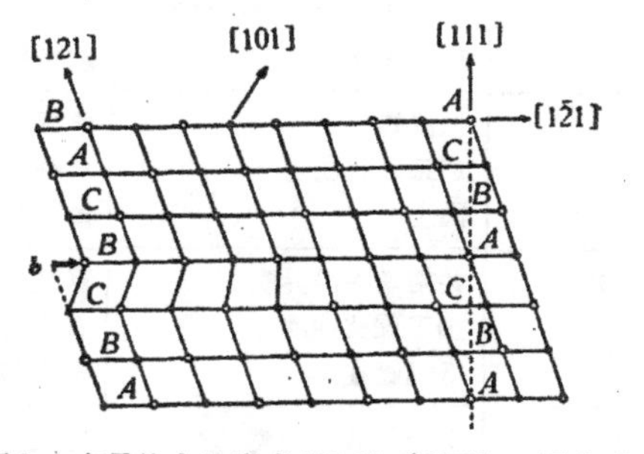

图 7.73 面心立方晶体中的肖克莱位错（刃型)．图中表示的是($\bar{1}01$)面上原子的投影，位错垂直于纸面．

下两种不同类型的不全位错：

(a) 肖克莱位错　设想将完整晶体的 $\{111\}$ 面原子层间（例如 C 层与 A 层之间）沿平面 S 剖开，将剖开的 A 岸相对于 C 岸作滑移，到达 B 位置，层错的周界就是肖克莱位错，其伯格斯矢量为 $(1/6)\langle 11\bar{2}\rangle$ 型的（相当于图 1.1 中矢量 abc 中的任一个），平行于 $\{111\}$ 面．这样的位错可以是刃型的，也可以是螺型的，或是混合型的（参看图 7.74）．这种位错是可以滑移的．其滑移相当层错面的扩张或收缩[107]．

(b) 夫兰克位错　如果将完整晶体的 $\{111\}$ 面原子层间（例

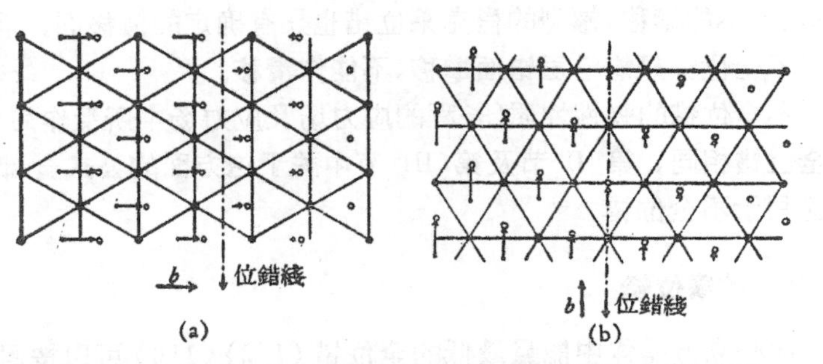

图 7.74　面心立方晶体中的肖克莱位错．图中表示的是 (111) 面上原子的投影，位错线平行于纸面．
(a) 刃型；(b) 螺型．

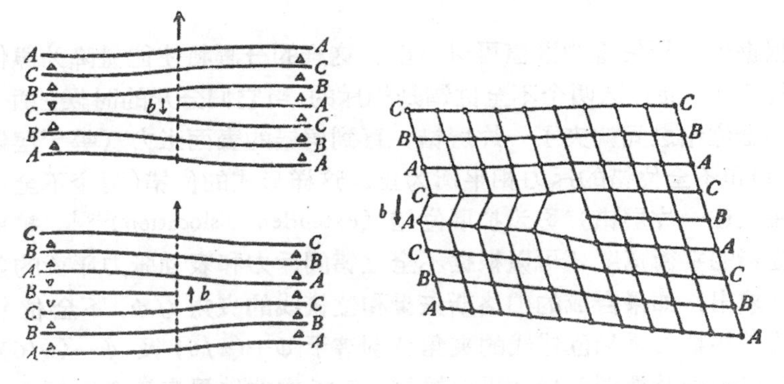

图 7.75　夫兰克位错，图中表示的是 (111) 面的堆垛层序．

图 7.76　夫兰克位错的原子排列，图示平面为 $(\bar{1}01)$ 面．

如C层与A层间)剖开，插入半原子平面或抽去半原子平面，这样形成的层错周界就是夫兰克位错．其伯格斯矢量属$(1/3)\langle 111\rangle$型，和层错面相垂直，是纯刃型的．这种位错不能滑移(否则将形成高能量的错排面)，只能沿$\{111\}$面攀移[108]．

也可以将§7.3中伯格斯回路的方法推广于不全位错的情形，此时回路不能完全避开原子错排的区域，也可以正确地定出伯格斯矢量．

不全位错的运动是被限于层错的面上的，因此应注意到不全位错的性质在有些方面就和全位错的不同．肖克莱不全位错可以滑移，但不能攀移，螺型的肖克莱位错也具有确定的滑移面．而夫兰克不全位错只能沿层错面攀移，不能作滑移．

不全位错的弹性性质(长程的应力场及应力场中所受作用力)和全位错相同，第II节及第III节中关于这方面的公式全部可以应用于不全位错．

§7.30 扩展位错

面心立方晶体中能量最低的全位错$(1/2)\langle 110\rangle$可以按照下式分解为两个肖克莱不全位错：

$$\frac{1}{2}[10\bar{1}] \rightarrow \frac{1}{6}[2\bar{1}\bar{1}] + \frac{1}{6}[11\bar{2}]. \tag{7.222}$$

根据伯格斯矢量的数值可以看出，这样的分解将使能量降为原值的2/3．而且这两个不全位错是相斥的，当它们分开的时候，两个不全位错之间就夹了一片层错，直到层错的表面张力(等于层错能)和不全位错的斥力相平衡为止．这样形式的位错(两个不全位错夹住一片层错)称为扩展位错(extended dislocation)[107]．扩展位错的平衡宽度d可以根据不全位错间斥力和表面张力平衡的条件求出．如果合成的伯格斯矢量和位错线的夹角为ψ，不全位错的伯格斯矢量和位错线的夹角分别等于$\psi+(\pi/6)$及$\psi-(\pi/6)$，化成刃型及螺型分量，可以根据§7.16中的结果来计算它们之间的斥力，算出的平衡宽度为(参看附录5-IV)

$$d = \frac{\mu b^2}{8\pi\gamma} \cdot \frac{2-\nu}{1-\nu}\left(1 - \frac{2\nu}{2-\nu}\cos 2\phi\right). \tag{7.223}$$

宽度是和层错能 γ 成反比的．这样的分解引起单位长度能量的降低，其数值等于

$$\Delta W = \frac{\mu b^2}{8\pi}\frac{2-\nu}{1-\nu}\left(1 - \frac{2\nu}{2-\nu}\cos 2\phi\right)\left(\ln\frac{d}{r_0} - 1\right). \tag{7.224}$$

当切应力沿着全位错的伯格斯矢量的方向(或邻近的方向)作用在滑移面上，扩展位错整体向前滑移．它所掠过的区域，也引起了 $(1/2)\langle 10\bar{1}\rangle$ 的滑移量，和一个全位错掠过所产生的效果相同，而差别在于扩展位错的滑移是分做两步来完成的．但如果所加切应力是垂直于全位错的伯格斯矢量的方向，所起效果将使两个不全位错分开或合拢．因为两个不全位错的伯格斯矢量在这个方向的分量是反向的，在同一个切应力的作用下，将引起反向的运动．

在其他类型的晶体结构中，全位错也可能分解为扩展位错．例如：

	层错面	全位错的分解	
密集六方	$[0001]$，	$\frac{1}{2}[2\bar{1}\bar{1}0] \to \frac{1}{2}[10\bar{1}0] + \frac{1}{2}[1\bar{1}00]$；	(7.225)
密集六方	$\{10\bar{1}0\}$，	$[0001] \to \frac{1}{2}[\bar{1}011] + \frac{1}{2}[10\bar{1}1]$；	(7.226)
体心立方	$\{112\}$，	$\frac{1}{2}[111] \leftarrow \frac{1}{3}[112] + \frac{1}{6}[11\bar{1}]$；	(7.227)
金刚石	$\{111\}$，	$\frac{1}{2}[110] \to \frac{1}{6}[121] + \frac{1}{6}[21\bar{1}]$．	(7.228)

在一般情形下，全位错的分解有三种不同的情况：

(1) 全位错不分解，如体心立方结构中某些金属（例如 W，Mo 等）。

(2) 扩展位错很窄，层错能较高(> 100 尔格/厘米^2)(例如 Al 等)．

(3) 扩展位错很宽，层错能较低(< 100 尔格/厘米^2)(例如不

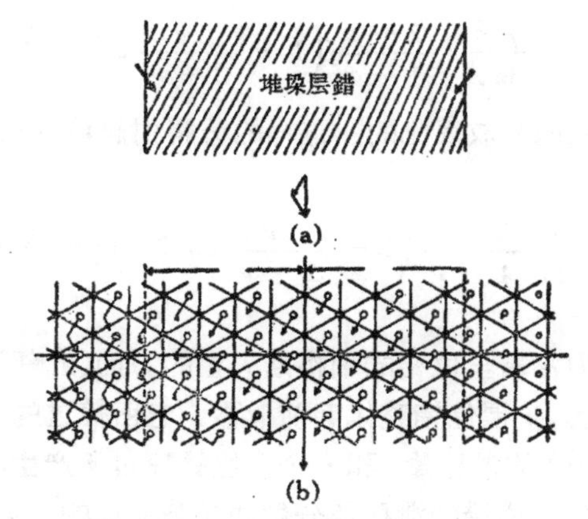

图 7.77 面心立方晶体的扩展位错.

锈钢，α 黄铜等).

扩展位错只能沿层错面滑移. 要产生交滑移（从一个滑移面转移到另一滑移面上去)就比较困难，必须先形成束集 (constriction)，再在第二个滑移面上扩展开来. 过程中要形成两个束集(见图 7.78). 形成束集时要对抗不全位错的斥力作功 U_f，因而交滑移的激活能为 $2U_f$，根据斯特罗 (A. N. Stroh) 的计算，面心立方晶体中

$$2U_f \simeq \frac{1}{5}\mu b^2 d. \tag{7.229}$$

μb^2 的数值约数个电子伏，可以看出，宽的扩展位错 ($d \gg b$) 产生交滑移的激活能很高[109]. 这可以解释为什么在高层错能的金属(如 Al) 中很容易看到交滑移现象；而在层错能低的金属(如不锈钢)中很难看到.

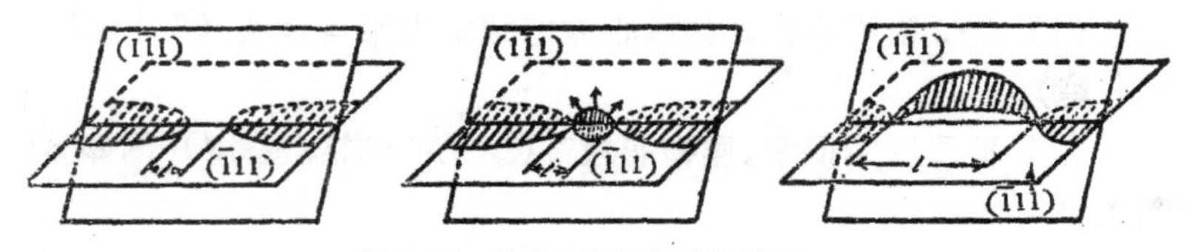

图 7.78 扩展位错的交滑移过程.

另一方面，扩展位错形成割阶时，也要形成束集，因而形成割阶的激活能也和扩展位错的宽度有关；根据夫里代耳的估计[23]，约为

$$U_{fj} \simeq \frac{1}{30} \mu b^2 d, \qquad (7.230)$$

而塞格等的计算值却更高些.

§ 7.31 面心立方晶体中的一些位错反应

多年来电子显微镜薄膜衍衬法观察累积了不少有关位错反应的实验资料，证实了位错理论的许多预测，使我们对于实际金属中位错的行为了解得更加清楚. 为了说明面心立方晶体中位错反应的几何关系，我们应用汤姆森(N. Thompson)所引入一组记号[110]. 图 7.79 中的 A, B, C, D 四点分别表示坐标为 [0 1/2 1/2], [1/2 0 1/2], [1/2 1/2 0], [0 0 0] 的四点，构成一个参考正四面体的顶点. 和顶点 A, B, C, D 相对的面分别用 (a), (b), (c), (d) 来标志. (a), (b), (c), (d) 相当于面心立方晶体中的滑移面 {111}；四面体的六个棱 AB, DC, ⋯为全位错的伯格斯矢量 (1/2)⟨110⟩；(a), (b), (c), (d) 面的中心分别以 α, β, γ, δ 标志，而 $A\alpha$, $B\beta$, ⋯为夫兰克不全位错的伯格斯矢量 (1/3)⟨111⟩；$A\delta$, $D\gamma$, ⋯等为肖克莱不全位错的伯格斯矢量 (1/6)⟨11$\bar{2}$⟩.

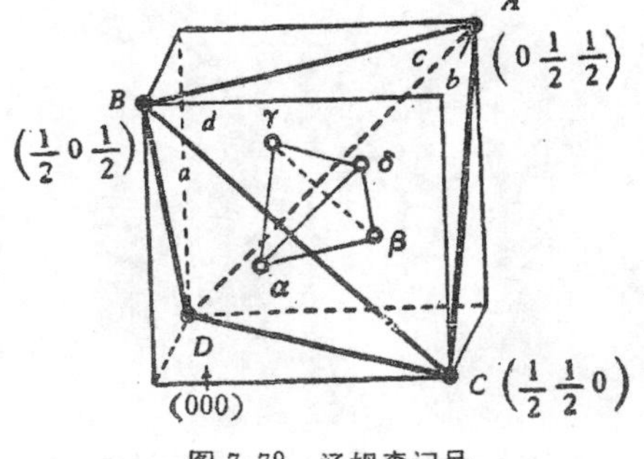

图 7.79 汤姆森记号.

(a) 位错网络的形成[111] 设想在 (a) 面上有一组塞积的位错群（**b** 为 DC）和 (d) 面上一个螺型位错（**b** 为 CB）相交截，两个 **b** 矢量的夹角为 120°，起相吸引的作用．由位错反应产生 **b** 为 DB 的位错线段（见图 7.80）

$$DC + CB \rightarrow DB。\qquad (7.231)$$

由于线张力的作用，位错变为图 7.80(c) 所示的形式，以满足结点上线张力平衡的条件．这种位错反应可以解释实验中观察到的六方位错网络的形成。在图 7.81 中所示不锈钢中位错网络的照片就

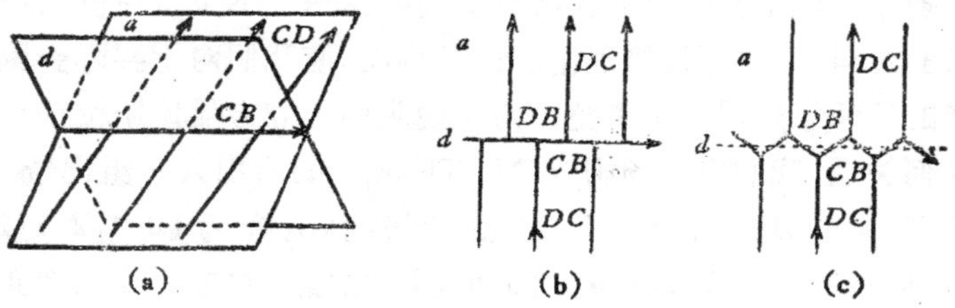

(a) (b) (c)

图 7.80 位错网络的形成．

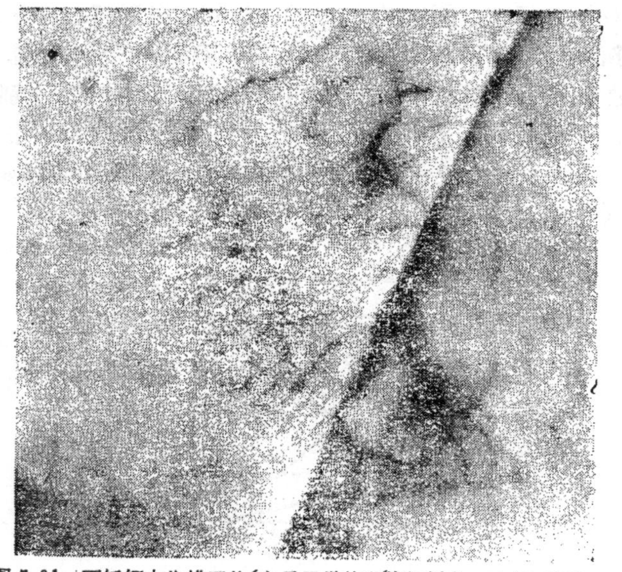

图 7.81 不锈钢中位错网络（电子显微镜薄片衍衬象；× 37,000）．

是这种过程的产物．细察图 7.81，可以看出网络的有些节点是扩展的(有三角形的层错)，另一部分是收缩的，两种结点交错排列．这也可以应用扩张位错的反应来解释：(a) 面上的位错的 **b** 矢量 (DC) 分解为 $D\alpha$ 及 αC 的扩展位错

$$DC \rightarrow D\alpha + \alpha C, \tag{7.232}$$

而 (d) 面的位错 (CB) 也分解为

$$CB \rightarrow C\delta + \delta B. \tag{7.233}$$

相交的不全位错 $C\delta$, δB 及 αC 间产生反应

$$\alpha C + C\delta + \delta B \rightarrow \alpha B. \tag{7.234}$$

所形成的位错组态将如图 7.82(a) 所示。

进一步，αB 受到线张力的作用沿 (a) 面拉开，如图 7.82(b) 所示(图中除了所考虑的位错外，也画出平行的相交截的位错)．而收缩的结点也将沿滑移面的交线移动，使 (d) 面上的位错 $C\delta$ 及 δB 交滑移到 (a) 面上．最后的组态将如图 7.82(c) 所示，所有的位错都排列在 (a) 面上，位错线间的夹角均为 120°.

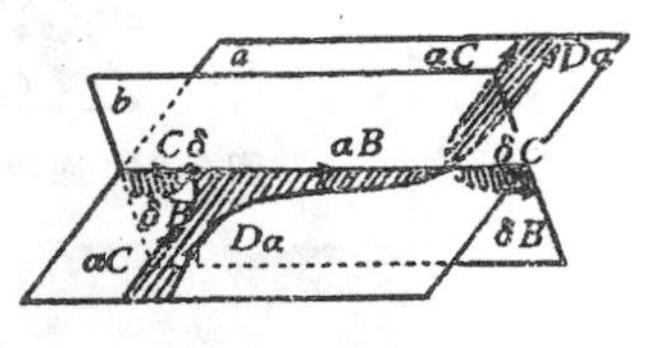

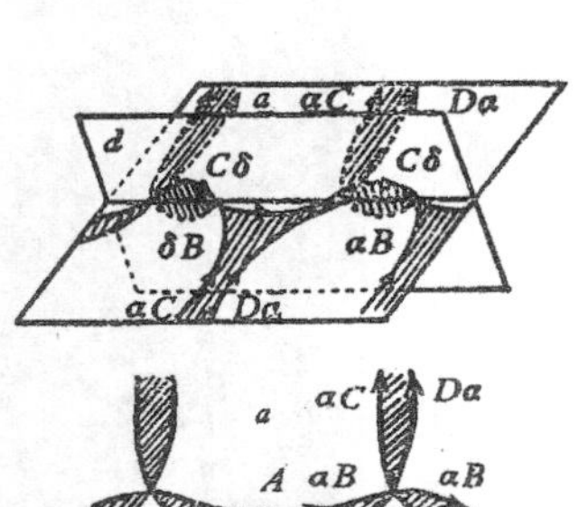

图 7.82 位错网络的形成(分解为扩展位错).

(b) 面角位错 (Lomer-Cottrell dislocation) 的形成[111] 在 (a) 面 **b** 为 CD 的位错与 (d) 面上 **b** 为 AC 的位错相交，可以形成沿滑移面交线的位错线段，其伯格斯矢量为 AD，按照下列反应 (参看图7.83a)：

$$AC + CD \rightarrow AD, \tag{7.235}$$

这段位错是不能滑移的，因为它的伯格斯矢量 AD 是在 (100) 面内，而不处在原来的滑移面 {111} 中(参看图 7.83(b)).

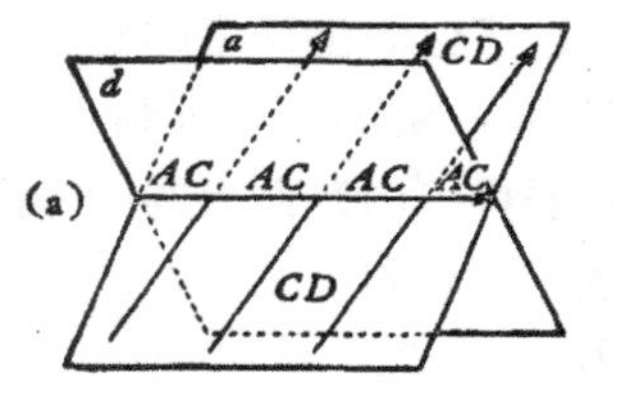

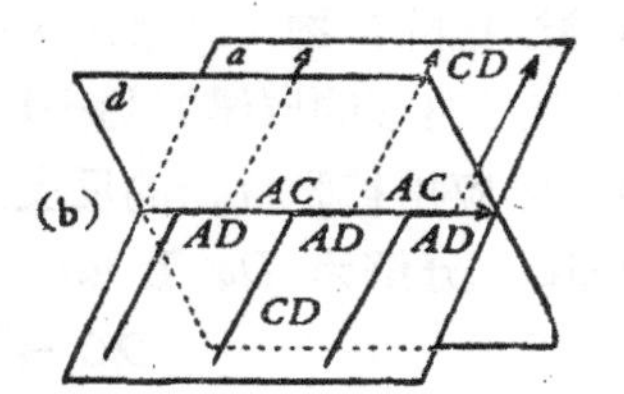

图 7.83　面角位错的形成.

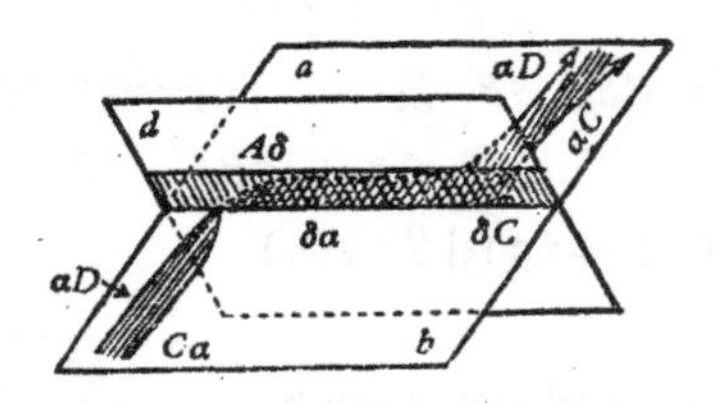

图 7.84　面角位错的形成(分解为扩展位错).

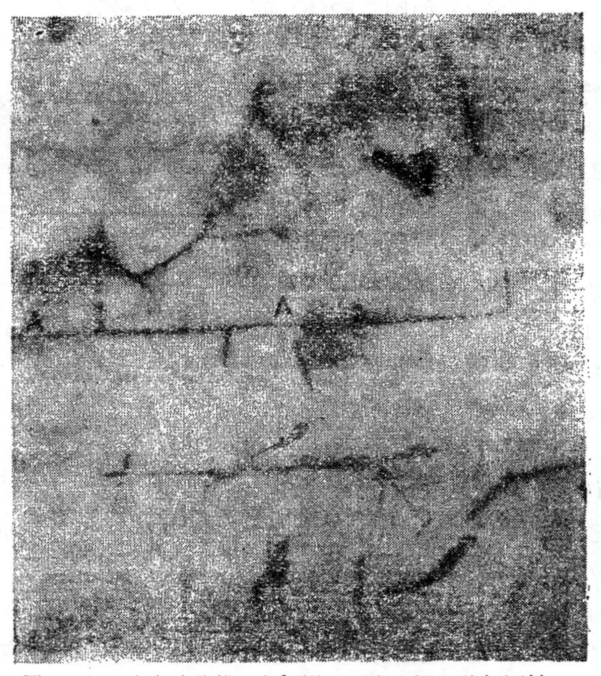

图 7.85　不锈钢中位错反应(可能和面角位错的形成有关).

如果考虑参与反应的位错分别分解为扩展位错($A\delta + \delta C$)及($C\alpha + \alpha D$)，则通过反应

$$(A\delta + \delta C) + (C\alpha + \alpha D) \rightarrow A\delta + \delta\alpha + \alpha D, \quad (7.236)$$

相当于全位错(AD)分解为从(a)面延展到(d)面的扩展位错，层错象梯毡一样铺在两个面上，它的边界为不全位错($A\delta$)及(αD)，它的棱(沿两个滑移面的交线)为具有伯格斯矢量为 $\alpha\delta$ 的不全位错(为 $(1/6)\langle 110\rangle$ 型的)，也不处在原来的滑移面上。再加上扩展位错又是被限制在所在的平面上，这种位错比全位错更不易滑移。这种不滑的位错称为面角位错[112]，它自己不能滑移，也成为其他位错滑移的障碍。对于面心立方晶体的加工硬化可能有影响。在不锈钢的电子显微镜衍衬象中，常可以看到沿 $\langle 110\rangle$ 方向的笔直的扩展位错[111]，这可能就是面角位错(参看图 7.65)。

§ 7.32 面心立方晶体中空位凝聚成位错的过程[62]

长期以来，位错理论的一个弱点在于不能很好地说明晶体中原始位错的来源。目前对于这个问题虽然还没有完全搞清楚，但是已经确切地观察到一些形成位错的过程：其中研究得最细致的是空位凝聚为位错圈的过程。这个问题在前面 § 7.21 中已作过简略的介绍，这里将根据实际晶体的情况作较细致的分析。

在面心立方金属中，密排面具有最低的表面能，因此，过饱和空位的凝聚应该优先地沿着 $\{111\}$ 面结成空位盘。当空位盘足够大时，就可能崩塌成夫兰克位错圈，包住一片层错。如果 σ 表示 $\{111\}$ 面的表面能，产生这样过程的能量条件可以约略地估计为

$$2\pi\left(\frac{D}{2}\right)^2\sigma > \pi\left(\frac{D}{2}\right)^2\gamma + \frac{1}{2}\mu\pi D b_0^2, \quad (7.237)$$

这里的 D 为盘的直径，γ 为层错能，$b_0 = a/\sqrt{3}$ 为夫兰克位错的强度。这个结果表明空位盘的直径超过临界值

$$D_0 = 2\mu b_0^2/(2\sigma - \gamma), \quad (7.238)$$

即可形成不全位错圈，对于铝，求出 $D_0 \simeq 10$ 埃。形成不全位错圈后，随着层错的高低，可能有两种不同的情况：

(a) *形成棱柱位错圈* 对于高层错能的金属，可能通过下列位错反应：

$$D\delta + \delta A \rightarrow DA \tag{7.239}$$

转化为伯格斯矢量为 (1/2)〈110〉的全位错圈. 产生这种反应的能量条件为

$$\pi\left(\frac{D}{2}\right)^2\gamma + \frac{1}{2}\mu\pi D b_0^2 > \frac{1}{2}\mu\pi D b_1^2, \tag{7.240}$$

这里的 $b_1 = a\sqrt{2}/2$，为全位错的强度. 赫许等对高温淬火的铝的电子显微镜观察中，发现许多这种类型的位错圈，圈面是沿{111}面，周界往往是六角形的，沿密排的〈110〉方向，平均的大小约为 200 埃. 圈中没有层错的干涉条纹，证实了上述的理论预测.

(b) *层错多面体的形成* 对于低层错能的金属，情况就不一样. 对于淬火金样品的观察表明，有大量正方形及三角形的缺陷出现，内部也出现层错的干涉条纹. 赫许认为这是四面体层错的投影. 可以设想通过下述的过程来形成：首先，在 (d) 面上形成一片三角形的层错，它的周界是沿着密排的〈110〉方向，也和图

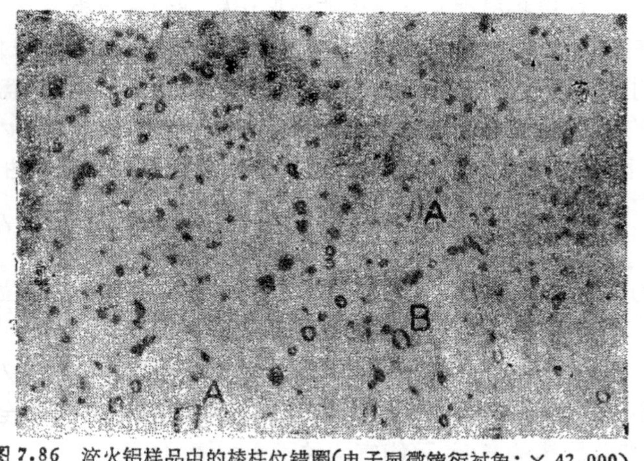

图 7.86 淬火铝样品中的棱柱位错圈(电子显微镜衍衬象；× 42,000).

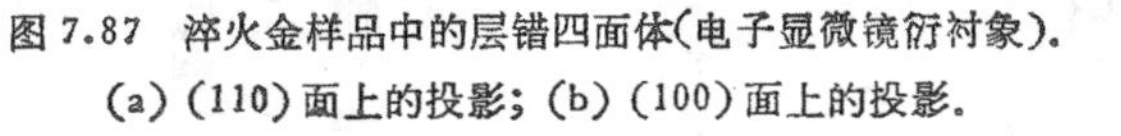

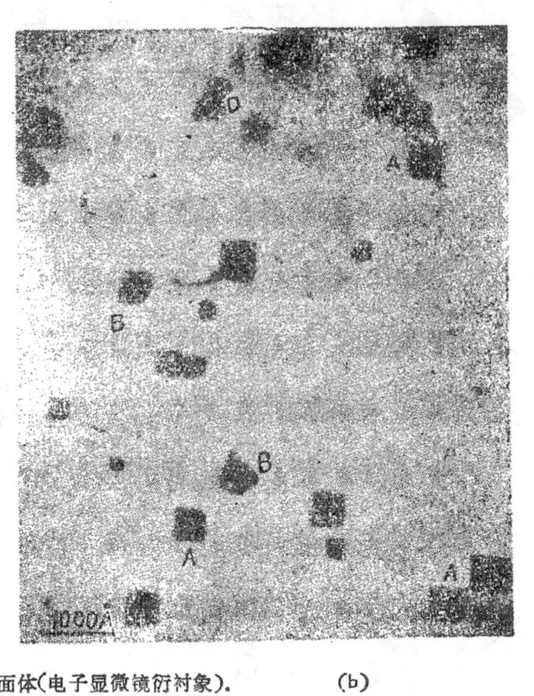

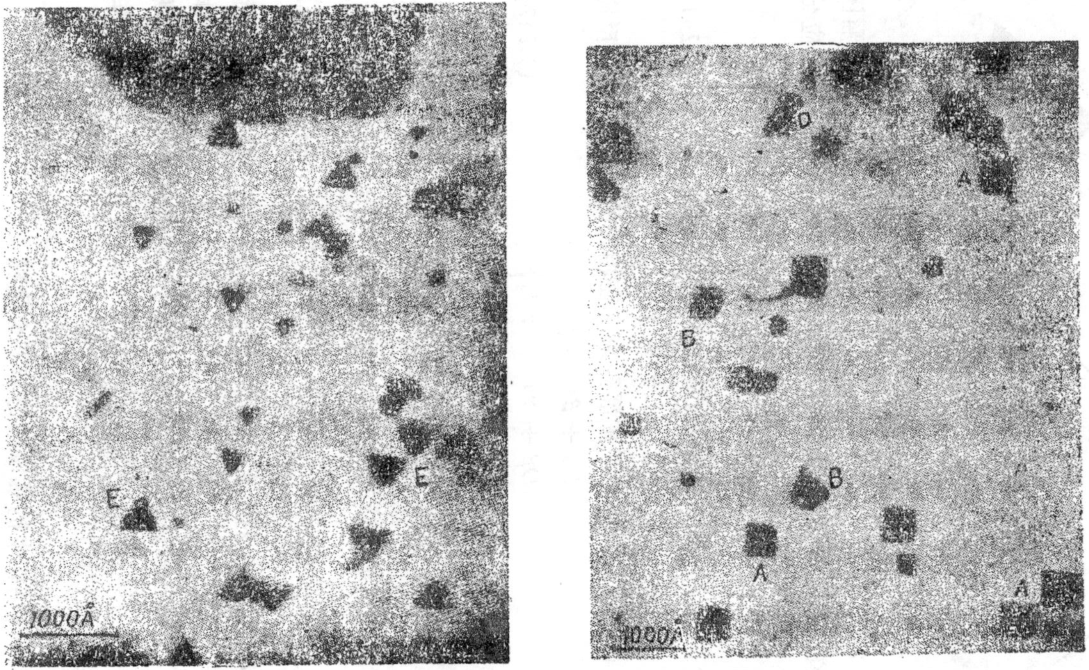

(a)　　　　　　　　　　　　　　　　　(b)

图 7.87　淬火金样品中的层错四面体(电子显微镜衍衬象).
(a)(110)面上的投影；(b)(100)面上的投影.

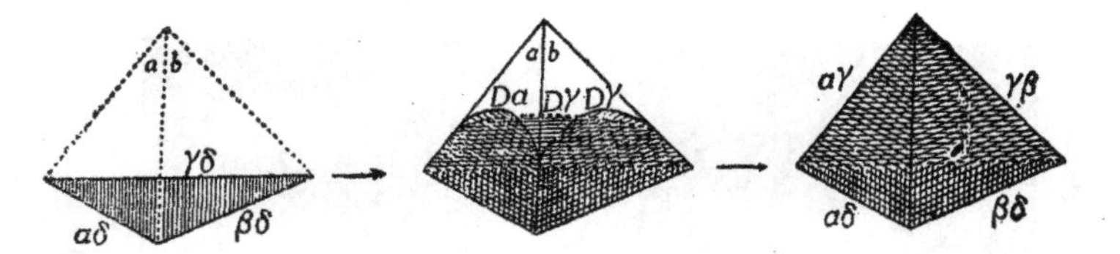

图 7.88 层错四面体的形成(示意图).

7.79 上 (a), (b), (c) 面和 (d) 面的交线的方向一致（参看图 7.79 及图 7.88). 其边界为夫兰克位错 ($D\delta$), 按照下列反应分解:

$$\left.\begin{aligned} D\delta &\to D\alpha + \alpha\delta, \\ D\delta &\to D\beta + \beta\delta, \\ D\delta &\to D\gamma + \gamma\delta. \end{aligned}\right\} \tag{7.241}$$

分别沿 (a), (b), (c) 面扩展开来. 在相邻的棱上,再产生反应

$$\left.\begin{aligned} D\alpha + \beta D &\to \beta\alpha, \\ D\beta + \gamma D &\to \gamma\beta, \\ D\gamma + \alpha D &\to \alpha\gamma. \end{aligned}\right\} \tag{7.242}$$

结果层错形成闭合的四面体，其六个棱分别相当于伯格斯矢量为 $(1/6)\langle 110\rangle$ 的位错,强度为 $b_2 = a/3\sqrt{2}$. 比较初态与终态的能量,可以粗略地估计产生这种过程的能量条件为

$$\frac{\sqrt{3}}{4}l^2\gamma + \frac{3}{2}\mu b_1^2 l > \sqrt{3}\,l^2\gamma + \frac{6}{2}\mu b_2^2 l; \tag{7.243}$$

这里的 l 为边长. 对于金，$\gamma \simeq 30$ 尔格/厘米². 根据能量条件可以估计层错四面体的最大尺寸为 $l_0 \simeq 400$ 埃. 这样的四面体在 (100) 面的投影就是正方形,在 (110) 面的投影为三角形,和观察到的缺陷形状相符. 观察到的缺陷的最大尺寸约为 500 埃，也接近于理论的估计值.

§ 7.33 其他结构中的堆垛层错与不全位错

不同的晶体结构，对应有不同的不全位错的组态. 这里不可能对这个问题进行全面的讨论和介绍，详情可以参阅文献 [112].

这里只就密集六角和体心立方这两种晶体中的情形作一简略的介绍.

(a) 密集六角　这种结构中的密排面为(0001)，这也正是最常见的滑移面. 在密排面上也可能出现层错. 例如在 AB 序列中抽去一层 B 后，将出现 AA 相遇的高能量组态，如果将其余部分作 $\frac{1}{3}[\bar{1}100]$ 位移，即

$$\begin{array}{ccccc|ccccc} A & B & A & B & A & A & B & A & B & A \\ & & & & & \downarrow & \downarrow & \downarrow & \downarrow & \downarrow \\ & & & & & C & A & C & A & C \end{array},$$

这样就可以获得层错

$$ABABA \vdots CACAC.$$

另外也可以由完整晶体的直接切变

$$\begin{array}{cccccccccc} A & B & A & B & A & B & A & B & A \\ & & & & \downarrow & \downarrow & \downarrow & \downarrow & \downarrow \\ & & & & C & A & C & A & C \end{array}$$

来获得层错. 或者在 AB 序列中插入 C 层

$$ABABAB \vdots CABAB.$$

也可采用类似于汤姆森记号的方式来分析有关密集六角结构中的不全位错问题(图 7.89)，表 7.4 列出了一些可能的不全位错.

(b) 体心立方　〈112〉和〈110〉面都是可能出现层错的面，也

表 7.4　密集六角结构中的不全位错的伯格斯矢量

伯格斯矢量	简化符号	标准密勒-布拉维指标
(1) 全位错	AC	$1/3[\bar{1}2\bar{1}0]$
	AA′	[0001]
	CB′	$1/3[\bar{1}\bar{1}23]$
(2) 可滑不全位错(肖克莱)	Aα	$1/3[\bar{1}100]$
	Aβ	$2/3[\bar{1}100]$
	αA_0	1/2[0001]
(3) 不滑不全位错(夫兰克)	Aβ′	$1/3[\bar{2}203]$
	BA_0	$1/6[20\bar{2}3]$
	Cα′	$1/3[0\bar{1}13]$
	δC	$1/18[42\bar{6}3]$

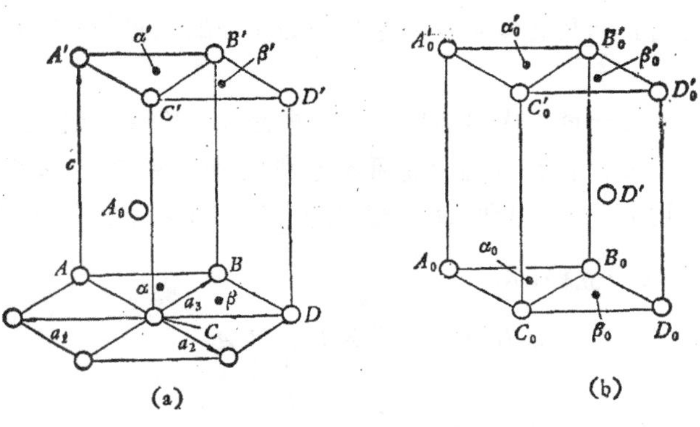

图 7.89 初基六角晶胞及矢量符号.

(a) 正常晶胞；(b) 原点转移至 A_0 处的晶胞.

提出过不少关于层错的具体设想，但是并没有获得电镜观测的证实. 所以在这里也不拟细述. 赫许曾经提出关于体心立方晶体中螺型位错沿了三个相交的 {112} 面上展开的三叶式扩展位错的设想，即按位错反应

$$\frac{1}{2}[11\bar{1}] = \frac{1}{6}[11\bar{1}] + \frac{1}{6}[11\bar{1}] + \frac{1}{6}[11\bar{1}] \quad (7.244)$$

这三个不全位错分处在三个(或两个)相交的{112}型滑移面上[113]. 因而这样的位错是不易滑移的. 在位错滑移之前，需使在另外两个(或一个)面上的层错发生束集. 外加应力的效应是否促进这种位错的滑移，要看它是否有利于束集的产生. 这样，驱使位错沿滑移面正向(沿图 7.90 中的 + s 向)或反向(沿 − s 向)运动，将需要不等量的应力. 由此可以解释体心立方晶体临界切应力的不对称

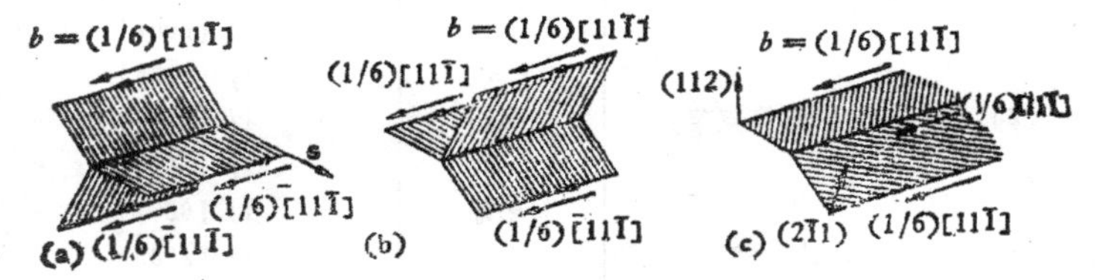

图 7.90 体心立方晶体中三叶式的扩展位错. (a), (b), (c) 具有不同的对称性，因而要使它们移动 [例如在水平的 (112) 面内向右滑移] 就需要不同的力.

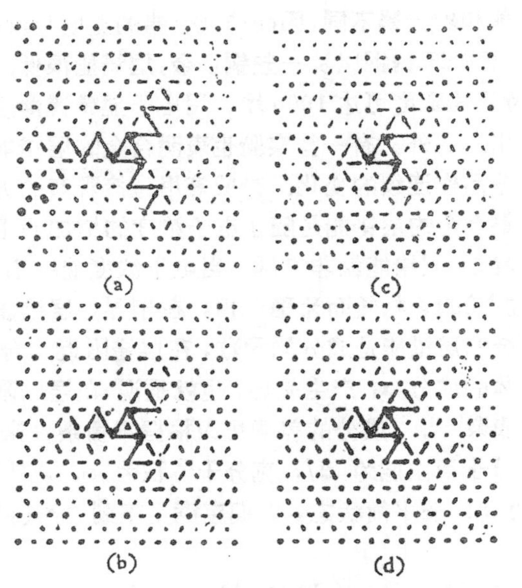

图7.91 α 铁中 [111] 螺型位错芯的原子位移图[114]. 相邻原子间沿 [111] 方向的位移表示为图中矢量的长度. 可以看出，沿三个 {112} 面和 {110} 面潜在扩展的迹象. (a), (b), (c), (d) 对应于不同的相互作用势值，(d) 相应于钠的情形.

性. 但是电镜观测也没有明确看到这种类型的扩展位错. 应用彻底的点阵模型的具体计算表明，这种扩展位错只能说是潜在的. 图 7.91 示出了在螺型位错芯的原子位移的分布[114]，可以明显看出，位移的分布不具有圆柱对称性，而是沿着三组 {112} 面和 {110} 面特别大一些，虽然还不能说是形成了明确的扩展位错. 这种潜在的扩展也足以解释临界切应力的不对称性.

§ 7.34 合金中的位错组态

无序固溶体不改变基底金属的晶体结构. 因此以上关于典型晶体中位错组态的结果，也适用于无序固溶体，而实验测定的无序固溶体的滑移方向和滑移面基本上和纯金属的相同，这也可以作为一个旁证. 但在位错组态的细节上还存在一些差异. 主要表现在合金的层错能和纯金属不同，因而扩展位错的宽度也就不一样．在有些合金中，例如不锈钢以及一些铜合金，层错能很低．在平衡状态下，扩展位错的宽度可达 1000 埃，用电子显微镜薄膜衍衬法可以清楚地看出．另外，有一些实验也表明合金的层错能是成分的函数，随成分而作连续的变化．豪威等用直接观察的方法测定了一系列 α 相铜合金的层错能是随了电子浓度的增加而下降的．在接近于 α 相界处，层错能就非常低．当电子浓度继续增加，密集六角（或体心立方）的 β 相转而为稳定相，在相界处层错能等于零．

如果合金的层错能是成分的函数，在层错附近的合金成分 x_1 将和理想晶体的成分 x_0 产生差异，也就是说，在层错附近会产生溶质原子的簇聚[115]．成分的差异可以根据平衡条件来估计：设固溶体的克分子自由能为 Δf，克分子体积为 v，层错的厚度为 h，层错能为 γ．在平衡状态，它们应满足下列关系（自由能极小的条件）：

$$\left(\frac{d\Delta f}{dx}\right)_{x_0} = \left(\frac{d\Delta f}{dx}\right)_{x_1} + \frac{v}{h}\left(\frac{d\gamma}{dx}\right)_{x_1}. \qquad (7.245)$$

设层错能为成分的线性函数

$$\gamma = \gamma_A + x(\gamma_B - \gamma_A), \qquad (7.246)$$

这里的 γ_A、γ_B 分别为纯组元的层错能．假定固溶体是理想溶体，其自由能可表示为

$$\Delta f = RTx\ln x + RT(1-x)\ln(1-x). \qquad (7.247)$$

代入式 (7.245)，即可求出近似的关系（设 $x_1 - x_0$ 不大）

$$\frac{v(\gamma_B - \gamma_B)}{hRT} = \ln\frac{x_0(1-x_1)}{x_1(1-x_0)} \simeq \frac{x_0 - x_1}{x_0(1-x_0)}. \qquad (7.248)$$

如果 $\gamma_B - \gamma_A < 0$，即 B 元素的加入使层错能下降，则 $x_1 > x_0$，在层错附近就形成了 B 元素成分异常的区域，在文献中称为铃木气团．最近 X 射线小角度散射及电子显微镜薄膜观察在一些面心立方结构的固溶体中看到了扩展位错附近浓度异常的区域，证实了铃木气团的设想[116,117]．显然，铃木气团也会对合金的力学性质产生影响．

无序固溶体在有序化后，点阵类型发生了变化．原始结构中的一些全位错可能转化为超结构中的不全位错．例如体心立方的固溶体在有序化后成为 CsCl 结构，点阵类型由体心立方转化为简单立方．在原始结构中伯格斯矢量为 $(1/2)\langle 111\rangle$ 的位错是全位错，而在超结构中就是不全位错．和这种不全位错相对应的错排面，就是有序合金中的反相畴界．如果反相畴界的能量不高，有序合金中的全位错将分解为一种特殊形式的扩展位错，即两个不全位错(即无序合金中的全位错)夹住一片反相畴界（参看图7.92）[118]．这类合金的滑移方向将和无序合金相同．例如在 CuZn 及 AgMg 的有序合金中，都观察到 $\langle 111\rangle$ 方向的滑移．对于反相畴界能较高的合金，如 AuCd, AuZn, MgTl, LiTl等，在超结构中全位错不分解，因而观察到 $\langle 100\rangle$ 向的滑移，类似于 CsCl 结构的离子晶体[119]．近年来，电子显微镜对位错的直接观测也证实了超结构中存在上述的特种扩展位错的设想[120]．

图 7.92　有序合金中的扩展位错(示意图)．

附录 7-I　弹性力学的基础知识

1.应力　为了描述连续弹性介质内的应力状态，我们设想介质内任意点的无限小面元 dS（其法线矢量为 $\mathbf{n}$），设通过该面元的作用力为 $d\mathbf{F}$．则对应于该面元（或方向 $\mathbf{n}$）的应力矢量 $\mathbf{T}$ 定义为

$$d\mathbf{F} = \mathbf{T}dS。\tag{7.249}$$

一般说来，$\mathbf{T}$ 的方向不一定和 $\mathbf{n}$ 相同，$\mathbf{T}$ 沿 $\mathbf{n}$ 方向的分量称为正应力，垂直于 $\mathbf{n}$ 方向的分量称为切应力．由于通过 dS 面元作用的实际上存在有一对反向等量的作用力，$\mathbf{T}$ 矢量的方向还需要进一步明确．设 dS 面元将介质分为 1 及 2 两个区域，$\mathbf{n}$ 矢量自 1 指向2．我们将 2 区对 1 区的作用力的方向规定为 $\mathbf{T}$ 矢量的方向．我们知道，$\mathbf{T}$ 不仅是面元所在点位置的函数，同时也是位向 $\mathbf{n}$ 的函数．要全面地描述介质中的应力状态，我们应该

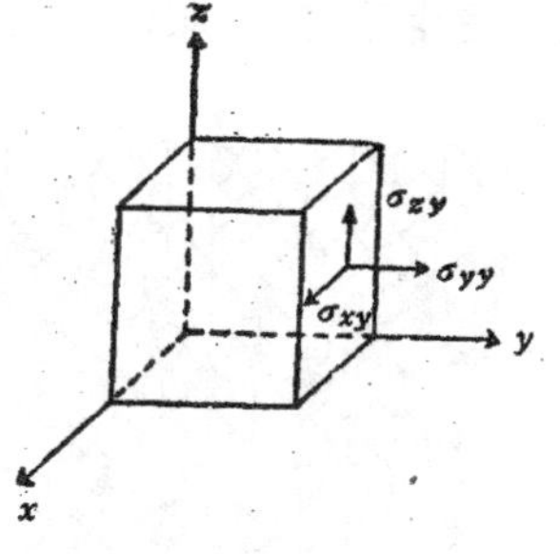

图 7.93　应力张量诸分量的说明.

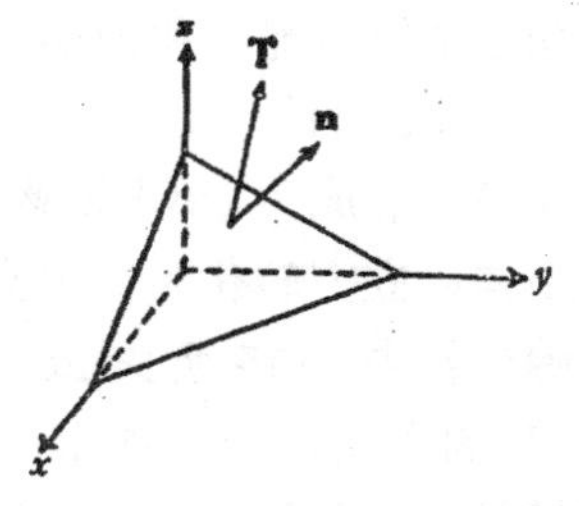

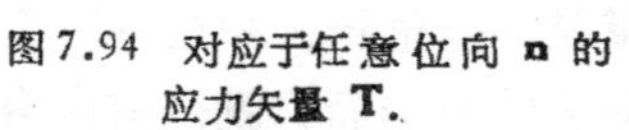

图 7.94　对应于任意位向 **n** 的应力矢量 **T**.

知道介质中每一点上对应于任意方向 **n** 的 **T**，这可以归结为确定每一点上对应三个正交方向的应力矢量.

引入笛卡儿坐标 x, y, z, 对应于三坐标轴向的应力矢量用 $\mathbf{T}_x$, $\mathbf{T}_y$, $\mathbf{T}_z$ 来表示，将它们分别用分量表示出来

$$\left.\begin{aligned}\mathbf{T}_x &= \sigma_{xx}\mathbf{i} + \sigma_{yx}\mathbf{j} + \sigma_{zx}\mathbf{k},\\ \mathbf{T}_y &= \sigma_{xy}\mathbf{i} + \sigma_{yy}\mathbf{j} + \sigma_{zy}\mathbf{k},\\ \mathbf{T}_z &= \sigma_{xz}\mathbf{i} + \sigma_{yz}\mathbf{j} + \sigma_{zz}\mathbf{k},\end{aligned}\right\} \tag{7.250}$$

这里的 σ_{yx} 表示 $\mathbf{T}_x$ 的 y 分量，余可类推. 这一组 σ_{ij} 构成了应力张量 σ. 在 σ 的诸分量中，$i=j$ 的相当于正应力分量，而 $i \neq j$ 的相当于切应力分量. 根据规定 **T** 矢量方向的惯例，σ_{ij} 的正负也具有完全明确的物理意义. 对于正应力分量，正值的 σ_{ii} 表示张应力，负值的 σ_{ii} 表示压应力.

当应力张量的诸分量 σ_{ij} 为已知时，对应于任意方向 **n** 的应力矢量 **T** 即可求出. 令图 7.94 中 ABC 面元的法线矢量为 **n**，根据 $OABC$ 四面体的平衡条件，可以求出

$$\mathbf{T} = (\sigma_{xx}n_x + \sigma_{xy}n_y + \sigma_{xz}n_z)\mathbf{i} + (\sigma_{yx}n_x + \sigma_{yy}n_y + \sigma_{yz}n_z)\mathbf{j} + (\sigma_{zx}n_x + \sigma_{zy}n_y + \sigma_{zz}n_z)\mathbf{k}, \tag{7.251a}$$

这个关系式可概括为张量 $\hat{\sigma}$ 与矢量的并矢积 (dyadic product)

$$\mathbf{T} = \hat{\sigma}\cdot\mathbf{n}. \tag{7.251b}$$

根据介质中体元所受力偶矩平衡的条件可导出

$$\sigma_{ij} = \sigma_{ji}, \tag{7.252}$$

这个结果表明应力张量是对称张量，只有六个独立分量.

2. 形变　在应力作用下，固体显示出形变，即形状与体积发生变化. 固体的形变状态可以用下述的方式来描述：介质中任意点的位置可以用其矢

径矢量 $\mathbf{r}$ 来确定．在形变后，位置发生变化，矢径矢量变为 $\mathbf{r}'$，矢量

$$\mathbf{u}=\mathbf{r}'-\mathbf{r} \tag{7.253}$$

称为位移矢量，也是位置的函数．如果知道了介质内任意点的位移矢量，就能够全面地描述其形变状态． 介质中任意的体元的形变可以设想是通过三步来完成的：首先是体元作刚体式的位移，使其中有一点和终态符合；然后使体元作形变，使体元的形状和终态相同；最后绕了定点作适当的旋转，使得位向也和终态相符．在一般的问题中，可以忽略刚体式的位移，因此只需要考虑相邻两点之间的相对位移 $d\mathbf{u}$．在无限小形变的情形，$d\mathbf{u}$ 可表示为

$$\begin{aligned} d\mathbf{u}=&\left(\frac{\partial u_x}{\partial x}dx+\frac{\partial u_x}{\partial y}dy+\frac{\partial u_x}{\partial z}dz\right)\mathbf{i}\\ &+\left(\frac{\partial u_y}{\partial x}dx+\frac{\partial u_y}{\partial y}dy+\frac{\partial u_y}{\partial z}dz\right)\mathbf{j}\\ &+\left(\frac{\partial u_z}{\partial x}dx+\frac{\partial u_z}{\partial y}dy+\frac{\partial u_z}{\partial z}dz\right)\mathbf{k}, \end{aligned} \tag{7.254}$$

这里的诸系数构成了形变张量 $\hat{\beta}$．形变张量是非对称的，它可以分解为对称张量与反对称张量之和

$$\beta_{ij}=e_{ij}+w_{ij}, \tag{7.255}$$

这里的

$$e_{ij}=\frac{1}{2}\left(\frac{\partial u_i}{\partial x_j}+\frac{\partial u_j}{\partial x_i}\right)=e_{ji}, \tag{7.256}$$

$$w_{ij}=\frac{1}{2}\left(\frac{\partial u_i}{\partial x_j}-\frac{\partial u_j}{\partial x_i}\right)=-w_{ji}. \tag{7.257}$$

相对位移 $\Sigma w_{ij}dx_j$ 和刚体的旋转相当，使介质内相邻两点间的距离和夹角关系保持不变；而相对位移 $\Sigma e_{ij}dx_j$ 则使体元的形状与大小均发生变化．因而对称张量 e 称为应变张量，其分量 e_{ij} 中 $i=j$ 的为正应变分量，$i\neq j$ 的称切应变分量．介质的体膨胀率为诸正应变分量之和

$$\Delta=e_{xx}+e_{yy}+e_{zz}=\mathrm{div}\mathbf{u}. \tag{7.258}$$

应变张量有六个分量，如果它可以从位移矢量 $\mathbf{u}$（只有三个分量）导出，表明这六个分量还不是相互独立的，可以证明它们满足下列的方程组：

$$\left.\begin{aligned} &\frac{\partial^2 e_{yy}}{\partial z^2}+\frac{\partial^2 e_{zz}}{\partial y^2}=2\frac{\partial^2 e_{yz}}{\partial y\partial z},\\ &\frac{\partial^2 e_{xx}}{\partial y\partial z}=\frac{\partial}{\partial x}\left(-\frac{\partial e_{yz}}{\partial x}+\frac{\partial e_{zx}}{\partial y}+\frac{\partial e_{xy}}{\partial z}\right), \end{aligned}\right\} \tag{7.259}$$

其余四个方程可由上式中的下标轮换得出． 这组方程相当于位移的连续方程，也被称为应变的相容性条件．

在许多问题中将应变张量表示为球坐标或圆柱坐标的分量应用起来更方便些．下面给出这些坐标中应变分量与位移分量的关系，以备查考．在球坐标 (r, θ, ϕ) 中，

$$\left.\begin{aligned}
&e_{rr}=\frac{\partial u_r}{\partial r},\quad e_{\theta\theta}=\frac{1}{r}\frac{\partial u_\theta}{\partial \theta}+\frac{u_r}{r},\\
&e_{\phi\phi}=\frac{1}{r\sin\theta}\frac{\partial u_\phi}{\partial \phi}+\frac{u_\theta}{r}\cot\theta+\frac{u_r}{r},\\
&2e_{\theta\phi}=\frac{1}{r}\left(\frac{\partial u_\phi}{\partial \theta}-u_\phi\cot\theta\right)+\frac{1}{r\sin\theta}\cdot\frac{\partial u_\theta}{\partial \phi},\\
&2e_{r\theta}=\frac{\partial u_\theta}{\partial r}-\frac{u_\theta}{r}+\frac{1}{r}\frac{\partial u_r}{\partial \theta},\\
&2e_{\phi r}=\frac{1}{r\sin\theta}\frac{\partial u_r}{\partial \phi}+\frac{\partial u_\phi}{\partial r}-\frac{u_\phi}{r}.
\end{aligned}\right\}\tag{7.260}$$

在圆柱坐标 (r, θ, z) 中，有

$$\left.\begin{aligned}
&e_{rr}=\frac{\partial u_r}{\partial r},\quad e_{\theta\theta}=\frac{1}{r}\frac{\partial u_\theta}{\partial \theta}+\frac{u_r}{r},\quad e_{zz}=\frac{\partial u_z}{\partial z},\\
&2e_{\theta z}=\frac{1}{r}\frac{\partial u_z}{\partial \theta}+\frac{\partial u_\theta}{\partial z},\quad 2e_{rz}=\frac{\partial u_r}{\partial z}+\frac{\partial u_z}{\partial r},\\
&2e_{r\theta}=\frac{\partial u_\theta}{\partial r}-\frac{u_\theta}{r}+\frac{1}{r}\cdot\frac{\partial u_r}{\partial \theta}.
\end{aligned}\right\}\tag{7.261}$$

3. 应力与应变的关系　在弹性范围内，应力与应变应满足胡克定律的关系

$$\sigma_{ij}=\sum_{k,l} c_{ijkl}e_{kl}.\tag{7.262}$$

诸 c_{ijkl} 构成一四阶的张量，称为介质的弹性模量张量。

这样的关系也可以反过来表示

$$e_{ij}=\sum_{k,l} s_{ijkl}\sigma_{kl},\tag{7.263}$$

诸 s_{ijkl} 被称为顺服张量．

由于应力与应变都是对称张量，所以 $\sigma_{ij}=\sigma_{ji}$，$e_{kl}=e_{lk}$，因而

$$c_{ijkl}=c_{jikl}=c_{ijlk}=c_{jilk}\tag{7.264}$$

下面考虑应变能的问题：一个体元经过弹性形变，应力所作功等于

$$dW=\sum_{i,j}\sigma_{ij}de_{ij}.\tag{7.265}$$

按照热力学，体元可逆变化所引起的自由能变化为

$$dF=-SdT+\sum_{ij}\sigma_{ij}de_{ij},\tag{7.266}$$

如果形变是可逆等温地进行，那么，$dF = dW$，即

$$dF = dW = \sum_{i,j,k,l} c_{ijkl} e_{kl} de_{ij}, \tag{7.267}$$

因而

$$\frac{\partial^2 F}{\partial e_{ij} \partial e_{kl}} = c_{ijkl}. \tag{7.268}$$

由于自由能是状态函数，而且 dF 是全微分，因而上式的微分顺序是没有关系的，所以

$$c_{ijkl} = c_{klij}, \tag{7.269}$$

而应变能密度可由式(7.265)积分获得

$$W = \sum_{i,j,k,l} \frac{1}{2} c_{ijkl} e_{ij} e_{kl}. \tag{7.270}$$

将式(7.262)用矩阵来表示

$$\{\sigma_{ij}\} = \underset{\downarrow}{(ij)} \overset{(kl)\rightarrow}{\{c_{ijkl}\}} \{e_{kl}\}. \tag{7.271}$$

矩阵的乘法系按下述关系进行：

$$\{C_{ik}\} = \{A_{ij}\}\{B_{jk}\}, \tag{7.272}$$

$$\begin{bmatrix} C_{11} C_{12} \\ C_{21} C_{22} \end{bmatrix} = \begin{bmatrix} A_{11} A_{12} \\ A_{21} A_{22} \end{bmatrix} \begin{bmatrix} B_{11} B_{12} \\ B_{21} B_{22} \end{bmatrix}$$

$$= \begin{bmatrix} (A_{11}B_{11} + A_{12}B_{21})(A_{11}B_{12} + A_{12}B_{22}) \\ (A_{21}B_{11} + A_{22}B_{21})(A_{21}B_{12} + A_{22}B_{22}) \end{bmatrix}. \tag{7.273}$$

矩阵 $\{c_{ijkl}\}$ 是 9×9，将 9 个 σ_{ij} 和 9 个 e_{kl} 联系起来．按式(7.269)，矩阵 $\{c_{ijkl}\}$ 对于对角线是对称的． 因而弹性常数也常常写成约化的形式 C_{mn}，这里的 m，n 对应于一对脚标 ij 或 kl．约化的规则为

ij 或 kl	11	22	33	23	31	12	32	13	21
m 或 n	1	2	3	4	5	6	7	8	9

例如：

$$C_{11} = c_{1111}, \quad C_{12} = c_{1122},$$
$$C_{44} = c_{2323}, \quad C_{46} = c_{2312}.$$

由于弹性常数存在对称关系，81 个 C_{mn} 中只有 21 个独立的分量． 而由于晶体的对称性，还可以将独立分量数进一步降低：例如三斜晶系有 18 个相互独立的分量，单斜晶系有 12 个，正交晶系有 9 个四方与三角晶系有 6 个，六角晶系有 5 个，立方晶系只有 3 个．下面具体写出立方晶体的弹性常数矩

阵：

$$C_{mn}=\begin{bmatrix} c_{11} & c_{12} & c_{12} & 0 & 0 & 0 \\ c_{12} & c_{11} & c_{12} & 0 & 0 & 0 \\ c_{12} & c_{12} & c_{11} & 0 & 0 & 0 \\ 0 & 0 & 0 & c_{44} & 0 & 0 \\ 0 & 0 & 0 & 0 & c_{44} & 0 \\ 0 & 0 & 0 & 0 & 0 & c_{44} \end{bmatrix}. \quad (7.274)$$

在各向同性的介质中，弹性模量只有两个独立的分量，应力与应变的关系可简化为

$$\sigma_{ij}=2\mu e_{ij}+\lambda\delta_{ij}\Delta. \quad (7.275)$$

上式中的 δ_{ij}，当 $i=j$ 时，$\delta_{ij}=1$，$i\neq j$ 时，$\delta_{ij}=0$，λ 及 μ 称为拉梅系数，而 μ 也称为切变模量，杨氏模量 E，压缩率 χ 及泊松比 ν 都可以从这两个拉梅系数导出

$$E=\frac{\mu(3\lambda+2\mu)}{\lambda+\mu},\quad \chi=\frac{3}{3\lambda+2\mu},\quad \nu=\frac{\lambda}{2(\lambda+\mu)}. \quad (7.276)$$

在体积 V 中贮藏的弹性能可以表示为

$$\sum_{ij}\iiint_V \frac{1}{2}\sigma_{ij}e_{ij}dV=\iiint_V\left(\frac{1}{2}\lambda\Delta^2+\mu\sum_{ij}e_{ij}^2\right)dV. \quad (7.277)$$

4. 平衡方程与运动方程 在介质中任取一立方体元，如果忽略彻体力的作用，根据平衡条件，可以求应力所满足的平衡方程

$$\sum_j\frac{\partial\sigma_{ij}}{\partial x_j}=0. \quad (7.278)$$

利用胡克定律的关系，将上式中的 σ_{ij} 用 e_{ij} 代换，再转化为位移，我们就得出位移所满足的平衡方程

$$\mu\sum_j\frac{\partial^2 u_i}{\partial x_j^2}+\frac{\mu}{(1-2\nu)}\sum\frac{\partial^2 u_j}{\partial x_i\partial x_j}=0. \quad (7.279)$$

或简写为

$$\mu\nabla^2\mathbf{u}+\frac{\mu}{(1-2\nu)}\operatorname{grad}\operatorname{div}\mathbf{u}=0. \quad (7.280)$$

如果介质在运动，根据牛顿第二定律，可求出位移所满足的运动方程（ρ 为介质密度）

$$\mu\nabla^2\mathbf{u}+\frac{\mu}{(1-2\nu)}\operatorname{grad}\operatorname{div}\mathbf{u}=\rho\frac{\partial^2\mathbf{u}}{\partial t^2}. \quad (7.281)$$

5. 弹性平衡问题的求解方法 通行的求解方法有下列两种：

(1) 由位移平衡方程求解. 利用边界条件直接求位移平衡方程的解. 对于一些比较简单的问题(例如一维的问题)这是最简便的方法。

(2) 由应力平衡方程求解. 诸应力分量满足方程(7.278). 由于应力张量有六个独立的分量,所缺方程可以用位移的连续性方程(相容性条件)来补充.

对于平面应变问题, $u_z = 0$, 而且 $\frac{\partial u_y}{\partial z} = \frac{\partial u_x}{\partial z} = 0$, 因此可求出

$$e_{yz} = e_{xz} = e_{zz} = 0.$$

根据胡克定律(7.275)可求出

$$\left.\begin{aligned} \sigma_{xz} &= \sigma_{yz} = 0, \\ \sigma_{zz} &= \nu(\sigma_{xx} + \sigma_{yy}). \end{aligned}\right\} \tag{7.282}$$

在这种情形下,弹性平衡方程可简化为

$$\left.\begin{aligned} \frac{\partial \sigma_{xx}}{\partial x} + \frac{\partial \sigma_{xy}}{\partial y} = 0, \\ \frac{\partial \sigma_{xy}}{\partial x} + \frac{\partial \sigma_{yy}}{\partial y} = 0. \end{aligned}\right\} \tag{7.283}$$

而由相容性条件可以导出

$$\left(\frac{\partial^2}{\partial x^2} + \frac{\partial^2}{\partial y^2}\right)(\sigma_{xx} + \sigma_{yy}) = 0. \tag{7.284}$$

引入应力函数 $\chi(x, y)$, 而将诸应力分量表示为 χ 的两阶偏微商

$$\sigma_{xx} = \frac{\partial^2 \chi}{\partial y^2}, \quad \sigma_{xy} = -\frac{\partial^2 \chi}{\partial x \partial y}, \quad \sigma_{yy} = \frac{\partial^2 \chi}{\partial x^2}. \tag{7.285}$$

则式(7.283)可被满足,代入式(7.284)可求出 χ 所满足的双谐和方程

$$\nabla^4 \chi = \left(\frac{\partial^2}{\partial x^2} + \frac{\partial^2}{\partial y^2}\right)\left(\frac{\partial^2}{\partial x^2} + \frac{\partial^2}{\partial y^2}\right)\chi = 0. \tag{7.286}$$

因而平面应变问题可以简化为求满足边界条件及双谐和方程的应力函数。

在极坐标 (r, θ) 中,应力分量可表示为

$$\left.\begin{aligned} \sigma_{rr} &= \frac{1}{r}\frac{\partial \chi}{\partial r} + \frac{1}{r^2}\frac{\partial^2 \chi}{\partial \theta^2}, \quad \sigma_{\theta\theta} = \frac{\partial^2 \chi}{\partial r^2}, \\ \sigma_{r\theta} &= \frac{1}{r^2}\frac{\partial \chi}{\partial \theta} - \frac{1}{r}\frac{\partial^2 \chi}{\partial r \partial \theta}. \end{aligned}\right\} \tag{7.287}$$

而双谐和方程,

$$\begin{aligned} \nabla^4 \chi = &\left(\frac{\partial^2}{\partial r^2} + \frac{1}{r}\frac{\partial}{\partial r} + \frac{1}{r^2}\frac{\partial^2}{\partial \theta^2}\right) \\ &\times \left(\frac{\partial^2}{\partial r^2} + \frac{1}{r}\frac{\partial}{\partial r} + \frac{1}{r^2}\frac{\partial^2}{\partial \theta^2}\right)\chi = 0. \end{aligned} \tag{7.288}$$

附录 7-II　刃型位错应力场的计算

求解可以分两步进行：第一步是应用分离变数法求出极坐标中双谐和方程

$$\nabla^4\chi = \left(\frac{\partial^2}{\partial r^2} + \frac{1}{r}\frac{\partial}{\partial r} + \frac{1}{r^2}\frac{\partial^2}{\partial\theta^2}\right) \times \left(\frac{\partial^2\chi}{\partial r^2} + \frac{1}{r}\frac{\partial\chi}{\partial r} + \frac{1}{r^2}\frac{\partial^2\chi}{\partial\theta^2}\right) = 0 \tag{7.289}$$

的通解. 第二步是在通解中找出能够满足位错条件及界面条件的解.

1. 用分离变数法求双谐和方程的通解[121]　设想解具有下列的形式：

$$\chi = rR\Theta. \tag{7.290}$$

上式中 R 是一个只包含变数 r 的函数，Θ 则是一个只包含变数 θ 的函数，因子 r 是为了以后运算方便而引入的. 将式 (7.290) 代入式 (7.289)，通过具体的计算，并加以适当的整理，可以求出

$$R\Theta^{\mathrm{IV}} + 2A\Theta'' + B\Theta = 0, \tag{7.291}$$

这里

$$A = R''r^2 + R'r + R,$$

$$B = R^{\mathrm{IV}}r^4 + 6R'''r^3 + 5R''r^2 - R'r + R.$$

式 (7.291) 中的变数就很容易分开；先用 R 除方程两边，得

$$\Theta^{\mathrm{IV}} + 2\frac{A}{R}\Theta'' + \frac{B}{R}\Theta = 0. \tag{7.292}$$

再求对 r 的偏微分

$$2\left(\frac{A}{R}\right)'\Theta'' + \left(\frac{B}{R}\right)'\Theta = 0. \tag{7.293}$$

首先考虑 $\left(\frac{A}{R}\right)' \neq 0$ 的情形. 用 $2\left(\frac{A}{R}\right)'\Theta$ 除式 (7.293) 的两边，

$$\frac{\Theta''}{\Theta} = -\frac{\left(\frac{B}{R}\right)'}{2\left(\frac{A}{R}\right)'} = -m^2, \tag{7.294}$$

式中 m 为一常数，这样就获得了变数分开的两个方程

$$\Theta'' + m^2\Theta = 0, \tag{7.295}$$

$$\left(\frac{B}{R}\right)' - 2m^2\left(\frac{A}{R}\right)' = 0. \tag{7.296}$$

式(7.295)的通解为

$$\Theta = K_{m_1}\cos m\theta + K_{m_2}\sin m\theta. \tag{7.297}$$

再用 $\Theta'' = -m^2\Theta$ 及 $\Theta^{IV} = -m^2\Theta'' = m^4\Theta$ 代入式(7.291)，求出

$$Rm^4 - 2Am^2 + B = 0. \tag{7.298}$$

展开即得出 R 所满足的常微分方程

$$R^{IV}r^4 + 6R'''r^3 + (5 - 2m^2)R''r^2 - (1 + 2m^2)R'r + (1 - m^2)^2R = 0. \tag{7.299}$$

设解具有下列形式

$$R = r^n. \tag{7.300}$$

代入式(7.299)，可求出辅助方程

$$n^4 - 2(m^2 + 1)n^2 + (m^2 - 1)^2 = 0. \tag{7.301}$$

它的四个根就是

$$n_1 = m + 1,\ n_2 = m - 1,\ n_3 = -m + 1,\ n_4 = -m - 1. \tag{7.302}$$

当 $m \neq 0$，$m \neq 1$ 时，就不会有重根出现．于是我们可求得方程(7.299)的通解为

$$R = E_m r^{m-1} + F_m r^{-m-1} + G_m r^{1+m} + H_m r^{1-m}. \tag{7.303}$$

如果 $m = 0$，方程(7.295)变为 $\Theta'' = 0$，由此

$$\Theta = K_{01}\theta + K_{02}. \tag{7.304}$$

辅助方程的根式(7.302)变为重根；$n_1 = n_3 = 1$，$n_2 = n_4 = -1$；它们确定方程(7.299)的四个独立的解

$$r,\ r\ln r,\ \frac{1}{r},\ \frac{1}{r}\ln r;$$

于是方程(7.299)的通解为

$$R = E_0 r + F_0 r\ln r + \frac{G_0}{r} + \frac{H_0}{r}\ln r. \tag{7.305}$$

如果 $m = 1$，方程(7.295)的解为

$$\Theta = K_{11}\cos\theta + K_{12}\sin\theta. \tag{7.306}$$

辅助方程也有一对重根：$n_1 = 2$，$n_2 = n_3 = 0$，$n_4 = -2$．对应于方程(7.299)的四个独立的解为

$$r^2,\ \frac{1}{r^2},\ 1,\ \ln r;$$

于是方程(7.299)的通解为

$$R = E_1 + \frac{F_1}{r} + G_1 r^2 + H_1\ln r, \tag{7.307}$$

至于在 $(A'/R)=0$ 情形的解，也可以用类似的方法求出（参看文献[121]），这里就不详细讨论。 得出的解大部分是和上面的解重复，新的解只有

$$\left.\begin{aligned}\chi_{03}&=(A_{03}r+B_{03}r\ln r)\theta\sin\theta,\\ \chi_{04}&=(A_{04}r+B_{04}r\ln r)\theta\cos\theta.\end{aligned}\right\}\qquad(7.308)$$

综合以上求出的应力函数的通解，

$$\chi=\chi_{01}+\chi_{02}+\chi_{11}+\chi_{12}+\chi_{03}+\chi_{04}+\chi_{m1}+\chi_{m2},\qquad(7.309a)$$

其中

$$\left.\begin{aligned}\chi_{01}&=A_{01}r^2+B_{01}r^2\ln r+C_{01}+D_{01}\ln r,\\ \chi_{02}&=(A_{02}r^2+B_{02}r^2\ln r+C_{02}+D_{02}\ln r)\theta,\\ \chi_{11}&=\left(A_{11}r+\frac{B_{11}}{r}+C_{11}r^3+D_{11}r\ln r\right)\sin\theta,\\ \chi_{12}&=\left(A_{12}r+\frac{B_{12}}{r}+C_{12}r^3+D_{12}r\ln r\right)\cos\theta,\\ \chi_{03}&=(A_{03}r+B_{03}r\ln r)\theta\sin\theta,\\ \chi_{04}&=(A_{04}r+B_{04}r\ln r)\theta\cos\theta,\\ \chi_{m1}&=\sum_{m=2}^{n}(A_{m1}r^m+B_{m1}r^{-m}+C_{m1}r^{2+m}\\ &\quad+D_{m1}r^{2-m})\sin m\theta,\\ \chi_{m2}&=\sum_{m=2}^{n}(A_{m2}r^m+B_{m2}r^{-m}+C_{m2}r^{2+m}\\ &\quad+D_{m2}r^{2-m})\cos m\theta,\end{aligned}\right\}\qquad(7.309b)$$

这里只列出用分离变数法得出的解；此外，还存在有不满足条件（7.290）的解，这里就不细加讨论。

2.确定刃型位错应力场的应力函数 下面的问题就是要在解（7.308）中，选出表示刃型位错应力场的应力函数。我们根据对于位错应力场的一些定性的知识，将一些显然不合适的解排除，对于某些可能的解作进一步的计算，就可以断定哪一个应力函数是合适的。根据位错的伯格斯矢量的条件可以推断，位错的位移场一定要用多值函数来表示。 但它的应力场还是单值的，而且从形成刃型位错的模型看来，应力场也应和 θ 角有关，而不仅仅是 r 的函数。这样一来，式（7.309）中的大部分的解就可以剔除了。例如 χ_{01} 只和 r 有关，所算出的应力场也和 θ 角无关，显然不能代表刃型位错的应力场。根据 χ_{02} 以及 χ_{03} 与 χ_{04} 中的 $B_{03}r\ln r\theta\sin\theta$ 与 $B_{04}r\ln r\theta\cos\theta$ 两项所求出的应力场本身就是多值的，因而也无需乎再作进一步的考虑。具体计算结果表明，χ_{m1} 及 χ_{m2} 所决定的位移场是单值的，不能满足位错伯格斯矢量

的条件。剩下来需要作进一步考虑的只有 χ_{11}, χ_{12} 以及 χ_{03}, χ_{04} 中剩余的两项。将系数的注脚简化，可以概括写为

$$\chi_1 = \left(A_1 r + \frac{B_1}{r} + C_1 r^3 + D_1 r \ln r\right)\begin{Bmatrix}\sin\theta\\ \cos\theta\end{Bmatrix}, \tag{7.310a}$$

$$\chi_0 = A_0 r\theta \begin{Bmatrix}\sin\theta\\ \cos\theta\end{Bmatrix}. \tag{7.310b}$$

它们都能给出单值的应力场及多值的位移场。下面我们先对 χ_1 的应力场及位移场进行计算. 直接代入附录 7-1 中的式(7.287)，即可求得应力场的各个分量

$$\left.\begin{aligned}\sigma_{rr} &= \left(-\frac{2B_1}{r^3} + 2C_1 r + \frac{D_1}{r}\right)\begin{Bmatrix}\sin\theta\\ \cos\theta\end{Bmatrix},\\ \sigma_{\theta\theta} &= \left(\frac{2B_1}{r^3} + 6C_1 r + \frac{D_1}{r}\right)\begin{Bmatrix}\sin\theta\\ \cos\theta\end{Bmatrix},\\ \sigma_{r\theta} &= \left(-\frac{2B_1}{r^3} + 2C_1 r + \frac{D_1}{r}\right)\begin{Bmatrix}-\cos\theta\\ \sin\theta\end{Bmatrix}.\end{aligned}\right\} \tag{7.311}$$

在圆柱坐标中应力与位移的关系为

$$\frac{\partial u_r}{\partial r} = \frac{1}{2\mu}\left[\sigma_{rr}(1-\nu) - \nu\sigma_{\theta\theta}\right], \tag{7.312a}$$

$$\frac{1}{r}\frac{\partial u_\theta}{\partial\theta} + \frac{u_r}{r} = \frac{1}{2\mu}\left[\sigma_{\theta\theta}(1-\nu) - \nu\sigma_{rr}\right], \tag{7.312b}$$

$$\frac{\partial u_\theta}{\partial r} - \frac{u_\theta}{r} + \frac{1}{r}\frac{\partial u_r}{\partial\theta} = \frac{\sigma_{r\theta}}{\mu}. \tag{7.312c}$$

将式(7.312a)对 r 积分可求出

$$u_r = \frac{1}{2\mu}\left[\frac{B_1}{r^2} + (1-4\nu)C_1 r^2 + D_1(1-2\nu)\ln r\right] \times \begin{Bmatrix}\sin\theta\\ \cos\theta\end{Bmatrix} + f_1(\theta), \tag{7.313}$$

这里的 $f_1(\theta)$ 为待定的函数。将式(7.313)代入式(7.312b)，再对 θ 积分，可求出

$$u_\theta = \frac{1}{2\mu}\left[-\frac{B_1}{r^2} - (5-4\nu)C_1 r^2 - D_1(1-2\nu) + D_1(1-2\nu)\ln r\right]\begin{Bmatrix}\cos\theta\\ -\sin\theta\end{Bmatrix} - \int f_1(\theta)d\theta + f_2(r), \tag{7.314}$$

这里的 $f_2(r)$ 为另一待定的函数。将式(7.313)及式(7.314)代入式

(7.312c)，即求出 f_1 及 f_2 所满足的常微分方程

$$\left.\begin{aligned}&f_1''(\theta)+f_1(\theta)-\frac{2(1-\nu)D_1}{\mu}\begin{Bmatrix}\sin\theta\\ \cos\theta\end{Bmatrix}=0,\\&rf_2'(r)-f_2(r)=0.\end{aligned}\right\}\tag{7.315}$$

它们的解就是

$$\left.\begin{aligned}&f_1(\theta)=-\frac{(1-\nu)D_1\theta}{\mu}\begin{Bmatrix}\cos\theta\\ -\sin\theta\end{Bmatrix}+\alpha_2\cos\theta+\alpha_3\sin\theta,\\&f_2(r)=\alpha_1 r,\end{aligned}\right\}\tag{7.316}$$

这里的 α_1, α_2, α_3 为常数. 因而位移场的一般形式为

$$\left.\begin{aligned}u_r=&\frac{1}{2\mu}\left[\frac{B_1}{r^2}+(1-4\nu)C_1r^2+D_1(1-2\nu)\ln r\right]\\&\times\begin{Bmatrix}\sin\theta\\ \cos\theta\end{Bmatrix}-\frac{(1-\nu)D_1\theta}{\mu}\begin{Bmatrix}\cos\theta\\ \sin\theta\end{Bmatrix}+\alpha_2\cos\theta+\alpha_3\sin\theta,\\u_\theta=&\frac{1}{2\mu}\left[-\frac{B_1}{r^2}-(5-4\nu)C_1r^2+D_1+D_1(1-2\nu)\right.\\&\left.\times\ln r\right]\begin{Bmatrix}\cos\theta\\ -\sin\theta\end{Bmatrix}+\frac{(1-\nu)D_1\theta}{\mu}\begin{Bmatrix}\sin\theta\\ \cos\theta\end{Bmatrix}+\alpha_1 r\\&-\alpha_2\sin\theta+\alpha_3\cos\theta.\end{aligned}\right\}\tag{7.317}$$

可以看出，位移场是多值的，而多值项 $-\frac{(1-\nu)D_1\theta}{\mu}\begin{Bmatrix}\cos\theta\\ -\sin\theta\end{Bmatrix}$ 纯粹决定于应力函数中的一项

$$\chi=D_1 r\ln r\begin{Bmatrix}\sin\theta\\ \cos\theta\end{Bmatrix}.\tag{7.318}$$

如果取上式中因素为 $\sin\theta$ 的应力函数，在 $\theta=0$ 处(即沿 x 轴)，u_r 值有一跃变. 这样的位移场可以代表伯格斯矢量沿 x 轴向的刃型位错，只需常数 D 满足下列条件：

$$(u_r)_{\theta=2\pi}-(u_r)_{\theta=0}=-\frac{(1-\nu)D2\pi}{\mu}=b.\tag{7.319}$$

如果取式(7.318)中因素为 $\cos\theta$ 的应力函数，则定出的 u_r 沿 y 轴有一跃变，和伯格斯矢量沿 y 轴的刃型位错相当. 要满足在 $r=r_0$ 及 $r=r_1$ 处内外界壁上应力为零的条件，只需适当地选择(7.310a)式中 B_1 及 C_1 为两常数. 这样，我们就获得了能够全部满足位错应力场边界条件的应力函数(其中 A_1r 项对应力场没有影响，可令 $A_1=0$). 至于其他的应力函数就可以不必再作进一步的考虑了. 但察看一下剩下的式(7.310b)所表示的应力函数，还不是无益的. 这个应力函数实际上是弹性力学中的一个典型问题

[弗拉孟-布希涅斯克（Flamant-Boussinesq）问题］的解. 原始的问题为半无限大的空间充满了均匀的介质，在表面的 z 轴上受到集中的外加力. 这样的应力函数虽然也能获得多值的位移场，但由于需要集中作用的外加力，用这个解来表示位错的应力场也就不合适了. 在泰勒提出晶体位错假设的原始工作中[6]，将刃型位错的应力函数表示为下列形式:

$$\chi = Dr(\sin\theta \ln r + \cos\theta \cdot \theta), \tag{7.320}$$

相当于式(7.310b)与式(7.318)的叠加. 现在看来，这并不合适，因为它要求有集中作用的外加力. 伯格斯和寇勒才单独用式(7.318)所表示的应力函数来代表刃型位错的应力场[10,122].

附录 7-III 弹性介质对点力作用的响应

要解决弹性偶极子及任意形状位错圈的应力场问题，其先决条件为获得点力在无限大的各向同性介质中所引起的位移场[123].

设想在原点有点力 $\mathbf{f}\delta(\mathbf{r})$ 作用，$\delta(\mathbf{r}) = \delta(x)\delta(y)\delta(z)$ 为 δ 函数. 在这种情况下，位移 $\mathbf{u}$ 所满足的弹性平衡方程为

$$\nabla^2\mathbf{u} + \frac{1}{1-2\nu}\,\mathrm{grad}\ \mathrm{div}\mathbf{u} = -\frac{1}{\mu}\mathbf{f}\delta(\mathbf{r}). \tag{7.321}$$

此方程式的解可写为 $\mathbf{u} = \mathbf{u}_0 + \mathbf{u}_1$，这里的 $\mathbf{u}_0$ 应满足泊松型的方程

$$\nabla^2\mathbf{u}_0 = -\frac{1}{\mu}\mathbf{f}\delta(\mathbf{r}). \tag{7.322}$$

相应地可以得 $\mathbf{u}_1$ 满足的方程

$$\nabla\mathrm{div}\mathbf{u}_1 + (1-2\nu)\nabla^2\mathbf{u}_1 = -\nabla\mathrm{div}\mathbf{u}_0. \tag{7.323}$$

满足无穷远处为零的条件的方程(7.322)的解为

$$\mathbf{u}_0 = \frac{1}{4\pi\mu}\cdot\frac{\mathbf{f}}{r}. \tag{7.324}$$

对方程(7.323)应用算子 rot，得 $\nabla^2\mathrm{rot}\mathbf{u}_1 = 0$. 在无穷远处应有 $\mathrm{rot}\mathbf{u}_1 = 0$. 但在全空间内调和并在无穷远处化为零的函数是恒等于零的. 于是，$\mathrm{rot}\mathbf{u}_1 = 0$，因而可以将 $\mathbf{u}_1$ 写成 $\mathbf{u}_1 = \mathrm{grad}\varphi$ 的形式，由式(7.323)得出

$$\nabla\{2(1-\nu)\nabla^2\varphi + \mathrm{div}\mathbf{u}_0\} = 0, \tag{7.325}$$

括号内的量的梯度为零，所以必然是一个恒量. 既然在无穷远处，它等于零，所以在全空间内

$$\nabla^2\varphi = -\frac{\mathrm{div}\mathbf{u}_0}{2(1-\nu)} = -\frac{1}{8\pi\mu(1-\nu)}\mathbf{f}\cdot\nabla\left(\frac{1}{r}\right). \tag{7.326}$$

如果 ψ 是方程 $\nabla^2\varphi = \frac{1}{r}$ 的解，则

$$\varphi = -\frac{1}{8\pi\mu(1-\nu)}\mathbf{f}\cdot\nabla\psi. \tag{7.327}$$

取不具有奇点的解 $\psi = r/2$，得

$$\mathbf{u}_1 = \nabla\varphi = \frac{1}{16\pi\mu(1-\nu)}\frac{(\mathbf{f}\cdot\mathbf{n})\mathbf{n}-\mathbf{f}}{r}. \tag{7.328}$$

上式中 $\mathbf{n}$ 为矢径 $\mathbf{r}$ 方向的单位矢量，最后得出

$$\mathbf{u} = \frac{1}{16\pi\mu(1-\nu)}\frac{(3-4\nu)\mathbf{f}+\mathbf{n}(\mathbf{n}\cdot\mathbf{f})}{r}, \tag{7.329}$$

这就是原点上有点力 $\mathbf{f}$ 作用在周围介质中引起的位移场. 这个结果也可以弹性格林张量函数 U_{ij} 来表示

$$\begin{aligned} U_{ij} &= \frac{1}{16\pi\mu(1-\nu)}[(3-4\nu)\delta_{ij}+n_in_j]\frac{1}{r} \\ &= \frac{1}{4\pi\mu}\left[\frac{\delta_{ij}}{r}-\frac{1}{4(1-\nu)}\frac{\partial^2}{\partial x_i\partial x_j}r\right], \end{aligned} \tag{7.330}$$

其物理意义为在原点沿 i 方向加单位点力，$f_j = 1$，在矢径 $\mathbf{r}$ 处，位移 $\mathbf{u}$ 的 i 分量就等于 U_{ij}.

附录 7-IV 扩展位错平衡宽度的计算

扩展位错的平衡宽度决定于不全位错间的斥力与层错表面张力的平衡. 设 ψ 表示全位错的伯格斯矢量和位错线之间的夹角，则不全位错的伯格斯矢量和位错线的夹角将分别等于 $\psi-\pi/6$ 及 $\psi+\pi/6$. 设不全位错的强度为 b，我们可以将不全位错分解为刃型分量 $b\sin[\psi-(\pi/6)]$，$b\sin[\psi+(\pi/6)]$ 及螺型分量 $b\cos[\psi-(\pi/6)]$，$b\cos[\psi+(\pi/6)]$. 由于刃型分量与螺型分量间没有弹性相互作用(它们的伯格斯矢量相互垂直)，不全位错间的斥力即可表示为

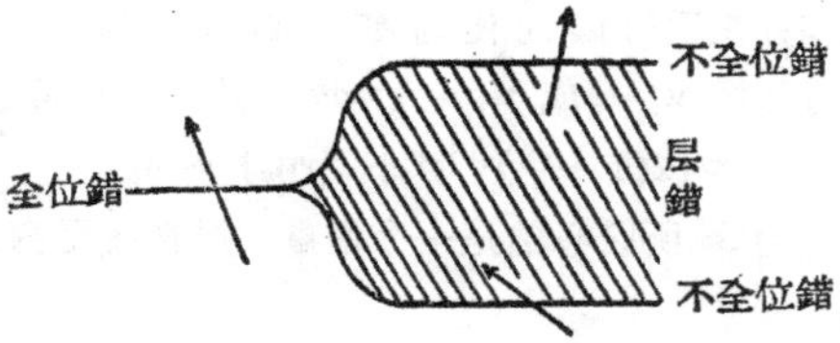

图7.95 全位错分解为扩展位错.

$$F_1 = \frac{\mu b^2}{2\pi r}\cos\left(\psi + \frac{\pi}{6}\right)\cos\left(\psi - \frac{\pi}{6}\right) + \frac{\mu b^2}{2\pi(1-\nu)r}\sin\left(\psi + \frac{\pi}{6}\right)\sin\left(\psi - \frac{\pi}{6}\right). \tag{7.331}$$

另一方面,层错的表面张力为

$$F_2 = -\frac{\partial U}{\partial r} = -\frac{\partial}{\partial r}(\gamma dr) = -\gamma, \tag{7.332}$$

这里的 γ 为层错能,根据平衡的条件,

$$F_1 + F_2 = 0 \tag{7.333}$$

所定出的距离 r 就等于扩展位错的平衡宽度

$$d = \frac{\mu b^2}{8\pi\gamma}\cdot\frac{2-\nu}{1-\nu}\left(1 - \frac{2\nu}{2-\nu}\cos 2\psi\right), \tag{7.334}$$

也就是 §7.30 中的式 (7.223)

如果不全位错之一的伯格斯矢量和位错线相垂直,则,$\psi = (\pi/2) - (\pi/6) = \pi/3$,因而

$$d = \frac{\mu b^2}{4\pi(1-\nu)\gamma}. \tag{7.335}$$

塞格等利用了佩-纳模型,求出了 d 与 γ 间的更确切的关系[124]。

附录 7-V 若干求和问题

1. 总和公式 为了计算位错理论及晶界理论中的一些总和问题,科特雷耳与纳巴罗推导了下列公式[22]:

$$\sum_{n=-\infty}^{\infty}\frac{1}{(p\pm n)^2 + q^2} = -\left(\frac{\pi}{2iq}\right)[\cot(p+iq)\pi - \cot(p-iq)\pi], \tag{7.336}$$

$$\sum_{n=-\infty}^{\infty}\frac{2(p\pm n)}{(p\pm n)^2 + q^2} = \pi[\cot(p+iq)\pi + \cot(p-iq)\pi], \tag{7.337}$$

$$\sum_{n=-\infty}^{\infty}\frac{p\pm n}{[q^2 + (p\pm n)^2]^2} = -\left(\frac{\pi^2}{4iq}\right)[\csc^2(p+iq)\pi - \csc^2(p-iq)\pi], \tag{7.338}$$

$$\sum_{n=-\infty}^{\infty}\frac{q^2 - (p\pm n)^2}{[(p\pm n)^2 + q^2]^2}$$

$$= -\left(\frac{\pi^2}{2}\right)[\csc^2(p+iq)\pi + \csc^2(p-iq)\pi]. \tag{7.339}$$

公式(7.336),(7.337)可由傅里叶级数理论直接导出。将 $\cos mx$ 展开为傅里叶级数

$$\cos mx = -\frac{1}{\pi}\sum_{n=-\infty}^{\infty}\frac{(-1)^n m\sin m\pi}{n^2-m^2}\cos nx. \tag{7.340}$$

令 $x=\pi$，并在级数每一项上加上 $\frac{n}{n^2-m^2}$，由于

$$\sum_{n=-\infty}^{\infty}\frac{n}{n^2-m^2}=0, \tag{7.341}$$

得到

$$\pi\cot m\pi = \sum_{n=-\infty}^{\infty}\frac{1}{n+m}. \tag{7.342}$$

以 $m=p+iq, m=p-iq\ (i=\sqrt{-1})$ 分别代入上式，即得

$$\pi\cot(p+iq)\pi = \sum\frac{1}{n+p+iq}, \tag{7.343}$$

$$\pi\cot(p-iq)\pi = \sum\frac{1}{n+p-iq}. \tag{7.344}$$

将式(7.343)与式(7.344)相减或相加，即分别得出式(7.336)及式(7.337)，将式(7.336)及式(7.337)对 p 求微商，即得式(7.338)及式(7.339). 用 $-n$ 来代换 n，结果并无不同.

2.佩-纳势垒的计算 将§7.14中的式(7.106)改写为标准的形式

$$W_{AB} = \frac{\mu b^3}{4\pi^2 a}\left(\frac{2\xi}{b}\right)^2\sum_{n=-\infty}^{\infty}\frac{1}{(p-n)^2+q^2}, \tag{7.345}$$

这里的 $p=2a$, $q=2\xi/b$ 应用式(7.336)，可求出

$$W_{AB} = \frac{\mu b^2}{4\pi(1-\nu)}\cdot\frac{\sinh 2q\pi}{\cosh 2q\pi - \cos 2p\pi}. \tag{7.346}$$

由于

$$2q\pi \gg 1,\ \sinh 2q\pi \simeq \cosh 2q\pi \simeq \frac{1}{2}e^{2q\pi},$$

因此，

$$W_{AB} \simeq \frac{\mu b^2}{4\pi(1-\nu)}[1+2e^{-2q\pi}\cos 2p\pi]. \tag{7.347}$$

这就是§7.14中的式(7.107).

3.位错行列的应力场 位错的行列可构成小角度晶界，其应力场就等于

个别位错的应力场的叠加. 设想一列刃型位错组成的对称纯倾侧晶界. 位错线平行于 z 轴,在 $x=0$ 的平面上, $y=0$, $\pm h$, $\pm 2h$, …等处,一直到无限远处. 它们的伯格斯矢量都是沿着 x 轴向. 根据§7.7 中的式(7.20),可以求出各位错在 (x, y) 点所产生切应力的总和为

$$\sigma_{xy}=\frac{\mu b}{2\pi(1-\nu)}\sum_{n=-\infty}^{\infty}\frac{x[x^2-(y-nh)^2]}{[x^2+(y-nh)^2]^2}. \tag{7.348}$$

利用式(7.339),可求得

$$\sigma_{xy}=\frac{\mu b}{2\pi(1-\nu)}\cdot\frac{\pi^2 x}{2h^2}\cdot\frac{\left[\cosh\left(\frac{2\pi x}{h}\right)\cos\left(\frac{2\pi y}{h}\right)-1\right]}{\left[\sinh^2\left(\frac{\pi x}{h}\right)+\sin^2\left(\frac{\pi y}{h}\right)\right]^2}. \tag{7.349}$$

在距离晶界很远处(即 $x\gg h$), 近似地等于

$$\sigma_{xy}\simeq\frac{\mu b}{2\pi(1-\nu)}\cdot\frac{\pi^2 x}{h^2}\cdot 4e^{-2\pi x/h}\cos\left(\frac{2\pi y}{h}\right). \tag{7.350}$$

结果表明,切应力是随距离 x 按指数式递减的,当 x 超过 h 的数倍后,应力场就微不足道了, 因而只存在有近程的应力. 另一方面,从式(7.350)也可看出,在 y 方向切应力是以 h 为周期作变化的.从直观上这也是很容易理解的.我们也可以用类似的方法来求任意点上的 $\sigma_{xx}+\sigma_{yy}$:

$$\sigma_{xx}+\sigma_{yy}=-\frac{\mu b}{\pi(1-\nu)}\sum_{n=-\infty}^{\infty}\frac{y-nh}{[x^2+(y-nh)^2]}. \tag{7.351}$$

利用式(7.337), 可求出

$$\sigma_{xx}+\sigma_{yy}=-\frac{\mu b}{2\pi(1-\nu)h}\cdot\frac{2\pi\sin\left(\frac{2\pi y}{h}\right)}{\cos\left(\frac{2\pi y}{h}\right)-\cos h\left(\frac{2\pi x}{h}\right)}, \tag{7.352}$$

其数值也是随 x 的增大而作指数式的递减. 而在界壁附近交替地存在着膨胀和收缩的区域;而在 $y=(nh/2)$ 各面上,静水压为零.

根据这里导出的晶界应力场的公式, 可以进一步探讨位错、杂质原子与晶界交互作用的问题.

单独一列螺型位错不能构成稳定的晶界,这个结论也可以通过应力场的计算来验证. 设在 $x=0$ 的平面上, 在 $y=0$, $\pm h$, $\pm 2h$, … 等处有一列螺型位错(位错线及伯格斯矢量都是沿了 z 轴的方向). 根据§7.8 中的式(7.31),在 (x, y) 处的应力场可以表示为

$$\left.\begin{aligned}\sigma_{xz} &= -\left(\frac{\mu b}{2\pi}\right)\sum_{n=-\infty}^{\infty}\frac{y-nh}{(y-nh)^2+x^2} \\ &= -\left(\frac{\mu b}{4h}\right)\cdot\frac{\sin\left(\frac{2\pi y}{h}\right)}{\sin^2\left(\frac{\pi y}{h}\right)+\sinh^2\left(\frac{\pi x}{h}\right)}, \\ \sigma_{yz} &= \left(\frac{\mu b}{2\pi}\right)\sum_{n=-\infty}^{\infty}\frac{x}{(y-nh)^2+x^2} \\ &= \frac{\mu b}{4h}\cdot\frac{\sinh\left(\frac{2\pi x}{h}\right)}{\sin^2\left(\frac{\pi y}{h}\right)+\sinh^2\left(\frac{\pi x}{h}\right)}.\end{aligned}\right\} \tag{7.353}$$

在远离晶界处 ($x\gg h$)，σ_{yz} 可近似地表示为

$$\sigma_{yz}\simeq\frac{\mu b}{2h}\coth\left(\frac{\pi x}{h}\right). \tag{7.354}$$

当 $x\to\infty$，σ_{yz} 并不趋于零，远程的应力场并不消失. 这样的晶界能量很高，因而是不稳定的.

如果在 $x=0$ 的面上，沿 y 轴再加一组螺型位错，两组位错的应力场叠加起来

$$\sigma_{yz}=\left(\frac{\mu b}{8h}\right)\times\frac{\sinh\left(\frac{2\pi x}{h}\right)\left[\cos\left(\frac{2\pi y}{h}\right)-\cos\left(\frac{2\pi z}{h}\right)\right]}{\left[\sin^2\left(\frac{\pi z}{h}\right)+\sinh^2\left(\frac{\pi x}{h}\right)\right]\left[\sin^2\left(\frac{\pi y}{h}\right)+\sinh^2\left(\frac{\pi x}{h}\right)\right]}. \tag{7.355}$$

当 $x\gg h$，近似地

$$\sigma_{yz}=\frac{\mu b}{h}e^{-2\pi x/h}\left[\cos\left(\frac{2\pi y}{h}\right)-\cos\left(\frac{2\pi z}{h}\right)\right]. \tag{7.356}$$

远程的应力场就消失了，可以构成稳定的扭转晶界.

4. 晶界能的计算 根据以上计算出的位错晶界应力场的表示式，可以更确切地来计算晶界能. 考虑对称的纯倾侧晶界，晶界能就等于各个位错应变能的总和. 由于对称性的关系，每个位错的应变能都相同，我们只需算出 $y=0$ 处位错的应变能. 在 $y=0$ 的面上，根据式 (7.349)，切应力为

$$\sigma_{xy}=\frac{\mu b}{2\pi(1-\nu)}\cdot\frac{\pi^2 x}{h^2}\cdot\frac{1}{\sinh^2\left(\frac{\pi x}{h}\right)}. \tag{7.357}$$

一个位错的应变能就等于

$$\frac{1}{2} b \int_{r_0}^{R} \tau_{xy}\, dx = \frac{\mu b^2}{4\pi(1-\nu)} \times \left\{ \ln\left[\sinh\left(\frac{\pi x}{h}\right)\right] - \frac{\pi x}{h}\coth\left(\frac{\pi x}{h}\right) \right\}\Bigg|_{r_0}^{\infty}$$

$$= -\frac{\mu b^2}{4\pi(1-\nu)}\left[\ln\left(\frac{\pi r_0}{h}\right) - 1 + \ln 2\right]. \qquad (7.358)$$

上式乘以 θ/b，并以 $h = b/\theta$ 代入，得到单位面积的晶界能

$$E = E_0\theta(A - \ln\theta), \qquad (7.359)$$

这里

$$A = 1 + \ln\left(\frac{b}{2\pi r_0}\right),\quad E_0 = \frac{\mu b}{4\pi(1-\nu)}. \qquad (7.360)$$

上面的结果和§7.7中近似计算的结果大致相同，在常数的数值上略有差异.

5. 位错相界的应力场 晶体结构相同而点阵参数略有差异的两相界面，也可以用一列位错来表示. 设想相界沿了 $y = 0$ 的平面，位错线平行于 z 轴，通过 $x = 0, \pm h, \pm 2h, \cdots$ 等点，伯格斯矢量是沿了 x 轴向. 相界的应力场也可以归结为各位错应力场的叠加. 为了便于应用前面的总和公式，我们将正应力分量 σ_{xx} 表示为(由于在§7.10中所述的界面效应，介质的有效切变模量等于 $\mu' = 2\mu_1\mu_2/(\mu_1 + \mu_2)$，这里的 μ_1，μ_2 分别为界面两侧的切变模量.)

$$\begin{aligned}
\sigma_{xx} &= (\sigma_{xx} + \sigma_{yy}) - \sigma_{yy} \\
&= -\frac{\mu' b y}{\pi(1-\nu)} \sum_{n=-\infty}^{\infty} \frac{1}{(x-nh)^2 + y^2} \\
&\quad - \frac{\mu' b y}{2\pi(1-\nu)} \sum_{n=-\infty}^{\infty} \frac{(x-nh)^2 - y^2}{[(x-nh)^2 + y^2]^2} \\
&= \frac{\mu' b}{4(1-\nu)h} \cdot \frac{\sinh\left(\frac{2\pi y}{h}\right)}{\sin^2\left(\frac{\pi x}{h}\right) + \sinh^2\left(\frac{\pi y}{h}\right)} \\
&\quad - \frac{\mu' b \pi y}{4(1-\nu)h} \cdot \frac{\cosh\left(\frac{2\pi y}{h}\right)\cos\left(\frac{2\pi x}{h}\right) - 1}{\left[\sin^2\left(\frac{\pi x}{h}\right) + \sinh^2\left(\frac{\pi y}{h}\right)\right]^2}.
\end{aligned} \qquad (7.361)$$

在距离相界远处(即 $y \gg h$)，可简化为

$$\sigma_{xx} \simeq \frac{\mu' b}{2(1-\nu)h} \coth\left(\frac{2\pi y}{h}\right) - \frac{2\mu' b \pi y}{(1-\nu)h^2} e^{-2\pi y/h} \cos\left(\frac{2\pi x}{h}\right). \quad (7.362)$$

当

$$y \longrightarrow \infty, \quad \sigma_{xx} \rightarrow \frac{\mu b}{2(1-\nu)h}. \quad (7.363)$$

正应力趋近于一定值，正好容纳点阵参数的差异。

第三编 参考文献

[1] 钱临照，晶体缺陷研究的历史回顾，物理，**9**，289(1980)

[2] Darwin C. G., *Phil. Mag.*, **27**, 314, 675(1914); **43**, 800(1922).

[3] Bragg W. L., Darwin C. G., James R. W., *Phil. Mag.*, **1**, 897(1926).

[4] Френкель Я. И., Z., *Physik*, **35** 652(1926).

[5] Huntington H. B., Seitz F., *Phys. Rev.*, **6**, 315(1942)

[6] Taylor G. I., *Proc. Roy. Soc.*, **A145**, 362(1934).

[7] Orowan E., *Z. Physik*, **89**, 634(1934).

[8] Polanyi M., *Z. Physik*, **89**, 660(1934).

[9] Конторова Т. А. Френкель Я. И., *Ж. Э. Т. Ф.*, **8**, 89, 1340 (1938).

[10] Burgers J. M., *Proc. Kon. Ned. Akad. Wet.*, 42, 239, 378(1939).

[11] Классен-Неклюдова М. В., Конторова Т. А., *У. Ф. Н.*, **26** 217 (1944), **52** 143(1954), 物理译报，**3**，646(1956).

[12] Burton W. K., Cabrera N., Frank F. C., *Nature*, **163**, 398(1949).

[13] Griffin I. J., *Phil. Mag.*, 41, 196(1950).

[14] Menter J. W., *Proc. Roy. Soc.*, **A236**, 119(1956).

[15] Hirsch P. B., Horne R. W., Whelan M. J., *Phil. Mag.*, **1**, 677(1956).

[16] Burgers J. M., *Proc. Phys. Soc.*, **52**, 23(1940).

[17] Bragg W. L., *Proc. Phys. Soc.*, **52**, 54(1940).

[18] Seeger A., Theorie der Gitterfehlstellen, Handbuch der Physik Bd. 7/I, Springer (1955).

[19] Van Bueren H. G., Imperfections in Crystals, North Holland (1960).

[20] Hirsch P. B., The Physics of Metals, Vol. 2, Defects, Cambridge University Press (1972).

[21] Read W. T., Dislocations in Crystals, McGraw-Hill (1952).

[22] Cottrell A. H., Dislocations and Plastic Flow in Crystals, Oxford, 1953. 中译本：葛庭燧译，科学出版社 (1960).

[23] Friedel J., Dislocations, Pergamon Press, 1964; 中译本：王煜译，科学出版社 (1984).

[24] Nabarro F. R. N., Theory of Crystal Dislocations, Clarenden Press (1967).

[25] Hirth J. P., Lothe J., Theory of Dislocations, 2ed., McGraw-Hill (1982).

[26] Nabarro F. R. N., Dislocations in Solids, Vols. 1—6, North Holland (1979—1984).

[27] Leibfried G., Breuer N., Point Defects in Metals, Vol., 1 & 2, Springer (1978; 1980).

[28] Lomer W. M., Defects in Pure Metals, Progr. Met. Phys., Vol. 8, 255(1959).

[29] Nachtrieb N. H., Handler G. S., *Acta Met.*, **2**, 797(1954).

[30] Fukushima E., Ookawa A., *J. Phys. Soc. Japan*, **10**, 970(1955).

[31] Balluffi R. W., Granato, Dislocations, Vacancies and Interstitials, in [26] Vol. 4, Chap. 13.

[32] Fumi F. G., *Phil. Mag.*, **46**, 1007(1955).

[33] Johnson R. A., et al., *Bull. Am. Phys. Soc.*, **5**, 181(1960).

[34] Gibson J. B., Goland A. M., Milgram M., Vineyard G. H., *Phys. Rev.*, 120, 1229(1960).
[35] Broom T., Ham R. K., 见"Vacancies and Other Point Defects, in Metals and Alloys", Inst, of metals (1958).
[36] Tewordt L., *Phys. Rev.*, **91**, 1092(1953).
[37] Seeger A., Mann E., *Phys. Chem. Solids*, **12**, 326(1960).
[38] Lazarus D.. *Phys. Rev.*, **93**, 973(1954).
[39] 高良和武，金属物理，**5**，135(1959)。
[40] 木村宏，金属物理，**7**，197(1961)。
[41] Müller E. W., Adv. in Electronics and Electron Physics, Vol. **13** Academic Press, У. Ф. Н., **77**, 481 (1962).
[42] Balluffi R. W., Granato A., Dislocations, Vacancies and Interstitials, in [26]. **Vol. 4**, Chap. 13.
[43] Airoldi G. et al., *Phys. Rev. Letters*, **2**, 145(1959).
[44] Bauerle J. A., Klabunde C. E., Koehler J. S., *Phys. Rev.*, **102**, 1182(1956).
[45] Fowler R. H., Guggenheim E. T., Statistical Thermodynamics, Oxford (1949).
[46] Damask A. C., et al., *Phys. Rev.*, **113**, 781(1959).
[47] Seeger A. et al, *Phil. Mag.*, **5**, 853(1960).
[48] Dienes G. J., Vineyard G. H., Radiation Effects in Solids, Interscience (1957).
[49] Wehner G. K., Adv. in Electronics and Electron Physics, **Vol. 7**, 239(1955).
[50] Silsbee R. P., *J. Appl. Phys.*, **28**, 1246(1957).
[51] Nelson R. S., Thompson M. W., *Proc. Roy. Soc.*, **A259**, 485(1961).
[52] Corbett J. W. et al., *Phys. Rev.*, **108**, 954(1957).
[53] Seeger A., Proc 2nd. Geneva Conference for Peaceful Uses of Atomic Energy Vol. **6**, 250(1958).
[54] Corbett J. W., Smith R. B., Walker R. M., *Phys. Rev.*, **114**, 1452, 1460(1959).
[55] Ландау Л. О, Лифшиц Е. М., Механика, 中译本，人民教育出版社 (1964).
[56] Brandon D. G., Wald M., *Phil. Mag.*, **6**, 1035(1961).
[57] Verma A., Crystal Growth and Dislocations, Butterworth, 1953.
[58] Chen N. K. (陈能宽), Pond R. B., *Trans. AIME*, **194**, 1085(1952).
[59] Whelan M. J., Hirsch P. B., Horne R. W., Bollmann W., *Proc. Roy. Soc.*, **A 240**, 524(1957).
[60] Frank F. C., *Phil. Mag.*, **42**, 326(1951).
[61] Yoshimastu M., *J. Phys. Soc. Japan*, **16**, 1405(1961).
[62] Silcox J., Hirsch P. B., *Phil. Mag.*, **4**, 72(1959).
[63] 孙瑞蕃，沙斯柯里斯卡娅，M. Л.，物理学报，**16**，229(1960)。
[64] Vogel F. L., *Trans. AIME*, **206**, 946(1956).
[65] Bond W. L., Andrus, J., *Phys. Rev.*, **101**, 1211(1956).
[66] Инденбом В. Л., Никитенко В. И., Милевский Л. С., *ДАН СССР*, **141** 1360 (1961), *Ф. Т. Т.*, **4** 235(1962),
[67] Webb W. W., *J. Appl. Phys.*, **33**, 1961(1962).
[68] Kroupa F., Dislocation Loops, in "Theory of Crystal Defects, Academia (1966).
[69] Nabarro F. R. N., *Phil. Mag.*, **42**, 1224(1951).

[70] de Wit G., Koehler J. S., *Phys. Rev.*, **116**, 1113(1959).
[71] Steeds J. W. Willis J. R., Dislocations in Anisotropic Media, in [26], Vol. 1, Chap. 2.
[72] Bacon D. J., Barnett D. M., Scattergood, R. O. Anisotropic Contnum Theory of Lattice Defects, *Prog. Mat. Sci.*, **23**, 51(1979).
[73] Chou Y. T. (周以苍), *Acta Met.*, **13**, 251(1965) .
[74] Teodosiu C., Elastic Models of Crystal Defects Springer, 1982.
[75] Zener C., *Trans. A. I. M. E.*, **147**, 361(1942).
[76] Bullough R., Tewary V. K., Lattice Theories of Dislocations, in [26], Vol. 2, Chap. 5.
[77] Peierls R., *Proc. Phys. Soc.*, **A52**, 34(1940).
[78] Nabarro F. R. N., *Proc. Phys. Soc.*, **A59**, 256(1947).
[79] Seeger A., *Phil. Mag.*, **1**, 654(1956).
[80] Bordoni P. G. et al., *Suppl. Nuovo Cimento*, **8**, 55(1960).
[81] Peach M. O., Koehler J. S., *Phys. Rev.*, **80**, 436(1950).
[82] Eshelby J. D., Frank F. C., Nabarro F. R. N., *Phil. Mag.*, **42**, 351(1951).
[83] Meakin J. D., Wilsdorf H. G. F., *Trans. A. I. M. E.*, **218**, 745(1960).
[84] Hornstra J., *Acta Met.*, **10**, 987(1962).
[85] Haasen P., Solution Hardening in f. c. c. Metals, in [26], Vol. 4, Chap. 15.
[86] Cochardt A. W., Schock G., Widersich H., *Acta Met.*, **3**, 533(1955).
[87] Cottrell A. H., Hunter S. C., Nabarro F. R. N., *Phil. Mag.*, **44**, 1064(1953).
[88] Thomas W. R., Leak G. M., *Phil. Mag.*, **45**, 656, 986(1954); *Proc. Phys. Soc.*, **B68**, 1001(1955).
[89] Schock G., Seeger A., *Acta Met.*, **7**, 469(1959).
[90] Frank F. C., in Plastic Deformation of Crystalline Solids, Office of Naval Research (1950).
[91] Frank F. C., Read W. T., *Phys. Rev.*, **79**, 722(1950).
[92] Johnston W. G., Gilman J. J., *J. Appl. Phys.*, **31**, 632(1960).
[93] Bardeen J., Herring C., in "Imperfections in Nearly Perfect Crystals", Wiley (1952).
[94] Frank F. C., Proc. Roy. Soc., **A62**, 131(1949).
[95] Leibfried G., in Dislocations and Mechanical Properties of Crystals, p. 495, Wiley (1957).
[96] Koehler J. S., in "Imperfections in nearly Perfect Crystals", p. 197, Wiley (1952).
[97] Granato A., Lucke K., *J. Tppl. Phys.*, **27**, 583(1956).
[98] Flynn C. P., *Phys. Rev.*, **133**, A587(1964).
[99] Warren B. E., X-Ray Studies of Defermed Metals, *Prog. Metal Phys.*, Vol. 8, 147(1959).
[100] Atree R. W., Plaskett T. S., *Phil. Mag.*, **1**, 885(1956).
[101] Seeger A, Brenner R., Wolf H., *Z. Phys.*, **155**, 247(1959).
[102] Susuki H., Barrett C. S., *Acta Met.*, **6**, 156(1958).
[103] Thornton P. R., Hirsch P. B., *Phil. Mag.*, **3**, 738(1958).
[104] Fullman R. L., *J. Appl. Phys.*, **22**, 448(1951).

[105] Howie A., Swann P. R., *Phil. Mag.*, **6**, 1215(1961).

[106] Haasen P., *Phil. Mag.*, **3**, 384(1958).

[107] Heidenreich R. D., Shockley W., in "Reports of a Conference on Strenth of Solids", Physical Soc. (1948).

[108] Frank F. C., *Proc. Phys. Soc.*, **A62**, 202(1949).

[109] Stroh A. N., *Proc. Phys. Soc.*, **B67**, 427(1954).

[110] Thompson N., *Proc. Phys. Soc.*, **B66**, 481(1953).

[111] Whelan M. J., *Proc. Roy. Soc.*, **A249**, 114(1959).

[112] Amelinckx, S. in [26], Vol. 2, Chap. 6.

[113] Hirsch P. B., 5th International Conference on Crystallography, Cambridge, U. K., p. 139(1960).

[114] Vitek V., *Crys. Lat. Def.*, **5**, 1(1974).

[115] Susuki H, *Sci. Rep. Res. Inst. Tohoku Uni.*, **A4**, 455(1952).

[116] Cahn R. W., Davies R. G., *Phil. Mag.*, **5**, 1119(1960).

[117] Susuki H., *J. Phys. Soc. Japan*, **17**, 322(1962).

[118] Cottrell A. H., Relation of Properties to Microstructures, p. 30, ASM (1953).

[119] Raschinger W. A., *Cottrell A. H., Acta Met.*, **4**, 109(1956).

[120] Marcinkowski M. J. et al, *Phil. Mag.*, **6**, 871(1961); *J. Appl. Phys.*, **30**, 1303 (1960); **32**, 375(1961).

[121] Филоненко-Бородии М. М., Теория Упрогости, 中译本，高教出版社 (1958).

[122] Koehler J. S., *Phys. Rev.*, **60**, 394(1941).

[123] Ландау L. Д, Лифшиц Е. М., Теория Упрогости, 中译本 连续介质力学，第三册，人民教育出版社 (1962).

[124] Seeger A., Schöck G., *Acta Met.*, **1**, 519(1953).

第四编　表面与界面

冯　端

引　言

金属表面对其性能影响甚大，因为金属和外界的相互作用全是通过表面来实现的．因而了解金属表面的特征和属性，不论是从基础理论或技术应用的角度来看，都是至为重要的．长期以来，金属表面的问题就受到科学家的关注，提出了许多基本概念和设想[1]，但无从证实，因而深入不下去．近十几年来，由于超高真空技术和探测表面结构和能谱的实验方法得到发展，才使我们能够比较确切地掌握有关洁净表面的固有特征的一些资料，开拓了表面物理这一活跃的新领域[2-4]．当然，在实际问题中起作用的金属表面不一定是洁净的，它可能和蒸气或溶液相接触，对于这类实际表面的基础研究尚处于草创的阶段．我们在第八章中所讨论的表面是广义的：既包括固体-真空、固体-蒸气和液体-蒸气的分界面，也将固体-液体的分界面概括在内；至于固体-固体的界面则另辟专章进行讨论．实用的金属材料中往往包含有晶界和相界．长期以来，晶界与相界的问题一直受到金属学界的关注，已经累积了大量的资料[5]．位错理论建立以后，小角度晶界的结构问题基本上得到了澄清[6]．外延生长（epitaxy）、马氏体相变与脱溶沉淀等问题的深入研究，又使人们注意研究相界的结构与运动的问题[7,8]．近年来，晶界与相界的普遍理论得到了发展[9]，有关的实验论证尚在进行之中[10]．

近年来，表面与界面起突出作用的新型材料，如薄膜、超晶格、超微粒等，受到广泛的重视：既发现一些新的物理现象和效应；而在应用上又很富有潜力，具有广阔的发展前景．

第八章 表　面

§8.1 表面能

处于液体或固体的自由表面上的原子只有一侧存在近邻．因为键合能具有负值，表面上的原子将由于近邻键数的减少而增高其能量(相对于体内的原子而言)．这样，我们就引入表面能系数 γ，并定义为增加单位表面积所对应的自由能的增量． 在绝对零度时，自由能就等于内能，我们可以根据金属材料的克分子升华热 L_m 来估算它在绝对零度的表面能系数 γ_0：如果采用简单的键合模型，而且只考虑最近邻间的相互作用，设每对原子键能为 $-\phi$，晶体的配位数为 z，阿伏伽德罗数为 N_0，则

$$L_m = N_0 z(\phi/2). \tag{8.1}$$

要产生两个表面，需要拆开许多原子键，设形成一个表面原子所需拆开的键数为 z_0，原子间距为 a，则

$$a^2\gamma_0 = z_0(\phi/2). \tag{8.2}$$

考虑到摩尔体积 $V_m = N_0 a^3$，即可根据式(8.1)，(8.2)，求出

$$L_m = \alpha_1 \gamma_0 V_m^{\frac{2}{3}}, \tag{8.3}$$

这里的系数 $\alpha_1 = (z/z_0)N_0^{\frac{1}{3}}$，对于简立方晶体{100}面，$(z/z_0) = (6/1)$，对于密集结构的密排面，$(z/z_0) = (12/3)$．

图 8.1 中示出了不同金属材料的实验数据[11]，其中的 γ_0 值系根据在熔点时液态金属的表面张力的测量值外推而得的．可以看出，和式(8.3)大体相符，定出的 $\alpha_1 = 5.2 \times 10^8$，只有 Mg，Cd，Zn 及 Hg 这几种元素偏离较大．当温度为 T，则

$$\gamma = \gamma_0 - TS', \tag{8.4}$$

这里的 S' 为表面熵系数．

下面讨论表面能系数与取向的关系[12,13]．对于液体，表面能

系数是各向同性的,与取向无关;对于晶体,情况显然就不同了:设想在绝对零度下沿某一 (hkl) 面裂开,穿过该面的原子间距矢量为 $\mathbf{q}_j$,对应的键能为 $-\phi_i$,若单位面积中切断的 $\mathbf{q}_i$ 数为 ρ_i,因而表面能系数可以表示为

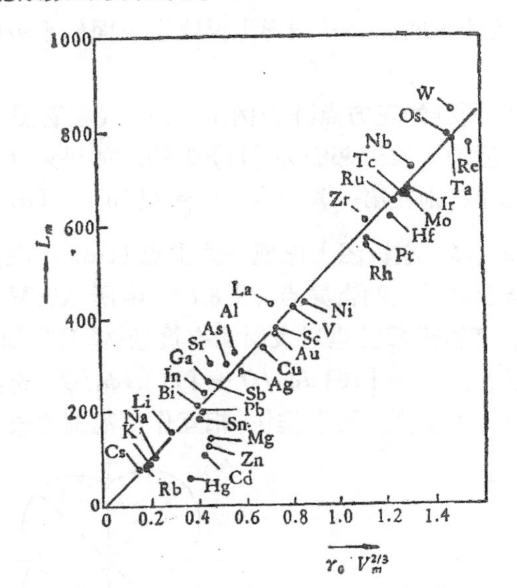

图8.1 升华热 L_m 对 $\gamma_0 V_m^{\frac{2}{3}}$ 的作图. 图中直线的斜率为 $\alpha = 5.2\times10^8$; ●表示实验数据.

$$\gamma = \frac{1}{2}\sum_i \rho_i\, \phi_i. \tag{8.4}$$

令表面的单位法线矢量为 $\mathbf{n}$,原子体积为 Ω,则

$$\frac{1}{\rho_j}\,(\mathbf{q}_j\cdot\mathbf{n}) = \Omega, \tag{8.5}$$

用此关系式所确定的 ρ_j 值代入式(8.4),得到

$$\gamma = \frac{1}{2}\sum_j\ (\mathbf{n}\cdot\mathbf{q}_j)\phi_j/\Omega = \mathbf{n}\cdot\mathbf{R}, \tag{8.6}$$

这里

$$\mathbf{R} = \frac{1}{2}\sum_j\ \phi_j\mathbf{q}_j/\Omega,$$

叠加式是对发源于同一原子，而 $\mathbf{n}\cdot\mathbf{q}_j$ 为正值的键来进行的．式(8.6)反映了表面能系数随着 $\mathbf{n}$ 的取向有差异，其数值就等于 R_n，即 R 在 $\mathbf{n}$ 方向的投影．据此可以作出表面能系数的极图：从一原点出发引出矢径，令其长度正比于该方向表面能系数的大小，诸矢径终点的轨迹为一曲面，从图形上反映出表面能系数的各向异性．

下面我们以两维的正方点阵为例作一说明（参看图 8.2）：最近邻键为〈10〉型的，次近邻键为〈11〉型的．如果只考虑最近邻键对表面能有贡献，则在第一象限内，$R=\{[10]+[01]\}a\phi_1/\Omega$，即 $R=\sqrt{2}\,a\phi_1/\Omega$，在极图上出现一些尖点（cusp），在这些点上 γ 不连续，相当于数学上的奇异点．图 8.2(b) 中所示奇异点的取向为 [10]及[01]．若次近邻键也对表面能有贡献，情况将如图 8.2(c) 所示：在第 I 区内，$R=[10]\,a\phi_1/\Omega+[11]\,a\phi_2/\Omega$，奇异取向除〈10〉型外，还有〈11〉型．可以推论，相互作用范围愈长，相应地

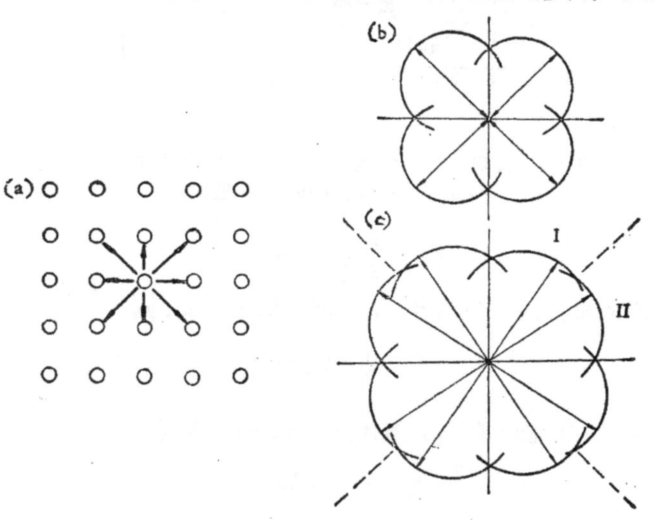

图 8.2　正方点阵的表面能极图．(a) 正方点阵及其近邻的原子晶距矢量；(b) 只考虑最近邻相互作用的 γ 图；(c) 同时考虑最近邻和次近邻相互作用的 γ 图（设 $\phi_1=4\phi_2$）．

在极图上奇异取向也愈多.

在平衡状态,当体自由能保持恒定的情况下,自由能极小的条件可以归结为表面能的极小,即

$$\oint \gamma dA = \text{极小值}. \tag{8.7}$$

若 γ 是各向同性的,自由能极小可以约化为表面积的极小,其平衡形态为球形,这就是液体在其他外力(如重力)可以忽略的情况下所取的外形. 至于表面能系数为各向异性的晶体,表面能极小的条件将导致显露的晶面对应于表面能系数为极小值的奇异取向. 我们可以根据表面能系数的极图推导出晶体的平衡外形: 在极图上每一点都作出垂直于矢径的平面,去掉这些平面相重叠的区域,剩下的体积最小的多面体,即应和晶体的平衡形态相似(参见图 8.3). 这个结论可简单地论证如下: 令 h_i 表示原点至第 i 个晶面的垂直距离, S_i 为该面的面积,则多面体的表面能应等于 $\sum h_iS_i$, 然而多面体的体积就等于 $\sum(1/3)(h_iS_i)$. 这样,晶体的表面能就和极图的内接多面体的体积成正比. 因而寻找晶体的平衡外形即可归结为求出体积最小的极图的内接多面体. 显然, 晶体

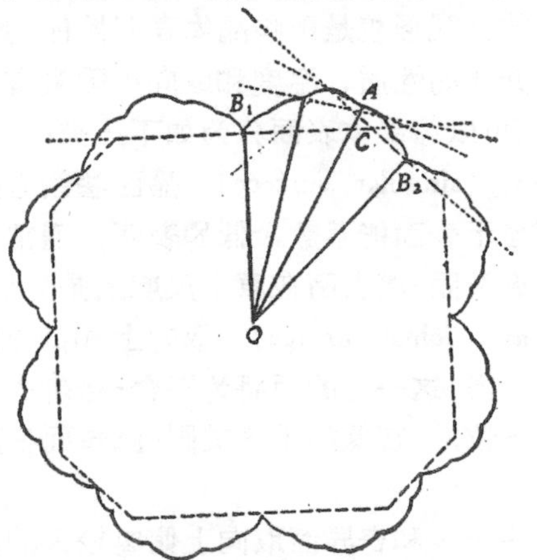

图 8.3 表面能极图与晶体的平衡外形(两维示意图).
——表面能系数极图;
……垂直于矢径的平面族;
---平衡多面体.

的平衡外形中，诸 γ_i 与 h_i 之比为常数，即

$$\frac{\gamma_1}{h_1}=\frac{\gamma_2}{h_2}=\cdots=\frac{\gamma_i}{h_i}, \tag{8.8}$$

这就是乌耳夫（Вулъф）法则。

晶体的平衡外形和实际生长出来的晶体外形之间存在什么关系呢？居里（P. Curie）等曾认为两者是等同的，也得到许多科学家的附和，但这和实测的结果有矛盾。虽则在不受约束的条件下生长出来的晶体呈现多面体的外形，显露的晶面一般是表面能较低的低指数面，但乌耳夫法则所确定的比例关系，并不被遵守。而且由于生长条件、杂质含量、以至于位错密度的不同，可以引起惯态面的改变。问题的症结在于晶体生长是在非平衡态下进行的。对于宏观尺寸的晶体而言，决定其外形的是生长动力学的因素（即各晶面生长速率的差异）；只有对于微米尺寸的小晶体，平衡外形才起决定性的作用[12]。

§8.2 晶体表面的微观形貌

晶体表面的微观形貌是影响晶体表面性能的一个重要因素。它显然和周围介质的性质、温度和取向等因素有关。按照表面能系数极图，我们可以将晶体表面分为如下三类：

（1）奇异面（singular surface） 晶面法线方向和极图的奇异取向吻合，相当于表面能系数最低的表面，通常是密排的低指数面。在低温下这类固-汽表面在原子尺度上是光滑的。

（2）邻位面（vicinal surface） 取向上和奇异面只有小角度的偏离。从能量考虑，这一类的面将为平台-台阶式的表面，平台的取向和奇异面一致。在低温下这类固-汽表面在尺子尺度上是准光滑的。

（3）非奇异面 和奇异面取向上偏离较大的晶面属之。这类表面在原子尺度上是粗糙的。

下面着重讨论邻位面。考虑简立方晶体的（170）面（图 8.4 为其剖面图）。在图 8.4(a) 中设想表面是完全光滑的，这样，在表面底

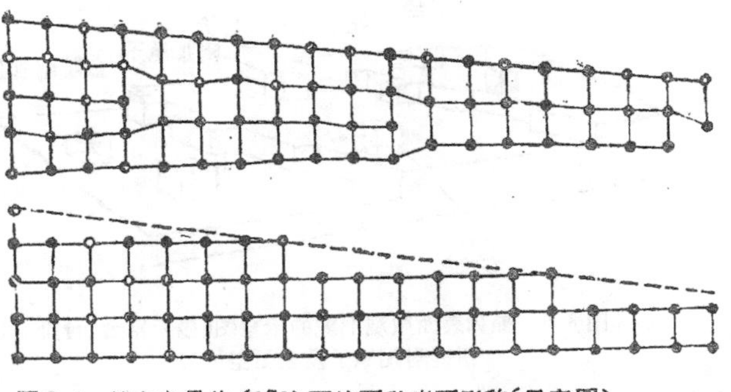

图 8.4 简立方晶体 (170) 面的两种表面形貌(示意图).

下将引起较大的畸变. 从能量的观点来看,更有利的是呈现图 6.4 (b) 所示的平台-台阶形貌. 台阶列的间距 λ 取决于和奇异面的取向差 θ 与台阶的高度 h, 即

$$\tan\theta = \frac{h}{\lambda}. \tag{8.9}$$

如果台阶的取向和密排方向有偏离, 将形成所谓扭折 (kink) (参看 § 8.5). 显然,扭折密度也存在类似于式 (8.9) 的几何条件. 除了几何条件决定的扭折以外, 还可以设想通过热激活来形成: 设扭折的形成能为 E_k, 则沿台阶某处出现扭折的几率为(推导可参阅 § 7.24 中位错线上形成扭折的概率)

$$\alpha_k = \frac{1}{a}\exp(-E_k/kT). \tag{8.10}$$

若采用原子键模型, 每对键的能量为 $-\phi$, 在简立方晶体(只考虑最近邻键), $E_k = \phi/2 = 1/6(L_m/N_0)$, 数值不大. 因此,在通常温度下,台阶总具有相当数量的正、负扭折. 至于台阶的形成能显然要比扭折大得多 (线度为 N 个原子的台阶, 其形成能将为 E_k 的 N 倍),所以通过热激活的形成几率可完全忽略不计.

在邻位面的平台部分, 也可能设想存在有附加原子或表面空位(参看图 8.5). 设想将扭折处的一个原子转移为附加原子,或反过来,从平台表面上挖出一个原子转移至扭折处,所对应的能量变

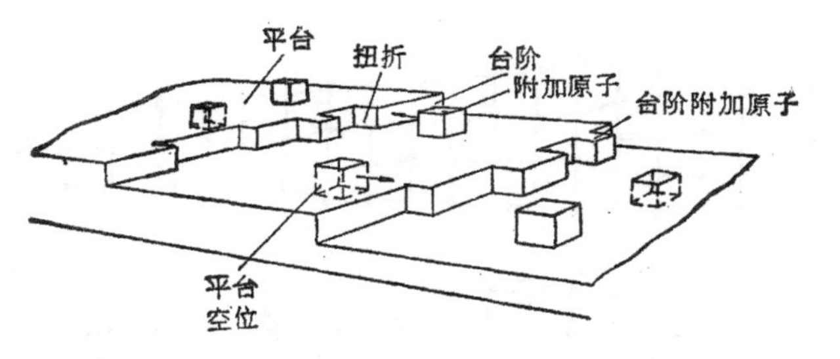

图 8.5　晶体表面微观形貌的示意图(显示平台、台阶、扭折附加原子及表面空位).

化分别用 E_a 及 E_v 来表示. 按照质量作用定律，在平台上某处形成附加原子及表面空位的几率分别等于

$$\alpha_a = \exp\left(-\frac{E_a}{kT}\right), \tag{8.11}$$

$$\alpha_v = \exp\left(-\frac{E_v}{kT}\right), \tag{8.12}$$

而 $E_a \simeq E_v \simeq 2\phi = 2/3(L_m/N_0)$，其数值不小，因此在通常温度下，出现附加原子或表面空位的几率不大. 换言之，表面平台基本上保持其光滑性.

上述的平台-台阶-扭折模型是二十年代考塞耳 (W. Kossel) 与斯特仑斯基 (I. N. Stranski) 为了发展晶体生长理论而提出的. 五十年代末，场离子显微镜的直接观测证实了平台和台阶的存在(参看图 8.6(b)). 近年来，低能电子衍射对于邻位面的规则台阶行列进行了系统的研究，对于一系列金属，如 Cu, Pt, W, Pd等，如沿邻位面切出，经过适当处理(包括浸蚀、离子轰击和退火)后，观测到台阶密度正比于和奇异面的偏离角 θ[14]. 至于锗和硅，也在解理面上观测到规则的台阶行列. 邻位面的台阶和扭折是晶体生长时原子优先填充的场所，准光滑表面的生长过程可以理解为扭折沿台阶的运动，终而导致台阶的前进，引起晶面的法向生长. 萨摩杰 (G. A. Som rjai) 等用分子束技术研究 Pt 表面的催化效应，发现位于平台上和台阶处的 Pt 原子催化效应迥然不同，后者的平均催化活性要大得多，这也说明金属表面的微观形貌对于

复相催化也是至关重要的.

具有缺陷的晶体也可以在表面上形成特殊的台阶. 例如位错的露头点存在有台阶，其高度等于其伯格斯矢量在表面法线方向的投影. 在晶体生长中的表面和解理面上都观察到这类台阶. 它们对于汽相中生长晶体起了重要作用（参见 §7.1），也是表面反应（如侵蚀等）优先发生的场所，对于解理断裂也产生影响.

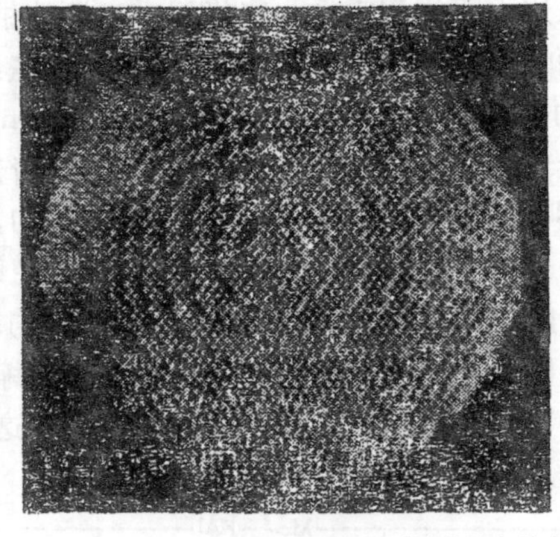

图 8.6（a） 金属针尖的钢球密堆集模型（针尖取向为 [011]）.

图 8.6（b） 场离子显微镜观察到的针尖原子图象（钨的（011）面及 {112} 面）.

在前面讨论表面特征时，蕴含着一个基本假定，即体内的晶体结构无改变地延续到表面层，直至为表面截断为止．长期以来，由于无法观测表面层的晶体结构，这个假定也没有受到非难．低能电子束（10—500eV）穿透能力弱而散射截面高，提供了探测表面结构的探针．七十年代以来，低能电子衍射术发展成为表面晶体学研究的主要手段，累积了有关表面晶体结构的第一手资料．使得我们要对于上述天真的假定作一些修正．实测的结果表明，大部分的金属表面的结构和体内基本相同．但存有一些细节上的差异，很值得注意的是：一是表面结构的弛豫（relaxation），即晶体结构基本相同，但点阵参数略有差异，特别是反映在平行于表面原子层间距的变化，即所谓法向弛豫．这也是可以理解的，由于表面层的原子受力的情况出现了明显的不对称性：外侧是空缺的，因而只受到单方面原子的作用力．采用原子间相互作用的简单模型（参见§2.1），不难得出表面层与下一层的间隔要发生收缩的推论．实测也表明，的确存在这种倾向，虽则密排的表面上这种效应并不明

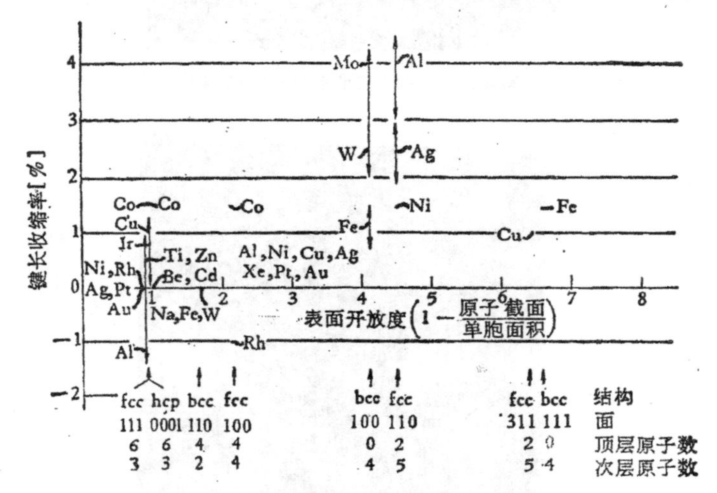

图 8.7 金属表面原子层间距的法向收缩的观测结果[16]．横坐标为表面的非密排度（等于 $1-\frac{\text{原子截面}}{\text{晶胞面积}}$；箭头指出不同结构的晶面位置）．

显,但随着非密排程度的提高，这种法向收缩也更加突出(参看图8.7)[16]. 个别金属表面出现法向的膨胀,其原因还不清楚.

除了表面弛豫外，也可能发生表面层晶体结构和体内在质上也发生差异,这就是表面重构(reconstruction)。重构通常表现为表面超结构的出现,即两维晶胞的基矢按整数倍扩大.例如(110)面(1 × 2),即表示(110)面的一个基矢不变,另一基矢加倍. 这种表面重构现象在半导体表面上经常出现，硅(111)面的(7 × 7)重构就是一个著名的例子. 这可能和半导体的键合方向性特强、要求四面体的配位有关系. 表面的出现切断了方向键而引成悬键. 为了降低能量，只得乞求于结构的调整. 金属键不具有明显的方向性，因而表面重构也比较少见. 观测到 Au，Pt，Ir 的(110)面(1 × 2)重构和V的(100)面(5 × 1)重构. 造成这类重构的物理根源尚不清楚.

§ 8.3 表面吸附与偏析[17,18]

吸附是指汽相中的原子或分子沾集在固体或液体表面上；而偏析则是指固溶体或溶液中的溶质原子富集在表面层内. 两种现象的热力学规律是相似的,可以采用同一的理论模式来描述.下面我们来讨论有关表面(包括界面)的热力学性质. 按照吉布斯的方法,我们可以设想一个明锐的分界面分开 α 与 β 两个体相，α 相与 β 相都是均匀的,直到分界面上才发生跃变.设想的分界面应和实际界面平行,但其确切位置可以根据需要作适当的调整,这样也对表面热力学量产生影响. 我们可以用图 8.8(a) 的例子来说明分界面：晶体中包含填隙式的溶质原子,和其蒸汽保持平衡,分界面选择在最外层填隙原子之外. 以 X^s 来表示面积为 A 的表面的某一广延热力学量,定义为

$$X^s = X^{tot} - X^\alpha - X^\beta, \tag{8.13}$$

这里的 X^{tot} 表示整个实际体系的量，X^α 为 α 相(例如晶体)，保留其本来的性质直到分界面为止；X^β 为 β 相(例如蒸汽)相应的量. X^s 可以是表面内能 E^s 表面熵 S^s 或表面自由能 F^s. 界面上任

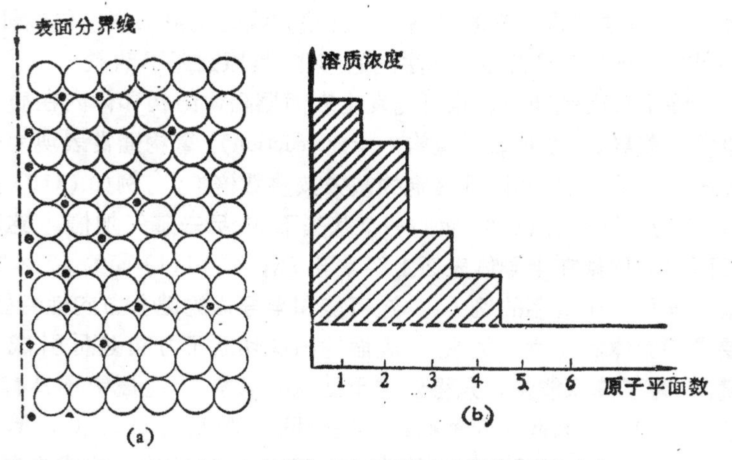

图 8.8 (a), (b) 在自由表面附近填隙溶质原子浓度的变化.

意组元的摩尔数可以表示为类似的关系式

$$N_i = N_i^{tot} - N_i^{\alpha} - N_i^{\beta}, \tag{8.14}$$

而表面浓度 $\Gamma_i = N_i/A$，在实际体系中，这种浓度是散布在一定的体积范围之内的，如图 8.8(b) 中的划线区域.

根据热力学第一定律和第二定律，引入表面张力 γ 定义为增加单位表面积所需的功，内能的变量可表示为

$$dE = TdS + \sum \mu_i dN_i - pdV + \gamma dA, \tag{8.15}$$

这里 μ_i 为 i 组元的化学势，p 为压强，V 为体积. 对于体相 α，可得

$$dE^{\alpha} = TdS^{\alpha} + \sum \mu_i dN_i^{\alpha} - pdV^{\alpha}. \tag{8.16}$$

类似地可求出 β 相的表示式. 根据式 (8.13)，可得

$$dE^s = TdS^s + \sum \mu_i dN_i + \gamma dA. \tag{8.17}$$

利用欧拉定理，可得出

$$E^s = TS^s + \sum \mu_i N_i + \gamma A, \tag{8.18}$$

因而表面自由能

$$F^s = \sum \mu_i N_i + \gamma A, \tag{8.19}$$

或者单位面积的表面自由能

$$f^s = \sum \mu_i \Gamma_i + \gamma, \tag{8.20}$$

这是表面自由能与表面张力之间的一般关系式。对于单组元体系，可以选择适当的分界面使 Γ 为零，这样，γ 就与 f^s 等同了，正如我们在 § 8.1 中所做的；对于多组元体系，一般地 γ 就和 f^s 不相等。对于二元系，可以选择某一组元(通常是主要成分)的表面量为零，如图 8.8(a) 所示。

下面我们来推导吉布斯吸附方程：根据式 (8.18)，可求出

$$dE^s = d(TS^s) + d\sum_i \mu_i N_i + d(\gamma A) \tag{8.21}$$

减去式 (8.17)，可得

$$0 = -s^s dT - \sum N_i d\mu_i - Ad\gamma,$$

或者

$$d\gamma = -S^s dT - \sum \Gamma_i d\mu_i, \tag{8.22}$$

这里的 $s^s = S^s/A$. 式 (8.22) 就是吉布斯吸附方程. 应用于温度不变的情况，就得到吉布斯吸附等温线

$$d\gamma = -\sum \Gamma_i d\mu_i,$$

或

$$\Gamma_i = -\left(\frac{\partial \gamma}{\partial \mu_i}\right)_{T,\mu_j}, \quad j \neq i, \tag{8.23}$$

得出了某组元表面偏析量的基本关系式. 在一定温度下，吸附情况下的化学势可以通过控制气压来固定，而在偏析情况下的，则可以通过控制体相中溶质的成分来固定. 进一步的理论处理就要基于有关蒸气或固溶体的具体模型. 例如将蒸气看作理想气体

$$\mu_i = \mu_i^0 + RT\ln p_i, \tag{8.24}$$

这里 p_i 为 i 组元的偏压，而 μ_i^0 为一大气压纯 i 蒸气的化学势，于是就得出

$$\Gamma_i = -\frac{1}{RT}\left(\frac{\partial \gamma}{\partial \ln p_i}\right)_{T,p_j}, \quad j \neq i. \tag{8.25}$$

对于二元稀固溶体，则可采用稀溶液近似

$$\mu_2 = \mu_2^0(T) + RT\ln x_2 + RT\ln \gamma_2, \tag{8.26}$$

这里 γ_2 为 2 组元的活度系数，x_2 为 2 组元的摩尔成分，$\mu_2^0(T)$

为 2 组元参考态的化学势（参看§ 1.6），将式（8.23）与式（8.26）结合起来，可得

$$\Gamma_2 = -\frac{1}{RT}\left(\frac{\partial \gamma}{\partial \ln x_2}\right)_{T,n_1}. \tag{8.27}$$

由于很难定出单晶的表面张力的平衡值，因而，式（8.25）及式（8.27）所确定的等温线在尚未在单晶实验中得到证实，但在多晶的气体吸附和 Cu-Sb 多晶的表面偏析基本上证实了吉布斯的等温线.

要进一步探讨吸附现象，就需要提出有关吸附的微观模型．一种通用的模型是朗谬尔（I. Langmuir）提出的：设想晶体表面上只有一种吸附坐位，而且只考虑吸附坐位与蒸气间的分子交换，并假定被吸附的分子间没有相互作用．按照分子动力论，当蒸气中的分子平均速率为 $\bar{v}$，单位体积的分子数为 n，则单位时间撞击到单位面积表面上的分子数等于

$$\frac{1}{4}n\bar{v} = p/\sqrt{2\pi mkT}, \tag{8.28}$$

这里 p 为压强，m 为分子质量．假设单位面积表面的吸附坐位数为 N，已被吸附分子占据的分数为 θ，分子只有打到未被占的坐位上时，才有可能被吸附，令被吸附的几率为 $\alpha(\alpha < 1)$，则吸附的时率应等于 $\alpha N(1-\theta)p/(2\pi mkT)^{\frac{1}{2}}$；另一方面，已被吸附的分子由于热运动，也可能重新蒸发，设其振动频率为 $N\theta\nu\exp(-U_0/kT)$，考虑到吸附与脱附间存在动态平衡，即得

$$\frac{\theta}{1-\theta} = p\kappa, \quad 或 \quad \theta = \frac{p\kappa}{p\kappa+1}, \tag{8.29}$$

这里的

$$\kappa = \frac{\alpha\exp(U_0/kT)}{\nu(2\pi mkT)^{\frac{1}{2}}},$$

这就是朗谬尔关系式．当温度恒定时，亦称为朗谬尔等温线．从式（8.29）可以看出，当压强甚小时，θ 与 p 成正比；当压强甚大时，$\theta \to 1$，吸附趋于饱和．对于表面偏析，梅克林（D. McLean）

推导出和朗谬尔关系式相似的公式

$$\frac{\theta}{1-\theta}=x\exp(-\Delta G/kT), \tag{8.30}$$

这里 x 为溶质原子的摩尔成分，ΔG 为溶质原子在表面和体内吉布斯自由能之差. 图 8.9 给出了吸附和偏析的朗谬尔关系式的几种不同的图示，可选用来分析实验数据.

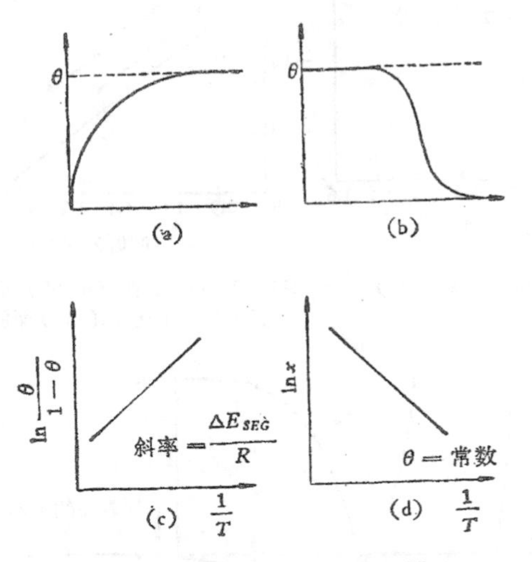

图 8.9　朗谬尔关系式的几种图示.

图 8.10(a) 示出 Co 吸附于 Pd(100) 面的等 θ 线，图 8.10(b) 示出有关表面偏析的一些实验结果，大体上是符合朗谬尔理论的.

像 H_2 这类化学键饱和的分子是以范德瓦耳斯力被吸附的，吸附能一般低于 0.2eV，这种弱的吸附称为物理吸附（physical adsorption），并很容易为热运动所离解. 例如，镍在 -200℃ 时可以大量吸附氢，但当温度升高后吸附就减小，但升至 -100℃，吸附重新加强，吸附能的数值接近化学键能（几个电子伏），成为化学吸附（chemisorption）. 氢分子在金属表面上离解为一对氢原子，分别和表面键合. 我们可用示意图 8.11 来说明物理吸附与化学吸

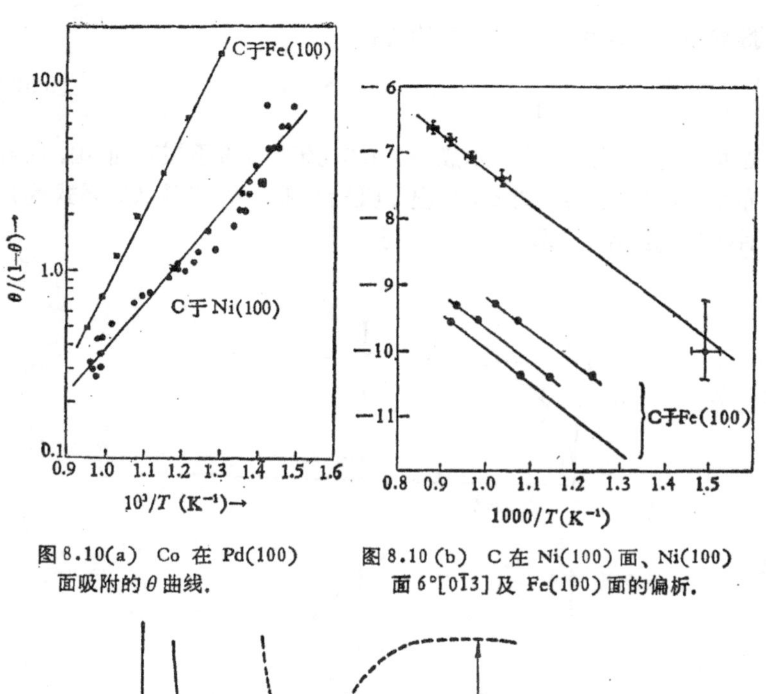

图 8.10(a) Co 在 Pd(100) 面吸附的 θ 曲线.

图 8.10 (b) C 在 Ni(100) 面、Ni(100) 面 6°[0$\bar{1}$3] 及 Fe(100) 面的偏析.

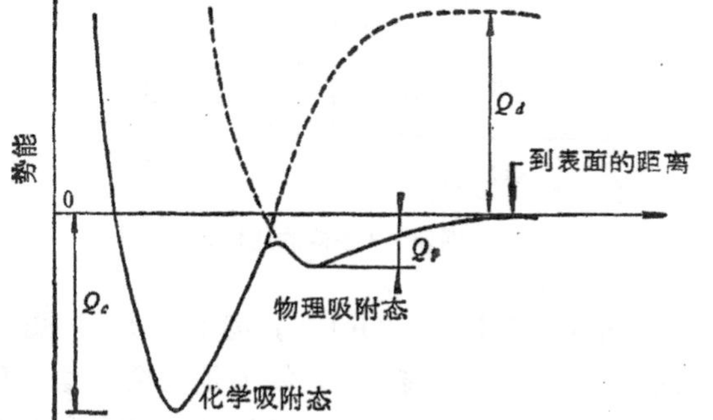

图 8.11 物理吸附与化学吸附势能曲线的示意图.

附的差异：在图中有一浅极小值的曲线代表物理吸附，Q_p 代表分子的物理吸附热；另有一深的极小值的曲线就代表化学吸附，Q_c 为化学吸附热；Q_d 为分子离解热，当物理吸附的分子获得足够的能量达到 C 点，然后就离解，转移到曲线 2 上，以原子的方式被化学吸附于表面上，每个原子的结合能等于 $(Q_c + Q_d)/2$。当处在化学吸附的情形时，金属基底和被吸附的原子构成了统一的电子体系．这种体系的电子结构的阐明将有助于理解化学催化的本质．

朗谬尔理论的弱点在于没有考虑到被吸附的原子间的相互作用以及吸附坐位的不等同性．近年来，用低能电子衍射方法来研究吸附层的原子排列，发现不同气体在同一种金属表面上的吸附层往往具有相同的两维周期性结构，并在某些气体-金属吸附体系中还明确地观测到结构与键合之间存在有对应关系：例如当 θ 值超过 0.5 以后，吸附热突然下降（图 8.12(a)）；并且在升温脱附曲线上低温侧出现新的峰（图 8.12(b)）．这证实了王竹溪早在三十

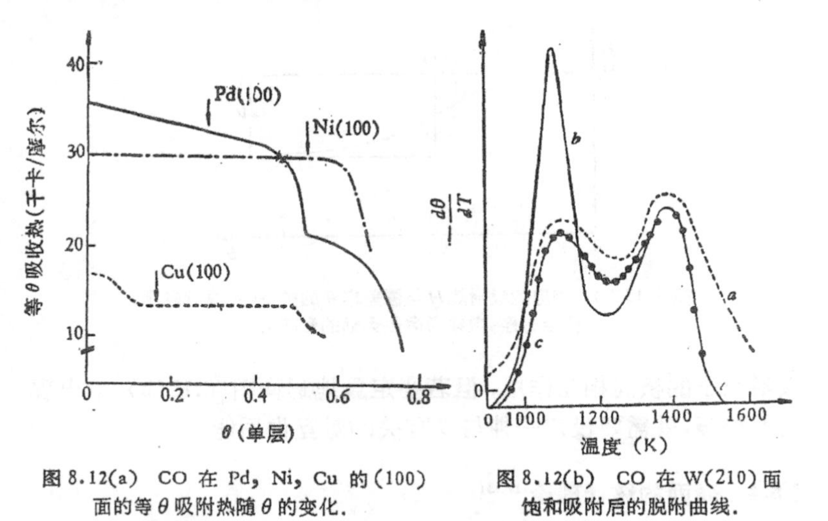

图 8.12(a) CO 在 Pd，Ni，Cu 的(100)面的等 θ 吸附热随 θ 的变化．

图 8.12(b) CO 在 W(210) 面饱和吸附后的脱附曲线．

年代所提出的吸附层内横向相互作用的理论[19]． 我们可以用图 8.13 所示的模型来予以说明：设想在可动的单原子吸附层中吸附原子对之间存在一种相斥的相互作用能 V，它和 θ 无关．当 $\theta \leqslant 0.5$ 时，最低能量组态中吸附原子的最近邻都空缺着，因而吸附热应保持其 θ 为零时的数值 H_0． 当 $\theta > 0.5$ 时，H 将突然下降到 $H = H_0 - zV$（z 为近邻坐位数）． 热运动的影响将使吸附热的突降变得平缓一些．至于脱附曲线上低温峰的出现也可以归之于

θ<0.5

θ=0.5

θ>0.5

θ=1.0

图 8.13(a) 由于近邻相斥作用形成的吸附组态.

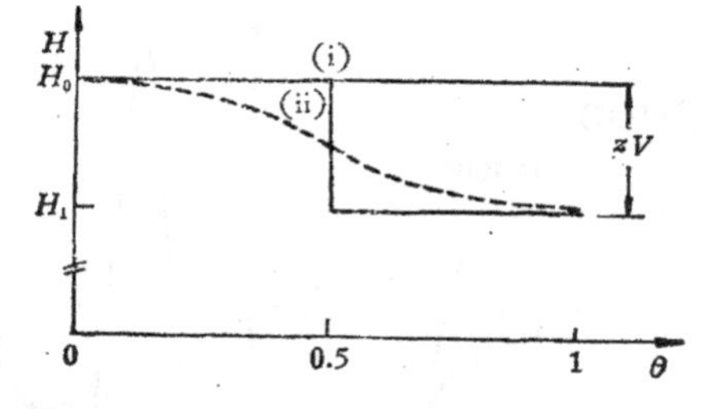

图 8.13(b) 相应的吸附热 H 与覆盖率 θ 的关系(实线对应于完全有序,虚线考虑热运动的影响).

吸附原子的横向相互作用，但若要定量地解释图 8.12(b) 中出现的低温峰,就需要设定一种与 θ 有关的对互作用能.

§ 8.4 表面的统计理论[12,13]

在上面的讨论中假定表面都是光滑的或是准光滑的，但实际上表面是否光滑和环境相的情况,材料的类型以至于温度的高低,都有关系，是表面原子间相互作用的合作现象 (cooperative phenomena) 的一种表现. 需要应用统计物理的理论来处理这个问题(参阅第五章第 I 部分).

伯顿 (W. K. Burton) 与卡布累拉 (N. Cabrera) 早在 1949 年就提出了建立在伊辛模型基础上的表面原子的统计理论[20]. 他

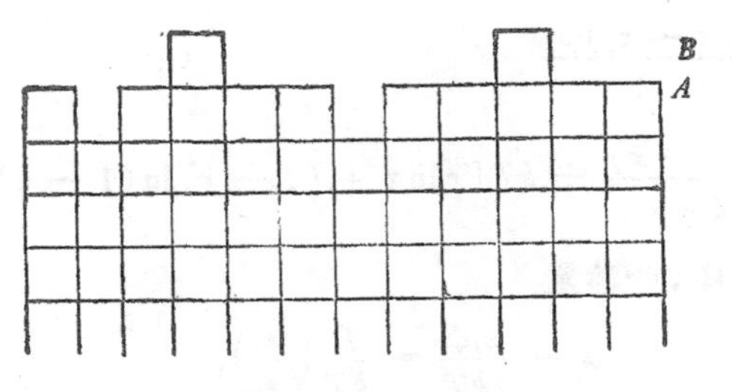

图 8.14 表面层原子伊辛模型的示意图.

们所提出的具体模型是这样的：在完整光滑的晶体表面层 A 上面有一未被全部占满的 B 层. 在 B 层中的原子坐位就可能有两种状态：被占（相当于 1）或是空缺（相当于 0），和伊辛模型中的正负自旋或 A, B 两种原子相对应（见图 8.14）. 设表面层单位面积的坐位数为 N, B 层中坐位的被占分数为 x，则单位面积中 B 层有 Nx 个原子. 设每对原子键能为 ϕ，晶体内部原子的配位数为 z，同一层中原子的近邻键数为 z_1（即水平键数），则单位面积的表面自由能为

$$\gamma = \frac{N(z - z_1)\phi}{2} - kT \ln Q_s$$

$$= \frac{N(z - z_1)\phi}{2} - kT \ln \sum \exp\left(-\frac{\mathscr{E}}{kT}\right), \qquad (8.31)$$

$N(z - z_1)\phi/2$ 这项表示拆断 $N(z - z_1)/2$ 个竖直键对表面能的贡献，它是一个和 x 无关的恒量；Q_s 为 B 层中原子分布组态的配分函数，$\mathscr{E}$ 表示 B 层中原子分布组态所决定的组态能. 最简单的理论处理是杰克森（K. A. Jackson）所提出的[21]，采用平均场近似（即 § 5.3 中的零级近似），即忽略了原子分布的簇聚效应，假定 Nx 个原子统计地分布在 B 层的坐位上，因此每个原子周围空缺的水平近邻数为 $z_1(1 - x)$，对应的组态能就等于 $\mathscr{E} = Nz_1x(1 - x)\phi/2$，因而可得出配分函数的表示式

$$Q_s = \frac{N!}{[N(1 - x)!Nx!]} \exp\left(-\frac{z_1\phi N(1 - x)x}{2kT}\right), \quad (8.32)$$

利用斯特林近似，再代入式 (8.31)，即得

$$\gamma' = \frac{\gamma}{N} - \frac{(z - z_1)\phi}{2}$$

$$= \frac{z_1\phi x(1-x)}{2} + kT[x\ln x + (1-x)\ln(1-x)]. \quad (8.33)$$

将 γ' 对 x 作图，令参量

$$\alpha = \frac{z_1\phi}{2kT} = \frac{L}{kT}\left(\frac{z_1}{z}\right), \quad (8.34)$$

这里 $L = \frac{z\phi}{2}$. 取不同的数值，结果如图 8.15 所示，可以看出，当 $\alpha > 2$ 时，表面能曲线有两个极小值，接近于 $x = 0$ 及 $x = 1$ 处；当 $\alpha < 2$ 时，则只有一个极小值，位于 $x = 0.5$ 处. 杰克森用以解释晶体生长表面的形貌：平衡态的 x 值接近于 0 或小于 1 时，相当于光滑的表面，只有少量的附加原子或表面空位；平衡态的 x 值为 0.5，则表面上坐位一半被占，一半空缺，而且是杂乱地分布着，相当于粗糙表面. 粗糙和光滑的表面不仅在形貌上有差异，而

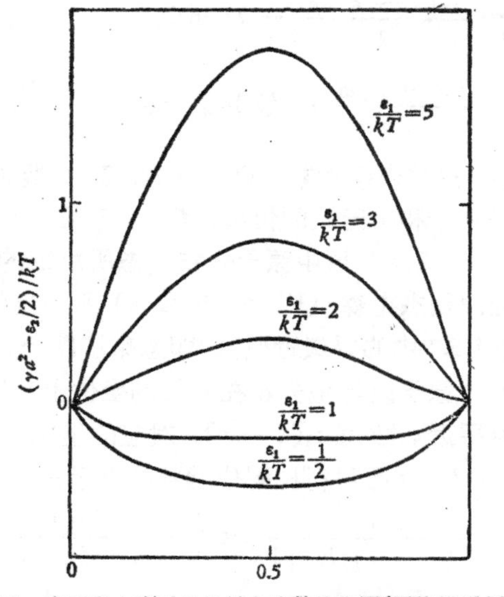

图 8.15 表面自由能对坐位被占分数的作图(平均场近似).

且在它们的生长动力学上也迥然不同．杰克森还将上述的处理蒸汽-晶体界面的结果引伸到熔体-晶体界面上，差别仅在于对 ϕ 的理解略有不同而已：在前一种情况，$z\phi/2 = L$，L 应理解为晶体中一个原子的升华热；在后一种情况中，则为熔化热。在晶体生长时 $T \simeq T_E$，即两相的平衡温度．控制表面光滑与否的参数 α 等于两项的乘积：一项为 L/kT_E，即等于相变熵 $\Delta S/k$；另一项为 z_1/z，决定于晶体结构和界面的取向。在熔体生长中，由于材料性质的不同，使界面的形貌产生差异：

(1) 熔化熵甚低的材料，$\alpha < 2$，呈现粗糙界面，金属与合金属这一类，也包括一些化合物，如 CBr_4．

(2) 熔化熵中等的材料，但 $\alpha > 2$，其界面是否光滑，这和晶面取向有关。较密排的面的取向因子 z_1/z 较高，可能是光滑的。半导体和氢化物晶体属这一类．

(3) 熔化熵甚高的材料，如水杨酸、苯脂酸等有机晶体属之，总观测到小面式的生长形貌．

至于汽相生长，由于相变熵较大，即使是金属和合金，通常都形成光滑的生长界面．但是 α 参量也和温度有关，对简立方晶体 (001) 面，$z_1=4$，当 $kT_r/\phi=1$，将出现界面从光滑到粗糙的转变．这样定出的转变温度 T_r 显然高于晶体的熔点，因而没有物理意义． 伯顿、卡勃累拉与夫兰克采用昂萨格的二维伊辛模型的严格解，定出的临界温度 $kT_r/\phi = 0.567$，要比平均场理论的要低一些（图 8.16)．杰姆金 (D. E. Temkin) 采用多层模型计算，结果和杰克森的理论相差不大[22]．但事实上实验观测到铜的 {110} 面和锌的 $\{22\bar{4}5\}$ 面都低于熔点发生表面粗糙化或表面熔化的现象．但以往的理论都将点阵视为没有计及表面弛豫的效应．表面弛豫所产生的法向收缩意味着随着原子周围实际近邻数的减小，原子对键合能 ϕ 反而得到增强．换言之，ϕ 将是实际近邻数 ν 的函数，可以简单地令

$$\phi(\nu) = a - b\nu, \tag{8.35}$$

a，b 为正值的材料常数，可由升华热和空位形成能等实验数据定

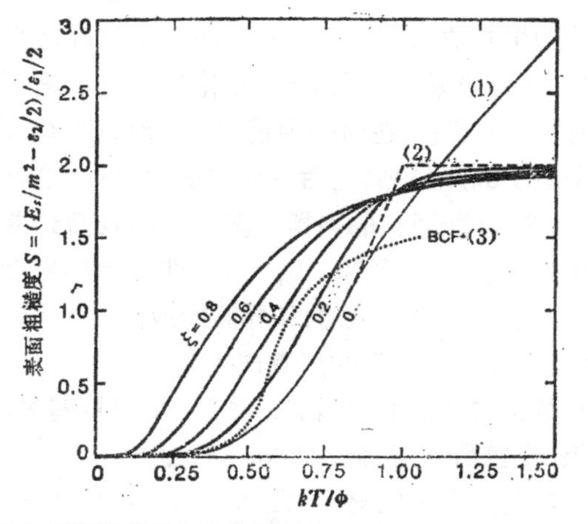

图 8.16　不同的表面统计模型计算出来的表面粗糙度对参量 kT/ϕ(或 α) 作图. ξ 为表征表面弛豫的参量:

$$\xi=\frac{L_s-kT-E_v}{L_s-kT},$$

L_s 为升华热, E_v 为空位形成能.

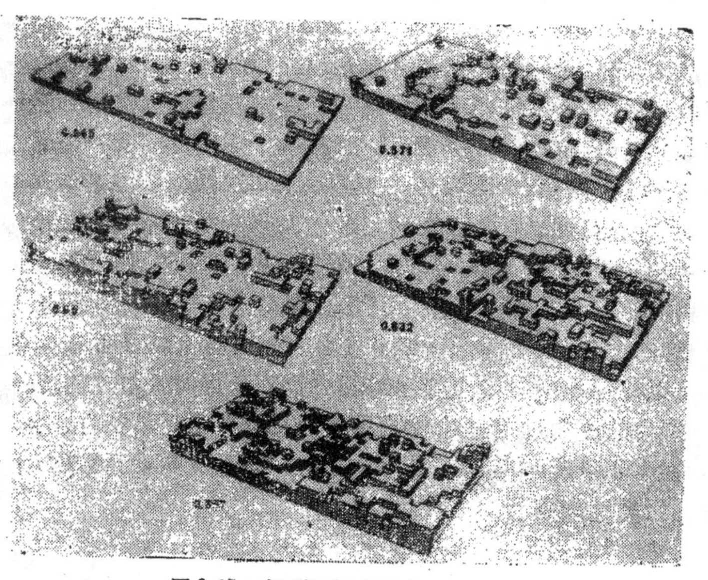

图 8.17　表面粗糙化的计算机模拟.

出．即使仍然采用平均场近似，所得表面自由能曲线对于 $x=0.5$ 呈现不对称性，这也是可以理解的，这意味着形成表面空位比形成附加原子容易．定出的表面粗糙化转变温度比昂萨格严格解的结果还要低些（图 8.16），可以较妥善地解释实验观测到的表面粗糙化转变[23]，这也表明杰克森理论的定量判据并不可靠．蒙特卡罗（MonteCarlo）方法的计算机模拟也提供了表面由光滑向粗糙转变的证据（图 8.17）．

§ 8.5 表面的电子理论

要理解各式各样的表面现象，表面的电子理论是一个重要的环节．为了使问题简化，这里只考虑洁净而光滑的表面．即使如此，问题仍然相当复杂，这里只能作一概略性的介绍．

首先从自由电子模型（§ 2.3）出发[24]，设想每边都等于 L 的方盒中的电子气，采用玻恩-冯卡曼的周期性边界条件，这就要求可能的 k 矢量的终端均处于边长为 $2\pi/L$ 的倒点阵的阵点上．因此 $|\mathbf{k}|\leqslant k_F$（$k_F$ 为费密面所对应的 k 值）的所有的倒阵点都被占，包括 $k_z=0$ 的平面上的阵点（见图 8.18）．如果我们将 S_1 与 S_2 表面（见图8.18）具体地考虑进去，那么沿 z 轴就不施加周期性边界条件，而要求波函数在 S_1 与 S_2 面上为零，即

$$\begin{cases}\psi(x,y,z)=\dfrac{\sqrt{2}}{L^{3/2}}[\exp i(k_x x+k_y y)]\sin k_z z \\ k_z=p\dfrac{\pi}{L},k_z>0(p\neq 0),\end{cases} \tag{8.36}$$

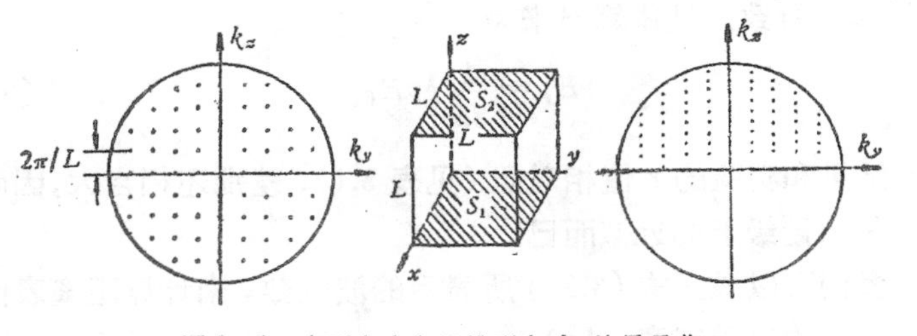

图 8.18 表面自由电子模型中 $\mathbf{k}$ 的量子化．

p 为整数. 在表面上电子的几率为零,由于连续性,电子将为表面所斥,电子气被压缩,因而其动能增大，从而产生了表面能. 在这种情况下,由周期性边界条件所引入的倒点阵就有所变化,其基矢值在 k_x 与 k_y 方向仍为 $2\pi/L$, 但在 k_z 方向收缩为 π/L, 而且 $k_z = 0$ 的阵点不复存在. 这样，态密度由原来的 $n(\mathbf{k})$ 变为 $n'(\mathbf{k})$, 分别等于

$$n'(\mathbf{k}) = L^3/2\pi^3, \quad n(\mathbf{k}) = L^3/4\pi^3.$$

考虑到边界条件的变化不会引起电子数的变化,因而

$$\frac{L^3}{4\pi^3} \cdot \frac{4\pi}{3} k_F^3 = \frac{L^3}{2\pi^3} \cdot \frac{2\pi}{3} (k_F + \delta k_F)^3 - \frac{L^2}{2\pi^2} \pi (k_F)^2. \tag{8.37}$$

上式右侧的后面一项是由于 $k_z = 0$ 的平面上的倒阵点不存在所引起的. 解出上式,取一级近似,便得

$$\delta k_F = \frac{\pi}{2L}, \tag{8.38}$$

这样,产生面积为 L^2 的两个表面所对应的表面能就等于

$$2E_s L^2 = \int_0^{k_F+\delta k_F} 2\pi k^2 n'(\mathbf{k}) E(\mathbf{k}) dk - \int_0^{k_F} 4\pi k^2 n(\mathbf{k}) E(\mathbf{k}) dk$$

$$- \int_0^{k_F} 2\pi k \frac{L^2}{2\pi^2} E(\mathbf{k}) dk.$$

上式可以改写为

$$2E_s L^2 = \frac{L^2}{2\pi^2} \int_0^{k_F} 2\pi k [E_F - E(\mathbf{k})] dk, \tag{8.39}$$

这个式子清楚地表明表面能是由于 $k_z = 0$ 平面上的能态由 $E(k)$ 升至 E_F 所致. 具体算出来为

$$E_s = \frac{1}{8\pi} k_F^2 E_F. \tag{8.40}$$

将此结果和实验的 γ 值相对照 (见表 8.1), 差别还相当大,因而只能说是数量级上的近似而已.

我们可以根据式 (8.36) 所表示的波函数, 来计算距离表面为 z 这一点的电子密度 $n(z)$:

表 8.1 表面能的计算值(按式(8.40))和实验值的对比

金 属	表面能的计算值 E_0 (尔格/厘米²)	表面能的实验值 γ_0 (尔格/厘米²)	温度 (k)
Cu	8100	1640 ± 100	850
Ag	5050	1310 ± 100	750
Au	5050	1480 ± 100	850
Zn	5500	105	
Sn	6350	685	

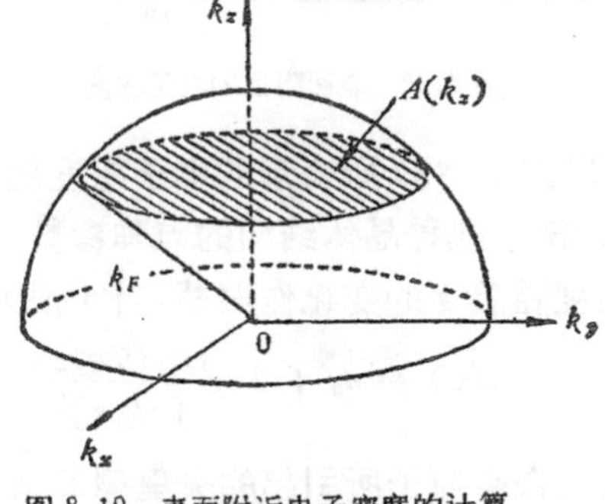

图 8.19 表面附近电子密度的计算.

$$n(z) = \sum_{|k|\leqslant k_F} \psi_k^* \psi_k = \frac{2}{L^3}\int_{|k|\leqslant k_F} \sin^2 k_z z \frac{L^3}{2\pi^3} dk_x dk_y dk_z, \quad (8.41)$$

积分系在费密半球内进行(参看图 8.19),因而可改写为

$$n(z) = \frac{1}{\pi^3}\int_0^{k_F} \sin^2 k_z z dk_z \int_{A(k_z)} dk_x dk_y,$$

这里的积分$\int_{A(k_z)}$是对 $A(k_z) = \pi(k_F^2 - k_z^2)$ 面来进行的,即得

$$n(z) = \frac{1}{\pi^2}\int_0^{k_F} (k_F^2 - k_z^2)\sin^2 k_z z dk_z. \quad (8.42)$$

具体计算出来,则为

$$n(z) = n_0 - 3n_0\left(\frac{\sin x - x\cos x}{x^3}\right), \quad (8.43)$$

这里的

$$n_0 = k_F^3/3\pi^2; \quad x = 2k_F z.$$

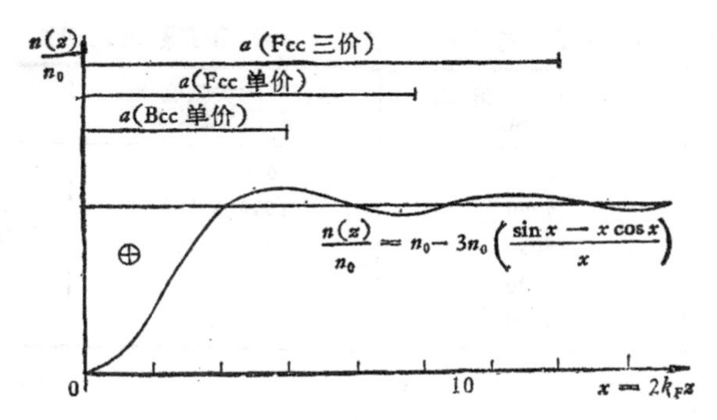

图 8.20 表面附近的电子密度.

图 8.20 示出式 (8.43) 所表示的电子密度随表面深度的变化情况，同时也标出了几种晶体结构的点阵参数作为参考．值得注意的是，电子密度随着 z 的变化作振荡，当 z 很大时，趋于渐近式

$$n(z)=n_0+3n_0\frac{\cos(2k_Fz)}{(2k_Fz)^2} \tag{8.44}$$

和 § 5.9 中所述的合金原子所引起的夫里德耳振荡有相似之处．出现和自由电子密度 n_0 有偏差的区域是不大的，不过一、二个原子层而已，这就相当于表面层的厚度．从图 8.20 中可以看出，紧贴表面的薄层中带有正电荷，为了减低能量，将导致一部分电子溢出表面，构成电偶层（图 8.21）．实验要观测到式 (8.43) 所示的电子密度振荡是极其困难的，但关于 Cu 的超微粒的核磁共振实验似乎得到了这种效应的信息．

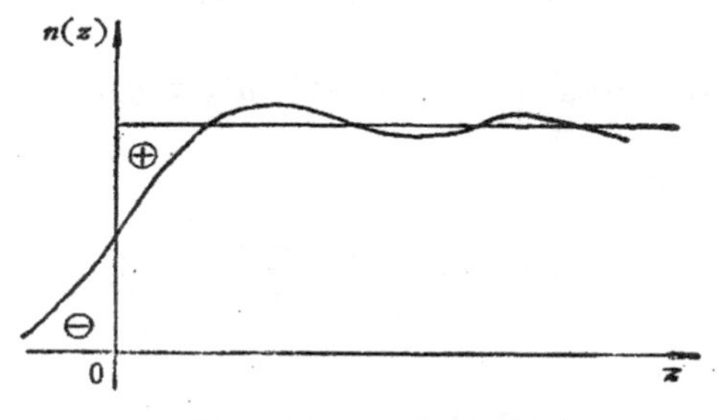

图 8.21 表面附近的电偶层．

上述的自由电子模型过于粗糙,定量上不可靠是不足为奇的.朗 (N. D. Lang) 和孔恩 (W. Kohn) 采用了考虑到电子间相互作用的浆汁 (jellium) 模型进行了更加认真的计算,对于正常金属,取得了和实验数据基本相符的结果[25]。他们将正离子的点阵用密度 n_+ 均匀的浆汁来代表,而电子密度则为 n_-,正负电荷密度分别等于 $\rho_+ = n_+|e|$ 和 $\rho_- = n_-|e|$,电子在 z 的势能 $V(z)$ 应满足泊桑方程:

$$\nabla^2 V = \frac{d^2V}{dz^2} = 4\pi e^2(n_+ - n_-), \tag{8.45}$$

积分出来,则得到

$$V(z) = V(-\infty) + 4\pi e^2\int_{-\infty}^{z}(n_+ - n_-)z\,dz. \tag{8.46}$$

在金属内部的化学势,相对于静电势 $V(-\infty)$ 来度量,可写为

$$\bar{\mu} = E_F + \mu_{xc}, \tag{8.47}$$

μ_{xc} 表示交换与库仑作用的相关效应. 如果选择能量的零点使 $V(-\infty) + \bar{\mu} = 0$ (参看图 8.22),则脱出功就等于

$$\phi = V(+\infty). \tag{8.48}$$

表面能的具体计算即在于比较无限大晶体与有表面的晶体的总能量之差异:总能量包含三项,

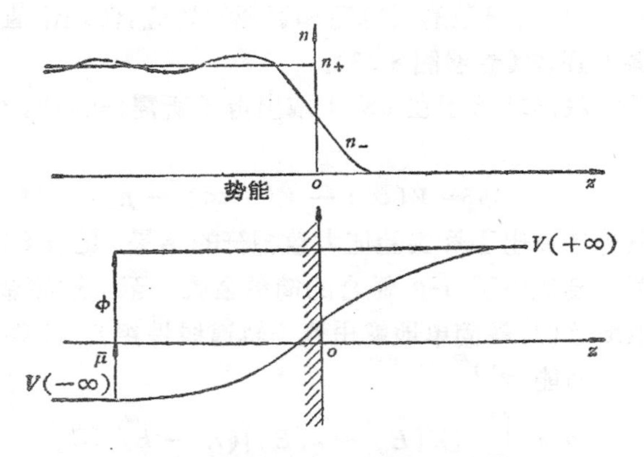

图 8.22 表面能计算的基本量的示意图.

$$U_{tot} = T + U_{es} + U_{xc}, \tag{8.49}$$

其中 T 为动能，U_{es} 为静电能，U_{xc} 为交换和相关能，而

$$U_{es} = \frac{|e|}{2}\int \phi(\mathbf{r})[n_+(r) - n_-(r)]\, dx\ dy\ dz, \tag{8.50}$$

这里的

$$\phi(\mathbf{r}) = |e| \int \frac{n_+(\mathbf{r}') - n_-(\mathbf{r}')}{|\mathbf{r} - \mathbf{r}'|} dx' dy' dz'. \tag{8.51}$$

设每个电子的交换和相关能等于 $\mathscr{E}_{xc}$，它是所在点电子密度的函数，因而

$$U_{xc} = \int \mathscr{E}_{xc}[n_-(\mathbf{r})] n_-(\mathbf{r})\, dx\ dy\ dz. \tag{8.52}$$

用自洽的方法求出存在表面的晶体的 $n_-(\mathbf{r})$，然后算出 T，U_{es}，U_{xc} 等项，再和完整晶体的相应项相对比，即可求出表面能的三个分项。例如对于 Na($r_s = 3.99$)，求出的 $E = 160$ 尔格/厘米^2，其中 $E_T = -145$ 尔格/厘米^2，$E_{es} = 40$ 尔格/厘米^2，$E_{xc} = 265$ 尔格/厘米^2。

对于碱金属取得尚属满意的结果，但对高价金属偏差较大，特别是对于 $r_s \leqslant 2.8$(($4/3)\pi r_s^3$ 为价电子的平均体积)时，得出 γ 为负值这一不合理的结果，表明了浆汁模型的局限性。朗与孔恩又引入一些修正，包括离散的正电荷和解理的效应，使理论值和实验数据符合得更好些（参看图 8.23）。

电子的脱出功等于在 0K 下取出电子所需作的功，按图 8.22，得到

$$\phi = V(\infty) - V(-\infty) - \bar{\mu}. \tag{8.53}$$

朗与孔恩也计算出了和实验值大致相符的结果（见表 8.2）。

模型主要适用于 s-p 键合的简单金属。至于过渡金属，可以采用紧束缚近似，最简单地就用原子轨道线性组合 (LCAO) 的方法来估计表面能 γ[3]

$$\gamma = \int^{E_F} [n'(E) - n(E)](E - E_0) dE, \tag{8.54}$$

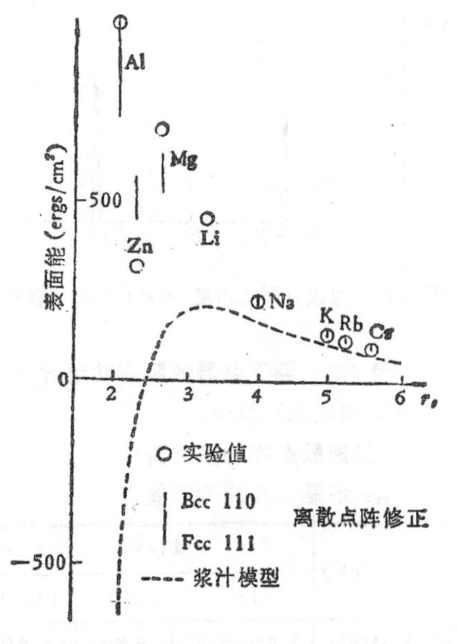

图 8.23 表面能的计算值与实验值的对比.(a) 浆汁模型的计算值(虚线);(b) 经过离散点阵和解理的修正值(竖直短线);(c) 实验值(圆圈).

这里的 n' 与 n 分别为有表面和没有表面晶体 d 带的态密度,E_0 为 d 电子在孤立原子中的平均能量,E_F 为费密能. 引入态密度 $n(E)$ 的 p 次矩 m_p

$$\left.\begin{aligned} m_p &= \frac{1}{N_0}\int (E - E_0)^p n(E)dE, \\ N_0 &= \int n(E)dE, \end{aligned}\right\} \tag{8.55}$$

m_0给出每一原子的电子数;m_1为能带相对于原子能级的平均位移;m_2 给出能带宽度的度量;高次矩用以描述能带的不对称性. 当所有的矩都给出了,$n(E)$ 也就完全确定了. 为了定性地说明问题,下面就用含有 10 个能态/原子的 s 能带来代替 d 能带.

将 $n(E)$ 用两个等强度的 δ 函数(分别处于 $E_0 + A$ 及 $E_0 - B$) 来表示(图 8.24);类似地,$n'(E)$ 表示为 $E_0 + A'$ 和 $E_0 - B'$ 处的 δ 函数. 由于零次态密度矩 $M_0 = M_0' = 10$ 原子$^{-1}$,那

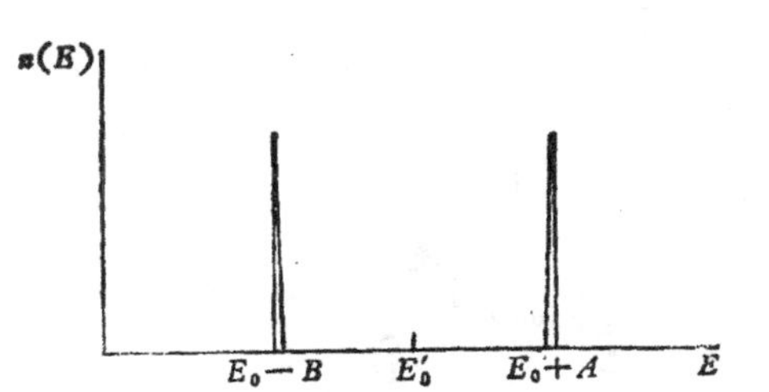

图 8.24 过渡金属态密度 $n(E)$ 的简化模型.

表 8.2 若干金属的脱出功浆汁

Φ_u 模型的计算值;

Φ 经离散点阵的修正值;

Φ_{exp} 多晶试样的测量值

金属	r_s	Φ_u(eV)	Φ(eV)			$\Phi(\mathrm{eV})_{exp}$
			(110)	(100)	(111)	
Al	2.07	3.87	3.65	4.20	4.05	4.19
Pb	2.30	3.80	3.80	3.95	3.85	4.01
Zn	2.30	3.80	4.15(0001)			4.33
Mg	2.65	2.66	4.05(0001)			3.66
Li	3.28	3.37	3.55	3.30	3.25	2.3:3.1
Na	3.99	3.06	3.10	2.75	2.65	2.7
K	4.96	2.74	2.75	2.40	2.35	2.4
Rb	5.23	2.63	2.20	2.10	2.05	2.2
Cs	5.63	2.49	2.25	1.90	1.80	2.14
Cu	2.67	3.65	3.55	3.80	3.90	4.65
Ag	3.01	3.49	3.50	3.65	3.80	5.22
Au	3.02	3.49	3.35	3.55	3.70	4.0

么每一 δ 函数包含 5 能态/原子,而

$$M_1 = M_1' = 0, \qquad \text{给出} \quad B = A, B' = A',$$

$$M_2 = z\beta^2 = 10A^2, \quad M_2' = \bar{z}'\beta^2 = 10A'^2,$$

这里的 β 为转移积分, z 为体内的原子配位数, z' 为晶体表面原子的近邻数. 令 N_v 为体内的原子数, N_s 为表面上的原子数,定义:

$$z' = z + \frac{N_s}{N_v}(z' - z), \tag{8.56}$$

即表示有表面的晶体中原子的平均近邻数。因而

$$A' \simeq A\left(1 - \frac{N_s}{2N_v}\frac{z - z'}{z}\right). \tag{8.57}$$

如果每个原子有 p 个 d 电子（$p \leqslant 5$），则表面上每个原子的表面能等于

$$\gamma = p\frac{z - z'}{2z}\sqrt{z}\,\beta, \tag{8.58}$$

而晶体的每个原子的结合能为

$$E = pA = p\sqrt{z}\,\beta, \tag{8.59}$$

而

$$\gamma = \frac{z - z'}{2z}E, \tag{8.60}$$

在这种粗略的近似中，表面能正比于表面上折断的键数，而每一断键的能量等于 $(1/2z)E$，只为纯粹按刚性点阵几何关系来估计的一半，这也表明存在有表面弛豫的效应。对 $p > 5$，式(8.58)和式(8.59)中的 p 将以 $(10 - p)$ 来替代，得到和式(8.60)相似的关系。图 8.25 示意地画出 γ 与 E 随 p 变化的关系。更加复杂的计算只是将三角形变化关系用圆滑的接近于抛物线关系来取代，但是 $\gamma(p)$ 峰值的数量级仍然未变。关于表面电子结构的更加深入的讨论，请参阅文献[26]。

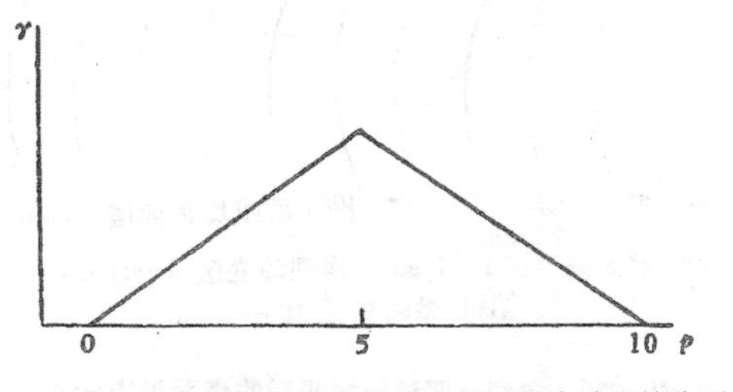

图 8.25　过渡金属的表面能随 d 电子数 p 变化关系的简化示意图.

§ 8.6 技术材料的表面

在实际技术中应用的金属材料的表面和前面讨论的洁净表面差异很大．首先在空气中有气体的吸附．即使是贵金属，暴露于空气中的表面也会吸附有氧和水蒸汽的薄层(数个原子层)；至于反应较强的金属，开始产生化学吸附，然后导致化学反应，形成氧化物或氢氧化合物．氧化层的继续生长(依靠金属离子的扩散)达到 50—100 埃左右．有些氧化层和基质匹配较好，结合紧密，阻碍离子的继续扩散，使得氧化层中止生长；有的氧化层和基质匹配不良，容易破裂，使得新鲜的金属重新暴露在空气之中，导致氧化层的生长继续进行．长成氧化物可以是晶态的，也有是非晶态的．有些相当平滑，有些则有许多晶须状的突出物．

大多数材料的表面是经过机械加工和磨制的，这就导致在几个微米至十几个微米的表面层中具有高的位错密度和强烈的晶格畸变，在磨光表面的顶层(0.1 微米厚左右)是所谓的贝耳俾层(Beilby layer)，亦即包含金属、金属氧化物及磨料颗粒一薄层肮脏的区域．覆盖在上面的是一层新氧化膜，其具体的形态决定于生长条件．图 8.26 示意地将这类表面层的剖面图画了出来．显然，情况相当复杂，实测表明其表面形貌为一系列的峰和谷所构成，但平均坡度也不过几度． 粗糙的程度是和表面加工条件有关的(见

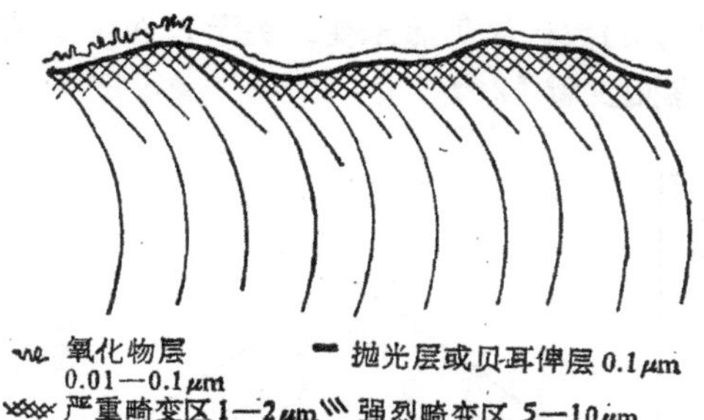

图 8.26 典型金属试样抛光后的表面形貌示意图．

表 8.3)，图 8.27 示出了对于软钢测量的一组数据，说明表面隆起处的高度分布接近于高斯分布.

表 8.3　表面形貌的实测数据

表面处理方法	表面参量(微米)		表面形貌参量
	σ(隆起处的平均偏离)	β(隆起处的平均半径)	$(\sigma/\beta)^{1/2}$
喷砂	1.4	13	0.33
金相抛光	0.14	150	0.03
	0.06	240	0.016
细抛光	0.014	480	0.006

一个很有实际意义的问题是探讨两块金属表面实际接触的面积. 由于表面存在峰与谷的形貌，显然，它要比表观的几何面积要小得多. 实测的结果(利用电阻、超声等方法)也证实了这一点.由于金属材料间的实际接触面积和法向负载力 w 成正比，而与表观几何面积和粗糙度无关，鲍丹 (E. P. Bowden) 与泰坡 (D. Tabor) 对此作出了如下的解释：隆起处相互接触处相互接触构成了交结 (junction)，在压力的作用下，这些交接产生了范性形变，从而使接触面积扩大，直到能够承担负荷为止. 如果材料产生范性形变的

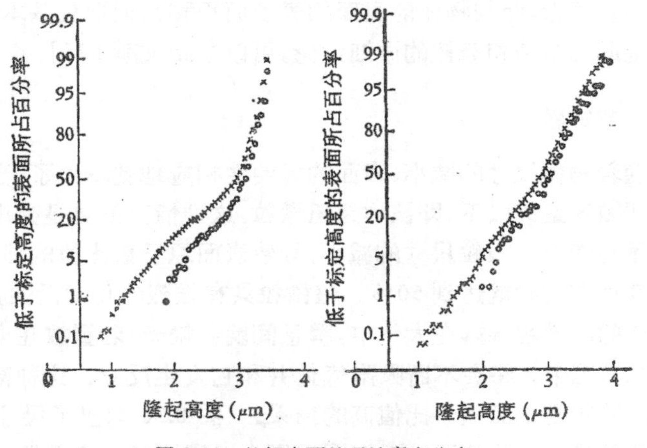

图 8.27　软钢表面的累计高度分布.

临界压力为 p_0，则某一隆起物支持的负载力为 w_1，对应的接触面积为 $A_1=w_1/p_0$，各个隆起物接触面积的总和等于

$$A=A_1+A_2+\cdots=\frac{w_1}{p_0}+\frac{w_2}{p_0}+\cdots=\frac{w}{p_0}, \qquad (8.61)$$

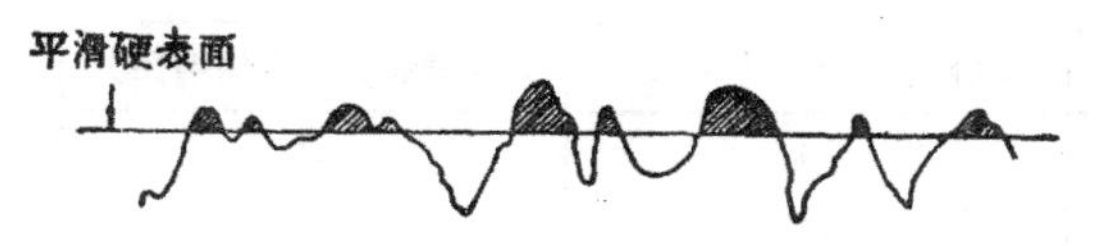

图 8.28　粗糙金属表面与光滑硬表面的交接.

因而，总的接触面积正比于负载力，反比于材料的屈服压力，而与表观面积和几何形貌无关. 这个基本规律构成了鲍丹与泰坡所发展的金属的粘结和摩擦理论的基础. 金属的粘结实质上就是两表面的真实接触区域形成了原子的键合，因此拉开它所需作的功，对于单位实际接触面积而言，应等于 2γ，而金属间产生摩擦的主要因素是由于金属的粘结所引起的，另一因素是隆起处在对面上刻划出沟槽和裂纹的效应，而这两个因素都决定于两表面之间的实际接触面积 A. 对于未加润滑的金属表面，前一因素远远超过后一因素. 这样，我们就不难理解摩擦力的经验规律：它是正比于法向的负载力，而与物体的表面的表观面积和几何形貌基本无关. 有关金属的粘结和摩擦的详细讨论，可以参阅文献 [27].

§ 8.7　超微粒

随着物体尺寸的减小，表面的重要性相应地就增大了，当尺寸达到亚微米量级以下，即被称为超微粒，这种情况就更是突出. 图 8.29 示出随着超微粒尺寸的减小，导致表面原子数比值的陡增，当到 100 埃左右时就达到 50%. 超微粒具有强烈的化学活性，如将刚制成的超微粒暴露在大气中，瞬息间就会烧光；若置放在非超高真空的雾围中，将会不断吸附气体并和它发生反应. 这种高度的化学活性正是表面原子比值高的结果. 图 8.30 画出了尺寸为 30 埃超微粒晶体结构的两维示意图. 图中以黑圈表示表面原子，它

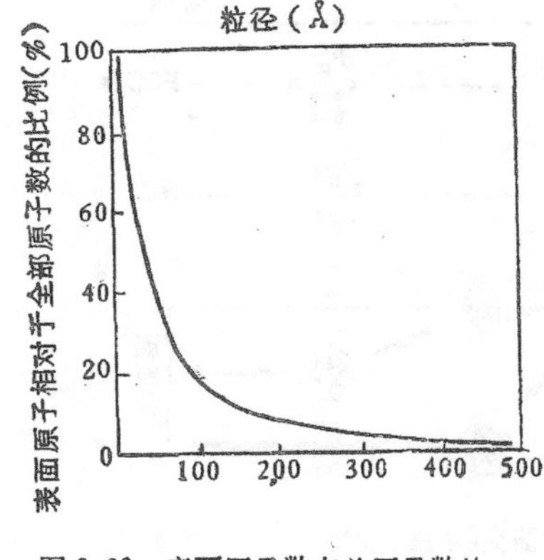

图 8.29　表面原子数占总原子数的比例与微粒直径的关系.

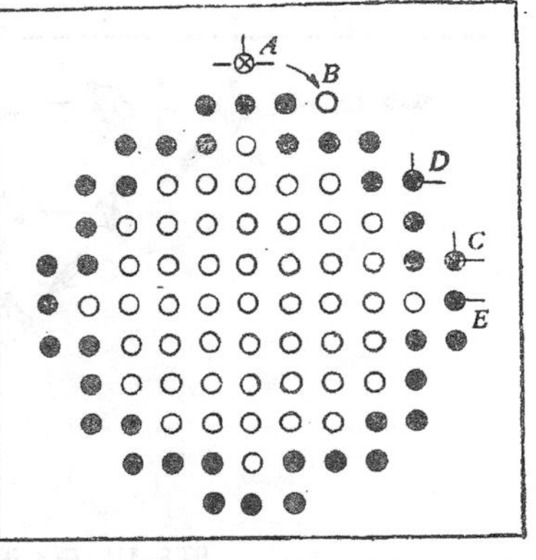

图 8.30　简立方晶体微粒的两维示意图(黑圈为表面原子,白圈为内部原子,条线表示欠缺的近邻键).

所欠缺的近邻数不尽相等,欠缺得多的（如 A）显然是不稳定的,瞬息间会转到 B 处. 这样,表面原子将不断地转移位置,并和吸附的气体原子相互作用.

金属超微粒的研究在当前相当活跃. 它和材料制备的一些基本过程(如成核与外延生长的初始阶段)密切相关; 同时也在一些重大技术问题(如多相催化,太阳能的利用,感光乳胶的显影等)中起关键性的作用; 由于化学反应性能好, 故它也是一种有发展前景的新型功能材料(如可作化学反应的催化剂和灵敏度高的传感器);另一方面,微粒的尺寸正好介乎原子和大块晶体之间,在其基础理论上是一个尚待开拓的领域.

在形成微粒的初期, 几个或几十个原子构成了原子簇（cluster). 首先采用原子对相互作用来讨论原子簇中的原子排列及其稳定性的问题: 原则上来说, 能量最低的组态应尽可能接近于密集排列. 设想从双原子分子出发,逐步增大其原子数,将构成等边三角形和正四面体的原子簇(参看图 8.31). 当增到五个原子时,则可能存在两种组态: 一是共面双四面体, 另一是新加原子只和四面体的两个角相键合. 前者是宏观密集六角结构的核心, 而后

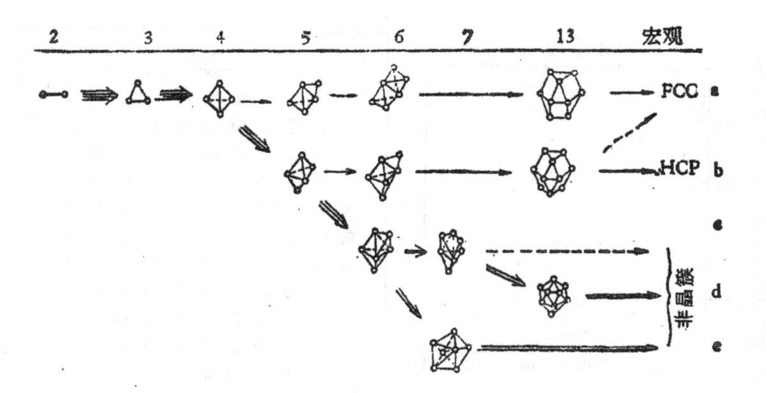

图 8.31 原子簇的演变(示意图)[3].

者有可能发展为宏观的面心立方结构. 双四面体键数较多，因而更为稳定，当尺寸较大时，则可以通过孪生来转变为面心立方结构,使所有的表面都是{111}型的,从而降低其表面能. 但当增大到六个原子时,向密集六角结构演变的组态也遇到类似的困难.新增的原子总是和原有四面体共面的键合方式在能量上更为有利.按照这种方式所形成的原子簇,将不可能具有长程序,但由于键数多,因而稳定性高.例如原子数为 n，则它的键数将为 $6+3(n-4)=3(n-2)$. 当原子数 n 较大时，这类无长程序的原子簇，由于键长不可能相等(存在弹性畸变)，其稳定性将低于正常密集结构的晶体.

无长程序的原子簇的稳定性问题可以直接用原子对相互作用势的定量计算来予以验证. 图 8.32 表示了按莫斯势和莱纳德-琼斯势的计算结果，表明当原子数不大时，无长程序的正二十面体(图 8.31 中的)和五角双棱锥体(图 8.31 中的)组态的能量最低.

蒸气凝结和沉积在基质上的金属微粒中往往出现五角形，六角形和二十面体的外形. 对于这些微粒进行电子衍射的研究，表明它们实质上是面心立方结构的多重孪晶组态(图 8.33). 它们和前面讨论的无长程序的原子簇有相似之处，就是它们和大块晶体的平衡态是不同的. 但是这类微粒的尺寸较大，有人曾经采用宏

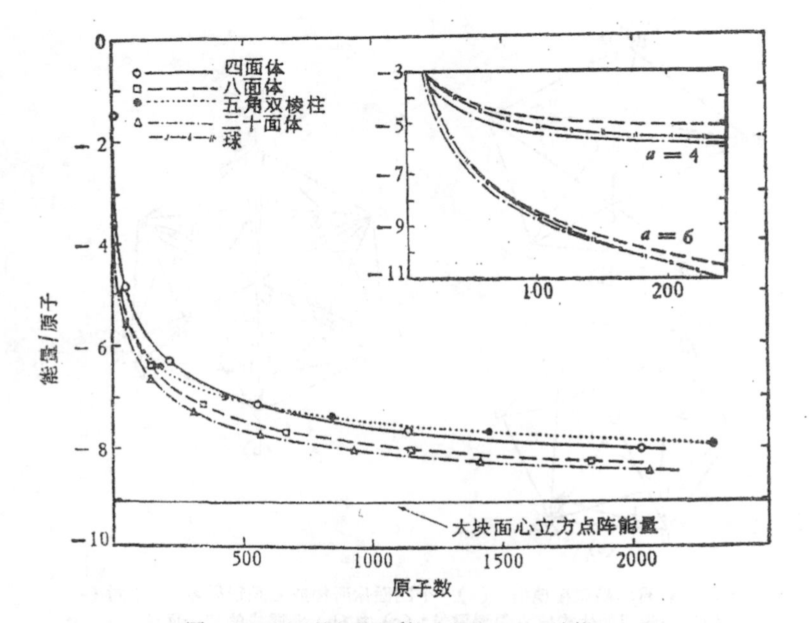

图 8.32　原子簇的能量(按莫斯势 $a=4$ 计算，右上附图系按 $a=6$ 计算).

观参量(如表面能，孪晶界面能，结合能及与基底的粘合能等)来比较不同组态的微粒的稳定性，结果见图 8.34. 值得注意的是，表面能、孪晶界面能及粘结能都是和 r 成正比的，而涉及弹性能的项则与 r^2 成正比. 计算结果表明，五角十面体的能量总比对应的乌耳夫多面体的高，因而是不稳定的；对于小尺寸的微粒，二十面体能量最低，因而是稳定的，当超过了临界尺寸 r_{iw} 就变得不稳定了. 由于微粒生长过程是在非平衡状态进行的，不一定能够立即变为能量更低的乌耳夫多面体，而更可能的是沿着图 8.34 中 GEABT 所示的微粒生长序列. 有人在实验中观测到的 NaCl 衬底上生长的二十面体粒子的尺寸为～400 Å，和理论估计的 $2r_{it}$(～409 Å)近似. 尽管对于这些微粒生长的确切途径尚有争议，但是可以肯定一些具有缺陷的亚稳结构(如多重孪晶组态)在其中起了作用. 晶体尺寸的缩小便引起单位体积的平均自由能的升高，并容易导

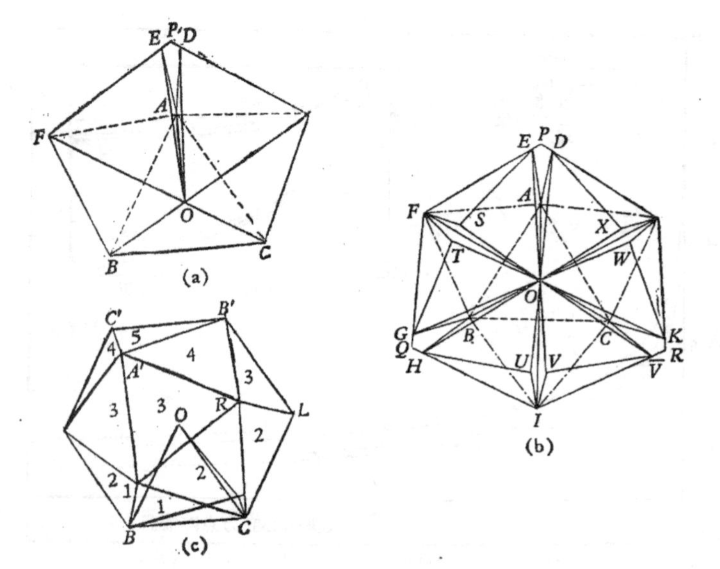

图 8.33　多重孪晶微粒模型.（a）5 个四面体所构成五角形微粒；（b）对（a）增加一些四面体构成六角形微粒；（c）由（b）发展成的二十面体.

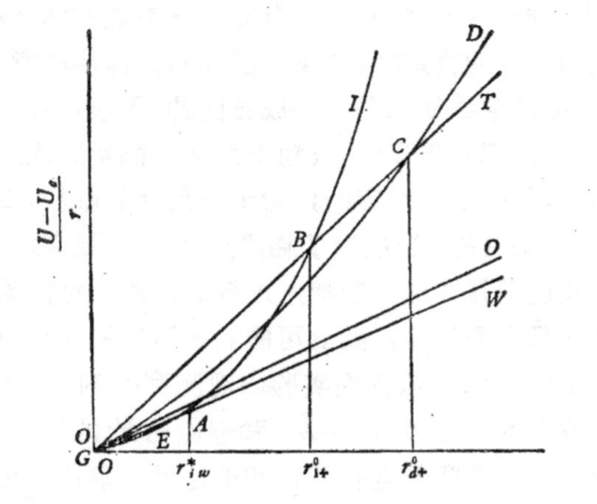

图 8.34　几种组态的微粒的稳定性.（I）二十面体多重孪晶；（D）十面体多重孪晶；（T）四面体；（C）八面体；（W）乌耳夫多面体.

致稳定性的丧失．晶体的熔点随其尺寸微细化而降低，这就是一个突出的例子．例如，100 埃的超微粒熔点下降为：铁，33℃；金，27℃；铝，18℃．

金属超微粒的电子结构也和大块金属的迥然不同．突出的差异是由量子尺寸效应 (quantum size effect) 所引起的．在大块金属中的能级组成了几乎接近连续的能带，当微粒尺寸甚小时，连续的能带又转化为离散的能级．设微粒中的价电子数为 N，能级间距 δ 的量级为

$$\delta = (E_F - E_0)/N, \tag{8.62}$$

这里 E_F 为费密能，E_0 为能带底部的能量．对于 $N \sim 10^4 \sim 10^5$，δ 将为 10^{-4} 电子伏的量级，和 1K 时的 kT 的数值为同一量级．因而在低温下应能观测到半径小于 100 埃的微粒的离散能级的效应．

微粒还有一个重要的性质，就是它所具有电子数是不容轻易改变的．道理也很简单，要增加或减去一个电子所需的功约为 e^2/a (a 为微粒半径)．当 $a \sim 100$ 埃，这就相当于 0.1 电子伏的量级，比室温的 kT 要大．因而在低温下，在上万个电子中增加或减少一个都是极其困难的．久保发展了微粒体系的统计力学，当 $kT \ll \delta$ 时，电子在能级上的统计分布将和熟知的费密分布不同．微粒的

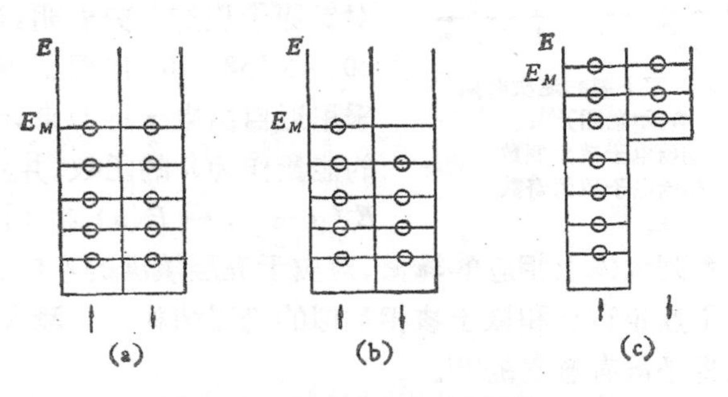

图 8.35　原子簇能级的示意图[3]．

(a) 偶电子数(抗磁性)；

(b) 奇电子数(顺磁性)；

(c) 超顺磁性．

有些物理性质将明显地依赖于其电子数是奇数还是偶数：电子数若为偶数，将具有抗磁性；若为奇数，则将具有遵循居里定律的顺磁性（见图 8.35）. 虽然有一些实验谋求探测微粒的这种奇偶效应，但由于对试样很难做到精确的控制，因而结论尚不明确. 至于铁磁性微粒，其磁化能是随微粒尺寸而减少的，在超微粒的区域内，磁化能将小于 kT，这样，就不能保持原来的铁磁性，被超顺磁性（superparamagnetism）所取代.

微粒的电离能也呈现奇偶效应. 若原子数保持恒定，逐次产生电离，对应的电离能显然要逐步增大. 但实际上这种增加是阶梯式的（图 8.16）. 反映了在同一能级上取走两个电子，电离能的差别是不大的；如果取走的两个电子位于相邻的能级，则电离能的差值就要大一些.

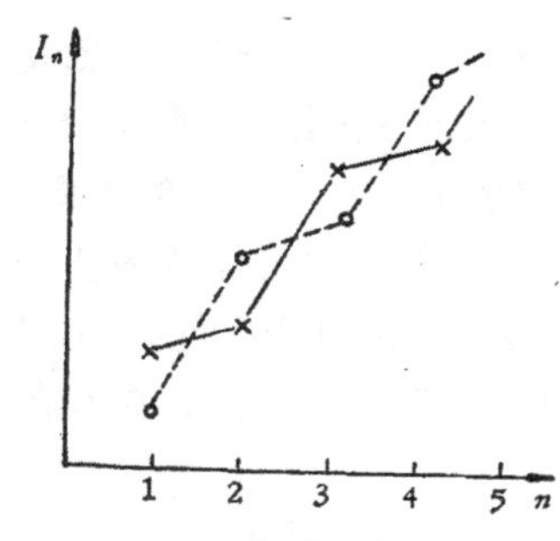

图 8.36 原子簇的逐次电离势（示意图）[3].
（a）初始电子数为偶数；
（b）初始电子数为奇数.

近年来，发展了多种技术（如脉冲激光蒸发，溅射等）用来产生原子数 n 值不同的原子簇（n 值可高达 100）. 利用质谱仪来检测其丰度，取得了很有意义的结果：一系列对应于丰度峰的 n 值，呈现出类似于核结构中的幻数（magic number）. 对钠原子簇的研究表明，当 $n = 8$, 20, 40, 58, 90，出现了丰度的峰. 采用近自由电子近似来计算原子簇的能量作为 n 的函数，并将 $\Delta(n) = E(n+1) - E(n)$ 对 n 作图，也可获得一系列大体上相应的峰值，对应于壳层填满的 n 值. 这个结果说明原子簇也存在和原子核相类似的壳层结构，更深入地探讨这个问题将是很有意义的[31].

在过去利用量子化学的分子轨道法对于原子簇的电子结构进行了大规模的计算，也取得一些有意义的结果，这些结果可用来论证要到多大的尺度以后，能带理论方始是有效的. 例如对于原子数为 13，19，43 的 Al 原子簇进行过计算，将这些结果和无限大晶体的能带理论的结果对比，就可以看出它们之间的相似之处和不同之点．对 43 个原子的簇所得的结果表明：被占能级宽度已达能带宽度的 90%，而态密度曲线也和能带计算的结果相近．对于用作为催化剂的金属，如 Ni, Pd, Pt 等原子簇也进行过类似的计算，表明它们也具有面心立方金属能带结构的某些特征；象 d 带与 s，p 带的重叠，在费密能附近的态密度峰，能带宽度随序列的增长，以至于Ni的自旋极化．当然也存在明显的差异：周界上配位数不全的原子将对其电子结构产生影响，从 d 轨道底部和顶部将分裂出局域的能级(相当于表面态)，由于周界上电子的欠缺将引起簇内电子密度的增大；还可以看出表面台阶的效应，相当于带有正电荷．

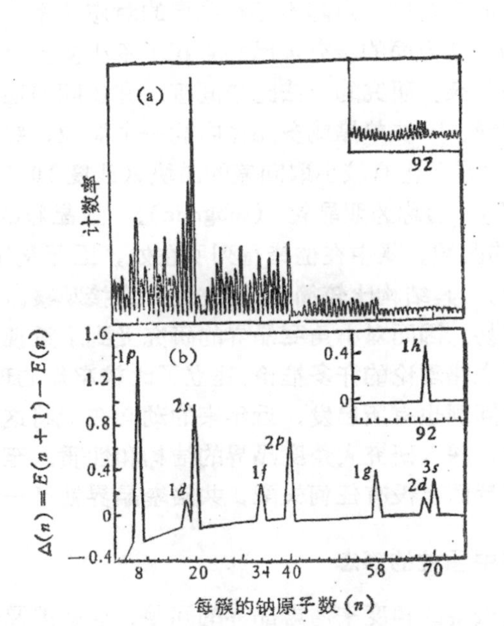

图 8.37 (a)钠原子簇的质谱，$n=4-75$，右上方小图对应于 $n=75-100$；(b) 电子能量差 $\Delta(n)=E(n+1)-E(n)$ 对 n 的作图．峰值处的标志对应于满壳层的轨道[31]．

第九章 界　面

I. 晶　界

金属材料通常是以多晶状态存在的．多晶体中不同取向的界面被称为晶界（grain boundaries）．晶界对于金属材料的性能（特别是力学性能）有重大的影响．在金属的冶炼及热处理过程中对晶粒度的控制，是获得优质材料的一个重要因素．由此可以窥见晶界的研究在实践中的重要意义．一般的晶界是非共格的（non-coherent），即晶界两侧的点阵不存在明显的对应关系，晶界结构基本是无序的．这方面的研究虽已经累积了不少实验资料，由于影响的因素很复杂，研究的方法比较间接．许多问题还很难从物理本质上来解释．一块单晶或多晶体中的一个晶粒，经过适当的处理，往往可以显示出有较小取向差的晶块（线度 10^{-3}—1 毫米，切向差小于 2°），通称为亚晶粒（subgrain）．亚晶粒的间界（亚晶界）上错排的区域，集中在位错行列所在处，因而是半共格的（semi-coherent），其结构比较简单，对它进行直接观察以及作理论分析都比较容易．因而对小角度晶界的研究受到了重视，所得出的结果证实了位错理论的许多推论，建立了比较牢靠的理论解释，对大角度晶界问题也有所启发．近年来的动向在于将这一套行之有效的方法进行深入研究大角度晶界的结构和性质．至于完全共格的晶界则在界面上没有任何失配，共格孪晶界就是一个例子．

§ 9.1 多晶体中晶粒的形态

首先从较宏观的角度来考虑晶界的问题，这就涉及金属与合金在金相观察中所表现出的晶粒的形态．一个单相体系处于严格的热力学平衡状态应为单晶体．但是由于晶界能并不大，因而趋向热力学平衡态的时率极为缓慢，在通常温度下可以完全忽略不计。因而在考虑多晶体内部的显微组织问题时，可以视为被冻结的亚稳态：即虽然就整体而言，没有达到热力学平衡态，但是考虑局域的问题，如晶界间的相互衔接，还是可以采用热力学平衡条件来处理的。

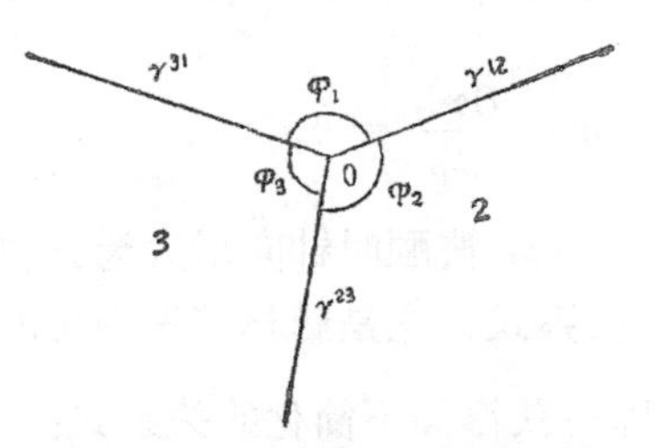

图 9.1　三个晶粒交界的截面图.

下面我们来分析晶界间界面能的平衡问题. 设想三个有确定取向的晶粒 1, 2, 3 (见图 9.1)，对应的晶界(1,2)，(2,3) 和 (3,1) 相交在通过 O 点和纸面垂直的一条直线上，φ_1, φ_2, φ_3 为三个二面角 (dihedral angle). 设想晶界能系数 γ_{12}, γ_{23}, γ_{31} 为取决晶粒间位向关系的参量. 局域的平衡组态可以用虚功原理来求出. 设想经过虚位移，三晶界的交界线由 O 点移至 O' 点 (图9.2)，所对应的晶界自由能的变化为

$$\delta F = [\gamma_{23} - \gamma_{31}\cos(\pi - \varphi_3) - \gamma_{12}\cos(\pi - \varphi_2)]OO' - O'B\left(\frac{\partial \gamma_{31}}{\partial \varphi_3}\right)\delta\varphi_3 - O'C\left(\frac{\partial \gamma_{12}}{\partial \varphi_2}\right)\delta\varphi_2, \qquad (9.1)$$

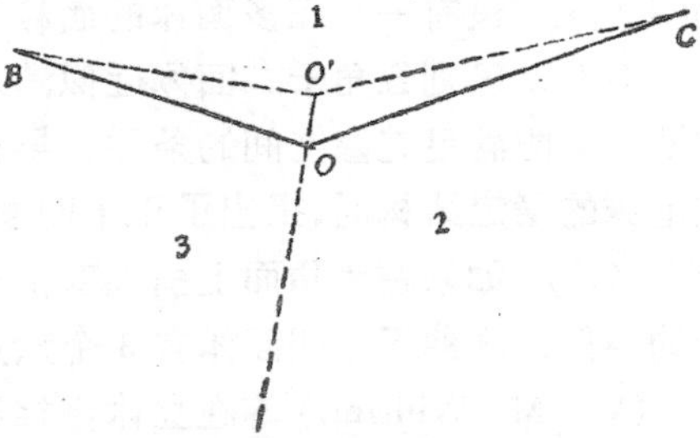

图 9.2　设想三晶界交界线产生虚位移.

因为 $\delta\varphi_3 = \angle BO'O - \varphi_3$，$\delta\varphi_2 = \angle CO'O - \varphi_2$，可得

$$O'B\delta\varphi_3 = OO'\sin\varphi_3,\quad O'C\delta\varphi_2 = OO'\sin\varphi_2.$$

在平衡状态，虚位移引起的自由能变化应等于零，即 $\delta F = 0$，即可求出

$$\gamma_{23} + \gamma_{31}\cos\varphi_3 + \gamma_{12}\cos\varphi_2 - \sin\varphi_3\frac{\partial\gamma_{31}}{\partial\varphi} + \sin\varphi_2\frac{\partial\gamma_{12}}{\partial\varphi} = 0, \tag{9.2}$$

这里 $\delta\varphi = \delta\varphi_3 = -\delta\varphi_2$ 按顺时钟向增大为正。按对称关系，还可以写出来另外两个关系式，这是赫林首先导出的关系式[32]。如果略去含有 $\frac{\partial\gamma}{\partial\varphi}$ 项，即可获得如下简化的关系式：

$$\frac{\gamma_{23}}{\sin\varphi_1} = \frac{\gamma_{31}}{\sin\varphi_2} = \frac{\gamma_{12}}{\sin\varphi_3}. \tag{9.3}$$

如果晶界能系数都相等，则 $\varphi_1 = \varphi_2 = \varphi_3 = 120°$。

下面来讨论多晶体中的晶粒形态问题。主要是要满足两个基本条件：一是充塞空间条件，即晶粒应完整无缺地充塞整个空间；其二是要局域地满足界面自由能极小的条件。相应的两维问题很容易解决，就相同的正六边形拼砌起来的图案，即满足充塞平面的条件，又能在每个交点上满足平衡条件。三维问题却不大好办。上述界面能的要求：三个晶界应交于一棱线，双面角都等于 120°，而四根棱线应交于一点，线之间的夹角应为 $\arccos(-1/3) = 109°28'$（四面体角）。没有一个正多面体的面棱间的角度关系能够完全满足这一条件。虽则五角十二面体近似满足这一条件，但由于五重对称性又不能满足充塞空间的条件。早在十九世纪凯尔文在考虑皂液泡沫的稳定结构时，提出了正十四面体（或截角八面体）的堆垛（见图 9.3），如果在六角面上引入双重弯曲，可以局域地满足表面能的条件。这种正十四面体有 8 个六角形和 6 个四边形，这和威廉士（W. M. Williams）等在立体金相观测到金属晶粒中有大量五边形（不仅是统计平均值）不完全相符。威廉士提出，可

以将凯尔文的十四面体(被称为 α 十四面体)略加变形,得到了 β 十四面体，它具有 2 个四边形，8 个五边形和四个六边形的面，更加逼近实测到的晶粒形态[33]。表 9.1 列出有关晶粒形貌的一些数据.

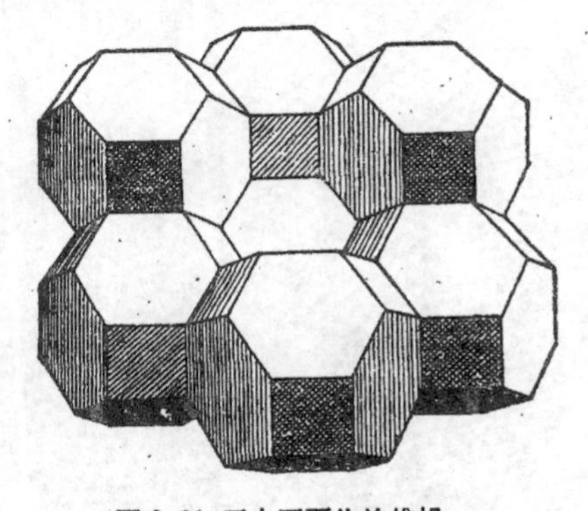

图 9.3 正十四面体的堆垛.

表 9.1 皂泡、细胞及晶粒的形态特征

	每面的平均边数	平均面数	平均顶点数
600 个均匀皂泡	5.111	13.702	23.404
150 个混合皂泡	5.095	13.260	22.520
450 个植物细胞	5.123	13.802	23.572
30 个 β 黄铜晶粒	5.142	14.500	24.852
100 个铝锡合金晶粒	5.02 (5.26)	12.48	20.88 (21.04)
α 及 β 十四面体	5.143	14.000	24.00
五角十二面体	5.000	12.000	20.000

§ 9.2 晶界的位错模型

晶界的皂泡筏模型使我们能够设想晶界上原子排列的情况. 从图(9.4)所示的皂泡筏模型的照片上可以看出晶界层很薄(不超过 2—3 个原子层)，这是和传统的厚晶界层（100—1000 埃）的理论相抵触的. 布兰登等用场离子显微术直接观察了晶界上的原子排列，也证实了这一点. 现代的晶界理论都是建立在薄晶界层的概念上的，在图 9.4 的左下角的小角度晶界就和一列位错相当.

而伯格斯所提出的晶界的位错模型即在于将晶界还原为位错的行列.

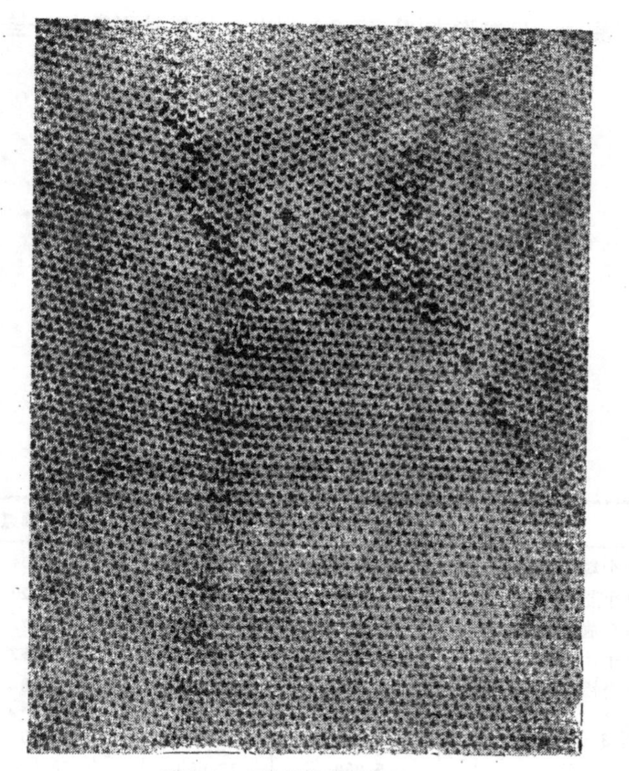

图 9.4 皂泡筏模型的晶界.

最简单的晶界就是倾侧晶界 (tilt boundary). 沿了平行于界面的轴线转过 θ 角造成了晶粒间的位向差. 图 9.5 所示为简单立方结构的晶体中界面为 (100) 面的倾侧晶界，相当于一列平行的伯格斯矢量为 [100] 的刃型位错线. 倾角 θ 和位错的间距 D 以及伯格斯矢量的数值 b 应满足下列方程:

$$D = \frac{b}{2\sin\frac{\theta}{2}}, \tag{9.4a}$$

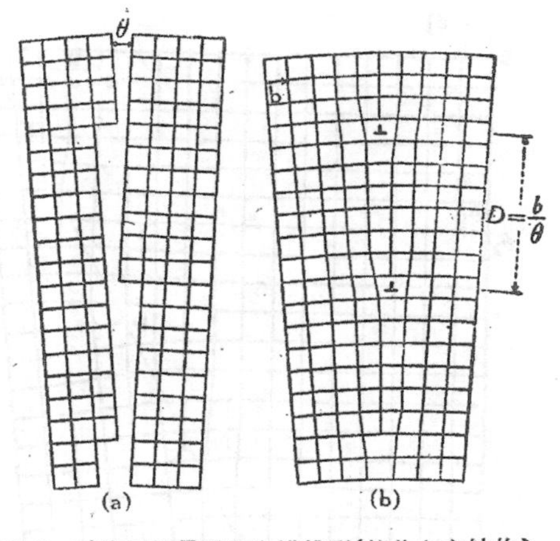

图 9.5 对称倾侧晶界的位错模型(简单立方结构).

当 θ 很小,可简化为

$$D=\frac{b}{\theta}. \tag{9.4b}$$

如果倾侧晶界的界面不是 (100) 面,而是任意的 $(hk0)$ 面,这种非对称的晶界就需要用伯格斯矢量分别为 [100] 及 [010] 的两组平行的刃型位错来表示. 设 $(hk0)$ 面和 [100] 方向的夹角为 ϕ (见图 9.6), 沿 AC 单位距离中两种位错的数目分别为

$$\left.\begin{aligned}\rho_1&=\frac{EC-AB}{b\cdot AC}=\frac{1}{b}\left[\cos\left(\phi-\frac{\theta}{2}\right)\right.\\&\quad\left.-\cos\left(\phi+\frac{\theta}{2}\right)\right]\\&=\frac{2}{b}\sin\frac{\theta}{2}\sin\phi\simeq\frac{\theta}{b}\sin\phi,\\\rho_2&=\frac{CB-AE}{b\cdot AC}=\frac{1}{b}\left[\sin\left(\phi+\frac{\theta}{2}\right)\right.\\&\quad\left.-\sin\left(\phi-\frac{\theta}{2}\right)\right]\simeq\frac{\theta}{b}\cos\phi.\end{aligned}\right\} \tag{9.5}$$

因此两组位错的间距分别为

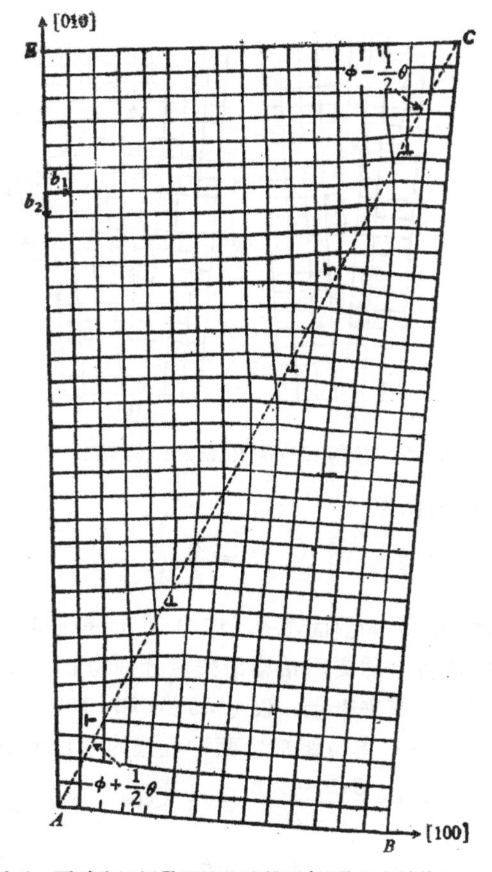

图 9.6　不对称倾侧晶界的位错模型(简单立方结构).

$$
\left.\begin{aligned}
D_1 &= \frac{b}{\theta \sin\phi}, \\
D_2 &= \frac{b}{\theta \cos\phi}.
\end{aligned}\right\} \tag{9.6}
$$

如果旋转轴和界面垂直，就形成扭转晶界 (twist boundary). 图 9.7 所示的是以 [001] 方向为转轴，(001) 面为界面的扭转晶界. 形成这样的晶界需要两组螺型位错构成的网格，一组是平行

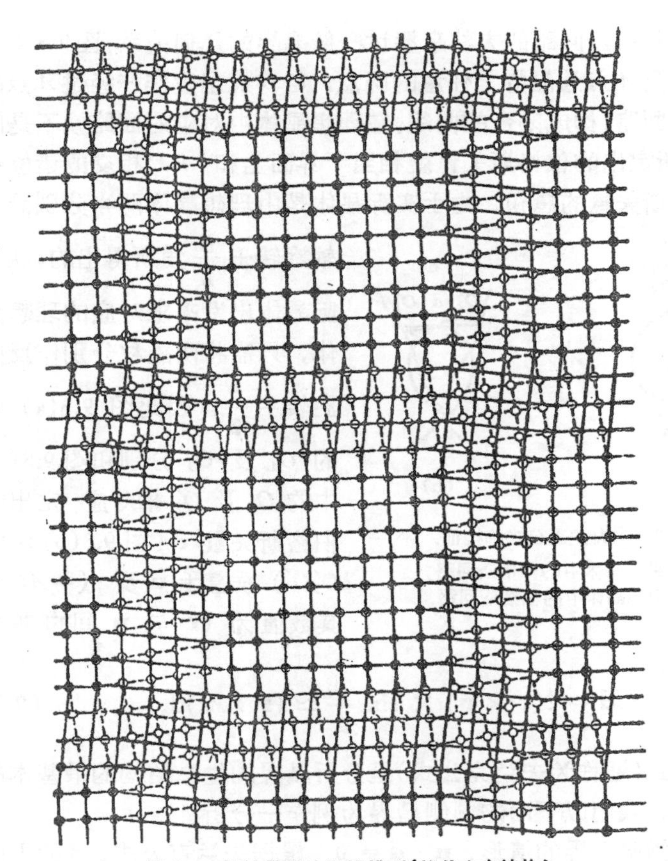

图 9.7　扭转晶界的位错模型(简单立方结构).

[100] 轴向，另一组是平行于 [010] 轴向，网格的间距 D 也满足关系式

$$D=\frac{b}{\theta}. \tag{9.7}$$

纯粹的倾侧晶界和扭转晶界是晶界的两种特殊形式. 一般情形的晶界，旋转轴和界面可以有任意的取向关系，需要用五个参数才能将晶界完全确定（两个参数确定界面的法线矢量 $\mathbf{n}$，两个参数确定沿旋转轴的单位矢量 $\mathbf{u}$，还有一个参数确定旋转角 θ）. 可

以应用伯格斯回路的方法来探讨一般晶界的几何关系：图9.8所示的O点及A点为晶界上任意的两点. 自O点出发作一经过A点的伯格斯回路，构成闭合的曲线. 在理想晶体中对应的回路就不是闭合的，所定出的伯格斯矢量就相当于界面上和 AO 相交的诸位错的伯格斯矢量的总和. 由于实际晶体是由理想晶体两半分别沿 $\mathbf{u}$ 轴旋转$+\frac{\theta}{2}$角所得出的；从实际晶体出发来求对应的理想晶体，只需将两晶粒分别作反向旋转$\mp\frac{\theta}{2}$. 因此图 9.8(a) 中的 O_1 及 O_2 分别和图9.8(b)中的 O_1' 及 O_2' 相对应. 定出的伯格斯矢量 $\mathbf{d}$（图 9.8(b) 中的 $O_2'O_1'$）垂直于 $\mathbf{u}$ 及 $\mathbf{r}(=AO)$，其数值为（$\mathbf{r}$ 与 $\mathbf{u}$ 间的夹角为 ψ）

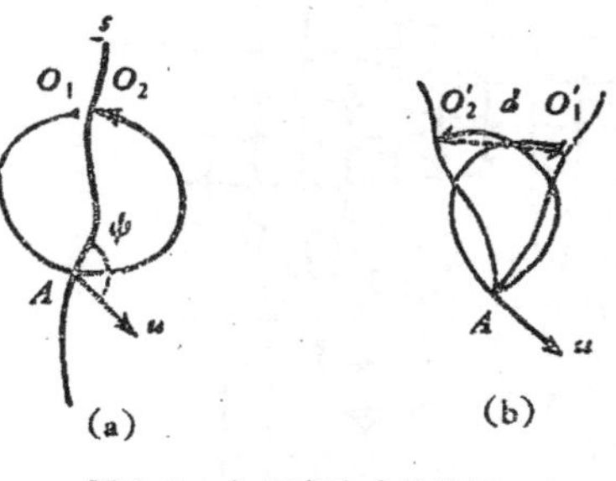

图 9.8 夫兰克公式的推证.
(a) 实际晶体中的伯格斯回路；
(b) 理想晶体中的伯格斯回路.

$$\mathbf{d} = 2(\mathbf{r} \times \mathbf{u}) \times \sin\frac{\theta}{2} \simeq (\mathbf{r} \times \mathbf{u})\theta, \tag{9.8}$$

这个公式（通称为夫兰克公式）是分析晶界的位错结构的最基本的公式[34]. 我们以下面的倾侧晶界为例作一分析：

在倾侧晶界的情形，$\mathbf{n} \cdot \mathbf{u} = 0$. 根据夫兰克公式，$\mathbf{d}$ 的方向应和界面法线方向一致，即

$$\mathbf{d} = r\sin\psi \cdot \theta\mathbf{n}. \tag{9.9}$$

如果晶界由一种位错所组成（伯格斯矢量为 b，沿 $\mathbf{r}$ 的线密度为 ρ），则

$$\rho\mathbf{b} = \sin\psi \cdot \theta\mathbf{n}, \tag{9.10}$$

界面的法线方向应和位错的伯格斯矢量方向一致. 在简单立方点阵中，可能晶界面是 $\{100\}$ 型的；在面心立方点阵中，可能的界面是 $\{1\bar{1}0\}$ 型的. 选择 $\mathbf{r}$ 的方向平行于 $\mathbf{u}$，$\sin\psi = 0$，则 $\rho = 0$，这个结果表明，所有的位错线都是平行于 $\mathbf{u}$ 的直线. 选择 $\mathbf{r}$ 方向

垂直于 $\mathbf{u}$, $\sin\phi=1$, 可以求出位错线的间距

$$\rho=\frac{1}{D}=\frac{\theta}{b}, \tag{9.11}$$

这和式(9.4)相同. $\mathbf{u}$ 的方向相当于滑移面和晶界面的截线.

如果倾侧晶界由两组伯格斯矢量不同($\mathbf{b}_1$ 及 $\mathbf{b}_2$)的位错所组成(线密度为 ρ_1 及 ρ_2), 按照夫兰克公式,

$$\rho_1\mathbf{b}_1+\rho_2\mathbf{b}_2=\sin\phi\cdot\theta\mathbf{n}. \tag{9.12}$$

上式可以解出

$$\left.\begin{aligned}\rho_1&=\theta(\{[\mathbf{b}_2\times(\mathbf{b}_1\times\mathbf{b}_2)]\cdot\mathbf{n}\}/|\mathbf{b}_1\times\mathbf{b}_2|^2)\sin\phi,\\ \rho_2&=\theta(\{[\mathbf{b}_1\times(\mathbf{b}_2\times\mathbf{b}_1)]\cdot\mathbf{n}\}/|\mathbf{b}_1\times\mathbf{b}_2|^2)\sin\phi.\end{aligned}\right\} \tag{9.13}$$

可以看出,所有位错线都是平行于 $\mathbf{u}$ 的.在简单立方点阵中,〈100〉型位错可能具有相互垂直的伯格斯矢量,例如 $\mathbf{b}_1=[100]$, $\mathbf{b}_2=[010]$. 根据式(9.12)可知,界面为 $(hk0)$ 型的,取 $\sin\phi=1$. 自式(9.13)可求出

$$\left.\begin{aligned}\rho_1&=\theta h/b\sqrt{h^2+k^2},\\ \rho_2&=\theta k/b\sqrt{h^2+k^2}.\end{aligned}\right\}b=a \tag{9.14}$$

引入[100]与界面的夹角 ϕ, 即得出式(9.5).在面心立方点阵中,可以有伯格斯矢量相互垂直的位错, 例如 $\frac{1}{2}[110]$ 及 $\frac{1}{2}[1\bar{1}0]$, 则界面亦为 $(hk0)$ 型的

$$\begin{aligned}\rho_1&=\theta\sqrt{2}\,(h+k)/2b\sqrt{h^2+k^2}, \quad b=(a/2)\sqrt{2}\\ \rho_2&=\theta\sqrt{2}\,(h-k)/2b\sqrt{h^2+k^2}.\end{aligned} \tag{9.15}$$

此外,还可以有伯格斯矢量夹角为 120° 的位错. 例如 $\frac{1}{2}[1\bar{1}0]$ 及 $\frac{1}{2}[011]$, 界面的法线方向应垂直于[111]方向,即 $\mathbf{n}\cdot[111]=0$ 或 $h+k+l=0$,

$$\begin{aligned}\rho_1 &= \theta h/b\sqrt{l^2+k^2+kl}, \\ \rho_2 &= \theta l/b\sqrt{h^2+k^2+hk}.\end{aligned} \tag{9.16}$$

类似的分析可以应用于其他的点阵类型及更复杂的晶界。一般的晶界都可以分解为适当的位错(通常是混合型的)网络，详细的情况可以参看文献[7]。应该注意的是，满足夫兰克公式的位错行列不一定是唯一的，其中能量最低的位错行列最稳定。

§ 9.3 晶界位错模型的实验证明

近年来有不少的实验工作细致地验证了晶界的位错模型，其中最直接的是福格尔等对于锗晶体小角度倾侧晶界的观测。他们

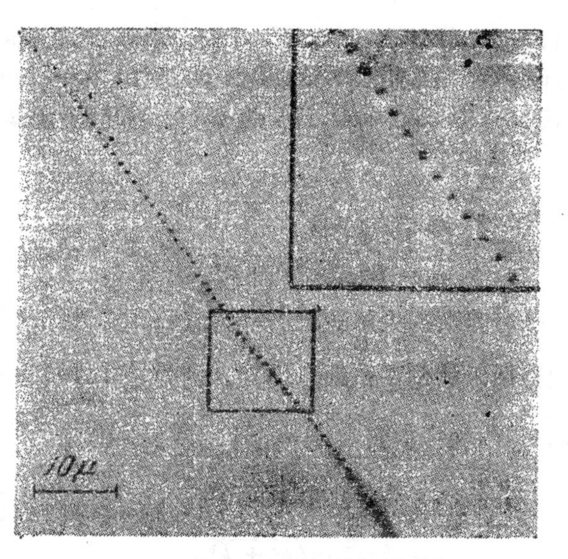

图 9.9 锗中的小角度晶界的腐蚀坑[39]。

从金相照片上测量了蚀斑的间距 D，又用X射线方法测量了晶粒间的位向差 θ，再用式(9.4)计算 D，两种结果完全一致[39](参看图 9.10)，表明金相照片上的蚀斑的确是位错的露头处，而倾侧晶界是由一列位错所构成的。在赫许等对金属薄膜的电子显微镜衍

表 9.2 铝中小角度晶界的电子显微镜观测的数据[38]

假设的晶界类型	旋转轴	旋转角(度)	位错间距的计算值(埃)	位错间距的实验值(埃)	分辨情况
(110)	[$\bar{1}$12]	2.1	80	130	不良
(211)	[0$\bar{1}$1]	1.36	94	100	部分良好
近于(111)的六方网络扭转	[111]	0.35	270	300	良好

衬法观察中发现了很多位错的行列及网络．位错的行列相当于倾侧晶界，位错的网络则相当于扭转晶界及混合晶界，这可以用电子衍射测定晶块间的倾角差来证实．表 9.2 列出了他们对铝中小角度晶界的测量结果[36]．

由于测定晶块间的微小位向差非常困难，而且精确度不高，阿默林克斯建议用测定三叉倾侧晶界上的位错密度来验证晶界的位错模型，就可避免了这个困难[37]．因为在三叉晶界上

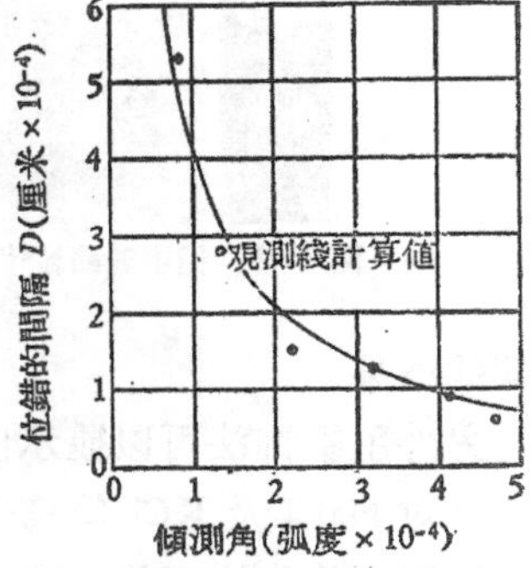

图 9.10 小角度晶界中位错间距与位向差的关系[35]（实验值与理论值的对比）．

$$\sum_{i=1}^{3} \theta_i = 0. \qquad (9.17)$$

在一般情形下，晶界是不对称的．如果这种晶界是由两组伯格斯矢量相互垂直的位错所组成的，则任一晶界的位错线密度可以表示为

$$\rho_1 = \frac{\theta_i}{b}(\sin\phi_i + \cos\phi_i), \qquad (9.18)$$

这里的 ϕ 表示界面和对称面的夹角．代入式(9.17)，可求得

$$\sum_{i=1}^{3} \frac{\rho_i}{\sin\phi_i + \cos\phi_i} = 0. \qquad (9.19)$$

阿默林克斯观测了 NaCl 晶体中的三叉晶界，验证了式(9.19)，结果符合得很好[37]．有人在锗、硅、铁及钼晶体中也获得

图 9.11　钼中亚晶粒[36]（电子显微镜衍衬象×28,000）.

类似的结果.

另外用缀饰法可以显示出透明晶体中的位错网络. 阿默林克斯等曾对 NaCl 及 KCl 等离子晶体中的位错网络进行了细致的分析. 发现这些位错网络具有明显的规律性，它们的几何关系(例如界面与旋转轴的取向，位错线的分布等)也符合于晶界的位错模型的推论[38]. 利用侵蚀法也能显示和观察面有小角度差的位错网络，它们的几何关系也符合位错理论的预期（见图 9.12)[39].

利用 § 9.2 中的夫兰克公式，可以对任何方法观察到的位错网络进行分析，确定组成网络的各段位错的伯格斯矢量. 下面论述具体的方法.

(1) 极图分析　位错网络的极图分析方法是卡林顿（W. Carrington）等人[40]首先提出的，他们用以分析了电子显微镜薄膜衍衬法在 α 铁中观察到的位错网络. 极图分析法是由夫兰克公式的下述关系导出的：对应于仅与一组位错相交的 $\mathbf{r}_i$ 矢量，夫兰克公式变为

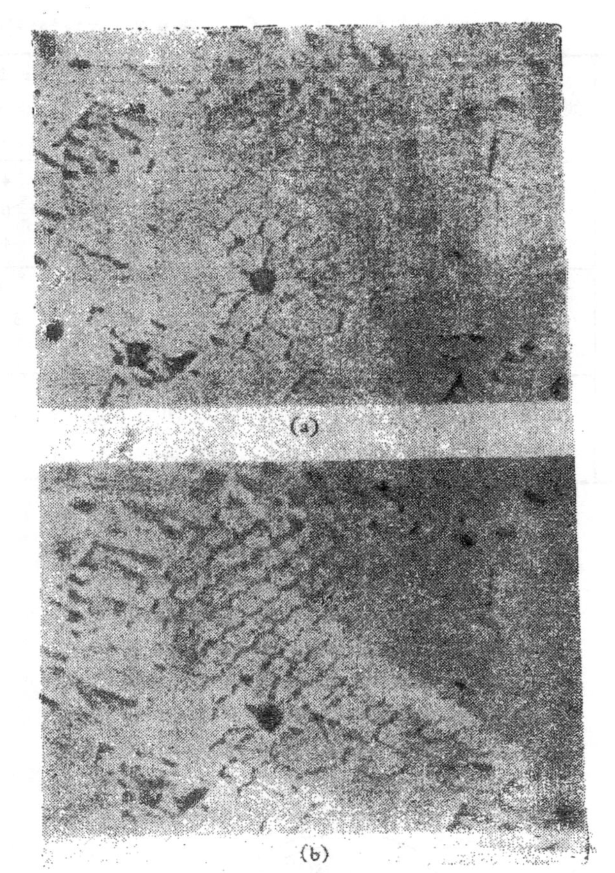

图 9.12 (111)面上的六角网络[39]. (b) 为 (a) 再浸蚀 16 秒而得 (×1200).

$$\left.\begin{aligned} n_A\mathbf{b}_A &= (\mathbf{r}_A \times \mathbf{u})\theta, \\ n_B\mathbf{b}_B &= (\mathbf{r}_B \times \mathbf{u})\theta, \\ n_C\mathbf{b}_C &= (\mathbf{r}_C \times \mathbf{u})\theta. \end{aligned}\right\} \tag{9.20}$$

可以看出，$\mathbf{b}_A$, $\mathbf{b}_B$ 及 $\mathbf{b}_C$ 分别与 $\mathbf{r}_A$, $\mathbf{r}_B$ 及 $\mathbf{r}_C$ 正交，而且三者共面（均与 $\mathbf{u}$ 垂直）. 因而作出 $\mathbf{r}_i$, 就有可能运用上述关系在极图上定出位错线的伯格斯矢量. 此即极图分析法所依据的基本关系。

表 9.3　六角蚀线网络的

网络编号	线组序号	位错线的伯格斯矢量	r^* 在观察面上的投影 $r'^*(10^{-4}cm)$	伯格斯矢量与实验值偏差 Δ	网面与观察面的偏差角 β	r 与 r' 间夹角 γ
2011（图 4）	A	$\frac{1}{2}[11\bar{1}]$	4.45	1.5°	5°	4°
	B	[010]	5.75	4.5°		0°
	C	$\frac{1}{2}[\bar{1}11]$	4.45	7°		4°
	A	[001]	同上	5°	−5°	0°
	B	[010]		4.5°		3.5°
	C	[011]		0°		5°
	A	[001]	同上	5°	−5°	0°
	B	$\frac{1}{2}[1\bar{1}1]$		1.5°		3.5°
	C	$\frac{1}{2}[\bar{1}11]$		4.5°		5°

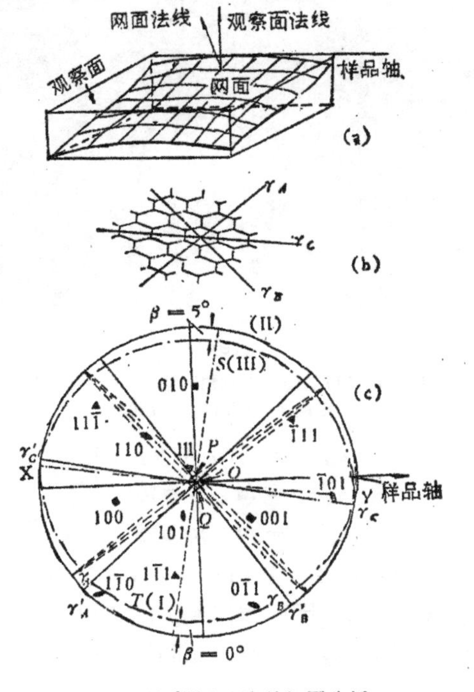

图 9.13　网络（图 9.12）的极图分析。

位错结构的分析结果[39]

$\mathbf{r}$ 与旋转轴间夹角 φ	$\frac{r'^{*}\sin\varphi}{b\cos\gamma}(=1/\theta)$ 的实验值	θ	θ^{-1} 与平均值的百分偏差	实验估计的网面偏角 β	选取的伯格斯矢量组
66°	1.50×10^4		3		
82°	1.55×10^4	12.5″	1.5		✓
74°	1.55×10^4		1.5		
43°	9.60×10^3		7		
39°	11.5×10^3		11	5°	
83°	9.90×10^3		4		
90°	1.40×10^4		7		
54°	1.75×10^4		16.5		
55°	1.35×10^4		10		

我们举图 9.12 中位错网络的分析为例．该网络的网面如图 9.13(a)所示，稍有弯曲，左右各稍弯向晶体内部，而上下则为单方向倾斜，因而若将网面近似地看作平面状，则该平面应自上而下地向晶体内部倾侧，图 9.13(c) 中的 XY 线即为该平面与观察面的交线方向．将这种网面的倾侧在样品的观察面的极图［图 9.13(c)］上表示出来，相应于 $\beta=0°$ 及 $\pm5°$ 的网面即为基圆及 XTY、XSY 大圆．在照片上作出只与一组位错相交的三根 r' 线［见示意图 9.13(b)］，并将其转移到极图上，它们与上述大圆的交点即为相应网面内的 $\mathbf{r}$ 矢量的极点．作出与该 $\mathbf{r}$ 极点正交的大圆(分别交于 P, O, Q 的三组大圆)．据上所述，相应的伯格斯矢量应在这些大圆上．从图 9.13(c) 中可以测出可能的伯格斯矢量极点与大圆的偏差，结果如下：[001]，[010]，[011] 组的总偏离为 10°(设网面为大圆 I)；$\frac{1}{2}[11\bar{1}]$，[010]，$\frac{1}{2}[\bar{1}11]$ 组的总偏离为 13°(设网面为大圆 III)；[001]，$\frac{1}{2}[1\bar{1}1]$，$\frac{1}{2}[\bar{1}11]$ 组与大圆 I 的总偏离为 11°(设网面为大圆 III)(见表 9.3)；它们都大体满足上述正交和共面要求，因而无法由极图方法唯一决定．

(2) *夫兰克公式的定量检验* 极图分析往往不能获得唯一肯定的结果．为检验分析结果的可靠性，并对不能唯一确定的情况加以甄别，还必须进行夫兰克公式的定量检验[39].

由上所述，极图分析方法只运用了式 (9.20) 的正交关系，因而是不全面的. 由式 (9.20) 不难导出

$$\frac{r_A^* \sin \varphi_A}{b_A} = \frac{r_B^* \sin \varphi_B}{b_B} = \frac{r_C^* \sin \varphi_C}{b_C}, \tag{9.21}$$

式中 r_A^*, r_B^*, r_C^* 分别为 $\mathbf{r}_A$, $\mathbf{r}_B$, $\mathbf{r}_C$ 方向上的位错线间隔，φ_A, φ_B 及 φ_C 为 $\mathbf{r}_A$, $\mathbf{r}_B$ 及 $\mathbf{r}_C$ 与 $\mathbf{u}$ 间夹角. 这些参量均可在照片及极图上测出，因而可以直接验证极图分析的结果.

为说明定量检验方法，还以图 9.12 的网络为例. 由照片上测出位错线间隔 $r_A^{*\prime}$, $r_B^{*\prime}$, $r_C^{*\prime}$, 考虑到网面与观察面的偏离，真实间隔必须修正如 $r_i^* = r_i^{*\prime}/\cos\gamma_i$, γ_i 为 $\mathbf{r}_i$ 与 $\mathbf{r}_i'$ 间的差角. 根据极图分析的结果，对于每一组伯格斯矢量，找出对应的旋转轴矢量 $\mathbf{u}$ (伯格斯矢量所定平面的法线)，并测出它与相应 $\mathbf{r}$ 间的夹角 φ_A, φ_B, φ_C. 由实测数据可得一系列 $\frac{r^* \sin\varphi}{b}$ 的数值，即可进行验证或甄别，得出肯定的结论. 上节所述三种可能情况的结果均列于表 9.3，其中，伯格斯矢量组为 $\frac{1}{2}[11\bar{1}]$, $[010]$, $\frac{1}{2}[\bar{1}11]$ 者，既满足伯格斯矢量与 $\mathbf{r}$ 矢量正交的几何条件，又满足夫兰克公式所规定的数值关系. 相应的 $\frac{r^* \sin\varphi}{b}$ 数值分别为 1.50×10^4, 1.55×10^4 1.55×10^4 (即 $\theta \cong 6.55\times10^{-5} = 12.5''$)，它们几近相等，与平均值的平均偏离只有 2%，而另外两组的平均偏离达 8% 和 10%. 这样就最后排除了不合适的结果，将网络的位错结构唯一地确定了下来.

§ 9.4 孪晶界[41]

除了一般的晶界以外，也可能存在一些特种的晶界，界面上的原子正好坐落在两晶体的点阵坐位上. 这种晶界称为共格晶界，由于界面上没有显著的原子错排，它的晶界能要比一般晶界低得多. 最常见的共格晶界就是共格孪晶界，界面两侧的晶体的位向

满足反映对称的关系，反映面即称为孪生面.

下面我们以面心立方晶体为例来说明孪晶界的问题. 我们知道，面心立方晶体中{111}面是按 $ABC\ ABC\ ABC$ 的次序堆垛起来的，应用堆垛符号来表示，即 △△△△△△△△. 如果从某一层起，堆垛层序颠倒过来（$ABCABACBACB$ 或 △△△△▽▽▽▽），上下两部分晶体就形成了孪晶关系（参看图 9.14）. 可以看出，所

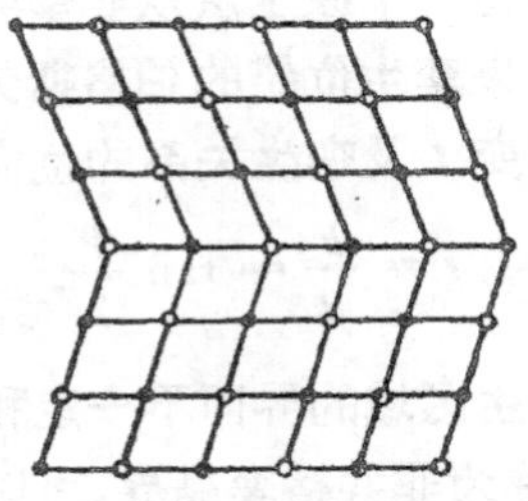

图 9.14　面心立方晶体的孪生关系.

有原子（包括孪生面上）的第一近邻的数目和距离都和完整晶体相同. 有改变的只是孪晶界面上的第二近邻的关系，它们从面心立方的 ABC 型转化为密积六角的 ABA 型.

显然，共格孪晶界和堆垛层错有密切的关系. 后者具有层序 $ABCABABC$（△△△△▽△▽），相当于单原子层的孪生，有相邻两个共格孪晶界. 因而可以用共格孪晶界能的两倍来表示层错能层错将层序自△变为▽，如果接连有 N 层层错，就形成了 N 原子层厚的孪生.

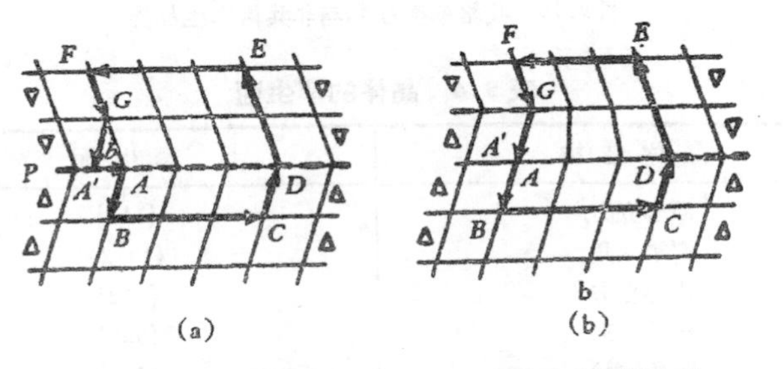

图 9.15　应用伯格斯回路法确定孪生位错的伯格斯矢量.

如果孪生的第一个层错面并没有穿过整个晶体，周界就是一个肖克莱位错，相当于共格孪晶界的一个台阶（见图 9.15）. 为了确切地定义这种孪生位错的伯格斯矢量，可以采用伯格斯回路的方法. 所不同的是，这里的参考晶体应选用具有完整的共格孪晶界的晶体. 在共格孪生晶体中回路不能闭合，缺口所定义的矢量即为孪生位错的伯格斯矢量（见图 9.15）. 孪生位错可以沿孪生面滑移，滑移时即将一个原子层从非孪生状态转化为孪生状态或者它的逆过程. 如果孪生位错的伯格斯矢量为 $\mathbf{b}$，相邻原子层的间距为 d，孪生切变 s 及孪生关系的位向差 φ 可表示为

$$s=\frac{b}{d}=\tan\frac{\varphi}{2}. \tag{9.22}$$

孪生区域与非孪生区域的界面不一定和孪生面相重合. 在不相重合时，这种界面称为非共格孪晶界，可以看为一列孪生位错所构成的界壁（见图 9.16）. 其晶界能比共格孪生晶界要高得多. 孪生位错沿螺蜷面的滑移，使孪生能够连续不断地发展. §7.22 中所介绍的位错增殖的极轴机制可以满足这个要求. 附加的条件为

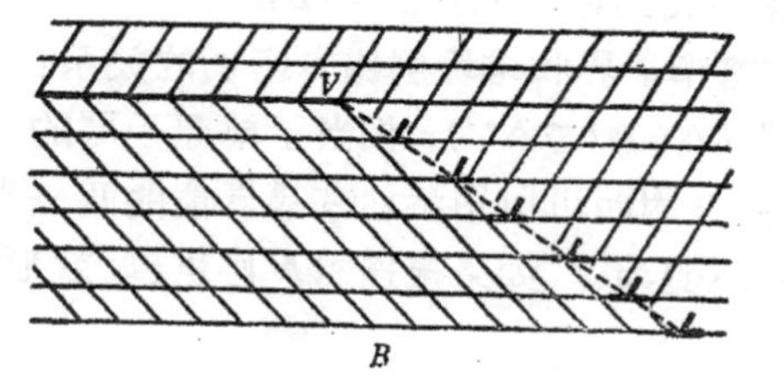

图 9.16 共格孪生晶界与非共格孪生晶界.

表 9.4 晶体的孪生面

晶体结构	孪生面
面心立方	{111}
密集六角	$\{10\bar{1}2\}$
体心立方	{112}
菱形	{001}
四角(锡)	{331}

扫动位错是能产生孪晶关系的不全位错.

孪生可以在形变中产生(称为机械孪生)，也可能在晶体生长或退火过程中产生(称为生长孪生及退火孪生). 机械孪生将在后面讨论. 表 9.4 列出了一些其他晶体结构的孪生面. 关于晶体中孪生的讨论,可以参看文献 [41].

§ 9.5 晶界结构的一般理论

上节所示的晶界的位错模型原来不一定限于描述小角度的晶界. 任意的晶界都可以根据其几何关系还原为位错的行列或网络. 从夫兰克公式可以看出,θ 愈大,位错的密度也愈大，位错的间距就愈小. 如果在式 (9.4b) 中 θ 用 30° 代入，求出的位错间距就接近于原子间距，这时候各位错的核心区已经靠在一起了，单个的位错线是否尚具有意义，就值得令人怀疑了. 这从皂泡筏模型的晶界照片上也可理解到这一点，在图 9.4 所示照片中右上方的晶界就不能分解为明确的位错行列. 一般说来，在晶界的薄层中,原子排列得比较杂乱,也比较稀松. 但也还存在有一些比较整齐的区域. 要对这种结构作精确的描述还是有困难的，一般只能求助于简化的模型.

早期提出的两种模型就是:

(1) *过冷液体模型*　认为晶界层中原子排列接近于过冷的液体或非晶态物质. 在应力作用下可以引起粘滞性的流动，可用来解释葛庭燧所发现的晶界滑动所引起的内耗峰[42]. 但只有假定很薄的晶界层(不超过两三个原子厚度)才能符合实验的结果(参看 § 9.10).

(2) *小岛模型*　莫特首先提出晶界的小岛模型. 认为晶界中存在原子排列匹配良好的岛屿，散布在原子排列匹配不良的区域中. 这些岛屿的直径约数个原子间距. 用小岛模型也可以解释晶界滑动的现象[43]

葛庭燧提出了晶界的无序群模型[44],认为晶界中有排列比较整齐的区域,也有比较疏松而杂乱的区域，后者被称为无序群,具有较大的流动性．从晶界结构的观点看来，这一模型是接近于小岛模型的；但是对于晶界滑动的机制，提出了不同的解释．

斯莫留乔符斯基（R. Smoluchowski）根据沿晶界扩散的实验结果，提出了对小岛模型的补充[45]．实验结果表明，沿晶界的扩散，即使在大角度晶界，也不完全是各向同性的．他即认为这是晶界的位错结构某种程度的残留，因而提出一种大角度晶界的图象，其特点在于晶界结构是随 θ 角作连续变化的． 在 θ 角小的时候，接近于位错模型；只有当 θ 角接近于 45° 时，晶界的各向异性才丧失，接近于原始的小岛模型（参看图 9.17）．

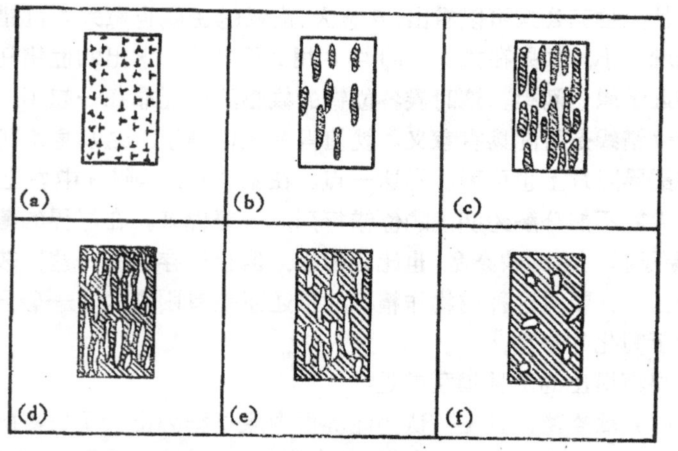

图 9.17 晶界结构与位向差的关系的示意图（按照斯莫留乔符斯基）．
(a) $0<\theta<\sim7°$，(b) 及 (c) $\sim7°<\theta<\sim25°$；
(d) 及 (e) $\sim25°<\theta<\sim40°$，(f) $\theta=\sim45°$．

近年来，对关于一般晶界是否具有周期结构这一问题已进行了深入的探讨，并取得不少进展．早在 1949 年克隆堡（M. L. Kronberg）与威尔森（F. H. Wilson）在研究某些高度易动性的晶界时就提出了重合坐位晶界的设想．即晶界上某些原子坐位是两侧点阵所共有的［参看图 9.18(a)］．下面介绍玻尔曼（W. Bollmann）的 O 点阵作为理解这个问题的阶梯[9]．

设想两个全同而且彼此重合的点阵 L_1 和 L_2，令 L_2 沿某一

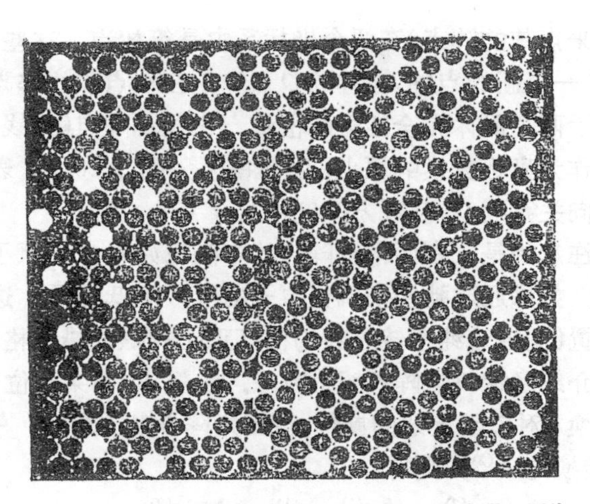

图 9.18(a) 重合坐位晶界的模型. 两个面心立方晶体围绕一共同的〈111〉轴旋转了 38° 或 22°. 图中黑丸代表一般原子坐位,白丸代表重合原子坐位.

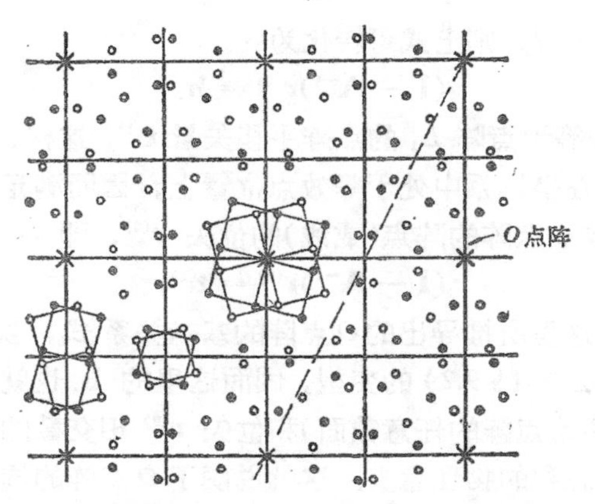

图9.18(b) 沿 [001] 轴旋转 $\theta = 28.1°$ 的相互交错的简立方点阵的 (001) 面,显示出重合坐位点阵与 O 点阵,其中打"×"为重合坐位点阵的阵点,方格为 O 点阵.

轴线 R 相对于 L_1 转过一定角度，从而获得了可用以表示晶界两侧取向关系的一组相互穿透的点阵. 除了 R 轴外，显然还可以找出一系列与 R 轴平行的直线,它的坐标(一般来说,是分数的,即不一定是原来点阵的阵点)在两个坐标系中是等效点. 这些直线(或点)构成了一个新的点阵,被称为O点阵. 在O点阵的阵点(或线)上，对应于两个晶体完全匹配的位置. 这些O阵点(或线)可以取代原点O作为坐标变换的原点，因而得名. 图 9.18(b) 表示了某一特定取向关系的O点阵(方的网格).

值得注意的是，在两个O阵点的中间正好对应于原子失配最大的场所. 如果通过弛豫来调整原子坐位以降低能量，这就是位错线的位置(图中为纯扭转晶界的相互正比的螺位错网格).

下面介绍确定O点阵的解析方法. 设想L_1中某一位矢$\mathbf{r}^{(1)}$通过坐标变换(对应于上述的旋转,可用矩阵$\mathbf{A}$来描述,而$\mathbf{A}^{-1}$为其逆矩阵)转换为$\mathbf{r}^{(2)}$，则有

$$\mathbf{r}^{(2)} = \mathbf{A}\mathbf{r}^{(1)},\ \mathbf{r}^{(1)} = \mathbf{A}^{-1}\mathbf{r}^{(2)}. \tag{9.21}$$

两矢量之差为

$$\mathbf{r}^{(2)} - \mathbf{r}^{(1)} = \mathbf{b}. \tag{9.22}$$

引入恒等矩阵$\mathbf{I}$，则上式可转化为

$$(\mathbf{I} - \mathbf{A}^{-1})\mathbf{r}^{(2)} = \mathbf{b}. \tag{9.23}$$

如果$\mathbf{b}$正好等于点阵L_1的点阵平移矢量$\mathbf{t}^{(1)}$，这样，就可以保证$\mathbf{r}^{(1)}$和$\mathbf{r}^{(2)}$在坐标系中处于等效点位置上，因而满足这一关系的位矢,即构成O点阵的阵点(或线)的位矢$\mathbf{r}^{(0)}$，即

$$(\mathbf{I} - \mathbf{A}^{-1})\mathbf{r}^{(0)} = \mathbf{t}^{(1)}, \tag{9.24}$$

应该指出，这里所推导出的O点阵的基本关系式，实质上就是晶界夫兰克公式(§ 9.2)的变型，因而这里的$\mathbf{b}$也就具有在晶界上(可以设想为点阵的任意截面)和位矢$\mathbf{r}^{(0)}$相交截的位错线的伯格斯矢量的总和的物理意义. 这就说明了O点阵的周期和晶界上位错行列的周期相同并不是偶然的. 还应该指出，这样引入的O点阵具有普适性,对于一般的晶界都能适用,其周期将随θ角的改变而连续变化. 至于周期性的匹配与失配在大角度晶界是否仍保有明确的物理意义,则是要由实验结果来解答的.

对于特定的取向关系，O点阵的一部分阵点(或线)的位矢有可能正好具有整数指标(以原来点阵的基矢为单位). 这样，在这

些阵点上，L_1 与 L_2 的点阵坐位完全重合．这样就构成一个重合坐位点阵(coincidencce site lattice，简称为 CSL)．CSL 为 O 点阵的亚点阵，只包含其中的部分阵点．回到原来的点阵来看，重合的阵点数只占总阵点数的一个分数，用 $1/\Sigma$ 来表示．Σ 值愈大，重合阵点数就愈小，因而 CSL 的特性可以用 Σ 值来表征．对于特定的点阵类型和 Σ 值，可以求出可能存在的 CSL．例如对于立方点阵，只需要对于下列的刁方图 (Diophantine) 方程

$$\Sigma^2 = u^2 + v^2 + w^2$$

求整数解．因为这个条件确定了沿 $[uvw]$ 方向的重复周期等于点阵周期的 Σ 倍，满足 Σ 值的 CSL 的要求．图9.18 (b) 中画"×"号为 CSL 的阵点．值得注意的是，CSL 阵点周期的环境完全相同，而 O 点阵的阵点则不是如此，因而确定晶界结构的周期的是 CSL 点阵，而不是 O 点阵；O 点阵的周期只是反映了晶界上匹配(或失配)的周期．

另一条探讨一般晶界结构的途径是考虑原子间的相互作用，可以采用 § 2.1 所述的经验势函数或简单的刚球模型来处理这个问题．对于某些特殊的重合坐位的晶界进行了计算机的模拟，结果表明，出现的间隙多面体大体上和 § 1.6中所述的无规密集刚球模型的几种标准类型相同[9] (参看图 1.19)．

下面我们来讨论晶界位错的问题．设想两块晶体，按特定取向以平界面粘合起来将构成无位错的重合晶界 (图 9.19 的左侧)；如果沿界面剖开，使两侧产生伯格斯矢量 **b** 的相对位移，然后再粘合起来，必须引一全晶界位错才能使界面结构和原先相同．

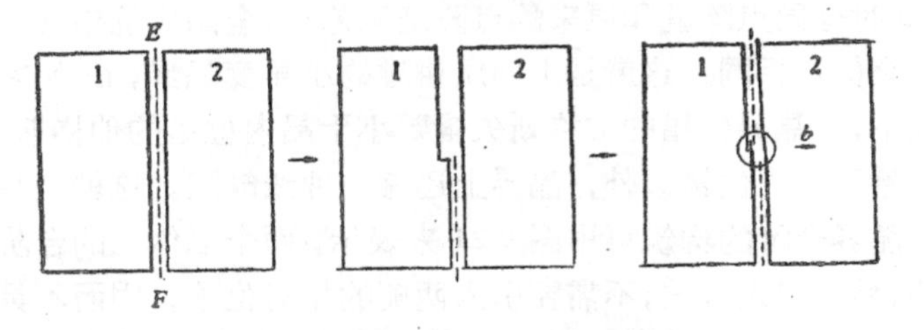

图 9.19　引入晶界位错的示意图．

为了阐明全晶界位错的伯格斯矢量，先需要引入全同位移点阵（displacement shift complete lattice 缩称 DSC 点阵)的概念．设想图 9.19 所示的重合点阵，若位移正好等于两点阵中结点的间距矢量，这样的相对位移不会产生原子图象的变化．这样一组矢量所确定的点阵被称为全同位移点阵如果晶界位错的伯格斯矢量等于 DSC 点阵矢量，位错的引入将不会导致晶界结构的变化；如果晶界位移的伯格斯矢量不等于 DSC 矢量，则将造成有附加错排的界面，这样的晶界位错是不全晶界位错．

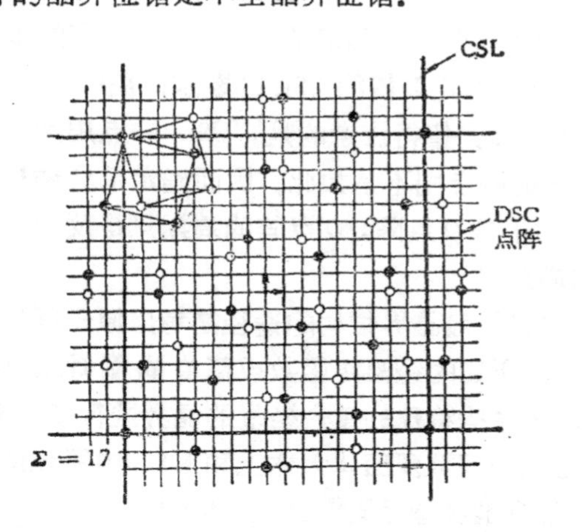

图 9.20　$\Sigma=17$ 的重合坐位点阵及全同位移点阵.

有一点值得注意的是，重合点阵的间距是随重合程度（或 Σ 值)的减小而加大的；而全同位移点阵则正好向相反，重合程度愈小，点阵间隔也愈小．在重合程度最大时，$\Sigma = 1$，而点阵全部重合，此时全同点阵就和原来的点阵毫无差异，全晶界位错就和晶体中的全位错相同．这就是上面所讲过的小角度晶界，在 $\Sigma > 1$ 的情况下，全晶界位错的伯格斯矢量要小于晶内位错的伯格斯矢量．

除了晶界位错以外，晶界上还有一种线缺陷，这就是晶界台阶．晶界台阶的构筑可用图 9.21 来表示，两个晶体上的台阶是等同的，粘合起来以后，不需要引入两侧的相对位移，因而不具有位错的特征．应该注意到晶界台阶和晶界位错在本质上是有差异的，

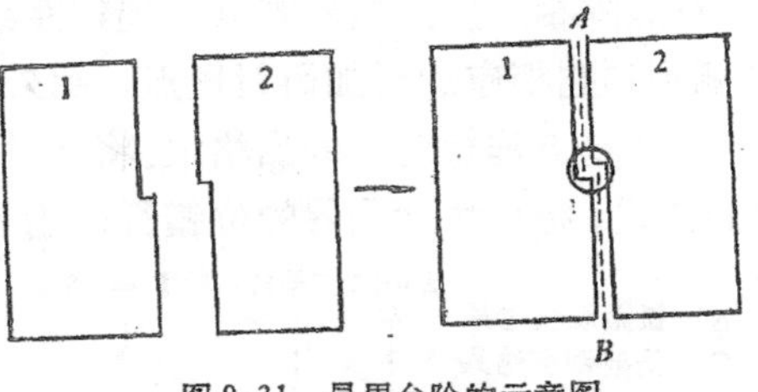

图 9.21 晶界台阶的示意图.

不要将两者混淆. 具体来看，当原子在台阶处从晶体一侧转移至另一侧,将造成晶界相对于两晶体的迁移,但两晶体之间并不发生相对位移;而由于晶界位错的滑移或攀移所造成的晶界迁移,两晶体之间就产生相对位移. 这样，晶界位错可以通过吸收空位而攀移，导致晶界的迁移；而晶界台阶则不能作为点缺陷的泉源或尾闾.

§ 9.6 大角度晶界结构的实验观测

利用场离子显微镜直接观测表明晶界区域宽度是不大的，只有几个原子间距,而且许多晶界满足重合点阵的条件.但是由于存在表面弛豫效应和成象铨释的困难，要用场离子显微镜来直接测定晶界的原子位置是困难的. 近年来利用 X 射线衍射，电子衍射和电镜薄膜透射观测对于晶界进行了深入的研究，其结果表明即使在大角度晶界的场合,晶界中仍然存在周期性的结构[48].

前面讲过小角度晶界可以还原为位错的平面行列，这意味着晶界的失配可以通过弛豫集中于位错芯区之内.当取向差增大时,位错的间距缩小,到 15° 左右,相邻位错芯区发生重叠；但即使取向差超过 15°，位错行列的图象仍可能在一定程度上被保留. 沙斯 (S. A. Sass) 等对金的 [001] 扭转晶界的 X 射线衍射研究表明,在所有的取向差的场合都存在和位错网格类似的弛豫图象,其间隔可以表示为(令 a 为点阵参数, θ 为扭转角):

$$d = \frac{a/\sqrt{2}}{2\sin(\theta/2)}, \tag{9.25}$$

这种位错行列也和 O 点阵相对应．晶界既具有周期性结构和光栅相似，实验确实观测到和它相应的附加衍射斑点；另外，在电镜晶格象的观测中也得到和 O 点阵相对应的晶格象．将 d 对 θ 作图，就得出图 9.22 所示的曲线，将小角度晶界的位错行列的关系延伸到

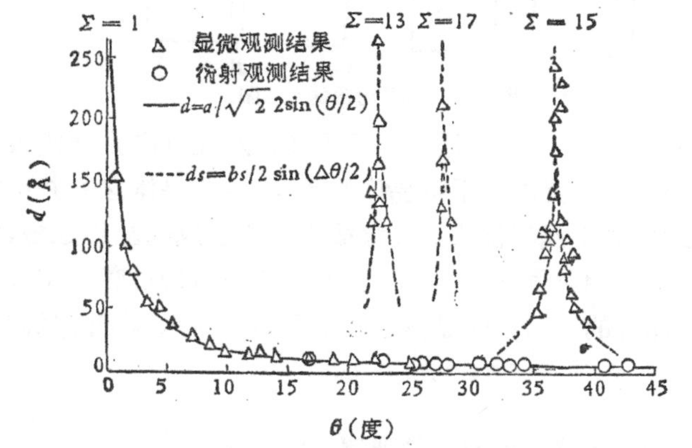

图 9.22(a) 观测到的初级弛豫间距与次级弛豫间距作为扭转角 θ 的函数(金的〔001〕扭转晶界).

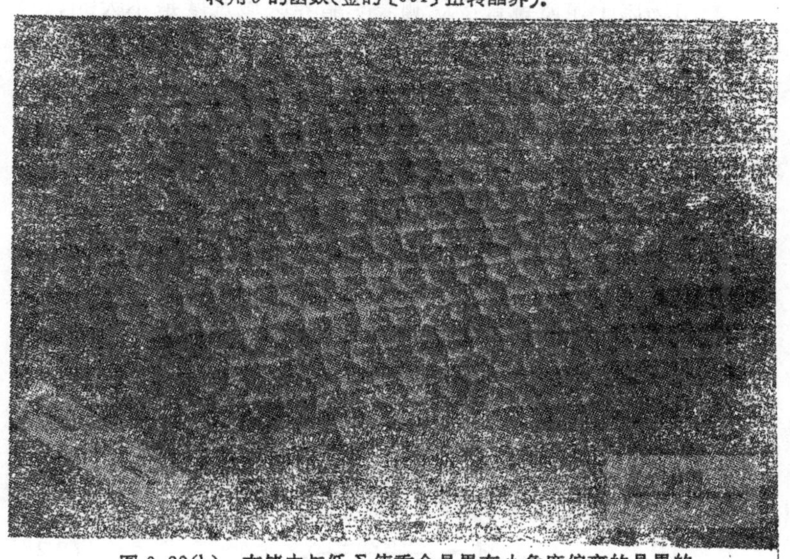

图 9.22(b) 在锗中与低 Σ 值重合晶界有小角度偏离的晶界的透射电镜象(显示了次级位错网络).

大角度晶界的范围之中．对于金的[001]倾侧晶界的研究也得出类似的结果，Σ值较小的重合晶界，晶面上具有较多的重合原子坐位，通常具有较低的能量，因而出现的机率也较大．这已为多晶体中晶界的实测数据所证实．

假设实际的晶界的取向和低Σ值的重合晶界只差一微小角度，晶界结构弛豫的结果应等于重合晶界上附加一晶界位错纲络（次级位错网络），其作用和小角度晶界的位错网络相似，不同之处仅在于晶界位错的伯格斯矢量要小一些（等于全同位移点阵矢量）．实测的结果也证实了这一点[45]，位错行列的间距也满足关系式

$$d_s = \frac{b_s}{2\sin(\Delta\theta/2)}, \tag{9.26}$$

这里的b_s为晶界位错的伯格斯矢量，$\Delta\theta$为实际晶界和低Σ值重合晶界的偏离角．

纳巴罗首先指出，重合晶界的原子弛豫还可能包含有两点阵的相对平移．这种附加的平移也得到计算机模拟研究的支持和直接观测的证实．

另外也观测到晶界小面化的迹象，这些小面就对应于低能量。低Σ的重合晶界，这是§8.1中所述的乌耳夫法则在晶界中应用的必然结果．

§9.7 晶界能

近年来累积了不少有关晶界能（晶界自由能）的数据．晶界能的相对值可以通过二面角的测定求出．测定的依据是§9.1中所述三晶粒交界处的平衡条件（式9.3）．

通过晶界能和其他界面能（例如表面能）的比较，也可以求出晶界能的绝对值（数量级～10^3尔格/厘米^2）．

图9.23表示实验所测定的锗的晶界能和晶粒位向差之间的关系[50]．在小角度的区域（$\theta < 15°$），晶界能是随位向差增长的，适合于下列的公式：

$$E = E_0\theta(A - \ln\theta) \tag{9.27}$$

(E_0 及 A 为两个常数)．在大角度范围内，晶界能趋于一定值，和位向差无关，就不符合式 (9.27) 所表示的关系（在图 9.23 中用虚线表示)．

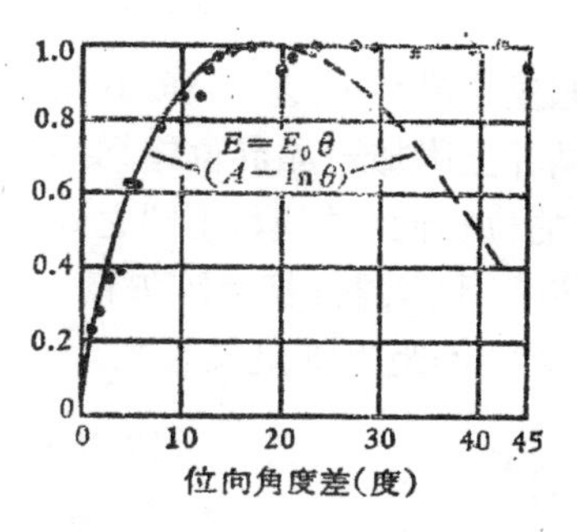

图 9.23　锗的晶界能与位向角度差的关系(沿 ⟨100⟩ 旋转的倾侧晶界)[46]．

式 (9.27) 所表示的经验关系可以用位错模型来解释．根据 § 7.9 中计算的结果，单位长度刃型位错的畸变能为

$$e=\frac{\mu b^2}{4\pi(1-\nu)}\ln\frac{r}{r_0},\quad(9.28)$$

这里的 r 表示位错弹性场区域的半径，r_0 为一常数，接近于原子间距．如果刃型位错排列成间隔为 D 的倾侧晶界．各位错所产生的长程应力场相互抵消，因此单个位错应力场的范围可近似地表示为

$$r=\alpha D,\quad(9.29)$$

α 为数值接近于 1 的常数．假定单位面积内的晶界能即等于单位面积中位错的畸变能

$$E=\frac{1}{D}\frac{\mu b^2}{4\pi(1-\nu)}\ln\frac{\alpha D}{r_0}$$

$$=\frac{\mu b}{4\pi(1-\nu)}\cdot\frac{b}{D}\left(\ln\frac{\alpha b}{r_0}-\ln\frac{b}{D}\right).\quad(9.30)$$

利用式 (9.3)，$\frac{b}{D}=\theta$，就导出了式 (9.27)，而

$$E_0=\frac{\mu b}{4\pi(1-\nu)},\ A=\ln\frac{\alpha b}{r_0}.\quad(9.31)$$

上述的计算只是近似的，瑞德与肖克莱作过较严格的计算，所得的结果基本相同，只是常数 A 的表示式略有差异(参看附录 7-V)．我们也可以定性地来说明晶界能随 θ 变化的趋势：在 θ 比较小的范围内，晶界能随 θ 的增加是由于位错数目的加多．但是随着位错

密度的增加，相应地引起畸变区域的变狭，同时也产生降低晶界能的倾向，所以 θ 达到一定值后，代表式 (9.27) 的曲线重新又下降.

在大角度晶界的范围内，简单的位错模型就不能解释晶界能的实验事实. 此时晶界能基本上不随位向差变化，除非晶粒间的位向关系正好满足孪生的关系（孪晶界具有特别低的能量）. 关于大角度晶界能的理论计算还只有初步的尝试. 夫里德耳等考虑到晶界面上一部分原子键遭受破坏，对晶界能作出了估计[47]. 塞格与肖脱基（G. Schottky）对大角度晶界能提出了一种新的理论解释：认为晶界能的主要来源不是畸变能，而是由于屏蔽效应所引起的静电能(大角度晶界相当于空位密集的区域，相当于负电荷的薄层引起正电荷的屏蔽). 所计算出的晶界内能的数值是和实验值的数量级相符合的. 这些理论都尚有待于进一步的检验. 近年来，发展了计算机模拟晶界结构的模型[10].

§ 9.8 晶界偏析

阿尔哈罗夫（В. И. Архаров）的一系列工作(对晶界断口化学成分的分析，晶粒度对合金晶格参数的影响等)表明，少量的杂质或合金元素往往不是均匀地散布在晶体中，而是优先地集中分布在晶界层内. 他称这种现象为内吸附，以区别于通常外表面上的吸附[51]，现在通称为晶界偏析. 近年来放射性同位素的工作进一步证实了晶界偏析的现象. 少量的杂质或合金元素对于金属的结构敏感性能有显著影响，这是众所周知的事实. 而晶界的内吸附提供了解释这个问题的一个重要线索. 因为杂质原子的总含量虽然不很高，但在晶界层内的含量却可能是异乎寻常的，从而对于某些性能产生突出的影响. 阿尔哈罗夫从这个角度来解释一些杂质元素对于耐热钢高温强度的影响[51].

产生晶界偏析的原因也是很容易理解的. 首先，溶质原子的尺寸如果和母相原子(或空隙的大小)有较大的差异，在晶粒内部的溶质原子产生较大的畸变能. 在晶界层内原子排列比较稀松，溶质原子处在晶界上的畸变能就要小得多. 畸变能的差异就构成产生内吸附的原动力．除此以外，溶质原子与晶格或晶界的静电相互作用也可能对内吸附有影响．一般地，如果溶质原子在晶粒内和晶界层的能量差为 ΔE，则晶界层中的溶质原子浓度 c 和晶粒内的浓度 c_0 应满足下列关系：

$$c = c_0 e^{\frac{\Delta E}{kT}}. \tag{9.32}$$

可以看出，c 与 c_0 的差异受到温度的控制．在高温时，溶质原子的分布比较均匀，晶界偏析就不显著．在实践中，可以选择适当的淬火温度来影响溶质原子在晶界上的分布．

阿尔哈罗夫关于晶界内吸附的工作所求出溶质原子浓度常异的区域宽达 100—1000 埃．近年来利用俄歇能谱（Auger spectroscopy）等技术直接测量晶界附近浓度异常的分布却得出截然不同的结果，即浓度异常区只延伸到几个原子间距[47]．后一结果和现代公认的薄晶界层的理论吻合；但是晶界附近的位错网络区域也能吸附溶质原子[52]，这一迹象可用来解释为何早期采用较宏观的方法会得出晶界层过宽的结果．

§9.9　小角度晶界的滑移

根据位错模型，小角度的对称倾侧晶界是由一列平行的、具有相同滑移面的刃型位错所组成．在切应力作用下，各位错产生滑移，就造成整个晶界面向前移动．如果沿伯格斯矢量方向所加切应力为 τ，每一位错所受作用力为 τb，而界面上单位长度有 θ/b 根位错线，界面上单位面积所受的压力为

$$p = \theta\tau. \tag{9.33}$$

产生界面移动的条件是加于晶面的压力足以克服各位错所受阻力．帕克（E. R. Parker）与华虚朋（J. Washburn）的实验证实了这个推论[53]．他们将锌的双晶（角度差为 2°）一端夹住，另一端加负荷（参看图 9.24）．当应力达到锌的屈服限的数量级时，可以观察到晶界的移动．改变应力的方向，晶界即作反向移动．这个实验进一步证实了小角度晶界的位错模型．

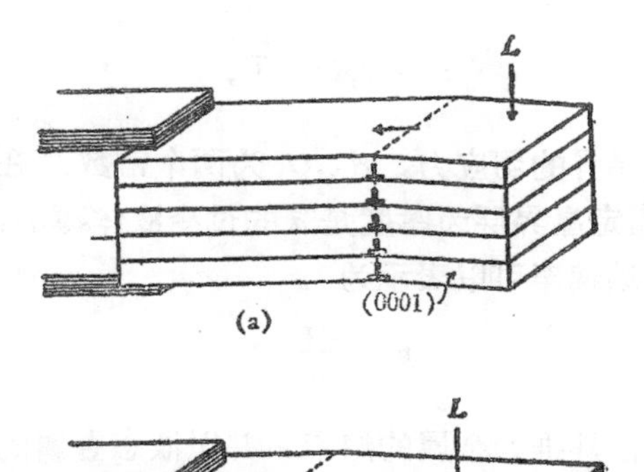

图 9.24 切应力作用下小角度晶界的滑移(示意图).

但并不是所有的小角度晶界都可以通过纯粹的滑移来产生晶界移动. 例如由两组相互垂直的刃型位错所构成的倾侧晶界，当整个晶界向前移动时，一组位错作滑移,另一组位错就要作攀移. 这种运动受到扩散的控制,通常要在较高的温度才能实现.

§ 9.10 大角度晶界的滑动与移动

大角度晶界的运动存在有两种方式：一种是沿着晶界切应力作用下产生的沿界面的滑动；另一种是晶界沿了垂直于界面方向的移动. 下面将分别讨论这两种运动.

(a) 晶界的滑动 在高温蠕变中,晶粒会沿了晶界产生滑动,是早已知道的. 现代的实验集中在两个方面：一类实验是制出只包含两个晶粒的双晶体 (bicrystal)，沿了晶界加切应力,根据晶界上划出的刻痕，直接观察晶粒沿晶界的滑动[54]. 另一类是晶界内耗峰的实验[42]. 葛庭燧首先在多晶纯铝中发现一个内耗峰，这种内耗峰是单晶体样品中所没有的. 他认为产生这种内耗峰的根源是由于晶粒沿晶界作粘滞性滑动所引起的应力弛豫[54]. 由实验定出的晶界滑动速率可以表示为下式:

$$v = \tau A e^{-\frac{Q}{kT}}, \tag{9.34}$$

这里的 τ 为沿晶界的切应力，A、Q 为两个常数. 在葛庭燧的原始工作中，他假定晶界层为厚度是 d 的过冷液体薄层，具有粘滞系数 η. 因而滑动速率可以表示为

$$v = \frac{d\tau}{\eta}. \tag{9.35}$$

将观测到的 v 值外推到金属的熔点，并以液态金属的粘滞系数代入，就可以求出 d. 这样定出的晶界层的厚度约数个埃，是支持薄晶界层理论最早的实验证据. 早期的一些实验结果表明，晶界滑动激活能接近于自扩散的激活能，因而将晶界滑移的元过程归结为原子的体扩散. 近年来应用纯度较高的样品，定出的激活能比体扩散激活能要低，而接近于沿晶界扩散的激活能. 从表 9.5 中可以看出，所测

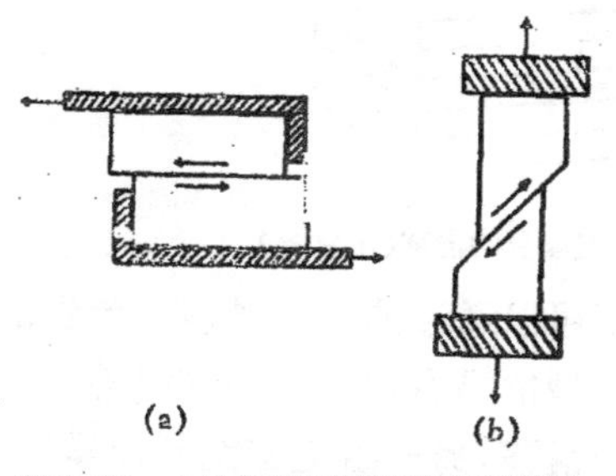

图 9.25 大角度晶界的滑动(示意图).

表 9.5 晶界滑动的激活能[55]

金属	晶界滑动的激活能(千卡/摩尔)		体扩散的激活能(千卡/摩尔)	晶界粘滞系数(外推到熔点)(泊)	液态金属的粘滞系数(外推到熔点)(泊)	液态金属粘滞系数的激活能(千卡/摩尔)
	内耗	双晶体滑动				
Sn	19	19.2	10.5‖ 5.9⊥	0.03	0.02	1.62
Al	34.5	40(37)	33	0.08	0.06	1.96
Ag	22	—	45.9	0.005	0.037	4.2
Au	34.5(58)	—	39.36	—	—	4.2
Cu(99.998)	37	—	—	—	—	—
Cu(无氧纯铜)	33	31	47.14	0.18	0.034	≃2.2
Cu(电解)	32	—	—	—	—	—
Fe	85	—	78	—	0.04	—
α黄铜	41	—	41.7	—	—	—

定的晶界粘滞系数外推到熔点，数值上和液态的粘滞系数相差不大．但是晶界粘滞系数的激活能却大得多，这个事实表明，还不能将晶界滑动和液体的粘滞流动完全等同起来．

(b) *晶界的移动* 在金属的再结晶过程中，牵涉到大角度晶界的移动．这方面虽然累积了大量的资料，但是有系统定量的研究却不多．近年来也特别制备了具有单一晶界的晶体，对它进行晶界移动的直接观察．产生晶界移动的驱动力是由于通过晶界的移动可以使自由能下降．如果面积为 A 的晶界向前移动 dx 距离，自由能的变化为 dF，则迫使晶界移动的压力可以表示为

$$p=-\frac{1}{A}\frac{dF}{dx}. \tag{9.36}$$

我们可以用具体的例子来说明这个问题．图 9.26(a) 所表示的是在外磁场 H 中的铋双晶体．铋具有各向异性的磁性．当晶粒

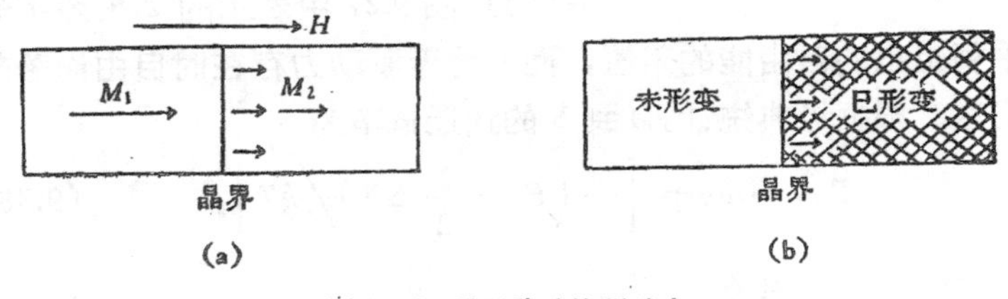

图 9.26 晶界移动的驱动力．

取向不同，磁化的情况就有差异，而在磁场中能量密度也不相同．易于磁化的晶粒遂逐渐长大，吞食另一晶粒．在再结晶过程中，形变度不同的晶粒间所存在的能量差构成了晶界移动的驱动力参看图 9.27(b)．缺陷密度较小的晶粒逐渐吞食缺陷密度大的晶粒．另外，减少晶界能的倾向促使晶粒长大．

实验求出的晶界移动速度可以表示为

$$v=Ape^{-\frac{U}{kT}}, \tag{9.37}$$

式中 A 为一常数，U 为激活能．测出的 U 值一般比体扩散激活能要大些，而对于杂质的含量极其敏感． 例如有人观察到高纯度 (99.9995%) 的铝在 −50℃ 就再结晶了，而工艺纯铝 (99.95%) 的

再结晶温度约为 300℃. 高纯度的金属在高温下(此时杂质的影响不大)求出的U值一般是小于体扩散的激活能,而接近于沿晶界扩散的激活能.

(c) 理论的解释 晶界的运动可以分解为元过程的叠加. 一种晶体缺陷或一组原子从一个平衡组态,翻越势垒到达另一平衡组态,就构成了晶界运动的元过程. 翻越势垒的过程是一种热激活的过程. 如果没有驱动力,正向和反向运动的几率是相同的,不产生宏观的晶界移动(见图 9.27(a)).在驱动力作用下使势垒曲线产生不对称的偏移,正向和反向运动的概率不等,就显示出晶界的运动(见图 9.27(b)).图 9.27 中表示的 ΔF 为相邻的平衡组态的自由能的差值,而F为无驱动力存在时自由能势垒的高度. 根据经典统计,A到B的跃迁概率为

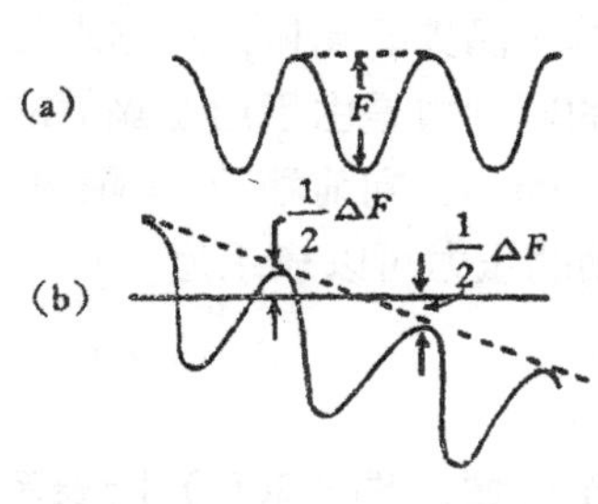

图 9.27 在驱动力作用下势垒的变化.

$$\Gamma_{AB} = \nu \exp\left[-\left(F - \frac{1}{2}\Delta F\right)\Big/kT\right], \quad (9.38)$$

而反向的跃迁概率为

$$\Gamma_{BA} = \nu \exp\left[-\left(F + \frac{1}{2}\Delta F\right)\Big/kT\right]. \quad (9.39)$$

净跃迁概率即为两者之差

$$\Gamma = \Gamma_{AB} - \Gamma_{BA} = \nu \exp(-F/kT) 2\sinh(\Delta F/2kT). \quad (7.40)$$

在 $\Delta F \ll kT$ 的条件下,可简化为

$$\Gamma = (\nu \Delta F/kT)\exp(-F/kT). \quad (9.41)$$

晶界移动的速率可以表示为

$$v = \Gamma \alpha = (a\nu \Delta F/kT)\exp(-F/kT). \quad (9.42)$$

激活自由能

$$F = U - TS,$$

其中S为激活熵,

$$v = a\nu(\Delta F/kT)\exp(S/k)\exp(-U/kT). \tag{9.43}$$

在不同的晶界模型中，对于激活能 U 有不同的理解. 在葛庭燧的理论中，将晶界运动的元过程看为晶界中无序群的迁移[54]，而无序群的迁移也可产生是沿晶界扩散，因此可以解释在纯金属中晶界运动的激活能和沿晶界扩散的激活能相近的实验结果. 在莫特的小岛模型中，则将晶界移动的元过程看为小岛的熔化及在晶界另一边的重新凝固. 将晶界运动的激活自由能表示为

$$F = nL\left(1 - \frac{T}{T_m}\right), \tag{9.44}$$

这里的 n 表示小岛中的原子数，L 表示熔化潜热(每原子)，T_m 为熔点温度，因此

$$v = (a\nu\Delta F/kT)\exp(nL/kT_m)\exp(-nL/kT). \tag{9.45}$$

激活能的数值确定于小岛中的原子数 n. 根据铝中晶界滑动激活能的数据，定出 $n = 14$. 要肯定这些模型还需要作进一步的工作.

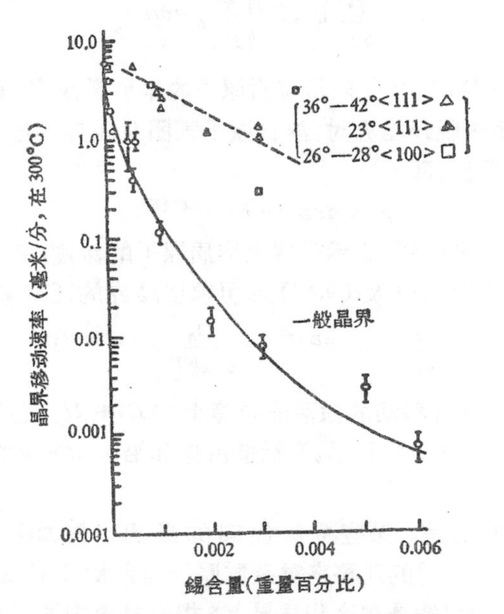

图 9.28 杂质含量对于晶界移动速率的影响.

(d) *杂质对晶界移动的影响* 少量的溶质原子对于晶界移动有很显著的影响，图 9.28 是奥斯特 (K. T. Aust) 等的实验结果[56]，表明了在高纯度的铝中加入 0.005% 的锡，就使晶界迁移率下降了三个数量级．杂质原子产生这样显著的影响，虽然和晶界上内吸附的现象有关．其内在的机制现在还不清楚．吕克 (K. Lücke) 等对此作了定性的解释[57]：他们认为当晶界移动时，吸附的溶质原子拉住晶界，阻碍晶界的移动．在这种场合，不是由沿晶界扩散来控制晶界的迁移，而是溶质原子追随在晶界后的体扩散．由于体扩散要比沿晶界扩散慢得多，这样就可以解释溶质原子对晶界移动的阻滞效应．随着温度的升高，吸附的溶质原子气团逐渐蒸发，当超过了一定的临界温度，晶界移动的驱动力将不再和气团的拉力相平衡，使晶界和气团脱开．晶界的迁移率将突然增大．

用定量的关系来表示：溶质原子在外加力 K 作用下的移动速率为

$$v = \frac{D}{kT}K = \frac{D_0K}{kT}e^{-(U/kT)}, \tag{9.46}$$

这里的 $D = D_0e^{-(U/kT)}$ 表示溶质原子的体扩散系数（详见第三篇）．当气团未脱开晶界时，溶质原子气团对晶界的拉力应和晶界的驱动力相平衡，即

$$p \simeq \delta cK = \delta c_0e^{\Delta E/kT}K, \tag{9.47}$$

这里的 $c = c_0e^{(\Delta E/kT)}$ 表示晶界上溶质原子的浓度，δ 表示晶界的厚度．根据式 (9.46) 及 (9.47) 即可求出晶界的迁移率为

$$\frac{v}{p} = \frac{D}{\delta c_0kT}e^{-(\Delta E/kT)} = \frac{D_0}{\delta c_0kT}e^{-(\Delta E+U)/kT}. \tag{9.48}$$

在这种场合，晶界移动的激活能应等于 $\Delta E + U$．在临界温度以上，溶质原子的气团脱开后，激活能就应和沿晶界扩散的激活能相同．

值得注意的是，某些特殊位向的晶界（例如沿〈111〉旋转 38° 或 23° 的晶界）的迁移率对杂质原子的含量并不敏感（参看图 9.28），其缘故可能是在这些晶界上，相邻晶粒中原子位置正好可

以重合（参看 § 9.5）[42]。因而降低了它的晶界能，同时也使吸附的溶质原子大为减少.

II 相　界

具有不同结构的两固相之间的界面被称为相界（interphase boundaries）. 相界对于相变过程及多相合金的性能都有直接的影响，因而在实践中具有重要意义. 正如晶界一样，相界也可以分为共格相界，半共格相界及非共格相界三种类型. 共格相界和共格孪晶界相似，界面是完全有序的，不存在错配区域；半共格相界和小角度晶界相似，错配区域限于界面上的位错行列；非共格相界则和大角度晶界相似，界面基本上是无序的. 相界的理论探讨侧重前两种相界.

§ 9.11 共格相界

共格相界两侧的点阵是连贯地汇合在界面上，因而界面是两点阵共有点阵面，其原子排列是完全有序的，而且两点阵的晶向和晶面存在严格的对应关系. 具有共格关系的相界，还限于少数特殊的情况. 一个具体的例子是钴的相变中面心立方相和密集六角相的相界，和密排面堆垛顺序变化相当，即由 $ABCABC\cdots$的顺

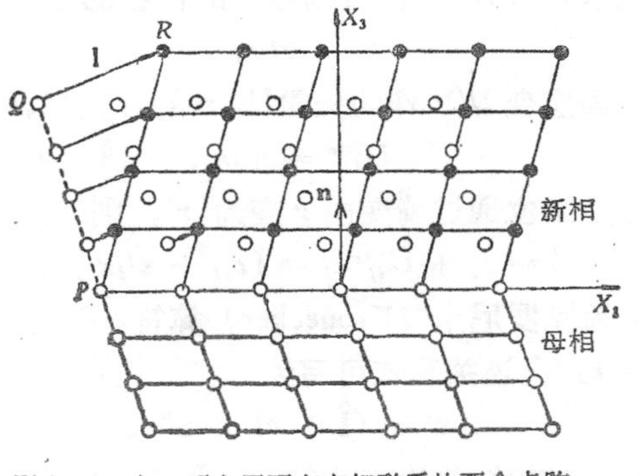

图 9.29　由一不变平面应变相联系的两个点阵.

序转为 $ABAB\cdots$ 的顺序．显然，这种相界的能量特别低．

我们还可以设想更一般形式的共格相界，其形成的方式可用图 9.29 来说明[58]．相界设想为原来点阵中法线矢量为 $\mathbf{n}$ 的原子面．如果通过适当的畸变使界面以上的部分转变为另一点阵，但仍然使这组原子面与原来平行，而且面内的原子排列也丝毫没有变化(当然容许原子面间距有变化)．显然在转变之后，这一原子面即为共格相界． 而满足这样条件的畸变被称为不变平面应变 (invariant plane strain)．

为了实现不变平面应变，可令上半晶体中的原子均沿特定的矢量方向作位移，其大小和到界面的距离成正比，因而形成整体的均匀切变．在一般情形下，不一定平行于界面．如果正好和界面平行，即可通过切变形成结构全同而取向有差异的晶体，这种界面就是 § 9.11 中所述的共格孪晶界，可视为不变平面应变的一个特例．下面我们来推导不变平面应变的一般形式：令法线矢量为 $\mathbf{n}$ 的原子平面中的原子坐标 $\mathbf{r}$ 应满足方程式

$$\mathbf{r}\cdot\mathbf{n}=d, \tag{9.49}$$

这里的 d 为原点到平面的垂直距离．使该平面作平行于自身的刚体式的位移为

$$\mathbf{u}=\varepsilon d\mathbf{l}, \tag{9.50}$$

这里的 $\mathbf{l}$ 为单位矢量，ε 为无量纲常数用以描述应变，由于平面内各原子的位移全等，在 r 位置的原子的位移的分量可表示为

$$u_i=\varepsilon l_i n_j r_j. \tag{9.51}$$

引入不变平面应变 U_{ij}^{inv} 作为矢量$\mathbf{l}$与 $\mathbf{n}$ 的并矢积，即

$$U_{ij}^{inv}=\varepsilon l_i n_j, \tag{9.52}$$

晶体中的原子坐位通过畸变由 r 变为 r'，则

$$r_i'=r_i+U_{ij}^{inv}r_j=(\delta_{ij}+\varepsilon l_i n_j)r_j, \tag{9.53}$$

这里的 δ_{ij} 为克罗尼卡 (Kronecker) 算符，即当 $i\neq j$, $\delta_{ij}=0$; $i=j$, $\delta_{ij}=1$．上述关系式可写为

$$\mathbf{r}'=(\hat{\mathbf{I}}+\varepsilon\mathbf{l}\times\mathbf{n})\mathbf{r}, \tag{9.54}$$

即不变平面应变的矩阵为

$$\mathbf{A}_{inv} = \mathbf{I} + \varepsilon \mathbf{l} \times \mathbf{n}. \tag{9.55}$$

可以证明(参看文献[9,58]),要实现不变平面应变,主应变的三个分量必需满足下列条件:即有一个分量为零,另外两个分量符号相反. 所以要形成共格相界,两个点阵的类型和其点阵参数都需要满足特定的条件. 共格相界可以为有理指数的晶面,有时也可以为无理指数的晶面. 在马氏体相变过程中或脱溶沉淀初期,某些相界可以近似地满足不变平面应变的条件,从而观察到共格相界. 不变平面应变的条件也为理解这类相变中所出现的惯态面(habit plane)提供理论依据.

仿照 § 9.4 中孪晶位错的定义,我们可以将共格相界上原子尺度的台阶定义为转变位错(transformation dislocation). 当台阶高度为 h 时,转变位错的伯格斯矢量为

$$\mathbf{b} = \varepsilon h \mathbf{l}. \tag{9.56}$$

它的弹性性质和位错相似,当它沿相界运动,即导致相界沿其法线方向推移,促使母相转变为新相.

§ 9.12 半共格相界

至于半共格相界,可以举外延生长中出现错配位错(misfit dislocation)构成的界面为例[8]. 例如两种晶体结构完全相同,只有点阵参数或晶列间的夹角有小量的差异(< 10%). 如果形成共格相界,晶体中就要产生很大的弹性畸变. 如果沿着界面引入平行的位错行列,可以容纳所需要的点阵参数或夹角的变化. 这样,使畸变集中在位错线的附近,从而松弛晶体中共格弹性畸变,可能在能量上有利.

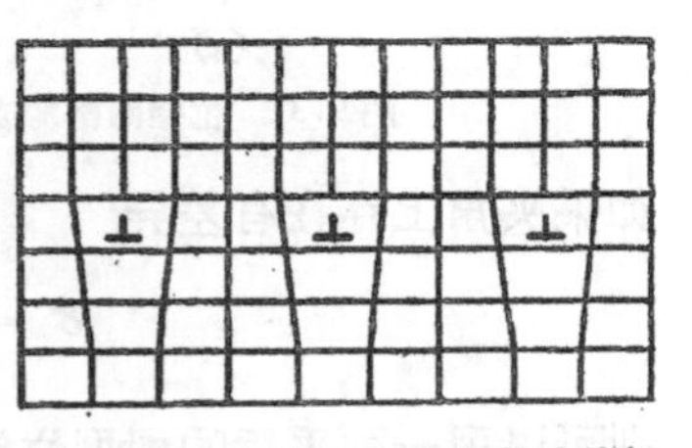

图 9.30 一列刃型位错所构成的相界(其伯格斯矢量沿了界面).

以图 9.30 所示的两简立方晶体的界面为例,沿 x 轴的点阵参数 b 有小量差异

$$\frac{b_2 - b_1}{b} = \delta. \tag{9.57}$$

在这种情况下,可以用伯格斯矢量为 b 的一列刃型位错(位错线沿 y 轴,伯格斯矢量沿 x 轴) 来容纳这种差异,只要其间距 D 满足下列关系:

$$D = \frac{b}{\delta}. \tag{9.58}$$

显然这样的相界是不滑型 (sessile) 的,界面向前推移要求刃型位错作攀移.

当界面上原子排列成斜方形的网格(参看图 9.31),上述的关系可以推广为

$$D = \frac{b \sin\theta}{\delta}. \tag{9.59}$$

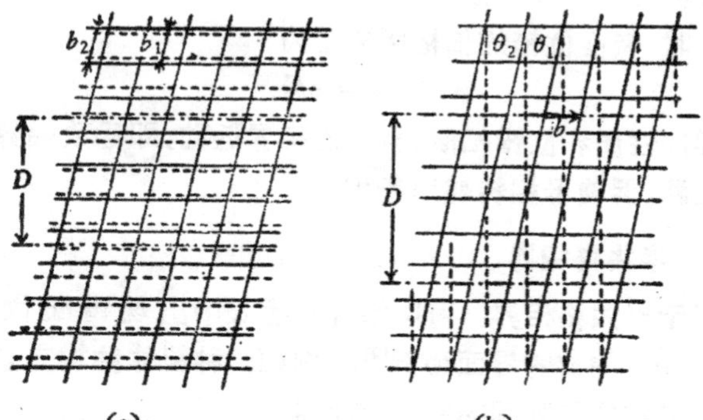

(a) (b)

图 9.31 位错网格构成的相界.(a) 刃型;(b) 螺型.

如果夹角上存在有差异

$$\delta' = \frac{\theta_2 - \theta_1}{\theta}, \tag{9.60}$$

则可以用一列平行的螺型位错来容纳,其间距为

$$D = \frac{b \sin\theta}{\delta'}. \tag{9.61}$$

这些公式和晶界位错模型的公式很相似,但应该注意到两者之间还是有差别的:主要在于距离晶界很远处,位错行列的应力场等于零;而在距离相界很远处,位错行列的应力场并不等于零,而是

趋近于一定值，正好可以补偿共格所要求的弹性畸变（参看附录 7-V 中第 5 节）。

随着 δ 值的增加，位错的密度也愈来愈大；当 δ 超过 10% 后，就不再能分辨出明确的位错行列，情况类似于大角度的晶界，相界转化为非共格的。

在 PbS-PbSe, Au-Pa, Cu-Ni 等外延生长的界面上用透射电镜观测到了刃型位错的行列，证实了错配位错的存在。

半共格相界也可以是可滑型的 (glissile)。相界可滑的必要条件是界面向前推移时，相界上的位错作保守运动。这意味着位错的伯格斯矢量不躺在界面之内，除非所有位错都是纯螺型的。最简单的可滑型相界如图 9.32(a) 所示，相界上有平行的位错线。图中的虚线表示了母相与新相中滑移面的迹线。如果半共格相界由平行的刃型位错行列所构成，则相界推移所产生的畸变相当于沿位错线转过一个小角度，这样的相界和对称倾侧亚晶界十分相似。§9.9 中所述的派克-华虚朋实验即可以作为这类相界滑移的原型。这种可滑型相界往往出现在马氏体相变过程之中。夫兰克曾将钢中奥氏体与马氏体的相界（面心立方与体心四方结构间的相界）还原为螺型位错的行列，就是可滑型相界的一个实例。

如果新相为低层错能的晶体，相界也可能是由不全位错的行列所构成。这样，当相界向前推进，新相中将产生几近等间距的一

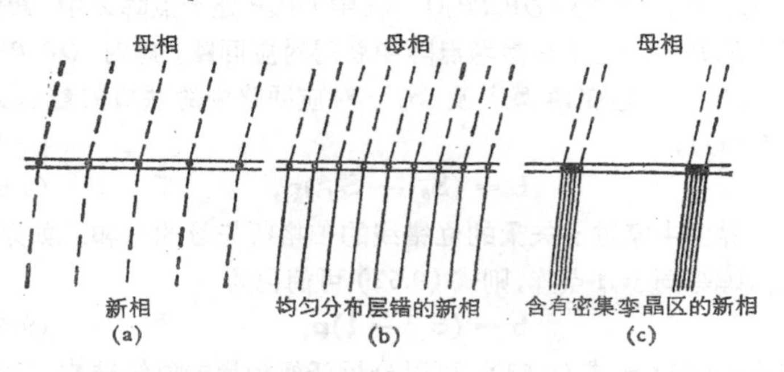

图 9.32 可滑型相界的示意图. (a) 全位错构成的相界; (b) 不全位错构成的相界; (c) 不全位错聚并成束，在新相中造成局域孪晶密集区.

排层错．铜铝合金的马氏体相变中曾观察到这种情况(参看图 9.32(b))．面心立方结构中的层错相当于单原子层的孪晶，也可以设想界面的不全位错汇聚成许多束．当不全位错束扫过晶体，在新相中形成局部的微孪晶密集区（参看图 9.32(c))．

为了分析相界的位错结构，我们可以将 § 9.2 中所述的夫兰克公式进行推广．考虑图 9.33(a) 中原点为 O 的参考点阵，将它作

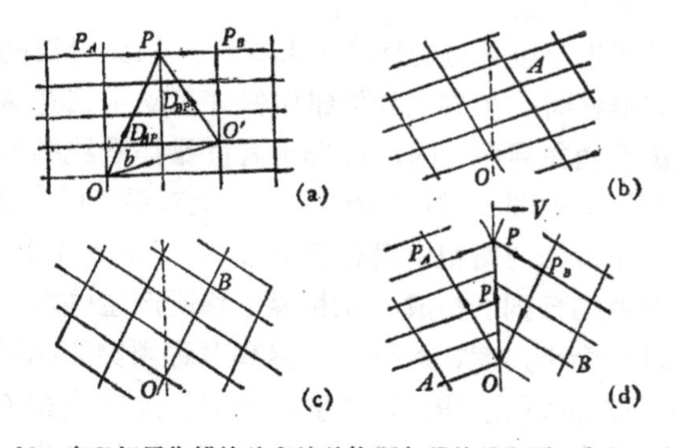

图 9.33　定义相界位错的总有效伯格斯矢量的示意图．(a) 参考晶体；(b) A 晶体；(c) B 晶体；(d) 为相界隔开的 A,B 晶体．

均匀畸变可以分别获得图 9.33 (b)，(c) 中所示的 A，B 两个点阵，对应的变换矩阵表示为 $\mathbf{S}_A$ 与 $\mathbf{S}_B$．设想 A，B 两点阵交接在以法线矢量 $\mathbf{n}$ 所确定的平面，沿平面作出任意矢量 $\mathbf{p}=OP$（图 9.33(d))．作闭合回路 OP_APP_BO，其中 OP_AP 处于点阵 A 中，PP_BO 处于点阵 B 中．为了在参考点阵中获得对应回路，应对 OP_AP 及 PP_BO 分别进行逆变换 $\mathbf{S}_A^{-1}$ 及 $\mathbf{S}_B^{-1}$，对应回路中的缺口矢量(参看图 9.33(a))，

$$\mathbf{b}=(\mathbf{S}_B^{-1}-\mathbf{S}_A^{-1})\mathbf{p}, \tag{9.62}$$

即等于界面中穿过 $\mathbf{p}$ 矢量的位错线的伯格斯矢量的总和．如果令参考点阵等同于 A 点阵，则式 (9.62) 可简化为

$$\mathbf{b}=(\mathbf{S}^{-1}-\mathbf{I})\mathbf{p}. \tag{9.63}$$

利用式 (9.62) 或式 (9.63)，可以分析任何相界的位错结构．例如图 9.30 所示的例子，令上半晶体为 B，下半晶体为 A，沿 x 轴的点

阵参数分别为 b_1 及 b_2. 选择处于 A, B 之间的参考点阵 ($b_1 < b < b_2$), 则

$$(S_B)_{11} = \frac{b_1}{b}, \quad (S_B^{-1})_{11} = \frac{b}{b_1},$$
$$(S_A)_{11} = \frac{b_2}{b}, \quad (S_A^{-1})_{11} = \frac{b}{b_2}. \tag{9.64}$$

令 $p = D$, 利用式 (9.62) 可得

$$b = D \cdot \frac{b(b_2 - b_1)}{b_1 b_2} \simeq D \cdot \frac{b_2 - b_1}{b} = D\delta, \tag{9.65}$$

这就是式 (9.58). 对于满足不变平面应变条件的共格相界, 在界面上处处 $u = 0$, 所以对于任意的 p 矢量, b 恒等于零, 符合共格界面的要求.

§ 9.13 相界能

可以采用类似于测量晶界能的方法来测量相界能, 这方面有系统的实验结果还不多. 一些初步的结果表明, 相界能低于相应的单相金属中的晶界能[见表 (9.6)]. 从理论上来考虑, 相界能应该包括两部分: 一部分牵涉到化学相互作用的, 一部分是弹性场的畸变能. 而后者可能更重要一些. 根据位错模型可以计算畸变能的部分, 采用的方法和晶界能的计算很相似: 设在单位长度内

表 9.6 相界能与晶界能的比较

合金系	A相	B相	参考晶界	相界能与晶界能的比值
CuZn	α(面心立方)	β(体心立方)	α/α	0.78
CuZn	α(面心立方)	β(体心立方)	β/α	1.00
CuAl	α(面心立方)	β(体心立方)	α/α	0.71
CuAl	β(体心立方)	γ(复杂立方)	γ/γ	0.78
CuSn	β(面心立方)	β(体心立方)	α/α	0.76
CuSn	α(面心立方)	β(体心立方)	β/β	0.93
FeC	α(体心立方)	Fe_3C(正交)	α/α	0.93
FeC	α(体心立方)	γ(面心立方)	α/α	0.71
FeC	α(体心立方)	γ(面心立方)	γ/γ	0.74

有 $1/D$ 根位错线，每根位错应力场所及的区域设想为 αD(α 为接近于 1 的常数)，因此单位面积的界面能可表示各位错能量的叠加

$$E_l = \frac{1}{D}\frac{\mu b^2}{4\pi K}\ln\frac{\alpha D}{r_0} = E_0'\delta(A' - \ln\delta), \tag{9.66}$$

这里

$$E_0' = \frac{\mu b}{4\pi K\sin\theta},\ A' = \ln\frac{ab\sin\theta}{r_0}. \tag{9.67}$$

式 (9.66) 和晶界能的表示式很相似，差异在于以 δ 代替了式 (9.27) 中的 θ.

非共格相界与晶界之间的平衡问题，基本上可以套用 § 9.1 中的结果，考虑 α 相的一个晶界和两个 α, β 相的相界之间的平衡(见图 9.34) 则

$$\gamma_{\alpha\alpha} = 2\gamma_{\alpha\beta}\cos\frac{\varphi}{2}, \tag{9.68}$$

这里 $\gamma_{\alpha\alpha}$ 为 α 相的晶界能，$\gamma_{\alpha\beta}$ 为 α, β 相界能，$\gamma_{\alpha\alpha}/2\gamma_{\alpha\beta}$ 的

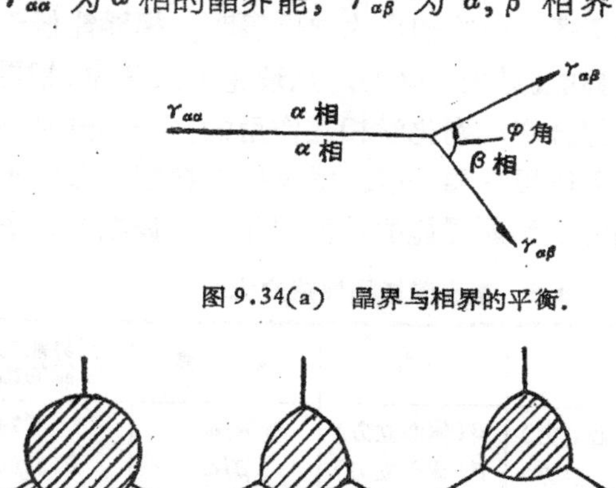

图 9.34(a) 晶界与相界的平衡.

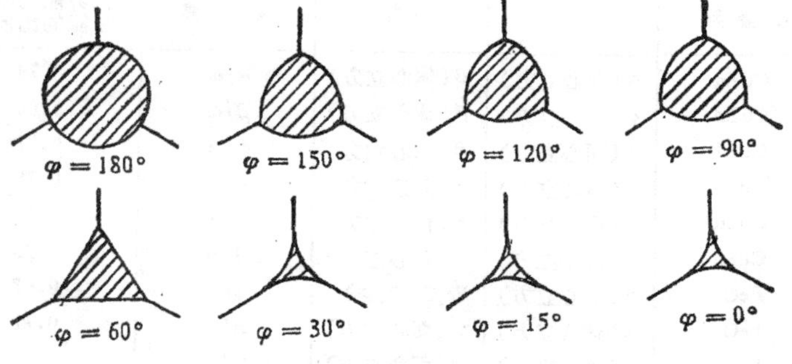

图 9.34(b) 二面角对第二相形态的影响.

比值决定了二面角φ的大小．当 $\gamma_{\alpha\beta} \geqslant \frac{1}{2}\gamma_{\alpha\alpha}$ 时，上面的方程有解．若 $\gamma_{\alpha\beta} \simeq \frac{1}{2}\gamma_{\alpha\alpha}, \varphi = 0$；随着 $\gamma_{\alpha\alpha}/2\gamma_{\alpha\beta}$ 比值的减小，则可以获得一系列的φ值，如图 9.34 所示．这个结果表明，可以通过改变晶界能与相界能的比值来影响第二相在母相中的形态．

III 复相合金的微结构及人工微结构材料

实际应用的复相合金通常具有极其复杂的微结构：这就牵涉到各种缺陷和界面的分布，而其中相界与晶界的分布占首要地位．由于金属材料中的微结构对于性能有深远的影响．许多金属热处理工艺的目标就在于获得具有特定的微结构的材料；而近年来利用人工方法来制备更加规则的，甚至于具有周期性的微结构材料，获得了一些新的物理效应．这不仅在技术上具有重要性或富于潜力；而且从基础理论的角度来看，也甚饶有兴趣，所以下面也对人工微结构材料作一介绍．

§ 9.14 两相合金的微结构[60]

首先考虑两相（α 相与 β 相）的晶粒都是等轴的（形态上没有明显的各向异性），而其分布状态也大体上是均匀的和各向同性的．合金中的界面密度（定义为单位体积中的界面的总面积）ρ 应等于 $\alpha\alpha$ 界面、$\beta\beta$ 界面和 $\alpha\beta$ 界面的密度的总和，即

$$\rho = \rho_{\alpha\alpha} + \rho_{\beta\beta} + \rho_{\alpha\beta}. \tag{9.69a}$$

两相合金的重要参量是 α 相与 β 相所占的体积百分比 f_α 与 f_β．如果一种相占压倒优势（图 9.35(a)），即

$$f_\alpha \gg f_\beta, \tag{9.69b}$$

β 相将作弥散的分布，这样，合金中将不存在 $\beta\beta$ 相界，即

$$\rho_{\beta\beta} = 0. \tag{9.69c}$$

若弥散相粒子的尺寸为 d_β，则 $\rho_{\alpha\beta}$ 将正比于弥散度 $f_\beta d_\beta^{-1}$，即

$$\rho_{\alpha\beta} = K f_\beta d_\beta^{-1}, \tag{9.69d}$$

这里的K因子和弥散粒子的形状有关，如果粒子是立方形的，$K=6$. 引入参量

$$\delta = \frac{\rho_{\alpha\beta}}{\rho_{\alpha\alpha}}, \tag{9.69e}$$

在β相是高度弥散的情况下，$\delta \gg 1$. 另一种情况是弥散相择优分布在α相的晶界上，而且将它布满，第二相形成了网状结构(图 9.35(b))，将使

$$\rho_{\alpha\alpha} = 0. \tag{9.69f}$$

第三种情况是 $f_\alpha \sim f_\beta$，这样，将形成一种双复式 (duplex) 结构 (图 9.35(c))，即等数量而平均尺寸大体相同的两相晶粒作无规的分布. 按 § 9.1 所述，每一个α相或β相的晶粒平均有 14 个面，其中一半将是相界，另一半是晶界，即

$$\rho_{\alpha\alpha} = \rho_{\beta\beta}, \tag{9.70a}$$

$$\rho_{\alpha\beta} = \rho_{\alpha\alpha} + \rho_{\beta\beta}, \tag{9.70b}$$

$$\delta = \frac{\rho_{\alpha\beta}}{\rho_{\alpha\alpha}} = \frac{\rho_{\alpha\beta}}{\rho_{\beta\beta}} = 2, \tag{9.70c}$$

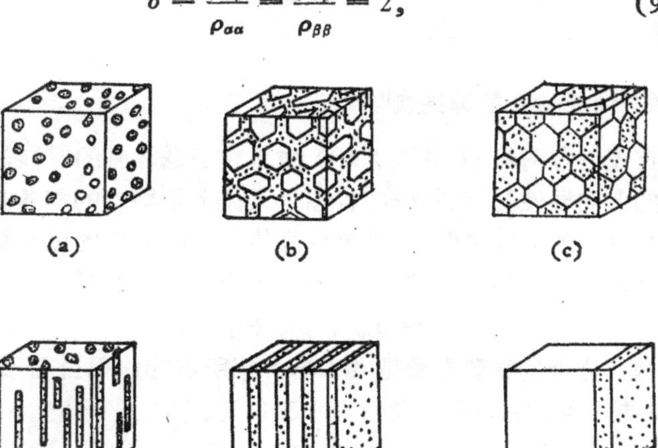

图 9.35 两相合金的微结构[60]. (a) 弥散相; (b) 网状结构; (c) 双复式结构; (d) 纤维结构; (e) 夹层结构; (f) 薄膜.

这种结构的平均晶粒尺寸将等于

$$d = \rho^{-1} = (\rho_{\alpha\alpha} + \rho_{\beta\beta} + \rho_{\alpha\beta})^{-1}. \tag{9.70d}$$

第二相的形状和分布也可以呈现明显的各向异性．例如，第二相中有一个方向延伸得很长，而且相互平行（图 9.35(d)），造成了纤维结构；但也可以沿一平面伸展，同样也相互平行（图 9.35(e)，(f)），但构成了夹层结构或薄膜．

要对合金微结构进行更加全面的描述：还需要知道位错的密度和分布；层错或反相畴界的密度和分布等；也需要某些统计性的函数：如晶粒取向在空间分布函数（织构）；以及用以描述局域原子分布的函数（无序，有序，还是簇聚等）．

一般而言，合金的微结构对应于一种冻结的热力学的非平衡状态，因而并不处于自由能极小的状态．产生这类微结构可以采取多种的手段．传统的方法是利用合金的相变，例如通过均匀成核，产生弥散的第二相；或沿晶界的非均匀成核，产生网状结构的第二相．另外一种方法是控制界面的形态，如利用共晶凝固或共析反应来产生纤维结构或夹层结构的两相合金．还可以用完全是人工的方式来制备具有特殊微结构的材料：例如两相微粒的混合烧结来获得弥散的第二相；整齐排列的纤维中灌注基质来获得纤维复合材料，而外延生长的薄膜和利用顺序蒸发或溅射来获得的人工调制结构（modulated structure）材料，更是目前受到人们高度重视的新型材料．

§9.15　外延生长的薄膜

在一定取向的基质晶体上通过蒸汽沉积的方法生长出结构和基质相近似外延层是制造现代微电子器件所普遍采用的流程．如果基质的晶体参数 a_s 与外延层的晶格参数 a_0 略有差异，则它们之间的失配可表示为

$$f = (a_s - a_0)/a_0. \tag{9.71}$$

在外延生长的初期，这种失配可用共格的弹性形变来容纳，等到厚度超过某一临界值 h_c 以后，界面上将出现错配位错，从而部分地

消弛弹性应变．为了简化计算，假定晶体为简立方结构，而且弹性上是各向同性的；错配位错在界面上构成正方网格，位错都是纯刃型，其伯格斯矢量躺在界面上．

设界面两侧的切变模量分别为 μ_s 与 μ_0，根据 § 7.10 中象位错近似，躺在界面上的位错相当于处在有效切变模量为 $2\mu_1\mu_2/(\mu_1+\mu_2)$ 的介质中，其能量(单位长度)为

$$\frac{\mu_0\mu_s}{\mu_0+\mu_s}\cdot\frac{b^2}{2\pi(1+\nu)}\left(\ln\frac{R}{b}+1\right).$$

如果平行于膜面残留的弹性应变为 ε，则错配位错的间距等于

$$s=b/(f-\varepsilon), \tag{9.72a}$$

则单位面积界面中错配位错行列对能量的贡献等于

$$E_d=\frac{\mu_0\mu_s(f-\varepsilon)b}{\pi(\mu_0+\mu_s)(1-\nu)}\left(\ln\frac{R}{b}+1\right), \tag{9.72b}$$

而弹性应变 ε 在膜厚为 h 的薄膜的畸变能为

$$E_\varepsilon=\frac{2\mu_0(1+\nu)}{(1-\nu)}h\varepsilon^2. \tag{9.73}$$

如果 $h<s/2$，则可令 $R=h$，系统的总能等于

$$E=E_d+E_\varepsilon=\frac{\mu_0\mu_s(f-\varepsilon)b}{\pi(\mu_0+\mu_s)(1-\nu)}\left(\ln\frac{h}{b}+1\right)+\frac{2\mu_0(1+\nu)}{(1-\nu)}h\varepsilon^2, \tag{9.74}$$

对此求极小，所对应的 ε 值为

$$\varepsilon^*=\frac{\mu_s b}{4\pi(\mu_0+\mu_s)(1+\nu)h}\left(\ln\frac{h}{b}+1\right), \tag{9.75}$$

ε^* 的可能最大值为 f，如果按式(9.75)算出的 ε^* 等于或大于 f，这就表明薄膜将单纯通过共格弹性应变来协调失配，不产生位错；如果算出的 ε^* 小于 f，则有一部分失配 $f-\varepsilon=\delta$．将被错配位错来容纳．因而错配位错出现的条件即为 $\varepsilon^*=f$，对应的临界膜厚为

$$h_c = \frac{\mu_s b}{4\pi(\mu_0 + \mu_s)(1 + \nu)f}\left(\ln\frac{h_c}{b} + 1\right). \tag{9.76}$$

如果错配位错密度达到 $h > \delta/2$, 则式 (9.75) 将 ε^* 估值过高,可令 $R = s/2 = b/2(f - \varepsilon)$, 这样,则

$$\varepsilon^* = \frac{\mu_s b}{4\pi(\mu_0 + \mu_s)(1 + \nu)h}\ln 2(f - \varepsilon^*). \tag{9.77}$$

实验观测的结果大体上证实了以上的分析. 象在 Ag 的基底上生长的 Au 膜, 初期是纯粹用共格弹性形变来协调失配, 到膜厚达 250—300 Å 以后,才由位错和弹性应变共同来协调失配. Cu 上的 Ni, Au 上的 Pt, Cu 上的 γ-Fe, 它们的情况大致相似.在金属膜中观测到的 h_c 值定量上也和理论估计值相符合,但当共格性丧失后,残余的弹性应变往于大于理论估计值;在半导体和氧化物薄膜中测得的 h_c 通常比理论值的要大. 产生这类差异的根源是相类似的,即由于位错成核有困难,导致弹性弛豫不够充分.

实际应用的薄膜要求能保持其结构的稳定性, 但在薄膜中常观测到有明显相互扩散和新相形成的迹象. 发生反应的温度低达 23—200℃,至于在 450—600℃ 范围内,反应更是经常发生. 这些反应能够在组分的熔点或共晶点以下发生,所以称为固相反应.在薄膜中产生固相反应的根源是薄膜厚度小, 相应的扩散距离比大块样品中要短得多. 因而达到平衡的速率就要快得多, 而且能在较低的温度下实现. Sn 晶须的例子足以说明这个问题. 这是在 Cu 层上沉积一层 Sn 后, 在室温下自发形成的. 为什么会长出晶须来, 这是一个值得探讨的问题. 但利用现代的检测技术就发现在 Cu-Sn 界面上形成了一薄层 Cu-Sn 化合物,在 Sn层中诱发了压缩应力,这种应力可通过长出晶须来予以弛豫.

我们也可以有意识地利用薄膜来研究反应动力学和终态的产物. 以 Au-Al 薄膜为例, 可以观测到几种 Au-Al 化合物的生长和消湮, 直到终态化合物形成为止. 这些反应都是在 200℃ 以下进行的. 因而有些没有相图资料的三元系就可以利用这个方法来确定其平衡相.

§ 9.16 调制结构

所谓调制结构，就是指材料的结构或成分受到周期性的调制当然在有些情况下，可能两类调制兼而有之。这种调制可以利用自然界某些自发过程(如合金的无序-有序转变，固溶体的失稳分解等)来实现；也可以用完全人工的方法(如顺序蒸发、溅射和分子束外延等)来实现.

首先来看自发形成的晶体结构上的调制.在§4.6中曾讨论过有序合金所形成的超结构或超晶格. 超晶格的周期可以等于或大于原来基本结构的周期. 如果在某一方向上超晶格的周期是其基本结构周期的整倍数 m，那末，在这一方向就完成了结构的调制，调制波矢为该方向倒矢量的 $1/m$. 这种对应于超结构的调制被称为有公度的 (commensurate)，因为超晶格的周期(或调制波矢)与原来基本结构的周期(或倒矢量)是相互可以通约的. Au-CuII 就是一个例子.其超晶格的周期甚长，约40埃，为其基本结构 Au-CuI 的周期的 10 倍(参看图 4.27).也可能出现调制波矢与基本结构的倒矢量为不可通的，这种调制结构，即被称为无公度的 (incommensurate). 严格说来，无公度的调制，将使该方向的周期性丧失. 实际上，和有公度调制的超晶格只有少量偏离的无公度相，可以用以下的方式来降低其能量：即整个晶体分成许多畴区，在畴内为有公度的超结构，在这些公度畴之间的界面对应于调制结构的相位跃变，被称为公度错(discommensurations). 可以用一定密度的公度错来容纳和公度调制的偏离. 在 Ni_4Mo，NiTi 合金中都曾观察到这种类型的无公度的调制结构.

一个理论上需要解释的问题，就是为什么这种长周期超晶格是稳定的？一个大致合理的解释归结为近自由电子的能量效应[62]. 我们知道，当费密面接触到布里渊区边界时，可使电子的势能减少. 对于球形的费密面，由于接触面积不大，能量变化也不大；如果费密面是扁平的，而且布里渊区边界正好平行于扁平面，则两者相接触，能量降低的效应就比较显著. Cu-Au 合金的费密面在垂

直于 [110] 方向是扁平面，长周期超晶格将引入一组和此扁平面平行的布里渊区边界，从而使得这种超结构得到稳定，这也可以解释为什么调制周期和合金成分有关. 因为成分的改变导致电子/原子比的变化，使费密面膨胀或收缩，这样，使最有利的布里渊区边界的位置得到调正（参看 9.36）.

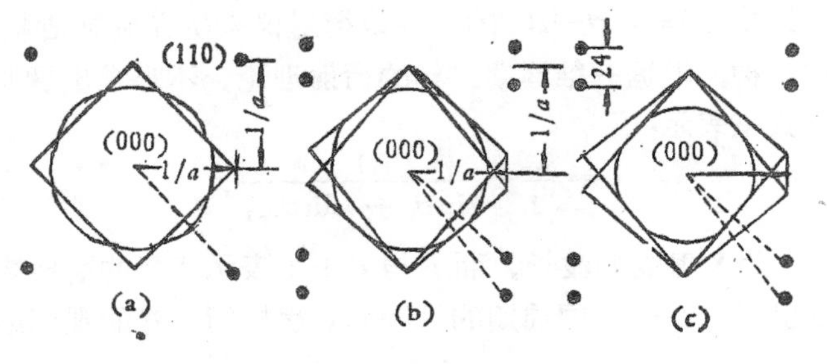

图 9.36　长周期的费密面.

另外一种是由两种金属组成的调制结构材料. 最初研究的主要是固溶体失稳分解的产物. 近年来赫里亚德（J. E. Hilliad）等利用了按一定顺序来蒸发或溅射两种不同的金属来形成多种人工合成的双金属调制结构材料（亦被称为金属超晶格），如 Au-Ni, Cu-Ni, Cu-Pd, Ag-Pd, Nb-Ti, Nb-Cu 等. 调制的周期从几百

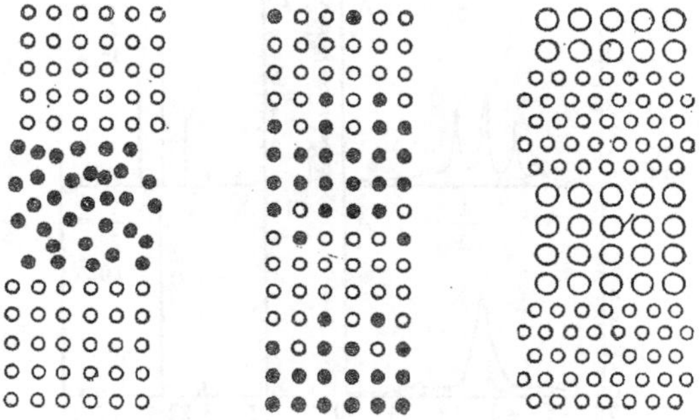

(a)　(b)　(c)

图 9.37　不同有序度的调制结构材料的示意图.（a）多层薄膜；（b）成分调制合金；（c）人工超晶格.

埃到几个埃. 值得注意的是，这类调制结构材料不仅可以在晶体结构相同的或互溶的两种金属中实现（如果互溶，界面就是模糊的，被称为成分调制结构，如图 9.37（b）所示）；也可以在结构不同，且不能互溶的两种金属中实现，保持十分明锐的共格界面，如图 9.37(c) 所示，Nb-Cu 就是一个实例[63].

可以用标准的 $\theta—2\theta$ 的X射线衍射仪来研究调制结构材料的晶体结构. 根据一维周期结构的衍射理论，不难求出调制周期可用下式来表示：

$$\lambda = \frac{\lambda_x}{2} \cdot \frac{1}{\sin\theta_i - \sin\theta_{i+1}}, \tag{9.78}$$

这里 λ_x 为X射线的波长，而 i 与 $i+1$ 表示相邻的衍射峰. 图 9.38 示出了一系列不同周期的 Nb-Cu 试样衍射峰的观测结果和计算结果.

这类调制结构材料早先被用来进行扩散的研究，由于扩散距离甚短，因而可以测量到低达 10^{-20} 厘米^2/秒的扩散系数（比常规

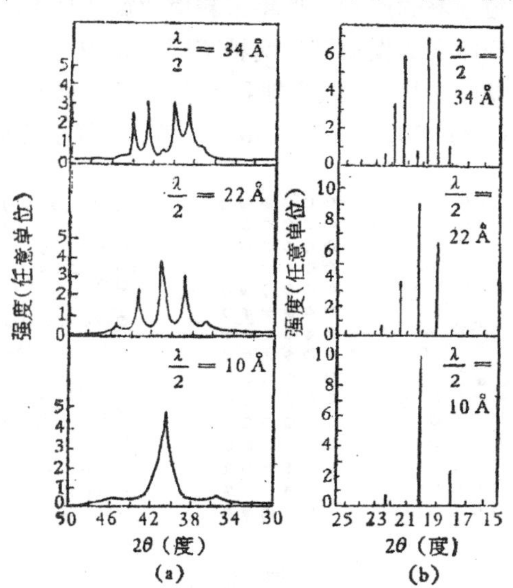

图 9.38　不同调制周期 λ 的 Nb-Cu 试样的衍射峰.
(a) 观测结果；(b) 计算结果.

测量低 8 个数量级)，适宜于定出在制备或使用微电子学器件条件下的扩散性能．后来又发现这类超结构材料具有一系列物理性能的异常：例如在 Cu-Pd 与 Ag-Pd 系都观测到弹性模量的增强，这种增强效应是和调制周期有关，最大值出现在特定的调制周期，其数值可达同成分均匀合金的 4 倍；在 Cu-Ni 系观测到一些磁性的异常；Nb-Cu 系则观测到异常的超导各向异性；最近，又在 Fe-V 系中观测到了超导与铁磁性的共存[64]．总之，这些工作展现了颇为诱人的前景：即根据固体理论来设计具有特定物理性质的材料，因而理所当然地受到材料科学和固体物理的科学工作者的重视。

第四编 参考文献

[1] Gomer R, Smith C. S., Structure and Properties of Solid Surfaces, Univ. of Chicago Press (1952).

[2] Blakely JW. (ed.), Surface Physics of Materials, Vol. 1 & 2, Academic Press (1975).

[3] Friedel J., La Physique de Surfaces Metalliques Propres, *Ann. de Phys.*, **1**, 257(1976).

[4] Derouane E. G., Lucas A. A., Electronic Structure and Reactivity of Metal Surfaces, Plenum Press (1976).

[5] McLean D., Grain Boundaries in Metals, Oxford (1957); 中译本，金属中的晶粒间界，杨顺华译，科学出版社（1965）.

[6] Amelincks S., Dekeyser W., The Structure and Properties of Grain Boundaries, Solid State Physics, Vol. 8. Academic Press (1959).

[7] Mathews J. W., Misfit Dislocations, in "Dislocations in Solids", (ed. F. R. N. Nabarro), Vol. 2, Chap. 7, North Holland (1979).

[8] Christian J. W., Crocker A. G., Dislocations and Lattice Transformations, in Dislocations in Solids, (ed. F. R. N. Nabarro), North Holland, Vol. 3, Chap. 11, North Holland (1980).

[9] Bollmann W., Crystal Defects and Crystalline Interfaces, Springer, 1970.

[10] Balluffi R. W. (ed.), Grain-Boundary Structure and Kinetics, Am. Soc. Metals (1979).

[11] Miedema A. R., *Philips Tech. Rev.*, **38**, 257(1978—79).

[12] 闵乃本，晶体生长的物理基础，上海科技出版社（1982）.

[13] Leamy H. J., Gilmer G. H., Jackson K. A., Statistical Thermodynamics of Clean Surfaces, in [2], Chap. 3.

[14] Henzler M., *Appl. Phys.*, **9**, 11(1976).

[15] Spencer N. D., Somorjai, G. A., Catalysis, *Rep. Prog. Phys.*, **46**, 1(1983).

[16] van Hove M. A., *Surface Sci.*, **81**, 1(1979).

[17] Blakely J. M., Shelton J. C., Equilibrium Adsorption and Segregation, in [2], Chap. 4.

[18] Rhodin T., Adams D., Introduction to Phenomenological Models and Atomistic Concepts of Clean and Chemisorbed Surfaces, in [5].

[19] Wang J. S. (王竹溪), Proc. Roy. Soc., A161(1937), 127.

[20] Burton W. K., Cabrera N., Frank F. C., *Phil. Trans. Roy. Soc.*, **A243**, 299 (1951).

[21] Jackson K. A., in "Liquid Metals and Solidification", p. 174. Amer. Soc. Metals (1958).

[22] Temkin D. E. in "Crystallization Process", p. 15, Consultant Bureau (1966).

[23] Ming N. B. (闵乃本), Rosenberger F., Abstracts of International Conference

on Crystal Growth, SY2/6(1983).
[24] Gerl M., in Proprieties Electroniques des Metaux et Alliages, p. 91, Massoñ (1973).
[25] Lang N. D., Kohn W., *Phys. Rev.*, **B1**, 4885(1970).
[26] Appelbaum J. A., Electronic Structure of Solid Surfaces, in [2] Chap. 2.
[27] Tabor D., Interaction between Surfaces: Adhesion and Friction, in [2], Chap. 10.
[28] Cyrot-Lackmann F., Les Agregats, Les Editions de Physique, 1981.
[29] Stowell M. J., in "Epitaxial Growth" (ed. J. W. Mathews), Chap. 5, Academic Press (1975).
[30] Kubo R., *J. Phys. Soc. Japan.*, **17**, 975(1962).
[31] Knight W. D., et al, *Phys. Rev. Lett.*, **52**, 2141(1984).
[32] Herring C, in [1], p. 1.
[33] Williams, R. E., *Science*, **161**, 276(1968).
[34] Frank F. C., in Plastic Deformation of Crystalline Solids, p. 150, Office of Naval Research (1950).
[35] Vogel F. L., *Acta Met.*, **3**, 245(1955).
[36] Hirsch P. B., Horne R. W., Whelan M. J., 见 Dislocations and Mechanical Properties of Crystals, Wiley (1957).
[37] Amelinckx S., *Acta Met.*, **3**, 848(1954).
[38] Amelinckx S, 见 Dislocations and Mechanical Properties of Crystals, Wiley (1957).
[39] 冯端、李齐、闵乃本，物理学报，**21**，431(1965).
[40] Carrington W., Hale K. F., McLean D., Proc. Roy. Soc., **259A**, 208(1960).
[41] Cahn R. W., Twinned Crystals, *Adv. Phys.*, **3**, 363(1954).
[42] Ke T. S. (葛庭燧), *Phys. Rev.*, **71**, 533(1947).
[43] Mott N. F., Proc. *Phys. Soc.*, **60**, 391(1948).
[44] Ke T. S. (葛庭燧), *J. Appl. Phys.*, **20**, 274(1949).
[45] Achter M. R., Smoluchowski R., *J. Appl. Phys.*, **22**, 1260(1951).
[46] Kronberg M. L., Wilson F. H., *Trans. A. I. M. E.*, 185, 50(1949).
[47] Balluffi R. W., Grain Bounary Structure and Segregation, in "Interfacial Segregation", Amer. Soc. Metals (1977).
[48] Sass S. L., Bristowe, P. D., in [10].
[49] Schober T, Balluffi R. W., *Phil. Mag.*, 21, 109(1970).
[50] Wagner R. S., Chalmers B., *J. Appl. Phys.*, **31**, 581(1960).
[51] Архаров В. И., *Труды ИНС. Физ. Мет.*, **Вы**, 16(1955). Архаров В. И., *Труды ИНС. Физ. Мет.*, **Вы** 19(1958).
[52] Anslie N. G. et al., *Acta Met.*, **8**, 523, 528(1960).
[53] Parker E. R., Washburn J., *Trans. AIME*, **194**, 1076(1952).
[54] Weinberg F., Grain Boundaries in Metals, Progr. Met. Phys. Vol. **8**, 105(1958).
[55] Lücke K., Korngrenzen und Rekristallisation, *Zeits. Met.*, 52, 1(1961).
[56] Aust K. T., Rutter J. W., *Trans. AIME*, **215**, 820(1959).
[57] Lücke, K., Detert K., *Acta Met.*, **5**, 628(1957).
[58] Christian J. W., The Theory of Transformations in Metals Alloys, Pergamon

(1965).
[59] Mathews J. W., *Phil. Mag.*, **6**, 1343(1961).
[60] Hornbogen E., *Acta Met.*, **32**, 615(1984).
[61] Mathews J. W. Epitaxial Growth, Vol. 1 & 2, Academic Press (1975).
[62] Matsubara T., The Structure and Properties of Matter, Chap. 5, Springer (1982).
[63] Schuller I., 物理学进展, 2, 492(1982); Falco C. M., Schuller, I., in "Novel Materials and Techniques in Condensed Matter, North Holland (1982).
[64] Ketterson J. B., *Bull. Am. Phy. Soc.*, **30**, 439(1985).

第五编 原子的迁移

丘第荣

引言

所谓原子的迁移，在这里是指晶体中原子脱离它原来的平衡位置跃迁到另一平衡位置的位移. 从产生扩散的原因来看，原子的迁移主要分为两大类，一类称为化学扩散，它是由于扩散物质在晶体中分布不均匀、在化学浓度梯度的推动下产生的扩散；另一类称为自扩散，它是在没有化学浓度梯度情况下，仅仅由于热振动而产生的扩散. 自扩散现象只有采用放射性同位素技术才能察觉. 此外，还有应力场、热场和电场等所引起的扩散.

冶金工作者和固体物理学工作者对扩散问题都很感兴趣. 对于前者，扩散是一个相当重要的实用问题，因为许多冶金过程中的反应常常受到扩散的限制. 相变过程、氧化过程、烧结过程以及蠕变等等都包含着原子在晶体中的迁移问题. 从目前看来，要了解金属或合金中在高温下的许多性能，研究晶体中的扩散机制是一项重要的工作；而对于后一种工作者来说，从事扩散的研究将有助于了解固态物质的结构，尤其有助于了解点缺陷在晶体中的行为. 因为我们很难直接观察到这种固体中最简单的缺陷的浓度和运动，但是却可以从理论上把它和扩散系数联系起来，于是扩散实验就成了研究固体中点缺陷的一种最常用的方法.

对于许多金属系统中的扩散，目前已经有了丰富的测量数据，理论方面也做了许多工作，这些工作大部分可以从专著或者评述性文献中找到，例如参考文献[1—18]. 显然，它包括的范围很广，在这一编里不可能全面介绍，不过我们准备分两章来讨论一些主要的理论、实验结果和几个有关的实际问题. 希望读者可以从这里得到一个初步的认识，在有必要的时候，再查阅前面推荐的文献．前一章我们讨论扩散的理论问题，并引证了一些实验结果．扩散理论有两种处理方法：一种是唯象理论，它把扩散系统看成连续性介质，而不考虑原子的跃迁过程．这样，扩散问题就变成如何建立和解出一个适当的微分方程的问题．从这个微分方程的解，可以得出在一定的温度下，扩散物质的分布和扩散时间的关系，从而求出扩散系数．这是实验工作者所必需了解的．另一种是微观理论，它从原子在晶格中的跃迁出发，说明扩散系数的实质，从而可以了解晶体缺陷的行为．后一章介绍氧化，金属中的气体和金属粉末的烧结等几个和扩散有关的实用问题，但主要是介绍这些问题中和扩散有关部分而不是全部．氧化的初始阶段以及气体的渗透问题和金属对气体的吸附有关，这个问题已在§8.3中作了比较详细的分析．

第十章　金属中的扩散

I　扩散的唯象理论

在这一部分中，我们把扩散系统看成是连续介质，先从宏观的现象来讨论扩散的规律，即在扩散过程中研究扩散物质的浓度分布和时间的关系．对于这种情况，我们只需建立斐克（Fick）方程（§ 10.1）和求出这方程的解就够了（§ 10.2）．在讨论中还假定扩散系统始终是处于等温等压条件下的，以使问题简单化，易于处理．在这部分的后半部中，我们将用热力学观点来分析扩散问题（§ 10.3）．毫无疑问，扩散的结果势必使系统的自由能降低，换句话说，自由能的降低是扩散的驱动力．

§ 10.1　斐克方程

我们知道，如果把一块成分不均匀的合金在适当的温度下进行退火，那么它的内部便会发生物质流动，其结果将导致其浓度梯度降低．要是退火时间够长，样品的成分将变得均匀，物质的净流也就停止．现在，我们所要探讨的就是这个系统的物质流量方程．首先把问题简化一些，设想把两根横截面均匀、但成分不同的金属棒 A，B 焊接起来，例如两根含碳浓度不同的铁棒，A 的浓度为 c_A，B 的为 c_B，且 $c_A > c_B$，如图 10.1 所示．那么在足够高的温度下，我们发现碳原子将沿着棒的轴线 x 轴扩散．在单位时间内，通过垂直于 x 轴平面上单位面积的物质（碳）的量 J（称为流量）和这物质在 x 方向的浓度梯度 $\partial c/\partial x$（c 是浓度）成正比，这个关系称为斐克第一定律，可以写成如下方程式：

$$J = -D\frac{\partial c}{\partial x}, \tag{10.1}$$

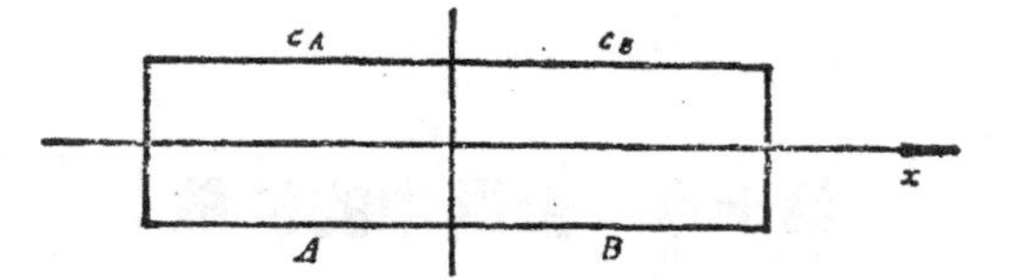

图 10.1 把两根金属棒焊接起来使发生扩散.

式中比例因子 D 称为扩散系数，它的量纲是长度^2/时间. 通常用厘米^2/秒为单位. 这个定律和热传导定律、欧姆定律相似.

斐克定律对气体扩散和液体扩散也都适用，在气体的情况，D 值和组元浓度的关系很小，其改变量不超过 8%，而在液体和固体的情况下，D 的数值往往随组元浓度之不同而可以发生很大的改变，比如碳在 γ 铁中，在 1000℃ 扩散时，若碳的重量浓度为 0.15%，则扩散系数为 2.5×10^{-7} 厘米^2/秒，浓度为 1.4% 时，扩散系数将增为 7.7×10^{-7} 厘米^2/秒. 这一点，我们将留在后面讨论.

如果扩散物质的流量 J 不是稳定的，换句话说，它随 x 而变我们考虑两个垂直于 x 轴、相距为 dx 的单位平面(图 10.2). 那么，通过第一平面的流量为

$$J=-D\frac{\partial c}{\partial x};$$

通过第二平面的流量为

$$J+\frac{\partial J}{\partial x}dx=-D\frac{\partial c}{\partial x}-\frac{\partial}{Dx}\left(D\frac{\partial c}{\partial x}\right)dx.$$

两式相减，并除以 dx，便得到

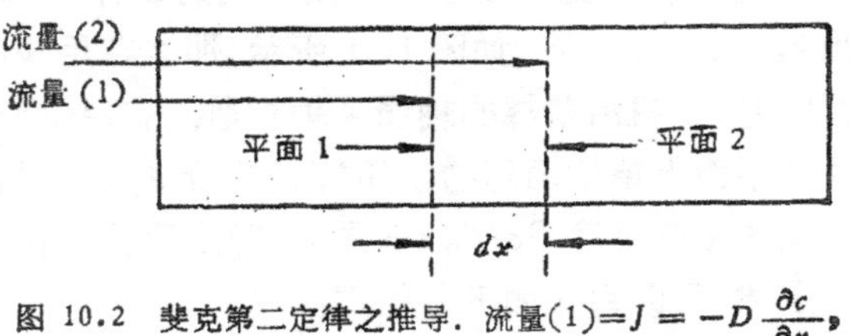

图 10.2 斐克第二定律之推导. 流量(1)$=J=-D\frac{\partial c}{\partial x}$，流量(2)$=J+\frac{\partial J}{\partial x}dx$.

$$\frac{\partial J}{\partial x}=-\frac{\partial}{\partial x}\left(D\frac{\partial c}{\partial x}\right).$$

因为 $\partial J/\partial x$ 是在单位时间内、第一平面和第二平面之间单位体积内扩散物质总量的变化，所以它等于这两平面间浓度变化时率的负值 $-\partial c/\partial t$，于是

$$\frac{\partial c}{\partial t}=\frac{\partial}{\partial x}\left(D\frac{\partial c}{\partial x}\right). \tag{10.2}$$

式 (10.2) 称为斐克第二定律，实质上，它是从第一定律推导出来的．如果 D 和浓度无关，式 (10.2) 可以写成

$$\frac{\partial c}{\partial t}=D\frac{\partial^2 c}{\partial x^2}. \tag{10.3}$$

在上面的讨论中有这样的含义，即扩散是由于浓度梯度所引起的，这样的扩散称为化学扩散；另一方面，我们把不依赖于浓度梯度，而仅仅是由于热振动而产生的扩散称为自扩散，自扩散系数 D_s 的定义可以从式 (10.1) 得出，即

$$D_s=\lim_{\left(\frac{\partial c}{\partial x}\to 0\right)}\left[\frac{-J}{\frac{\partial c}{\partial x}}\right] \tag{10.4}$$

上式表示合金中某一组元的自扩散系数是它的浓度梯度趋于零时的扩散系数。

上面是讲一维扩散，有时我们需要考虑 x, y, z 三维空间中的扩散，在这种情况下，如果介质是各向同性的，则把式 (10.2) 写成

$$\frac{\partial c}{\partial t}=\frac{\partial}{\partial x}\left(D\frac{\partial c}{\partial x}\right)+\frac{\partial}{\partial y}\left(D\frac{\partial c}{\partial y}\right)+\frac{\partial}{\partial z}\left(D\frac{\partial c}{\partial z}\right). \tag{10.5}$$

如果 D 与浓度无关，式 (10.5) 可以写成

$$\frac{\partial c}{\partial t}=D\left(\frac{\partial^2 c}{\partial x^2}+\frac{\partial^2 c}{\partial y^2}+\frac{\partial^2 c}{\partial z^2}\right), \tag{10.6}$$

但是，对于各向异性的介质，比如非等轴晶系材料，它各个方向的扩散系数不相同，设在 x，y 和 z 三个方向依次为 D_x，D_y 和 D_z，这时，式 (10.6) 应写成

$$\frac{\partial c}{\partial t}=D_x\frac{\partial^2 c}{\partial x^2}+D_y\frac{\partial^2 c}{\partial y^2}+D_z\frac{\partial^2 c}{\partial z^2}. \tag{10.7}$$

有时采用直角坐标不方便，比如探讨固溶体中的球形沉淀时，我们必需使用球面坐标 r, θ 和 ϕ. 按一般惯例，r 为径向距离，θ 为余纬度，ϕ 为经度. 因为

$$
\begin{aligned}
x &= r\sin\theta\cos\phi, \\
y &= r\sin\theta\sin\phi, \\
z &= r\cos\phi.
\end{aligned}
$$

经坐标变换后，式 (10.6) 变为

$$
\frac{\partial c}{\partial t} = \frac{D}{r^2}\left[\frac{\partial}{\partial r}\left(r^2\frac{\partial c}{\partial r}\right) + \frac{1}{\sin\theta}\frac{\partial}{\partial\theta}\left(\sin\theta\frac{\partial c}{\partial\theta}\right) + \frac{1}{\sin^2\theta}\frac{\partial^2 c}{\partial\phi^2}\right]. \tag{10.8}
$$

对于球对称的扩散，因为 $\partial c/\partial\theta = 0$, $\partial^2 c/\partial\phi^2 = 0$, 所以上式可简化为

$$
\frac{\partial c}{\partial t} = D\left(\frac{\partial^2 c}{\partial r^2} + \frac{2}{r}\frac{\partial c}{\partial r}\right). \tag{10.9}
$$

有时我们需要使用圆柱坐标 r, θ 和 z, r 为径向距离，θ 为半径和极坐标轴的夹角，z 为圆柱轴的坐标. 在这情况下，则

$$
\begin{aligned}
x &= r\cos\theta, \\
y &= r\sin\theta, \\
z &= z.
\end{aligned}
$$

于是式 (10.6) 就转换成

$$
\frac{\partial c}{\partial t} = \frac{D}{r}\left[\frac{\partial}{\partial r}\left(r\frac{\partial c}{\partial r}\right) + \frac{\partial}{\partial\theta}\left(\frac{1}{r}\frac{\partial c}{\partial\theta}\right) + \frac{\partial}{\partial z}\left(r\frac{\partial c}{\partial z}\right)\right]. \tag{10.10}
$$

探讨一根很长的金属丝（例如灯泡或电子管里的灯丝）吸收气体或者排出气体时，由于两端的影响比较小，所以式 (10.10) 可以简化成

$$
\frac{\partial c}{\partial t} = D\left[\frac{1}{r}\frac{\partial}{\partial r}\left(r\frac{\partial c}{\partial r}\right)\right]. \tag{10.11}
$$

§ 10.2 斐克方程的解

扩散方程随着不同坐标和不同的边界条件有各式各样解法，这里只介绍一维方程的几种常用解. 读者如果希望了解多一些，可以查阅文献 [1, 3].

(a) *D 和浓度无关，稳定扩散* 某些气体在金属中的扩散属于这种类型. 比如金属片的一边保持着比较高的气压 p_1，而另一边的气压 p_0 比较低，经过足够长的时间之后，我们发现扩散可以达到稳定状态，即单位时间内，从高压方面进入金属片中气体的量等于从低压方面离开的量，并且不随时间而变. 这时，溶解在金属内部各点的气体浓度也将和时间无关. 在这情况下，$\partial c/\partial t = 0$. 现在，令金属片的平面和 x 坐标轴垂直(见图10.3)，左边平面通过坐标原点 o，片的厚度为 d. 扩散既然是稳定的，D 又和浓度无关，于是从式 (10.3) 可以得到

$$\frac{\partial^2 c}{\partial x^2} = 0.$$

经过一次积分后得到

$$\frac{\partial c}{\partial x} = A, \tag{10.12}$$

再积分一次得到

$$c = Ax + B, \tag{10.13}$$

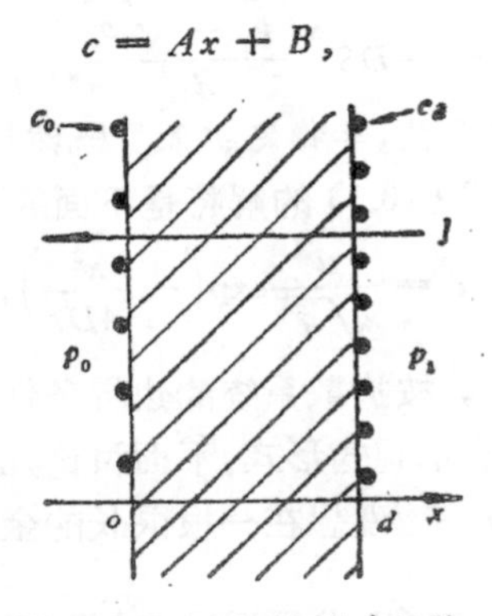

图 10.3 气体在金属片中扩散.

式中 A 和 B 是两个积分常数. 设金属片左右两个面上的气体浓度分别为 c_0 和 c_d(见图 10.3),则当 $x=0$ 时, $c=c_0=B$; 当 $x=d$ 时, $c=c_d$, 于是 $A=(c_d-c_0)/d$. 将 A 和 B 的值代入式 (10.12) 及式 (10.13), 则式 (10.12) 可以写成

$$\frac{\partial c}{\partial x}=\frac{c_d-c_0}{d}; \tag{10.14}$$

式 (10.13) 可以写成

$$c=\frac{c_d-c_0}{d}x+c_0. \tag{10.15}$$

因为 c_d 和 c_0 都是常数, 所以式 (10.15) 表明金属片中气体浓度分布和时间无关. 把式 (10.14) 和式 (10.1) 进行比较时还可以看出, 在这情况下, 单位时间内通过金属片单位面积的气体(即流量 J)也和时间无关.

扩散气体在金属中的浓度常常难以测定,但是,如果金属片每一边表面都和它所接触的气体平衡, 那么每一边面上的浓度将和压强 p 保持一定的关系. 对于双原子气体, 比如 H_2、N_2 等, 这关系可以用西佛特 (A. Sivert) 定律来描述, 即 $c=S\sqrt{p}$, 式中 S 是一比例常数,它等于单位压强下气体在金属中的溶解度. 现在, 和 c_d、c_0 相对应的压强为 p_1、p_0, 所以

$$J=-DS\frac{\sqrt{p_1}-\sqrt{p_0}}{d}. \tag{10.16}$$

(b) *D和浓度无关,非稳定扩散*　既然扩散是非稳定的, 那么 $\partial c/\partial t\neq 0$, 于是式 (10.3) 的解将是下面的形式:

$$c=\frac{\alpha}{\sqrt{t}}\exp\left(-\frac{x^2}{4Dt}\right), \tag{10.17}$$

式中 α 为未定数[1], 按扩散系统的边界条件的不同而不同. 式 (10.17) 可以变换成不同的形式,下面讨论几种情况:

(1) 薄膜扩散.　设想在一根很长的金属棒 A 的一端镀上一

---

1) 把式 (10.17) 代入式 (10.3) 可以证明这个解是正确的. 至于严格的解, 可查阅文献[3]或[16].

薄层溶质，其总质量为 m，然后将它与另一根相同的金属棒 B 焊接起来，以把薄层夹在中间。两棒不含溶质（即 $c=0$），其横截面均匀，如图 10.4 (a) 所示。现在把棒进行扩散退火，那么，在一定的温度下，溶质在棒中的浓度分布将随退火时间 t 而变。为了便于分析这两者之间的关系，令棒轴和 x 坐标轴平行，溶质薄层位于 x 轴的原点 o。从式 (10.17) 中可以看到，溶质浓度 c 将以原点为中心成左右对称分布，并且当 $t=0$ 时，在 $|x|>0$ 的各处，c 均为零。为简便起见，令棒的横截面积为 1 厘米^2，那么，由于棒很

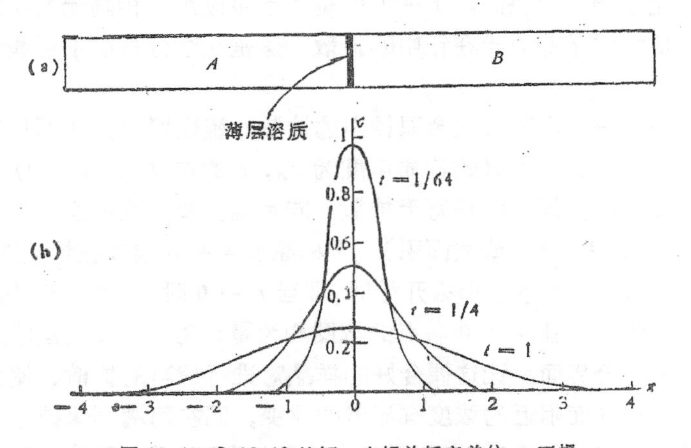

图 10.4 式 10.19 的解. 坐标为任意单位. 三根曲线代表不同退火时间的浓度分布.

长，所以就可以得到

$$m=\int_{-\infty}^{+\infty} c\,dx. \tag{10.18}$$

把式 (10.17) 代入式 (10.18)，然后进行积分，于是得到如下的溶质浓度 c 沿 x 方向分布和退火时间 t 的关系式：

$$c=\frac{m}{2\sqrt{\pi Dt}}\exp\left(-\frac{x^2}{4Dt}\right). \tag{10.19}$$

式 (10.19) 表明，当开始退火时，即当 $t=0$ 时，扩散物质全部集中在 $x=0$ 这个平面附近；当 $t>0$ 时，扩散物质的浓度分布如图 10.4 (b) 中的曲线所示。那三根曲线表示三个不同扩散时间所

得的结果．这些指数曲线称为高斯 (Gauss) 误差曲线[1]．根据式(10.19)，我们就可以用实验方法把扩散系数 D 求出来：先把金属棒在某一温度进行扩散退火一定时间 t，然后用车床把它沿 x 轴一薄层一薄层地切削下来(各层均和 x 轴垂直)，分析各层中的溶质浓度，这样就可以作出 c-x 关系曲线．如果把 $\ln c$ 对 x^2 作图，我们应该得到一根直线，其斜率为 $(4Dt)^{-1}$．因为退火时间 t 为已知，所以就可以计算扩散系数 D．关于浓度的测定，我们可以用化学分析法，也可以用示踪原子法．应用放射性同位素比较好，一方面是由于精度比较高；另一方面是由于可以测出相同元素中的扩散，比如银示踪原子在银中的扩散，这是化学分析所不可能做到的．

(2) 一对半无限长金属棒中的扩散．假设把 A，B 两根很长的、成分均匀的(令 A 的溶质浓度为 c_A，B 的浓度为 $c_B = 0$) 金属棒焊接起来，焊接面垂直于扩散方向 x 轴，棒的横截面是均匀的(为简单起见，设为单位面积)．坐标原点 $x = 0$ 选择在焊接面上，如图 10.5 (a) 所示．那么开始时，即当 $t = 0$ 时，在 $x < 0$ 各点的浓度均为 c_A；在 $x > 0$ 各点的浓度均为零；在 $x = 0$ 处是浓度陡然改变的分界面．让这偶合好的样品对进行适当的扩散，使我们能发现分界面附近的浓度有显著的改变，而在两端则保持它们原来的数值，如图 10.5 (b) 所示．在这种情况下，我们可用如下方法来解扩散方程，以求出 D，c，x 和 t 之间的关系：想象金属棒 A 由 n 层组成，第 i 层厚度为 $\Delta\alpha_i$．现在考虑其中一层．开始，这一薄层中的溶质总量为 $c_A\Delta\alpha_i$，设想这时它两旁没有溶质，那么经过扩散之后，溶质浓度将按式 (10.19) 分布．事实上，这薄层的两旁虽然有溶质存在，但并不影响所设想的结果．因此方程的实际解就是各单层分布的叠加．图 10.5 (c) 的细线表示扩散后各薄层引起的浓度分布，粗线表示所有细线叠加的结果．数学上是这样计算的：如果 α_i 是第 i 层中心和原点的距离，那么，经扩散时间 t

---

1) 请注意：这不是误差函数．试与式 (10.23) 比较．

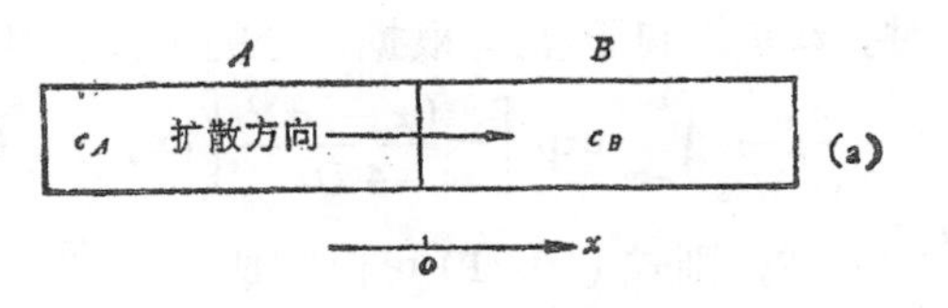

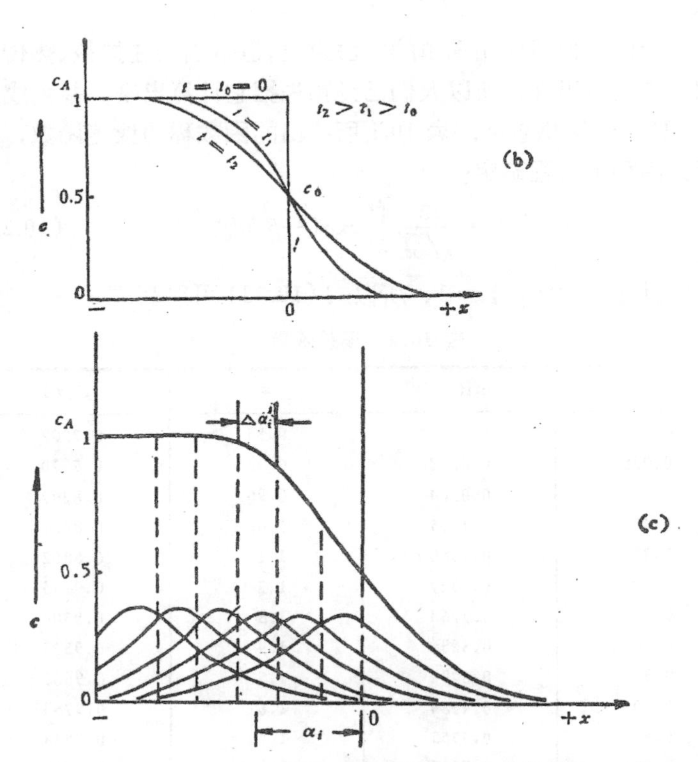

图 10.5 (a) A, B 两金属棒的联接；(b) 扩散后的浓度分布；(c) 扩散方程的解.

之后，在 x 处的溶质浓度应为各层引起的浓庳分布在该处的叠加，即

$$c(x,t)=\frac{c_A}{2\sqrt{\pi Dt}}\sum_{i=1}^{n}\Delta\alpha_i\exp\left[-\frac{(x-\alpha_i)^2}{4Dt}\right]. \tag{10.20}$$

当 n 趋向无穷大时，$\Delta\alpha_i$ 趋向于零. 根据积分的定义，我们得到

$$c(x, t) = \frac{c_A}{2\sqrt{\pi Dt}}\int_{-\infty}^{0} \exp\left[-\frac{(x-\alpha)^2}{4Dt}\right] d\alpha. \qquad (10.21)$$

令 $(x-\alpha)/2\sqrt{Dt} = \beta$，则式 (10.21) 可以写成

$$c(x, t) = \frac{c_A}{\sqrt{\pi}}\int_{\frac{x}{2\sqrt{Dt}}}^{\infty} \exp(-\beta^2) d\beta. \qquad (10.22)$$

这种积分的数值不能用简单的方法求出，但是因为在扩散、热传导等问题中经常出现，所以人们已经预先把它计算出来，并列成表(见表 10.1)，以供查阅. 表 10.1 所给出的函数称为误差函数，它的定义由如下方程确定:

$$\mathrm{erf}(z) = \frac{2}{\sqrt{\pi}}\int_{0}^{z} \exp(-\beta^2) d\beta. \qquad (10.23)$$

可以证明 $\mathrm{erf}(\infty) = 1$，所以式 (10.22) 可以写成

表 10.1 误差函数

z	erf(z)	z	erf(z)
0	0	0.85	0.7707
0.025	0.0282	0.90	0.7970
0.05	0.0564	0.95	0.8209
0.10	0.1125	1.0	0.8427
0.15	0.1680	1.1	0.8802
0.20	0.2227	1.2	0.9103
0.25	0.2763	1.3	0.9304
0.30	0.3286	1.4	0.9523
0.35	0.3794	1.5	0.9661
0.40	0.4284	1.6	0.9763
0.45	0.4755	1.7	0.9838
0.50	0.5205	1.8	0.9891
0.55	0.5633	1.9	0.9928
0.60	0.6039	2.0	0.9953
0.65	0.6420	2.2	0.9981
0.70	0.6778	2.4	0.9993
0.75	0.7112	2.6	0.9998
0.80	0.7421	2.8	0.9999

$$c(x,t)=\frac{c_A}{2}\left[1-\mathrm{erf}\left(\frac{x}{2\sqrt{Dt}}\right)\right]. \qquad (10.24)$$

不难证明,如果金属棒 B 中的溶质浓度 c_B 不等于零,则

$$c(x,t)=\frac{c_A+c_B}{2}-\frac{c_A-c_B}{2}\mathrm{erf}\left(\frac{x}{2\sqrt{Dt}}\right). \qquad (10.25)$$

不管从式(10.24)或式(10.25)都可以看出，在整个扩散过程中，分界面上($x=0$)的浓度始终保持不变。如果 $c_B=0$，则 $c(0,t)=c_A/2$；如果 $c_B\neq 0$，则 $c(0,t)=(c_A+c_B)/2$。图10.5(b)示出当 $c_B=0$，经过不同时间 t_1，t_2 的扩散后，浓度分布的变化情况。浓度分布曲线以 $c_A/2$ 点坐标成中心对称。在任何位置的浓度都可以从浓度分布曲线定出。

如果改用 $x/2\sqrt{Dt}$ 作横坐标，$2c/c_A$(若 $c_B\neq 0$，则用 $2(c-c_B)/(c_A-c_B)$)作纵坐标，则根据式(10.24)或者式(10.25)可以画出一条有用的曲线，如图10.6所示。这条曲线综合地表示了扩散路程 x、时间 t 和扩散系数 D 三者的关系。比方我们要找出样品中在某一垂直于 x 轴的平面上，其浓度为焊接面上的一半时(即 $c=c_A/4$)，那么从图上可以看出，$x/2\sqrt{Dt}$ 应该差不多等于0.5，即这平面的位置 x 可以从下式决定：

$$x\approx\sqrt{Dt},\quad 或者\quad x^2\approx Dt。$$

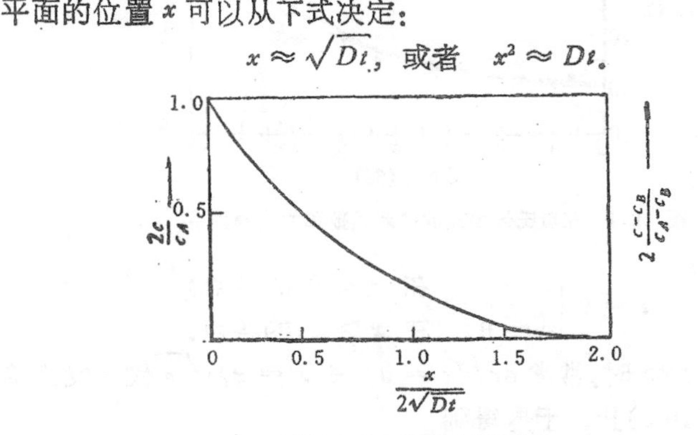

图 10.6 高斯误差函数.

换句话说，如果要这面上的浓度达到 $c_A/4$，那么扩散时间 t 和这平面距分界面的距离 x 的平方成正比，若 x 值增加一倍，扩散时间

则需增加到四倍，一般地说，

$$x=(\text{常数})\sqrt{t}\text{，或者 } x^2=(\text{常数})t, \qquad (10.26)$$

式中的常数按比值 c/c_A 及 D 的数值而定. 这个关系式称为抛物线-时间定则或者简称 $\sqrt{t}$ 定则. 这个定则有实用的价值，例如在钢中渗碳时，我们可以利用它来估计碳浓度分布和渗碳时间及温度（D 和温度有关）的关系.

（3）D 和浓度有关，非稳定扩散. 有些情况要求我们考虑浓度对扩散系数的影响，比如我们可以从图 10.7 看到，在奥氏体中，碳浓度增加，则其扩散系数也显著地增加. 此外，Ni-Cu，Au-Pt、Au-Pa 和 Au-Ni 等金属对也都表现了类似的现象. 因此，为了计算在某一浓度下的扩散系数，我们必需选择别的方法来解斐克第二方程. 首先，考虑下面边界条件:

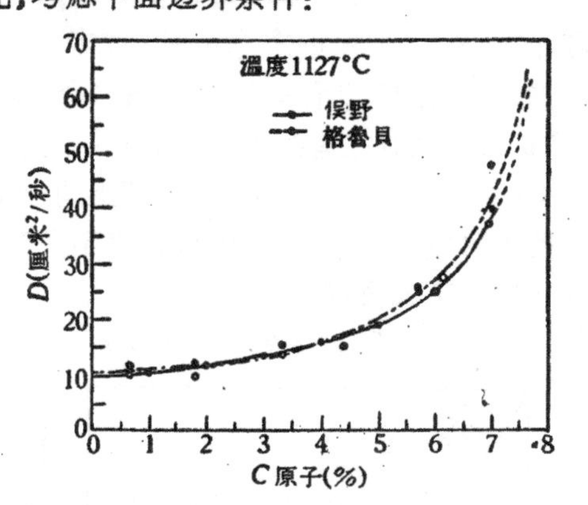

图 10.7 在奥氏体中碳的扩散系数和浓度的关系.

$$t=0\begin{cases}c=1, & \text{在 } x<0 \text{ 的各点;}\\ c=0, & \text{在 } x>0 \text{ 的各点.}\end{cases}$$

并且在 $x=\pm\infty$ 时，常常 $dc/dx=0$。令 $\lambda=x/\sqrt{t}$ 代入斐克第二方程［式(10.2)］[1]，于是得到

1）所以能够引入变数 λ，这是从实验得来的结果，在浓度为一定的条件下，试把 x 对 $\sqrt{t}$ 作图，的确得到一些通过原点的直线(见下页附图). 但是这些实验结果只对某些金属对是正确的，例如Ni-Cu，α 黄铜-Cu等，而另外一些金属对则不一定

$$-\frac{\lambda}{2}\frac{dc}{dx}=\frac{d}{d\lambda}\left(D\frac{dc}{d\lambda}\right). \tag{10.27}$$

假定我们要求出浓度为 c_M 时的扩散系数，那么，在所给的边界条件下，把式 (10.27) 从浓度 $c=0$ 积分到 $c=c_M$，由于$(dc/d\lambda)_0=0$，所以

$$-\frac{1}{2}\int_0^{c_M}\lambda dc=\left(D\frac{dc}{d\lambda}\right)_{c_M}, \tag{10.28}$$

或者

$$D=-\frac{1}{2}\left(\frac{d\lambda}{dc}\right)_{c_M}\int_0^{c_M}\lambda dc. \tag{10.29}$$

在时间 t 为一定时，得到

$$D=-\frac{1}{2t}\left(\frac{dx'}{dc}\right)_{c_M}\int_0^{c_M}x'dc. \tag{10.30}$$

在式 (10.30) 中，把 x 写成 x' 是为了使右边的积分满足下面的条件：

$$\int_0^1 x'dc=0. \tag{10.31}$$

因为 $(dc/d\lambda)_{c=0}=(dc/d\lambda)_{c=1}=0$，所以从式 (10.28) 中可以看到，式 (10.31) 所定的条件是必要的．从几何上来看，这样选择坐

有这样的特性，因此，上面的解法不能普遍应用．

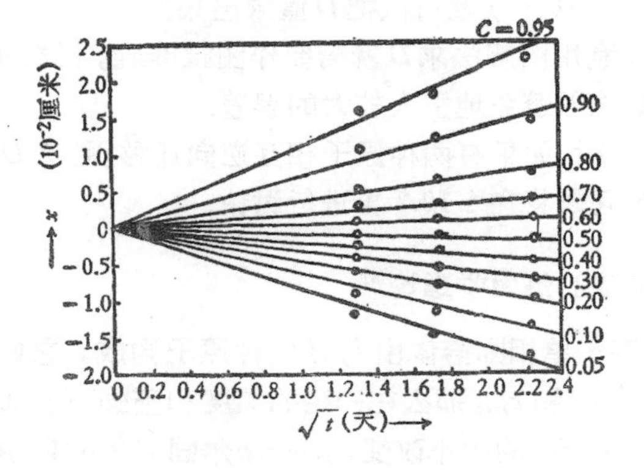

标的意义是要使 $x'=0$ 平面把图 10.8 中画有斜线的面积划分为相等的两部分 A 和 B。 $x'=0$ 所定的平面称为俣野界面 (Matano Interface).

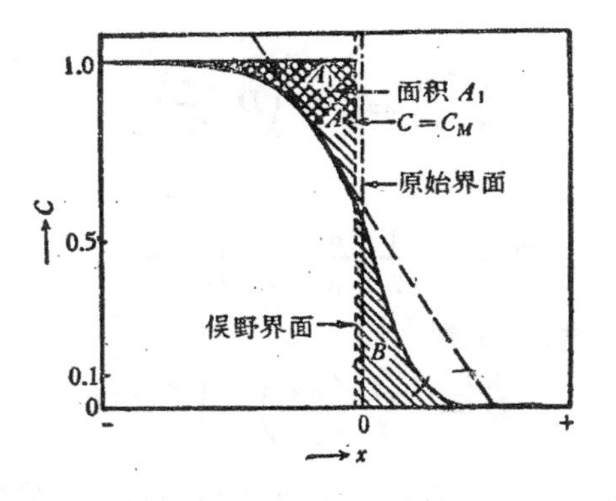

图 10.8 从浓度-距离曲线求扩散系数.

式 (10.30) 中的积分等于图 10.8 中的面积 A_1, 即

$$面积\ A_1=\int_{c_M}^{1} x'dc=-\int_{0}^{c_M} x'dc.$$

而 $(dc/dx')_{c_M}$ 是浓度分布曲线在浓度等于 c_M 处的斜率,这两个数值都可以从图 10.8 中测量出, t 为扩散时间,这是已知的,把这些数值代入式 (10.30) 就可以把 D 值求出来.

当然,利用图解法求 D 就需要作图很准确,但事实上,在求斜率时,常常难以避免地引入较大的误差.

在扩散时,如果有两种原子相互逆向迁移,那么 D 的含义必需修改,这个问题将在 § 10.7 再进行讨论.

§ 10.3 扩散的热力学理论[6]

设想某一单相固溶体由 i, j 两种原子构成,它们的摩尔分数浓度分别为 c_i 和 c_j, 那么在一定的温度和压强下,如果这些浓度分别有 dc_i 和 dc_j 的微小改变,则一摩尔固溶体的自由能变量将为

$$dF = \frac{\partial F}{\partial c_i} dc_i + \frac{\partial F}{\partial c_j} dc_j = \mu_i dc_i + \mu_j dc_j,$$

式中 μ_i 和 μ_j 是这些原子每摩尔的化学势，即 i 或 j 原子增加无限少量时这系统每摩尔自由能的增量，于是决定固溶体中产生扩散的基本因素是系统中组元的化学势梯度，而不是浓度梯度。因为只有当每种组元的化学势在系统中各点都相等的时候，这系统才能达到热力学平衡。假如组元 i 在某一点的化学势比在另外一点大，那末 i 原子势必从前一点扩散到后一点。这也就是说，扩散是在化学势不同的两点间发生，并且从化学势高的地区向低的地区扩散。

现在考虑 i 原子的扩散：假如一摩尔的 i 原子从化学势 (μ_{io}) 较高的 o 点扩散到较低 $(\mu_{io'})$ 的 o' 点，oo' 的距离为 δx，那么这些原子所降低的自由能将为

$$\mu_{io} - \mu_{io'} = \frac{\partial \mu_i}{\partial x} \delta x + \left[\frac{\partial^2 \mu_i}{\partial x^2} \cdot \frac{(\delta x)^2}{2!}\right] + \cdots.$$

略去二次项，我们就得到作用在这一摩尔 i 原子的驱动力为 $(-\partial \mu_i / \partial x)$，作用在一个 i 原子的驱动力 f_i 为

$$f_i = -\frac{1}{N} \frac{\partial \mu_i}{\partial x}, \tag{10.32}$$

其中 N 是阿伏伽德罗常数。在理想固溶体[1]中，

$$\mu_i = g_0(T, p) + RT \ln c_i; \tag{10.33a}$$

式中 R 是气体普适常数，c_i 是 i 原子的摩尔分数浓度，$g_0(T, p)$ 是纯物质 i 每一摩尔的自由能，即当 $c_i = 1$ 时，$\mu_i = g_0(T, p)$，它是温度 T 和压强 p 的函数。在非理想固溶体的情况下，我们引入活度 a_i（参阅 § 3.6），使

$$\mu_i = g_0(T, p) + RT \ln a_i. \tag{10.33b}$$

现在考虑扩散时只有一种原子（比如 i 原子）朝 x 方向迁移，根据式 (10.32) 我们知道，一个 i 原子在 x 方向受到的扩散驱动力为

1）指溶质原子溶到固体溶剂中时没有热量放出或吸收，也没有体积改变的固溶体，对于这种固溶体，我们可以不考虑溶质原子间的相互作用。

$$f_i = -\frac{1}{N}\frac{\partial \mu_i}{\partial x}.$$

令这种原子的迁移率，即它在单位扩散驱动力作用下的速度为 B_i，于是在 f_i 作用下 i 原子的平均扩散速度 v_i 应为

$$v_i = -\frac{B_i}{N}\frac{\partial \mu_i}{\partial x}.$$

应该注意的是，这个关系式不是“力”等于质量乘加速度，这与牛顿第二定律不同．这个“力”只使质点的速度增加，但不是一个连续的加速度．这是因为在原子尺寸范围内，运动着的原子由于和其他原子碰撞，运动方向不断改变的缘故，而和自由质点在力的作用下不断地加速的情况不一样．

现在假设单位体积中有 n_i 个 i 原子，它们在 f_i 作用下每单位时间内通过垂直于 x 轴平面上单位面积的原子数目为 Δn_i，则

$$\Delta n_i = -n_i\frac{B_i}{N}\frac{\partial \mu_i}{\partial x}. \qquad (10.34a)$$

由式 (10.33b)，上式变为

$$\left.\begin{aligned}\Delta n_i &= -n_i\frac{B_i}{N}RT\frac{\partial \ln a_i}{\partial x}\\ &= -n_iB_ikT\left(\frac{1}{c_i}+\frac{\partial \ln \gamma_i}{\partial c_i}\right)\frac{\partial c_i}{\partial x},\end{aligned}\right\} \qquad (10.34b)$$

式中 $\gamma_i = a_i/c_i$，称为 i 原子的活度系数，$k = R/N$，为玻耳兹曼常数．在 x 和 $(x+dx)$ 处的二垂直于 x 轴的二平行平面之间，每单位体积每单位时间内 i 原子的增量为 [试和式 (10.2) 的来源比较]

$$\frac{\partial n_i}{\partial t} = \frac{\partial}{\partial x}\left[n_iB_ikT\left(\frac{1}{c_i}+\frac{\partial \ln \gamma_i}{\partial c_i}\right)\frac{\partial c_i}{\partial x}\right]. \qquad (10.35)$$

假定样品中各原子的大小都差不多，那么单位体积中它们的数目总和 $(n_i + n_j)$ 将是一个常数．由定义，$c_i = n_i/(n_i + n_j)$，n_j 是单位体积中 j 原子的个数．从式 (10.35) 中我们得到

$$\frac{\partial c_i}{\partial t} = \frac{\partial}{\partial x}\left[B_i kT\left(1 + \frac{\partial \ln \gamma_i}{\partial \ln c_i}\right)\frac{\partial c_i}{\partial x}\right]. \tag{10.36}$$

把式 (10.36) 和式 (10.2) 进行比较，便得到 i 原子的扩散系数 D_i 为

$$D_i = B_i kT\left(1 + \frac{\partial \ln \gamma_i}{\partial \ln c_i}\right). \tag{10.37a}$$

在理想固溶体中或者自扩散的情况下，γ_i 均等于常数，式 (10.37a) 变为

$$D_i = B_i kT, \tag{10.38}$$

这就是爱因斯坦关系式，它表示 i 原子在理想固溶体中的扩散系数或者自扩散系数。同理，我们可以导出 j 原子的扩散系数 D_j 为

$$D_j = B_j kT\left(1 + \frac{\partial \ln \gamma_j}{\partial \ln c_j}\right). \tag{10.37b}$$

按照吉布斯-杜埃姆关系式(参阅 §3.5)，

$$c_i d\mu_i + c_j d\mu_j = 0.$$

又因 $dc_i = -dc_j$，所以

$$\frac{\partial \ln \gamma_i}{\partial \ln c_i} = \frac{\partial \ln \gamma_j}{\partial \ln c_j}. \tag{10.39}$$

到此为止，我们可以看出：在一个系统中，当各种扩散原子可以各自独立迁移时，则每种组元都有着它自己的扩散系数，各扩散系数的差别起源于它们之间的迁移率不同，而不是式 (10.37a, b) 中括号内的数值。后面 (§ 10.7) 我们将要讨论的克肯达耳(E. O. Kirkendall) 效应，这可能和两组元的扩散率不相等有关。

根据式 (10.37a) 或 (10.37b)，如果我们能够把迁移率和活度系数测量出来，则相应的扩散系数也就可计算出来了。

如上所述，决定扩散的基本因素是化学势梯度而不是浓度梯度，因此我们就可以了解为什么在某些情况下，溶质原子会从浓度低的区域流向浓度高的区域。这样的扩散方式称为“逆扩散”。和这相反的则称为“顺扩散”。逆扩散的例子很多，比如在奥氏体分解成珠光体的过程中，碳原子从浓度较低的奥氏体向浓度较高的

渗碳体的扩散属于这种情况．逆扩散系数应为负值，即

$$1 + \frac{\partial \ln \gamma_i}{\partial \ln c_i} < 0; \tag{10.40}$$

或者按贝克（R. Becker）的推导，则

$$\frac{\partial^2 F}{\partial c_i^2} < 0. \tag{10.41}$$

逆扩散的物理意义是这样：在 i，j 两种原子组成的合金中，i 原子的晶格能量可以粗略地分为 i—i 键和 i—j 键两种，除理想固溶体外，一般说来，这两种键的结合能是不相等的，在正常的顺扩散中，i，j 原子的分布趋于均匀化，结果使熵增加和自由能降低．当然，由于 i 原子的 i—i 键和 i—j 键的数目发生改变，晶格能量也势必同时改变，它可能升高，也可能下降．但是只有晶格能量上升的数值比熵项上升的数值少时，顺扩散才能发生．顺扩散的结果使合金成为均匀的单相；和顺扩散相反，发生逆扩散的条件必须是在 i 原子从低浓度地区流向高浓度地区之后，晶格能量降低的数值大于熵项降低的数值．逆扩散的结果使合金分成两个相，一个富 i 原子，另一个富 j 原子．很明显，逆扩散必定是由于 i—j 键的结合力量弱于 i—i 和 j—j 的结合力量所造成．

II　扩散机制及其微观理论

大家知道，晶体中的原子总是以它们的平衡位置为中心，不停地振动着，其中一些偶尔振动得很厉害，可以从原来的平衡位置跃迁到另一个平衡位置．宏观的扩散现象，正是这种微观的原子迁移而导致的结果．为了深入一步了解扩散的本质，在这一部分中，我们先考虑晶格中原子迁移的一些可能方式，然后根据所考虑的方式推导描述扩散系数和温度相联系的阿瑞纽斯（S. Arrhenius）公式，即

$$D = D_0 \exp\left(-\frac{Q}{kT}\right), \tag{10.42}$$

式中的频率因子 D_0 和扩散激活能 Q 的物理含义将在后面加以阐明。扩散实验的目的之一就是企图根据测量出来的数值(D_0和 Q)来推测原子或点缺陷在晶体中运动的情况，以验证是否与我们所设想的方式相符合。

§ 10.4 扩散机制

扩散可以沿着金属表面进行，也可以沿着晶界或者通过晶体点阵进行。前两种将在 §(10.10) 讨论，第三种称为体扩散或者晶格扩散。人们在这方面做了许多工作，且先后提出过原子在点阵中迁移的各种机制，企图说明体扩散的基本过程。现在我们要讨论几种人们考虑过的机制，并分析在不同情况下，单个扩散原子迁移的可能方式。

(a) 交换机制 按照这个模型，原子的扩散是相邻两原子直接对调位置，如图 10.9 所示。由于原子差不多是刚性的球体，所以这对原子交换位置时，它们邻近的原子都必须后退以让出适当的空间。对调完毕，那些原子才或多或少地恢复到原来的位置。这样的过程，势必使交换原子附近的晶格发生强烈畸变，消耗的能量很大，这是对交换机制扩散很不利的，并且在二元合金中，如果是不同类原子交换，那就意味着两种原子的扩散系数必需相等，因此，一般来说，这种机制很难出现。不过，米里亚 (M. F. Millea) 却引用了这种机制来解释金在锗中的扩散[16]。他认为首先是替代式金原子被激发进入间隙位置，并在那里停留着，于是和所形成的空位构成填隙原子-空位对，接着空位近邻的锗原子进入空位，然后间隙金原子进入后来所形成的空位(锗原子留下来的)之中，于是交换过程完成。这个模型还被发展用来描述某些金属系统，尤其 Pb-Cd 和

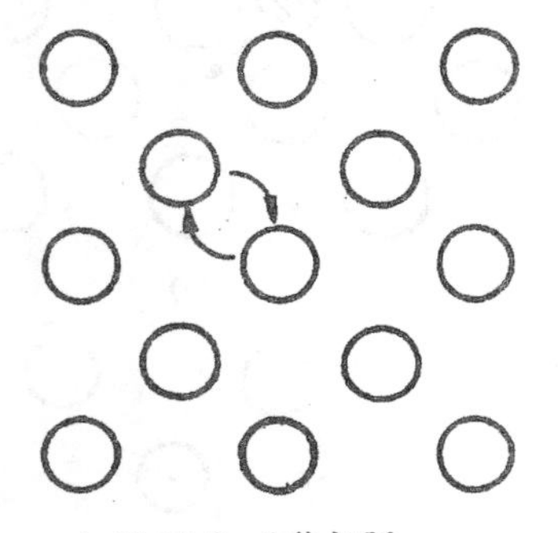

图 10.9 交换机制.

Pb-Hg 系统中的快扩散。

(b) 间隙机制　间隙扩散是原子在点阵的间隙位置间跃迁而导致的扩散。间隙中的原子可以是由于形成填隙式固溶体而存在，如图 10.10(a) 所示。碳溶在 α 铁中是常见的例子。在这种情况下，溶质原子常常比溶剂原子小得多；另一类填隙原子是替代式固溶体或纯金属由于冷加工或辐照等原因，使其中某些原子离开正常位置而进入间隙所造成(即形成夫仑克耳缺陷)。如图 10.10(b) 所示。按照传统的概念，不论那一种填隙原子，它和最近邻原子的距离都相等。

至于间隙扩散率的大小，对于填隙式固溶体来说，一方面因为它不需要形成夫仑克耳缺陷的能量，另一方面因为溶质原子半径往往比溶剂原子的小得多（小 20% 或更多），跃迁所需能量比较小，所以扩散率比较大。而在替代式合金和纯金属中，不但形成夫仑克耳缺陷所需的能量很大，致使填隙原子为数不多，并且它们的半径也相对地大，跃迁比较困难，所以扩散率也小。

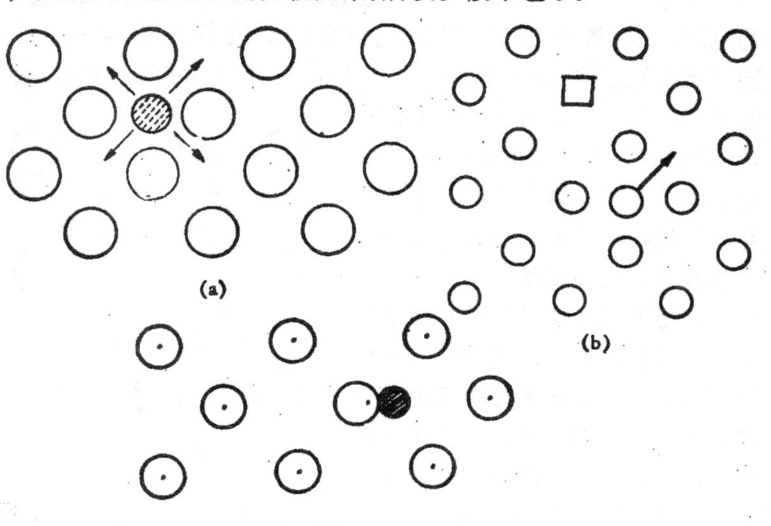

图 10.10　间隙机制. (a) 填隙式固溶体；(b) 夫仑克耳缺陷；(c) 哑铃式填隙原子(有斜线的为填隙原子)。

填隙原子除了以上述的传统方式存在之外，还可能以哑铃方式存在[1]（参看 § 6.1）。如图 10.10 (c) 所示：填隙原子和晶格结点上的一个原子结合成对，这对原子可以是两个溶剂原子，可以是一个溶剂原子和一个溶质原子，也可以是两个溶质原子。这样的填隙原子有两种扩散方式：一是绕着结点转动，另一是脱离原来的结合跳到另一结点附近去重新结合。在快扩散系统中（§ 10.12）这是可能的扩散机制之一。

(c) 推填子 (institialcy) 机制和“挤列”机制　如果一个比较大的原子进入晶格的间隙位置，如图 10.11 (a) 所示，那么这个原子将很难以间隙扩散机制从一个间隙位置跃迁到近邻的间隙位置。因为这样的迁移会使它所经路途附近的原子发生很大的位移，消耗很大的畸变能。为了解决大填隙原子迁移这个问题，人们提出了推填子机制，即一个填隙原子可以把它近邻的、在晶格结点上的原子推到附近的间隙中，而它自已则“填”到被推出去的原子的原来位置上，图 10.11 (a) 和 (b) 两幅图表明了这个过程。这种两个原子同时运动的方式并未增加填隙原子的总数，畸变也相当小，因此所需的激活能比形成夫仑克耳缺陷要低得多，比较容易实现。已经证明，银在 AgBr 中主要就是以这种机制进行扩散的。

“挤列”机制和推填子机制相似，是潘尼思 (H. R. Paneth) 为了使碱金属的扩散激活能的计算值和实验结果符合而提出来的，他考虑在体心立方晶格对角线上的九个原子挤在八个晶格结点的区间内形成一个集体，并称此集体为“挤列”，如图 10.11 (c)所示。“挤列”沿着对角线运动就构成扩散。可以看到，“挤列”和推填子在图象上的差别只在于原子数目不同。根据潘尼思的计算，在钠中形成“挤列”所需的激活能只有 7 千卡/摩尔，使它发生运动所需的激活能也差不多只有7千卡/摩尔，所以扩散激活能总共为 14 千卡/摩尔。要注意的是，关于钠的自扩散机制还有不同的看法，这里只作为“挤列”机制的一个例子。

---

1) 各工作者所用名称尚不一致，含义亦稍有差别，

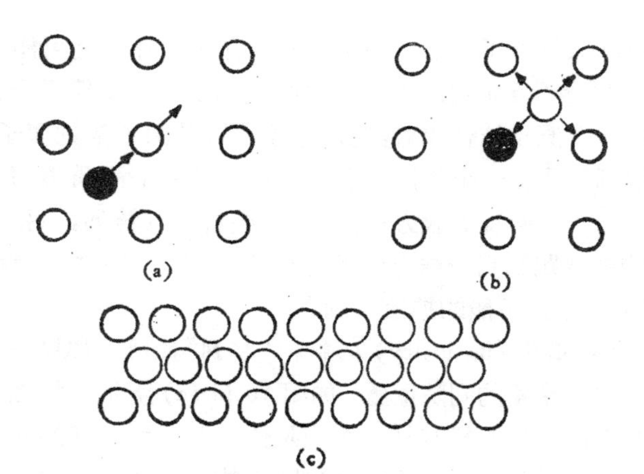

图 10.11 (a)，(b) 推填子机制；(c)"挤列"机制.

(d) 空位机制 从热力学观点来看，在绝对温度零度以上的任何温度下，晶格中总会存在着一些空位，因为它们在晶格中紊乱分布可以使熵增加. 比如氯化银在熔点附近时，空位数目约占2%. 如果一个原子落在空位的旁边，它就可能跳进空位中，如图10.12所示，使这原子原来的位置变成空位. 另外的邻近原子也可能占领这个新形成的空位，使空位继续运动，这就是空位机制扩散.

一个原子在跳进空位的过程中，并不引起它所经路途附近各原子产生很大的位移，因此消耗的畸变能不大，容易扩散. 不过这并不是决定扩散快慢的唯一条件. 比如在γ铁中，铁原子迁移到邻近空位所需的能量和碳在间隙位置之间迁移所需的能量相差不大，但碳原子却扩散得快许多，这是因为铁原子必须依靠它最近邻有空位时才能迁移，而碳原子邻近则常常是有间隙位置的. 所以按照空位机制扩散，一个原子的跃迁概率不但和它必需越过的自由能位垒高低

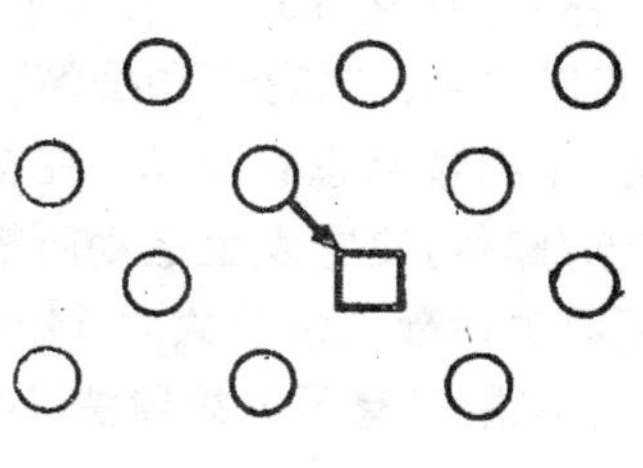

图 10.12 空位机制.

有关，而且与空位浓度也有关.

(e) 环形机制　亨丁顿和塞兹根据交换，间隙和空位三种扩散机制计算了铜自扩散所需要的能量(激活能)之后[19]，发现前二者的计算值都比实验值大得多，只有空位机制比较接近(表 10.2). 为了寻找更能解释实验结果的扩散过程，曾讷提出了更为复杂的扩散机制[20]，即所谓环形机制. 他认为在同一晶面上距离相等的 n 个原子可以同时轮换位置以构成扩散. 如图 10.13 中，(a) 是面心立方晶格 (111) 面上三个原子轮换，称 3-原子环；(b) 是 (100) 面上的 4-原子环；(c) 是体心立方晶格上 (110) 面的 4-原子环

表 10.2　铜自扩散激活能计算值和实验值的比较[8]

扩散机制	缺陷形成能量 ΔU_v（千卡/摩尔）	扩散原子迁移能量 ΔU（千卡/摩尔）	激活能 $Q=\Delta U+\Delta U_v$（千卡/摩尔）	计算者
交换机制	—	240	240	亨丁顿和塞兹 (1949)
4-原子机制	—	92	92	曾讷 (1950)
空位机制	30	23	53	亨丁顿和塞兹 (1942)
	21	14	35	富米 (1955)
	23	23	46	布鲁克斯 (1955)
间隙机制	210	11.5	221.5	亨丁顿和塞兹 (1942)
		4.6	214.6	亨丁顿 (1953)
	115	4.6	119.6	富米 (1955)
实验值	—	—	46	

(体心立方晶格不可能有3-原子环). 若 $n=2$，则相当于交换机制. 扩散激活能并不随 n 的数值而增加，相反，他按这机制计算了铜自扩散激活能后，发现当 $n=4$ 时所需的激活能只有交换机制 ($n=2$) 的 38%，即 92 千卡/摩尔左右. 这个结果虽然比从交换机制或者间隙机制所计算得到的结果更接近实验值 (~46 千卡/摩尔)，但比空位机制的计算值还是大得多 (见表 10.2).

环形扩散机制尚缺乏实验证明. 相反，许多面心立方晶格的

金属对在进行互扩散时，常常出现克肯达耳效应(见 § 10.7)，这一现象正好说明这些金属对的扩散不是借助于环形机制，因为根据这个机制，通过垂直于扩散方向平面的原子数的净值应该等于零．曾讷[21]和累克勒[6,22]虽则仍然猜测在排列不那么紧密的体心立方晶格的金属中很可能出现环形扩散，但是后来实验出现某些体心立方晶格的金属扩散对，例如钛-钼对[23]也有克肯达耳效应．于是环形机制又遇到了相反的论据．

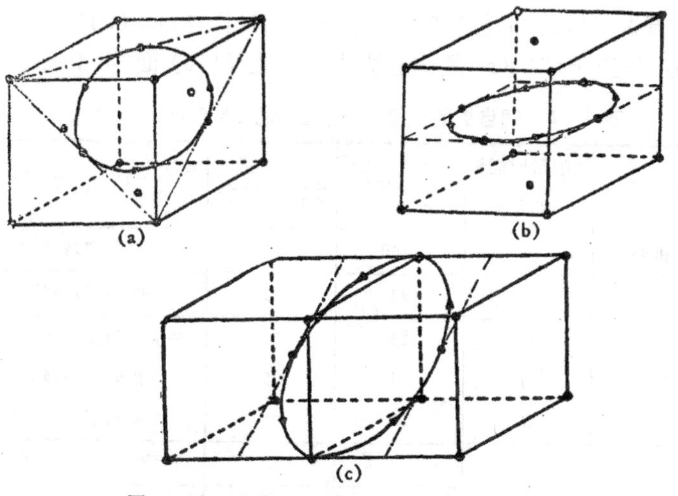

图 10.13　环形机制．(a) 面心 3-原子环；(b) 面心 4-原子环；(c) 体心4-原子环．

在这一节结束之前，还要提起注意的是：晶格结点缺少一个原子之后，这空位附近的原子的位置都必然发生变动，纳赫特里布（N. H. Nachtrieb）等[24]甚至认为这些原子的排列已达到了熔化状态，并称这状态的原子群为松弛群．松弛群的大小，对于面心立方金属估计相当于 12 个原子的位置；对于体心立方金属大约相当于 14 个原子的位置．同样，如果晶格中加进一个填隙原子，则它周围的原子的排列也将变得混乱，塞格等[25]认为如果在硅晶格中放进一个自填隙原子(即硅原子)，那么就会使近邻大约 10 个原子的排列混乱到这样的程度，以致分不清那一个是放进去的填隙原子，那一些是原来晶格结点上的原子．他们称这种填隙原子为“扩展的自填隙原子”．

可以这样说，交换机制，间隙机制和空位机制是三个最基本的机制，其他的机制都是它们的推广．推广的机制还有不少，比如空位对机制，填隙-空位机制等等，这里就不逐一介绍了．

§ 10.5 扩散的微观理论

在这里，我们首先用原子统计观点从原子在晶格中的跃迁来推导表示扩散系数的阿瑞纽斯公式，然后再讨论相关因子、激活能和激活熵．

(a) *扩散系数公式*[3,9,15,17] 为简便起见，考虑扩散原子沿着晶格的一个主轴跃迁，并令这轴和坐标 x 轴平行．假定扩散的基本动作是扩散原子沿 x 轴向正 x 或负 x 方向跳动一段距离 s，向两个方向跳动的几率相等．以 τ 表示两次跳动间所相隔的平均时间，$c(t, x)$ 表示当时间为 t 时，在通过 x 点且垂直于 x 轴的平面 P_0 单位面积上扩散原子的数目，即浓度(图 10.14)．现在要计算经过时间 $\delta t(\delta t \ll \tau)$ 以后，$c(t, x)$ 的增量 $[c(t+\delta t, x)-c(t, x)]$ 等于多少．

我们知道，$(1/2)(\delta t/\tau)$ 是一个原子在 δt 时间间隔内向正 x 或负 x 方向跳动一个 s 的几率，于是 $(\delta t/2\tau)[c(t, x-s)-c(t, x)]$ 应该等于在 δt 内从一个通过 $(x-s)$ 点、且垂直于 x 轴的平面 P_2 单位面积上跳到 P_0 的原子数目的净值；同样，$(\delta t/2\tau)[c(t, x+s)-c(t, x)]$ 应该等于从 P_1 跳到 P_0 的原子数目的净值． 因

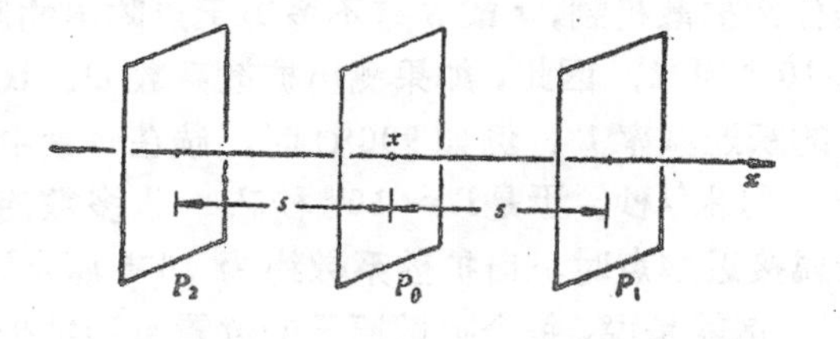

图 10.14 计算 $c(t, x)$ 增量时所考虑的三个平面．

此

$$c(t+\delta t, x)-c(t, x)=\frac{\delta t}{2\tau}[c(t, x-s)-2c(t, x)+c(t, x+s)]. \tag{10.43}$$

如果 $c(t, x)$ 在 s 范围内改变很小，把式 (10.43) 展开后，略去高次项，可以得到

$$\frac{\partial c}{\partial t}=\frac{s^2}{2\tau}\frac{\partial^2 c}{\partial x^2}, \tag{10.44}$$

这就是和式 (10.3) 完全一样的扩散方程，式中 $(s^2/2\tau)$ 应该等于扩散系数 D，即

$$D=\frac{s^2}{2\tau}=\frac{1}{2}\Gamma s^2, \tag{10.45}$$

式中 $\Gamma=(1/\tau)$，即扩散原子的跃迁频率．这里假定每个原子的跃迁频率相同．如果考虑其他距离 P_0 为 s_i 的平面 P_i 上的原子也可以跳到 P_0 上的话，我们应该把式 (10.45) 写成普遍的形式

$$D=\frac{1}{2}\sum_i \Gamma_i s_i^2, \tag{10.46}$$

Γ_i 是和 P_i 相对应的 Γ 值．不过在晶体中，只需考虑最近邻的两个平面就够了．

上面是考虑扩散原子只作一维运动的结果．如果扩散原子在三维空间内跃迁，每跳跃一步的距离为 S，我们可以证明（附录 10-1)

$$D=\frac{1}{6}\Gamma S^2. \tag{10.47}$$

不管是什么扩散机制，s 或 S 差不多等于点阵中的原子间距，其数量级为 10^{-8} 厘米．因此，如果测出扩散系数 D，我们就能够估计出原子的跃迁频率 Γ．例如 900℃ 时，碳在 α 铁中的扩散系数 D 约为 10^{-6} 厘米^2/秒，于是 $\Gamma\approx 10^{10}$ 秒$^{-1}$．大多数面心立方和密集六角金属接近熔点时，自扩散系数约为 10^{-8} 厘米^2/秒，于是 $\Gamma=10^{8}$ 秒$^{-1}$．这就是说，每个扩散原子的位置每秒钟少则变换一亿次，多则一百亿次．这似乎是大得不可思议的数字，其实，原子

在晶格坐位上的振动频率（德拜频率）是每秒 10^{12} 到 10^{13} 次，即原子总是振动许多次，甚致十万次之后才改变一次位置，所以这些原子基本上是全部处在它们的平衡位置上振动的．应该注意的是，一个扩散原子每秒迁移的总路程虽然大约可达 1—100 厘米，但是由于它运动的方向是无规则的，时刻改变的，所以它离开原来的位置不可能有这样远，这类无规行走问题，将留在下面讨论．

为了计算方便，我们常常需要用晶格参数 a 来代替扩散原子跃迁一次的距离，随扩散机制的不同，得出的结果也略有差异：

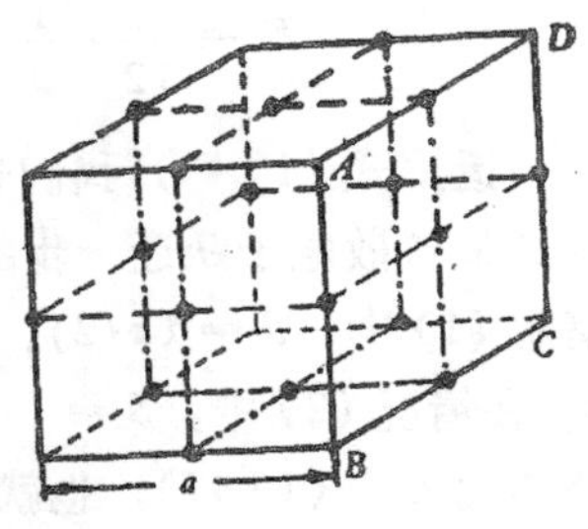

图 10.15　体心立方单胞的八面体间隙位置．

（1）体心立方晶格的间隙扩散．碳在 α 铁中的扩散属于这种类型．图 10.15 中的小圆点表示八面体间隙位置，它们处在立方单胞的面心和棱线的中点（参阅 §2.10）．从图中可以看出，在一个垂直于 x 轴的平面上只有 2/3 的填隙原子可以沿 x 轴前后跳动[1]．而这些原子向前跳的几率为 1/4；向后跳为 1/4；对 x 坐标不发生变化的跳动几率为 1/2．跳动一步的距离为晶格参数 a 的一半，于是

$$c(t+\delta t, x)-c(t, x)=\frac{2}{3}\cdot\frac{1}{4}\left[c\left(t, x+\frac{a}{2}\right)\right.$$
$$\left.-2c(t, x)+c\left(t, x-\frac{a}{2}\right)\right]\frac{\delta t}{\tau}, \tag{10.48}$$

结果得到

$$D=\frac{1}{24}\cdot\frac{1}{\tau}\cdot a^2 \quad 或 \quad D=\frac{1}{24}\Gamma a^2. \tag{10.49}$$

（2）体心立方晶格结点间的扩散．虽然在体心立方晶格中，结点原子间跳动一步的距离为 $(\sqrt{3}/2)a$，但是在 x 方向的分量

1）比如在 $ABCD$ 面上的五个原子中，只有边上的四个能沿 x 轴前后跳动，但是每一个这样的原子只能算一半是属于 $ABCD$ 平面．

只有 $a/2$，所以用同样的方法可以求得

$$D = \frac{1}{8} \cdot \frac{1}{\tau} \cdot a^2 \quad 或 \quad D = \frac{1}{8} \Gamma a^2 \tag{10.50}$$

(3) 面心立方晶格的间隙扩散和结点间的扩散. 面心立方晶格的间隙位置也构成面心立方晶格的形式，所以在这种情况下，间隙间的扩散和结点间的扩散是类似的. 在面心立方晶格中，原子扩散时跳动一步的距离为 $(\sqrt{2}/2)a$，但是在 x 方向的分量只有 $(1/2)a$，所以我们可用同样的方法求得这两者的扩散系数均为

$$D = \frac{1}{12} \cdot \frac{1}{\tau} \cdot a^2 \quad 或 \quad D = \frac{1}{12} \Gamma a^2. \tag{10.51}$$

运用式 (10.47)，我们也可以得到上述三种情况的结果. 该式中 S 是扩散原子跃迁一步的实际距离，不受跃迁的方向限制. 在情况 (1) 中，$S = (a/2)$，代入式 (10.47) 就得出式 (10.49)；同样，在情况 (2) 中，$S = (\sqrt{3}/2)a$，在情况(3)中，$S = (\sqrt{2}/2)a$，分别代入式 (10.47)，也就得出式 (10.50) 和式 (10.51). 为了方便起见，把这些式中 Γa^2 前面的常数写成 g，这样就得到

$$D = g\Gamma a^2. \tag{10.52}$$

当然，g 的数值随晶格类型和扩散机制之不同而变. 现在我们应用经典统计来计算 Γ 值：为简便起见，考虑热平衡近似法，扩散原子处在一个固定的势场中，在 x_A 和 $x_{A'}$ 处，这势场有两个相等的极小值，即势能谷 A 及 A'，在 x_B 处有一个势垒 B，如图 10.16 所示. 在扩散过程中，扩散原子将从一个势能谷越过势垒跳到另外一个势能谷，比如从 A 到 A'. AA' 间的距离相当于式 (10.45) 中的 s. 当然，扩散原子可以在垂直于 x 轴的平面上振动，不过，这里我们只考虑 x 方向的扩散.

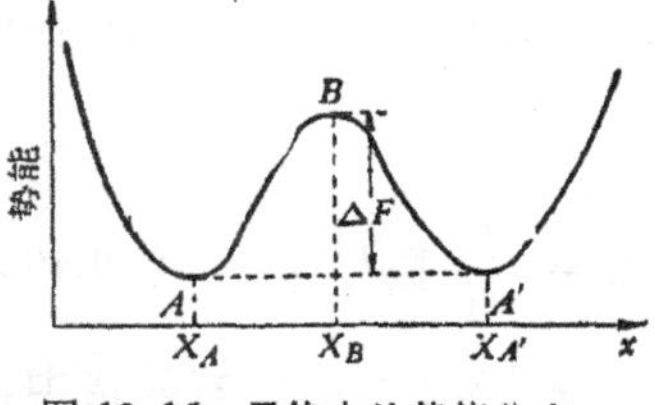

图 10.16 晶格中的势能分布.

考虑 N 个彼此独立的原子，它们同样地受到上述势场的作用，并且和温度为 T 的温池保持热平衡. 在 B 处原子的线密度为 n_B，

它们在正 x 方向的平均速度是 $\bar{v}$. 令 g' 表示一个原子可以从 A 点扩散出去的等值方式数，那么 N 个原子中一个离开势能谷的频率应为

$$\Gamma = g' n_B \frac{\bar{v}}{N}. \qquad (10.53)$$

从统计力学计算得到

$$\frac{n_B}{N} = \frac{\int_{-\infty}^{+\infty} \cdots \int \exp[-\Phi(x_B, y, z, q_i)/kT] dy dz \prod_i dq_i}{\int_{-\infty}^{+\infty} \cdots \int \exp[-\Phi(x, y, z, q_i)/kT] dx dy dz \prod_i dq_i}, \qquad (10.54)$$

式中 $\Phi(x_B, y, z, q_i)$ 是扩散原子在 (x_B, y, z) 点时系统的势能，即扩散原子的势能加上它近邻原子的势能，因为在扩散过程中，这些近邻原子的位置都稍有移动，q_i 是移动的位置坐标；$\Phi(x, y, z, q_i)$ 是系统的一般势能. 正速度平均值 $\bar{v}$ 可以由下式求得

$$\bar{v} = \frac{\int_0^{\infty} \frac{p_x}{m} \exp(-p_x^2/2mkT)\, dp_x}{\int_{-\infty}^{+\infty} \exp(-p_x^2/2mkT)\, dp_x}, \qquad (10.55)$$

式中 m 为扩散原子的质量，p_x 是它在 x 方向的动量. 式 (10.55) 的计算值为

$$\bar{v} = \sqrt{\frac{kT}{2\pi m}}. \qquad (10.56)$$

在距离 x_A 较远的位置，Φ 值是无法计算的. 但是，如果势垒高度 ΔF 比 kT 大得多，那么扩散原子只有很少数的时间是离开势能谷的，在这种条件下，我们可以把 Φ 在 x_A 附近对 x 展开，近似地得到

$$\Phi(x, y, z, q_i) = \Phi(x_A, y, z, q_i) + \frac{1}{2} K (x - x_A)^2, \qquad (10.57)$$

式中 K 是 x_A 近处的力常数，于是式 (10.54) 分母的积分变为

$$\int_{-\infty}^{+\infty}\cdots\int\exp[-\Phi(x_A, y, z, q_i)/kT]dydz\prod_i dq_i$$

$$\cdot\int_{(x-x_A)=-\infty}^{(x-x_A)=+\infty}\exp\left[-\frac{1}{2}K(x-x_A)/kT\right]dx,$$

而

$$\int_{(x-x_A)=-\infty}^{(x-x_A)=+\infty}\exp\left[-\frac{1}{2}K(x-x_A)/kT\right]dx=\sqrt{\frac{2\pi kT}{K}}.$$

这样就得到

$$\Gamma=g'\cdot\frac{\int_{-\infty}^{+\infty}\cdots\int\exp[-\Phi(x_B, y, z, q_i)/kT]dydz\prod_i dq_i}{\int_{-\infty}^{+\infty}\cdots\int\exp[-\Phi(x_A, y, z, q_i)/kT]dydz\prod_i dq_i}$$

$$\cdot\frac{1}{2\pi}\sqrt{\frac{K}{m}}. \tag{10.58}$$

式 (10.58) 中之后一因子纯然是原子在势能谷中，在 x 方向的振动频率 ν，即

$$\nu=\frac{1}{2\pi}\sqrt{\frac{K}{m}}. \tag{10.59}$$

而前一个积分因子是原子的配分函数的比值，即原子在 x_B 处、在 yz 平面振动的配分函数与原子在 x_A 处、在 yz 平面振动的配分函数之比，这个比值应为 $\exp(-\Delta F/kT)$，所以

$$\Gamma=g'\nu\exp\left(-\frac{\Delta F}{kT}\right). \tag{10.60}$$

这个公式的物理意义是这样：一个处在势能谷 A 的原子，它在单位时间内能跳离 A 的频率等于它在这时间内试图越过势垒 B 以离开 A 的次数 ν 乘上它能成功地离开的机会 $\exp(-\Delta F/kT)$，再乘上它离开的方式数 g'. 因为 ΔF 表示在等温等压下，将一个可以在 yz 平面上自由振动的原子从 A 搬到 B 所需要做的功，所以当这个原子获得这样大的能量之后，它就有可能离开 A，我们称 ΔF 为激活自由能。 把式 (10.60) 代入式 (10.52) 就得到表示扩散系数

的公式，即

$$D = gg'a^2\nu\exp\left(-\frac{\Delta F}{kT}\right). \tag{10.61}$$

根据热力学公式

$$\Delta F = \Delta U - T\Delta S,$$

可将式 (10.61) 写成

$$D = gg'a^2\nu\exp\left(\frac{\Delta S}{k}\right)\exp\left(-\frac{\Delta U}{kT}\right), \tag{10.62}$$

式中 ΔS 称为激活熵，ΔU 称为激活热或激活能.

要产生空位自扩散，则扩散原子旁边必须有一个空位存在。出现这种可能的几率和空位浓度 c_v 成正比。 于是扩散系数公式应该写成

$$D = c_v gg'a^2\nu\exp\left(\frac{\Delta S}{k}\right)\exp\left(-\frac{\Delta U}{kT}\right), \tag{10.63a}$$

而

$$c_v = \exp\left(\frac{\Delta S_v}{k}\right)\exp\left(-\frac{\Delta U_v}{kT}\right),$$

式中 ΔS_v 和 ΔU_v 分别代表产生一个肖脱基缺陷所需的激活熵和激活能. 对于面心立方晶格和体心立方晶格，$gg' = 1$，所以式 (10.63a) 变为

$$D = a^2\nu\exp\left(\frac{\Delta S_0}{k}\right)\exp\left(-\frac{Q}{kT}\right), \tag{10.63b}$$

式中

$$\Delta S_0 = \Delta S + \Delta S_v,$$

$$Q = \Delta U + \Delta U_v.$$

式 (10.63b) 表示空位机制的扩散激活能等于产生一个空位所需的能量加上使这个空位运动所需的能量.

在纯金属或替代式合金中，如果有间隙自扩散存在，那么采取和上面类似的计算方法，可以得到表示这种自扩散系数的公式，在形式上仍然和式 (10.63b) 相似，不过在此种情况下，自扩散的激活自由能应该等于 $[(W/2) + \Delta F']$，W 是产生一个夫仑克耳缺陷所需的能量，$\Delta F'$ 是填隙原子在间隙位置迁移所需的激活自由能.

对于填隙合金，W 等于零.

其他机制的扩散系数公式，在形式上仍然相似，这里不必逐一推导了. 一般地可以把它们写成如下的普遍公式：

$$D = D_0 \exp\left(-\frac{Q}{kT}\right), \tag{10.42}$$

这就是在这一节开始时所提出来的阿瑞纽斯公式，式中 D_0 代表如同式 (10.63) 中负指数前那样的因子，称为频率因子，Q 代表一个原子的激活能，可以用电子伏特为单位，但也常常用千卡/摩尔为单位，如若这样，则应把公式中的玻耳兹曼常数 k 换上气体普适常数 R.

应用平衡统计力学来处理这个问题，成功地推出了和许多观测相符的阿瑞纽斯公式. 但是对于这种处理方法，从基础理论观点来看是有缺点的，比如对扩散跃迁处理得不够详细，激活态平均寿命过短，难以达到所假定的平衡态等等，所以赖士 (S. A. Rice) 采用了动态近似法来分析扩散问题[26]，这是更符合实际情况的，计算结果，使他也得到形式上相似的公式. 不过从目前观测到的 D_0 和 Q 值来看，我们难以判断那一种近似法更和实验结果一致些.

还有一些情况值得注意： 一般认为 D_0 和 Q 的大小和温度无关，只是随扩散机制及材料之不同而不同. 如果确是这样，那么 $\ln D$ 对 $1/T$ 作图就应该得到一根直线，但是实验结果并不完全如此. 某些体心立方金属，比如锆和钛的自扩散却出现了和阿瑞纽斯公式不一致的异常现象，其原因还不清楚，有可能是由于 D_0 和 Q 都随温度而变所造成. 这是第一点.

第二，如果扩散以多种机制同时进行，那么扩散系数就应为几个指数项之和，每一项代表一种机制的扩散[11]，即

$$D = \sum_i D_{0i} \exp\left(-\frac{Q_i}{kT}\right), \tag{10.64}$$

式中 D_{0i} 和 Q_i 对应于不同机制的频率因子和激活能. 在正常的替代式固溶体中往往会有少量的填隙原子存在，于是扩散就可能以空位、间隙(或推填子)两种机制同时进行. 刚才讲过的锆和钛

自扩散，也可能不是单一机制的扩散.

第三，某些材料的扩散机制会随温度而改变，比如 ^{71}Ge 在 Si-Ge 合金中，高温时以间隙机制扩散，低温时以空位机制扩散[25]。

不管这三种情况中的那一种，都会使 $\ln D$ 和 $1/T$ 不成直线关系。

(b) 相关因子　前面推导扩散系数公式时，有一个基本假定，即扩散原子向各个可能方向跃迁的几率相等，各次跳动互不相关，只要它有足够的能量以跳离原来的平衡位置，那么，不管在那个方向，都一定有可以容纳这个扩散原子的新的平衡位置. 在这种情况下，扩散原子的跃迁就纯属无规行走 (random walk) 问题. 这个问题的应用很广，晶体中的扩散只是其中的一种应用.

设想一个原子从原点出发，在时间 τ 内跃迁 n 次，令 $\mathbf{R}_n$ 为连接原点和原子最后位置的矢量，$\mathbf{r}_i(i=1, 2, \cdots, n)$ 表示第 i 次跃迁的矢量，则

$$\mathbf{R}_n=\mathbf{r}_1+\mathbf{r}_2+\mathbf{r}_3+\cdots+\mathbf{r}_n=\sum_{i=1}^{n}\mathbf{r}_i, \qquad (10.65)$$

$\mathbf{R}_n$ 的大小的平方等于它自己的点乘，即

$$\begin{aligned}\mathbf{R}_n\cdot\mathbf{R}_n=\mathbf{R}_n^2&=\left(\sum_{i=1}^{n}\mathbf{r}_i\right)\cdot\left(\sum_{i=1}^{n}\mathbf{r}_i\right)\\&=\mathbf{r}_1\cdot\mathbf{r}_1+\mathbf{r}_1\cdot\mathbf{r}_2+\mathbf{r}_1\cdot\mathbf{r}_3+\cdots+\mathbf{r}_1\cdot\mathbf{r}_n\\&\quad+\mathbf{r}_2\cdot\mathbf{r}_1+\mathbf{r}_2\cdot\mathbf{r}_2+\mathbf{r}_2\cdot\mathbf{r}_3+\cdots+\mathbf{r}_2\cdot\mathbf{r}_n\\&\quad\cdots\cdots\cdots\cdots\cdots\cdots\\&\quad+\mathbf{r}_n\cdot\mathbf{r}_1+\mathbf{r}_n\cdot\mathbf{r}_2+\mathbf{r}_n\cdot\mathbf{r}_3+\cdots+\mathbf{r}_n\mathbf{r}_n。\end{aligned} \qquad (10.66)$$

式 (10.66) 可以分写成几类项的总和，第一类是对角项总和，即 $\sum\mathbf{r}_i\cdot\mathbf{r}_i$，共有 n 项；第二类是 $\mathbf{r}_i\cdot\mathbf{r}_{i+1}$，包括 $\mathbf{r}_{i+1}\cdot\mathbf{r}_i$ 项，这两种项的数目相等，所以共有 $2(n-1)$ 项，依此类推，可以得到

$$\begin{aligned}R_n^2&=\sum_{i=1}^{n}\mathbf{r}_i\cdot\mathbf{r}_i+2\sum_{i=1}^{n-1}\mathbf{r}_i\cdot\mathbf{r}_{i+1}+2\sum_{i=1}^{n-2}\mathbf{r}_i\cdot\mathbf{r}_{i+2}+\cdots\\&=\sum_{i=1}^{n}r_i^2+2\sum_{j=1}^{n-1}\sum_{i=1}^{n-j}\mathbf{r}_i\cdot\mathbf{r}_{i+j}。\end{aligned} \qquad (10.67)$$

因为 $\mathbf{r}_i \cdot \mathbf{r}_{i+j} = |\mathbf{r}_i||\mathbf{r}_{i+j}|\cos\theta_{i,i+j}$，$\theta_{i,i+j}$ 是这两个矢量之间的夹角，于是

$$R_n^2 = \sum_{i=1}^{n} r_i^2 + 2\sum_{j=1}^{n-1}\sum_{i=1}^{n-j} |\mathbf{r}_i||\mathbf{r}_{i+j}|\cos\theta_{i,i+j}. \tag{10.68}$$

对于立方对称的晶体，所有跃迁矢量的大小都相等，把它们都写成 $\mathbf{r}$，于是式 (10.68) 就变成

$$R_n^2 = nr^2 + 2r^2\sum_{j=1}^{n-1}\sum_{i=1}^{n-j} \cos\theta_{i,i+j}. \tag{10.69}$$

这个方程给出的 R_n^2 是指一个原子经过 n 次跃迁之后和原点(即原来位置) 距离的平方. 但是扩散是大量原子经过许多亿次的微观跃迁之后宏观的集中表现，因此要从微观的概念推出宏观的结果，我们就应该求大量原子的 R_n^2 值的平均 $\overline{R_n^2}$. n 是很大的数字，所以我们可以认为在同样时间内，每个原子跃迁的次数相同，于是

$$\overline{R_n^2} = nr^2\left(1 + \frac{2}{n}\overline{\sum_{j=1}\sum_{i=1} \cos\theta_{i,i+j}}\right), \tag{10.70}$$

这里，因为 nr^2 这个量是不变的，所以只要平均余弦项就可以了.

纯金属中空位的迁移，稀填隙固溶体(哑铃式者除外)中填隙原子的迁移都是属于无规行走，因为一个空位跃迁之后，它的近邻和跃迁之前毫无差别，所有可能跳动的方向和以前一样，所以后一次跳动和前一次跳动之间互不相关. 填隙原子在间隙间的跃迁亦属于这种类型，所以在此情况下，余弦项的平均值等于零，我们就得到

$$\overline{R_n^2} = nr^2, \tag{10.71}$$

或者

$$\sqrt{\overline{R_n^2}} = \sqrt{n}\,r. \tag{10.72}$$

这样一个原子的平均位移(根均方位移)就和它跃迁的次数的平方根成正比. 比如 γ 铁在 950℃ 渗碳时，碳原子每秒跃迁 10^{10} 次，如果跃迁一步的距离为 10^{-8} 厘米，那么在一秒内一个碳原子走过的总路程约等于一米，而实际上，它离开原来位置的净距离只有 0.001 厘米左右. 渗碳时间延长到 10^4 秒(约三小时)以后，平均渗碳层厚度约为 0.1 厘米，而碳原子走过的总路程却有 10 公里之

多.

如果扩散原子是在图 10.14 所示的平面之间作一维的跃迁，则 $r = s$，由于 $\Gamma = n/\tau$，或 $n = \Gamma\tau$，根据式 (10.45) 可以得到

$$\overline{R}_n^2 = ns^2 = \Gamma\tau s^2 = 2D\tau. \tag{10.73}$$

如果考虑三维跃迁，则 $r = S$，由式 (10.47) 我们得到

$$\overline{R}_n^2 = nS^2 = \Gamma\tau S^2 = 6D\tau. \tag{10.74}$$

现在考虑扩散原子在晶体中的跃迁不是无规行走的情况. 比如示踪原子通过空位机制的扩散，推填子机制扩散等. 为了简便起见，我们用二维晶格图来说明这个问题. 图 10.17 中的小圆表示示踪原子，小黑点表示正常原子，小方块表示空位. 可以看到，示踪原子向空位所在位置“6”跃迁的概率最大，而向位置“3”跃迁的概率最小，这是因为空位必需先和位置“1”及“2”(或“5”及“4”)

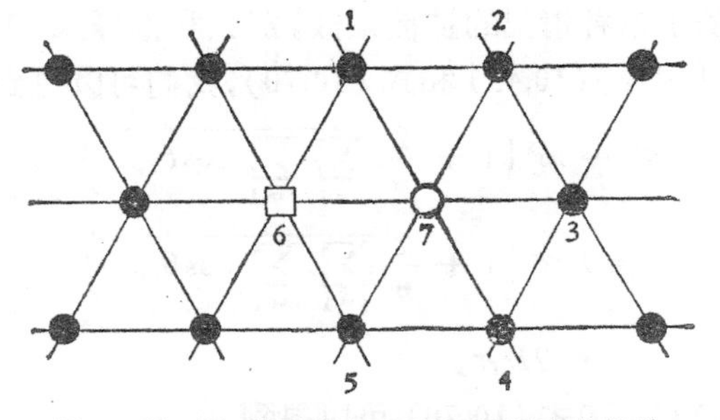

图 10.17 用二维点阵表示示踪原子的空位扩散.

上的正常原子连续两次交换位置之后才能占领位置“3”，使示踪原子能够从“7”向“3”跃迁；示踪原子向位置“1”(或“5”)迁移的概率仅小于向“6”的迁移，因为空位只需和在“1”(或“5”)上的原子交换一次位置，示踪原子就可以跳过去了. 同样，当示踪原子第一次跃迁，和空位交换位置之后，它第二次跃迁时，再回到原来位置的机会最大，其次是向“1”(或“5”)跃迁. 所以示踪原子的这种扩散不是以无规行走为基础的.

关于推填子机制扩散，我们可以参考图 10.11 (a),(b). 图中

的小圆表示正常原子，位于晶格结点上. 小黑点表示示踪原子. 图 10.11 (a) 表示原始的原子排列，示踪原子处在间隙位置，当它跃迁到某一结点位置的时候，必定会把这个结点上的正常原子推到另一个间隙位置上，如图 10.11 (b) 所示. 经过这一次跃迁之后，示踪原子的近邻就有了一个间隙原子，所以第二次跳动时，返回它原来位置的概率就比较大，而和无规行走不同.

至于填隙式固溶体，当它的浓度较大时，亦即有比较多的间隙位置被占领时，填隙原子在间隙间扩散的相关效应和刚才讲过的空位机制相似；当原子构成哑铃式图象时，其扩散的相关效应和推填子机制相似.

不管那一种形式，只要扩散原子的迁移不是无规行走的，则

$$\overline{\sum_{j=1}\sum_{i=1}\cos\theta_{i,i+j}} \neq 0. \tag{10.75}$$

令 D_T 表示这种情况的扩散系数，那么和推导式 (10.73) 及式 (10.74) 类似，由式 (10.45) 和式 (10.70)，我们可以得到

$$\begin{aligned}\overline{R}_n^2 &= ns^2\left(1+\frac{2}{n}\overline{\sum_{j=1}\sum_{i=1}\cos\theta_{i,i+j}}\right)\\ &= \Gamma\tau s^2\left(1+\frac{2}{n}\overline{\sum_{j=1}\sum_{i=1}\cos\theta_{i,i+j}}\right)\\ &= 2D_T\tau,\end{aligned} \tag{10.76}$$

或者由式 (10.47) 和式 (10.70) 可以得到

$$\begin{aligned}\overline{R}_n^2 &= nS^2\left(1+\frac{2}{n}\overline{\sum_{j=1}\sum_{i=1}\cos\theta_{i,i+j}}\right)\\ &= \Gamma\tau S^2\left(1+\frac{2}{n}\overline{\sum_{j=1}\sum_{i=1}\cos\theta_{i,i+j}}\right)\\ &= 6D_T\tau.\end{aligned} \tag{10.77}$$

不管由式 (10.73) 和式 (10.76) 之比，或者由式 (10.74) 和式 (10.77) 之比，我们都可以得到相同的比值，令为 f，故

$$\frac{D_T}{D} = 1+\frac{2}{n}\overline{\sum_{j=1}\sum_{i=1}\cos\theta_{i,i+j}} = f, \tag{10.78}$$

因此

$$D_T = fD. \tag{10.79}$$

比值 f 称为相关因子. 式 (10.79) 的实质是表示有相关效应的扩散和无规行走的(非相关的)扩散之间的关系. 所以前面表示扩散系数的式 (10.42)、式 (10.45) 和式 (10.47) 实际上都是在 $f=1$ 这个特殊情况下的表达式, 在这些表达式的右边乘上 f 之后就是它们的普遍形式.

相关因子的数值计算是相当复杂的,读者可查阅文献[5,17]. 表 10.3 列出一些已经得到的结果,可供采用.

表 10.3 自扩散的相关因子[18]

晶体结构	相关因子
空位机制	
金刚石立方	0.50000
简单立方	0.65311
体心立方	0.72722
面心立方	0.78146
六角密集(所有跃迁频率都相等)	0.78121 垂直于 c 0.78146 平行于 c
推填子机制	
AgCl (面心立方)	
同线跃迁	0.6667
非同线跃迁	0.9697
$CsCl_2$	
同线跃迁	0
非同线跃迁	1

考虑相关效应可以修正扩散系数, 更重要的是对相关因子的测量可以确定扩散的机制. 根据同位素技术的结果表明, 面心立方的纯金属银,钯和 γ 铁及密集六角纯锌的扩散机制是空位机制, 但体心立方结构的钠和 δ 铁则有几种扩散机制都可以和实验结果符合,所以它们的扩散机制还不能完全确定.

(c) *扩散激活能* 要从微观理论来推算激活能的数值是很困难的,这里我们以亨丁顿和塞兹[19,22]对铜自扩散的计算作为例子, 很简单地叙述一些推导的概念和结果. 他们考虑铜晶体的构成是铜离子浸在均匀分布的电子气中, 离子间的排斥能量遵从它们间距离的指数关系．根据这样的模型，他们对交换、间隙和空位三种机制的激活能作了计算．计算时，首先估计在电子均匀分布的场合下激活一个离子所需的能量，然后再估算电子重新分布后能量的变化，结果如表 10.4 所列．

表 10.4　各种模型的能量计算值(千卡/摩尔)[14]

所需各种能量(千卡/摩尔) \ 扩散机制	交换机制	间隙机制	空位机制
离子核的排斥能量	130	100	−10
静电能量	110	0	370
电子气膨胀或压缩能量	—	170	−170
第一步结果	240	270	190
最后结果(电子密度重新分布后)	—	210	30

(1) 交换机制．考虑离子在 (100) 面进行直接交换，由于这一对扩散离子和近邻离子相排挤，能量大约增加 130 千卡/摩尔，同时，这对离子在电子云中运动，也使能量大约增加 110 千卡/摩尔．所以总共为 240 千卡/摩尔左右．

(2) 间隙机制．假定填隙原子处在面心立方单胞的体位置，首先考虑把一个离子从表面搬进内部以构成一个填隙离子 (即构成一个反肖脱基缺陷)，这时，由于电子气被压缩，因而需约为 170 千卡/摩尔的静电能量，同时，离子在表面上六个正常距离($\sqrt{2}\,a/2$)的排斥键消失，另外产生六个距离为 $(1+\lambda)a/2$ 的排斥键[1]，如果忽略次近邻离子的移动，那么排斥能将增加 100 千卡/摩尔．于是总共约为 270 千卡/摩尔，电子重新分布后，减为 210 千卡/摩尔．由此看来，产生一个填隙离子所需的能量是很大的．在一般情况下，铜的间隙扩散不会存在，不过，如果辐照或者大量冷加工可以使填隙离子形成，根据计算，这些离子在晶格的间隙之间迁移所要

1) 如果填隙离子位于晶格中心，且近邻离子不发生位移，则 $\lambda=0$．否则 $\lambda\neq0$，估计约等于 0.1．

求的能量很低，只有 4.6 千卡/摩尔左右[1)]。

(3) 空位机制. 在计算空位机制的自扩散激活能时，也可以象刚才那样来考虑，首先是把一个铜离子从内部的晶格坐位搬到表面，这个过程需要很大的能量，约为 370 千卡/摩尔. 其次是电子气的膨胀，和形成填隙离子相反，它将放出大约为 170 千卡/摩尔的能量. 再其次是排斥能量约降低 10 千卡/摩尔，这是因为把一离子搬到表面后，它原来正常的排斥键数目将从 12 减少到 6，并且空位近邻的离子也将向空位移动，所以排斥能量就减少了. 再加上电子重新分布的结果，最后得到形成一个空位的能量约为 30 千卡/摩尔. 估计空位迁移的激活能约为 23 千卡/摩尔，于是得到这种扩散的激活能总共约为 53 千卡/摩尔.

布鲁克斯，富米以及曾讷等也分别计算过铜的自扩散激活能，结果都已列于表 10.2. 从表中可以看出，虽然各人的计算值有所差别，但是其中以空位机制的计算值和实验值最接近，因此，从这方面来看，我们也可以认为这是密集金属中的扩散机制.

(d) *扩散激活熵* 亨丁顿等[28]、丁尼斯 (G. J. Dienes)[29]、范亚德和丁尼斯及曾讷[21]等人已经对激活熵做了一些计算，其中以曾讷的方法最为简单，并且结果也很好. 他考虑 ΔS 和 ΔF 的关系为

$$\Delta S = -\frac{d(\Delta F)}{dT}. \qquad (10.80)$$

还可以预料到的是：由于温度上升势必使晶格松弛，所以把一个质点从势能谷搬到势垒所需做的功 ΔF 也将随温度之上升而减少，这样，ΔF 的负温度系数就使 ΔS 恒为正值. 把式 (10.80) 写成

$$\Delta S = -\Delta F_0 \frac{d}{dT}\left(\frac{\Delta F}{\Delta F_0}\right), \qquad (10.81)$$

式中 ΔF_0 是 $T = 0\text{K}$ 时 ΔF 的数值，因此可以把微分以外的 ΔF_0 写成 ΔU. ΔF 差不多是使晶格形变所做的功. ($\Delta F/\Delta F_0$) 的温

1) 较早的计算为 11.5 千卡/摩尔，(见表 10.2). 实验值约为 16.6 千卡/摩尔.

度系数就和 (η/η_0) 的温度系数相差不远. η 是样品的切应变模量或张应变模量，η_0 是在 $T=0\text{K}$ 时 η 的数值. 因此

$$\Delta S \approx -\Delta U \frac{d}{dT}\left(\frac{\eta}{\eta_0}\right). \tag{10.82}$$

虽然在高温时，多晶样品的切应变或张应变模量随温度的上升而急速下降，但是葛庭燧证明，急速下降的原因是由于滞性晶界的松弛，如果没有这样的松弛，弹性模量将随温度的上升而线性下降. 因此，在晶界松弛的温度以下，ΔU 的温度系数应该是一个常数. 令

$$\beta = -d\left(\frac{\eta}{\eta_0}\right)\Big/ d\left(\frac{T}{T_m}\right), \tag{10.83}$$

那么

$$\Delta S \approx \beta\left(\frac{\Delta U}{T_m}\right), \tag{10.84}$$

式中 T_m 为样品的熔点，β 的一些数值列于表 10.5. 从表上看来，对于不同的金属，β 差不多是常数. 因此，也就可以说明为什么观察到的 D_0 值随 $(\Delta U/T_m)$ 成指数关系而变化.

表 10.5 各种金属的 β 值（η 为杨氏模量）[9]

金 属	β	金 属	β
Ti	1.1	W	0.35
Th	0.9	Au	0.31
Pb	0.5	Mg	0.31
Ag	0.45	Zn	0.31
α-Fe	0.43	Cd	0.27
Ta	0.40	Ca	0.25
Ba	0.39	La	0.25
Mo	0.36	Pt	0.25
Al	0.35	Be	0.22
Cu	0.35	Pd	0.18

应用表 10.5 的数值和式 (10.84)，算出碳在 α 铁中扩散的 D_0 值为 0.026 厘米^2/秒，实验值为 0.020 厘米^2/秒，这两个数值很符

合. 但是这个理论的缺点在于它不能解释为什么某些金属的 ΔS 为负值，例如表 10.6 所列. 曾讷认为，负 ΔS 值的来源可能是实验不可靠，样品中的短路扩散[1]（例如晶界扩散，位错扩散等）或者是由于固溶体不够稀薄等原因所造成，因为在这里所推导的公式都是根据自扩散或者稀固溶体的情况推导出来的，对于浓度较高的固溶体，我们还得考虑溶质原子间的相互作用以及其他更复杂的条件.

表 10.6 负激活熵的例子[9]

在银中的溶质原子	$\Delta S/k$（实验值）
Cd	−4.4
Cu	−4.1
In	−4.0
Sb	−4.2
Sn	−3.9

但是，曾讷这些考虑都没有实验根据. 从微观理论来分析，ΔS 的来源有三：第一，温度升高，则晶格参数增大，亦即原子间距增大，因而原子间作用能量急速下降. 这个结果使熵上升，即 ΔS 恒为正值；第二，缺陷近邻原子的振动频率和正常原子的振动频率有所不同，这个差别使熵依从下式变化：

$$\Delta S = k\sum \ln\left(\frac{\nu_{i0}}{\nu_{iv}}\right),$$

式中 ν_{i0} 是完善晶体中 i 原子的点阵振动频率，ν_{iv} 是在发生扩散条件下的振动频率. 熵的变化是所有缺陷近邻原子的变量的总和. 如果 $\nu_{iv} < \nu_{i0}$（形成空位的情况），则 $\Delta S > 0$；如果 $\nu_{iv} > \nu_{i0}$（形成填隙原子的情况），则 $\Delta S < 0$；第三，当把一个原子搬到势垒上的时候，这个原子和它周围的原子的频率都增加，使熵值下降，即 $\Delta S < 0$. 激活熵的数值是上述三种变化的总和，因此，出现负值激活熵是完全可能的. 不过，由于第二、三两个原因引起的

1）即物质在扩散的路途中受到阻力很小，正如电路中的电阻很小、构成短路那样.

变化有多少，还很难准确地计算出来.

III 扩散组元的相互影响

在这一部分中，我们将讨论两个问题：一个是均匀合金中的自扩散，这个问题，在理论上只有对很稀的替代式固溶体才作了一些推导；另一个问题是由于化学势梯度引起的克肯达耳效应.

§ 10.6 均匀合金中的自扩散

关于这个问题，以银基合金和铜基合金研究得比较多. 表

表 10.7 在均匀二元合金中示踪原子的扩散系数[8]

溶剂原子%	溶质原子%	示踪原子	D_0 厘米^2/秒	Q 千卡/摩尔	示踪原子扩散系数/纯溶剂原子自扩散系数（在 1000K）
100 Ag	—	Au^{198}	0.26	45.5	0.25
	—	Cd^{115}	0.44	41.7	3.7
	—	Hg^{203}	0.08	38.1	4.0
	—	In^{114}	0.41	40.6	5.7
	—	Pb^{210}	0.22	38.1	11.0
	—	Ru^{106}	180	65.8	0.009
	—	Sb^{124}	0.17	38.3	7.8
	—	Sn^{113}	0.25	39.3	6.9
	—	Tl^{204}	0.15	39.9	3.1
	—	Zn^{65}	0.54	41.7	4.4
	—	Cu^{64}	1.2	46.1	1.1
90.5 Ag	9.5 Al	Ag^{110}	0.83	42.9	3.8
93.5 Ag	6.5 Cd	Ag^{110}	0.31	42.6	1.6
		Cd^{115}	0.33	40.5	5.0
72.0 Ag	28 Cd	Ag^{110}	0.16	37.3	12
		Cd^{115}	0.15	35.9	37
98.2 Ag	1.8 Cu	Ag^{110}	0.66	44.8	1.2
98.5 Ag	1.5 Ge	Ag^{110}	0.55	44.0	1.4
95.6 Ag	4.4 In	Ag^{110}	0.36	42.6	1.9
		In^{114}	0.45	40.3	7.5

表 10.7 （续）

溶剂原子%	溶质原子%	示踪原子	D_0 厘米²/秒	Q 千卡/摩尔	示踪原子扩散系数/纯溶剂原子自扩散系数（在 1000K）
83.3 Ag	16.7 In	Ag^{110}	0.18	36.2	24
		In^{114}	0.54	36.6	58
99.3 Ag	0.7 Pb	Ag^{110}	0.89	44.7	1.6
99.5 Ag	0.5 Pb	Pb^{210}	0.38	38.7	14
90.2 Ag	9.8 Pd	Ag^{110}	0.12	43.7	0.37
99.1 Ag	0.9 Sb	Ag^{110}	0.30	42.6	1.6
		Sb^{124}	0.17	38.3	7.8
70 Ag	30 Zn	Ag^{110}	0.29	36.0	41
		Zn^{65}	0.46	35.2	98
100 Cu	—	Ag^{110}	0.63	46.5	4.2
	—	As^{76}	0.12	42.0	7.6
	—	Au^{198}	0.69	49.7	0.95
	—	Cd^{115}	0.94	45.7	9.4
	—	Co^{60}	1.93	54.1[1]	0.29
	—	Fe^{59}	1.4	51.8[1]	0.67
	—	Ga^{72}	0.55	45.9	5.0
	—	Hg^{203}	0.35	44.0	5.5
	—	Ni^{63}	2.7	56.5	0.12
	—	Zn^{65}	0.34	45.6	3.6
69 Cu	31 Zn	Cu^{64}	0.34	41.9	22
		Zn^{65}	0.73	40.7	88
52 Cu	48 Zn（无序）	Cu^{64}	0.011	22.0	—
		Zn^{65}	0.004	18.8	—
		Sb^{124}	0.08	23.5	—

D不精确地遵从阿瑞纽斯公式。

10.7 所列出的是一些测量结果．从这表可以看到一些情况：比如在 1000K 的时候，若银中溶有 6.5% 原子的镉，0.7% 原子的铅或者 0.9% 原子的锑时，则它的自扩散率都将增加 1.6 倍；若含有 0.5% 原子的铅，则铅在银中的自扩散系数比只含痕量时大 1.27 倍；另一方面，若银中溶有 9.8% 原子的钯，则银的自扩散率将减为原来的 0.37，而不是增加． 由此可见，溶剂的自扩散率以及溶质在溶剂中的自扩散率的变化既和溶质的浓度有关，也和溶质的性质有关．读者可以对表 10.7 作进一步的比较分析． 这类事实虽然很多，但是目前还缺少完整的、普遍性的理论．对于稀替代式固溶体，我们可以根据空位扩散机制从以下三个方面来考虑：

（1）杂质使溶剂的晶格参数改变，因而改变扩散的激活能；

（2）杂质使空位浓度改变；

（3）由于短程相互作用，改变了杂质近邻原子的跃迁频率．从图 10.18 中可以看到：杂质原子跳进空位的频率 Γ_2 和溶剂原子不同，溶剂原子旁边有杂质原子时，其跃迁频率将发生变化；并且当空位旁边有杂质原子时，各原子的跃迁频率也不一样．

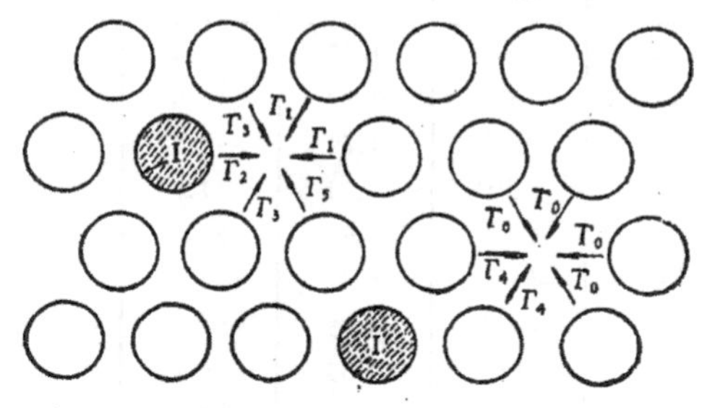

图 10.18 各种原子的跃迁频率 Γ_i，有斜线的 I 原子为杂质原子．

定性地说，某一特定原子的扩散率取决于它最近邻有一个空位的概率、它能跳进这个空位的概率和这空位周围原子的跃迁概率．如果杂质能使溶剂自扩散增加，那么这必定是由于它和晶格的相互作用，使杂质原子近邻有一个空位的概率比在远处的为大，或者在杂质原子近邻的溶剂原子的跃迁概率较大，或者二者具存．

采用一般的统计方法来处理这类问题是十分困难的，已有的理论，例如赖斯（H. Reiss）[31]拉扎留斯[8,32]以及霍夫曼等[33]的推导，都只限于某些稀替代式固溶体的空位扩散，例如银基合金、铜基合金等． 在各个杂质原子所造成的扰乱区不相互接触的情况下，霍夫曼等和拉扎留斯分别推导了杂质对溶剂自扩散的影响，他们所得到的结果很相似：

$$D_A(c) = (1 - nc)D_A(0) + \alpha\beta c D_B(c), \qquad (10.85)$$

式中 c 为杂质原子的摩尔分数浓度，$D_A(c)$是杂质浓度为 c 时、溶剂的自扩散系数，n 为扰乱区中的溶剂原子数，α 是在扰乱区中某一溶剂原子的有效扩散跳跃数，β 是杂质原子每跳跃一次所新遇到的溶剂原子数. $D_B(c)$ 是浓度为 c 时杂质原子的自扩散系数. 按照霍夫曼等推导的结果，$D_B(c)$ 和浓度的关系为

$$D_B(c) = [(1 - lc) + lcu]D_B(0), \tag{10.86}$$

式中 l 和 u 分别为两个常数，当浓度 c 趋近于零时，$D_B(c) \approx D_B(0)$，得到和拉扎留斯一致的结果.

霍夫曼等利用式 (10.85) 计算了铅、锗和铊对银自扩散的影响，并和实验值作了比较，结果相当符合，如图 10.19 所示.

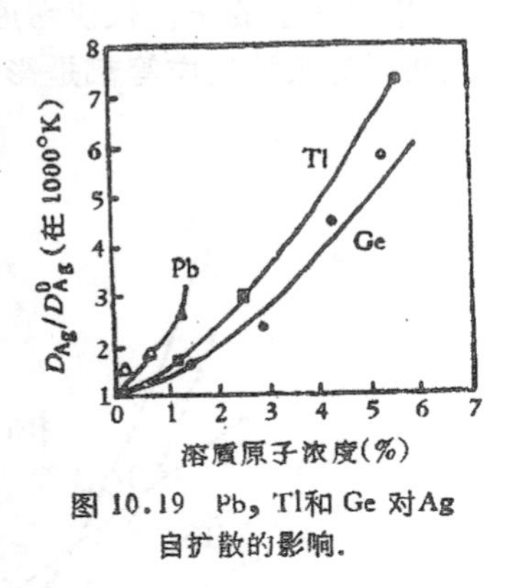

图 10.19 Pb，Tl和 Ge 对Ag自扩散的影响.

拉扎留斯还从屏蔽效应分析了杂质在溶剂金属中的扩散问题[32,34]，他的基本概念是这样：考虑杂质原子以空位机制进行扩散，它和溶剂原子之差别仅仅在于它们间的原子核带电量及价电子数目不同，并且由于杂质原子代替了溶剂原子所引起晶格能量的改变比起溶剂原子的晶格结合能量要小得多，当杂质浓度很低时，我们只需考虑杂质原子和溶剂原子间的相互作用. 对于单价的溶剂，考虑杂质的价数为 $(1 + z)$，这里，当杂质元素在周期表上处于溶剂元素的右边时，z 为正值，处于左边时，z 为负值. 例如溶剂为银，杂质为锑，则 $z = +4$；杂质为钯，则 $z = -1$. 前面(§ 5.9)已讲过，当把杂质引入导体物质(溶剂)中之后，杂质原子的过剩离子电量将受到传导电子的屏蔽. 屏蔽场对杂质的扩散产生两个作用：第一是由于杂质的屏蔽场和空位之间有静电相互作用，使得在杂质原子附近形成空位的能量发生改变[设空位的 $z = -1$，相互作用能即可用式 (5.133) 来计算. 第二是杂质附近晶格切变模量发生了变化，使得杂质原子进入它近旁

空位所需的能量，相对于溶剂原子而言，它也发生了变化．根据这些概念，拉扎留斯计算了不同 z 值的杂质在银和铜中的扩散激活能．结果以对银溶剂的计算值比较好，而对铜溶剂则和实验值相差甚大．由于拉扎留斯在计算中使用了费密-托马斯近似，所以即使对银溶剂的计算，也引进了比较大的误差．后来布拉特[35]，阿耳夫勒特 (L. C. R. Alfred) 和马奇 (N. H. March)[36]作了一些修改，结果对银溶剂的计算值和实验相当符合，但是对铜溶剂的计算仍然很少改进． 图 10.20 所示的是一些实验值和计算值的比较．

应该指出的是，仅仅考虑屏蔽效应是不够的，原子的尺寸效应、跃迁的相关效应等都是影响扩散的因素．

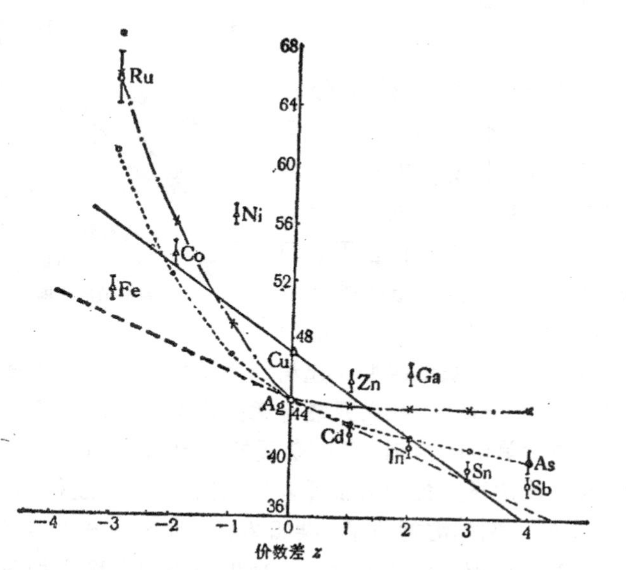

图 10.20 杂质在 Ag 和 Cu 中的扩散激活能(实验值和计算值的比较)，图中纵坐标为 Q (千卡/摩尔).

实验值 { △在 Cu 中扩散；○在 Ag 中扩散.

计算值 { ——在 Cu 中扩散(拉扎留斯)；-----在 Ag 中扩散(拉扎留斯)；×—·—×—在 Ag 中扩散(布拉特)；…●…●…在 Ag 中扩散(阿耳夫勒特和马奇). }

在实用的材料中，情况就更加复杂，微量杂质的存在可以对二元合金中组元的扩散产生很大的影响． 比如在碳钢中加入钴 4%，可以使碳在 γ 铁中的扩散率增加一倍，加入钼 3% 或钨 1% 则扩散率减少一半，而锰和镍则没有什么影响(图 10.21)；又比如在 Al-Mg 合金中加入锌 2.7%，可以使镁在铝中的扩散率减半(图10.22)．诸如此类的例子很多，这些问题更加难以从理论上得到定量的解释，但是在工业上却常常是很重要的，因为它直接影响到相变的过程．

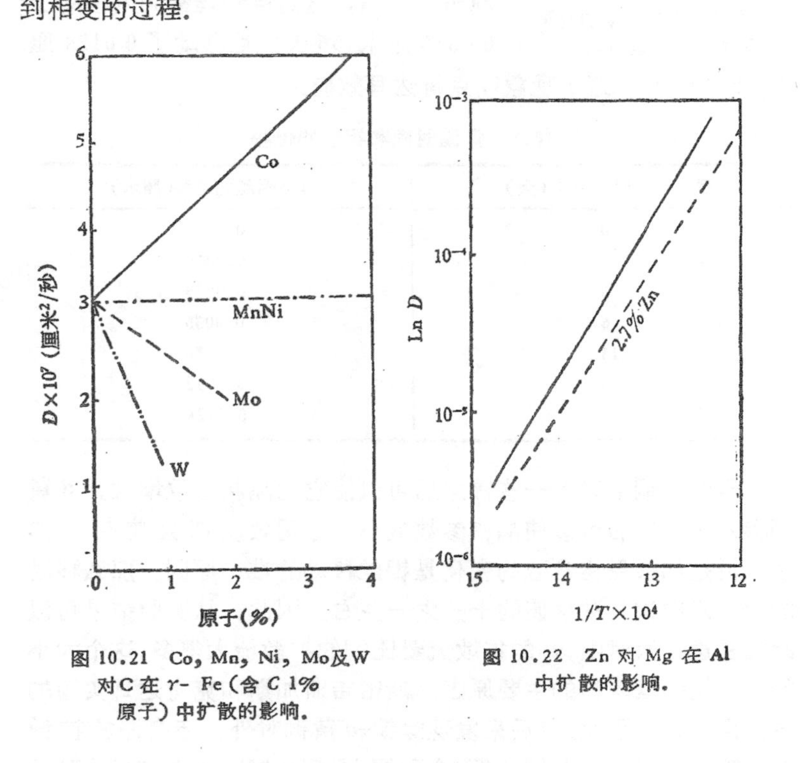

图 10.21 Co, Mn, Ni, Mo及W对C在 γ- Fe (含 C 1% 原子) 中扩散的影响．

图 10.22 Zn 对 Mg 在 Al 中扩散的影响．

§ 10.7 克肯达耳效应

在合金中的扩散，除交换机制和环形机制之外，没有理由认为不同组元的扩散率是相同的．斯密吉斯加斯 (A. D. Smigelskas)

和克肯达耳从实验上证明，在替代式固溶体的铜锌合金中，锌的扩散率比铜的大[37]. 他们的实验安排如图 10.23 所示：在方形 α 黄铜棒的表面上敷上一些很细的钼丝，而后在黄铜面上镀上铜. 这样，钼丝就被包在铜和 α 黄铜的分界面上了. 让这个样品在 785℃ 进行保温，使锌和铜发生互扩散，即锌向外、铜向内扩散，发现一天之后，这两层钼丝都向内移动了 0.0015 厘米，56 天之后移动了 0.0124 厘米（表 10.8）. 这个现象叫克肯达耳效应.

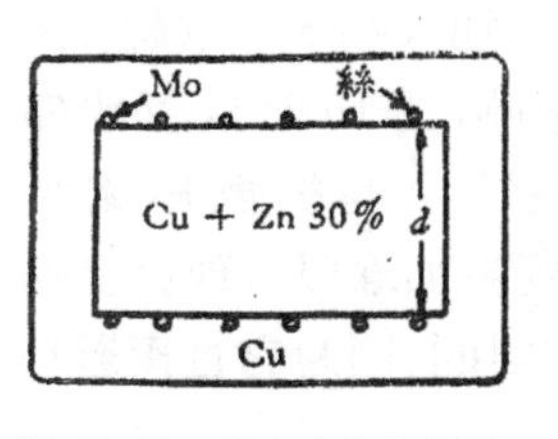

图 10.23 斯密吉斯加斯和克肯达耳的实验样品.

表 10.8 保温时间和钼丝的位移

保温时间（天）	每层钼丝的位移（厘米）
0	0
1	0.0015
3	0.0025
6	0.0036
13	0.0056
28	0.0092
56	0.0124

虽然在铜中渗入一些锌之后可以使它的晶格参数增大，α 黄铜渗入一些铜后可以使晶格参数减小，这两效应都会使钼丝内移. 但是如果晶格参数的变化是钼丝移动的唯一原因，那么移动的距离只应该有观察值的十分之一左右. 因此，从实验结果可以断定在这扩散对中，锌的扩散流要比铜的扩散流大得多，这个大小的差别是钼丝内移的主要原因. 斯密吉斯加斯和克肯达耳实验的主要意义就在于此. 后来发现除铜-α 黄铜对外，还有许多扩散对，例如铜-锡，铜-镍，铜-金和铜-银等金属对也有克肯达耳效应出现.

达肯（L. S. Darken）利用流体力学观点，唯象地推导了在扩散对中的扩散系数. 考虑扩散系统由 i，j 两种原子构成，金属对（比如铜和 α 黄铜）的分界面和扩散方向 x 垂直，扩散的时候，系统某一处 x 的包含物（例如钼丝）相对于晶格坐标的移动速度为 v，他得到（附录 10-II）：

$$v = \frac{1}{n_i + n_j}\left(D_i \frac{\partial n_i}{\partial x} + D_j \frac{\partial n_j}{\partial x}\right) = (D_i - D_j)\frac{\partial c_i}{\partial x} \quad (10.87)$$

和

$$\frac{\partial c_i}{\partial t} = \frac{\partial}{\partial x}\left(\widetilde{D}\frac{\partial c_i}{\partial x}\right), \quad (10.88)$$

式中 n_i，n_j 分别是单位体积内 i，j 原子的数目，c_i，c_j 和 D_i，D_j 分别代表它们的浓度和扩散系数，而 $\widetilde{D} = c_jD_i + c_iD_j$，称为 i，j 两种原子的互扩散系数．式（10.88）的形式和斐克第二方程一样，因此，我们可以利用俣野方法把 $\widetilde{D}$ 求出来．不过，这里 $\widetilde{D}$ 的含义不同，它不代表单一种原子的扩散系数，只有当样品中 j（或 i）原子很少，即 c_j（或 c_i）很小的时候，它才和 D_j（或 D_i）差不多相等，如果 $c_i = c_j = (1/2)$，那么 $\widetilde{D}$ 就等于 i 和 j 原子扩散系数的算术平均值，即 $\widetilde{D} = (D_i + D_j)/2$．从式（10.87）中我们还可以看到，包含物移动的原因是由于 i，j 两种原子的扩散系数不相等，要是 $D_i = D_j$，那么 v 就等于零．

从原子迁移的观点来分析克肯达耳效应足以证明空位扩散机制的存在．为了方便起见，我们用铜-α 黄铜对的互扩散作为例子．如果空位和锌原子交换比和铜原子交换来得容易，那么锌原子向铜流动的速度就要比铜原子向黄铜流动的速度大．由于每个原子向某一方向运动都将使一个空位朝相反的方向运动，因此在互扩散时，势必有一净空位流从铜流向黄铜．净空位流的数值等于从黄铜流向铜的净原子数．这样流动的结果，就可能使铜中的空位浓度降到低于它的平衡值，而在黄铜中则超过平衡值．同时我们观测到向铜输送的净原子数远远大于热力学平衡时铜中的空位数，因此，很明显，铜中必须具有某种形式的空位源，以供应相互扩散进行时所需要的大量的额外空位．同时，黄铜失去的净原子数将为同样数量的空位所占领，既然互扩散的结果使黄铜收缩，钼丝向黄铜移动，那么进入黄铜中的空位必将通过某些途径而消失。

样品表面、晶界以及晶体内的位错都是可能的空位源．要是样品表面是主要的空位源，那么我们可以期望克肯达耳效应将和样品体积大小及样品外层是铜或是黄铜有关，但是实验证明没有这样的关系．实验还证明克肯达耳效应和样品晶粒大小无关，因此，只有位错是最可能的空位源．位错的攀移可以放出空位，这个作用就使铜能接受来自黄铜的锌原子，并且把空位供给黄铜，但是如果只依赖刃型位错不断地攀移，那么最后就将在刃型位错中形成一层新的原子平面，使位错消失．很明显，这种作用的程度是有限的，因为位错消失过多，扩散将受到影响，而事实上不是这样．如果我们设想一个刃型位错和一个螺型位错相交，那么当刃型位错中成长一层原子层时，它就象晶体表面依靠螺型位错而成长那样，只使刃型位错的方向旋转，而永远不会消失．当我们考虑空位消失的机制时，只需考虑上述的逆过程就够了．

在斯密吉斯加斯和克肯达耳的实验中，还发现界面附近，在黄铜的那一边出现一些疏孔．其他金属对，例如 Fe-Ni，Ag-Au，Cu-Ni，Cu-Al，Ag-Al，Ag-Pd 及 Ni-Au 等经互扩散之后，也出现类似的疏孔，并且都是出现在失去原子的那一边的金属中．疏孔的量随各种金属对而不同，但是都随扩散量的增加及浓度差的增加而增加．有时孔的几何形状成八面体，每个面都平行于{111}晶面，因为这样可以降低表面能．疏孔是由空位聚集起来而成的相当于空位的尾闾，和尾闾的作用相反，疏孔亦可以作为空位源．由于疏孔的存在，使黄铜不能完全收缩，否则，钼丝的位移应该比观察到的更要大一些．

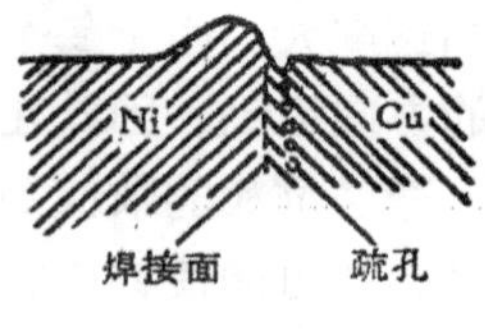

图 10.24 铜-镍对互扩散后横截面的变化．

上面只讨论了扩散方向的变化，实际上，实验已经证明，在垂直于扩散方向的横截面积，经互扩散之后也有所改变，比如 Ni-Cu 对互扩散后，在分界面附近，铜由于丧失原子，所以横截面收缩，镍则由于获得原子而扩张(图 10.24).

最后还需要指出，在互扩散过程中，由于某些晶体中原子面的消失或新原子面的形成以及由于晶格参数的改变，常常使样品中产生内应力，因此，范性形变、再结晶、多边化等现象也随着发生，这样就使得问题更加复杂了. 对这样复杂的问题，要从理论上去严格推导是很困难的，比如在推导达肯公式时，要求样品横截面积不改变和扩散方向收缩完全，而实际上却常常不能满足这两个条件.

IV 其他几个问题

前面只讨论了由于浓度梯度或热振动引起的体扩散，并且，除点缺陷外，晶体是完善的. 在这一部分中我们准备介绍弹性应力、热场、电场以及晶体结构对扩散的影响.

快扩散的例子很多，这是很早就知道了的，半导体工作中也常常遇上，但是产生快扩散的原因及其机制还不大清楚，这里也将略加介绍.

最后还要介绍一些有关扩散的半经验规律，这些规律对于实际工作常常有一定的用处.

§10.8 应力作用下的扩散

如果合金内部存在着应力，那么，即使溶质分布是均匀的，但也可能出现化学扩散现象. 现在考虑一个原子在势能场 $V(x, y, z)$ 中的运动：用矢量来表示，势能梯度对这个原子的作用力 $\mathbf{F}$ 为

$$\mathbf{F} = -\nabla V, \tag{10.89}$$

式中 $\nabla = \mathbf{i}\frac{\partial}{\partial x} + \mathbf{j}\frac{\partial}{\partial y} + \mathbf{k}\frac{\partial}{\partial z}$，$\mathbf{i}$, $\mathbf{j}$ 和 $\mathbf{k}$ 分别表示坐标 x, y 和 z 三个方向的单位矢量. 在力 $\mathbf{F}$ 的作用下，该原子的平均速度 $\mathbf{v}$ 应为

$$\mathbf{v} = B\mathbf{F}, \tag{10.90}$$

式中 B 是这原子的迁移率，和在 § 10.3 所下的定义一样，它等于在每单位力的作用下、原子得到的速度. 根据爱因斯坦关系式(10.38)，迁移率 B，扩散系数 D 和绝对温度三者的关系为

$$B = \frac{D}{kT}.$$

因此，在溶质均匀分布的系统中，由于应力 $\mathbf{F}$ 所产生的溶质流量 $\mathbf{J}$（这里用矢量表示）应该等于原子的平均速度乘上单位体积中溶质原子的数目，即浓度 c，于是

$$\mathbf{J} = c\mathbf{v} = B\mathbf{F}c = -\frac{Dc}{kT}\nabla V. \tag{10.91}$$

如果系统中的溶质浓度不均匀，那么总的溶质流量还应该加上由于浓度梯度引起的流量，即式 (10.1) 和式 (10.91) 两者的流量相加：

$$\mathbf{J} = -D\left(\nabla c + \frac{c\nabla V}{kT}\right). \tag{10.92}$$

这里把式 (10.1) 中的 $(\partial c/\partial x)$ 写成普遍的形式 ∇c. 和推导斐克第二定律相似，我们可以得到扩散系统中某一点的浓度变化时率

$$\frac{\partial c}{\partial t} = D\nabla\left(\nabla c + \frac{c\nabla V}{kT}\right). \tag{10.93}$$

从这个方程解出 $c(x, y, z, t)$，我们就得到在浓度梯度和势能梯度同时存在的情况下，溶质浓度的空间分布和时间的关系. 不过这个普遍方程不容易解，下面讨论一种简单的情况.

在填隙固溶体中，溶质原子周围的应力场使原子受到位错的吸引，因此，在过饱和合金中，在位错上的沉淀速率将由于应力引起的原子迁移而增加. 设 r 为位错芯和填隙原子之间的径向距离，则这两者之间的相互作用可以从位错产生的势能场 $V(r, \theta)$ 计算出来（这里用圆柱坐标表示势能场）. 如果合金经高温均匀化退火之后淬火到低温，它就成为过饱和状态. 在开始阶段，$\nabla c = 0$，于是，向一个孤立位错流动的原子流将由 ∇V 来决定. 如果我们考虑的是螺型位错，则它的势能场近似地为

$$V(r,\theta)=-\frac{A}{r},\tag{10.94}$$

于是

$$\nabla V=\frac{A}{r^2},\tag{10.95}$$

并且

$$v=-\frac{dr}{dt}=\frac{D}{kT}\frac{A}{r^2},\tag{10.96}$$

这里只有一个方向,所以就不用矢量来表示了. 在各式中 A 是常数. 如果在 $t=0$ 时,位于 $r=r'$ 的溶质原子在 $t=t'$ 的时候能够到达位错芯,那么位于 $r<r'$ 以内的所有溶质原子,在时间 t' 时也都将在位错上沉淀. 对式 (10.96) 进行积分,就可以求出 r', 积分的极限是在 $t=0$ 时, $r=r'$, 在 $t=t'$ 时, $r=0$. 算出的结果是

$$r'=\left(\frac{3DAt'}{kT}\right)^{1/3}.\tag{10.97}$$

设均匀合金的溶质浓度为 c_0, 于是在 t' 时间内沉淀于单位长度位错线上的溶质总量 m 应为

$$m=c_0\pi r'^2=c_0\pi\left(\frac{3DAt'}{kT}\right)^{2/3}.\tag{10.98}$$

当然, r' 应该在势能场能够对溶质原子产生"明显"作用的范围以内,上式才能成立. 一个溶质原子在晶格上的热能大约为 kT,因此,如果 r 很大,使得 $-V(r,\theta)<kT$,即势能小于这个原子的热能,那么势能场的作用就变得"不明显"了. 令势能场的"有效半径"为 R,则

$$-V(r,\theta)=kT=\frac{A}{R}.\tag{10.99}$$

对于碳在 α 铁中的有效半径 R 的大小,我们可根据 A 值来估计: 在室温,如果取 $A\approx10^{-20}$ 达因·厘米^2,则 $R\approx25$ 埃.

§ 10.9 固体中的热扩散和电解[1,5,18]

固体中的热扩散是指由温度梯度引起的(比如在离子晶体,合

金，纯金属等固体中)原子迁移的现象. 这种热场效应称为索勒(Sorét)效应. 它是大约一百年前在气体和液体中首先发现的；和热扩散相似，固体中的电解是电位梯度引起的原子迁移. 人们对这两个问题还不很了解，不过从事这方面的研究，可以使我们得到一些关于固体扩散的资料.

(a) *固体中的热扩散* 如果把成分均匀的二元合金放在具有温度梯度的热场中，则样品内部可能发生扩散，使得成分分布反而不均匀，这种原子重新分布的现象和在同样情况下电子重新分布、并出现热电效应现象完全相似. 有的合金，比如填隙固溶体，溶质的扩散比溶剂的快得多，这种情况就比较简单些；有的合金，比如替代式合金，两种组元的迁移速度相差不多，这时分析起来就比较困难，因为在具有温度梯度的热场中，溶质的稳态分布将取决于溶质和溶剂迁移的相对速度. 例如，如果溶质和溶剂，相对于晶格来说，都朝样品的热端迁移，并且如果溶剂迁移速度比溶质快一些，那么，相对于晶格来说，虽然溶质也向热端迁移，但它总是落后在溶剂的后面，甚至聚集在样品的冷端. 于是看起来就似乎溶质朝冷端迁移一样，不易辨别清楚.

在实验上，可以用同位素技术来检测热扩散效应，观测样品中标志的移动也是常用方法之一，这方法和克肯达耳实验相似(§ 10.7).

从理论上来说，为了便于分析，在这里，我们假定溶质扩散比溶剂快得多，或者说溶剂原子基本上固定不动，这是刚才所讲过的比较简单的情况. 碳在 α 铁中的扩散属于这种类型，因为在800℃时碳原子的扩散率要比铁快 10^5 倍，两者的差别是很大的. 在这种情况下，当溶质浓度梯度和样品的温度梯度同时存在时，斐克第一方程应该写成

$$J_1 = -D_1 \frac{\partial c_1}{\partial x} - \beta_1 \frac{dT}{dx}, \tag{10.100}$$

式中 J_1 是溶质流，D_1 是溶质的扩散系数，c_1 是它的浓度，x 坐标轴和溶质流方向平行，β_1 是比例常数，假定和温度梯度无关，它可

以是正值也可以是负值，按溶质流的方向和温度梯度的关系而定。只要它不等于零，那就表示溶质原子顺温度梯度跃迁的概率和反向跃迁的概率不同。但是热场引起跃迁概率的变化是微小的，在任何温度下都不会改变跃迁机制或者平均跃迁频率。因此，β_1 应该和 D_1 成正比，这两者的关系有多种表示法，最常见的是令 $\beta_1 = (D_1 q_1^* c_1/RT^2)$。于是式(10.100)可以写成

$$J_1 = -D_1\left(\frac{\partial c_1}{\partial x} + \frac{q_1^* c_1}{RT^2}\frac{dT}{dx}\right), \qquad (10.101)$$

式中 (D_1/RT) 为溶质原子的迁移率，$-(q_1^*/T)(dT/dx)$ 是温度梯度对溶质原子的有效作用力。q_1^* 称为溶质的传输热，它是描述热扩散效应方向和大小的参数，可以从实验来测定。下面我们对它作深入一些的分析。

在我们现在所考虑的系统中，既然浓度梯度和温度梯度同时存在，那么除溶质流 J_1 之外，热流 J_q 也必然出现。考虑到这两个梯度的交互作用，所以普遍的唯象方程应为

$$J_1 = -M_{11}\left(\frac{\partial \mu_1}{\partial x}\right)_T - \frac{M_{1q}}{T}\left(\frac{\partial T}{\partial x}\right), \qquad (10.102)$$

$$J_q = -M_{q1}\left(\frac{\partial \mu_1}{\partial x}\right)_T - \frac{M_{qq}}{T}\left(\frac{\partial T}{\partial x}\right), \qquad (10.103)$$

式中化学势梯度 $(\partial\mu_1/\partial x)$ 及温度梯度都与扩散方向 x 平行，各个 M_{ij} 为比例常数。$(\partial\mu_1/\partial x)_T$ 是恒温下的化学势梯度。因为所考虑的是稀固溶体，可以认为是理想状态，所以 $(d\mu_1/d\ln c_1) = RT$（见式(10.33a)）。这样，式(10.101)可以写成

$$J_1 = -\frac{D_1 c_1}{RT}\left[\left(\frac{\partial \mu_1}{\partial x}\right)_T + \frac{q_1^*}{T}\frac{dT}{dx}\right]. \qquad (10.104)$$

把式(10.102)中的 M_{11} 分出来，则

$$J_1 = -M_{11}\left[\left(\frac{\partial \mu_1}{\partial x}\right)_T + \frac{M_{1q}}{M_{11}T}\frac{dT}{dx}\right]. \qquad (10.105)$$

式(10.104)和式(10.105)应该相等，所以得到 $M_{11} = D_1 c_1/RT$ 及 $q_1^* = M_{1q}/M_{11}$。

现在我们说明一下 $q_1^* = M_{1q}/M_{11}$ 的含义：在没有温度梯度，即 $\nabla T = 0$ 的情况下，从式 (10.102) 和式 (10.103) 得到

$$\frac{J_q}{J_1} = \frac{M_{q1}}{M_{11}}.$$

根据昂萨格倒易关系，$M_{q1} = M_{1q}$，于是

$$\left(\frac{J_q}{J_1}\right)_{\nabla T = 0} = \frac{M_{1q}}{M_{11}} = q_1^*. \tag{10.106}$$

从式 (10.106) 中可以看出，q_1^* 是在没有温度梯度的情况下，单位溶质流引起的热流的大小. 因此，如果 $q_1^* > 0$，则溶质流引起的热流和这溶质流本身同一方向. 于是，若要保持得到溶质原子的区域温度不变，这个区域就必需发散热量；如果 $q_1^* < 0$，则 J_q 和 J_1 的方向相反，得到溶质原子区域必需吸收热量才能保持恒温. 开始时，我们的目标是探讨温度梯度引起扩散的问题，而现在却看到扩散流有引起温度梯度的趋势. 出现这种情况的原因是由于通过 $M_{q1} = M_{1q}$ 把 J_1 和 J_q 相互联系起来了. 所以我们得到一个有趣的结论：在均匀系统中，热流可以引起溶质流，溶质流也可以引起热流. 如果问为什么溶质流会引起热流，要回答这个问题，我们必需从原子跃迁的动力学观点来推导 q_1^* 的表示式. 维尔兹 (K. Wirtz) 是这样推导的：我们知道，在恒温时，晶体样品中一个原子从一个平衡位置跃迁到另一平衡位置的几率正比于 $\exp(-Q/RT)$，R 为气体普适常数，Q 是一摩尔扩散物质的扩散激活能，可以考虑由三部分构成：(1)原子跃迁所必需的能量 Q_0；(2)在跃迁原子终了位置上产生一个能容纳这个原子的位置所需要的能量 Q_f，在空位扩散机制中，它就是产生一个空位所需的能量；(3)使跃迁原子所经路途附近各原子让路所需要的能量 Q_i. 这三部分能量之和等于总激活能 Q，即

$$Q = Q_0 + Q_i + Q_f.$$

在有温度梯度存在的情况下，设跃迁原子原始位置的温度为 T，终了位置的温度为 $(T + \Delta T)$，这两个位置中间的温度为

$\left(T+\frac{1}{2}\Delta T\right)$，则原子从温度为 T 的位置跃迁到温度为 $(T+\Delta T)$ 的位置上的几率应为

$$\exp\left(-\frac{Q_0}{RT}\right)\exp\left[-\frac{Q_i}{R\left(T+\frac{1}{2}\Delta T\right)}\right]$$

$$\times\exp\left[-\frac{Q_f}{R(T+\Delta T)}\right],$$

反向跃迁的几率应为

$$\exp\left(-\frac{Q_f}{RT}\right)\exp\left[-\frac{Q_i}{R\left(T+\frac{1}{2}\Delta T\right)}\right]$$

$$\times\exp\left[-\frac{Q_0}{R(T+\Delta T)}\right].$$

所以在这两位置之间，原子不同方向的跃迁几率之比为

$$\exp\left(\frac{-Q_0+Q_f}{RT}\right)\exp\left[\frac{-Q_f+Q_0}{R(T+\Delta T)}\right].$$

当溶质流达到稳态的时候，其净值应该等于零．令 n_h 表示热端单位面积上溶质原子的数目，在冷端上的为 n_c，于是

$$\frac{n_h}{n_c}=\exp\left(\frac{-Q_0+Q_f}{RT}\right)\exp\left[\frac{Q_0-Q_f}{R(T+\Delta T)}\right]. \tag{10.107}$$

令 $n_h=n_c+\Delta n$，λ 为原始位置和终了位置之间的距离，于是

$$\frac{n_h}{n_c}=1+\frac{\Delta n}{n_c}\approx 1+\frac{\lambda}{n}\frac{dn}{dx}.$$

把式 (10.107) 右边指数项合并，那么

$$\frac{n_h}{n_c}=\exp\frac{(-Q_0+Q_f)\Delta T}{RT^2(1+\Delta T/T)}. \tag{10.108}$$

但 $\Delta T/T\ll 1$，所以可以把式 (10.108) 右边的指数展开并简化为

$$1+\frac{\lambda}{n}\frac{dn}{dx}=1+\frac{(Q_f-Q_0)\Delta T}{RT^2}=1+\frac{(Q_f-Q_0)\lambda}{RT^2}\frac{dT}{dx}. \tag{10.109}$$

从式 (10.109) 可以得到稳态时溶质的分布为

$$\frac{d\ln n}{dx} = -\frac{Q_0 - Q_f}{RT^2}\frac{dT}{dx}. \tag{10.110}$$

因为在稳态时，$J_1 = 0$，所以从式 (10.101) 可以得到

$$\frac{d\ln c_1}{dx} = -\frac{q_1^*}{RT^2}\frac{dT}{dx}. \tag{10.111}$$

比较式 (10.110) 和式 (10.111)，于是得到

$$q_1^* = Q_0 - Q_f. \tag{10.112}$$

既然 $Q = Q_0 + Q_i + Q_f$，所以 $q_1^* \leqslant Q$. 但 q_1^* 可以是这范围内的任一数值. 最常见的情况是扩散原子必需通过阻塞的道路而后到达比较开放的新位置，在这种情况下，Q 的大部分将消耗在扩散原子新旧位置之间，即 Q 差不多等于 Q_i，根据式 (10.112)，于是 q_1^* 基本上等于零；如果 Q 主要是用来使扩散原子产生足够强烈的振动以便到达鞍点，那么就有 $Q \approx Q_0$，且 $q_1^* \approx Q_0 \approx Q$，这时，溶质原子将趋向于集中在冷端. 对于单相 α-Fe-C 合金，$q_1^* \approx -23$ 千卡/摩尔，小于零，所以碳向热端集中，甚致出现碳化物.

到目前为止，人们已经研究了纯金属铜、金、钠、铅、锌等的热扩散，以及合金系统铊、银、铟在锌中，钴、锗、银、金在铜中，银、铊在金中，金在银中，氮、氢、氘在 α 铁中及在镍中的热扩散，得到不少的实验数据，并且发现氢、氘在 α 铁及在镍中扩散的 q_1^* 值和温度有关[38].

对 q_1^* 的解释，维尔兹模型是第一个提出来的模型，但后来有许多新的实验结果不能用这个模型来解释，所以一些工作者又提出了各种不同的看法，读者如有兴趣，可查阅文献[18]以及有关资料.

(b) 固体中的电解　如果把 Fe-C 合金加热使转变成奥氏体，然后通上直流电流，我们将发现碳就会向阴极流动. 与此相类似的现象很多，几乎在所有的合金系统中都会出现，但却不象液体电解质或离子晶体那么容易为人们所了解.

为了简便起见，我们考虑填隙式合金，其唯象处理和热扩散的情况完全相似，在这里，溶质流 J_1 是一样的，只是电荷流 J_e 取代

了热流 J_q，电位梯度 $(\partial\phi/\partial x)$ 取代了温度梯度 $(\partial T/\partial x)$，所以流量方程应为

$$J_1 = -M_{11}\frac{\partial\mu_1}{\partial x} - M_{1e}\frac{\partial\phi}{\partial x}, \tag{10.113}$$

$$J_e = -M_{e1}\frac{\partial\mu_1}{\partial x} - M_{ee}\frac{\partial\phi}{\partial x}, \tag{10.114}$$

和前面热扩散的情况相似，M_{ii} 为常数．如果电位梯度等于零，即 $\nabla\phi = 0$，则

$$q = \left(\frac{J_e}{J_1}\right)_{\nabla\phi=0} = \frac{M_{e1}}{M_{11}}. \tag{10.115}$$

因此，q 是电位梯度为零时，电荷流和溶质流的比值．根据昂萨格倒易关系，$M_{1e} = M_{e1}$，故式 (10.113) 可以写成

$$J_1 = -M_{11}(\nabla\mu_1 + q\nabla\phi). \tag{10.116}$$

从唯象的观点来看，电位梯度既然能够导致溶质流，那么溶质就一定是带电的．式 (10.116) 可以用来确定 q 值． 从原则上来说，我们可以建立一稳定态，而后从稳态浓度梯度测定 q 值；或者若扩散系数为已知，那么测出通过某一平面的溶质流之后，也就可以算出 q 值． 人们已经用后一类型的实验测得奥氏体中的碳为 $q = +3.7$ 电子单位．如果和离子晶体及液体电解质类比，人们可以说碳似乎以 +3.7 价在奥氏体中迁移．在大多数的碳化合物中，碳为 +4 价，从这一点来看是一致的． 人们还用同样的方法测出钯中的氢为 $q \approx 1$，铁中的氮为 $q \approx 7$．这两个数值都大略和这些元素在化合物中的价数相符合．但是如果严格地来考虑金属中溶质原子的价数是什么含义时，就会使人非常怀疑溶质原子在化合物中的价数和在金属中受到电流的推动的力之间会有什么简单的关系．过繁的理论在这里就不谈了，且看下面一些另外的实验结果：

对于纯贵金属，比如金和铜，可以认为金属的近自由电子论可以应用无疑的了．因此，这些金属的结构模型可以认为是带一个正电荷的离子浸在自由电子气之中． 扩散是通过空位机制进行

的，而电子气的运动可以忽略不计．人们可以说，离子具有一正电荷，空位具有一负电荷．根据这朴素的模型，应该得到金和铜原子均为 $q = +1$．但实验表明，金原子向正极移动，并测得其 q 值在 700℃ 时为 -9，在 1000℃ 时为 -6；而对于铜，在大约 950℃ 以下时，$q < 0$，在 950℃ 以上时，$q > 0$．这样的事实相当普遍，但还没有确切的解释．

§10.10 扩散和晶体内部结构的关系

(a) *扩散的各向异性* 既然扩散是原子在晶格结点或间隙位置间的迁移，因此，在各向异性的晶体里，扩散速率势必随晶轴的方向而变．这里只需列举几个例子就足以说明问题．

立方晶系的三个晶轴是等同的，所以我们可以期望在这三个方向的扩散速率也都相等．硅在铜单晶中和碳在铁中的扩散实验都证明了这一点．

锌是密集六角结构，在 380℃ 时，$a = 2.67$ 埃，$(c/a) = 1.89$，实验证明，在垂直于底面方向的自扩散比平行方向要难一些，它们的扩散系数如下式所示：

平行于底面：$D_{/\!/} = 0.13\exp(-21800/RT)$；

垂直于底面：$D_{\perp} = 0.58\exp(-24300/RT)$；

锡是四方晶系，$a = 5.819$埃，$c = 3.175$埃，这两个方向的扩散系数如下：

平行于基底：$D_{/\!/} = 4.2\exp(-24300/RT)$；

垂直于基底：$D_{\perp} = 4.4\exp(-25000/RT)$．

上面各式中指数的数字均以卡为单位．可以看到，在非等轴的晶体中，扩散率和方向有关．

(b) *晶界扩散和表面扩散* 对于多晶材料，扩散物质可以沿着三种不同的道路进行，即晶格扩散(或体扩散)，晶界扩散和样品自由表面扩散． 现在我们分别用 D_L，D_B 和 D_S 表示这三者的扩散系数．对于晶格扩散已经有了许多实验结果和推论，我们在前几节中已经讨论过了．但是对于晶界和表面扩散还研究得比较少，而在金属工艺中，晶界扩散却很重要，因为它对许多变化过程，例如扩散相变，晶粒长大所起的影响常常比晶格扩散还来得大。另一方面，研究晶界扩散和表面扩散也有助于我们了解晶界和自由表面的结构. 下面先用示意图来描述这三种扩散的情况。

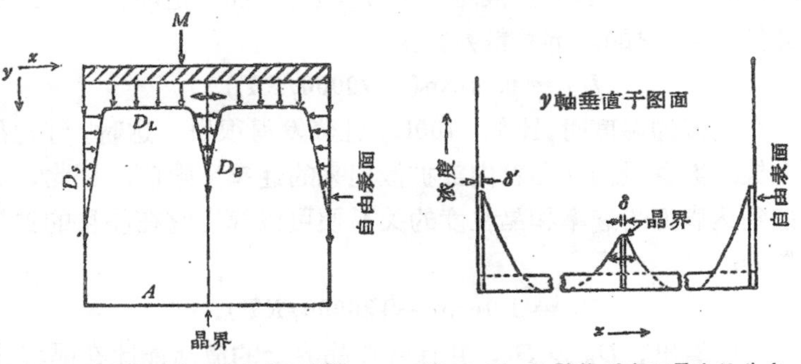

图 10.25 物质在双晶体中的扩散.　　图 10.26 扩散物质在双晶中的分布.

为了把问题简化一些，图 10.25 示出扩散物质 M 向双晶体内部扩散的情形，晶界垂直于扩散物质和双晶体的分界面。箭头表示扩散方向，箭头端点表示浓度差不多相等的区域。如果 $D_S>D_B>D_L$，那么物质 M 穿透到晶格中去的深度势必比晶界和沿表面都要小。大部分沿着晶界和表面扩散的物质将由于侧向扩散(沿 x 方向)而进入晶格中，经过一定的扩散时间之后，在距离原始表面为 y 处，物质 M 的浓度和 x 的关系如图 10.26 所示，图中 δ 和 δ' 分别表示晶界和表面的厚度. 下面举出一些实验结果，以阐明这个概念，并作进一步的讨论. 在数学上，目前还只是唯象上的推导，也还没有理论解释为什么 $D_S > D_B > D_L$，更不能说明大多少[5]。

(1) *晶界扩散*　晶界扩散效应首先是从钍在钍钨灯丝中的扩散现象发现的. 大家知道，单原子层的钍吸附在钨灯丝表面时，从表面发射的电子数将增加许多倍，这种性质本来是电子工业上的需要，但也可以用来测量钨灯丝表面被钍覆盖的百分数。如果钍在钨表面的扩散率很大，那么钨表面上钍的积聚率(在单位时间内被钍覆盖面积的增量) 应该正比于钍到达表面的速率和蒸发率的差值． 在温度范围 1900K 到 2000K 之间，当覆盖百分数还很小的时候，钍到达表面的速率远远超过它的蒸发率，因此，积聚率的数值可以表示钍从灯丝内部扩散到表面的速率．实验证明，如果钨丝的晶粒度变小，则钍到达表面的速率显著地上升．这个结果说明，钍主要是沿着晶界扩散而到达灯丝表面，而不是晶格扩散．经过计算，得到它的晶界扩散系数为

$$D_B = 0.74\exp(-90000/RT).$$

在更高的温度时，比如 2400K，钍蒸发得很快．这时，灯丝晶界上钍的数量受到从晶粒内部扩散出来的速率所限制．因此，测量钍到达表面的速率和晶粒度的关系便可以算出它在晶格的扩散系数 D_L

$$D_L = 1.0\exp(-120000/RT).$$

可以看出，$D_B \gg D_L$，并且钍在晶界上的激活能比在晶格上的也小许多．

图 10.27　675℃ 退火 260 小时，可以看到银沿着铜的晶界扩散．

厄赫特（M. R. Achter）和斯莫留乔符斯基的实验不但直接

证明了银在铜晶界的扩散比在晶格要快得多，并且证明了晶界扩散系数和相邻两晶粒的夹角有关：他们用铸造方法制成有织构的铜样品，[100]轴和织构轴平行，这样，两颗晶粒间的相对取向只要用一对垂直于织构轴的晶轴夹角 θ 来表示就够了． 把 Cu-Ag4% 合金焊接在织构轴的一端，使扩散方向和织构轴一致，即银的扩散方向和晶界平行．经过保温之后，把样品淬火，以使银保留在固溶体中．这时，如果把样品沿着织构轴切开，就可以看到银沿着晶界透进铜中的深度比较大，如图 10.27 所示． 他们并且定出银在晶界的扩散激活能只需 23000 卡/摩尔左右，而在晶格扩散则需要 38000 卡/摩尔．

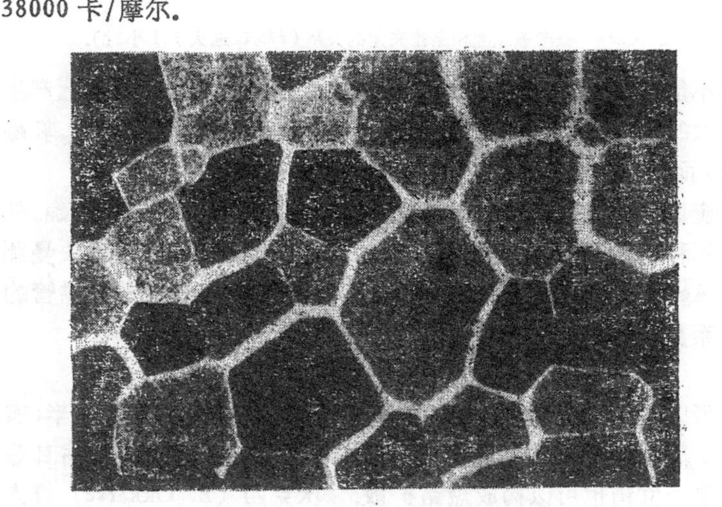

图 10.28　675℃ 退火 260 小时之后，可以看到晶界上有不等量的银．

如果把样品沿着垂直于织构轴的平面切开，并且经过适当的腐刻之后，可以看到各个晶界上的扩散区的宽度不相同（图 10.28），这就提示了银沿着各个晶界扩散的速率是有差别，在定出相邻两晶粒夹角 θ 和扩散渗透深度的关系之后，得出图 10.29．该图明显地示出，当 $\theta = 45^\circ$ 时，扩散最快，θ 小于 20° 和大于 70° 时，晶界扩散和晶格扩散相同．因此，厄赫特和斯莫留乔符斯基曾认为，当两晶粒间的夹角小于 20° 或大于 70° 时，晶界由许多各自近似独立的位错构成，因此扩散很慢．换句话说，他们认为，银原子沿着单个位错的扩散速率和在晶格中的扩散是一样的．随着夹角的增大，位错的密度也增加．在超过 20° 和小于70° 的范围内，

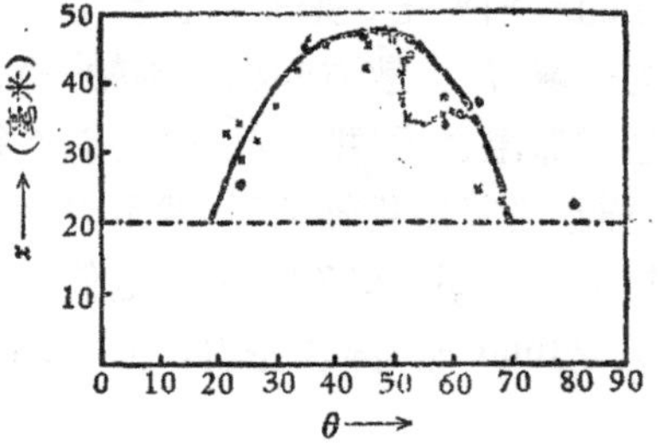

图 10.29　银渗透深度和晶粒夹角的关系（725℃ 退火 141 小时）.

人们不能把位错一个一个地区分出来．这时，相当于晶界上产生了很大的畸变，于是使扩散加速．图上凹陷的位置相当于孪晶(210) 面的夹角，孪晶晶界的能量较低，所以扩散也比较慢.

应该指出，厄赫特和斯莫留乔符斯基的实验可能不够精确，他们的解释不能令人完全满意：坦布耳 (D. Turnbull) 和霍夫曼测量了 Ag^{110} 在银双晶体晶界中的自扩散系数后，求得沿着位错管的扩散系数为

$$D_p = 0.14\exp[-19700/RT]$$

可以看出，沿着位错管的扩散激活能不到晶格扩散的一半（表 10.9）．D_p 的数值和晶界夹角也没有什么关系．因此，坦布耳等认为单个位错也可以构成短路扩散．沃克西 (B. Okkarse) 等人用铅双晶体做了相仿的实验，并且也得到类似的结论．这些见解都和厄赫特等的相反.

还应该提起的是，晶界扩散也有各向异性的性质．根据晶界的位错模型，这种性质是可以预料到的．显然，沿着位错管的扩散速率和在垂直方向的不会相同．霍夫曼[39]测量了银的晶界自扩散之后，证明当晶粒的夹角很小时，晶界扩散的各向异性现象很显著，并且一直到夹角大到 45° 时，这性质仍然存在．后来寇林 (S. R. L. Couling) 和斯莫留乔符斯基[40] 测量了银在铜晶界扩散

后，也发现晶界扩散的各向异性现象.

(2) *表面扩散* 实验结果表明，金属原子在晶体表面迁移的速率很大，并且在某些情况下已定量地估计了它的表面扩散系数 D_S 和激活能，证明表面扩散激活能比晶界及晶格扩散激活能小得多. 下面举出两个例子来说明这些事实:

尼克逊 (R. A. Nickerson) 和帕克把同位素银镀在一束银丝上的一端，然后把它们分别在 225℃ 和 350℃ 之间不同的温度中退火 1—2 小时，经过这样的扩散处理之后，用计数器测出同位素银在银丝表面的分布，他们得到银的表面自扩散系数为

$$D_S = 0.16\exp(-10300/RT).$$

虽然这个结果不很准确，一方面是因为他们忽视了垂直于表面方向的扩散，另一方面是他们的数据相当分散，以致激活能可能有 ±3000 卡/摩尔的误差. 但是还是能够看出表面扩散最容易，所以是有一定的意义的.

上面已经说过，当钨灯丝表面覆盖了一单原子层的钍之后，电子发射率可以增加许多倍. 因此，如果把钍镀在钨丝某一端的表面上，而后测量另一端电子发射率的增加，我们就可以决定钍在钨表面的扩散速率. 布腊坦 (W. H. Bratain) 和贝克 (J. A. Becker) 做了这样的实验，测量温度为 1500—1700 K，在这个范围内，钍从晶界和晶格透进钨丝内部的数量可以忽略不计，结果得到

表 10.9 晶格、晶界和表面扩散的 D_0 和 Q 值的比较[14]

扩散形式	银自扩散		钍在钨中的扩散	
	D_0(厘米²/秒)	Q(千卡/摩尔)	D_0(厘米²/秒)	Q(千卡/摩尔)
晶格扩散	0.40[1)]	44.1[1)]	1.0	120
晶界扩散	0.025	20.2	0.74	90
表面扩散	0.16	10.3	0.47	66.4

1) 此二数值已按较新的结果加以修改.

$$D_S = 0.47\exp(-66400/RT).$$

表 10.9 列举了银(自扩散)和钍(在钨中)各种扩散的 D_0 和 Q

值. 从这些数据可以明显地看到,表面扩散所需的激活能最低,其次是晶界扩散,而晶格扩散激活能最大.

最后还应指出,和晶界扩散相仿,表面扩散也有各向异性的现象,怀恩加特 (W. C. Winegard)[41] 测量了银的表面自扩散之后,发现当表面和晶面 {110} 平行时,⟨110⟩ 方向的扩散比 ⟨100⟩ 方向快,但是当表面和 {100} 或 {111} 平行时,则没有这样的现象.

§ 10.11 快扩散[16]

已经相当确定, 在大多数的面心立方金属以及许多体心立方金属中, 溶剂原子以及杂质原子的自扩散主要是依靠空位机制, 并且它们的扩散率之比很少超过 10—20 倍. 这可能是由于在金属中对点电荷的屏蔽效率很高,使得杂质-空位的结合能, 和形成一个空位所需的形成能比较; 这是一个相对地小的数值的缘故.

另一种情况是在某些系统中, 杂质的自扩散率比溶剂的大好几个数量级, 这种扩散称为快扩散. 金在铅中的扩散是研究得最早(开始于十九世纪末)的快扩散, 它在铅中的扩散激活能只有 10 千卡/摩尔左右. 随浓度不同, 扩散率比铅自扩散快 10^4—10^6 倍.

铜和银在铅中也是快扩散杂质,但金的扩散系数比银的大,比铜的小.

二价镉和汞在铅中的扩散比贵金属慢得多,但和铅比,自扩散率要高 1—2 个数量级,激活能少 10—20%. 和贵金属不同之处还在于它们溶入铅之后,明显地加速铅的自扩散率,这个事实被认为是交换机制扩散的一个论据.

一些贵金属(如铜和金以及过渡金属锂)在半导体锗和硅中也是快扩散杂质,比如在 700℃ 时,铜在锗中的自扩散比锗的自扩散大 10^9 倍,铜在许多化合物半导体中也是快扩散杂质.

产生快扩散的条件还不大清楚, 但有些情况值得注意: 快扩散常常是依靠填隙原子扩散,而按照海格的经验定则,只有当杂质和溶剂原子的维格纳-塞兹半径比小于 0.59 时, 才可能有较多的填隙原子,但是在快扩散系统中,这比值却在 0.62—0.93 之间. 所以一个必要、但并不充分的条件是当把杂质原子放入溶剂中最大的间隙时，没有离子和离子的重叠．

另外，价数低的杂质常常要比高的扩散得快，比如在铅中，金(正一价)比汞(正二价)扩散得快．但也不尽然，钠(正一价)在铅中却是正常扩散．

离子的极化率也是人们考虑的因素，因为它和填隙式溶解度有关．金和银都是正一价，并且维格纳-塞兹半径也差不多，但金离子的极化率比银离子高，结果在铅中金的扩散率比银的大．

快扩散不是晶界或者位错的短路扩散效应．实验已经肯定，金在铅单晶和在多晶铅中的扩散率相同，并且在铅单晶中引入位错（6×10^6 个位错/厘米^2）后，扩散率也不怎么加速．这是一个很明显的例子．

如果根据空位机制计算杂质扩散激活能和溶剂扩散激活能之差，人们将得到这样的结论：在多价的溶剂中，单价和二价原子的扩散率比溶剂的慢．这是和观察结果相反的，所以快扩散不可能是空位机制的扩散．

快扩散机制和合金系统、甚至与温度都有关系．和镉及汞在铅中的扩散不同，金在铅中并不加速铅的自扩散，因此不可能是交换机制．特纳（T. J. Turner）采用哑铃机制[1]作了解释：当金浓度较高，温度较低时，形成 Au-Au 哑铃，扩散比较慢，浓度较低，温度较高时，形成 Au-Pb 哑铃，扩散就快．当然也可能还有另外的机制起作用．银、铜在铅中的扩散和金甚为相似．

铜在锗中的扩散很有趣：它在锗中有替代式和填隙式两种形式的原子同时存在，并且当温度一定时，它们之间保持一定的平衡比值．间隙扩散是快扩散，但是当填隙原子遇上空位并被捕获时，快扩散也就停止．因此，如果锗单晶很完整，只有少量孤立的位错，那么距离位错区域远的铜原子常常以填隙式原子存在或扩散，成为施主，而在位错周围的铜原子则往往被位错放出来的空位

---

1) 特纳称它 diplon 机制，如图 10.10 所示．

捕获而成为受主.

§ 10.12 一些半经验规律

测量各种金属在某一溶剂中的扩散率，试图找出扩散系统中组元的性质和扩散率的联系，已经作了许多研究，虽然还不能从已有的测量数据中作出带有普遍性的结论，但可以粗略地说，和某一溶剂金属形成合金的元素，如果它和溶剂的差别越大，则扩散率也越大. 这里所谓差别是用溶解度、在周期表上的相对位置、熔点以及原子大小等等来衡量.

常常（虽然不完全如此）在某溶剂中溶解度小的溶质扩散较快，自扩散及能形成连续固溶体的溶质扩散就较慢. 表 10.10 列举了一些金属在银中扩散的数据作为例子，以说明原子半径、溶解

表 10.10 一些金属在银中的扩散

金属	Sb	Sn	In	Cd	Au	Ag
D（厘米²/秒）（在 1000K）	7.8×10^{-10}	6.4×10^{-10}	5.5×10^{-10}	3.4×10^{-10}	2.95×10^{-11}	9.2×10^{-11}
Q（千卡/摩尔）	38.3	39.3	40.6	41.7	45.5	44.1
溶质最大溶解度（原子%）	5	12	19	42	100	100
原子半径[1]	1.614	1.582	1.569	1.521	1.44	1.44

1）哥耳什密特值.

度和扩散激活能、扩散系数的关系. 从表中还可以看到，在周期表上溶质元素距它们共同溶剂越远，则扩散率也越大. 铅中的扩散亦复如此.

溶剂原子和溶质原子半径越接近，则溶质的扩散系数越小，不过这特性还不很有规律，在银基和铜基合金中，溶质原子的尺寸增加，扩散率亦增加（参阅表 10.10），而铅基合金和金基合金却恰好相反.

不管扩散过程怎样，扩散原子总是首先要脱离它在晶格中的平衡位置. 因此，很自然地令人试图寻找扩散率及激活能和材料

表 10.11 纯金属中的自扩散[8]

金属	T_mK	Q/E	实验值		计算值		
			D_0 厘米²/秒	Q千千卡/摩尔	$D_{02}^{1)}$ 厘米²/秒	$32T_m$ 千卡/摩尔	$16.5L_m$ 千卡/摩尔
Ag	1234	0.65	0.40	44.1	0.63	39.5	44.8
Au	1336	0.46	0.091	41.7	0.084	42.8	50.0
$Cd_{\parallel}$	594	—	0.05	12.8	0.03	19.0	25.3
⊥		—	0.10	19.7	0.13	19.0	25.3
Co	1768	—	0.83	67.7	—	56.2	60.8
Cu	1356	0.58	0.20	47.1	0.24	43.3	50.9
Ge	1232	—	7.8	68.5	0.27	39.4	122
α-Fe	1800	0.63	5.8	59.7	8.7	57.8	59.6
γ-Fe		0.72	0.58	67.9	—	—	—
$Mg_{\parallel}$	923	—	1.0	32.2	0.12	29.5	36.5
⊥		—	1.5	32.5	0.26	29.5	36.5
Na	370.8	—	0.24	10.5	—	11.9	10.5
Ni	1728	—	1.3	66.8	9.3	55.2	69.6
Pb	600	0.51	0.28	24.2	1.1	19.2	19.5
$Sn_{\parallel}$	504.9	—	4.2	24.3	—	16.1	27.4
⊥		—	4.4	25.0	—	16.1	27.4
$Tl_{\parallel}$	576	—	0.40	22.9	—	18.4	17.0
⊥		—	0.40	22.6	—	18.4	17.0
$Zn_{\parallel}$	693	0.8	0.13	21.8	0.05	22.2	26.4
⊥		0.88	0.58	24.3	0.25	22.2	26.4

1) D_{02} 是式(10.119)计算值.

的熔点或升华能的联系，因为这些量能度量原子离开晶格坐位所需的功. 对于自扩散，金属的熔点 T_m 越高，它的扩散激活能也越大. 范利姆特 (J. Van Liempt) 提议激活能和熔点的关系可以用下式表示:

$$Q = 32T_m. \tag{10.117}$$

激活能和升华能 E 也差不多成正比的关系(见表 10.11 中的 Q/E 栏).

纳赫特里布等提出，激活能和熔融潜热 L_m 的关系为[24]

$$Q = 16.5L_m. \tag{10.118}$$

上式的计算值和实验结果大体相接近，如表(10.11)所示. 激活能和熔化潜热都是使原子离开其平衡位置所需的能量，它们之间应该有一定的联系. 为了说明为什么前者是后者的 16.5 倍之多，纳赫特里布等考虑了空位扩散的情况，认为空位周围大约有十来个原子处于熔化状态，所以吸收了较多能量. 应该指出，使用宏观的熔化概念来描述十几个原子所处的状态是不恰当的，亨丁顿等计算空位形成能时所采用的微观图象可能比较合理（参看 § 10.5 及 § 6.1）。

曾讷和韦特（C. Wert）指出激活能和频率因子 D_0 可以用下式联系起来：

$$D_0 = \gamma a^2 \nu \exp(\lambda \beta Q / T_m), \tag{10.119}$$

式中 γ 是一数值因子，对于面心立方金属而言，其数量级为一；a 是晶格参数；ν 为德拜频率；λ 为一经验常数，对于密集结构为 0.55，对于体心立方金属为一；$\beta = d\ln\eta / d(T/T_m)$；$\eta$ 为切变模量；T_m 是熔点. 表 10.11 列举了一些计算值和实验值的比较。

附录 10-I 式 (10.47) 的证明

令在时间 $t=0$ 的时候，一定质量的溶质集中在 $r=0$ 处，这些溶质可以在三维介质中扩散，经时间 t 以后，在 r 处的溶质浓度 $c(r,t)$ 可以通过求解球坐标方程式 (10.9) 得到，其结果为

$$c(r,t) = \frac{r}{t^{3/2}} \exp\left(-\frac{r^2}{4Dt}\right), \tag{10.120}$$

式中 r 为一常数. 于是在 r 和 $(r+dr)$ 之间找到一个溶质原子的概率 $P(r)$ dr 应为

$$P(r)dr = \frac{\frac{r}{t^{3/2}}\exp\left(-\frac{r^2}{4Dt}\right)\cdot 4\pi r^2 dr}{\int_0^\infty \frac{r}{t^{3/2}}\exp\left(-\frac{r^2}{4Dt}\right)\cdot 4\pi r^2 dr}$$

$$= \frac{r^2\exp\left(-\frac{r^2}{4Dt}\right)dr}{(4Dt)^{3/2}\int_0^\infty \exp\left(-\frac{r^2}{4Dt}\right)\cdot\left(\frac{r^2}{4Dt}\right)d\left(\frac{r}{\sqrt{4Dt}}\right)}$$

$$= \frac{4r^2}{\sqrt{\pi}(4Dt)^{3/2}} \exp\left(-\frac{r^2}{4Dt}\right) dr.$$

于是 r 平方的平均值为

$$\overline{r^2} = \int_0^\infty r^2 P(r) dr = \int_0^\infty \frac{4r^4}{\sqrt{\pi}(4Dt)^{3/2}} \exp\left(-\frac{r^2}{4Dt}\right) dr$$

$$= \frac{4}{\sqrt{\pi}} \cdot (4Dt) \int_0^\infty \frac{r^4}{(4Dt)^2} \exp\left(-\frac{r^2}{4Dt}\right) d\left(\frac{r}{\sqrt{4Dt}}\right)$$

$$= 6Dt. \qquad (10.121)$$

因为 r 是一个原子跳动 n 步，每步长为 S 后的位移，所以由式(10.71)得到

$$\overline{r^2} = nS^2,$$

于是

$$nS^2 = 6Dt,$$

所以

$$D = \frac{1}{6}\frac{n}{t}S^2 = \frac{1}{6}\Gamma S^2. \qquad (10.47)$$

式中

$$\Gamma = n/t.$$

附录 10-II 达肯公式的推导

考虑扩散系统由 i，j 两种原子构成，金属对的分界面和扩散方向 x 垂直．当扩散的时候，系统某一处 x 的包含物相对于晶格坐标的移动速度为 v，那么在单位时间内，通过垂直并且固定于 x 轴的平面单位面积的 i 原子数目为

$$(\Delta n_i)_x = -D_i \frac{\partial n_i}{\partial x} + n_i v,$$

式中 n_i 是单位体积内 i 原子的数目．通过 $(x + dx)$ 处平面的数目为

$$(\Delta n_i)_{x+dx} = -\left(D_i \frac{\partial n_i}{\partial x} - n_i v\right) + \frac{\partial}{\partial x}\left[-\left(D_i \frac{\partial n_i}{\partial x} - n_i v\right)\right] dx,$$

于是在 x 处，单位体积内 i 原子数目的变化速率为

$$\frac{\partial n_i}{\partial t} = \frac{\partial}{\partial x}\left(D_i \frac{\partial n_i}{\partial x} - n_i v\right). \qquad (10.122)$$

同理可以求出，在 x 处 j 原子数目的变化速率为

$$\frac{\partial n_j}{\partial t} = \frac{\partial}{\partial x}\left(D_j \frac{\partial n_j}{\partial x} - n_j v\right), \qquad (10.123)$$

把式（10.122）和式（10.123）相加，由于 $n_i + n_j =$ 常数，所以

$$\frac{\partial}{\partial x}\left[D_i \frac{\partial n_i}{\partial x} + D_j \frac{\partial n_j}{\partial x} - v(n_i + n_j)\right] = 0.$$

对 x 积分后得到

$$D_i \frac{\partial n_i}{\partial x} + D_j \frac{\partial n_j}{\partial x} - v(n_i + n_j) = \phi(t). \qquad (10.124)$$

由于扩散区域比样品小得多，所以对任何时间都可以应用下面边界条件：在 $x = 0$ 的地方（即距分界面的远处），$v = 0$ 和 $\frac{\partial n_i}{\partial x} = \frac{\partial n_j}{\partial x} = 0$，因此得到 $\phi(t) = 0$。从式（10.124）可解出 v，即

$$v = \frac{1}{n_i + n_j}\left(D_i \frac{\partial n_i}{\partial x} + D_j \frac{\partial n_j}{\partial x}\right) = (D_i - D_j)\frac{\partial c_i}{\partial x}. \qquad (10.125)$$

按定义，式中 $c_i = n_i/(n_i + n_j)$，且 $c_j = n_j/(n_i + n_j) = 1 - c_i$，这就是正文中的式（10.87）。

把式（10.125）代入式（10.122），并把 n_i 转换为 c_i，$(1 - c_i)$ 转换为 c_j，我们得到

$$\frac{\partial c_i}{\partial t} = \frac{\partial}{\partial x}\left(D_i \frac{\partial c_i}{\partial x} - c_i D_i \frac{\partial c_i}{\partial x} + c_i D_j \frac{\partial c_i}{\partial x}\right)$$

$$= \frac{\partial}{\partial x}\left[(c_i D_j + c_j D_i)\frac{\partial c_i}{\partial x}\right]. \qquad (10.126)$$

令

$$\widetilde{D} = c_i D_j + c_j D_i,$$

于是式（10.126）可以写成

$$\frac{\partial c_i}{\partial t} = \frac{\partial}{\partial x}\left(\widetilde{D}\frac{\partial c_i}{\partial x}\right),$$

这就是正文中的式（10.88）。

第十一章　几个和扩散有关的实际问题

I　金属的氧化

提高金属材料的抗氧化腐蚀性能，历来是生活上，工业上，尤其化学工业上的迫切要求，所以人们就不得不对这些化学反应的机制进行研究．氧化腐蚀可以在空气中，室温下发生，在高温高压下，在某些其他气氛中，反应往往更加迅速，比如燃气轮机、喷气发动机以及蒸汽锅炉等都遇上这类问题，如果不采取适当措施，部件就会经常损坏，机器要经常修理，经济上的损失是很大的．对于多种元素的合金在多种成分气氛中受到氧化或腐蚀的问题是很复杂的问题，基本上只能根据积累的经验来进行改进．作为基础研究，这里，我们只介绍一些固体纯金属和氧或氧化气体(例如硫或卤族元素)的作用．这个问题已经很不简单了，因为在很多情况下，作用产物在金属表面形成一层致密的氧化物，使作用物被分隔开来，这时，只有作用物质能靠扩散来通过这层氧化物之后，氧化才能继续进行．因此，要了解氧化问题，我们必须研究氧化层的结构以及原子、离子及电子在氧化层中的扩散．从电性测量、电化学以及扩散的实验中已得到证明：带正电的金属离子、带负电的非金属离子和电子都可以在氧化物中运动，但是各种粒子的迁移率则不相同，在大多数情况下，非金属离子的迁移率要小几个数量级，而电中性的原子或分子的迁移率很小，可以忽略不计．粒子的运动有两个极端的情况：　或者是带正电的金属离子和电子以同一方向从金属-氧化物界面向外表迁移(图 11.1 (a))；或者是带负电的非金属离子向内迁移而电子向外迁移(图 11.1 (b))．使粒子运动的驱动力有二：一是浓度梯度，显而易见，在靠近金属的氧化层中，金属离子浓度总要大一些，于是形成浓度梯度；另一驱动力是氧化层中的电场，电场是这样形成的：首先是金属的自由电子由于热发射或者隧道效应而脱离金属，并且由于它们的迁移率很大，所以很快就通过氧化层到达表面和氧结合（它们之间有很大的亲和力），使氧以负离子状态吸附在氧化层表面，构成一层负电荷，而金属正离子则由于迁移率小得多，虽然溶在氧化物中，但滞留在金属-氧化层界面附近，形成一层正电荷．象平板电容器那样，这两者之间就产生了电场．

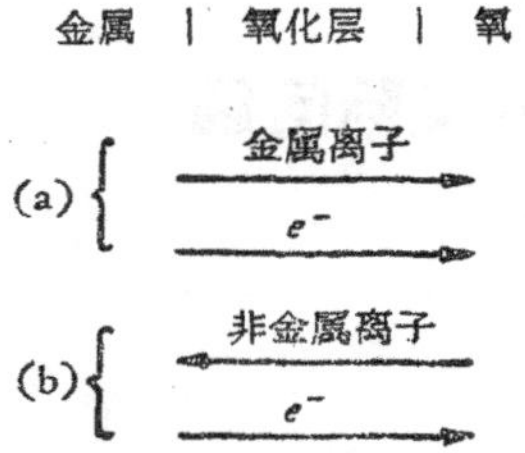

金属 | 氧化层 | 氧

(a) 金属离子 e^-

(b) 非金属离子 e^-

图 11.1 各种粒子在氧化层中的迁移．

有些时候，界面反应是氧化速率的决定因素，但是在绝大多数的情况下，离子或电子的迁移控制着氧化速率．

我们常常把氧化过程分为两类：即厚氧化层和薄氧化层的氧化过程．如果在氧化层的边界上已经达到热力学平衡，在这两边界上，作用物的浓度或活度和时间无关，则氧化层厚时，氧化速率（dx/dt）反比于层的厚度x，即

$$\frac{dx}{dt}=\frac{A}{x},$$

这里假设 x 坐标轴和氧化层垂直，原点在金属-氧化层界面上，A 为比例常数，其大小和氧化条件有关．对上式进行积分

$$\int_0^X x\,dx=\int_0^t A\,dt,$$

于是得到

$$X^2=2At, \tag{11.1}$$

式中 X 是氧化进行时间 t 之后氧化层的厚度．这就是氧化的抛物线定律，即氧化层厚度和氧化时间成抛物线关系[1]．下面即将讨论的瓦格纳（C. Wagner）理论属于这一情况．所谓薄氧化层是指

1) 在靠近金属的氧化层中，带正电荷的粒子数目和带负电的并不相等，因此出现空间电荷．只有当整个氧化层比空间电荷层厚得多时，抛物线定律才有可能成立．

氧化层薄到这样的程度，以致电场是这样强，使得离子的迁移率不与电场强度成正比，亦即氧化速率不反比于氧化层厚度。莫特证明，在这种情况下，随着氧化层厚度的增加，氧化速率的降低比抛物线定律的要快得多，这问题将在 § 11.2 中讨论。此外，在某些情况下，也可能出现立方定律，$X^3 \propto t$，或者线性关系，$X \propto t$，这些内容在此就不一一介绍了。

§ 11.1 瓦格纳氧化理论[42-45]

长期以来，人们对金属的氧化规律的认识，基本上是从经验得来的·瓦格纳于 1933 年发表了金属在高温时的氧化理论之后，早期的氧化实验才得到解释，并且部分地进行定量计算，更重要的是根据这个理论，人们可以设计一些新的实验，从而使反应机制得到进一步的阐明。他考虑高温氧化时，界面反应是够快的，这时，粒子的迁移是控制氧化速率的因素，所以描述氧化的公式将用氧化物自由能、导电率和离子及电子输送数目来表示。假定离子和电子在氧化物中可以相互独立运动，不受空间电荷层的影响，我们得到某一 i 型粒子（某种离子或电子）在 x 方向的漂移速度（厘米/秒）为

$$v_i = -B_i\left(\frac{1}{N}\frac{d\mu_i}{dx} + z_i e\frac{d\phi}{dx}\right), \tag{11.2}$$

式中 B_i 是 i 型粒子的迁移率（厘米/秒），N 是阿伏伽德罗常数，e 为电子电荷，ϕ 为局部电势，均为静电单位，z_i 是这种粒子的价数，μ_i 是化学势（尔格/摩尔）。令 $\dot{n}_i/A$ 表示 i 型粒子在单位时间内通过氧化层单位面积（厘米²）的摩尔数（$\dot{n}_i = dn_i/dt$，A 是氧化层的总面积），那么

$$\frac{\dot{n}_i}{A} = c_i v_i = -B_i c_i\left(\frac{1}{N}\frac{d\mu_i}{dx} + z_i e\frac{d\phi}{dx}\right), \tag{11.3}$$

式中 c_i 是 i 型粒子的浓度，其单位为（克当量/厘米³）。如果直接测量 B_i 比较困难，我们可以引入这些粒子（离子和电子）运动所导致的电流 I（安培）和氧化物的导电率 κ（欧⁻¹厘米⁻¹）来消去它。上

式中的电场强度 $(d\phi/dx)$ 为静电单位，乘以 300 后变为实用单位伏特，故

$$I = A\kappa 300 \left|\frac{d\phi}{dx}\right|. \tag{11.4}$$

在电解质中，$(d\mu/dx)=0$ 时，式 (11.3) 仍然成立，因此 i 型粒子的输送数为

$$\frac{\dot{n}_i}{A} = B_i c_i |z_i| e \left|\frac{d\phi}{dx}\right|. \tag{11.5}$$

在这里，$(d\phi/dx)$ 已取绝对值，所以式中右边没有负号．式 (11.4) 中 I 是单位时间（秒）内总的电量输送量（库仑），所以 $I/96500$ 是粒子输送的克当量数．导致电流 I 的粒子不全是 i 型的，设它所占百分数为 t_i，从式 (11.4) 可以得到

$$\frac{\dot{n}_i}{A} = t_i \frac{I/A}{96500} = \frac{300}{96500} \cdot t_i \cdot \kappa \left|\frac{d\phi}{dx}\right|. \tag{11.6}$$

比较式 (11.5) 和式 (11.6)

$$B_i c_i = \frac{300}{96500} \cdot \frac{t_i \kappa}{|z_i| e}. \tag{11.7}$$

把上式代入式 (11.3)，于是得到

$$\frac{\dot{n}_i}{A} = \frac{300}{96500} \cdot \frac{t_i \kappa}{|z_i| eN} \left(-\frac{d\mu_i}{dx} - z_i eN \frac{d\phi}{dx}\right). \tag{11.8}$$

考虑到离子、电子以及电中性原子间的化学平衡，并且应用吉布斯-杜埃姆关系式，最后可以推出氧化速率公式为（附录 11-I）

$$\left.\begin{aligned} \frac{\dot{n}_{eq}}{A} &= \left[\frac{300}{96500} \cdot \frac{1}{eN} \int_{\mu_{Me}^{(a)}}^{\mu_{Me}^{(i)}} (t_1 + t_2)\, t_3 \kappa \frac{d\mu_{Me}}{|z_1|}\right] \cdot \frac{1}{x} \\ &= \left[\frac{300}{96500} \cdot \frac{1}{eN} \int_{\mu_x^{(i)}}^{\mu_x^{(a)}} (t_1 + t_2)\, t_3 \kappa \frac{d\mu_x}{|z_2|}\right] \cdot \frac{1}{x} \\ &= k_r \frac{1}{x}, \end{aligned}\right\} \tag{11.9}$$

式中 t_1, t_2 和 t_3 分别代表运动粒子中金属离子、非金属离子和电子所占的百分数，z_1 和 z_2 分别代表金属离子和非金属离子的价数，而 $\mu_{Me}^{(a)}$ 和 $\mu_{Me}^{(i)}$（$\mu_x^{(a)}$ 和 $\mu_x^{(i)}$）则分别代表金属（非金属）原子在氧化

层外层(标以 a)和内层(标以 i)的化学势，x 是氧化层在时间 t 时的厚度，k_r 是方括号中的数值，称为氧化速率常数，$(\dot{n}_{eq}/A)$ 是金属离子向外，非金属离子向内的流动率，以克当量/(厘米^2 · 秒)为单位，它和氧化速率 (dx/dt) 成正比．因为 $(\dot{n}_{eq}/A)$ 和 x 成反比，所以式(11.9)表示氧化速率遵从抛物线定律．

下面把氧化物分为电子导电氧化物和离子导电氧化物两大类来考虑：

(a) *电子导电氧化物*　对于这类氧化物，$t_3 \approx 1$，故令 $\kappa(t_1+t_2)=\kappa_I$，κ_I 表示氧化物的离子导电率．有下列三种情况：

(1) κ_I 和 μ_{Me} 无关，那么

$$\left.\begin{aligned} k_r &= \frac{300}{96500}\cdot\frac{1}{eN}\cdot\kappa_I\cdot\frac{1}{|z_1|}\left(\mu_{Me}^{(i)}-\mu_{Me}^{(a)}\right) \\ &= \frac{300}{96500}\cdot\frac{1}{eN}\cdot\kappa_I\cdot\frac{1}{|z_2|}\left(\mu_x^{(a)}-\mu_x^{(i)}\right) \\ &= \frac{300}{96500}\cdot\frac{1}{eN}\cdot\kappa_I\cdot\frac{RT}{|z_2|}\ln\frac{p_x^{(a)}}{p_x^{(i)}}. \end{aligned}\right\} \quad (11.10)$$

最后一等式利用了 $d\mu_x = RTd\ln p_x$ 关系式．$p_x^{(a)}$ 是氧化层中外层的氧化气体的部分压强，$p_x^{(i)}$是内层的平衡压强，银之硫化属此一类型．银和液态硫接触形成 α-Ag_2S 后，硫离子占领晶格结点位置，而银离子的分布则甚为混乱，所以它们在 α-Ag_2S 中的迁移率很大，在 220℃ 时，k_r 的计算值为 2—4×10^{-6} 克当量/(厘米 · 秒)，而观察值为 1.6×10^{-6}．这两个数值相当符合．

(2) κ_I 随氧化气体部分压强 p_x 之增加而增加：假定它的变化和 $p_x^{1/m}$ 成正比，即 $\kappa_I \propto p_x^{1/m}$，或 $\kappa_I = \kappa_{I(p_x=1)}p_x^{1/m}$，$m$ 为一整数，它的数值和质量作用定律的指数有关，$\kappa_{I(p_x=1)}$ 是当 $p_x = 1$ 时的离子导电率，在这情况下，

$$k_r = \frac{300}{96500}\,k_{I(p_{O_2}=1)}\cdot\frac{mRT}{eN|z_1|}\left(\sqrt[m]{p_x^{(a)}}-\sqrt[m]{p_x^{(i)}}\right). \quad (11.11a)$$

铜氧化成 Cu_2O 的过程属此类型，因为氧化过程中，铜离子通过空位(铜离子空位)向氧化层表面扩散的快慢控制着氧化速率，Cu_2O 是欠缺半导体，和氧保持平衡时，铜离子空位浓度随氧之压

强上升而增加，所以氧化速率也应该随之加速，实验结果为[1)]

$$\frac{\dot{n}_{eq}}{A}=\left[\frac{300}{96500}\kappa_{\mathrm{Cu}(p_{O_2}=1)}\cdot\frac{7}{4}\cdot\frac{RT}{eN}\left(\sqrt[7]{p_{O_2}^{(a)}}-\sqrt[7]{p_{O_2}^{(i)}}\right)\right]\frac{1}{x}. \tag{11.11b}$$

k_r 的计算值和观察值列于表 11.1，可以看出，两者甚为一致。虽然观察结果为 $m=7$，而按质量作用定律所得到的理论值应为 $m=8$，但是相差还不算远。

表 11.1 铜在 1000℃ 形成氧化亚铜时 k_r 的计算值和观察值的比较[43]

氧压强（大气压）	氧化速率常数 k_r [克当量/(厘米·秒)]	
	计算值	观察值
8.3×10^{-2}	6.6×10^{-9}	6.2×10^{-9}
1.5×10^{-2}	4.8×10^{-9}	4.5×10^{-9}
2.3×10^{-3}	3.4×10^{-9}	3.1×10^{-9}
3.0×10^{-4}	2.1×10^{-9}	2.2×10^{-9}

(3) κ_I 随氧化气体压强 p_x 之上升而下降：假定它的变化和 $p_x^{-1/m}$ 成正比，即 $\kappa_I\propto p_x^{-1/m}$，或 $\kappa_I=\kappa_{I(p_x=1)}p_x^{-1/m}$，在这情况下，则

$$k_r=\frac{300}{96500}\cdot\kappa_{I(p_x=1)}\frac{mRT}{eN|z_2|}\left(\sqrt[m]{\frac{1}{p_x^{(i)}}}-\sqrt[m]{\frac{1}{p_x^{(a)}}}\right). \tag{11.12a}$$

对于锌的氧化，大体上是

$$\frac{\dot{n}_{eq}}{A}=\left[\frac{300}{96500}\kappa_{\mathrm{Zn}(P_{O_2}=1)}\frac{RT}{eN}\left(\sqrt[4]{\frac{1}{p_x^{(i)}}}-\sqrt[4]{\frac{1}{p_x^{(a)}}}\right)\right]\frac{1}{x}. \tag{11.12b}$$

锌在氧化过程中，锌离子以填隙形式溶解在氧化锌中，在锌-氧化锌界面附近的浓度比外层的高，它们以间隙机制向氧化物表层扩散的快慢决定着氧化速率。氧化锌是过剩半导体，和锌保持平衡而不是和氧保持平衡，因此氧化速率似乎不应和压强有关，但实验证明不是如此。豪菲 (K. Hauffe) 还发现，氧化层厚度和时

1) 请注意，这里 $\mu_x=\frac{1}{2}\mu_{O_2}=\frac{1}{2}RT\ln P_{O_2}$.

间的关系也并不是严格遵从抛物线定律，他认为这一偏差可能和边界效应有关[45].

(b) *离子导电氧化物* 在这类氧化物中，$(t_1+t_2)\approx 1$，故令 $t_3\kappa \approx \kappa_{e^-}$，$\kappa_{e^-}$是氧化物的电子导电率. 同样可以得到与上述[(1)—(3)]的三种相似的情况.

瓦格纳还推导了用自扩散系数来表示氧化速率的公式[44]，结果(附录 11-II)

$$\left.\begin{aligned} k_r &= c_{eq}\int_{a_x^{(i)}}^{a_x^{(a)}}\left(\frac{z_1}{|z_2|}D_1^* + D_2^*\right)d\ln a_x \\ &= c_{eq}\int_{a_{Me}^{(a)}}^{a_{Me}^{(i)}}\left(D_1^* + \frac{|z_2|}{z_1}D_2^*\right)d\ln a_{Me}, \end{aligned}\right\} \quad (11.13)$$

式中 $c_{eq}=z_1c_1=|z_2|c_2$，是金属或非金属离子浓度，以(克当量/厘米^3)来表示，D_1^* 和 D_2^* 分别代表这两种离子在氧化层中的自扩散系数，在许多情况下，可以采用放射性同位素来测定，a_{Me} 和 a_x 分别代表它们的活度，同上面一样，(a) 表示在氧化物外层的数值，(i) 表示在内层的数值. 由于同位素技术的发展，式(11.13)是很有用的公式.

§11.2 薄氧化层的成长[46]

既然在氧化层内存在电场，并且当氧化层很薄时，电场可以很强，例如氧化层内外电位差 V 为 1—2 伏特，层厚 x 为 50 埃时，电场强度 E (等于 V/x)可达10^7伏特/厘米左右.假若没有电场存在，则在氧化进行时，离子的跃迁频率为 $\nu\exp(-\Delta F/kT)$，式中 ν 是离子的振动频率，约为 10^{12}/秒，ΔF 是两平衡位置间的势垒；由于电场的存在，于是离子顺电场的跃迁频率为

$$\nu\exp\left[-\left(\Delta F-\frac{1}{2}qaE\right)\Big/kT\right],$$

逆电场的跃迁频率则为

$$\nu\exp\left[-\left(\Delta F+\frac{1}{2}qaE\right)\Big/kT\right],$$

式中 a 为两平衡位置间的距离，q 为一个离子的带电量．因此，在有电场存在时，离子的平均漂移速率应为

$$v = \nu a \exp\left(-\Delta F/kT\right)\left[\exp\left(\frac{1}{2}qaE/kT\right) - \exp\left(-\frac{1}{2}qaE/kT\right)\right]. \tag{11.14}$$

若氧化层较厚，电场较弱，这时 $\frac{1}{2}qaE \ll kT$，把上式展开后可以得到离子的平均净漂移速率为

$$v_w = \nu a^2 \cdot \frac{q}{kT} \cdot E \exp\left(-\Delta F/kT\right). \tag{11.15}$$

从式 (11.15) 中可以看到在此情况下，离子平均净漂移速率正比于电场强度，反比于氧化层的厚度 x（请记住：$E = V/x$），所以氧化速率遵从抛物线定律．但是，当氧化刚开始或者温度较低时，氧化层很薄，电场很强，我们就不能把式 (11.14) 展开，在这种情况下，略去后一项，可以得到在强电场下离子平均净漂移速率为

$$v_s = \nu a \exp\left(-\Delta F/kT\right)\exp\left(\frac{1}{2}qaE/kT\right). \tag{11.16}$$

因此，离子平均漂移速率不正比于电场强度，莫特氧化理论包括了厚氧化层和薄氧化层成长速率的推导，这里所要讨论的是属于后一种情况．

假定氧化时是金属离子进行扩散，令图 11.2 表示一个金属离

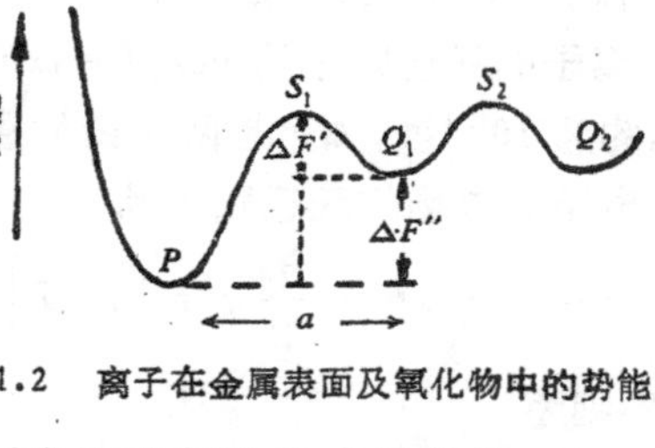

图 11.2　离子在金属表面及氧化物中的势能．

子在金属表面（P 点）和在氧化物中的势能，Q_1, Q_2, $\cdots$ 是它在氧化物中的平衡位置，S_1, S_2, $\cdots$ 是势垒．一个离子溶解到氧化物中

的溶解热为 $\Delta F''$，扩散激活自由能为 $\Delta F'$，为方便起见，令 $\Delta F = \Delta F' + \Delta F''$，$N$ 表示单位面积中能溶到氧化物中的金属离子数，Ω 表示一个离子在氧化物中所占的体积，x 是氧化物的瞬时厚度，于是当有很强的电场存在时，氧化速率

$$\frac{dx}{dt} = N\Omega\nu\exp(-\Delta F/kT)\exp\left(\frac{1}{2}qaE/kT\right). \qquad (11.17)$$

令 $X_1 = \frac{1}{2}qaV/kT$（其数值约为 10^{-6}—10^{-5} 厘米），$V = xE$；$u = u_0\exp(-\Delta F/kT)$，$u_0 = N\Omega\nu$（其数值约为 10^4 厘米/秒，或更小一些）。于是式(11.17)可以简写成

$$\frac{dx}{dt} = u\exp(X_1/x). \qquad (11.18)$$

上式表明，当 x 很小时，氧化层的成长速率很大。在这种情况下，可以近似积分

$$t = \frac{1}{u}\int_0^X \exp\left(-\frac{X_1}{x}\right)dx, \qquad (11.19)$$

式中 X 是时间为 t 时氧化层的厚度。当 $X \ll X_1$ 时，式(11.19)经部分积分并略去 (X/X_1) 的高次项后得到

$$ut = \frac{X^2}{X_1}\exp\left(-\frac{X_1}{X}\right). \qquad (11.20)$$

因为 $X \ll X_1$，我们可以把式(11.20)写成氧化速率的对数定律，即

$$\frac{X_1}{X} = A - \ln t, \qquad (11.21)$$

式中 A 为一常数。式(11.21)适用于氧化层厚度小于 100 埃的成长规律，铝在低温下氧化属此一类型。

II. 金属中的气体[2,3,47,48]

气体是指在寻常条件(温度、压强)下呈气态的物质。当固体金属中有气体存在时，它的物理性质及力学性能都往往会发生变化，比如氧可以使钍、铀、钙、铯及钡的光电效应的阈值向长波长的

方向移动，氢可以使钯、α 锰和 β 锰的磁化率下降，但可使面心立方锰的磁化率上升．气体使金属变脆，溶解在熔态金属中会使铸造工件产生缺陷，作为金属工艺问题，这是早已知道了的．

由于气体对金属有多方面的重大影响，所以长期以来，人们已经作了许多研究，积累了大量的数据．但是，在技术上是比较困难的，以致实验结果相当分散，各工作者的意见也常常不一致．这里要介绍的，先是略为讲一讲氢、氧、氮以及惰性气体在金属中的概况，然后着重讨论和扩散有关、最基本的渗透问题，这个问题也和金属对气体的吸附、溶解度有关．

§11.3 气体在金属中的概况

法斯特（J. D. Fast）曾经以为一种气体能否在某种金属中扩散取决于这两者是否可以形成化合物，如果可以形成，则它将有较高的扩散率．后来知道，这个见解并不确切，例如卤族气体中的氟和氯几乎可以和所有的金属形成化合物，但是没有发现它们可以在金属中扩散或者溶解在金属中．莱因斯（F. N. Rhines）认为气体在金属中扩散的可能性应该从溶解度来考虑，如果一种气体在某种金属中有一定的溶解度，那么它就可以扩散．看来这是正确的观点．

惰性气体不能和金属形成化合物，在金属中的溶解度也很小，基本上无法检测，但是如果采用离子注入、核裂变或放电等高能量手段时，却可以把相当分量的惰性气体嵌入金属晶格内，比如用低气压放电法可以使氩、氪、氙溶解在银、铀或锆中，用离子注入法可以使氩溶解在银、铝、金、或铅中，用回旋加速器加速 α 质点，可以使氦溶解在铝、铍或铜中等等．因此，对早期的一些实验结果，诸如放电管中惰性气体消失的原因，是由于溶解在电极中抑或被吸附在表面上这类问题似乎尚不宜过早地下结论．

在周期表哪一些位置上的金属可以溶解氮，并且氮可以在这些金属中扩散，而哪一些又不可以，对于这些问题还存在着不同的见解，不过可以断定，在高温可以形成氮化物的金属，在低温时也可以溶解氮．下列金属对氮有一定的溶解度，即铁、锆、钽、钼、钨、锰、钛、铪、钍、钒、铬、铌和铀，其溶解度有的随温度之上升而下降，比如在钼中，950℃时为0.85%（重量），1150℃时降为0.26%（重量）；而在另一些金属中则相反，比如在铁中的溶解度，700℃时为1.5×10^{-3}%（重量），900℃时增为3.3×10^{-3}%（重量）．冷加工也可以使溶解度增大．

除非气压很低或者温度很高，否则，一般金属和氧接触后都会在表面形成氧化层，所以通常讲金属中的氧含量都是指金属和它的氧化物平衡时的含量．银和钯的氧化物不稳定，所以在一个大气压下和高温时，都可以和氧直接接触，氧在钯中的溶解度，1200℃时大于0.05%，在银中的溶解度比较小，但随温度的上升而急速增加（见表11.2）．

根据早期的实验结果，400℃时氧在银中的溶解度最小，当时认为这是因为在400℃以下出现不稳定的氧化物Ag_2O，这种氧化物随着温度上升而分解，所以含氧量也下降，在一般压强下，到400℃时Ag_2O全部消失，同时氧开始以吸热方式溶解在银中，于是溶解度又随着温度上升而增大，这只是定性的解释．但是，即使

表11.2　氧在银中的溶解度（和氧平衡，氧压强为一大气压）

温度℃	200	300	400	500
溶解度%（重量）	3.29×10^{-6}	3.0×10^{-5}	1.4×10^{-4}	4.4×10^{-4}
温度℃	600	700	800	900
溶解度%（重量）	1.07×10^{-3}	2.16×10^{-3}	3.81×10^{-3}	6.14×10^{-3}

这种解释是正确的，那也已错误地把Ag_2O中的氧算到溶解度中去了．后来的测量发现氧溶解度并不出现极小值．

人们对氧-铜系统研究得比较多，但各工作者在早期对氧在铜中的溶解度的测量结果相差颇远，甚至互相矛盾．考虑到铜和氧接触后，很容易在表面形成Cu_2O，所以铜中的氧含量应该是当铜

和 Cu_2O 平衡时的含量．在这种情况下，后来的测量结果表明，它的溶解度也随温度上升而增加，但不如在银中那么快．表 11.3 列出的是一些测量结果．

表 11.3　氧在铜中的溶解度(和 Cu_2O 平衡，氧压强为一个大气压)

温度℃	600	700	800	900
溶解度%（重量）	1.6×10^{-3}	1.7×10^{-3}	2.1×10^{-3}	2.7×10^{-3}

温度℃	950	1000	1050
溶解度%（重量）	3.4×10^{-3}	4.6×10^{-3}	7.7×10^{-3}

氧不溶于汞、金、锇、铱和铂，可溶于钴、铬、铁、镍和铅等许多金属中，在锆和钛中的溶解度甚大，依次可达 18% 和 11% 左右．

氢和金属的交互作用有如下四种不同的类型：

(a) 和碱或碱土金属形成类盐性质的氢化物，这些化合物和卤化物相似．

(b) 和周期表上 IV_B，V_B 及 VI_B 族金属形成共价氢化物，例如 AsH_3，SiH_4 等，在室温时为气体．

(c) 可溶于铬、铁、钴、镍、铂、铜、银、钼、镁和铝中，形成真正的固溶体，溶解度正比于气体压强的平方根，并且随温度的上升而增大．

(d) 和稀土金属及钛、锆、钍、铪、钒、铌、钽、铀和锰形成所谓“假氢化物”．在某一压强范围内，溶解度随压强的平方根而变，但是随温度之上升而下降．

氢的用途非常广泛，它是很有前途的理想燃料，也有可能用作冷却剂，动力机的非燃烧性工作物质等．因此，如何把氢贮存起来，并且便于运输，是当前极为重要的一个研究课题．在理论方面和工业试验方面人们都做了不少工作．利用金属或合金与氢形成可逆转变的氢化物，这可能是一个好的方法．

氢分子不能溶人金属或合金之中，它必需通过贮氢金属表面的触媒作用分解成氢原子，才能进入金属点阵的间隙位置，可以形成固溶体，也可以形成氢化物，如 VH_2; Zr_2H, ZrH, ZrH_2; Ti_2H, TiH, TiH_2 和 $FeTiH_{1.95}$ 等．对于体心立方金属，比如钒，每个晶胞有 12 个四面体，每个四面体中可以容纳一个氢原子．这样，似乎一个晶胞将可以贮存 12 个氢原子，为金属原子的六倍，但实际上是不可能的．氢原子进入点阵间隙后，会使点阵参数变大，开始是点阵产生弹性畸变，随着氢含量增加，巨大的内应力会导致晶体开裂与碎化．另一种情状是发生结构转变．其他结构的钛、锆、钽或 FeTi 等亦复如此． 各种材料容积的增大趋势都相似，大致每吸收 1%(原子)的氢，体积将增大 0.1% 左右．这个问题在文献〔49〕有较详细的介绍．

§11.4 渗透过程和渗透速率

渗透速率是指一单位厚度的金属壁在进口表面和出口表面两边的气体压强差为一单位时，单位时间内通过金属表面单位面积的气体体积．分子气体穿透金属壁的过程不是单纯的扩散，法斯特把它划分为五个阶段： (a) 分子吸附在金属表面上并分解成原子或离子；(b) 原子或离子从吸附层溶解到金属中；(c) 在金属中扩散；(d) 在出口表面原子或离子从溶解状态过渡到吸附状态；(e) 重新结合成气体分子．在整个渗透过程中，渗透速率由这五个阶段中最慢的一个决定．法斯特还做了实验证实这五个阶段的作用．表面条件和吸附有关，因而也影响渗透速率．吸附问题在 §8.3 中已作了讨论．

气体一般是以填隙式溶解在金属中，扩散率很大，比如氢和氧在各种金属中的扩散率要比一般金属原子的大一千倍左右，这是一个显著的特征．粗略估计，气体的扩散激活能常常在 5—20 千卡/摩尔之间，大约等于一般金属原子扩散激活能的五分之一．

间隙扩散这一概念很容易使人认为间隙越大，扩散原子越小，则扩散率越大，因此，沿着晶界、嵌镶界或滑移面的扩散就将比穿过晶格的要快．这一点，对于气体、非气体原子的扩散的确都是适用的(见 § 10.11)． 钢铁材料晶界上空洞的出现可以说明氢沿着晶界比较容易扩散和集中．在这方面，李薰和张沛霖等联系了钢的氢脆问题进一步做了有系统的研究，并且得出了在生产实践上很有指导意义的结果[50,51]．

应该注意的是，点阵间隙的大小并不一定决定填隙原子扩散的快慢．晶格结构的变化虽然可以影响气体的扩散率，人们也发现氢在铁、铜钯合金（$Pb_{0.47}Cu_{0.53}$）和钛中的扩散率都随着这些金属从体心立方结构转变成面心立方(钛转变为密集六角)结构而变慢． 表 11.4 列出了氢在这些金属中的扩散激活能和它们的结构的关系．可以看到，在体心立方结构中扩散的激活能要小得多．如

表 11.4 氢在几种金属中的扩散激活能

金属	铁		铜钯合金		钛	
结构	体心立方	面心立方	体心立方	面心立方	体心立方	密集六角
激活能(千卡/摩尔)	1.15—2.3	11.5	0.81	8.1	6.69	12.5

果认为这种结构比较疏松，间隙比较大，所以容易扩散，对于铁来说，这种想法和客观现象是一致的，但是对于铜钯合金和钛来说，情况就不同了． 因为这两种金属的体心立方结构反而更加紧密．下面的设想可能有助于了解结构的影响：在面心立方金属中，每个溶剂原子有一个八面体的位置，而在体心立方金属中，每个溶剂原子有三个八面体或者六个四面体的位置．令 d 表示最近邻原子间距，于是面心立方结构的间隙位置的平均距离为 d，体心立方结构的为 $d/\sqrt{3}$ 或者 $d/\sqrt{6}$、要小得多．因此，激活势垒就比较低，或者氢原子比较容易通过隧道而扩散[16,49]．

同一种元素，各同位素的扩散率也不一样．氢原子的质量为氘的一半，按经典的反应理论，似乎它们在金属中的扩散系数比应该等于$\sqrt{2}$，但是观察结果不是这样，它和溶剂金属的结构以及扩散温度有关．

钒、铌和钽都是体心立方金属，氢在这些金属中的扩散激活能

Q_H 比氘的激活能 Q_D 小，而这两者的频率因子 D_0 则与氢及氘的质量无关．因此，它们的扩散系数之比必然随着温度而变，只有在某一特定温度下才等于$\sqrt{2}$，比如在钒和钽中略大于 300℃．

氢、氘和氚在面心立方金属钯、镍和铜中扩散时，激活能的大小次序为 $Q_H > Q_D > Q_T$，（Q_T 是氚的激活能），频率因子之比为 $D_{0H} : D_{0D} : D_{0T} = 1 : 2^{-1/2} : 3^{-1/2}$（$D_{0H}$，$D_{0D}$和$D_{0T}$ 依次为氢、氘和氚的频率因子）．这些都和在体心立方金属中的扩散不同．当温度够低时，氚扩散最快而氢反而最慢[16,49]．

用传统的方法很难测定气体在金属中的扩散系数，因为它的浓度梯度是不易确定的．如果在一定的压强下，金属表面的气体有一定的饱和浓度，那么，当表面效应不是控制渗透的因素时，我们可以利用进口表面和出口表面的饱和浓度作为浓度分布曲线的两点，从而可计算扩散系数，但是属于这样情况的却很少．

葛庭燧用内耗法测量了碳、氮和氧在钽中的扩散，用内耗法可以避免表面反应的效应．此外，核磁共振，准弹性中子散射以及穆斯堡尔效应等是后来发展起来的新的测量方法．

我们常常用渗透速率 P 来表示气体对金属的穿透，它和表面反应速率有关．对氧化硅、溴化钾、氟石以及高分子有机化合物，

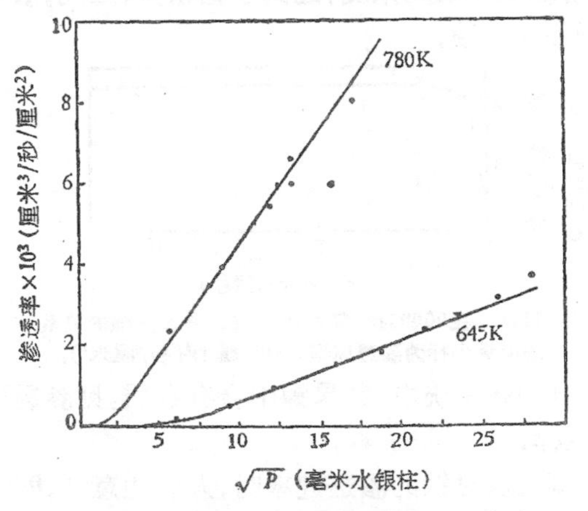

图 11.3 等温下氢对钯渗透速率和压强的关系．

例如橡皮、电木、纤维素等气体渗透时无需分解者，渗透速率和材料两边的压强差成正比；而氢、氧、二氧化硫、一氧化碳等在金属中扩散前必须预先分解者，渗透速率常常差不多和压强 p 的平方根成正比(设材料有一边的压强为零)，即

$$P=K\sqrt{p}, \tag{11.22}$$

式中 K 为比例常数，这种关系简称 $\sqrt{p}$ 定律．图 (11.3) 和图 (11.4) 分别表示氢对钯及氧对镍的渗透速率和压强的关系．可以看到，H_2-Pd 系统在高压部分、O_2-Ni 系统在低压部分的确遵从 $\sqrt{p}$ 定律，但是在某些情况下，实验结果会出现偏离 $\sqrt{p}$ 定律的现象，比如：

(a) H_2-Pd 系统在低压部分，图线发生弯曲(图 11.3)，斯密锡耳 (G. J. Smithell) 和兰斯利 (C. E. Ransley) 认为，这是因为在低压时金属表面并未全部被吸附气体覆盖所造成．但是这种解释必需假定吸附是吸热过程才能适用． 这个假定是否符合事实，还没有足够的证明．

(b) O_2-Ni 系统在高压时出现饱和渗透速率(图 11.4)，因为这时镍表面产生了一薄层氧化膜，在和氧化膜接触的镍中的氧浓度(或被溶解的氧化物的浓度)达到了饱和值，因此，渗透速率便不再随压强增加而加速．

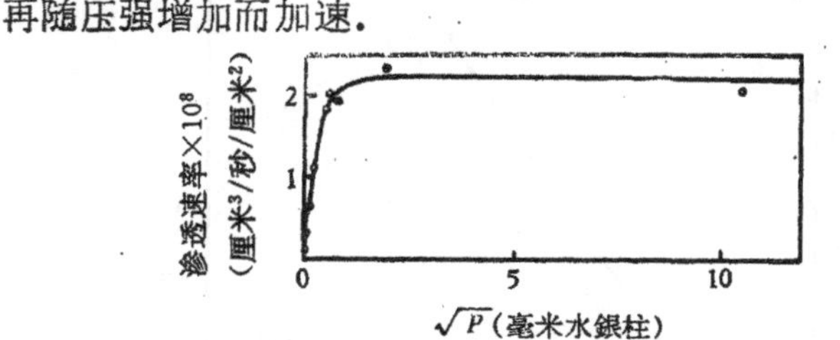

图 11.4 在900℃时，氧对镍渗透速率和压强的关系．
图中纵坐标为渗透速率×10⁸(厘米³/秒/厘米²)．

(c) 在 H_2-Ni 系统中，如果镍中含有杂质，则渗透速率不完全遵从 $\sqrt{p}$ 定律．

(d) 在测量氢对铁的渗透速率时，人们注意到，即使金属片的一边保持真空，另一边的压强也必需达到一定的阈值 p_t 之后，渗

透才能开始，这个压强的阈值和温度有关，702℃时为4毫米汞柱，100℃时为8个大气压。所以在这情况下，式(11.22)必需改写成

$$P = K(\sqrt{p} - \sqrt{p_t}) \tag{11.23}$$

从实验结果得到，渗透速率 P 一般地说和扩散系数 D、压强 $p^{1/2}$ 以及绝对温度函数 $[T^{1/2}\exp(-b/T)]$ 成正比 (b 为一常数)，而 $D = D_0\exp(-Q/RT)$ [式(10.42)，这里 Q 的单位为千卡/摩尔]。所以渗透速率可以写成

$$P = P_0\exp\left(-\frac{Q'}{RT}\right), \tag{11.24}$$

式中 P_0 包括上述 p、D_0 和 T 等因子。由于指数前 $T^{1/2}$ 的变化对 P 的影响不大，所以 $\ln P$ 对 $1/T$ 所作的图线基本上是直线，图11.5是一些例子。

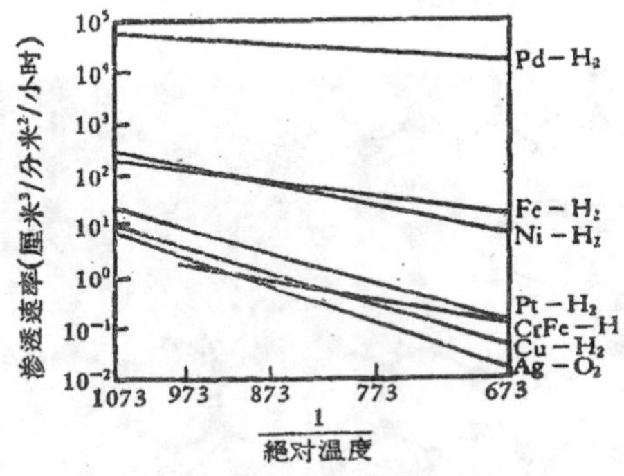

图 11.5 渗透速率和温度的关系.

式(11.24)中的 Q' 可以叫做"渗透激活能"，它可能包括气体的吸附能量，分解能量，扩散能量，脱离能量以及重结合能量等，所以是更加复杂的问题。

III. 烧　结[52,53]

所谓烧结是把金属粉末(或非金属粉末，例如玻璃粉)先用高

压压制成形，然后在真空或保护气体中加热到熔点以下的温度，使这些粉末互相结合成块．这样，这些被烧结后的粉末块的密度和强度将和原来金属差不多，可以作为工件或材料之用．粉末冶金（烧结操作）常用来制造磁性材料，外形复杂的工件，难熔金属材料（例如钨、钼、铌等）的工件或者制造以碳化物为基的硬质合金等；构成合金的组元的熔点差别很大或者在液态下不能混合时，亦可采用这种方法制成，例如钨-铜、钨-银等．

控制烧结过程的因素很多，最主要的是温度和时间，再者是粉末的粗细和分布、形状和表面态，烧结时周围气氛的性质和气压，以及压制粉末块所施加的压强等． 影响烧结过程的因素是这样多，至使我们很难了解烧结过程的机制．二组元或多组元金属粉末的烧结，还附加了金属的互扩散问题，情况就更加复杂，除非我们对单相烧结问题和互扩散问题有了充分的了解，否则对多组元的烧结将很难深入地研究．

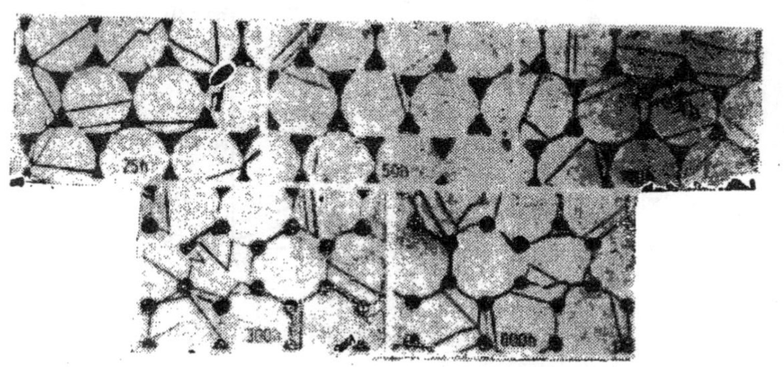

图 11.6 一束铜丝在烧结过程中从横截面上看到的变化．烧结温度900℃，所标数字是相应的烧结时间（小时）．

另一方面，从现象来看，我们可以把烧结分为两个过程：首先是粉末颗粒间的结合，在这个过程中，颗粒间的点接触转变为面接触，当这个过程发展到某一程度时，颗粒间的空隙便逐渐封闭起来，并且趋向于变成球形；第二个过程是疏孔变圆，并且逐渐缩小，结果使样品体积收缩，密度和强度提高．图 11.6 示出一束直径为

30 微米的铜丝烧结过程中在横截面上所看到的变化.

对于烧结问题,无论实验上或者理论上都做了不少工作,并且从完全不相同的原子过程所推出的各种理论也往往得到一些实验结果的支持. 实际上,烧结不能归结为单一的物理过程,它是几种原子机制作用的结果,这些机制中那一个比较重要,则视烧结的条件而不同, 被用来支持某一理论的实验常常是为了适合理论所强调的那个烧结机制而特地安排的,这样,它们间的符合也就可以理解了.

在这一部分里, 我们将简单地讨论单组元粉末烧结时的两个过程,即颗粒的结合和疏孔的收缩过程.

§ 11.5 颗粒的结合

为了研究烧结问题,人们常常设计一些简化的实验,以便于从理论上处理, 比如把一些单组元的直径相等的球形粉末或圆柱形的金属丝烧结, 同时观察它们之间或者它们和材料相同的平板之间的结合过程. 可以设想,在开始的时候,由于附着力使它们粘在一起,在高温下,由于外加应力或者颗粒(或金属丝)的表面张力引起原子扩散, 使开始时的点(或线)接触扩大成为面接触, 接触区间便出现一连接颈, 如图 11.7 所示. 人们期望根据这连接颈的半径和烧结时间的关系来寻找烧结机制.

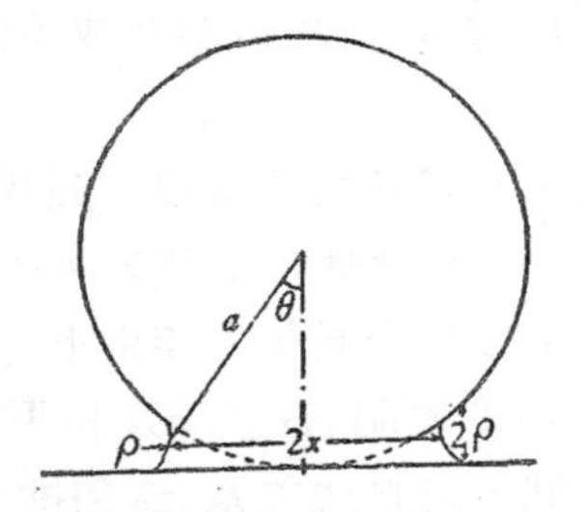

图 11.7 球形颗粒和平面烧结后的横截面.

夫仑克耳是第一个人从理论上进行研究的, 他认为烧结时固体可以象牛顿滞性液体那样流动, 即应变和应力成线性关系, 而表面张力是流动的驱动力, 他还假定滞性流动是晶格中单个空位扩散的结果, 与原子层在晶体中滑移所引起的范性流动不同. 这样他把两个球形颗粒的烧结和两颗液体的合并作了比较, 并令降低的表面能和滞性流动所消耗的能量相等, 结果得到接触面积和烧结时间

成正比，即

$$x^2 = \frac{3}{2}\frac{a\sigma}{\eta}t, \tag{11.25}$$

式中 x 是接触面半径，a 为球形颗粒半径，σ 是表面能，η 是粘滞系数，t 为烧结时间．夫仑克耳证明，从烧结过程中所推出的激活能是金属的自扩散激活能．夏勒（A. J. Shaler）和乌耳夫（J. Wulff）根据夫仑克耳模型，从实验结果推算得出铜的自扩散激活能为 85 千卡/摩尔，这个数值比直接测到的高了不少，不过他们的推算并不完全可靠．

纳巴罗[53,54]认为空位运动机制要构成滞性流动，晶体中必须包含有嵌镶块，其界面和其他的缺陷构成了空位的泉源或尾闾．不过，这样计算出来的粘滞系数要比从夫仑克耳模型计算出来的大 10^8 倍左右．

库津斯基（G. C. Kuczynski）[55,56]考虑滞性和范性流动、体扩散、表面扩散以及蒸发-凝结四种机制，从理论上推导了烧结时一个球体和一个平面接触面积的增长速率：图 11.7 中 a 表示球形颗粒半径，x 表示接触面半径，ρ 表示烧结后连接颈的曲率半径．所得的结果，可以综合成下式：

$$x^n = At, \tag{11.26}$$

式中 n 和 A 均为常数，它们都和烧结机制有关，t 为烧结时间．

(a) *滞性和范性流动机制*　根据这个机制，他仍然认为流动是空位在表面张力作用下的运动所造成的．在这种情况下，$n=2$．图 11.8 表明，在玻璃珠和平板玻璃的烧结过程中，$(x/a)^2$ 和烧结时间 t 成直线关系，这和推论相符合．

(b) *蒸发-凝结机制*　动力学理论证明，气体从平衡蒸汽压强为 p_1 的表面蒸发而凝结于近邻平衡压强为 p_2 的表面的速率与这二个压强差（$p_1 - p_2$）成正比，而压强又和表面曲率有关．从这概念出发，可以证明，$n = 3$．对于蒸汽压高的金属，这一机制的作用可能是显著的，但是还没有得到实验的证明．

(c) *体扩散机制*　在连接颈附近的曲率半径很小，如果颈的体积增加，便可以降低表面能．当然，与此同时，空位浓度亦势必上升，空位浓度的高低依赖于附近的表面曲率，这样，连接颈和烧结颗粒其他部分之间便建立了一个空位浓度梯度，空位将从颈部扩散出去，亦即原子从其他部分扩散进来，使接触面积增大，在这种情况下，库津斯基求得 $n=5$。他还观测了铜及银粉末的烧结，对于铜，n 在 4.5 至 5.0 之间，银在 4.8 至 5.4 之间，这些和理论值 5 很接近．

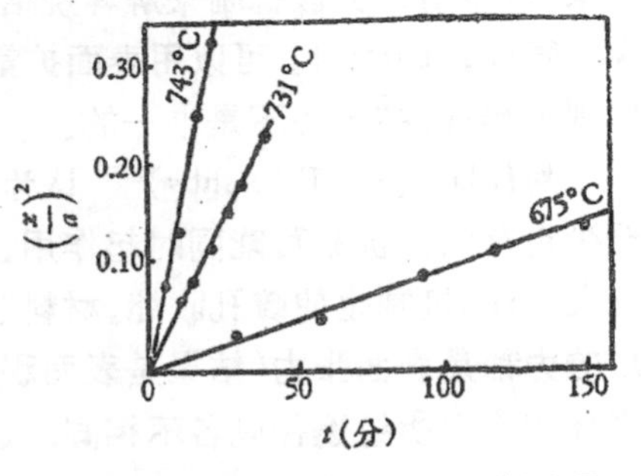

图 11.8 玻璃珠(直径 0.05 厘米)和平板玻璃烧结过程中，$(x/a)^2$ 和 t 的关系．烧结温度为 675℃，731℃ 和 743℃．

(d) *表面扩散机制* 卡布雷拉 (N. Cabrera)，施韦德 (P. Schwed)，库津斯基等人都根据这一机制研究了接触面半径和时间的关系，但是他们得到不同的结果．考虑表面上某一点的吸附原子或者空位的平衡浓度和它的曲率有关，因此，在连接颈表面上和在球形金属颗粒表面上的浓度将不相同，这一差别将使原子流向颈部，按照库津斯基的推导，得到 $n=7$。图 11.9 是库津斯基的实验结果，铜颗粒半径约为 4 微米，从图得到 x 的指数 $n=6.5$，和 7 差不多．小颗粒在低温烧结时，表面扩散机制的作用可能比较大．

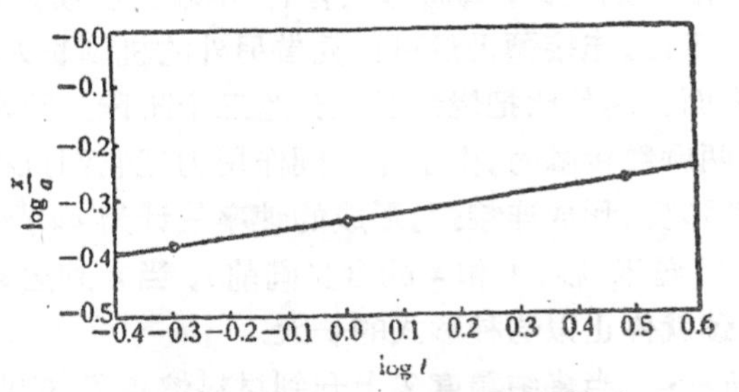

图 11.9 铜粉末在 600℃ 烧结期间，接触面半径 x 和烧结时间 t 的关系，a 为颗粒半径，约 4 微米．

但是卡布雷拉根据表面扩散机制推导的结果为 $x^5 \propto t$，而施韦德认为当 x 很小时，$x^3 \propto t$，x 较大时，则 $x^5 \propto t$. 因此，$x^5 \propto t$ 的实验结果，可以用体扩散机制来解释烧结过程，亦可以用表面扩散来解释. 同样，$x^3 \propto t$ 时，可以用表面扩散来解释，也可以用蒸发-凝结机制来解释，结论还不是唯一的.

阿什比 (M. F. Ashby)[57] 认为，即使单组元材料在烧结时，至少也有六种机制可能同时起作用，引起物质流向连接颈，并使它长大，有的机制也使疏孔收缩，材料密度增加. 驱动这些机制起作用的力都是表面张力(结果是表面积缩小，表面能降低)，但物质的来源和输送所经途径则各不相同. 这六种机制列于表 11.5.

表 11.5　六种烧结机制及物质的输送途径

机　制	物质来源	输　送　途　径
表面扩散	表面	原子沿着表面到颈部
点阵扩散	表面	表面原子通过点阵扩散到颈部
蒸汽输送	表面	表面原子蒸发而后在颈部凝聚
晶界扩散	晶界	晶界原子沿着晶界扩散到颈部
点阵扩散	晶界	晶界原子通过点阵扩散到颈部
点阵扩散	位错	位错上的原子通过点阵扩散到颈部

颈部成长率(或者称烧结率)是这六种机制作用的总贡献. 后三种机制还可以使样品密度上升，也就是使颗粒的中心靠近，这时，物质必需从分隔颗粒的晶界或颈中的位错中输送出去. 要是这区域没有晶界或位错，或者即使有、但不输出物质，中心就不会进行靠近. 不过，连接颈仍然可以凭借另外的机制长大.

另一方面，阿什比把烧结过程分为三个阶段：开始阶段是附着阶段，当两颗粒接触时，由于原子间作用力把它们拉在一起，于是发生弹性形变，形成连接颈，形成的速率估计为 ca^2/x (c 为材料中的声速 10^5 厘米/秒，a 和 x 的含义同前)，当 x 到达某一极限值之后，连接颈就停止以这种形式的长大.

中间阶段：　当烧结温度 T 上升到材料熔点 T_m 的四分之一之后(即 $T \gtrsim 0.25T_m$)，颈的成长将为扩散所控制. 扩散很快就消除开始阶段产生的接触应力，此后扩散流即由表面曲率之差或曲率梯度来推动．颈部成长率取决于由各机制流进来的物质流总和的大小．一般地说，位错对烧结率的贡献可以略去不计，因为其他机制的作用要大得多．但是，如果有外加应力时，情况就不一样，它的贡献可能是重要的．

末了阶段：随着颈部的长大，驱动各种机制的表面曲率差变小，在中间阶段，驱动力使疏孔中的物质重新分布，而在这个末了阶段中，驱动力已大为减弱，剩下的驱动力把分隔两颗粒的晶界上的物质通过扩散流向疏孔．这阶段只有物质从晶界通过晶界的扩散和通过点阵的扩散两种机制是重要的．

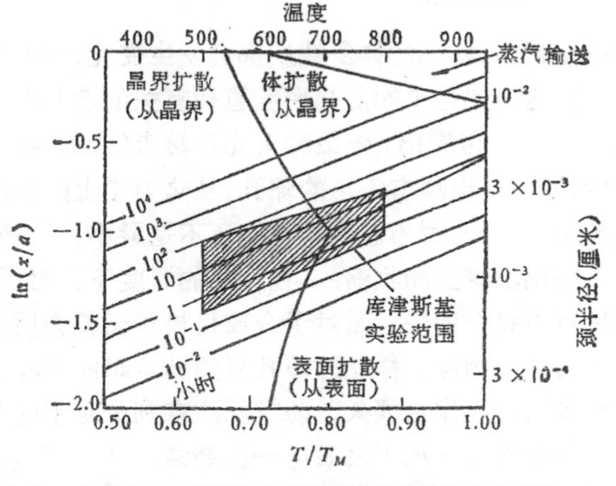

图 11.10　直径为 180 微米的球形银粉末和平板烧结的图解．有阴影区域是库津斯基的实验范围．

根据上面的考虑，可以用 $\log(x/a)$ 作纵坐标，T/T_m作横坐标作一烧结图解来表示烧结过程中，连接颈尺寸和温度、时间的关系以及在各种情况下的烧结机制，如图 11.10 所示．它是银粉末的烧结图解，图中粗线把图面划分为几个区域，各区域的烧结机制不同，细线表示烧结时间．有阴影部分是库津斯基的实验范围．可以看到，相同温度，烧结过程中烧结机制是可能发生变化的；相同时间，温度不同时，烧结机制也可以不一样．而在粗线条的位置上，不同的机制可以得到相同的烧结效果.

定量地描述烧结过程需要简化模型，但实际上粉末的几何形状太复杂，烧结过程中还不断地变化，所以不可能精确地算出驱动力和确定物质的输送途径，即使在上面简化了的推导中也包含着好些近似的设想，比如所描绘的颈部轮廓就不大确切. 后来不少工作者做了各式各样的计算[58—61]，布罗斯（P. Bross）等[62]还用电子计算机模拟了烧结过程中连接颈的几何变化. 但所有这些主要是数学上的处理，而对烧结机制很少有新的发展，读者如有兴趣，可以查阅所引的有关文献.

§11.6 疏孔体积的收缩

烧结过程中，样品的许多性质都会发生变化，例如硬度、电阻率、磁性等，这里要讨论的是与密度直接有关的疏孔的变化.

从图 11.6 可以看出，烧结时首先在粉末（或细丝材料）接触处形成连接颈，于是出现有尖角的疏孔，从热力学上的角度来看，这个系统是不平衡的，因为它的表面能还不是最小，于是在高温下，这些疏孔将逐渐变圆和收缩. 在一定的温度下，对于玻璃材料，疏孔最后可以完全消失，而对于金属材料和无机物质晶体，比如钨、铜、难熔氧化物等，样品的疏孔只能随着时间而收缩到某一极限值. 粉末冶金工作者很久以前就已注意到，对于这类材料的烧结样品，只有进行冷加工之后再一次烧结，才有可能消除全部疏孔，使它的密度达到极限值，这是一个实验事实.

另外，不管玻璃材料抑或晶体材料，在实用的烧结温度下，在一定的时间内，样品中的确有一个差不多稳定的疏孔数目，这数目明显地和温度有关.

莱因斯，伯琴纳耳（C. E. Birchenal）和休斯（L. A. Hughes）测量了铜粉末样品在氢中烧结过程中疏孔数目和大小分布的变化，他们发现靠近样品表层的疏孔很少，随着烧结时间的延长，疏孔总数下降，而平均尺寸增大. 这种情况表明，一些小的疏孔已被大的所吸收，例如表 11.6 所列的数据. 或者更全面些，用图形如图

11.11 所示。

表 11.6 在 0.0293 厘米² 横截面内疏孔的数目[33]

烧结温度 ℃		烧结时间（小时）			
		1	10	100	1000
疏孔面积 9×10^{-8} 厘米²	800	1496	1370	1423	1339
	900	1654	1423	850	757
	1000	1415	1024	392	66
疏孔面积 12×10^{-6} 厘米²	800	0	1	5	5
	900	16	27	69	65
	1000	65	73	93	113

疏孔的体积为什么能够发生变化或者消失？在它们各个彼此独立的情况下，如果只有蒸发-凝结过程或者只有表面扩散过程在烧结时起作用，那么它只能改变疏孔的形状而不能改变其大小和数目.

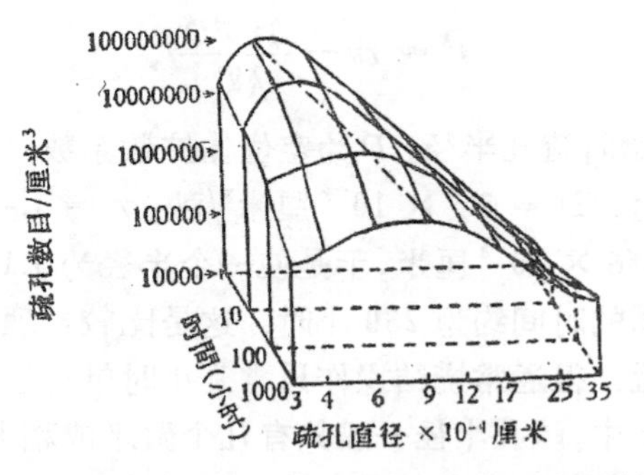

图 11.11 铜粉末在氢中 1000℃ 烧结时，疏孔大小分布和时间的关系.
点划线表示在各个时间间隔内数目最多的疏孔大小.

上面已经讲到，样品冷加工后再一次烧结可以消除疏孔，基奇 (G. A. Geach) 等用显微镜观察发现，只要有晶界和疏孔连通，疏孔就可以不断地收缩，由于长时间退火，这些晶界一旦消失，疏孔就不再缩小了. 这一事实使人有理由设想晶界连通疏孔时可能产生的作用. 库津斯基从下述两方面考虑了这个问题[63]:

(a) 设想疏孔由许多空位组成，它们可以各自通过晶界扩散到样品表面而消失或者到达其他疏孔，于是失去空位的疏孔便缩小乃至零[1]，不过，如果根据这样的设想来计算铜样品在 1000 K 烧结时，其中一个半径为 10^{-3} 厘米的疏孔需要 2.5×10^{5} 小时才能消除，时间太长，不符合事实，所以疏孔不是凭借这种机制消失.

(b) 在曲率半径为 r 的表面下，过剩空位浓度大约为

$$\Delta C=\frac{\gamma\delta^{3}c_{0}}{kTr},$$

式中 γ 为材料的表面张力，δ 为原子间距，c_0 为平面表面下的空位平衡浓度，k 为玻尔兹曼常量，T 为绝对温度. 于是样品中便产生空位浓度梯度. 这些过剩空位将迁移到最近邻的晶界，通过晶界扩散到曲率较小的表面(较大的疏孔或样品表面)而消失，后一阶段和前面的情况 (a) 相似. 在这整个过程中，晶界扩散是快的，因此反应速率将为空位到晶界之间的体扩散所控制. 根据这样的设想，可以证明，疏孔半径 r 和烧结时间 t 之间的关系为

$$r^{3}=r_{0}^{3}-\frac{3\gamma\delta^{3}D}{kT}t,$$

式中 r_0 为开始时疏孔半径，D 为空位体扩散系数. 对于铜样品在 1000K 烧结时，$D=2.5\times10^{-9}$ 厘米^2/秒，$\gamma=1.43\times10^{3}$ 达因/厘米，$\delta=2.56\times10^{-8}$ 厘米，于是使一个半径为 1.1×10^{-3} 厘米的疏孔消失所需的时间约为 280 小时. 这是比较合理的数值，且和实验值相接近. 但通常烧结操作只需几小时就行了，那是因为实际使用的样品中，疏孔半径一般只有几个微米或稍大一点，而比这里计算所用的数值小得多.

附录 11-I 氧化速率公式的推导

令正文中式(11.8)的 $i=1,2,3$ (以后 $i=1$ 时表示金属离子，2 表示非金属离子，3表示电子)，则

---

1) 注意：空位只能从小疏孔扩散到大疏孔，于是大的疏孔增大，小的缩小或消失.

$$\frac{\dot{n}_1}{A} = \frac{300}{96500} \cdot \frac{t_1\kappa}{|z_1|eN}\left(-\frac{d\mu_1}{dx} - z_1eN\frac{d\phi}{dx}\right), \tag{11.27a}$$

$$\frac{\dot{n}_2}{A} = \frac{300}{96500} \cdot \frac{t_2\kappa}{|z_2|eN}\left(-\frac{d\mu_2}{dx} - z_2eN\frac{d\phi}{dx}\right), \tag{11.27b}$$

$$\frac{\dot{n}_3}{A} = \frac{300}{96500} \cdot \frac{t_3\kappa}{|z_3|eN}\left(-\frac{d\mu_3}{dx} - z_3eN\frac{d\phi}{dx}\right). \tag{11.27c}$$

因通过氧化层的正电量总量(不是粒子数)等于负电量总量,故

$$\dot{n}_1 = \dot{n}_2 + \dot{n}_3. \tag{11.28}$$

从式(11.27a)减去式(11.27b)及式(11.27c),从式(11.28)知道右边等于零,即

$$\frac{300}{96500} \cdot \frac{\kappa}{eN}\left[\left(-\frac{t_1}{|z_1|}\frac{d\mu_1}{dx} + \frac{t_2}{|z_2|}\frac{d\mu_2}{dx} + \frac{t_3}{|z_3|}\frac{d\mu_3}{dx}\right) - (t_1 + t_2 + t_3)eN\frac{d\phi}{dx}\right] = 0.$$

因 $t_1 + t_2 + t_3 = 1$,我们可以解出局部电场强度为

$$\frac{d\phi}{dx} = \frac{1}{eN}\left(-\frac{t_1}{|z_1|}\frac{d\mu_1}{dx} + \frac{t_2}{|z_2|}\frac{d\mu_2}{dx} + \frac{t_3}{|z_3|}\frac{d\mu_3}{dx}\right). \tag{11.29}$$

再者,

1 个金属离子+$|z_1|$电子=1 个金属原子, (11.30a)

1 个非金属离子=1 个非金属原子+$|z_2|$电子. (11.30b)

在平衡条件下,则

$$\mu_1 + |z_1|\mu_3 = \mu_{Me}, \tag{11.31a}$$

$$\mu_2 = \mu_x + |z_2|\mu_3, \tag{11.31b}$$

式中 μ_{Me} 是电中性金属原子的化学势,μ_x 是电中性非金属原子的化学势.由吉布斯-林埃姆关系式

$$n_{Me}d\mu_{Me} + n_x d\mu_x = 0, \tag{11.32a}$$

n_{Me} 和 n_x 分别表示金属和非金属原子的摩尔数. 当氧化物的成分和化学计算值稍有出入,但相差很小时,则

$$d\mu_x \approx -\left|\frac{z_2}{z_1}\right| d\mu_{Me}{}^{1)}, \tag{11.32b}$$

---

1) 若氧化物成分恰好等于化学计算值,则 $d\mu_x = -\left|\frac{z_2}{z_1}\right| d\mu_{Me}$,而不是近似相等.式(11.32b)还利用了 $\left|\frac{z_2}{z_1}\right| = \frac{n_{Me}}{n_x}$ 关系式.例如 Cu_2O,铜为一价,即 $z_1 = 1$,氧为负二价,即 $z_2 = -2$. 在此分子式中,铜有两摩尔,故 $n_{Me} = 2$,氧有一摩尔,故 $n_x = 1$,于是 $\left|\frac{z_2}{z_1}\right| = \left|\frac{-2}{1}\right| = 2$,$\frac{n_{Me}}{n_x} = \frac{2}{1} = 2$,这说明了上述关系式.

把式(11.29)，式(11.31a)，式(11.31b)和式(11.32b)代入式(11.27a)—(11.27c)，则

$$\frac{\dot{n}_1}{A}=\frac{300}{96500}\cdot\frac{t_1t_3\kappa}{eN}\left(-\frac{1}{|z_1|}\frac{d\mu_{Me}}{dx}\right), \tag{11.33a}$$

$$\frac{\dot{n}_2}{A}=\frac{300}{96500}\cdot\frac{t_2t_3\kappa}{eN}\left(-\frac{1}{|z_1|}\frac{d\mu_{Me}}{dx}\right), \tag{11.33b}$$

$$\frac{\dot{n}_3}{A}=\frac{300}{96500}\cdot\frac{t_3(t_1+t_2)}{eN}\left(-\frac{1}{|z_1|}\frac{d\mu_{Me}}{dx}\right). \tag{11.33c}$$

应该注意的是：$z_3=-1$。

因总的氧化速率等于每秒内氧化物增加的克当量数，故

$$\left.\begin{aligned}\frac{\dot{n}_{eq}}{A}&=\frac{1}{A}(|\dot{n}_1|+|\dot{n}_2|)=\frac{1}{A}|\dot{n}_3|\\&=\frac{300}{96500}\cdot\frac{(t_1+t_2)t_3\kappa}{eN}\cdot\frac{1}{|z_1|}\cdot\left|\frac{d\mu_{Me}}{dx}\right|\\&=\frac{300}{96500}\cdot\frac{(t_1+t_2)t_3\kappa}{eN}\cdot\frac{1}{|z_2|}\cdot\left|\frac{d\mu_x}{dx}\right|.\end{aligned}\right\} \tag{11.34}$$

一般地来说，t_1，t_2，t_3 和 κ 都是 μ_{Me} 或 μ_x 的函数，而每秒内通过氧化物的物质的量和 x 无关，因此

$$\frac{\dot{n}_{eq}}{A}\int_0^x dx=\frac{300}{96500}\cdot\frac{1}{eN}\int_{\mu_{Me}^{(a)}}^{\mu_{Me}^{(i)}}(t_1+t_2)t_3\kappa\frac{d\mu_{Me}}{|Z_1|}$$

$$=\frac{300}{96500}\cdot\frac{1}{eN}\int_{\mu_x^{(i)}}^{\mu_x^{(a)}}(t_1+t_2)t_3\kappa\frac{d\mu_x}{|Z_2|}.$$

上式中左边积分后等于 $\frac{\dot{n}_{eq}}{A}x$，所以得到

$$\left.\begin{aligned}\frac{\dot{n}_{eq}}{A}&=\frac{300}{96500}\cdot\frac{1}{eN}\int_{\mu_{Me}^{(a)}}^{\mu_{Me}^{(i)}}(t_1+t_2)t_3\kappa\frac{d\mu_{Me}}{|z_1|}\cdot\frac{1}{x}\\&=\frac{300}{96500}\cdot\frac{1}{eN}\int_{\mu_x^{(i)}}^{\mu_x^{(a)}}(t_1+t_2)t_3\kappa\frac{d\mu_x}{|z_2|}\cdot\frac{1}{x}\\&=k_r\cdot\frac{1}{x},\end{aligned}\right\} \tag{11.35}$$

这就是正文中的式(11.9)，式中各符号已在正文中作了说明。

附录 11-II 用扩散系数表示的氧化速率公式的推导[14]

如果 $t_3\approx1$，则 t_1，$t_2\to0$，由式(11.29)得到

$$\frac{d\phi}{dx} = \frac{1}{eN} \frac{d\mu_3}{dx}. \tag{11.36}$$

代入正文中的式(11.3),并令 $i = 1, 2$, 则

$$\frac{\dot{n}_1}{A} = -\frac{B_1 c_1}{N}\left(\frac{d\mu_1}{dx} + z_1 \frac{d\mu_3}{dx}\right), \tag{11.37a}$$

$$\frac{\dot{n}_2}{A} = -\frac{B_2 c_2}{N}\left(\frac{d\mu_2}{dx} + z_2 \frac{d\mu_3}{dx}\right). \tag{11.37b}$$

由式 (11.31a) 和式 (11.31b), 且

$$d\mu_{Me} = RTd \ln a_{Me}. \tag{11.38a}$$

$$d\mu_x = RTd \ln a_x, \tag{11.38b}$$

式中 a_{Me} 和 a_x 分别代表金属原子和非金属原子的活度，应用爱因斯坦公式

$$D_i^* = B_i kT,$$

D_i^* 是 i 型粒子在氧化物中的扩散系数，故

$$\frac{\dot{n}_1}{A} = -\frac{B_1 c_1}{N} \frac{d\mu_{Me}}{dx} = -D_1^* c_1 \frac{d \ln a_{Me}}{dx}, \tag{11.39a}$$

$$\frac{\dot{n}_2}{A} = -\frac{B_2 c_2}{N} \frac{d\mu_x}{dx} = -D_2^* c_2 \frac{d \ln a_x}{dx}. \tag{11.39b}$$

将式 (11.39a) 乘以 z_1 加上式 (11.39b) 乘以 z_2, 然后从 $x = 0$ 积分到 $x = x$, 于是得到

$$\left(\frac{z_1 \dot{n}_1}{A} + \frac{|z_2 \dot{n}_2|}{A}\right) x = -z_1 c_1 \int_{a_{Me}^{(i)}}^{a_{Me}^{(a)}} D_1^* d \ln a_{Me}$$

$$+ |z_2| c_2 \int_{a_x^{(i)}}^{a_x^{(a)}} D_2^* d \ln a_x. \tag{11.40}$$

a_{Me} 和 a_x 不是彼此独立的，它们之间有如下关系：

$$|z_2| Me + z_1 X \rightarrow M_{e|z_2|} X_{z_1},$$

式中 Me 和 X 表示参与反应的金属原子和非金属原子，从这化学反应式得到

$$(a_{Me})^{|z_2|} \cdot (a_x)^{z_1} = \text{常数},$$

故

$$|z_2| d \ln a_{Me} + z_1 d \ln a_x = 0. \tag{11.41}$$

式 (11.41) 实际上是吉布斯-杜埃姆方程的另一形式，代入式 (11.40) 后得到

$$
\left.\begin{aligned}
k_r &= c_{eq}\int_{a_x^{(i)}}^{a_x^{(a)}}\left(\frac{z_1}{|z_2|}D_1^* + D_2^*\right)d\ln a_x \\
&= c_{eq}\int_{a_{Me}^{(a)}}^{a_{Me}^{(i)}}\left(D_1^* + \frac{|z_2|}{z_1}D_2^*\right)d\ln a_{Me},
\end{aligned}\right\}
\tag{11.42}
$$

这就是正文中的式（11.13），式中 $c_{eq} = z_1 c_1 = |z_2| c_2$，即金属或非金属离子的浓度(克当量/厘米^3)。

第五编 参考文献

[1] Jost W., Diffusion in Solids, Liquids and Gases, Academic Press (1960).
[2] Smithells C. J., Metals Reference Book, Butterworths (1976).
[3] Barrer R. M., Diffusion in and through Solids, Cambridge Uni. Press, (1951).
[4] Seith W., Diffusion in Metallen, Springer (1955).
[5] Shewmon P. G., Diffusion in solids, McGraw-Hill (1963).
[6] Le Clair A. D., Diffusion of Metals in Metals, Prog. Met. Physics, Vol. 1, pp. 306—379; 1951; Vol. 4, pp. 265—332, Pergamon (1953).
[7] Seitz F., Fundamental Aspects of Diffusion in Solids, Phase Transformation in Solids, Wiley pp. 72—148(1951).
[8] Lazarus D., Diffusion in Metals, Solid State Physics, Vol. 10, pp. 71—126 Academic Press(1960).
[9] Zener C., Theory of Diffusion, Imperfections in Nearly Perfect Crystals, Wiley, pp. 289—314(1952).
[10] Smoluchowski R., Movement and Diffusion Phenomena in Grain Boundaries, Imperfections in Nearly Perfect Crystals, Wiley, pp. 451—475(1952).
[11] Smoluchowski R., Structure and Anisotropy of Diffusion in Grain Boundaries, Defects in Crystalline Solids, The Phys. Soc., pp. 197—202(1955).
[12] Turnbull D., Diffusion Short Circuit and their Roll in Precipitation, Defects in Crystalline Solids, The Phys. Soc., pp. 203—211(1955).
[13] ven Bueren H. G., Imperfections in Crystals, North Holland, pp. 404—433, (1960).
[14] Atom Movement, ASM (1951).
[15] Seeger A., Theorie der Gitterfelhstellen, Handbuch der Physik, Bd. VII/I, S. 406—427, Springer (1955).
[16] Nowick A. S. and Burton J. J., Diffusion in Solids, Rencent Developments, Academic Press (1976).
[17] Stark J. P., Solid State Diffusion, Wiley (1976).
[18] Peterson N. L., Diffusion in Metals, Solid State Physics, Vol. 22, pp. 409—512(1968).
[19] Huntington H. B. and Seitz F., *Phy. Rev.*, 61, 315(1942); Huntington H. B., *Phys. Rev.*, 61, 325(1942); Huntington H. B. and Seitz F., *Phys. Rev.*, 76, 1728(1949).
[20] Zener C., *Acta Cryst.*, 3, 346(1950).
[21] Zener C., *J. Appl. Phys.*, 22, 372(1951).
[22] Le Claire D., *Acta Met.*, 1, 438(1955).
[23] Shewmon P. G. and Bechtold J. H., *Acta Met.*, 3, 452(1955).
[24] Nachtrieb N. H. and Handler G. S., *Acta Met.*, 2, 705(1954).
[25] Seeger A., Föll H. and Frank W., Self-interstials, vacancies and their clusters

in Silicon and Germanium, Radiation Effects in Semiconductors, The Institute of Physics, pp. 12—29(1976).
[26] Rice S. A., *Phys. Rev.*, **112**, 804(1958).
[27] Huntington H. B., *Phys. Rev.*, **91**, 1092(1953).
[28] Huntington H. B., Shirn G. A. and Wajda E. S., *Phys. Rev.*, **91**, 246(1953); **99**, 1085(1955).
[29] Dienes G. J., *Phys. Rev.*, **89**, 185(1953).
[30] Vineyard G. H. and Dienes G. J., *Phys. Rev.*, **93**, 265(1954).
[31] Reiss H., *Phys. Rev.*, **113**, 230(1959).
[32] Lazarus D., Impurities and Imperfections in Metallic Diffusion, Impurities and Imperfections, pp. 107—120, ASM (1955).
[33] Hoffman R. E., Turnbull D. and Hart E. W., *Acta Met.*, **3**, 417(1955); Hart E. W., Hoffman R. E. and Turnbul D., *Acta Met.*, **5**, 74(1957); Hoffman R. E., *Acta Met.*, **6**, 95(1958).
[34] Lazarus D., *Phys. Rev.*, **93**, 973(1954).
[35] Blatt F. J., *Phys. Rev.*, **99**, 600; 1708(1955).
[36] Alfred L. C. R. and March N. H., *Phys. Rev.*, **103**, 877(1956).
[37] Smigelskas A. D. and Kirkendall E. O., *Trans. AIME*, **171**, 130(1947).
[38] Gonzalez O. D. and Oriani R. A., *Trans. AIME*, **233**, 1878(1965).
[39] Hoffman R. E., *Acta Met.*, **4**, 97(1956).
[40] Couling S. R. L. and Smoluchowski R., *J. Appl. Phys.*, **25**, 1538(1954).
[41] Winegard W. C., *Acta Met.*, **1**, 230(1953).
[42] Wagner C., *Z. Chemie*, **B21**, 25(1933); **B31-32**, 447(1935—36).
[43] Hauffe K., The Mechanism of Oxidation of Metals and Alloys at High Temperature, Prog. Met. Phys., Vol. **4**, pp. 71—104, Pergamon (1953).
[44] Wagner C., Diffusion and High Temperature Oxidation of Metals, Atom Movement, pp. 153—173 ASM(1951).
[45] Hauffe K., Oxidation of Metals, Plenum, (1965).
[46] Cabrera N. and Mott N. F., Theory of the Oxidation of Metals, Reports on Progress in Physics, Vol. **12**, pp. 163—184(1948—49).
[47] Rhines F. N., Gas-Metal Diffusion and Internal Oxidation, Atom Movement, pp. 174—191, ASM (1951).
[48] Cupp C. R., Gases in Metals, Prog. Met. Phys., Vol. **4**, pp. 105—173, Pergamon (1953).
[49] Alefeld G. and Völki J., Hydrogen in Metals, I, **II**, Springer (1978).
[50] Andrew J. H., Lee H. (李薰), Leoyd H. K., and Stephenson H., *J. Iron Steel Inst.*, **156**, 208(1947).
[51] Chang P. L. (张沛霖), Bennett W. D. G., *J. Iron Steel Inst.*, **170**, 205(1952).
[52] Duwez P., Diffusion in Sintering, Atom Movement, pp. 192—208, ASM (1951).
[53] Geach G. A., The Theory of Sintering, Prog. Met. Phys., Vol. 4, pp. 174—204 Pergamon(1953).
[54] Nabarro F. R. N., Deformation of Crystal by the Motion of Single Ions, Report of a Conference on the Strength of Solids. pp. 75—90, The Phys. Soc. (1948).
[55] Kuzynski G. C., *Trans. AIME*, **185**, 169(1949).

[56] Kuzynski G. C., *J. Appl. Phys.*, **20**, 1160(1949).

[57] Ashby M. F., *Acta Met.*, **22**, 275(1974).

[58] Nichols F. A. and Mullins W. W., *J. Appl. Phys.*, **36**, 1826(1965).

[59] Nichols F. A., *J. Appl. Physs.*, **37**, 2805(1966).

[60] Nichols F. A., *Acta Met.*, **16**, 103(1968).

[61] Exner H. E. and Bross P., *Acta Met.*, **27**, 1007(1979).

[62] Bross P. and Exner H. E., *Acta Met.*, **27**, 1013(1979).

[63] Kuczynski G. C., *Acta Met.*, **4**, 58(1956).

人名索引

二至三画

丁尼斯（Dienes G. J.） 513
下地（Shimoji, M.） 171
马奇（March, N. H.） 520
马萨耳斯基（Massalski, T. B.） 204
久保（Kubo, R.） 413
门特（Menter, J.W.） 213,249

四画

王竹溪 391
巴瑞特（Barrett, C. S.） 34
巴特勒特（Bartlett, J. H.） 224
贝克（Becker, J. A.） 539
贝克（Becker, R.） 492
贝尔盖曾（Berghezen, A.） 256
贝特（Bethe, H.） 155
戈根哈姆（Guggenheim, E. A.） 155
牛顿（Newton, I.） 490,565
乌耳夫（Wulff, J.） 566
乌曼斯基（Уманский, Я. С.） xiv
厄赫特（Achter, M.R.） 536,538
厄谢拜（Eshelby, J. D.） 291,300
厄瓦尔（Ewald, P. P.） 70
夫兰克（Frank, F. C.） 25,137,249
夫里曼（Freeman, A. J.） 75
夫里德耳（Friedel, J.） 195,214
夫仑克耳(Френкель, Я. И.） 213,318
韦伯（Wébb, W. W.） 272
韦佛（Wever, F.） 105
韦阿尔（Weare, D.） 204
韦特（Wert, C.） 544
韦斯特格兰（Westgren, A.） 79

五画

古川（Furukawa, K.） 25
瓦格纳（Wagner, C.） 548,553
布兰登（Brandon, D. G.） 249
布里渊（Brillouin, L.） 9,25
布拉特（Blatt, F. J.） 224,520
布莱威特（Blewit） 241
布林克曼（Brinkman, J. A.） 235
布洛赫（Bloch, F.） 4
布罗斯（Bross, D.） 570
布腊坦（Bratain, W. H.） 539
布鲁伟尔（Brewer, L.） 36
布喇格（Bragg, W. L.） 51,228
皮涅斯（Пинес Б. Я.） xiv
皮斯（Pease, R. S.） 236
卡布雷拉（Cabrera, N.） 392,567
卡恩（Cahn, R. W.） xv
卡斯帕（Kaspar, J. S.） 25,137
卡林顿（Carrington, W.） 428
尼克森（Nickerson, R. A.） 539
尼尔森（Nilsson, P. O.） 201
兰斯利（Ransley, C. E.） 562
本涅脱（Bennett, L. H.） 140

六画

孙瑞蕃 264
达尔文（Darwin, C. G.） 212
达许（Dash, W. C.） 315
达肯（Darken, L. S.） 522,545
达马斯克（Damask, A. C.） 224
西芒斯（Simmons,） 241
西佛特（Siverts, A.） 480
吉布斯（Gibbs, J. W.） 78,491
吉耳曼（Gilman, J. J.） 327
休斯（Hughes, L. A.） 570
休谟-饶塞里（Hume-Rothery, W.） 79,112
米里亚（Millea, M. F.） 493
米金（Meakin, D.） 301
米德马（Miedema, A. R.） 40
华虚朋（Washburn, J.） 446

华森（Watson, R. E.） 140
托马斯（Thomas, W. R.） 308
齐曼（Ziman, J. M.） xvi
伊辛（Ising, E.） 157
考夫曼（Kaufman,L.） 37
考兹曼（Kauzmann,W.） 151
考塞耳（Kossel, W.） 382
约翰森（Johnson, R. A.） 33
亨丁顿（Huntington, H. B.） 213,497

七 画

李薰 560
李荫远 170
陈念贻 40
陈能宽 254
杜埃姆（Duhem） 491,575
杜威兹（Duwez, P.） 145
克立斯钦（Christian, J. W.） xv
克莱恩曼（Kleinman, L.） 55
克肯达耳（Kirkendall, E. O.） 491,528
克隆兹（Klontz, E. E.） 253
克隆纳（Kröner, E.） 181,188
沙斯（Sass S. A.） 441
沙斯柯里斯卡雅（Шаскольская, М. П.） 264
伯西尔（Bursill, L. A.） 152
伯格斯（Burgers J. M.） 213
伯顿（Burton, W. K.） 392
伯琴纳耳（Birchenal, C.E.） 570
伯纳耳（Bernal,J . D.） 26,29
肖克莱（Shockley W.） 334,336
肖脱基（Schottky G.） 445
肖脱基（Schottky W.） 505,512
沃克西（Okkarse, B.） 538
怀恩加特（Winegard, W. C.） 540
吕克（Lücke, K.） 322,452
里夫希茨（Лившиц, Б. Г.） 122
玛辛（Masing, G.） xiv
纳巴罗（Nabarro,F. R. N.） 214
纳赫特里布（Nachtrieb, N. H.） 498

八 画

杨振宁 171
张宗燧 157
张沛霖 560
阿什比（Ashby, M. F.） 568
阿尔哈罗夫（Архаров В. И.） 445,
阿耳夫勒特（Alfred, L. C. R.） 520
阿瑞纽斯（Arrhenius, S.） 492,549
阿伏伽德罗（Avogadro） 376,549
阿佛巴赫（Averbach, B. L.） 159
阿培耳（Abeles, F.） 224
阿默林克斯（Amelinckx, S.） 427,428
拉扎留斯（Lazarus,. D.） 220,520
罗兹博姆（Roozeboom, H. W. B.） 78
波兰伊（Polanyi, M.） 213
金兴（Kinchin, G. H.） 236
泡令（Pauling, L.） 4,36
泡利（Pauli,W.） 4
坦布耳（Turnbull, D.） 538
法斯特（Fast J. D.） 556,559
明斯特（Münster, A.） 162
昂萨格（Onsager, L.） 171
居里（Curie. P.） 380
英顿博姆（Инденбом, B. L.） 269
杰克森（Jackson, K. A.） 393
杰姆金（Temkin, D. E.） 395
帕克（Parker, E. R.） 446,539

九 画

俣野（Matano, C.） 486,523
施韦德（Schwed, P.） 567,568
哈瓦斯（Haworth, C. W.） 132
哈里森（Harrison, R. A.） 52
哈里森（Harrison, W. A.） 237
哈森（Haasen, P.） xv
哈恰图良（Khachaturyan, A.G.） 171
科贝特（Corbett J.） 239,241
科希（Cauchy） 35
科特雷耳（Cottrell, A. H.） 214,308
范布尔仑（Van Bueren, H. G.） 214
范亚德（Vineyard, G. H.） 233,513
范利姆特（Van Liempt, J.） 543
洛孚斯基（Loferski, J. J.） 239
洛底（Lothe, J.） 214
洛默（Lomer, W. M.） 224

威尔森 (Wilson, E. H.) 436
威耳斯道夫 (Wilsdorf, H. G. F.) 301
威廉斯 (Williams, E. J.) 166
玻耳曼 (Bollmann, W.) 436
玻耳兹曼 (Boltzmann, L.) 572
玻恩 (Born, M.) 196,397
莱文 (Levine, D.) 151
莱恩斯 (Rhines, E. N.) 536,570
莱勃弗里德 (Leibfried, G.) 321
拜德 (Bond, W. L.) 269
费伽 (Vegard) 177
査耳默斯 (Chalmers, B.) xiv
费密 (Fermi, E.) 46,520
派恩斯 (Pines, D.) 48

十 画

钱临照 212
朗道 (Landau, L. D.) 153
朗谬尔 (Langmuir, I.) 388
高斯 (Gauss, C.F.) 482
高斯基 (Горскии, Б. С.) 166
特沃特 (Tewordt, L.) 220
特纳 (Turner, T. J.) 541
格拿那图 (Granato, A.) 322
格鲁津 (Грузин,П.Л.) 120
哥代 (Gordy, W.) 40
哥耳什密特(Goldschmidt, V. M.) 14,542
海格 (Hagg, G.) 141,540
海涅 (Heine, V.) 204
桑顿 (Thornton, P. R.) 333
泰波 (Tabor, D.) 407
泰勒 (Taylor, G. I.) 213
埃根 (Eggen, D. T.) 239
库尔久莫夫 (Курдюмов, Г.В.) 118
库尔纳可夫 (Курнаков, Н. С.) 78
库津斯基 (Kuczynski, G. C.) 566,571
恩格耳斯 (Engels, N.) 36
夏勒 (Shaler, A. J.) 566
诺维克 (Nowick, A. S.) 188
佩尔斯 (Peierls, R.) 289
索末菲 (Sommerfeld A.) 4
索勒 (Sorét) 528
索文 (Soven, P.) 207

十 一 画

郭可信 151,152
寇林 (Couling, S. G. L.) 538
寇勒 (Koehler, J. S.) 240,322
梅克林 (McLean, D.) 388
累克勒 (Le Claire, A. D.) 498
莫特 (Mott, N. F.) 171,435
康托洛娃 (Контарова, Т. А.) 213,554
基奇 (Geach, G.A.) 102,515
菲利普斯 (Phillips, J. C.) 40,55
维格纳 (Wigner, E. P.) 9,540
维兹尔 (Wirtz,k.) 530

十 二 画

黄昆 179,190
汤姆森 (Thompson, M. W.) 235
汤姆森 (Thompson, N.) 339
富耳曼 (Fullman, R. L.) 333
富米 (Fumi, F.G.,) 217,513
斯莫尔曼 (Smallman, R. F.) xiv
斯莫留乔符斯基 (Smoluchowski, R.) 436,538
斯梅克耳 (Smekel, A.) 211
斯诺克 (Snoek, J.) 185
斯特仑斯基 (Stranski, I. N.), 382
斯泰因哈特 (Steinhardt, P. J.) 151
斯特罗 (Stroh, A. N.) 338
斯密锡耳 (Smithell, G. J.) 562
斯密吉斯加斯 (Smigelskas, A. D.) 521
惠兰 (Whelan, M. J.) 327,333
琼斯 (Jones, H.) 200
琼根伯格 (Jongenberger, P.) 224
登纳 (Denney, J. M.) 239
斐克 (Fick, A.) 475,528
塔曼 (Tammann, G.) xiv
谢赫特曼 (Shechtman, D.) 151
曾讷 (Zener, C.) 189

十 三 画

葛庭燧 435,561
塞兹 (Seitz, F.) 9,498

塞格 (Seeger, A.) 214,224
奥耳森 (Oelson, W.) 105
奥佛豪塞 (Overhauser, A. W.) 224
奥罗万 (Orowan, E.) 213
奥斯特 (Aust, K. T.) 452
路德曼 (Rudman, P. S.) 159
雷诺 (Raynor, G. V.) 114,130
瑞德 (Read, W. T.) 214,259
铃木秀次 (Suzuki, H.) 333,350
鲍丹 (Bowden, E. P.) 407
赖士 (Rice, S. A.) 506
赖斯 (Reiss, H.) 518
爱因斯坦 (Einstein, A.) 491,575
彭罗斯 (Penrose, R.) 152

十 四 画

豪菲 (Hautfe, K.) 552
豪威 (Howie, A.) 333
福格耳 (Vogel, F. L) 265
赫许 (Hirsch, P. B.) 213,344
赫思 (Hirth, J. P.) 214
赫里亚德 (Hilliard, J. E.) 469

十 五 画

德拜 (Debye, P.) 501,544
德让 (de Gennes, P. G.) 72
德克斯脱 (Dexter, D. L.) 224
德格达耳 (Dugdale, J. S.) 239
潘尼思 (Paneth, H. R) 495
穆斯堡尔 (Mössbauer, R. L.) 561

十六至十八画

萨摩杰 (Sormorjai, G. A.) 382
谬勒 (Müller, E. M.) 222
默立根 (Mulliken, R. S.) 40

内 容 索 引

一 至 二 画

二级相变 127,170
八面体间隙 11,134
二十面体 20

三 画

小角度晶界 419,427
~的位错模型 419,426
~的滑移 446
大角度晶界 441—445
~的小岛模型 435,451
~的无序群模型 435,451
~的周期结构 441
~的滑动 447
~的移动 449
刃型位错 248,524
万尼尔函数法 54
马氏体 189,455
马锡森定则 115

四 画

不全位错 331
元素的晶体结构 11
内耗 120,561
夫兰克公式 424,432
夫兰克不全位错 335,336
夫兰克-瑞德源 314—316
夫仑克耳缺陷 494,505
夫仑克耳-康泰洛娃模型 213,289
夫里德耳振荡 196,400
双复式结构 462
反相畴 125,351
反肖脱基缺陷 512
无规密集结构 26
尺寸因素规律 109,179
巴丁-赫林源 316
乌耳夫法则 380,443
化学吸附 289
化学扩散 473,525
化学计算值 573
化学势 87,489
化学势梯度 489,529
互扩散 522,564
互扩散系数 523
牛顿第二定律 48,490
牛顿滞性液体 565
切变模量 514,520
欠缺半导体 551
瓦格纳氧化理论 549
中子散射 123,561
无规行走 501,511
贝尔伸层 406
无公度相 466
公度相 466
公度错 466

五 画

电子化合物 128—133
电子显微镜 125,213
电场扩散 120
电负性 38,111
四面体间隙 11,134
布里渊区 9,466
示踪原子 482,516
立方定律 549
考普-诺埃曼定则 118
生长螺旋 250,251
卢瑟福散射 232
对称性 125
平面形变 267
长程序 124,128
长程序参数 125

正弦戈登方程 323
外延生长 375
失稳分解 3,467

六 画

有序无序转变 123,128
～的实验事实 123,128
～的统计理论 163,171
～的理论值与实验值的对比 169
有序固溶体 123,128
有序畴 125,127
交滑移 337,338
交换机制 493,541
亚晶界 416
亚晶粒 417
多边化 525
多值位移 266,362
回复 241,243
自由度 88
自填隙原子 498,499
自扩散 473,553
自扩散系数 477,538
扩散
～的各向异性 534,538
～的机制 473,502
～的交换机制 493,540
～的间隙机制 494,512
～的空位机制 496,540
～的环形机制 497
～的推填子机制 495,510
～的哑铃机制 541
～的“挤列”机制 495
～的热力学理论 488
～的唯象理论 474,475
～的微观理论 492,499
～的激活能 493,560
～的激活熵 499,513
扩散力 489
扩散系数 473,510
扩散率 491,560
扩展位错 336
扩展的自填隙原子 499
快扩散 495,541
迁移率 490,549
再结晶 525
达肯公式 525,545
过剩半导体 552
过渡金属 11,21
吉布斯-杜埃姆关系 91,573
吉布斯吸附方程 387
刚能带模型 200,205
刚球密堆积 5,7
～型碰撞 235,246
汤麦斯-费密近似 192,198
同位素 553
伊辛模型 157,392
全同位移点阵 440

七 画

位错 213,370
～的分解 330,331
～的极限速度 318,320
～的能量 272
～的滑移 251,264
～的割阶 303
～的塞积群 299
～的线张力 281
～的增殖 313
～的萌生 310
～的攀移 256,524
位错反应 330,339
位错扩散 517
位错芯 266,526
位错线 266,527
位错网络 340,428
位错密度 264
位错墙的应力场 366,444
体心立方晶体的原子排列 6,11
体心立方晶体的特征位错 330
体心立方晶体的堆垛层错 347,348
体扩散 493,572
应力 351
应力场 173,473
应力函数 267,357
应变 353,354
应变能 354,355
伯格斯矢量 296,336
伯格斯回路 258,336

附着力 565
抛物线-时间定则 486
抛物线定律 551,554
冷加工 494
肖克莱不全位错 335,339
肖脱基缺陷 505
皂泡筏晶体模型 172,216
扭转晶界 422
间隙机制 494,552
间隙扩散 494,541
阿瑞纽斯公式 492,517
阿伏伽德罗常数 161,549
克肯达耳效应 491,523
克肯达耳实验 528
克劳修斯-莫索提公式 189
近自由电子模型 53,192
转变位错 455
邻位面 380

八　　画

空位 212,215
　～对的平衡浓度 222,223
　～的几何组态 215,217
　～的平衡浓度 220,222
　～的形成能 217,220
　～的移动激活能 224,225
　～的凝聚 343,346
空位源 523
空位机制 511,541
空位扩散 523,544
空间电荷 549
固溶体 107,128
　～的电阻率 115
　～的点阵参数 108,115
　～的热容量 118
　～的组态自由能 159,162
　～的组态配分函数 156
　～的组态能 155,157
　～的弹性性质 115
固溶体的微观不均匀性 120
固溶体的磁性 116,117
固溶体的溶解限曲线 100,162
松弛群 2.5,498
泡令的金属键理论 35
拉夫斯相 134
哥耳什密特值 542
欧姆定律 476
非奇异面 380
非等轴晶系 477
非稳定扩散 480
非理想固溶体 489
非晶态合金 145,152
非化学计量的化合物 84
物理吸附 389
杰克森理论 393
奈特偏移 196
奇异面 380
拓扑密集相 137
泼溅淬火 145
表面重构 385
表面吸附 385
表面结构的弛豫 384
表面偏析 388
表面张力 565,572
表面能 534,571
表面扩散 539
表面自扩散 542
受主 542
迴旋加速器 556
张变模量 514
杨氏模量 516
质量作用定律 157
金属化合物 128,145
范托夫公式 104
范性弯曲 298

九　　画

洛伦兹球 189
重合坐位点阵 437,439
活度 93,553
活度系数 93,491
顺扩散 491
逆扩散 492
逆弹性 188
相平衡的判据 80
相容性条件 353
相图的几何规律 87,89
相关因子 499,511

相关效应 511
点缺陷 215,225
点缺陷组合的结合能 223
结构敏感性质 221
挤列 495,496
俣野界面 486,523
屏蔽常数 194,231
屏蔽场 519
屏蔽效应 520
屏蔽效率 540
施主 541
氢胞 560
费伽定律 109,178
泊松比 356
泊松方程 193
玻耳兹曼常数 490,572
哑铃式填隙原子 216,494
玻恩-梅耶势 32,233
浆汁模型 45,401
莱纳德-琼斯势 31,410
昂萨格倒易关系 530,533
科希关系式 35
孪生位错 433
孪晶 433,457
孪晶界 432,434

十 画

配位数 5,9
配分函数 155
准粒子 49
准晶体 145
准晶态合金 145
准化学近似 155
~的一级近似 162,168
~的推广 170
~的零级近似 161,168
氧化速率 548,574
氧化速率常数 551
氧化的抛物线定律 548
氧化的对数定律 555
烧结 474,572
　~的体扩散机制 566
　~的蒸发-凝结机制 566,568
　~的滞性和范性流动机制 566
　~的表面扩散机制 566,567
烧结过程 568,570
烧结率 568,569
原子偏聚 121,159
原子碰撞的级联过程 232,238
热峰 232
热扩散 527,533
热场 528
热电效应 528
热扩散效应 235
离位峰 541
离子的极化率 541
离子导电氧化物 551,553
离位阈能 238,240
离子注人 556
朗谬尔吸附模型 388
莫斯势 32,410
莫特氧化理论 554
紧束缚近似 54
诺伯里定则 116
缺位式固溶体 108
振动熵 102
海格的经验定则 540
索勒效应 528
核磁共振 197,561
核裂变 556
高斯误差 482
粉末冶金 564,570
铃木气团 350
佩尔斯-纳巴罗模型 289,295

十 一 画

弹性偶极子 181,305
堆垛层错 7,331
理想溶体 92
理想固溶体 489,492
渗透过程 559
渗透速率 559,563
渗透激活能 563
渗碳体 142,492
维格纳-塞兹胞 540
维尔兹模型 532
跃迁频率 500,553
跃迁几率 496,531

粘滞系数　566
推填子机制　509,511
虚晶近似　202,205
蒙特卡罗方法　397
黄昆漫散射　179,190
累积摩尔热力学量　90
偏摩尔力学量　90
液线　85
密集六方晶体的原子排列　6
密集系数　7
密集六角晶体的堆垛层错　347
规则溶体　99,161
旋节线　101
唯象方程　529

十　二　画

超结构　123
超结构线　123
超微粒　408
散射的分波法　197
散射截面　2,232,247
短程序　124,162
短程序参数　125,158
斯特令近似　160
斯诺克效应　187
斯诺克峰　185
斐克方程　475,479
斐克定律　476
斐克第一方程　528
斐克第二方程　523
斐克第一定律　475
斐克第二定律　476,526
晶界　416,452
晶界扩散　517,539
晶界松弛　514
晶界偏析　445
晶格扩散　493,540
滞性流动　565,566
场离子显微术　222,383
嵌镶组织　212
稀土金属　72,75
量子尺寸效应　413
量子标度规律　40
等离子体振荡　48
等离激元　48
彭罗斯拼砌　153
爱因斯坦关系式　491,575
替代式合金　494,528
替代式固溶体　107,506
锕系元素　12,75

十　三　画

滑移面　251
滑移面的错排能　292
置换碰撞　235
奥氏体　104,486
填隙式固溶体　11,494
填隙式合金　532
填隙原子　192,493
填隙相　143
填隙离子　512
溶质原子　494,544
溶质的传输热　529
错配位错　455,465
错配球模型　172
辐照效应　213,226
　～生长　227
　～肿胀　226
倾侧晶界　420
频率因子　492,561

十　四　画

稳定扩散　479
颗粒的结合　565
蒸发-凝结过程　571
隧道效应　548
漂移速率　554
漂移速度　549
熔化潜热　365,544
蜷线位错　317
聚焦碰撞　235

十　五　画

德拜频率　501,544
德拜特征温度　118,122
德哈斯-范阿耳芬效应　52,191
赝势　55,58

赝原子　56
惯态面　455
激活能　505,530
激活热　505
激活熵　505,515
激活自由能　504,505

十六画以上

静位移　122
螺型位错　249,250
薄氧化层的理论
薄膜扩散　480
攀移　256
镧系元素　12
蠕变　473

希腊字母

α铁　14,494
α黄铜　522
α锰　132,556
β锰　129,556
β铀　132
β钨　132,133
γ铁　14,476
γ黄铜　129
σ相　12,133

拉丁字母

d电子　18,65
d能带中空穴　116,139
f电子　18,72
p电子　68
EXAFS　147
K状态　121
$\sqrt{P}$定则　562
O点阵　436,439
s电子　65
$\sqrt{t}$定则　486
RKKY相互作用　73